Das heilige Babylon Nebukadnezars

BABYLON

DIE HEILIGE STADT
NACH DER BESCHREIBUNG
DER BABYLONIER

VON

ECKHARD UNGER

MIT 56 EINFARBIGEN UND 1 MEHRFARBIGEN TAFEL
UND MIT EINEM PLAN VON BABYLON

BERLIN UND LEIPZIG
WALTER DE GRUYTER & CO.
VORMALS G. J. GÖSCHENSCHE VERLAGSHANDLUNG — J. GUTTENTAG,
VERLAGSBUCHHANDLUNG — GEORG REIMER — KARL J. TRÜBNER — VEIT & COMP.
1931

ENTWURF DES EINBANDES VON ELEONORE MAASS-HOLTZ
DRUCK VON J. J. AUGUSTIN IN GLÜCKSTADT UND HAMBURG

MEINER FRAU HADWIGA
IN LIEBE UND DANKBARKEIT
GEWIDMET

VORWORT

„Babylon, die Große Stadt, die bekleidet war mit köstlicher Leinewand und Purpur und übergüldet war mit Gold und Edelgestein und Perlen."

(Offenbarung Johannis XVIII, 16)

Mit offener Bewunderung preisen die Bibel und das klassische Altertum die Größe und den prunkvollen Glanz von Babylon, mochte auch feindselige Tendenz die volkreiche Großstadt des Alten Orients als Sinnbild des Lasters, als „Sündenbabel", schmähen. Die eindrucksvollen Sehenswürdigkeiten der Stadt rechnete man stets zu den größten Weltwundern. Ihr Ruhm hat die Jahrtausende überdauert und den Wunsch nach der Lösung aller Rätsel immer mehr entfacht, mit denen die Monumente durch Phantasie, Sage und Romantik umkleidet und der Wirklichkeit entzogen zu sein schienen. Wie oft und wie viel aber auch über Babylon geschrieben wurde, vergeblich bemühte man sich, jene Geheimnisse zu enträtseln, die den gewaltigen Tempel mit dem „Turm zu Babel", mit der „Gottespforte", dem „Bêl" und dem „Drachen zu Babel", oder die wehrhaften Stadtmauern, die ausgedehnten Paläste und die berühmten „Hängenden Gärten der Semiramis" umgaben. Erst der Neuzeit konnte dies gelingen. Die Entzifferung der Keilschrift hat die Original-Urkunden zum Reden gebracht, in denen die Babylonier selbst über ihre Hauptstadt und ihre Monumente berichtet haben. Durch deutsche Ausgrabungen an der Stätte der ehemaligen Großstadt ist dann auch die Existenz der berühmten Bauten, vor allem aus der Zeit des biblischen Nebukadnezar, nachgewiesen worden. Die Monumentalität dieser Baudenkmäler bestätigt uns, daß ihr Ruhm im Altertum in vollstem Maße gerechtfertigt war. Und auch wir müssen jetzt noch die Kühnheit, die Schönheit und die Großartigkeit dieser früheren Weltwunder mit Staunen betrachten.

Das intensive und allgemeine Interesse, das man der ehemaligen Weltstadt entgegenbringt, stellte die besondere Aufgabe, den Leser zu fesseln und mühelos in das neugewonnene Stadtbild mit seinen Wunderwerken einzuführen, ihm das Leben und Treiben der Babylonier, ihre Anschauungen von der Welt und ihren Göttern zu schildern. Dies ist in den Kapiteln I bis V, XIV, XVIII bis XXIV geschehen, während die andern Kapitel auf Einzelheiten und auf die erforderliche nähere Begründung der Ergebnisse eingehen. Ein hervorragendes Interesse beanspruchen vor allem die 70 Urkunden zur Beschreibung der Metropole durch die Babylonier, durch fremde Besucher und Kenner der Stadt in deutscher Übersetzung.

In erster Linie steht hier die „Stadtbeschreibung von Babylon", die in diesem Buche erstmalig vollständig zusammengestellt ist, die überraschende Entdeckung eines antiken „Baedekers", um den uns die klassische Altertumswissenschaft wohl beneiden wird. Ich habe die Länge der seither ermittelten Stadtbeschreibung auf 215 Zeilen festgesetzt, aber wahrscheinlich gehören noch die Urkunden Nr. 3 mit 14 Zeilen, Nr. 4 mit 14 und 13 Zeilen, sowie Nr. 9 mit 12 Zeilen dazu, so daß die gesamte Länge des erhaltenen Textes schon jetzt auf 268 Zeilen zu bemessen sein wird. Wichtig sind auch die beiden Teile des antiken Stadtplanes und die Karte des babylonischen Weltalls mit Babylon als dem „Nabel der Welt". Die notariellen Kauf- und Mietverträge der Einwohner, die einzigartige Liste der Minister und Magnaten Nebukadnezars, die den ältesten Hof- und Staatskalender der Welt, eine Art „Gotha" von Babylon, vorstellt, und andre interessante Urkunden, viele davon zum ersten Male in Übersetzung, sind gleichfalls vorgelegt. Alle diese Urkunden sprechen ihre eigene Sprache für die Wiedererweckung der mächtigen und ruhmreichen Weltstadt.

Ich habe in fünf Jahren rund 6000 Keilschrifttafeln aus den Museen der ganzen Welt durchgesehen und dabei viel neues Material verwertet, das ich der außerordentlich liberalen Unterstützung von Museen und Gelehrten zu danken habe: Aus dem Archiv der Deutschen Orient-Gesellschaft (Prof. Bruno Güterbock), aus dem Berliner Museum (Prof. Otto Weber), aus dem Museum in Konstantinopel (Generaldirektor Dr. Halil Edhem Bej) und aus dem Britischen Museum in London (Dr. H. R. Hall und Sidney Smith). Wertvolle Ratschläge verdanke ich den Herren Prof. J. H. Mordtmann, Prof. Paul V. Neugebauer, Dr. J. Schaumberger und Dr. von Zaloziezky.

Die Nummern der Urkunden sind am Rande des Textes in geraden Ziffern zitiert worden.

Um dem Leser eine wirkliche und lebendige Anschauung von der einstigen, jetzt in Schutt und Trümmer gesunkenen Metropole zu geben, habe ich besonderen Wert auf die Herstellung von Rekonstruktionen in Zeichnung und Farbe gelegt, die in sorgfältiger Zusammenarbeit entstanden sind. Ich bin dafür den Herren Kunstmaler

Herbert Anger, Oberbaurat Walther Bünte und Architekt Fritz H. Götze zu besonderem Danke verpflichtet. Die endgültige Lösung mancher Grundrißgestaltung, wie z. B. der der Umschließungsmauer des Haupttempels Esagila, läßt sich natürlich vor Abschluß der Grabungen, die hoffentlich einmal unter der Leitung der Fachleute, auch der Assyriologen, zu Ende geführt werden, nicht finden. Darum sind hier verschiedene Lösungen eingetragen. Ich möchte aber dem großen Stadtplane *(Abb. 64)* hierin den Vorzug geben. Die perspektivische Ansicht des „Turms zu Babel" *(Abb. 35)*, von den Herren Bünte und Götze gezeichnet, bringt die beste Darstellung der ehemaligen Gestalt des berühmten Bauwerkes. Hiernach ist vom Bildhauer Herrn Karl Maaß ein anschauliches Modell — siehe die Abbildung nach S. 382 — hergestellt worden.

Die Nummern der Abbildungen sind am Rande des Textes in *schrägen* Ziffern angeführt.

Zur Ergänzung der Bilder-Unterschriften möchte ich auf das ausführliche Verzeichnis der Abbildungen verweisen.

Die dokumentarische Überlieferung, Hand in Hand mit der Ausgrabung, hat es somit ermöglicht, den Grundplan der Stadt und ihr malerisches Gesamtbild zu gewinnen und die Wunderwerke des Heiligen Babylons wieder von neuem aufleben zu lassen.

Berlin-Wannsee, am 24. Juni 1930

ECKHARD UNGER

INHALT

(Die geraden Ziffern am Rande des Textes beziehen sich auf die Nummern der Urkunden, die *schrägen* Ziffern auf die Nummern der Abbildungen)

INHALT

VERZEICHNIS DER ABBILDUNGEN

(Die Nummern der Abbildungen sind am Rande des Textes in *schrägen* Ziffern zitiert)

Tabellarische Übersicht zur Geschichte von Babylon

Datum v. Chr.	Zustand der Stadt	Hauptstadt von	abhängig von	Bêl-Statue in
um 3300	—	—	KISCH	—
	Babylon wird nicht erwähnt			
um 3000	SUMERISCHE KLEINSTADT	—	KISCH	?
	Wahrscheinliche Gründung in dieser Zeit als Kadingirra d. h. „Gottespforte"			
um 2700	AKKADISCHE KLEINSTADT	—	AKKAD	?
	Akkadisch-semitische Stadt namens Babilu (= Kadingirra) Bautätigkeit des Scharkalischarri von Akkad in Babylon			
um 2400	DESGL.	—	UR	BABYLON
	Neusumerische Handelsurkunden der 3. Dynastie von Ur			
2285	RUINE (?)	—	(ELAM)	?
	Zusammenbruch des neusumerischen Reiches unter König Ibi-Sin von Ur; Verwüstung des Landes durch die Elamiten			
2150	RESIDENZ	BABYLONIEN	—	BABYLON
	1. Dynastie von Babylon; Stadtbefestigung durch Sumu-abum			
2000	RESIDENZ	MESOPOTAMIEN	—	BABYLON
	Stadterweiterung; Handels- und Briefurkunden; Gesetzbuch des Hammurapi; Sammlung der sumerischen Literatur; Entstehung der altbabylonischen, akkadisch-semitischen Literatur			
1850	RUINE	—	—	ḪANA
	Ende der 1. Dynastie von Babylon durch Eroberung der Stadt von seiten der Hettiter und Kassiten (Indogermanen) Verschleppung der Bêl-Statue nach Ḫana			
1840	WIEDER-AUFBAU(?)	—	(MEERLAND)	ḪANA
	Eingreifen des Königs Dâmiq-ilischu vom Meerlande(?)			
1750	RESIDENZ	BABYLONIEN	—	ḪANA
	Beginn der Kassitenherrschaft über die Stadt			
1650	RESIDENZ	MESOPOTAMIEN	—	BABYLON
	Agumkakrime führt die Bêl-Statue aus Ḫana zurück			
1380	RESIDENZ	MESOPOTAMIEN	—	BABYLON
	Fürstenkorrespondenz von Tell Amarna zwischen Babylonien, Ägypten, Kleinasien und Assyrien; Handelsurkunden, Grenzsteinurkunden, Briefe			
1250	VASALL	—	ASSYRIEN	ASSUR
	Herrschaft des Tukulti-Ninurta I. von Assyrien; Bêl-Statue erst 66 Jahre später (um 1184) zurückgegeben			
1184	RESIDENZ	BABYLONIEN	—	BABYLON
1176	RUINE	—	(ELAM)	ELAM
	Ende der Kassitendynastie durch den Eroberungszug der Elamiten nach Babylonien			
1140	RESIDENZ	BABYLONIEN	—	BABYLON
	2. Dynastie von Isin; Nebukadnezar I. holt die Bêl-Statue aus Elam zurück			
1100	RUINE	BABYLONIEN	—	BABYLON
	Zerstörung der Stadt durch Tiglatpileser I. von Assyrien			
1020	RESIDENZ	BABYLONIEN	(MEERLAND)	BABYLON
	2. Dynastie des Meerlandes, Kassiten			
1000	RESIDENZ	BABYLONIEN	(BÂṢ)	BABYLON
	Dynastie von Bâṣ			
995	RESIDENZ	BABYLONIEN	(ELAM)	BABYLON
	Vorübergehend eine Dynastie von Elamiten			
990	RESIDENZ	BABYLONIEN	—	BABYLON
	Nabukînapli, Raubzüge der Aramäer von Syrien her			
814	VASALL	BABYLONIEN	ASSYRIEN	BABYLON
	Schamschi-Adad V. von Assyrien nimmt Babylon ein			
um 800	VASALL	BABYLONIEN	ASSYRIEN	BABYLON
	Semiramis als Königin(?)			
um 763	RESIDENZ	BABYLONIEN	(MEERLAND)	BABYLON
	Eriba-Marduk II. vom Meerlande			

Tabellarische Übersicht zur Geschichte von Babylon

Datum v. Chr.	Zustand der Stadt	Hauptstadt von	abhängig von	Bêl-Statue in
747	RESIDENZ	BABYLONIEN	—	BABYLON
	Nabonassar von Babylon, Handelsurkunden			
730	VASALL	—	ASSYRIEN	BABYLON
	Tiglatpileser III. und Salmanassar V. beherrschen die Stadt; Kontrakte, Grenzsteine			
722	RESIDENZ	BABYLONIEN	(MEERLAND)	BABYLON
	Merodachbaladan (Marduk-apla-iddina II.) vom Meerlande			
710	VASALL	—	ASSYRIEN	BABYLON
	Sargon II.; assyrische Hegemonie (710 bis 616): Kontrakte, astronomische, grammatische Texte, Kopien von babylonischer Literatur für die Bibliotheken in Ninive, Kalchu und Assur; ältere Aufzeichnung der Stadtbeschreibung von Babylon			
689	RUINE	—	ASSYRIEN	ASSUR
	Völlige Zerstörung der Stadt durch Sanherib von Assyrien (705—681)			
681	WIEDERAUFBAU	—	ASSYRIEN	ASSUR
	Assarhaddon von Assyrien (681—669)			
668	RESIDENZ	BABYLONIEN	ASSYRIEN	BABYLON
	Rückführung der Bêl-Statue; Vollendung des Aufbaus der Stadt; Einsetzung des Šamaššûmiukîn als König von Babylonien (668—648) durch seinen Bruder Assurbanipal von Assyrien (669—633[?])			
648	RUINE	BABYLONIEN	ASSYRIEN	BABYLON
	Eroberung der Stadt durch Assurbanipal; Einsetzung des Kandalânu als Vasallenkönig (648—626); Wiederherstellung der Heiligtümer durch Assurbanipal (639)			
626	RESIDENZ	BABYLONIEN	ASSYRIEN	BABYLON
	Nabopolassar vom Meerland als König von Babylon eingesetzt			
616	RESIDENZ	BABYLONIEN	—	BABYLON
	Abfall Nabopolassars von Sin-scharri-ischkun von Assyrien; 612 Zerstörung von Ninive; um 606 Schlacht bei Karkamisch; Ende von Assyrien; Handelsurkunden, große Bautätigkeit in Babylon			
605	RESIDENZ	MESOPOTAMIEN SYRIEN PALÄSTINA	—	BABYLON
	Glorreiche Regierung von Nebukadnezar II. (605—562); Handelsurkunden, Briefe, Pflege der Astronomie, Kopien babylonischer Literatur; enorme Bautätigkeit; archäologische Forschung und Ausgrabung; Amêl-Marduk (562—560), Neriglissar (560—556) Labâschi-Marduk (556), Nabonaid (556—539); Blütezeit der Stadt; Handelsbeziehungen zu Jonien, Palästina und Ägypten; immer mehr gesteigertes archäologisches Interesse für die Vergangenheit; Schloßmuseum; äußerer Luxus, innere Dekadenz			
539	VASALL	—	PERSIEN	BABYLON
	Cyrus erobert Babylon; weitere Blüte der Stadt in persischer Zeit (539—331); lebhafter Handel, Briefe; Kopistentätigkeit im Abschreiben alter Urkunden; astronomische Forschung; Kambyses (529—522), Darius I. (521 bis 485); Xerxes (485—465)			
478	VASALL	—	PERSIEN	VERNICHTET
359	VASALL	—	PERSIEN	
	Artaxerxes III. (Ochus) von Persien			
331	RESIDENZ	VORDERASIEN	GRIECHEN	—
	Alexander der Große (331—323)			
312	RESIDENZ	MESOPOTAMIEN SYRIEN, IRAN	GRIECHEN	—
	Seleukus I. Nikat(n)or, der in der Folgezeit die Residenz nach Seleuzia am Tigris verlegt. Von 331—Christi Geburt: Abfassung von Chroniken der Zeit, von astronomischen Texten, von Kopien alter babylonischer und sumerischer Texte religiösen Inhalts. Je später, um so weniger Handels- und Privaturkunden. 229 v. Chr. letzte Kopie der Stadtbeschreibung von Babylon, speziell Beschreibung des Turms zu Babel			
141	KLEINSTADT	—	PARTHIEN	—
	Eroberung der Stadt durch die Parther			
um 90	HALBVERLASSEN	—	PARTHIEN	—
	Kleine Kolonie von babylonischen Priestern			
um Christi Geburt	DIE KENNTNIS DER KEILSCHRIFT ERLISCHT			—

KAPITEL I

DIE ÜBERRESTE VON BABYLON

Das ehemalige Stadtgebiet von Babylon ist heutzutage unbewohnt mit Ausnahme eines kleinen Teiles im Südwesten, wo das Dörfchen Sindschar liegt, während zwei weitere Dörfer, Kuäresch im Norden und Dschimdschime im Süden hart am Rande des Stadtgeländes erbaut sind. Wie bei den meisten Städten des Alten Orients, z. B. Ninive und Theben, ist nach dem Untergange des antiken Ortes die neue Siedlung auf das gegenüberliegende Ufer des Stromes verlegt worden, so in Babylon nach Hille, einer kleinen Landstadt im Süden der Ruinen des antiken Babylons.

Die Stadt Babylon liegt am Ufer des Euphrats in 32° 33′ nördlicher
Breite und 44° 26′ östlicher Länge von Greenwich, im Zentrum des 1
nördlichen Teiles der fruchtbaren Tiefebene von Untermesopotamien,
die zum Unterschied vom südlichen Teile, genannt Sumer, den Namen
Akkad erhalten hatte. Diese Bezeichnung leitete sich schon von den
ältesten Zeiten der semitischen Oberherrschaft über Mesopotamien her.
Sie trat auf um das Jahr 2850 v. Chr. mit der Dynastie des Königs Sargon
von der Stadt Kisch, der seine Residenz nach der Stadt Agade (Akkad)
verlegt hatte, die nördlich von Babylon in der Nähe der Stadt Sippar
gelegen hat. Die genaue Lage der Stadt Akkad ist aber noch unbekannt.
Zur Zeit des Königs Nebukadnezar II. wurde auch das gesamte Gebiet
von Untermesopotamien mit dem Namen Akkad bezeichnet. Eine Be-
nennung dieser Landschaft nach der Stadt Babylon als „Babylonien" ist
jedoch sehr selten und kommt erst zur Zeit der kassitischen Herrschaft,
um 1600 v. Chr. vor, in einer Inschrift des Königs Agumkakrime oder 18
Agum II., die in einer Kopie aus der Bibliothek des assyrischen Königs
Assurbanipal in Ninive überliefert ist.

Zahlreiche, mächtige Hügel aus Lehmschutt, die sich allmählich im
Laufe der Jahrtausende aufgebaut haben, bezeichnen noch heute die 2
hervorragendsten Punkte der antiken Stadt. Ganz im äußersten Norden
liegt der große Hügel namens „Babil", an dem der alte Stadtname noch
fest haftet; Babil ist im Norden, Westen und im Osten von einem Damm
eingehegt, einst ein Teil einer mächtigen Außenmauer des Königs Nebu-
kadnezar II. Sie setzt sich in einem Damme nach Südosten weiter fort

und führt sogar heute noch den bezeichnenden Namen Sur, d. h. Stadtmauer. Die Erinnerung an die berühmte Metropole ist also auch noch durch die Namen der Trümmerhügel lebendig. Diese äußere Mauer hat an ihrer Ostfront eine Länge von rund 3300 Metern, bis sie im Osten nach Südwesten zu umbiegt, um sich zum Euphratflusse hinzuziehen, der auch jetzt noch das ehemalige Stadtgebiet von Norden nach Süden durchschneidet, zwar nicht genau im alten Flußbette, jedoch auch nicht weit von seinem einstigen Laufe entfernt. Von andern Städten Babyloniens aber hat sich der Fluß mitunter soweit entfernt, daß sich erst durch tiefe Grabungen die Existenz des einstigen Flußbettes feststellen läßt. Ein ausgezeichnetes Beispiel hierfür bietet die Stadt Kisch, im Osten von Babylon, durch die in uralten Zeiten, 1000 Jahre bevor Babylon selbst eine geschichtliche Rolle gespielt hat, einst der Euphrat floß, der durch seine Wasserfluten der Stadt Kisch größten Reichtum und die oberste Macht über ganz Mesopotamien brachte. Aber im Verlaufe der Jahrhunderte, nach dem Jahre 3000 v. Chr., muß sich der Lauf des Flusses allmählich weiter nach Westen zu verschoben haben, bis er an der Stätte, wo Babylon gegründet wurde, angelangt war, und nun seinen Wassersegen und die daraus entstandene Fruchtbarkeit von Kisch auf das jüngere Babylon übertrug. Dieses eigenartige Schauspiel der Verschiebung des Euphrats hat sich aber auch noch bis in die neueste Zeit fortgesetzt, wo der Fluß seine Wasser bis in die Gegend von Kerbela westlich von Babylon ergießt. Die Wasserzufuhr nach Babylon ist heute nur künstlich geregelt durch einen mächtigen Staudamm bei Hindije, der aus gebrannten Ziegeln des Königs Nebukadnezars II. aus den Trümmern Babylons in moderner arabischer Zeit erbaut worden ist. Der Damm hat allein erst wieder ermöglicht, zeitweise die notwendigsten Wassermassen in das alte Euphratbett von Babylon zu lenken und darüber hinaus auf die Felder und Wiesen unterhalb der Stadt zu verteilen, damit auch hier eine einigermaßen regelmäßige Ernte erzielt wird.

Wie die Außenmauer Babylons durch lang sich hinziehende hohe Dämme heute noch deutlich markiert wird, haben sich ähnliche Überreste auch von den eigentlichen Stadtmauern, die Babylon umschlossen, erhalten. Man erkennt östlich des Flusses ein Viereck, das durch drei Dämme eingerahmt wird, während im Westen der Fluß den Abschluß bildet. Weiter aber kann man auch im Westen des Flusses ein etwas kleineres Viereck der alten Stadt Babylon erkennen; einst bildete dieser Teil die sogenannte „Neustadt" von Babylon.

Innerhalb des östlichen, größeren Teiles des Stadtgebietes machen sich mehrere Hügel oder Hügelgruppen bemerkbar. Im Zentrum des ganzen

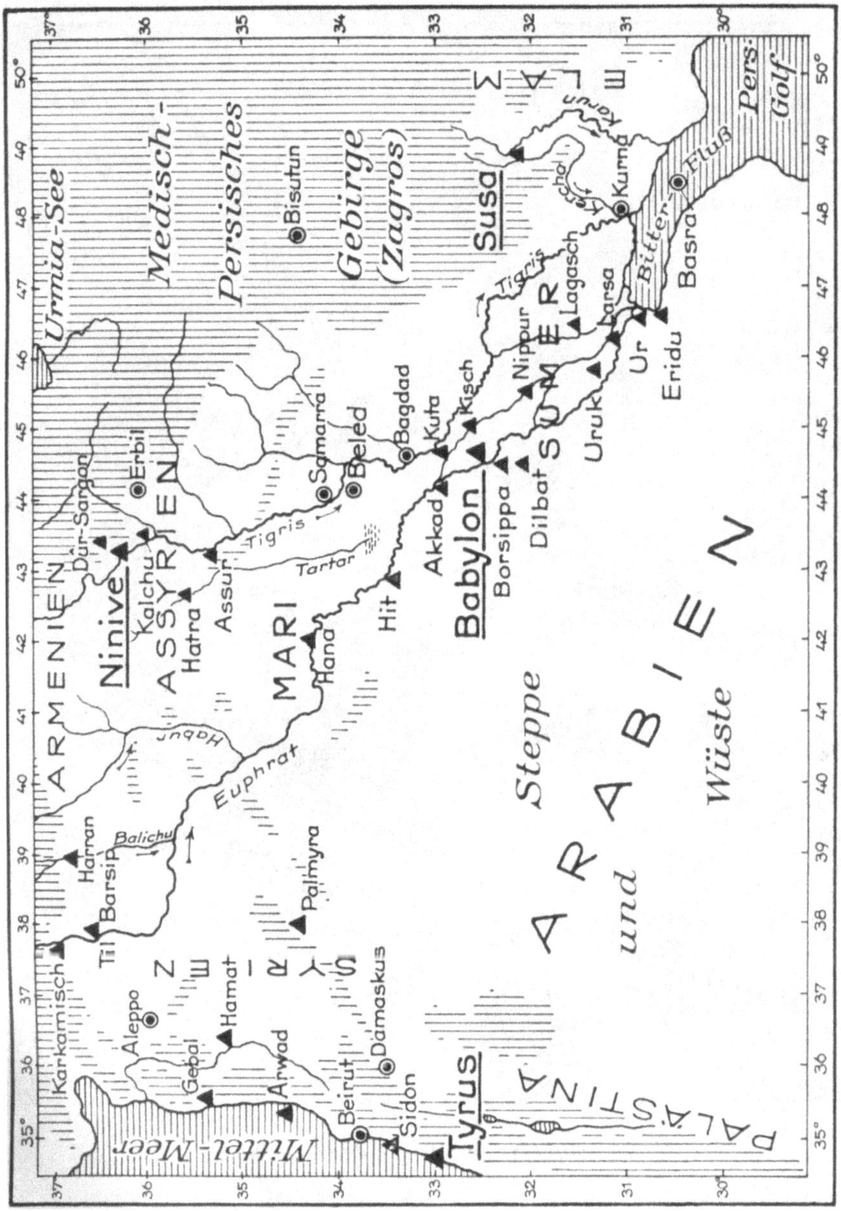

Abb. 1. Karte von Mesopotamien
(▲: antike, ◉: moderne Städtenamen; ▥: Bergland)

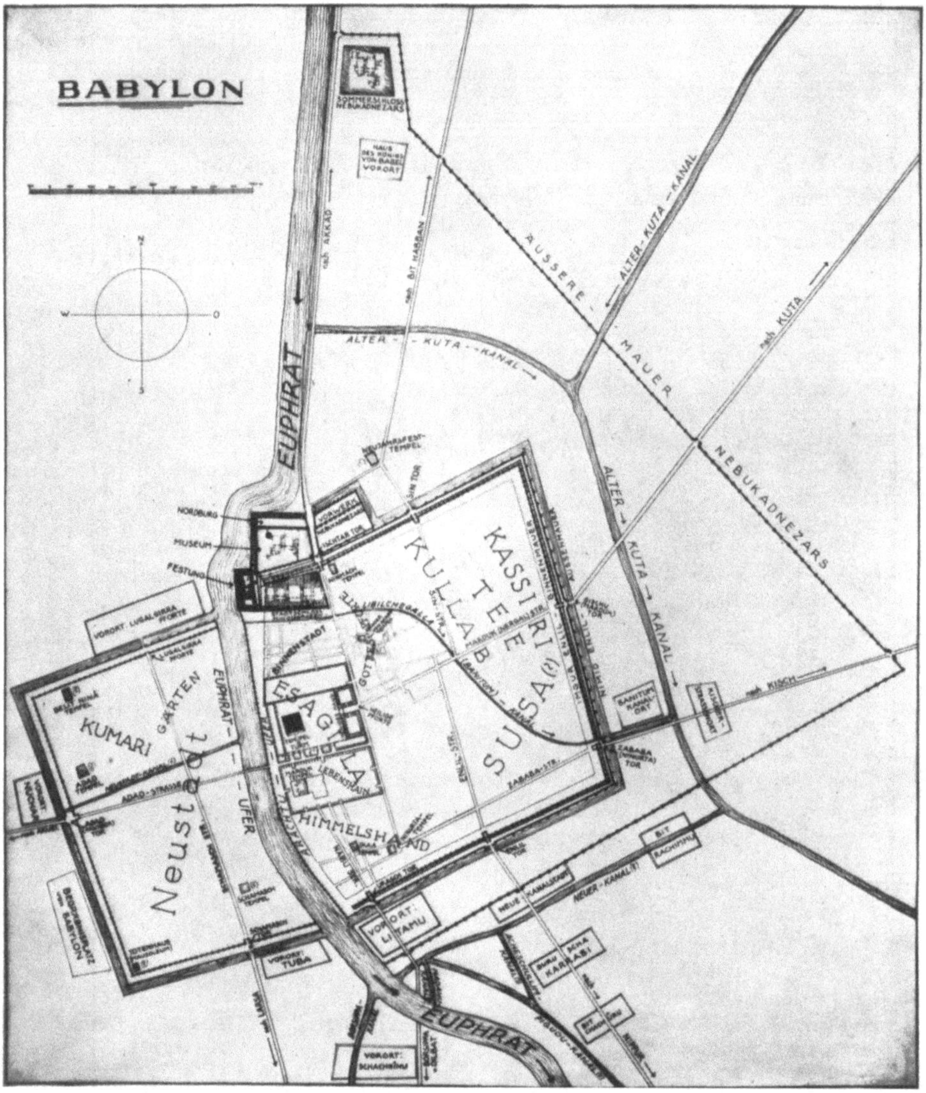

Abb. 2. Stadtplan von Babylon mit Umgebung

Komplexes liegen die Schutthügel namens Emdschelibe, von den Reisenden auch Mudschelibe oder Muqallibe genannt. Daraus hebt sich der sogenannte Kasr, d. h. „Schloß" besonders hervor; und in der Tat, die Überlieferung hat damit auch die wirkliche Lage des antiken Stadtschlosses ganz richtig bezeichnet und noch bis jetzt im Gedächtnis behalten. Südlich des Kasr, nahe dem Euphrat liegt zunächst eine mächtige viereckige Mulde, die an der südlichen Seite eine grabenartige Rinne besitzt, vom heutigen Araber Sachn, die „Pfanne", genannt. In dieser verödeten Mulde sehen wir die wenigen Fundamente des einstigen hochberühmten „Turms zu Babel", dessen Kern aus Lehm und dessen äußerer Steinmantel aus Backsteinen bestand, die heute fast gänzlich für den Bau des Staudammes von Hindije ausgeraubt und verbraucht worden sind. Die rinnenartige Vertiefung, die von Süden her auf den
Turm zukommt, war einst das Fundament einer großen Freitreppe, aus 9
gebrannten Ziegeln gemauert, auf der man zum Turm und zum oben befindlichen Gotteshause emporstieg. Ein eigentümliches Schicksal waltete über dem vielgerühmten, einst über 90 Meter hohen „Turm zu Babel", der dem Altertum riesenhaft vorkam; denn aus einem mächtig aufgetürmten Berge ist heute eine Grube geworden, und nur an der Hand von wenigen, beschrifteten Ziegeln, konnte urkundlich die Gleichsetzung und Übereinstimmung dieser merkwürdigen Ruine mit dem Turm zu Babel nachgewiesen werden.

Weiter im Süden des Sachn liegt dann ein über 25 Meter hoher, ausgedehnter Hügel, genannt Ischan Amran ibn Ali, d. h. Hügel des Amran, des Sohnes von Ali, mit der Grabmoschee dieses arabischen Heiligen und mit einem zweiten Grabbau, vermutlich dem eines gewissen Ibrahim el Halil. Heilig wie noch heute, enthielt der Amran einst auch das Allerheiligste Babylons den Marduktempel Esagila und seine Kapellen. Dem Hügel Amran ist im Süden ein einzelnstehender Hügel vorgelagert, der über die Linie der inneren Stadtmauern hinausspringt. Im Osten, parallel zum Amran, zieht eine Hügelkette hin, zunächst Merkes, d. h. „Mittelpunkt", damit wiederum richtig das Zentrum der antiken Stadt bezeichnend, daran anschließend im Süden der „Schwarze Hügel", Ischan el Aswad. Noch weiter östlich, innerhalb der alten Ringmauern, befindet sich ein antiker Schutthügel, genannt Ischan el Ahmar, d. h. „der Rote Hügel", auch abgekürzt „Homera". Wie es scheint, enthält er die ge-
waltigen Schuttmassen, die Alexander der Große und seine Nachfolger 56
bei der Abtragung des „Turms zu Babel" hier angehäuft hatten, als sie sich an das gigantische Werk machten, Tempel und Turm wieder völlig neu aufzubauen. Allein schon die Forträumung des Schuttes zur Reini-

gung des Terrains dauerte jahrelang, bis das Interesse an dem Wiederaufbau infolge der Verlegung der griechischen Residenz nach Seleuzia am Tigris dann vollkommen erlahmt war. Der Turm ist also nicht in böswilliger Absicht zerstört worden. Der seit der Mitte des 6. Jahrhunderts v. Chr. durch die verwüstenden Kräfte der Naturelemente verwitterte Turm mußte erst abgetragen werden, ehe man an einen Aufbau von Grund aus gehen konnte, der vielleicht wiederum rund 12 Jahre in Anspruch genommen haben würde, wie schon ein Neubau im 7. Jahrhundert durch den assyrischen König Assarhaddon.

Innerhalb des Stadtgebietes erheben sich allenthalben weitere kleinere Hügel, die die Überreste der Vororte der Stadt bergen, soweit sie zwischen den äußeren und inneren Mauern liegen. Zahlreiche Senken durchschneiden das Terrain, Reste von alten und neuen Kanälen.

Äußerst interessant ist zu beobachten, wie lebhaft die alte Weltmetropole Vorderasiens noch durch die Namen der Hügel im Gedächtnis der
Nachkommen wachgehalten worden ist. Babylon ist daher auch schon
65 ums Jahr 1160 dem Reisenden Benjamin von Tudela[1]) wohlbekannt,
der bis 1173 n. Chr. von Spanien über Frankreich, Italien, Griechenland
nach Mesopotamien, Arabien und Ägypten wanderte. Dieser Rabbiner
war über die Lage von Babylon durch den Namen des Hügels Babil
genau orientiert. Charakteristisch ist auch seine Bemerkung, daß der
Palast des Königs Nebukadnezars vor Schlangen und andern giftigen
Tieren unzugänglich sei. Auch in den folgenden Jahrhunderten geht bei
den Reisenden immer wieder die Rede, daß der Zutritt zu Babylon wegen
der Schlangen und Drachen gefährlich sei. Dies erzählt z. B. auch der
66 bayrische Ritter Schiltberger, der das erste Reisebuch in deutscher
Sprache verfaßt hat und von 1394 bis 1425 als Kriegsgefangener der
Türken in Vorderasien lebte. Ganz Ähnliches weiß auch der schwäbische
67 Arzt Rauwolf, der 1574 in Babylon war, zu vermelden. Der Engländer
John Eldred besuchte 1583 die Ruinenstätte. Der Reisende Pietro della
Valle ist jedoch der erste, der eine genauere Beschreibung von Babylon
mitbrachte, dazu auch einige Ziegel mit Keilinschriften von den antiken
Ruinenstätten. Von 1614 bis 1626 befand er sich in Mesopotamien,
Persien und Indien. Er hielt die große Ruine des Tempelturms, der in
27 Birs Nimrud, dem alten Borsippa, südlich von Babylon, noch heute
existiert, für den „Turm zu Babel", von dem er sich natürlich nach der
58 Beschreibung der Bibel und der klassischen Schriftsteller, besonders des
60 Herodots, eine weit größere Vorstellung mitgebracht hatte. Erwähnens-

1) Die Reisebücher dieses und der folgenden Reisenden sind in der Literatur unter ihrem Namen aufgeführt worden.

wert sind dann auch die Reisen von Carsten Niebuhr, der von 1761 bis 1767 in Mesopotamien, Arabien und Persien war, und für die Geschichte der Entzifferung der Keilschrift deshalb von ganz besonderer Bedeutung gewesen ist, weil er zuerst die besten und genauesten Kopien von Keilinschriften mit nach Europa brachte und veröffentlichte. Niebuhr war es, der dem genialen deutschen Entzifferer der Keilschrift, Georg Friedrich Grotefend in Göttingen auf diese Weise das eigentliche wissenschaftliche Material für seine Entzifferung an die Hand gegeben hat. Im Jahre 1781 kam der Resident der englischen Ostindischen Kompagnie Sestini auch durch Babylon und 1784 der Reisende Beauchamp. Ein anderer Resident derselben Gesellschaft, die mit ihren Handelszwecken auch wissenschaftliche Bestrebungen glücklich verband, war Sir Hartford Jones Bridge, der aus Babylon einige Ziegel und die große und wichtige Steinplatteninschrift des Königs Nebukadnezars II. von seinem Palaste in Babylon mit nach Europa gebracht hat und sie im Jahre 1801 publizierte. Von den folgenden Reisenden, die in Babylon weilten, sind noch besonders zu nennen der Engländer J. M. Kinneir, der von 1808 bis 1810 den General Malcolm auf einer Reise nach Persien begleitete und eine interessante topographische und geographische Beschreibung von Mesopotamien zu geben wußte. Auch der Engländer W. Ouseley sammelte eine Anzahl Altertümer bei Gelegenheit seiner Reise durch Persien und Mesopotamien vom Jahre 1810 bis 1812.

Intensiver beschäftigte sich aber zwischen 1811 und 1817 der englische Resident Claudius James Rich in Bagdad mit den Altertümern von Babylon. Er war der erste, der eine recht ausführliche Beschreibung der Ruinen veröffentlichte und viele wertvolle Antiken sammelte, um sie nach Europa zu bringen, wo sie auch sofort veröffentlicht wurden, angesichts des außerordentlichen Interesses, das die Keilschriftdenkmäler damals durch die Entzifferung von Grotefend in der Welt der Orientalisten fanden. Im Jahre 1816 war dann J. S. Buckingham in Babylon und hat den ersten Anstoß zu der irrigen Ansicht von der riesenhaften Ausdehnung der Stadt gegeben. Er legte hierbei vor allem die Zahlen zugrunde, die Herodot in seiner Beschreibung von Babylon mitteilt. Diese Zahlen erscheinen uns heute stark übertrieben und man hat sie für die Unglaubwürdigkeit des Vaters der Geschichte ausgebeutet. Während aber Herodot 60
sonst in seinen Beschreibungen Babylons zuverlässig ist, erregen gerade seine Zahlenangaben starken Anstoß. Vergleicht man jedoch die Zahlen mit denen der keilschriftlichen Überlieferungen, so wird man im allgemeinen auch hier dieselbe Übertreibung finden. Der Grund ist jedoch hierin zu suchen, daß die Zahlen eine ganz bestimmte mystische Be-

deutung, und gewöhnlich nichts mit den wirklichen Tatsachen zu tun haben. Es sind daher mystische Zahlen, die Herodot getreu nach den Berichten der Babylonier wiedergibt. Diese geben z. B. für die Länge der
4 Stadtmauern von Babylon eine ganz bestimmte, heilige Zahl, nämlich 3600 Ellen für jede der vier Seiten, an. Aber die wirkliche Längenzahl müßte bedeutend größer sein. Man sieht also, daß die Zahlen hier ein stark verkleinerndes Bild geben würden, wollte man sie wörtlich nehmen. Und darum ist auch andrerseits die Absicht einer Übertreibung zur Vergrößerung nicht anzunehmen. Die Zahlen sind als Tatsachen auf die Wirklichkeit garnicht anwendbar, sondern heilig und mystisch. Diese Erkenntnis ist natürlich erst eine Errungenschaft der neuesten Zeit, so daß es über 100 Jahre gedauert hat, bis man sich von der wirklichen Größe Babylons wieder eine richtige Vorstellung gemacht hat. Der englische Reisende Robert Ker Porter besuchte von 1817 bis 1820 den Kaukasus, Persien, Armenien und Mesopotamien und hat auch Pläne der Ruinen von Babylon aufgenommen, die eine besondere Beachtung verdienen. Babylon wurde ferner berührt im Jahre 1827 von dem Reisenden Mignan, sowie von Baillie Fraser, der von 1834 bis 1837 Kurdistan und Mesopotamien erforschte. Mit dem englischen Ausgräber Austin Henry
69 Layard beginnt dann die Periode der kleineren Schürfungen in Babylon, die er auf seinen Expeditionen nach Mesopotamien 1845 bis 1847, sowie zwischen 1849 bis 1851 hauptsächlich im Jahre 1850 unternahm, und die später von seinem Mitarbeiter Hormuzd Rassam, ferner von George Smith auf seinen Reisen zwischen 1873 und 1876 energischer fortgesetzt wurden. Inzwischen hatte die große französische Expedition von Oppert, Fresnel und Thomas 1851 bis 1854 die Ruinenstätte Babylons sehr eingehend untersucht und sich bemüht, den hohen Zahlenangaben des Herodot gerecht zu werden, indem sie die naheliegenden Ruinenorte der Stadt Kisch in Oheimir, von Borsippa in Birs Nimrud und Babylon selbst zu einem gewaltigen Stadtkomplexe zusammenfassen zu können vermeinte. Dieser phantastische Plan Opperts war aber zu künstlich und ist längst aufgegeben. Die Ausgrabungen in Kisch und Borsippa haben hier zwei selbständige und von Babylon völlig unabhängige Orte ergeben. Rassam machte dann im Jahre 1879 nochmals einige Grabungen in Babylon. Die amerikanische Expedition von Miß Wolfe, die 1884 bis 1885 Mesopotamien bereiste, veranlaßte die Ausgrabung der Stadt Nippur unter der Leitung des Deutschen H. V. Hilprecht von 1888 bis 1900, der währenddessen auch Babylon wiederholt einen Besuch abstattete. Aber erst die Reise, die Eduard Sachau in den Jahren 1897 bis 1898 durch Mesopotamien unternahm, gab die besondere Veranlassung

zu den deutschen Grabungen von Babylon, die mit interessevoller Förderung seitens Kaiser Wilhelms II. von der Deutschen Orient-Gesellschaft unter der Leitung des Architekten Koldewey[1]) von 1899 bis 1914 (1917) ausgeführt worden sind. Sachau wurde speziell durch die buntfarbigen Reliefs der Drachen, Stiere und Löwen aus emaillierten Ziegelsteinen aufmerksam gemacht. Jetzt waren plötzlich diese heiligen Drachen der starke unmittelbare Anreiz zur systematischen Erforschung der alten Ruinen geworden, nachdem ihre lebendigen Artgenossen jahrhundertelang einer abergläubischen Menschheit den Zugriff zu den verborgenen Schätzen erfolgreich verwehrt hatten.

Außer den Monumenten wurde eine unabsehbare Menge wertvoller Dokumente der Keilschrift ausgegraben. Es gelang den Orientalisten aller Nationen in gemeinsamem Wettstreit immer tiefer in die Geheimnisse der alten Sprachen und Kulturen einzudringen. Durch zähe und harte Arbeit ist der Schleier der Geschichte bis zum Uranfang der Hochkultur der Sumerer (3500 v. Chr.) enthüllt, die durch die jüngst von Woolley gefundenen wundervollen Goldschätze von Ur[2]) vorzüglich beleuchtet wird. Grotefends Entzifferung (1802), die Grundlage der Assyriologie, ist höher zu bewerten, als Champollions Entzifferung der ägyptischen Hieroglyphen, weil diesem zweisprachige Texte (griechisch, ägyptisch) zur Verfügung standen, Grotefend aber nicht. Erst nach Vollendung der Keilschriftentzifferung konnte T. G. Pinches[3]) auch Tafeln mit Keilschrift und Griechisch veröffentlichen, die Grotefends geniale Tat nach 100 Jahren glänzend bestätigten.

[1]) Koldeweys Schriften über Babylon sind stark getrübt durch seinen erfolglosen Widerpart gegen Autoritäten der Assyriologie wie Delitzsch, Meißner und Weißbach, z. B. bei der Ermittelung des Turms zu Babel im „Sachn", die den zwei letztgenannten Gelehrten vor der Ausgrabung gelang (Sendschr. DOG 2, 1901, S. 3 [Meißner]; AO 29, 2, S. 17 [Dombart]). In seinen „Heiteren und Ernsten Briefen," 1925 (S. 141—144, 172) aber kommt seine nahezu gehässige Verachtung der Assyriologen, worüber sich auch das Ausland (s. O. Ravn S. 97) mokiert hat, zum Ausdruck: „Namentlich die Assyriologen haben wenig Sinn" . . für das Stadtbild. — „Alles Kaviar für die assyriologischen Philister." — „Ich bin von einem Fieberanfall so schwach, wie ein assyriologischer Beweis." — „Die Masse der Babylonischen Könige, die nichts getan haben, ist wie die der Hunde. Wer möchte Namen und Lebenszeit der Hunde feststellen wollen? !" — usw. Hierbei ist die treffende „Aphorisme" von Koldewey selbst wohl am Platze: „Die Menschen hassen und verachten das am meisten, was sie nicht können."

[2]) C. Leonard Woolley, Vor 5000 Jahren, Die Ausgrabungen von Ur und die Geschichte der Sumerer, Stuttgart, Franckh, 1929. E. Unger, Die Bedeutung der Königsnekropole von Ur für die Vorgeschichte: Vorgeschichtliches Jahrbuch IV (1930), S. 1 ff.

[3]) PSBA XXIV 1902, S. 108—119 (OLZ 1923, S. 421 ff.; MAOG IV [1929], S. 220 f. [Ungnad]). Vgl. zuletzt zusammenfassend: W. G. Schileico in AfO V, S. 11—13.

KAPITEL II

DIE BERICHTE DER BABYLONIER

Wenn der moderne Reisende eine Stadt besuchen will, greift er, um sich zu orientieren, zu einem Reiseführer. Man wird sich wundern, zu hören, daß es schon in Babylonien und Assyrien derartige ‚Baedeker' oder Stadtbeschreibungen gegeben hat. So habe ich für die Geburtsstadt von Assyrien, Assur, die in dem heutigen Ruinenhügel Qalat Schergat wiederentdeckt worden ist, eine Stadtbeschreibung nachweisen können, von der sich mehrere Abschriften auf Tontafeln in Keilschrift haben ermitteln lassen, die sich gegenseitig ergänzen und vorläufig einen lückenlosen Text von 183 Zeilen ergeben haben.[1]) Er enthält eine Aufzählung aller in religiöser Hinsicht wichtigen Bauwerke und Örtlichkeiten von Assur. Profane Gebäude, Örtlichkeiten, Straßen und Brücken sind nicht im Texte genannt, selbst nicht der Königspalast, der nur deshalb erwähnt wird, weil ein Tempel darin gelegen hat. Dieser antike Führer diente demnach nur rein religiösen Interessen und war für die Priester und die Pilger bestimmt.

Gleichartige „Stadtbeschreibungen" sind auch von allen andern Großstädten Mesopotamiens zu erwarten und von der Hauptstadt Babylon
1 auch tatsächlich aufgefunden worden. Die Stadtbeschreibung von Babylon konnte ich ebenfalls zusammenstellen. Hier war jedoch die Aufgabe weit schwieriger, weil es mindestens 6 antike Tafeln dieser Beschreibung gegeben hat, von denen nur Bruchteile vorliegen. Sie lassen im ganzen immerhin 215 Zeilen Text in 10 großen Abschnitten erkennen, die zwischen sich zum Teil leider noch größere Lücken aufweisen.[2]) Trotz-

---

[1]) Übersetzt in E. Unger, Das Stadtbild von Assur: Alter Orient XXVII, Heft 3 (1929), S. 12 bis 16, nach dem Keilschrifttext: O. Schroeder: Keilschrifttexte aus Assur verschiedenen Inhalts: WVDOG 35, Nr. 42, 43, 44, 180; C. Bezold, Catalogue Kuyundjik Coll. British Museum IV, S. 1776; V. Scheil: Rev. d'Assyr. XIV, S. 171 f.; III Rawlinson Taf. 66.

[2]) Die Stadtbeschreibung habe ich in 10 Abschnitte, mit den Buchstaben A bis K zerlegt, s. S. 229 f. Sie sind im folgenden mit diesem Buchstaben und der Zeilenzahl (Z.) zitiert worden. — Hinzugehörig ist vermutlich eine jüngst vom Britischen Museum in London erworbene

dem ist schon ziemliche Klarheit über das Stadtbild von Babylon gewonnen. Einer der Abschnitte bringt eine wichtige statistische Übersicht über die „innerhalb des Weichbildes der Stadt" vorhandenen Örtlichkeiten, und damit ist die wesentliche Orientierung über die ganze Stadtanlage erreicht. Es fehlen zum Teil nur noch die Eigennamen verschiedener Gebäude, sowie Angaben über ihre genauere Lage. Alles dies enthielt jene antike Stadtbeschreibung. Die Existenz solcher Stadtbeschreibungen, die einen festbestimmten, gleichsam amtlichen Wortlaut besaßen, ist eine bisher unbekannte Tatsache, aber von größter Tragweite; dadurch, daß auch von andern größeren Städten des Landes solche Beschreibungen bekannt werden, wird die Kenntnis der babylonischen und assyrischen Städte bis ins Kleinste erlangt. So wird man zuletzt über Mesopotamien besser Bescheid wissen, als man jemals über die Städte des klassischen Altertums, Griechenlands und Roms, erhoffen kann. Die assyriologische Forschung ist hierin, wie in manchem Anderen, besonders was die Kunstgeschichte betrifft, gegenüber der klassischen Archäologie in großem Vorteil. — Die Statuen der Könige, die sie sich selbst — gleich den ägyptischen Pharaonen — in vielen Exemplaren errichteten, sind nicht, wie ein moderner Mensch annehmen möchte, Abbilder der Könige, zu ihrem Andenken geschaffen. Diesen Statuen wird „Leben eingehaucht" und sie gelten vielmehr als lebendige Vervielfältigungen des Herrschers. Durch sorgfältige Beischriften auf den Kunstwerken selbst, wodurch man sein ‚Leben', dem Andenken der Nachwelt erhalten wollte, haben die Könige Mesopotamiens tatsächlich erreicht, was sie erstrebten. So ist auch für uns die Basis gegeben, eine historisch gesicherte Reihenfolge der Kunstwerke herzustellen, den Entwicklungsgang des mesopotamischen Kunstwollens klar zu erkennen und hiermit einen tiefen Blick in die Geistesgeschichte der ältesten Menschheit zu tun. Die klassisch-griechische Archäologie ist gerade in dieser Beziehung wenig günstig gestellt. Die griechischen Bildhauer haben nur in der älteren Zeit die Beischriften auf das Bildwerk selbst eingemeißelt, sonst aber allein auf der Basis. Basis und Statue werden aber gewöhnlich getrennt von einander aufgefunden; im allgemeinen jedoch besitzt man nur irgendeine Statue oder eine andre beschriftete Basis, wodurch man natürlich für eine einwandfrei gesicherte Kunstgeschichte

Tafel (Brit. Mus. Quaterly II, S. 88, H. R. Hall), auf der ein Inventar von Tempelutensilien von Esagila, sowie eine Liste von Drachen und andern Tieren aufgezeichnet ist, die an den Wänden angebracht waren. Die Tafel stammt aus persischer Zeit, um 500 v. Chr. — Eine weitere Tafel aus Assur in Berlin (VAT 8917) in Amulettform scheint die Maße von Teilen 3
der Tempel Esagila in Babylon und Ezida in Borsippa zu bringen (Ebeling: KAR Nr. 307).

keine festen Grundlagen gewinnen kann. Die klassische Archäologie besitzt sicher bestimmbare Denkmäler nur aus dem 6. und 5. Jahrhundert v. Chr., d. h. aus einer Zeit, als der Einfluß des Alten Orients auf den Westen noch überaus stark war. Für die späteren Zeiten ist die griechische Archäologie mehr auf Vermutungen angewiesen, die sich auf subjektive und wenig zuverlässige Überlieferungen stützen, vor allem aber auf die Kopien der römischen Zeit, die keineswegs immer getreu dem Originale ausgeführt sind, so daß die Eigenart der berühmten griechischen Künstler nicht mit der wünschenswerten Klarheit festgestellt werden kann. So hat der Nachweis Blümels, daß der ‚Hermes des Praxiteles' aus Olympia, nicht ein Originalwerk des Meisters, sondern eine römische Kopie ist, die bisher als völlig sicher geltenden Eigenheiten dieses Künstlers in jüngster Zeit als illusorisch erscheinen lassen.

Konservativ, durch die Religion geheiligt, bewahrt man nicht nur die Städtebilder nach Möglichkeit in der ehemaligen vorgeschriebenen Gestalt, sondern man beschreibt sie auch immer wieder von neuem in wortgetreuen Kopien, die sich aus allen Zeiten, namentlich aus dem 1. Jahrtausend, erhalten haben. Diese Kopien wurden gleichfalls vom Schreiber für ‚das Leben seiner Seele', angefertigt. Sie haben das Andenken an das Bild der Stadt dauernd aufrecht erhalten und bis auf den heutigen Tag, bis in die spätesten Zeiten der Nachwelt, getreu bewahrt. Die zusammenfassende Übersicht (H. Z. 16—24) der Stadtbeschreibung von Babylon zeigt nun folgendes Bild der Binnenstadt:

„Zusammen 53 Heiligtümer der Großgötter innerhalb von Babylon;
55 Zellen des Gottes Marduk;
2 Heerstraßen;
3 Flußläufe;
8 Stadttore;
24 Straßen von Babylon;
300 Zellen der Igigi (= Himmelsgötter);
600 Zellen der Annunnaki (= Unterweltsgötter);
180 Altäre (Sitze) der (Kriegs- und Liebes-)Göttin Ischtar;
180 Sitze des Lugaldingirra (= Wettergott Adad) und Meschlamtaëa (=Pestgott Nergal);
12 Altäre des Sibitti (= Siebengottheit, Plejaden);
6 Altäre der ‚Schwänze' (= Sternbild Fische);
4 Altäre des Tiranna (= Regenbogen);
2 Altäre des ‚Festgottes';
innerhalb des Weichbildes der Stadt."

Der folgende Abschnitt I enthält die Angabe der Namen und der Lage der 10 Vororte von Babylon, von denen 6 im Osten, 4 im Westen gelegen haben. Daran schließt sich, wie die letzte sogenannte ‚Stichzeile' (I, Z. 12) „Esagila" erkennen läßt, die sorgfältige Einzelbeschreibung des Haupttempels von Babylon Esagila, der dem Gotte Marduk geweiht war. Von besonderem Interesse ist hierin die Beschreibung des ‚Turms zu Babel' mitsamt seiner ‚Unterwelt', d. h. seiner als Basis gedachten unterweltlichen Entsprechung, die unsichtbar war und dieselben Ausmaße wie der Turm über Tag besaß.

Von den übrigen Abschnitten, deren Reihenfolge zum Teil nicht mit bestimmter Sicherheit ermittelt ist, behandelt der erste A die Aufzählung der Tempel der Großgötter mit ihren Namen. B gibt die Lage der Tempel in den einzelnen Stadtteilen an. C gibt die Schmucknamen von Babylon. D enthält die Beschreibung der Zellen und Altäre. E nennt die Namen der Zellen des Gottes Marduk; Abschnitt F bringt Stadttore, Stadtmauern, Flußläufe und Straßen; H setzt die Aufzählung der Straßen fort und schließt mit der statistischen Übersicht. Es ist sehr wohl möglich, daß bei dem Funde von weiteren hierzu gehörenden Stücken der Stadtbeschreibung eine teilweise andre Aufreihung der jetzt nur lose aneinander schließenden Abschnitte erfolgen kann. Vorläufig jedoch wird die hier gewählte Anordnung zu gelten haben. Man sieht, daß auch in der Stadtbeschreibung von Babylon die profanen Bauten, öffentliche Amtsgebäude, nicht einmal der Palast des Königs irgend eine Berücksichtigung erfahren haben. Alles ist auf das religiöse Moment eingestellt. Die Namen der Bauten enthalten Wunschsätze oder sie rühmen die Tätigkeit der Götter, aber alles im Interesse der heiligen Stadt. Besonders interessant erscheinen die Altäre; sie sind nicht nur Göttern geweiht, sondern tragen durchaus kosmischen Charakter und dienen als Opferplätze für die Gestirne. Die seit dem klassischen Altertum bis heute hochberühmte babylonische Astronomie und Astrologie findet auch im Stadtbild von Babylon einen beredten Ausdruck. Die Griechen nannten diese Wissenschaft die chaldäische und man weiß heute, daß die Astronomie ganz besonders im 7. und 6. Jahrhundert v. Chr. in Ninive und Babylon wissenschaftlich ausgebildet worden ist, zuletzt unter den neubabylonischen Königen, die dem Lande Chaldäa entstammten und deren berühmtester und mächtigster Vertreter Nebukadnezar II. (605 bis 562) gewesen ist.

Zu den wichtigsten topographischen Urkunden für Babylon gehören ferner Stadtkarten, die die Babylonier ebenfalls von ihren Städten anzulegen wußten, und von denen sich auch für Babylon wenigstens 2 Frag-

5 mente erhalten haben, erstens ein Plan vom Stadtschloß und ein weiterer
4 von der ‚Neustadt', dort, wo das Schamasch-Tor und der Vorort Tuba
gelegen hat. Letzterer Stadtplan gibt eine Illustration zur Beschreibung
1 der Vororte (I, Z. 8), sein Text aber die Maße der Stadtmauern.

Von besonderem Wert, der seither fast nicht berücksichtigt oder erkannt
worden ist, sind ferner die zahlreichen Privaturkunden, interessante Verträge über Haus- und Felder-Verkäufe und Vermietungen innerhalb und
außerhalb der Stadt Babylon. Sie sind auf Tontafeln in Keilschrift,
namentlich in dem 1. Jahrtausend v. Chr. aufgezeichnet. Ich habe gegen
6000 Tafeln studiert und die für Babylon wichtigen Urkunden festgestellt.
Die Kontrakte sind vor Notar und Zeugen beurkundet und genau datiert;
die Lage der Grundstücke[1]) ist gleichfalls mit großer Sorgfalt registriert,
mit größter Zuverlässigkeit, die den Auszügen aus dem modernen Grundbuche gleichzuachten sind, so daß sich die beachtenswertesten Angaben
über die Topographie der Stadt ergeben haben, die eine wertvolle Ergänzung zur Stadtbeschreibung sind. Ungemein zahlreich sind diese
30f. Privaturkunden aus der assyrischen und neubabylonischen Zeit (7. bis 6.
56 Jahrhundert v. Chr.) erhalten, sie reichen bis in die persische, griechische
57 (hellenistische) und parthische Periode hinab, solange Babylonier in der
Stadt Babylon wohnten und Keilschrift schrieben, d. h. bis Christi Geburt.

Außerordentlich wichtige Angaben über die Topographie von Babylon
findet man natürlich in den eigentlichen Bauurkunden, die in der Regel
18f. von assyrischen und babylonischen Königen herrühren. Hierin wird
ebenfalls eingehend über die Anlage des Tempels, des Palastes oder der
2 Stadtmauer berichtet; die Bauinschriften der chaldäischen Könige, z. B.
26 Nebukadnezars II. enthalten sogar eine Beschreibung ihrer gesamten
Bautätigkeit in Babylon und in den andern hervorragenden Städten des
Landes. Und in der Tat, in Babylonien sind noch heute Millionen und
23 aber Millionen von wohlerhaltenen Ziegeln gerade aus dieser Zeit vorhanden, die auch heute noch von den Arabern wieder verwendet werden,
um ihre eigenen Häuser und Kastelle zu bauen. Die überreiche Bautätigkeit der neubabylonischen Könige zeugt von einem ganz bedeutenden Reichtume, der wohl auf der unschätzbaren Beute beruhte, die von

[1]) Die Lage des Grundstücks ist meist genau angegeben, zu einem Stadttor (abullu), einer Pforte (bâbu), vor (miḫrat, pâni, pânât), zwischen (birit), außerhalb (kidâni, kamâtu), in einem Stadtviertel (KI = irṣitu), in der Gemarkung (A-QAR = ugaru), im Weichbilde (libbi, qabal, qirbi) der Stadt oder außerhalb im Stadtkreis (piḫatu) von Babylon. Die Angrenzung der Grundstücke an Kanäle (nâru), an der Abzweigung eines Kanals, der sog. „Kanal-Pforte" (bâb nâri),
46 an Straßen (sûqu) und an öffentliche Gebäude ist ebenfalls festgelegt. Über die „Tafel des
54 Bêl" (li'u ša Bêl), d. h. ein Schuldgrundbuch, siehe S. 313, Anm. 1.

den Babyloniern bei der Eroberung Assyriens 616—606 gemacht wurde. Die neue Großmacht Babylon wurde dann durch die tatkräftigen Persönlichkeiten der babylonischen Herrscher Nabopolassar und Nebukadnezar II. auf das glänzendste entfaltet.

Zu den ältesten Bauinschriften zählt die Inschrift des kassitischen
Königs Agum II. oder Agum Kakrime, der um 1650 v. Chr. den Haupt- 18
tempel Esagila wiederhergestellt und die Statue des Gottes Marduk aus Hana, nahe der heutigen Petroleumstadt Hit, wieder nach Babylon zurückgeführt hat. Die Inschrift ist jedoch nicht im Original, sondern nur in einer Abschrift aus der bekannten Bibliothek des Assurbanipal
in Ninive erhalten.[1]) Dann folgen die Inschriften der über Babylon 19
herrschenden assyrischen Könige, die auf Stelen, Tonzylindern, Ton- 20-22
prismen, gestempelten und beschrifteten gebrannten Ziegeln abgefaßt sind und deren älteste Urkunde von Tukulti-Ninurta I. um 1250 v. Chr. herrührt, der zuerst die Regierung der Länder Assyrien und Babylonien in seiner Person vereinigt hat.[2]) Sie reichen bis ins ausgehende 7. Jahr-
hundert, wo die Inschriften der Könige Nabopolassar, Nebukadnezar, 23-26
Neriglissar und Nabonaid eine große Fülle des topographischen Materials bringen.[3])

Zu den amtlichen Urkunden zählen auch einige Briefe, d. h. Berichte 27
von Beamten an den König über verschiedene in Babylon auftragsgemäß 28
ausgeführte Bauten. Diese Keilschrifttafeln fanden sich im königlich 29
assyrischen Staatsarchive zu Ninive. Auch einige neubabylonische Briefe 31
enthalten einiges Material für das Stadtbild von Babylon.[4]) 32

Neben den rein topographischen, den Handels- und Baugeschichtsquellen sind es endlich auch religiöse Texte manigfacher Art, aus der sich vielerlei für das Stadtbild gewinnen läßt. Das sogenannte ‚Neujahrsfestritual' enthält das Programm für den Festakt im Tempel Esagila, innerhalb und außerhalb von Babylon, ein Frühlingsfest, an dem der Gott Nebo von der Nachbarstadt Borsippa den Stadtgott Marduk von Babylon besuchte, und das vom 4. bis zum 11. Nisan, im Monat März-April, währte.[5]) Auch die andern Götter Babyloniens kamen herbei, um ihrem Hauptgotte zu huldigen. Es war das Fest der Tag- und Nachtgleiche,

---

1) KB III, 1, S. 135ff.; Hommel, Grundriß der Geographie S. 310.

2) Archiv für Keilschriftforschung II, S. 19—24, E. Unger; D. Luckenbill, Ancient Records of the Kings of Assyria I—II; Beitr. z. Assyr. III, Heft 2, S. 189 bis 362, Meißner und Rost; VAB VII, M. Streck.

3) VAB IV, S. Langdon: CT 37, Taf. 5—20.

4) Harper, Letters Nr. 119, 120, 471, 1278 usw.

5) Thureau-Dangin, Rituels Accadiens, 1921, S. 127ff.

an dem der Tag, repräsentiert durch Marduk, die Tagessonne, und die Nacht, repräsentiert durch die Nachtsonne, Nebo, einander die Wage hielten. Ein entsprechendes Fest fand im Ulul im Herbst, statt, d. h. im VI. Monat, wo die ‚Heilige Pforte' für den Durchzug der Götter geöffnet wurde, während sie sonst vermauert war. Ein anderer Text[1]) gibt
13 das Programm für alle Feste, die innerhalb des Jahres in Babylon stattfanden. Die Opfer, speziell die Rauchopfer, die im VIII., IX. und X. Monate in Babylon dargebracht wurden, verzeichnet ein weiterer Text
8 in Berlin,[2]) zu dem J. P. Morgan in New York ein wertvolles und ergänzendes Duplikat besitzt. Zahlreiche sonst wenig bekannte Tempel und Verehrungsstätten in Babylon werden hier genannt.

Interessant ist ferner eine Tontafel mit einer Art Chronik, in London[3])
17 befindlich, die Mitteilungen über das Stattfinden des Neujahrsfestes in Babylon für die Zeit vom 6. bis 26. Jahre des Königs Nabukinapli, um 990 v. Chr., bringt. Darin werden auch unheilvolle Ereignisse berichtet, daß Löwen, Wölfe oder Hirsche unvermutet in die Stadttempel eingedrungen, daß böse Unwetter und eigenartige Himmelserscheinungen aufgetreten seien und daß eine gewaltige Überschwemmung des Euphrats den ‚Unteren Platz' des Kapellenkomplexes von Esagila verheert habe. Aber auch an anderen historischen chronikartigen Notizen fehlt es in dieser Tafel nicht; denn es war damals eine Zeit der politischen Unordnung, als die Aramäer, infolge der Schwäche von Assyrien und Babylonien, in beide Länder einfielen und durch ständige Raubzüge bis nach Babylon das Reich des Nabukinapli in Atem hielten, so daß das Neujahrsfest meist ausfallen mußte. Der Neujahrsfesttempel lag außerhalb der Stadt, im Norden, und war den feindlichen Angriffen natürlich zuerst ausgesetzt. Außerdem war die Verbindung mit der Nachbarstadt Borsippa damals zeitweise völlig unterbunden und Gott Nebo konnte die Stadt Babylon nicht erreichen.

Höchst phantasievoll mutet ein andrer Text[4]) an, der ‚47 unheilvolle
16 Vorzeichen für den Untergang von Babylonien' enthält. Aber er ist für das Stadtbild von Babylon doch sehr bemerkenswert, weil darin Tempel und andre Gebäude von Babylon angeführt sind und sich dort Brände,

[1]) Reisner, Sumer. babyl. Hymnen Nr. VIII, S. 145f.; KB VI, 1, S. 24 f. P. Jensen (Text in Berlin, VAT 662). Vielleicht gehört VAT 432; 1805 (unpubliziert) hinzu.

[2]) Reisner a. a. O. Nr. VII, S. 144 (VAT 398); Collection J. P. Morgan, IV, Nr. 25, Clay; vgl. RLV XI, „Religion" § 9, E. Unger.

[3]) Brit. Mus. 35968; L. W. King, Chronicles I, S. 212ff., II, S. 70ff., 157ff.; vgl. E. Unger, Die Aramäer auf der Höhe ihrer Macht: Forschungen und Fortschritte IV (1928), S. 262.

[4]) Rm (Rassam) 155; Boissier, Choix de textes rel. à la divination, S. 253ff.; ders. Docum. Assyr. S. 267; CT XXIX, Taf. 48—49.

Auffindung von Toten, von Schafen mit vier Hörnern, der Fall von
Meteoren und andre unheilvolle Vorzeichen ereignet hätten, die das
religiöse Gemüt des Babyloniers beunruhigten. Die Kenntnis dieses
Textes verdankt man wieder einer Abschrift aus der Bibliothek in Ninive.
Aber auch sonst spielt die Stadt Babylon in der poetisch-religiösen
Literatur eine große Rolle. Die Göttin Ba-u wird in einer Hymne[1]) mit
verschiedenen Tempeln Babylons in Beziehung gebracht, in denen sie
sich als Spenderin von Wohltaten offenbart. Eine andre Tafel[2]) von ganz 15
besonderem Reiz bringt das Epos eines babylonischen Königs, eines
,Hiob', der nach der Erduldung von vielfachem großen Ungemach,
zuletzt durch den Gott Marduk von seinen Leiden und seiner Not erlöst
wird, so daß der König seine Residenz Babylon und den Tempel Esagila
wieder betritt und hier nacheinander durch die elf heiligen Pforten von
Esagila seinen feierlichen Einzug hält. So gewinnt auch dieser Text für
die Kenntnis von Babylon seine ganz besondere Bedeutung. In einem
weiteren Texte, in dem der fromme Schreiber verschiedene ,Siebenheiten'
aufgezeichnet hat, werden unter anderm auch 7 Zellen aufgezählt, die
in Babylon gelegen haben.[3]) Wichtig ist auch eine Mitteilung eines
assyrischen Schreibers und Gelehrten an den assyrischen König über
die Gottheiten des Gesamtreiches Assyrien und Babylonien, aus dem
Anfange des 7. Jahrhunderts.[4]) Darin werden auch die ,Götter von 10
Esagila und von Babylon', sowie die ,Götter angesichts des Gottes 11
Marduk' mit Namen angeführt, d. h. die Statuen derjenigen Götter, die
im Tempel Esagila gegenüber der Gottesstatue des Marduk zu jener Zeit
aufgestellt gewesen sind.

Aus allen diesen zum Teil recht verschiedenartigen Dokumenten ergeben sich die wichtigsten Aufschlüsse über die Namen der Tempel, Kapellen, Zellen, Tore, Paläste von Babylon, daneben aber auch vorzügliche Angaben und Hinweise auf ihre Bedeutung, über die Eigenart der Gottheiten, und über die Lage der Bauten selbst. Die Beschreibung der Babylonier, die sie von ihrer Stadt Babylon hinterlassen haben, gibt natürlich ein weit reichhaltigeres Bild vom einstigen Zustande der Stadt, als die Ausgrabungen haben vermitteln können. Diese gingen leider in der Hauptsache mehr darauf aus, die Gebäude festzustellen und die Ruinen aus Lehm(!) zu erhalten, als die Mauern nach den vorhandenen Gründungsurkunden zu untersuchen, die erst die volle Bedeutung und

[1]) Ebeling: KAR Nr. 109, Z. 13—21; MVAG 1918, Heft 1, S. 49f. ders.

[2]) KAR Nr. 10 (Ebeling); vgl. Greßmann: ATAT², S. 280, Z. 120—133 (Ebeling).

[3]) KAR (Ebeling) Nr. 142, Vorderseite, Kol. II, Z. 1—10.

[4]) III Rawlinson Taf. 66, Rückseite, Kol. V, Z. 1—21; Kol. VI., Z. 1—11.

den Namen des Bauwerkes bieten[1]). Diese Konservierung der Ruinen
— in einem Lande ohne Fremdenverkehr — verhinderte die sofortige
Identifizierung der meisten Gebäude in Babylon. Aber das vorhandene
Urkundenmaterial hat selbst diesen Mangel ausgeglichen und ermög-
lichte eine erfolgreiche Untersuchung, so daß über das Stadtbild von
Babylon eine ausreichende Klarheit gewonnen worden ist. Die Unter-
25 suchung stützt sich natürlich auch auf die Ausgrabungen, hier aber nur
insoweit, als die Ausgrabungen wenigstens die Existenz eines Stadttores,
eines Tempels oder einer Straße nachgewiesen haben. Name und Be-
deutung derselben hat in den meisten Fällen erst die Urkundenforschung
gebracht, die aber seither das umfangreiche Material wenig beachtet
1 hatte. Ein großer Teil von der ‚Stadtbeschreibung von Babylon‘ (VAT
554 = Reisner SBH Nr. IV) lag schon seit 1896, d. h. schon drei Jahre
vor dem Beginn der Ausgrabung von Babylon, publiziert zur Ver-
fügung der gelehrten Welt und hätte, wenn er ausgenutzt worden wäre,
der Ausgrabung wichtige Fingerzeige vermitteln können.

Gegenüber den Originalzeugnissen der Stadtbeschreibung der Baby-
lonier muß man zunächst bei den fremden Berichten, namentlich soweit
sie den griechischen und römischen Schriftstellern entstammen, größere
Vorsicht anwenden. Ihre Mitteilungen werden zum größten Teile erst
richtig verständlich, wenn die Keilschrifturkunden vorher die topo-
graphischen Tatsachen genau festgestellt haben. Diese Texte sind älter,
bewegen sich durchaus im eigenen Milieu, während die Griechen als
Ausländer den babylonischen Dingen fremd gegenüberstanden. Sie
machten sie sich aber verständlich, dadurch, daß sie analoge griechische
Verhältnisse verglichen; doch beruhen diese Vergleiche auf subjektiv
60 empfundenen Gedanken. Herodot bedurfte z. B. der eingehenden In-
struktion seitens der Babylonier, die er, soweit er sie verstanden zu haben
glaubte, auch mitteilt. Aber schon allein die Eigennamen, z. B. die Namen
der Götter, mit Ausnahme des einfachen Wortes Bêl, waren ihm nicht
mundgerecht geworden, so daß er sie nicht mitteilt, sondern die grie-
chischen angeblichen Äquivalente dafür einsetzt. Daher ist es nicht
möglich, einzig und allein aus den Mitteilungen der griechischen Schrift-
steller sichere Schlußfolgerungen für die Topographie Babylons zu ziehen.
Seine angeblich phantastischen Zahlen beweisen, daß Herodot sie eben-
falls von den Babyloniern erhalten hatte; denn diese liebten es, runde,
mystische Zahlangaben zu machen, die mit den wirklichen Verhältnissen
nichts zu tun hatten. Wie die Maßangaben für den Umfang der Ring-

[1]) Vgl. RLA ‚Aššur‘ § 70 (E. Unger) und Forschungen und Fortschritte V (1929) S. 353 f. (ders.). Die Konservierung von Steinbauten (Ägypten) ist selbstverständlich.

mauern von Babylon zeigen, haben hierbei die Babylonier selbst Zahlen mitgeteilt, die sogar hinter der Wirklichkeit erheblich zurückbleiben. Weder Bescheidenheit, noch Anmaßung hat die Babylonier bewogen, die Zahlen zu gering oder zu groß anzugeben. Bestimmend war allein nur die durch die Überlieferung geheiligte mystische Zahl. Auch in der griechischen Berichterstattung über Babylon steckt daher ein gut Teil der babylonischen Überlieferung selbst.

Was Ägypten angeht, so hat der Ägyptologe Spiegelberg festgestellt,[1]) daß Herodot seine Kenntnisse nicht aus Büchern oder den ihm unbekannten Inschriften, nicht aus offiziellen amtlichen Kreisen gewonnen hat, sondern daß er als Reisender, der um 450 v. Chr. für 3½ Monate in Ägypten war, sich von Dragomanen, allenfalls auch niederen Priestern, hat herumführen und berichten lassen. Darum enthalten die Erzählungen Herodots, namentlich was die Geschichte angeht, viele Anekdoten, mündlich überlieferte und entstellte, volkstümliche Novellen, Denkmälersagen, die nur ein fernes Echo der früheren geschichtlichen Ereignisse in der Seele des ägyptischen Volks darstellen. Diese Sagen hat Herodot meist, aber nicht immer, für bare Münze genommen und getreulich überliefert. Herodot verdient deshalb eine bessere Beurteilung, er besitzt eine relative Glaubwürdigkeit. Für die Geschichte Ägyptens seit dem 7. Jahrhundert, die er klarer, wenn auch novellistisch, schildert, ist Herodot heute noch die ergiebigste Quelle, da die ägyptischen Denkmäler hier versagen.

Diese Beurteilung Herodots ist nun auch von größter Bedeutung für die Bewertung seiner Schilderungen über Assyrien und Babylonien, die oft so phantastisch anmuten, daß man zur Annahme geneigt gewesen ist, Herodot sei niemals dort gewesen. Nun aber dürfte auch hieran nicht mehr gezweifelt werden, wenn man seine Berichte in der richtigen Perspektive betrachtet. Auch in den Beschreibungen und ‚Geschichten' Babyloniens findet sich ‚ein Körnchen Wahrheit'. Um nur zwei Beispiele zu nennen: Herodot weiß noch die Zeit der Semiramis, um 800 v. Chr., genau anzugeben. Sogar seine Behauptung, daß der Turm zu Babel acht Türme übereinander gehabt habe, ist nach babylonischer Vorstellung richtig, obgleich in der Keilschrifttafel, die den Bau behandelt, sieben
Stockwerke genannt sind. Das achte Stockwerk ist nämlich in der Tafel 1
ebenfalls beschrieben, als ‚Kigallu', als ‚Unterwelt' oder Basis des Turms, die man sich, analog den kosmischen Entsprechungen von Himmel und Erde, des Oberen und Unteren, als unterweltliche Fortsetzung des Turms, als einen gewaltigen Kubus von 90 m Seitenlänge gedacht hat, dem der

[1]) Die Glaubwürdigkeit von Herodots Bericht über Ägypten: Orient und Antike II (1927).

Oberbau über Tag, von derselben Höhe und Breite, nur bergartig verjüngt, entsprach. Die Übertreibungen aber, die Herodot in den Ausmaßen der Bauten gibt, erklären sich aus den heiligen Zahlen.

In bezug auf die älteste Geschichte aber war Herodot in Babylonien wesentlich ungünstiger gestellt als in Ägypten, wo die Hieroglyphenschrift der Monumentaldenkmäler stets dieselbe gewesen ist, so daß die Überlieferung unter dauernder Kontrolle stand.

So weiß Herodot über die älteste Zeit Ägyptens relativ viel zu erzählen. Dagegen schweigt er vollkommen von der sumerisch-akkadischen Zeit Mesopotamiens, wie übrigens auch die Bibel. Die dauernde Veränderung der Keilschrift hat es mit sich gebracht, daß selbst die Babylonier z. Z. des Herodot und schon seit mehreren Jahrhunderten früher, die älteste Keilschrift, die bis 2300 v. Chr. geschrieben wurde, nicht mehr recht lesen und schreiben konnten. So hat sich z. B. ein neubabylonischer Schreiber im 6. Jahrhundert statt einer Abschrift nur einen Tonabdruck einer akkadischen Inschrift des Schar-kali-scharri (um 2700 v. Chr.) gemacht[1]) und dazu bemerkt, daß sie aus dem (sogenannten) Palaste des Naram-Sin (um 2750 v. Chr.) in Akkad (der längst nicht mehr existieren konnte) stamme. Den Königsnamen also konnte er nicht mehr entziffern. Wenn sogar der königliche Archäologe Nabonaid von Babylon[2]) (um 550 v. Chr.) irrige Angaben über Naram-Sin macht, den er 1000 Jahre zu früh (3750) datiert und als Sohn, anstatt als Enkel, des Sargon von Akkad bezeichnet, so beweist dies, daß auch die gelehrtesten Leute damals nur ungenaue Kenntnis von jenen schon fast sagenhaften Helden der Vorzeit (3300—2300 v. Chr.) besaßen. Die Spätzeit zehrte von der Überlieferung, die in der Periode von 2300—1900 von den Semiten in Kopien nach archaischen Texten (aber in der zeitüblichen veränderten Schrift) und in literarischen Neuschöpfungen geschaffen und späterhin immer wieder durch neue Kopien wachgehalten wurde. Die in der Spätzeit beliebte, archaisierende Schrift ist auch der jener genannten semitischen Periode nachgeahmt. Wenn somit selbst die Babylonier aus den Inschriften ihre älteste Geschichte nicht mehr kontrollieren konnten, um so weniger wird man von Herodot eine Kenntnis davon erwarten dürfen, zumal man sich nunmehr bezüglich seiner Glaubwürdigkeit richtig einzustellen vermag.

---

[1]) E. Unger, Assyrische und Babylonische Kunst 1927, Abb. 5—6; UP IV, 1, S. 198, Anm. 1. Museum Journal (Philadelphia) III, S. 23.

[2]) VAB IV, S. 227, Nr. 1, Kol. II, Z. 57—58; Kol. III, Z. 8; S. 247, Nr. 4, Kol. II, Z. 30. Nur die großen Herrscher leben in der Überlieferung und die kleineren zwischen ihnen werden einfach übersprungen.

Herodot fußt jedenfalls durchaus auf der mündlichen Beschreibung 60
der Babylonier. Seine Darstellung wirkt noch in den Berichten der
späteren Schriftsteller nach, die daneben Werke des Ktesias, der am
persischen Königshofe lebte, und Aufzeichnungen des Berossos ausgiebig benutzten. Berossos, der am Hofe der ersten Seleuziden, der
Griechenkönige über Babylonien, lebte, hat Keilschrifturkunden herangezogen; seine Werke sind aber nur in kurzen Auszügen auf uns gekommen.

Die Ansiedlung der Griechen brachte eine enge Annäherung mit den
Babyloniern. Die Keilschrifturkunden[1]) nennen Griechen: Apollo- 56
nides, Artemidorus, Demokrates, Timokrates usw. (Coll. Morgan II 57
[1923], S. 16ff. Clay); man zahlt in Stateren (istatirranu) des Alexander
oder Antiochus; die Babylonier nehmen griechische Namen an: So heißt
Nanâiddin auch Demetrius (Dimetiriia), Anubêlschunu nennt sich
Antiochus (VS XV [O. Schroeder]). Der Erbauer des Anu-Tempels,
Bît rêsch, in Uruk im Jahre 244 v. Chr., Anu-uballiṭ, heißt Nikarchos
(Nikiqarkusu: YOS I, Nr. 52 Clay), ein anderer Anu-uballiṭ nennt sich
Kephalôn (Kiplunnu: OLZ 1919, S. 210f.). Man legte griechisch-keilschriftliche Wörterbücher an (s. S. 7). In römischer Zeit (seit Christi
Geburt) war die Kenntnis der Keilschrift erloschen und man schöpfte
daher aus mündlicher Überlieferung, aus eigener Anschauung und aus 61
älteren Werken. Strabo der nüchterne Geograph, Diodor der über- 62
schwängliche Romantiker, Q. C. Rufus u. a. haben daher wenig Neues 63
vermittelt und so müssen wir letztenendes doch immer wieder zu den 64
Originalurkunden der Babylonier als den eigentlichen wertvollen Quellen
greifen.

---

[1]) Die aus Babylon stammenden Urkunden sind unten S. 319ff. verzeichnet.

KAPITEL III

BABYLON DER NABEL DER WELT

Für die Weltstellung Babylons ist nichts bezeichnender als die baby-
6 lonische Weltkarte, die die Erde kreisrund mit dem Zirkel gezeichnet und in ihrem Mittelpunkt, gleichsam als Nabel der Welt, die Stadt Babylon selbst angesetzt hat. Der Euphrat, der die Stadt mitten durchströmt, fließt nach Südosten und die gesamte Karte ist nach Nordwesten, wo der „Günstige Wind" herkam, orientiert worden. Der Euphrat ergießt sich in die „Sümpfe" bei dem Orte „Bît Jakînu", der Hauptstadt des sog. „Meerlandes", das sich im Verlaufe des 3. Jahrtausends durch die Anschwemmungen der beiden mächtigen Ströme, des Euphrats und des Tigris, gebildet hat, so daß hier gegen 2000 v. Chr. ein durch die Sümpfe geschütztes Reich, das „Meerland", entstand. Noch um 3000 v. Chr. aber haben die Städte Ur und Eridu am Gestade des Persischen Golfes gelegen und sind somit Hafenstädte des Meeres gewesen. Ähnlich ist auch das Nil-Delta in Ägypten erst allmählich im 3. Jahrtausend angeschwemmt worden, so daß sich dort an prähistorischen Funden bisher nichts weiter gezeigt hat, es sei denn am einstigen Rande des ursprünglichen Meerbusens. Die babylonische Erdkarte nennt rechts von Babylon das „Land Assur", darüber „Uraschtu", die damalige Bezeichnung für Armenien, dann einen Ort ohne Namen und endlich das „Gebirge" den Taurus. Links ist auf der Karte eine Landschaft (?) Ḫabban aufgeschrieben. Die gesamte babylonische Erdkarte wird ringsum vom „Bitterstrom", dem Ozean, kreisförmig umschlossen. Jenseits dieses Ozeans aber liegen noch 7 Bezirke (nagû). Sie leiten zu den himmlischen Regionen über und die Weltkarte gibt also nicht nur eine Vorstellung von der irdischen Erde, sondern ist ein Ausschnitt vom babylonischen Kosmos.

Die Vorstellung, die sich die Babylonier von der sie umgebenden Welt gemacht haben, leuchtet aus ihren Mythen und Epen dem „Weltschöpfungsepos", dem „Gilgameschepos", das auch den Bericht über die Sintflut[1]) enthält, allenthalben hervor. Der babylonische Kosmos
3 ist aber auch, wie die Tafel zeigt, gewissenhaft, gleich der „Stadtbeschreibung von Babylon" in mehreren Büchern oder Tafeln be-

[1]) Über die „Könige vor der Sintflut", s. S. Langdon, Oxford Editions of Cuneiform Texts II (1923), S. 2. ff.; Langdon, Fotheringham, Schoch, The Venus Tablets of Ammizaduga, Oxford 1928, S. 84f.

schrieben worden. Der Himmel war der Wohnsitz der Götter; er ist umgeben von dem „Himmlischen Ozean". Die Erde, als das Spiegelbild des Himmels, ist daher vom „Bitterfluß", dem irdischen Ozean, rings umschlungen. Die Verbindung zwischen Himmel und Erde stellen die 7 „Bezirke" oder „Inseln" her. Sie sind auf der Karte und in ihrem Texte beschrieben und lassen sich, mit Ausnahme des 1. und 2. Bezirkes, die nicht mehr erhalten sind, mit einiger Sicherheit in Wort und Bild wiederherstellen. Der 3. Bezirk ist der, „wo der beschwingte Vogel nicht vollendet seinen Weg". Im 4. Bezirk ist „die Helligkeit größer als die Abenddämmerung und der Sternenschein". Der Bezirk lag, gemäß der sprechenden Beschreibung, im Nordwesten gen Sonnenuntergang der Erde. Anschließend liegt der 5. Bezirk, genau im Norden, „wo man nicht irgendetwas erblickt" und „wo die Sonne nicht zu sehen ist", wie eine Notiz zur Karte selbst mitteilt. Man sieht, daß die Babylonier von der Polarnacht am Nordpol eine gute Vorstellung gehabt haben. Höchst merkwürdig aber ist der 6. Bezirk, „wo ein 'Hornochse' einherrennt und den Ankömmling angreift". Genau dasselbe Bild, getreu der Überlieferung, ist nun auf einem Astrolab dargestellt, das in einem Buche aus dem 17. Jahrhundert veröffentlicht ist,
und die Rekonstruktion des babylonischen Kosmos durch Herbert Anger 4
hat daher in dem Astrolab eine willkommene Unterstützung gefunden. Im übrigen sind hier auch alle Angaben der antiken Beschreibung verwertet.

Der 7. Bezirk lag im Osten und steht in einem Gegensatze zum 4. Bezirk. „Wo der Morgen heraufzieht" ist die Charakterisierung des 7. Bezirkes; er war mithin gen Sonnenaufgang gelegen. Alle Bezirke sind von der Erde gleichmäßig entfernt, und die Entfernung ist mit dem heiligen Maße von „7 Meilen" gemessen. Unter sich jedoch beträgt die Entfernung der Bezirke 6 oder 9 oder wohl noch mehr Meilen, deren Zahlen noch nicht bekannt sind.

Jenseits der 7 Bezirke, dem Himmel zu, liegt nun der „Himmlische Ozean", der in dem Texte der Tafel ebenfalls eingehend beschrieben wird. Er enthält „das Getier, das der Gott Marduk geschaffen hat". Die Tiere werden auch einzeln aufgeführt und man erkennt manche noch heute in der Sternenwelt wohlbekannte Sternbilder wieder: Natter, Schlangendrache (das Symboltier des Gottes von Babylon), Gazelle, Stier, Panther, Widder, Löwe, Schakal (wohl unser Hund), Hirsch, Affe, Steinbock usw. Es sind mehr als 12 Gestirnbilder, daher nicht nur die sogenannten „Tierkreisbilder", sondern auch andre nicht dazugehörige Sternbilder, die den „Himmlischen Ozean" charakterisierten. Der Text nennt sie auch zusammenfassend: „die vergangenen Götter".

Das sind nämlich die Götter des Urchaos, der ersten Welt, die nach der Erzählung des „Weltschöpfungsepos" durch den Gott Bel-Marduk von Babylon in heftigem Kampfe besiegt und unterworfen wurden, und die nun unter die Sterne versetzt worden sind. Die 7 Bezirke sind der eigentliche Gegenstand der Beschreibung der Tafel. Der Babylonier weiß, wie sie gestaltet sind, aber außer Ut-napischtim, dem babylonischen Noah und Sintfluthelden, und einem andern Helden der Vorzeit, die „verklärt", unter die Götter erhoben wurden, habe niemand mehr das Innere der 7 Bezirke betreten können. Inmitten des gesamten Kosmos der Babylonier aber war Babylon das Zentrum ihrer Erde, der „Nabel der Welt", was Jerusalem für die Juden, und Rom für die Christen im Mittelalter gewesen ist.

Auf altsumerische Anschauungen geht die Lehre zurück, daß alles, was am Himmel geschaut, auch unten auf der Erde wiedergefunden wird. „Was oben ist, ist unten." So sind auch die Grundrisse der Städte und Tempel seit der Urzeit „mit der Schrift des Himmels" in den Gestirnen aufgezeichnet. In einem Parallelepos zu dem großen Weltschöpfungsepos „Enuma elisch" („Als droben") wird nun die Schöpfung des himmlischen
12 Babylons und des himmlischen Tempels Esagila beschrieben. Der Schöpfer ist natürlich Marduk, der Stadtgott des heiligen Babylon.[1]) Babylon war „das Band von Himmel und Erde" (markas šamê u irṣitim). Babylon und Esagila sah man im Gestirne Iku, sumerisch AŠ-GAN, in dem „Felde", und im Gestirne agru, ikkaru, sumerisch ^{lu}ḪUN-GA = dem Landmann, Landarbeiter. Letzterer repräsentierte speziell Esagila, ersteres Gestirn aber Babylon, dessen Grundriß daher tatsächlich wie ein viereckiges Feldstück gestaltet ist. Beide Gestirne entsprechen unserm Cetus + Aries (Widder), und zwar so, daß das „Feld" gleich dem westlichen Teile des Cetus, der „Landmann" aber mit dem Widder identisch ist. Nebukadnezar II. nennt sich ebenfalls den „Landmann von Babylon" (VAB IV, S. 104, Nr. 13, Kol. I, Z. 19). — Der Stern des Stadtgottes Marduk aber war der Jupiter und man wird annehmen müssen, daß unter dem babylonischen Einflusse später bei den Griechen und Römern dieser Stern des „Königs der Götter", auch auf den König der Götter dieser Völker übergegangen ist, auf Zeus und Jupiter, so daß wir den Planeten noch heute mit dem Namen des höchsten römischen Gottes benennen.[2]) Bei den Sumerern und Babyloniern hieß er Schulpaë, Sagmegar und Nibiru, je nachdem er gerade aufging, auf mittlerer Höhe stand

[1]) Alfred Jeremias, Handbuch der Altorientalischen Geisteskultur, 2. Aufl. 1929, S. 108ff., 214ff., 286. — Kugler Sternkunde in Babel Erg. S. 217; Thureau-Dangin, Rit. acc. Z. 274.

[2]) A. Jeremias, a. a. O. S. 176, 184ff.

und oben im Zenit zu sehen war. Auf der Keilschrifttafel mit der baby-
lonischen Stadtkarte, wo die Vorderseite einen Grundriß der „Neu- 4
stadt" von Babylon trägt, ist rückseitig eine längere Aufzeichnung über Konstellationen von verschiedenen Gestirnen aufgeschrieben, darunter finden sich charakteristischer Weise auch der Jupiter, Šulpaë, und gleich am Anfang der längeren Spalte das Gestirn Luḫunga, der „Landmann", das Ebenbild des irdischen Esagila. Der Text selbst ist von F. Hommel (Beiträge Heft 2) z. T. als Beschreibung der Stadtmauern von Babylon gedeutet; es ist aber unklar, ob hier auch astronomische Beobachtungen aufgezeichnet worden sind. Der Text stammt aber erst aus der neubabylonischen Epoche. Erst seit dem 7. Jahrhundert, und wohl unter assyrischem Einfluß, hat man auch in Babylon begonnen, die Gestirne mit größerer Genauigkeit zu beobachten, ihren Standort genau zu messen und zu berechnen. Bisher hatte man, unter dem Einfluß der griechischen Überlieferung angenommen, daß die Babylonier seit ewigen Zeiten eine berechnende Astronomie gekannt hätten. Das ist aber doch nicht der Fall gewesen. Man hat wohl eingehend und mit besonderem Interesse die Gestirne, den Lauf der Planeten, verfolgt, man hatte sich Sternbilder abgegrenzt, jedoch hatte man zunächst den Himmel nur als Bilderbuch benutzt, erst in späterer Zeit aber als Rechenbuch, wie es Alfred Jeremias in seinem „Handbuch der Altorientalischen Geisteskultur" (2. Aufl., S. 244ff.) treffend ausgedrückt hat. Die berechnende Astronomie ist zuerst im 7. Jahrhundert nachgewiesen, später in neubabylonischer Zeit unter den Königen der Chaldäer, Nabopolassar und Nebukadnezar II., noch weiter ausgebildet und dann in der persischen Zeit (539 bis 331) immer mehr ausgebaut worden. Die griechische Überlieferung spricht aber ganz klar immer nur von „chaldäischer" Weisheit und die irrige Auffassung, die wir bisher von der uralten Astronomie der Babylonier gehabt haben, beruht lediglich darauf, daß wir die Berichte der Griechen nicht wörtlich genug interpretiert haben. Chaldäer sind die Bewohner des südlichsten Babylonien, wo die Stadt Ur und das Meerland gelegen hat, woher auch der Erzvater Abraham stammte. Chaldäer waren insbesondere die Könige der letzten neubabylonischen Dynastie, und gerade zu dieser Zeit (626 bis 539) ist in Babylonien die berechnende Astronomie sehr gepflegt worden. Man braucht mithin nur die Mitteilungen der griechischen Überlieferung wörtlich zu nehmen, um zu dem richtigen Ergebnis zu gelangen: Die chaldäische Astronomie stammt eben erst aus jener Zeit, die Berechnung in der astronomischen Wissenschaft ist noch verhältnismäßig jung. Die babylonische Astrologie aber, die sich auf Wahrsagung aus dem Laufe und aus der Konstellation der Gestirne legte, war natürlich

viel älter. Die Astrologie war eine religiöse Angelegenheit, der die Anschauung des Himmels als Bilderbuch vollauf genügte. Die berechnende Astronomie aber war eine rein profane Sache. Das erhellt aus der Tat-
2 sache, daß die ersten monumentalen Zeugnisse dafür in den Grundrissen
49-55 der drei Paläste des Nebukadnezar in Babylon gefunden worden sind. Sie
64 sind genau nach Norden orientiert. Die Tempel aber behalten ihre ehemalige Orientierung nach den Richtungen der Winde, aus denen sich die Gottheiten dem Menschen offenbarten. Immerhin bleibt doch die Tatsache als sicher bestehen, daß die älteste astronomische Wissenschaft, soweit sie auch die Gestirne in ihrem Laufe berechnete, babylonisches Gut gewesen ist. Dieses Gut wurde jedoch erst in den letzten Zeiten der assyrischen und babylonischen Macht geschaffen im 7. und 6. Jahrhundert. Die griechischen Schriftsteller berichten auch von astrono-
61 mischen Schulen, die in den Städten Babylon, Borsippa, Sippar, Uruk, dem biblischen Erech, und in andern Orten existiert haben, wo die astronomische Wissenschaft systematisch gepflegt wurde[1]). Sie waren die Quellen, aus denen die Griechen geschöpft haben, um durch ihren Genius Vollkommeneres zu erreichen. Die Tempeltürme der Städte, die Götterberge, dienten den babylonischen Astronomen und Astrologen als Sternwarten. Sie verkündeten dem Volke die Orakel, die sie aus der Konstellation der Gestirne lasen und nach ihren von alters überkommenen Orakelbüchern erklärten. Hier oben im Tempelgemache weilte wohl auch eine gottgeweihte Priesterin, die im Tempelschlafe durch Träume Weissagungen empfing, deren Deutung nach dem Willen des Gottes zum Glück oder Unglück des Menschen in heiligen Büchern[2]) festgelegt war, die noch heute in den „Babylonischen Traumbüchern" lebendig geblieben sind.

[1]) Über die in der spätbabylonischen Zeit schon hochstehende Mathematik, die Berechnung der Zahl π mit 3, sowie über die Bekanntschaft der Babylonier mit dem „Satz des Thales" und dem „Pythagoreischen Lehrsatz" siehe die Abhandlungen von O. Neugebauer, die in der Literatur unten angeführt sind.

[2]) Reste davon sind in den Abhandlungen von Alfred Boissier (siehe Literatur) übersetzt worden. Vgl. auch A. Ungnad, Die Deutung der Zukunft bei den Babyloniern und Assyrern: AO X, Heft 5.

Abb. 3. Tontafel mit der babylonischen Weltkarte

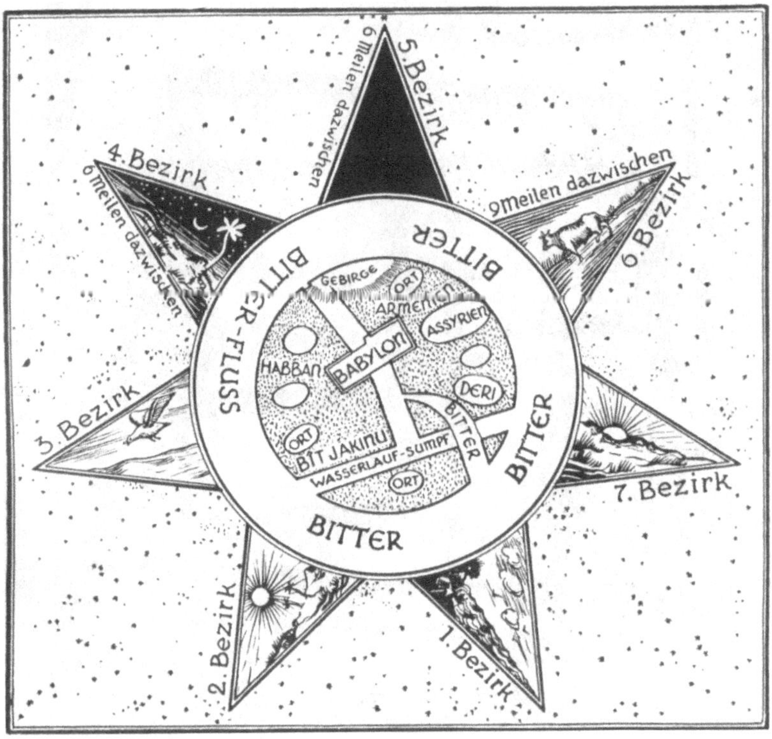

Abb. 4. Der babylonische Kosmos

Tafel 4

Abb. 5. Das große Wohnhaus im Stadtviertel ›Gottespforte‹

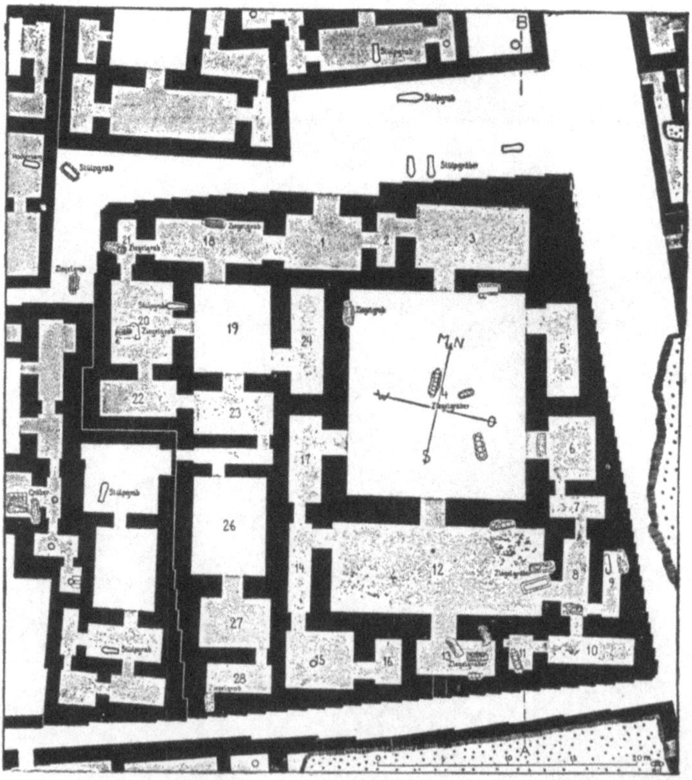

Abb. 6. Grundriß des Hauses

KAPITEL IV

NAME UND GESCHICHTE VON BABYLON

In der babylonischen Überlieferung ist die Stadt Babylon natürlich seit den ältesten Zeiten vorhanden. „Stadt, deren Lehmziegel uralt ist“ nennt die „Stadtbeschreibung“ (C, Z. 8) einen ihrer Schmucknamen. 1
Babylon ist jedoch nicht so alt, wie ihre Nachbarstadt Kisch, das jetzige Oheimir, weil um 3000 der Leben- und Fruchtbarkeit spendende Euphratfluß noch nicht die Stadt Babylon berührte. Auch ist der Name Babylon rein semitisch, Bâb ili, „Pforte Gottes“ eine Übersetzung des sumerischen KA-DINGIR-RA.[1]) Die älteren sumerischen Ortschaften

[1]) Der älteste Name für Babylon ist Ká-dingir^{ki}, z. Z. der 3. Dynastie von Ur (YOS IV Nr. 65, 7; 66, 12 — das hier zwischen dingir und ki stehende ma ist anscheinend versehentlich versetzt worden, vgl. a. a. O. Nr. 74, 7 Keiser). Dieser Name, ist meist in der längeren Form Kadingirra^{ki} bis in späteste Zeiten gebräuchlich, bedeutet „Gottespforte“, akkadisch Bâbîlu und knüpft sich vermutlich an die „Heilige Pforte“. In einem poetischen Text hat Babylon in Anspielung daran den Namen „Tür“ = Gišgalla (IV R^{2}, 40, 15—16; Babyloniaca III, S. 151, Nr. 1269 Langdon; Hommel Geographie S. 306; Delitzsch, Paradies S. 212f.; Thureau-Dangin Rit. acc. S. 129). Eine andre Bezeichnung für die Stadt ist Tintir^{ki} = „Lebenshain“, die erst seit der 1. Dynastie von Babylon nachweisbar ist (YOS V Grice). In der „Stadtbeschreibung“ (C) als „Lebenswohnung“ gedeutet. Dieser Name ist in späterer Zeit sehr beliebt. Seit dem 7. Jahrhundert v. Chr. nachweisbar ist der Name E^{ki} = „Kanalstadt“ (?) (vgl. Hommel, Geographie, S. 306), in neubabylonischen Kontrakten sehr häufig. In der Bibel begegnet man außer dem Namen בָּבֶל (Babel) noch שֵׁשַׁךְ (Scheschak) bei Jeremias 25, 26 und 51, 41, ist jedoch noch nicht erklärt worden (Delitsch Paradies S. 214f.; Gesenius-Buhl HWB^{14} S. 791; s. a. ZAW 36 S. 110ff. Böhl). Neben Bâbîlu ist in neubabylonischen Texten die Spielform Bâbîlâni = „Götterpforte“ (Delitzsch a. a. O. S. 213) belegt; in altpersischen Texten heißt Babylon Bâbirus (a. a. O.). Über Šuanna^{ki} s. S. 81. Eine seltenere Schreibung von Babylon ist NUN^{ki} mit dem Ideogramm für Eridu (s. Straßmaier, Babyl. Texte Darius, Nr. 46, vom 25. VII. 2. Jahre des Darius I.; Straßmaier, Cyrus 124, Z. 2, vom 29. VI. 3. Jahre; BE VIII, 1. Clay, Nr. 25, Z. 25, vom 26. VIII. 40. Jahre des Nebukadnezar II.). Völlig isoliert steht die Schreibung Ká-dingir-ditto(= 2)^{ki}, die zweimal in einer Inschrift des Sanherib (III Rawlinson 4, Nr. 4, Z. 13—14; D. Luckenbill, Annals of Sennacherib S. 156, Z. 13—14) vorkommt, wo vom „Königtum“ von Babylon die Rede ist. Borsippa, das 2^{kam}(!): „Zweites Babylon“ heißt (Delitzsch Paradies S. 216), kommt nicht in Frage, da ihm ein Königtum fehlt.
Assyrische Könige und Kandalânu (VS VI, 1) sind König von Ká-ditto^{ki}(!). Βαβιλ (Babil) 20
im bilinguen Text (Keilschrift-Griechisch: MAOG IV, 221, Ungnad); Bà-bà-lam s. BOR I, 54 21
(Pinches).

tragen zwar auch sumerische Namen, aber daneben noch weit ältere einheimische Namen, z. B. EN-LIL-KI = Nippur, die den frühen Bestand der Stadt bezeugen und bezeichnenderweise nicht durch den späteren sumerischen Namen verdrängt werden konnten.[1]) Babylon ist deshalb frühestens eine Gründung in sumerischer Zeit und überhaupt die einzige Stadt, deren Namen auf Semitisch übersetzt ist. So tritt denn auch die Stadt erst verhältnismäßig spät in den Gesichtskreis der Geschichte. Die babylonische Überlieferung weiß allerdings in Chroniken, die in später Niederschrift erhalten sind, zu melden, daß König Sargon von Kisch-Akkad um 2850 v. Chr. die Stadt Babylon zerstört und Erde von Babylon nach der neuen Hauptstadt Akkad gebracht haben soll, eine Legende, die beweisen soll, daß Babylon schon damals als besonders heilige Stadt galt.[2])

Die erste historische Notiz über das Schicksal von Babylon aus der Zeit um 2700 v. Chr. gibt ein Datum aus der Regierungszeit eines Nachfolgers des genannten Sargon, des Königs Scharkalischarri von Akkad, wonach er in Babylon einen Tempel der Göttin Anunîtum und einen Tempel des A-MAL oder Mâr-bîti („der Sohn des Tempels") gebaut hat. Das Datum enthält gleichzeitig die Nachricht von schweren Kämpfen mit dem König Scharlak von Gutium, einem aus dem Norden kommenden Volke, das man für indogermanisch zu halten geneigt ist.[3]) Für die Folgezeit stehen wieder nur Omina zur Verfügung, die aus der Leberschau gewonnen sind und in 2000 Jahre späteren Texten als besondere Ereignisse gebucht werden. Nach einem solchen Omenausspruch soll der König Utuchegal von Uruk um 2500 v. Chr., der Babylonien von der Zwingsherrschaft der Gutäer befreit hat, „seine Hand im Bösen an Babylon gelegt haben, woraufhin der Euphrat seinen Leichnam fortgeführt hat"; d. h. es ereilte ihn die Strafe des Stadtgottes von Babylon, Marduk, zu dessen Ehre diese Mitteilung aufgeschrieben ist.[4]) Gemäß

---

[1]) Diese Namen sind weder sumerisch noch semitisch und gehören der Sprache einer eingeborenen, prähistorischen Bevölkerung an, die uns höchstwahrscheinlich in ihren ausgezeichneten buntbemalten Vasen mit geometrischen Mustern vorzügliche Zeugnisse eines hochstehenden Kunstgeschmackes hinterlassen hat. Man fand diese Vasen zuerst in Susa, später aber auch im nördlichen und südlichen Mesopotamien und nannte sie zunächst „susisch" oder „elamitisch". „Prähistorisch-vorderasiatisch" dürfte die richtige Bezeichnung sein, weil sich ihre Verbreitung bis zum innern Asien hinter das Kaspische Meer erstreckt. Vgl. E. Unger, Die Königsnekropole von Ur und ihre Bedeutung für die Vorgeschichte: M. Ebert, Vorgeschichtliches Jahrbuch IV (1930). Forsch. und Fortschr. V (1929) S. 353 (ders.).

[2]) King, Chronicles I, S. 47f.; II, S. 27f.; C. Frank in ZDMG 1914, S. 157ff.

[3]) VAB I, S. 225.

[4]) MAOG IV (1929), S. 235 (E. F. Weidner); Boissier in Babyloniaca IX, S. 24, Z. 20.

einer chronikartigen ebenfalls recht späten, also unzureichenden Quelle habe der König Dungi oder Schulgi von Ur um 2450 v. Chr. die Stadt Babylon erobert und ausgeplündert[1]) und die Beute von Esagila und Babylon fortgeschleppt. Aus den juristischen Privaturkunden dieser neusumerischen Periode, die einen glänzenden Aufschwung in Handel und Gewerbe mit sich brachte, lernt man nun auch einige Fürsten kennen, die den Titel Patesi, d. h. Priesterfürst führten, der zu damaliger Zeit einen vom Oberkönig von Ur eingesetzten Unterfürsten bedeutete. In dem 53. Jahre des Dungi ist Iturilu Fürst von Babylon[2]). Vom 53. Jahr des Dungi bis zum 7. Jahre seines Nachfolgers Amar-Sin, also für rund 13 Jahre war Arschich der Fürst von Babylon, während im 8. Jahre des Amar-Sin Murteli als Herrscher genannt wird.[3]) Nach dem Untergange der neusumerischen Dynastie von Ur mit dem Könige Ibi-Sin um das Jahr 2285 v. Chr. verschwindet Babylon für etwa 100 Jahre fast völlig aus dem Gesichtskreise der Geschichte. Erst um 2150 v. Chr. beginnt sein Stern wieder zu leuchten, als die Dynastie von Martu (Amurru) die erste Dynastie von Babylon begründete. Die Martuleute, die zuerst in einem Datum des Königs Ibi-Sin von Ur, etwas über 100 Jahre vorher erwähnt werden, sind hier als ein Volk gekennzeichnet, „das Städte nicht kennt",[4]) und das aus dem Südosten von Mesopotamien heraufgezogen war. Ibi-Sin hat die Martu-Leute damals unterworfen. Inzwischen waren sie seßhaft geworden und König Sumu-abum, der erste Herrscher von Babylon, befestigte sogleich seine Macht durch den Mauerbau der Stadt in seinem 1. Regierungsjahre. Der bedeutendste König war der 6. König, Hammurabi, der durch seinen Codex Hammurabi berühmt geworden ist, dessen Text auf einer monumentalen Denkstele geschrieben, von den Elamiten im Jahre 1176 bei einem Raubzuge aus Babylon nach Susa verschleppt wurde, wo diese kostbare Siegesbeute durch die Ausgrabungen der Franzosen im Jahre 1904 wieder aufgefunden worden ist. Die 1. Dynastie von Babylon hatte in der ersten Zeit ihres Bestehens heftige Kämpfe mit zwei rivalisierenden altbabylonischen Dynastien zu bestehen, der von Isin und der von Larsa, die beide gleichzeitig um das Jahr 2285 gegründet worden waren. Der letzte und bedeutendste König von Larsa, Rim-Sin, der 61 Jahre lang regiert hat, berichtet, daß er eine große Koalition von Babylon, Isin, Uruk, Rapiqum

[1]) King, Chronicles I, S. 60; II, S. 11.

[2]) Keiser in YOS Researches IV, 2 (1919), S. 15f.

[3]) Keiser a. a. O.

[4]) Ur Excavations Texts I, Nr. 206 (Gadd und Legrain). Forschungen und Fortschritte V, S. 146, E. Unger.

und Sutium (Assyrien) geschlagen habe, wobei er den König Waradnene von Uruk gefangen nahm.[1]) Bald darauf hat er mit Babylon ein Bündnis gegen Isin geschlossen und dieses gemeinsam mit Babylon niedergeworfen. Aber 31 Jahre später wurde Rim-Sin selbst durch Hammurabi gestürzt, der nunmehr als erster Oberkönig nach dem Tode des Ibi-Sin, über das gesamte Mesopotamien herrschte. Um ein so gewaltiges Reich dauernd zusammenzuhalten, bedurfte es aber schon zu jenen Zeiten einer außerordentlichen staatsmännischen und militärischen Begabung. Die Heere waren doch noch zu klein und die Entfernungen zu groß, so daß es nicht Wunder nimmt, wenn schon unter dem Nachfolger des hervorragenden Hammurabi das babylonische Reich einen großen Teil seines Bestandes verlor, nämlich zunächst den in der Nähe des Meeres gelegenen Teil, der sich dort im Verlaufe der Jahrhunderte durch die dauernden Anschwemmungen der mächtigen Ströme Euphrat und Tigris gebildet hatte. Man nannte ihn im Altertum das „Meerland". Es war wohl durch Morast und Überschwemmungen so gut geschützt, daß Samsuiluna von Babylon seinem neuen Gegner Iluma-ilu nicht beikommen konnte. War Samsu-iluna politisch nicht glücklich — er mußte auch im Norden von Babylonien, wo indogermanische Scharen der Kassiten von Medien her eingedrungen waren, Gebiet aufgeben — so verdankt ihm doch die Stadt Babylon eine Vergrößerung ihres Weichbildes.[2]) Handel und Gewerbe blühte trotz der dauernden Fehden und spricht sich in den Tausenden von Privaturkunden, Verträgen und Briefen aus, die man aus der Zeit der I. Dynastie von Babylon gefunden hat.[3]) Allerdings sind solche Urkunden gerade in Babylon selbst nur wenig entdeckt worden, da jene Kulturschicht heutzutage etwa 1 $^1/_2$ Meter unter dem jetzigen Grundwasserspiegel liegt,[4]) der in der Nähe des Flusses immer besonders hoch ist, während er sich mit dem Abstande vom Flusse mehr und mehr senkt. Deshalb sind die Ausgrabungsverhältnisse in Babylon für die Auffindung älterer Kulturdenkmäler recht ungünstig und man wird wohl kaum zu ihnen gelangen können, so daß die älteste Geschichte nur aus Urkunden von anderen Orten ermittelt werden kann.

Die Geschichte von Babylon entwickelt sich dann weiter entsprechend

[1]) Nies und Keiser, Babylon. Inscriptions Collection J. B. Nies II (1920). Nr. 30, Taf. 20. Waradnene war der letzte König der Dynastie des Singâschid von Uruk, von dem der große Palast in Uruk im Nordwesten der Stadt stammt; Forsch. u. Fortschr. V, S. 353 f. (E. Unger). Ur Excavations a. a. O. Nr. 138.

[2]) KB III, S. 133, Kol. III, Z. 20f.

[3]) VAB IV (M. Schorr), VAB V (A. Ungnad).

[4]) MDOG 38, S. 8.

den veränderten völkischen Verhältnissen. Die Kassiten hatten sich seit dem 9. Jahre des Samsu-iluna in den Gegenden am mittleren Euphrat bei Ḫana, an der Mündung des Ḫaburflusses, endgültig festgesetzt, waren immer mehr erstarkt, besonders durch die zunehmende Einführung des Pferdes, das ihnen eine neue Waffe durch die Bespannung ihrer Rennwagen geworden war.[1]) So waren sie allmählich den Babyloniern überlegen geworden. Sie verbündeten sich außerdem mit Murschilisch I., dem König der Hettiter in Kleinasien, wo zu jener Zeit der Rennwagen mit vier Pferden gleichfalls als Kriegswaffe benutzt wurde, und haben um 1850 v. Chr. gemeinsam die Stadt Babylon erobert und den letzten amoritischen König Samsuditana gestürzt.[2]) Die Kassiten waren jedoch damals noch nicht imstande, ihren neuen Besitz festzuhalten. Es hat den Anschein, als ob der König Damiqilischu vom Meerlande, nach dem eine Prozessionsstraße in Babylon benannt worden ist,[3]) zu jener Zeit die Stadt Babylon von ihren nichtbabylonischen Feinden wieder befreit hat. Denn die Kassiten haben erst etwa 100 Jahre später, um 1750 v. Chr. in Wirklichkeit die Herrschaft über Babylon ergriffen, wenn nicht noch später, um 1650, wo es dem kassitischen Könige Agumkakrime erst möglich gewesen ist, die Statue des Gottes Marduk von Hana nach 18
Babylon zu bringen.[4]) Erst die Anwesenheit der Statue garantierte die wahre Königsherrschaft von Babylon; in der Tat mußte der König zu diesem Zwecke jedes Jahr eine bestimmte Zeremonie verrichten, er mußte die „Hände des Bêl ergreifen". Bêl, d. h. Herr, war der volkstümliche Name des Marduk, seit der Zeit der 1. Dynastie von Babylon. Daraus kann man den Schluß ziehen, daß die Könige der 1. Dynastie auch durch den allgemeineren Namen des Stadtgottes als des „Herrn", seine Oberherrschaft über ganz Babylonien bekunden wollten.

Als um 1640 v. Chr. die 1. Dynastie des „Meerlandes" vermutlich durch feindseliges Eingreifen von Elam geendigt hatte, besaßen die kassitischen Könige in Babylonien keinen Rivalen mehr und haben bis zum Jahre 1176 über Babylon regiert. Babylon tritt in der keilinschriftlichen Fürstenkorrespondenz aus der Mitte des 2. Jahrtausends, die in Briefen von Tell Amarna in Ägypten, sowie aus Palästina erhalten ist, als Großmacht neben dem damals hoch aufstrebenden Assyrien, neben

---

[1]) E. Unger, Assyrische und Babylonische Kunst S. 15; E. Unger, Der Rennwagen in Vorderasien, Kapitel VI.

[2]) AO XXIV, 3, S. 7, § 9 (J. Friedrich).

[3]) „Stadtbeschreibung" Abschnitt H, Z. 12.

[4]) KB III, 1, S. 138f; über die Schicksale der Götterstatue des Marduk s. Ebert, Reallexikon der Vorgeschichte „Götterbild" E § 1 (E. Unger).

dem ephemeren Reiche des wohl kaukasischen Volkes der Mitanni am oberen Haburflusse, ebenbürtig auch neben den Königen von Hatti, den indogermanischen Hettitern und den Pharaonen Ägyptens auf.

Um 1250 gelang es dem assyrischen Könige Tukulti-Ninurta I. Babylon zu erobern und das Königtum von Assyrien und Babylonien in seiner Person zu vereinigen. Zum äußeren Zeichen brachte er auch die Statue des Marduk nach Assur, wo sie volle 66 Jahre verblieb, bis sie von König Ninurta-tukul-Assur zurückgegeben wurde.[1]) Sie sollte aber doch kaum 8 Jahre in Babylon bleiben.

Wieder waren es die Elamiten, die die Geschicke Babyloniens durch einen gewaltsamen Einfall veränderten, wie sie es zur Zeit des Ibi-Sin von Ur (2285) und des Eagamil vom Meerlande (1640) getan hatten, und stürzten 1176 die Könige der Kassiten vom Throne Babylons, plünderten die meisten Städte des Landes aus und stapelten die erbeuteten Schätze in Susa auf, darunter auch die Statue des Marduk von Babylon. Die Elamiten dachten aber nicht an dauernde Besetzung von Babylonien, sondern überließen es seinem Schicksale, das der König Nebukadnezar I. seit 1146 wieder mit energischer Hand zu lenken wußte, so daß es ihm sogar gelang, durch einen kühnen Feldzug nach Elam selbst die unentbehrliche Statue des Stadtgottes von Babylon wieder in ihren Tempel zurückzuführen.[2])

Um 1100 ist es der mächtige König Tiglatpileser. I., dem die Eroberung von Babylon von neuem gelungen ist. Er begnügte sich mit Verwüstung und Plünderung der Stadt und tötete seinen Feind den König Marduknadinache von Babylon. In Babylonien waren in der Folgezeit wechselnd verschiedene Dynastien an der Herrschaft. Nichtbabylonische Aramäer aus dem Meerlande rissen das Szepter an sich, mußten aber von ihren eigenen Landsleuten im 11. und 10. Jahrhundert die ärgsten Bedrükkungen und Plünderungen ihres Kulturlandes erdulden.[3]) Es zeigt sich fast keine starke Persönlichkeit, die der Stadt Babylon einen längeren Frieden hätte geben können. Sie ist seit dem 9. Jahrhundert meist von Assyrien[4]) abhängig, seitdem der König Mardukzakirschumi im Jahre 851 eine Revolte gegen seine Herrschaft nur mit Hilfe des Königs Salmanassar III. hatte unterdrücken können, der nach siegreicher Be-

---

[1]) Babylonische Chronik P, Kol. IV, Z. 12: Abh. Sächs. Ges. Wiss. 1906 F. Delitzsch.

[2]) King, Babyl. Boundary Stones, 1912, S. 96, Brit. Mus. Nr. 92987; F. Steinmetzer, Kudurru Nr. 24.

[3]) E. Unger, Die Aramäer auf der Höhe ihrer Macht: Forschungen und Fortschritte IV, S. 226f. (1928).

[4]) E. Unger, Assyrische und Babylonische Kunst 1927, S. 32ff.

endigung seines Hilfzuges den Göttern Babyloniens öffentlich huldigt und von ihnen gesegnet wird, als dem Oberschutzherrn des Landes. Nominell regierten wohl autonome Könige in Babylon, sie waren jedoch auf Anweisung der assyrischen Könige eingesetzt. Noch in den griechischen Überlieferungen spielt dabei die Königin Semiramis von Assyrien eine bedeutende Rolle, so daß sie zu einer Weltberühmtheit geworden ist.[1]) Sie war die Gemahlin des Königs Schamschi-Adad V. (824—810), der Babylon einnahm, und übte als Mutter auf ihren Sohn, Adadnirari III., für den sie 5 Jahre lang die Regierung führte, einen mächtigen Einfluß aus. Es ist nicht ausgeschlossen, daß Semiramis in Babylon tatsächlich auch residierte und dort die „Hängenden Gärten" errichtete, wie die griechischen Schriftsteller zu erzählen wissen. Die babylonischen Chroniken verzeichnen für den Anfang des 8. Jahrhunderts eine „königlose" Zeit von 12 Jahren, d. h. zur Zeit der Semiramis, dies könnte sich auf eine Regierung der Königin in Babylon beziehen, da schon die Königin Semiramis selbst als historische Persönlichkeit und sogar als Regentin in Assyrien festgestellt worden ist. Die Mardukstatue aber verblieb, soviel bekannt ist, während dieser langen Zeit der assyrischen Oberherrschaft, im Tempel Esagila. Zeitweise machte sich Babylon auch von Assyrien los, zuerst um 763 unter dem Könige Eriba-Marduk II., einem Aramäer vom Meerlande, bis der tatkräftige König Tiglatpileser III. von Assyrien 729 den Thron von Babylon okkupierte, den sein Sohn Salmanassar V. ebenfalls innehatte. Von 722 bis 710 besetzte von neuem ein aramäischer Herrscher des Meerlandes die Stadt Babylon, Marduk-apla-iddina II., der bekannte Merodachbaladan der Bibel. Dann bestieg der Assyrer Sargon II., der Begründer der sogenannten Sargonidendynastie, als assyrischer Herrscher den Thron, d. h. er „ergriff die Hände des Bêl". Ebenso sein Sohn Sanherib, der teilweise selbst König von Babylon war, aber auch durch eingesetzte Vasallenfürsten die Königsherrschaft ausüben ließ, endlich aber im Jahre 689 v. Chr., durch fortwährende Umtriebe der Babylonier gereizt, die Stadt Babylon vollständig zerstörte, damit sie seiner eigenen Residenz Ninive keine Rivalität mehr zu machen vermöchte. Dies war eine praktische Realpolitik, die, wenn sie fortgesetzt worden wäre, Assyrien unbedingt das ständige Übergewicht über Babylon gewährleistet hätte. Denn der Altorientale gründete seine Ideen auf Wirklichkeiten. Ein Königtum von Babylon konnte nur dann existieren, wenn Babylon in der Tat vorhanden war, und wenn der König die

[1]) E. Unger, Reliefstele des Adadnirari III. von Saba'a und Semiramis: PKOM II (1916); C. F. Lehmann-Haupt, Die historische Semiramis und ihre Zeit, 1910.

„Hände des Bêl ergreifen" konnte. Das war jedoch nun nicht mehr möglich, weil Sanherib die Statue des Marduk, ebenso die seiner Gemahlin Ṣarpanitum, sowie auch andre Götterstatuen von Babylon, nebst ihren Tempeln aus Babylon fortgenommen und in seiner Stadt Assur angesiedelt hatte[1]), wo sie 21 Jahre lang verblieben, bis sie im Jahre 668 von Assurbanipal von Assyrien in das seit 681 durch König Assarhaddon wiederaufgebaute Babylon zurückgeführt wurden.[2])

Im Gegensatz zur Realpolitik seines Vaters Sanherib wendete der mehr religiös eingestellte Assarhaddon eine Moralpolitik an, indem er bald nach der Ermordung seines Vaters im Jahre 681 mit dem Neubau von Babylon begann. Der politische Fehler lag darin, daß er das völlig vernichtete Babylon wieder zur Existenz zurückführte und sogar sein Königtum durch die Rückgabe der Gottesstatue wieder einsetzte. Es war ein gefährliches Wagnis, das sich eine Persönlichkeit wie Assarhaddon wohl leisten konnte, das aber bald unter schwachen Herrschern seine nachteiligen Folgen für Assyrien zeitigte. Assarhaddon hatte am 12. II. 672 seine beiden Söhne zu Kronprinzen ernannt, Assurbanipal in Assyrien, Schamasch-schumi-ukin in Babylon.[3]) Dieser empörte sich als König gegen seinen Bruder Assurbanipal, der Babylon nur durch eine 4jährige Belagerung von 652 bis 648 zur Übergabe zwingen konnte, wobei
34 die Stadt unter der Plünderung und Verwüstung arg gelitten hat. Assurbanipal, der, trotz dieser Warnung, sich stark genug dünkte, die Politik seines Vaters fortzusetzen, gab das Königtum von Babylon an einen gewissen Kandalanu, der im Jahre 626 unter der Regierung des Sinscharischkun, des Sarakos der Griechen, gestorben ist, worauf Nabopolassar, gleichzeitig König des Meerlandes, ein chaldäischer Aramäer, das Königtum erhielt. In seinem 10. Jahre, d.h. 616 v.Chr., empörte er sich aber gegen seinen assyrischen Oberherrn, überfiel zunächst hinterhältig ein assyrisches Heer bei der Stadt Gablinu, in der Nähe von Nippur, und verbündete sich mit dem König Kyaxares (Umakischtar) von Medien. Dies bedeutete den Untergang des soeben noch all-

---

[1]) E. Unger, Das Stadtbild von Assur: AO XXVII, 3 (1928); ders. Artikel „Aššur" im Reallexikon der Assyriologie. VAB IV, S. 270, Nr. 8 Kol. I, Z. 23 (S. Langdon). VAB VII, S. 233, Z. 7f. (M. Streck). — Mit den Göttern aus Babylon wurden auch ihre Tempel und deren Namen nach Assur übertragen.

[2]) Die Mardukstatue wird aus der „Binnenstadt" (libbi ali) von Assur nach Babylon zurückgebracht, so nach der Anfrage an den Sonnengott Schamasch Nr. 149 (J. A. Knudzon, Gebete an den Sonnengott, 1893, II, S. 267, Vorders. Z. 4; Rücks. Z. 8).

[3]) Vgl. MAOG III, 1—2, Nr. XII, S. 29; E. Nassuhi; Reallexikon der Assyriologie, Artikel „Aššur" § 69. E. Unger: Kohler-Ungnad, Assyrische Rechtsurkunden Nr. 176, Kontrakt von 670, mit Erwähnung eines Offiziers Atarili des „Kronprinzen von Babylon".

mächtigen Assyrien, dessen Städte Assur im Jahre 614, Ninive im Jahre 612 erobert und zerstört wurden, so daß nunmehr kein Aufkommen möglich gewesen ist.[1]) Die ungeheure Beute kam natürlich der Stadt Babylon in weitestem Maße zugute. Aber auch die Bevölkerung der Stadt hat höchstwahrscheinlich auch durch die Beute an Menschen eine bedeutende Vergrößerung erfahren. Babylon hat schätzungsweise 200000 Menschen beherbergen können. So ist die nächste Zeit, namentlich unter dem biblischen Nebukadnezar II. als eine Epoche des höchsten Glanzes, der Blüte und des Friedens für Babylon selbst zu bezeichnen.

Es ist eine bemerkenswerte Eigenart der im südlichen Mesopotamien regierenden Fürsten, daß sie in den Inschriften, im Gegensatz zu den Assyrern, ihrer Kriegstaten und der politischen Machtausdehnung ihres Reiches fast garnicht Erwähnung tun, sondern nur immer ihre frommen Taten, Tempelbauten, Stiftungen von Weihgeschenken oder auch Palastbauten rühmend erzählen. In ältester Zeit, als die Sumerer und Akkader von 3300 bis 2600 v. Chr. die Oberherrschaft des Landes ausübten, ist dieser eigenartige Charakterzug der Urkunden noch nicht vorhanden, vielmehr teilen die Inschriften auch die politischen Ereignisse mit. Seit der Zeit des neusumerischen Fürsten Gudea von Lagasch (um 2600 v. Chr.) bis zum Ende des neubabylonischen Reiches (539 v. Chr.) aber enthalten die Königsinschriften nur wenig politische Anspielungen. Mitunter, z. Z. der 3. Dynastie von Ur (um 2400) und der Hammurapidynastie (2150 bis 1850), leisten dafür die Angaben der Jahreslisten über Kriege und Eroberungen einen notdürftigen Ersatz. Doch kann man auf die Macht eines Reiches doch noch aus einigen andern Mitteilungen der Königsinschriften schließen. Wenn z. B. Gudea berichtet, daß er für den Tempelbau Zedern und Kalkstein vom Amanus- und Libanongebirge geholt habe, oder aus anderen Orten im nördlichen Mesopotamien, wie Ibla (= Balichu am Belichfluß), Barsip (= Tell Achmar am Euphrat), aus Elam usw. Metall und Baumaterial nach Lagasch brachte, so haben diese Gegenden entweder zur Machtsphäre des Gudea gehört, oder er machte siegreiche Beutezüge in ferne Länder, wie später die Assyrer. Alles das bezeugt einen bestimmten, weitreichenden politischen Einfluß des Gudea. Er wird endgültig erwiesen durch eigene Inschriften des Fürsten, die man in Nippur und Ur gefunden hat, und die aus weiteren Städten noch zu erwarten sind. Das gänzliche Fehlen von fremden Be-

[1]) C. J. Gadd, The Fall of Nineveh, 1923; E. Unger, Assyrische und Babylonische Kunst (1927), S. 55f. — Gab-li-ni; Ga-ba-li-ni, Gablini-mit-tim in Verträgen aus Nippur, bzw. dd. Nippur, vom 31. Jahre des Artaxerxes I. usw. (BE VIII, 1; BE IX, Nr. 22; Nr. 26a usw.).

richten über die Epoche des Gudea hat aber lange Zeit über die wirkliche Bedeutung dieses Herrschers getäuscht. Erst die Erkenntnis, daß es bis in späteste Zeiten hinein eine Charaktereigentümlichkeit der babylonischen Könige gewesen ist, ihre kriegerischen Erfolge zugunsten der frommen Werke zu verbergen, daß auch der große König Nebukadnezar II. von Babylon dieser Gepflogenheit huldigte und sich so zu Gudea in Parallele stellen läßt, diese Erkenntnis mußte mit einem Schlage die Persönlichkeit des Gudea in einem glänzenden Lichte erscheinen lassen. Die enorme künstlerische Aktivität, die Gudea entfaltet hat, und die in hervorragenden Werken der Plastik, Statuen und Reliefs bezeugt ist, wird nur verständlich auf der sicheren Basis eines weitgehenden politischen Einflusses und des darauf sich gründenden Reichtums. Die Vorliebe für Plastik ist weiterhin das äußere Wahrzeichen einer höheren inneren Kultur, wie im griechischen Zeitalter des klassischen Altertums.

Dieselbe außergewöhnliche künstlerische Betätigung kennzeichnet nun auch die Periode des Nebukadnezar II.; jedoch ist sie einseitig auf die Baukunst gerichtet, die, mit ihrer Beherrschung des Stofflichen, aus der materialistisch eingestellten Zivilisation jener Zeit heraus geschaffen ist. Die Ausgrabung der Deutschen Orient-Gesellschaft in Babylon war daher ein Eldorado für die Architekten, und auch die neuere ausgezeichnete Publikation von Oskar Reuther über die „Innenstadt von Babylon" legt beredtes Zeugnis dafür ab. Wie die zahllosen Skulpturenfunde in Lagasch (Tello) für die hohe Bedeutung des Gudea sprechen, so würden schon allein die Bauten von Babylon die Größe des Reiches Nebukadnezars beweisen, wenn er auch selbst seine Kriegstaten verschweigt. Doch die glorreiche Zeit des Nebukadnezar ist durch die Berichte der Bibel (besonders Jeremias, Hesekiel, Daniel) überliefert worden, und auch griechische Schriftsteller wissen noch Bedeutsames von diesem Könige zu erzählen. So erklärt es sich, daß Nebukadnezar II. schon immer in seiner wahren Bedeutung gewertet werden konnte. Und durch kürzlich gefundene Keilschrifttexte wirtschaftlicher Natur wird seine Macht vollauf bestätigt.

Doch ohne diese fremden Berichte würde man von Nebukadnezars Macht ebensowenig wissen, wie von der des 2000 Jahre älteren Gudea, der längst vergessen war, und dessen Ruhm nicht durch spätere oder fremde Zeugnisse verkündet wird. So gibt aber doch schon jetzt eine sorgfältige Interpretation der eigenen Urkunden und Denkmäler eine gute Vorstellung von der außerordentlichen Höhe der Kultur und der Kunst im Zeitalter des Gudea. Ohne politische und militärische Autorität sind diese Friedenswerke in damaligen Zeiten undenkbar. Aber die Betonung seiner Friedenstaten zeigt das Bestreben des frommen Königs, ein wahrer Friedensfürst zu sein und für die Nachwelt zu bleiben.

Sehr aufschlußreich für die historische Stellung Babylons in dieser
glänzenden Zeit ist zunächst ein großes achtseitiges Tonprisma des 26
Königs Nebukadnezar II., das im westlichen Teile des Stadtschlosses von Koldewey aufgefunden worden ist und aus der Zeit um 570 v. Chr. stammt. Neben einer Beschreibung der Tempel- und Palastbauten, die Nebukadnezar im Laufe seiner langen (43jährigen) Regierung hat erstehen lassen, findet sich am Schluß der interessanten Urkunde eine bisher einzigartig dastehende Liste von seinen sämtlichen Hof- und Staatsbeamten mit Namen und Titeln, gleichsam der älteste Hof- und Staatskalender der Welt.[1]) Diese Nennung der Beamtenschaft in einer königlichen Urkunde ist ungewöhnlich und wird auf den großen Einfluß, den sie im neubabylonischen Reiche gehabt hat, hinweisen. Andrerseits erhält man aber auch einen willkommenen Überblick über die Größe und Ausdehnung des damaligen Reiches.

Die Liste ist in mehrere Abschnitte eingeteilt, die durch Überschriften kenntlich gemacht sind. Die Überschriften stellen eine Neuerung dar, die bisher im Alten Orient nicht bekannt war, wo nur Unterschriften, die das Vorhergehende summarisch zusammenfassen, bekannt sind.[2]) Zu Anfang stehen die „Oberhofbeamten" und an ihrer Spitze der „Großwesir" mit dem altertümlichen Titel „Oberbäcker", der vielleicht speziell im Beamtenstab des „Meerlandes", woher die Dynastie stammte, üblich gewesen ist. Der „Oberbäcker" ist Nabu-zêri-idinnam, der schon aus der Bibel bekannt ist.[3]) Dann folgt der „Oberbefehlshaber", der Generalissimus namens Nabu-zêri-ibni, ferner der „Palastvorsteher", der „Tempelvorsteher", das ist wahrscheinlich der spezielle Ministerrat, Großwesir, Kriegsminister, Hausminister und Kultusminister[4]). Weiter folgt Ardija, der „Oberhofbeamte des Palastharems" ‚Bêl-uballiṭ, der „Schreiber des Harems", vielleicht der Verfasser der Urkunde selbst, dann Ṣillâ, der „Obervorsteher des Schemels", Nabu-achi-ußur, der „Oberbarbier" und vier „Vorsteher der Sklavinnen", ferner: Nabu-zêri-ibin der „Mundschenk", Nergal-rißua, der „Oberkapellmeister", Ardi-Nabu, der „Se-

[1]) Theolog. Literatur Zeitung L (1925) S. 481—486 (Unger); Forschungen und Fortschritte III (1927) S. 1 f. (ders.). Vgl. den Aufsatz von Sigmund Mowinckel, Verdens aeldste hof- og statskalender in Tidens Tegn Nr. 12, Oslo, vom 15. I. 1927, mit humoristischen Zeichnungen von Gulbransson.

[2]) Vgl. S. 240, Anm. 1.

[3]) Jeremias 39, 9 und 2. Könige 25, 8.

[4]) Dazu kommt Atkal-ana-Mâr-Esagila (?).

kretär des Kronprinzen" Amêl-Marduk, des Evilmerodach der Bibel, endlich zwei „Oberproviantmeister" Ea-idanni und Rîmûtu. Den Beschluß der Oberhofbeamten machen: Nabu-mâr-scharri-ußur, der „Oberschiffer", und zuletzt Hanunu, der „Oberbankier", der vielleicht ein Angehöriger des phönizischen Handelsvolks war.

Im zweiten Abschnitte des Hofkalenders werden die „Großen des Landes Akkad", d.h. Babyloniens, genannt, an ihrer Spitze bezeichnenderweise Ea-dajan, der „Gouverneur des Meerlandes", d. h. des Stammlandes der Dynastie des Nebukadnezar II., dessen Vater Nabopolassar zuerst „König des Meerlandes" gewesen ist, ehe er König von Babylon wurde. Ebenso wichtig ist aber der zweite „Große", Nergal-scharri-ußur; denn er ist der Neriglissar der Bibel, die ihn gleichfalls mit dem Titel des Prismas bezeichnet als „Mann (= Fürst) von Sin-magir".[1]) Neriglissar stammte also aus der nördlich von Babylon liegenden Provinz Sinmagir, außerdem war er der Schwiegersohn des Nebukadnezar II. und hatte nach dem Tode von dessen Sohn Amêl-Marduk die Königswürde von Babylon inne. Die Aufzählung nennt dann einige weitere selbständigere Fürsten im südlichen Babylonien, von Dakuru, Gambulu und Amukanu.

Ein neuer Abschnitt verzeichnet die „Oberpriester" von Städten im Süden von Babylon, dann werden die „Vögte" von verschiedenen Ortschaften angeführt, zum Schluß jedoch und als das Wichtigste nennt die Liste 7 Könige von phönizischen Städten, die dem Könige untertan gewesen sind. Die Namen der Könige sind jedoch nicht mitgeteilt, sie waren also weniger wichtig; es heißt: Der König des Landes Tyrus, der von Gaza, von Sidon, von Arwad, von Asdod, von Mir-?, und einer weiteren Stadt, deren Name nicht mehr erhalten ist. Die Namen der Städte sind wahrscheinlich gemäß ihrer Bedeutung aufgeführt. Sie wurden bisher in den zahlreichen Inschriften des Nebukadnezar II. überhaupt noch nicht genannt; daher gewinnt diese Urkunde des Hofkalenders eine eminente Bedeutung; sie bestätigt die durch fremde Berichte gewonnene Anschauung über die große Ausdehnung des neubabylonischen Reichs, auch über die phönizische Küste, bis an die Grenze von Ägypten. Nur Tyrus, das nach diesen Berichten etwa im Jahre 572 in die Botmäßigkeit des Nebukadnezar geriet, wird noch in einigen Kaufurkunden genannt, die aus der Stadt Tyrus selbst stammen.[2])

Die älteste Tontafel ist noch während der Belagerung von Tyrus,

[1]) Vgl. Bewer in Americ. Journal of Semitic Languages XLII, S. 130.

[2]) Zeitschrift für Alttestamentliche Wissenschaft 1926, S. 314 bis 317: E. Unger, Nebukadnezar II. und sein Šandabakku (Oberkommissar) in Tyrus.

also vor 572, geschrieben. Das Datum ist zwar zerstört, aber der Inhalt des Textes sichert die zeitliche Bestimmung: Es ist eine Quittung über Proviant für „den König und die Soldaten, die mit ihm gegen das Land Tyrus gezogen sind". Man entnimmt daraus die wertvolle Nachricht, daß Nebukadnezar die Belagerung des weitentlegenen Tyrus persönlich geleitet hat. Die 2. Tafel ist vom 21. XII. 35. Jahr datiert (d.h. 2 Jahre nach Belagerungsende) und behandelt einen Verkauf von Sesam; auch Leute aus der phönizischen Stadt Arwad werden anscheinend dabei genannt. Der 3. Text, in Tyrus selbst ausgestellt und am 22. IV. 40. Jahr (565) datiert, ist besonders interessant, weil hier ein von Nebukadnezar in der bekannten Stadt Qadesch (am Orontes in Syrien) eingesetzter „Bezirksherr" namens Milki-idri genannt ist, der einen Viehkauf macht. Seit der Amarnazeit (um 1380), als die Fürsten Palästinas noch die Vasallen Ägyptens waren und mit den Pharaonen in Keilschriftkorrespondenz standen, wird erst hier wieder der Name der Stadt Qadesch erwähnt. Die 4. Tafel ist von hervorragendem Wert für die Erkenntnis, in welchem Vasallenverhältnis damals Tyrus zu Babylon stand. Die Tafel ist am 8. V. 41. Jahr in Tyrus ausgestellt; sie ist ein Schuldschein, den ein gewisser Innina-zêri-ibni, Sohn des Rimut, einigen hohen Beamten aus Uruk über eine größere Summe Geldes ausstellt. An der Spitze der Zeugen steht der babylonische „Oberkommissar" (schandabakku) Enlil-schâpik-zêri, von dem man weiß, daß er 3 Jahre später (561) unter König Amêl-Marduk dasselbe Amt in der Stadt Nippur ausgeübt hat. Dieser Oberkommissar, auch „Siegelbewahrer" genannt, war neben dem einheimischen Vasallenkönig Ba'al eingesetzt, dessen Regierungshandlungen er erst durch Beisetzung seines Siegels Rechtskraft verlieh. Tyrus stand also unter den Vormundschaft von Babylon, wie z. B. heute Ägypten unter der englischen. In der 5. und letzten Urkunde liefert derselbe Gläubiger, wie in der Tafel 4, ein Quantum Datteln für „die Großen der Stadt Tyrus". Der Text ist am 24. VI. 42. Jahr und wahrscheinlich auch in Tyrus verfaßt. Das Machtgebiet von Babylon erstreckte sich also damals gleich dem Großreiche des Assurbanipal von Assyrien zwischen dem Mittelmeere und dem Persischen Golfe auf einen Bereich von etwa 500000 Quadratkilometern.

Palästina befand sich auch später noch, bis zum Ende des neubabylonischen Reiches (539) in der Hand von Babylon, wenn auch noch wenig Zeugnisse dafür bis jetzt vorhanden sind. Der Handel erstreckte sich aber auch noch weit darüber hinaus über die ganze dem Orient bekannte Welt. Den östlichsten Punkt bildete die im Persischen Golf gelegene Insel Tilmun, die man mit der Insel Bachrein identifiziert, woher köstliche, berühmte Datteln bezogen wurden. Für die Beziehungen zum Westen aber ist eine Keilschrifttafel in New Haven in Amerika von größter Bedeutung, die aus Uruk stammt und am 7. VII. 6. Jahr des Königs Nabonaid von Babylon (= 550 v. Chr.) datiert ist. Hier sind größere Bestände von Material inventarisiert, und zwar Kupfer und Eisen „aus dem Lande Jonien", Eisen „vom Libanongebirge" und kostbarer Alaun „aus dem Lande Ägypten". Fast genau ein Jahr älter ist eine gleichartige Urkunde in Paris[1]) vom 5. VII. 5. Jahre des Nabonaid (= 551 v. Chr.). Die Angaben der Tontafeln über die weitreichenden Handelsbeziehungen Babyloniens zum Westen gewinnen aber erst einen besonderen Reiz, wenn man sich davon Rechenschaft ablegt, welche bedeutenden Männer damals in jenen Ländern gelebt haben: In Jonien lebten der berühmte griechische Astronom und Philosoph Thales, die Dichter Ibykus und Anakreon (später am Hofe des Tyrannen Polykrates von Samos); über ganz Jonien aber gebot der reiche König Kroesus von Lydien. Es war das Zeitalter des Tyrannen Pisistratus von Athen und des glücklichen Amasis von Ägypten. So knüpften sich noch ganz zuletzt die Fäden zwischen der absterbenden, uralten babylonischen und der jungen, aufstrebenden griechischen Kultur, die ausgerüstet mit altorientalischem Erbgut sich vorbereitete, geleitet vom griechischen Genie, sich zu höchster Blüte zu entfalten und die Grundlage der Kultur Europas zu schaffen.

Der letzte König des neubabylonischen Reiches war Nabonaid, der im Jahre 539 durch König Cyrus von Persien entthront wurde. Cyrus trug weiter dem Königtum von Babylon Rechnung, nicht nur dadurch, daß er in den verschiedenen Städten den Göttern des Landes Tempel erbaute, vor allem nahm er auch den Titel „König von Babylon" an und bezeichnete sich außerdem noch als „König der Länder". In einer Privaturkunde ist er ausnahmsweise auch als „König von Parsu" „König der Perser" (Parsu) betitelt worden.[2]) Cyrus war, wie seine Nachfolger Kambyses, Darius und Xerxes in der Lage, durch die Zeremonie des „Ergreifens der Hände des Bêl" das Königtum von Babylon zu erlangen. Diese Herrscher sind daher „König von Babylon, König der Länder". Xerxes aber nennt sich ausführlicher mit dem langen Titel „König der Perser und Meder, König von Babylon und der Länder",[3]) aber nur in den Kontrakten bis zum 5. Jahre einschließlich; später ist Xerxes „König der Perser, König der Länder" oder „König der Länder" allein. Es fiel
60 also die Titulatur „König von Babylon" fort. Herodot berichtet nun, daß

1) YOS VI, Nr. 168 (New Haven), TC XII, Nr. 84 (Paris).
2) YOS VII, Nr. 8, Z. 14, vom 2. II. 1. Jahre.
3) ZDMG LXII (1908) S. 642f. Weißbach.

Xerxes es war, der nach einem mißlungenen Aufstande der Babylonier[1]) die Statue des Bêl zerstören ließ. Mit der Vernichtung der Gottesstatue war also die Möglichkeit, König von Babylon zu werden, ebenfalls zunichte gemacht. Xerxes war somit der letzte „König von Babylon" und kein späterer König, weder ein Grieche noch ein Parther hat diesen Titel jemals wieder geführt. Die an eine bestimmte tatsächliche Zeremonie geknüpfte Verleihung dieses Titels war eben unterbunden. Die Zerstörung der Statue des Bêl hat wahrscheinlich im 5. Jahre des Xerxes also 481 stattgefunden,[2]) doch gibt es einen Kontrakt mit den älteren Titeln[3]) vom 25. VIb[4]). 8. Jahre des Xerxes, wo die Jahreszahl zwar etwas verletzt ist, jedoch nur zur 8 ergänzt werden kann. Daher würde die Zerstörung der Gottesstatue erst ins 8. Jahr oder etwas später fallen, also nach der Rückkehr der Perser vom unglücklichen Feldzuge gegen die Griechen. Seit dieser Zeit (478 v. Chr.) ist auch tatsächlich kein Aufstand mehr gegen die persische Herrschaft in Babylon ausgebrochen.

In der folgenden Zeit der persischen Periode blühte Handel, Ackerbau und Gewerbe in Babylonien weiter; denn diese Provinz konnte den größten Tribut an die Perserkönige zahlen, nämlich 1000 Silbertalente oder 7030000 Mark.[5]) Tausende von privaten Handelsurkunden, genau datiert, vor Zeugen und Notar ausgestellt, bestätigen diesen Reichtum allenthalben. Babylon blieb daher auch fernerhin von großer Bedeutung, besaß immer noch einen großen Beamtenapparat.[6]) Babylon war noch

---

[1]) Es sind die Namen von folgenden aufständischen Lokalkönigen bekannt, die zur Zeit des Xerxes angesetzt werden: Bêlšimanni, Šamašerba und Uš (?)-ḫu--ši-kušti (?), vgl. ZDMG LXII, S. 644; 13. Internat. Orientalisten Congress Hamburg (1902), S. 268, Pinches.

[2]) ZA VIII (1893), S. 59f. J. Oppert: Herodot I, 183; Aelian 13, 3; Arrian VII, 17, 2.

[3]) Text in Berlin (VAT 4549): VS V, Nr. 113.

[4]) b bedeutet einen Schaltmonat, der nach dem VI. oder XII. Monat eingeschoben werden konnte.

[5]) Eduard Meyer, Geschichte des Altertums III, § 81.

[6]) Aus den letzten Zeiten der Blüte von Babylon lassen sich verschiedene Beamte in Babylon feststellen. Ich erwähne nur einige aus der großen Menge: Der Vogt (qîpu) des Tempels Esagila war Ba-riq-Šameš^{meš} z. Z. des Amêl-Marduk (TC XII, Nr. 62, Z. 2—3, 8, dd. Babylon vom 19. I. 1. Jahre), später unter Nabonaid ist es Zêriia (TC XII, Nr. 120, dd. Bît-šar-Bâbîli, vom 5. VI. 17. Jahre), unter Darius I. war es Kud-da-a (VS VI, Nr. 155, dd. Šušan ≙ Vorort von Babylon, vom 6. VIII. 29. Jahre). Damals war Bêl-nadin-apli der Bezirksherr (bêl piḫati) von Esagila (Straßmaier, Darius Nr. 58, vom 2. Jahre). — Gouverneur der Provinz von Babylon und Êbir nâri (= Mesopotamien und Syrien) war z. Z. des Cyrus der bekannte Gobryas (Gubarru), so YOS VII, auch z. Z. des Kambyses (a. a. O.), er war Bezirksherr (bêl piḫati); unter Darius war es Uštanni (Straßmaier, Darius, Nr. 82, dd. Babylon, vom 16. VII. 3. Jahre; s. a. T. G. Pinches in 13. Intern. Oriental. Congress, Hamburg, S. 269f.); z.Z. des Artaxerxes I. ist es Bêl-šunu, also ein Babylonier selbst, gewesen (8. Congrès Intern. Oriental. Stockholm,

ein Aufenthaltsort der Könige, eine Residenz mit einem Schloß. Das bezeugen Inschriftreste des Darius aus dem Schloßmuseum Nebukadnezars II., das weiter gepflegt wurde, vor allem aber ansehnliche Reste eines persischen Säulenbaues, eines sogenannten Appadana,[1]) eines Baues von
55 Artaxerxes III., genannt Ochus, erwähnt in einem Kontrakte vom 16. VII. 14. Jahre des U-ma-su ša Artakšatsu (Ochus, d. h. Artaxerxes),

---

Straßmaier Nr. 25, dd. Šinna'meš, wo auch die Stadt Kuta erwähnt wird). — Bezirksherr von Bît-šar-Bâbîli war Ilbarlibatu' im 9. Jahre des Alexander, Sohnes des Alexander des Großen (Rev. arch. VI, 1849, Taf. 123 I. Löwenstern). — Einen nasiku (= Scheich) der Babylonier gab es in assyrischer Zeit (Kohler-Ungnad, Assyr. Rechtsurk. Nr. 624), namens Ibnâ. — Im 28. Jahre des Hammurapi wird Luštamar als nagiru von Babylon (um 2000) erwähnt (Lindl, Briefe Nr. 1351). — Die Assyrer setzten einen Urasi-Beamten über Babylon, der wahrscheinlich die Stellvertretung des assyrischen Oberkönigs innehatte (8. Congr. Intern. Oriental. Stockholm,
30 Straßmaier Nr. 3, vom 4. Jahre des Assarhaddon, geschrieben Uršu). Vgl. LSS V, 3, S. 103, Anm. 1 Klauber, s. auch den Text K 1519. — Ein Befehlshaber ein („Befehligender") šakin ṭêmi (ŠA-KU) von Babylon war ein sehr hoher Verwaltungsbeamter der Stadt. In einem Kontrakt der Sammlung Amherst (13. Intern. Congress Oriental. Hamburg, Verh. 1902/4, S. 267f. T. G. Pinches; dd. Babylon, vom 4. V.) ist nach einem lim-mu datiert, namens U-bar, šakin ṭêmi von Babylon, der von Assarhaddon eingesetzt ist, um 680 v. Chr. Als Zeuge ist der Generalissimus der Assyrer, der rab kiṣir Mannu-Kî-Arbailu genannt. Ein Brief des Ubaru nach Ninive ist erhalten (Harper, Letters Nr. 418, s. Klauber, LSS V, 3, S. 95). Bêl-nîmiq-
33 kâla war in dieser maßgebenden Stellung im 14. Jahre des Šamaš-šumi-ukin (TC XII, Nr. 11), Im Kontrakt (VR 67, 1) vom 8. XI. o. Jahr des Neriglissar ist es Mušêzib-Bêl. Bêl-apla-iddin war es unter Darius I. (Straßmaier, Darius Nr. 154 dd. Babylon, vom 15. I. 5. Jahre; sein Nachfolger wurde Guzanu (TC XIII, Nr. 196, dd. Babylon, vom 1. IV. 26. Jahre und Coll. Morgan I, Nr. 81, Z. 5, vom 4. VIII. 26. Jahre) in der letzten Regierungszeit des Darius I. — In Babylonien waren z. Z. des Darius II. (um 415) auch verschiedene Generäle von fremden Truppen anwesend, so Gun-dak-ka', General (šaknu) der Leute von Phrygien (Muški) und Lydien (= Sardes = Sa-par-da), vgl. UP XIV, Nr. 965. Bêl-erba, Sohn des Aḫušunu war im 11. Jahre des Darius II. in demselben Amte (UP II, 1, Nr. 144, Z. 30). — Šameš-barakku war der General der Leute von Nordsyrien (Melidu = jetzt Malatia im Taurusgebirge) und von Armenien (= Uraštu; UP XIV, Nr. 995). — Über die indischen (Indubai) Truppen gebot Baga'zuštum, Sohn des Baga'patu (a. a. O. Nr. 810, UP II, 1, Nr. 16); über die Araber (Arbai) war Mušezib-Bêl gesetzt (UP II, 1, Nr. 47, UP XIV, Nr. 834). — Die Kimmerier befehligte Taddannu, Sohn des Tiri-iâma (UP XIV, Nr. 949). Daneben tauchen auf die As-pa-as-tu-a unter dem Kommando des Gu-su-ri (UP II, 1, Nr. 95) und die Aš-ši-' unter dem Befehl des Ḫa-an-na-ni, Sohn des Bêlšunu (a. a. O. Nr. 65); endlich die Bananešai, die Bêluṣuršu kommandierte. Es waren wahrscheinlich Truppenkörper, die nach den Völkerschaften getrennt waren, in Mesopotamien ihren militärischen Sitz hatten und hier teils durch Befehlshaber von ihrer eigenen Rasse, teils von babylonischer Herkunft befehligt wurden. Diese Generäle sind unter Darius II. tätig.

62 [1]) Koldewey, WEB[4] S. 126ff. Abb. 77 (Grundriß), vgl. auch Diodor II, 8; persische Säulenbasis aus Kalkstein: Koldewey a. a. O. Abb. 78. Dariusinschrift: a. a. O. Abb. 79; emaillierte Ziegelfragmente: a. a. O. Tafel S. 128. Tontafeln z. B. WVDOG 47, Index (Tontafeln von Kambyses, Darius, Xerxes usw.). VS III, Nr. 187, 190 (Artaxerxes I. usw.)

wonach die Beute aus der Stadt Sidon nach Babylon verbracht wird.[1]) Auch aus der griechischen Periode, die mit Alexander dem Großen beginnt, der Babylon zur Hauptstadt seines neuen Weltreiches machen wollte, sind zahlreiche Überreste in Babylon gefunden, keilinschriftliche Urkunden und Bauwerke. Auf dem Hügel Amran ibn Ali fanden sich Hausruinen dieser Zeit mit Säulenhöfen, 6 Meter über dem Pflaster des Tempels Esagila, das Nebukadnezar II. gelegt hatte.[2]) Wohlbekannt ist auch das griechische Theater auf dem Hügel Homera[3]) und auch auf dem Merkes, im Zentrum der Stadt sind zahlreiche Häuser ausgegraben.[4])

Kaum 200 Jahre währte die Herrschaft der Griechen, der sogenannten Seleuziden, d. h. der Nachfolger des Königs Seleukus, über die Stadt Babylon selbst. Schon im Jahre 124 v. Chr. war Babylon endgültig an die allmählich aus dem persischen Iran vordringenden Parther verloren gegangen. Aber noch immer war die Bekanntschaft mit der alten keilinschriftlichen Literatur nicht erloschen. Zu den einheimischen Babyloniern hatten sich auch griechische Interessenten gesellt. Es sind einige Tafeln erhalten, auf denen die Keilschriftwörter auch in griechisch umschrieben sind. Noch in der griechischen Zeit werden zahlreiche Handelsurkunden in Keilschrift geschrieben, datiert und vor Zeugen und Notar beglaubigt. Der Titel des Königs ist einfach „König", ohne weiteren Zusatz; nur Alexander der Große selbst und sein Nachfolger Philippus Arrhidäus besitzen den Titel „König der Länder", wie die Perserkönige vor ihnen. Die parthischen Könige, die seit 124 v. Chr. ganz Mesopotamien beherrschten, trugen den stolzen Titel „König der Könige", den man wohl zuerst bei Assurbanipal im 7. Jahrhundert finden kann. Seltener wenden die Parther auch den Titel „König der Länder" an, neben dem einfachen Titel „König". In der parthischen Periode nehmen die Handels- und Geschäftsurkunden auffällig ab; es gibt zeitweise überhaupt nur literarische Urkunden religiösen Inhalts, in denen zum Teil recht schwierige sumerische Texte abgeschrieben werden, Urkunden, die zu den schwer verständlichsten Texten überhaupt gehören. Sie sind nach der Seleuziden-Ära datiert, die mit dem Jahre 312/1 v. Chr. beginnt, seit dem Jahre 140 aber finden sich daneben Datierungen nach der Arsaziden-Ära, die

---

[1]) 8. Orientalisten Congress, Stockholm Straßmaier Nr. 28; vgl. Reallexikon der Assyriologie I, S. 158a. S. Smith, Babylon. Histor. Texts S. 148, Anm. 25. Ein weiterer Kontrakt vom 15. Jahre eines Artaxerxes fand sich in Babylon (Bab. 60447), ein andrer ohne genaues Datum (Nr. 41729 u. 41800) behandelt eine Geldzahlung.

[2]) Koldewey, WEB[4] S. 212ff.

[3]) Koldewey a. a. O. S. 293ff.

[4]) WVDOG 47 (Reuther, Innenstadt von Babylon).

64 Jahre später als die griechische ihren Anfang nahm. Zwischen 140
57 und 124 dauerte mithin der Eroberungskampf Babyloniens seitens der
Parther, die vom Süden her vordrangen. Die späteste datierte Urkunde
stammt aus dem Jahre 301 der Seleuziden-Ära, d. h. 10 v. Chr. Bis um
die Zeit um Christi Geburt hat es also Babylonier gegeben, die die uralte
heilige Keilschrift der Sumerer zu schreiben verstanden haben. Es ist
möglich, daß durch irgend einen politischen Eingriff seitens der Parther
die weitere Kenntnis der Keilschrift gewaltsam unterbunden worden ist.
Um Christi Geburt endigt also die babylonische Überlieferung. Griechen,
Babylonier, Parther und andere Völker lebten weiter nebeneinander unter
dem parthischen Regimente. Was die Stadt Babylon angeht, so erhellt
schon aus der Dürftigkeit der geschäftlichen Urkunden, daß die Stadt
mehr und mehr verödet. Die Ursache davon ist wahrscheinlich in dem
70 Euphrat zu suchen, der sich in jenen Zeiten immer mehr nach Westen
hin entfernte, indem er die Verlegung seines Strombettes von Osten nach
Westen fortsetzte, eine Veränderung, von der Leben und Gedeihen der
Stadt Babylon schon von jeher abhängig gewesen ist. Diese Verschiebung
wird einer der Hauptgründe gewesen sein dafür, daß Seleukus I. seine
Residenzstadt von Babylon weg verlegte und am Tigris eine neue Hauptstadt Seleuzia gegründet hat, die als Neuschöpfung, nun vorwiegend von
griechischen Bevölkerungselementen bewohnt war. So werden es vorzugsweise Babylonier selbst gewesen sein, die die heiligen Stätten ihrer ehrwürdigen Kultur nicht verlassen wollten, sondern weiter in Babylon ausharrten. Ihre Anwesenheit läßt sich auch in zahlreichen Hausruinen nachweisen, namentlich oberhalb des allerheiligsten Tempels Esagila; und
57 selbst die wenigen aus spätester Zeit in Babylon gefundenen Keilschrifttexte geben hier und da in ihren Mitteilungen noch einige wichtige Anhaltspunkte für das Stadtbild von Babylon, dessen Örtlichkeiten und wichtigste topographische Punkte sich in alter Tradition sogar bis in die arabische und die heutige Zeit mit bewundernswerter Zähigkeit wenigstens dem Namen nach erhalten haben und von dem Ruhm und Glanz vergangener Jahrtausende zu erzählen wissen.

KAPITEL V

DAS STADTBILD VON BABYLON

(Titelbild)

Nach der Stadtbeschreibung der Babylonier (H. Z. 18, vgl. G. Z.
11—13) lag die Stadt Babylon an drei Flußläufen. Der Euphrat, der 1
die Stadt von Norden nach Süden durchströmt, teilte sie in die östliche 7
Altstadt, „gen Sonnenaufgang" gelegen, und in die westliche „Neustadt", 64
die „gen Sonnenuntergang" lag. Das östliche Ufer des Euphrats, an dem
sich der Stadtpalast und die heiligen Tempel, insbesondere der Haupt- 2
tempel des Gottes Marduk, Esagila, befanden, hatte innerhalb des Weich-
bildes der Stadt den heiligen Namen „Arachtu-Ufer", während das gegen-
überliegende Ufer das „Euphrat-Ufer" hieß, und der Fluß oberhalb und
unterhalb von Babylon mit dem gewöhnlichen Namen „Euphrat" belegt
wurde. In den Privaturkunden hieß der Euphrat auch kurzweg der „Fluß"
ähnlich wie auch die Assyrer ihren Hauptstrom, den Tigris, ebenfalls ab-
gekürzt den „Fluß" zu nennen pflegten. Der zweite Flußlauf war der
„Libilchegalla-Kanal", der „Überflußbringende Kanal", wie sein
Schmuckname besagt. Auf einem Stadtplane wird er als „Königsgraben" 5
bezeichnet und war speziell der Schloßgraben, der das Stadtschloß im
Süden gegen die Stadt absperrte. Man nannte ihn auch den „Ost-Kanal",
womit ausgedrückt werden sollte, daß der Kanal die Stadt von Westen
nach Osten durchzog. Wahrscheinlich hieß dieser Kanal im Volksmunde
nach der Göttin Zêr-Bânîtum, der „Bânîtum-Kanal", der unmittel-
bar nördlich des Zababa-Tores in die innere Stadt eintrat und nach 19
Nordwesten umbog, indem er die Richtung auf den Schloßgraben nahm.
Der dritte Flußlauf war endlich der sogenannte „Neustadt-Kanal", wie
ihn die Privaturkunden, d. h. der Volksmund, benannt hatten, während er
nach der „Stadtbeschreibung" einen poetischeren Namen besaß, der
Chuduk... lautete und nur unvollkommen erhalten ist. Er durch-
strömte die Neustadt vielleicht von Westen nach Osten oder auch von
Norden nach Süden; dies läßt sich vor weiteren Ausgrabungen nicht
entscheiden.

Der gesamte Stadtplan bildete ein oblonges fast regelmäßiges Viereck von 8150 Metern Umfang, schräg gestellt, mit den schmäleren Seiten nach Nordosten und Südwesten. Der assyrische König Assarhaddon, der Neugründer von Babylon im Jahre 681, hat „die Straßen der Stadt nach den vier Winden geöffnet". Die vier Winde waren die in Mesopotamien schon damals und bis heute herrschenden Windrichtungen: Nordwesten, der „Günstige Wind", Nordosten, der „Gebirgswind", sowie Südosten, der „Wolkenwind", und Südwesten, der von der Wüste her kommende unangenehme und gefürchtete „Sturmwind". Diese Orientierung erfolgte seit uralten Zeiten in Mesopotamien aus religiösen Gründen, weil man dachte, daß sich die Götter in einem Windhauche offenbarten, durch den sie in gutem und in bösem Sinne zu den Menschen redeten, ihm Heil oder Unheil zuwendeten.

Die östliche Altstadt sprang nach Norden soweit vor, daß das Stadtschloß in der Nordwestecke völlig freilag und daß der Schloßgraben seine unmittelbare Fortsetzung in dem nördlichen Stadtgraben der gegenüberliegenden „Neustadt" fand. Dies ist die typische Anlage des Palastes einer mesopotamischen Stadt im Altertum.

Eine doppelte Stadtmauer mit Graben umzog die gesamte Stadt. Die innere war die Hauptmauer, der sogenannte Dûru, und hieß „Imgur-Enlil," (Es erhörte Enlil); die niedere Außenmauer hieß „Nimid-Enlil", (Sitz des Enlil) beide genannt nach dem Hauptgotte der Stadt Nippur, südlich von Babylon, dessen Heiligtum bei Sumerern und Babyloniern große Bedeutung hatte, wie etwa Rom für die christliche Menschheit im Mittelalter. Enlil, der Gott der Erdoberfläche, war der Stifter der Königreiche, dem jeder Oberherr von Mesopotamien durch Weihung von kostbaren Gegenständen seine Huldigung darbrachte. Enlil ist daher, als Babylon die Oberherrschaft errungen hatte, als schützender Mauergott für Babylon gewählt worden, während andrerseits der Gott Marduk seinen Namen für die Mauern von Nippur in entsprechender Weise hergab, „Imgur-Marduk" und „Nimid-Marduk", so daß das enge Verhältnis dieser Städte zueinander dadurch auch völlig offenkundig durch die heiligen Namen besiegelt worden ist.

Eine dritte Mauer erbaute erst der König Nebukadnezar II., weit
2 außerhalb im Osten und im Süden der Stadt, nicht um die Stadt zu erweitern, die dadurch einen Umfang von fast 18 Kilometern erhalten hätte, sondern um den neuerbauten im Norden liegenden Sommerpalast des Königs sowie den Neujahrsfesttempel zu schützen, der nördlich unmittelbar vor den Toren der Stadt stand. Die beiden alten Stadtmauern existierten auch späterhin noch weiter als die eigentlichen Befestigungen der Hauptstadt, und der neugewonnene Raum zwischen ihnen und der Außenmauer Nebukadnezars war nicht durchweg besiedelt; er war nur

als eine Art Fliehburg von stadtmäßiger Ausdehnung gedacht, als die Zuflucht der Landbevölkerung in den Zeiten der Gefahr.

Die Mauern wurden von acht Stadttoren durchbrochen, die nach den
Göttern derjenigen Städte benannt wurden, zu denen der Weg durch
jene Tore führte. Die Stadttore werden stets in einer bestimmten Reihen-
folge in der „Stadtbeschreibung" (G. Z. 1—8) aufgeführt. Die Abfolge 1
scheint heilig gewesen zu sein, nicht aber nach topographischen Gesichts-
punkten gewählt. Solche lassen sich nur insofern feststellen, als die
ersten sechs Tore dem östlichen Babylon angehörten, die beiden rest-
lichen Tore aber der „Neustadt" im Westen. In der Altstadt, im Osten
sind folgende Tore genannt: 1. Urasch-Tor, das westliche Tor in der 13
Südmauer mit dem Wege nach der Stadt Dilbat, im Süden von Babylon,
wo der Ackerbaugott Urasch verehrt wurde. — 2. Zababa-Tor, das süd- 14
liche Tor in der Ostmauer in der Straße nach Kisch, der uralten Metro-
pole des sumerischen Mesopotamiens, wo der Kriegsgott Zababa ange-
betet wurde. — 3. Marduk-Tor, auch mit einem unerklärbaren neutralen 15
Namen als Gischu-Tor bezeichnet, war das nördliche Tor der Ostmauer,
dem Zababa-Tore benachbart. Der Weg durch das Tor führte nach Kuta,
der heiligen Residenz des Kriegs- und Totengottes Nergal. Da das Tor
auch Marduk-Tor heißt, so muß es auch als Durchzug für die Prozession
des Gottes Marduk gedient haben, der beim Neujahrsfeste im 1. Monat
(März) hier durchkam. — 4. Ischtar-Tor, das durch den Fund der
Monumentalinschrift von Koldewey schon in dem westlichen Tore der
Nordmauer festgelegt werden konnte, führte nach der uralten Stadt
Akkad, wo die Kriegsgöttin Ischtar (Astarte) verehrt wurde. — 5. Enlil-
Tor, noch nicht ausgegraben, muß jedoch als östliches Tor der Südmauer
angesetzt werden, da der Weg nach der Stadt des Enlil, Nippur, hier
hindurchging. — 6. Sin-Tor, genannt nach dem Mondgotte Sin, eben-
falls noch nicht ausgegraben, kann aber nur in einem östlichen Tore der
Nordmauer gesucht werden. Die Straße richtete sich nach der Stadt Bît
Ḫabban im Norden von Babylon, nach dem heutigen Samarra zu. In
Bît Ḫabban befand sich auch eine Verehrungsstätte der Ischtar, der
Göttin des benachbarten Tores. Der Weg ging aber zunächst nach dem
„Neujahrstempel" vor den Mauern der Stadt, und so ist ein in den
Privaturkunden genanntes Bauwerk „die Propyläen des Neujahrsfes-
tes" mit dem Sin-Tore gleichzusetzen, ein Name, der wohl nur im
Volksmunde gebraucht wurde und sich mehr an die tatsächlichen Vor-
gänge hielt, die sich vor den Augen des Volkes abspielten.

In der „Neustadt" gab es dann die beiden andern Tore: 7. Adad-Tor, auch „Akußer-Tor" genannt (Stadtbeschreibung I, Z. 2, 4), das mitten im

Westen die Neustadtmauer durchbrach und nach der Stadt des Wind-
und Wettergottes Adad wies, der in Akuß herrschte. — 8. Schamasch-
Tor, in der Südmauer der Neustadt, mit dem Wege nach der Stadt des
Sonnengottes, Larsa, in Südbabylonien, ist zwar ebenfalls, wie das Adad-
4 Tor noch nicht ausgegraben; aber die antike Stadtkarte, im Verein mit
der Stadtbeschreibung (I, Z. 8) legen die Lage fest. — Ein weiteres
„Stadttor" gab es bei dem Tempel des Marduk, das „Stadttor von Esa-
gila". Es war kein eigentliches Stadttor und ist darum auch in der Stadt-
beschreibung unter den Stadttoren nicht mit genannt. Es befand sich im
Zuge der Mauer, die am „Arachtu-Ufer" die Altstadt nach Westen zu
begrenzte, an der Straße über die Euphratbrücke nach der „Neustadt".

Die Stadttore sind regelmäßig angelegt und dabei muß es auffallen,
daß in der nördlichen Mauer der „Neustadt" kein Tor gelegen haben
sollte. Tatsächlich befand sich hier ebenfalls ein Ausgangspunkt aus der
Stadt, aber nur eine „Pforte", ein kleineres Tor, das deshalb keinen Platz
unter den großen Stadttoren bekommen hat. Es war die „Pforte des
Lugalgirra", die an einer andern Stelle des Stadtbeschreibung (I, Z. 7)
1 genannt wird und nach den Privaturkunden im Volksmunde die „Pforte
des Bêl" hieß. Westlich von ihr floß der Gubbatum-Kanal, östlich von
ihr der Euphrat, so daß ihre Lage gleichfalls sichergestellt ist, trotzdem
auch hier die Ausgrabungen noch im Stich lassen.

Aus dem Jnnern der Stadt führte zu jedem Stadttore eine große Straße, die ihren Namen nach der Gottheit des betreffenden Tores gehabt hat. Sie waren heilig als Prozessionsstraßen der großen Götter und sind nach den beiden Hauptorientierungsrichtungen der Stadtanlage angelegt, nämlich parallel zur Nordostmauer und zur Nordwestmauer von Babylon. Es waren also acht Straßen (Stadtbeschreibung H, Z. 3—10), die ihrerseits wiederum schöne Schmucknamen besaßen. Der Zug der Straßen ist erst teilweise erforscht; sie haben sich fast geradlinig ins Innere der Stadt zu erstreckt, da sie nach den vier Windrichtungen angelegt sind, wie ausdrücklich mitgeteilt wird. Sie führten auch nach den Tempeln der Straßengötter. Die Urasch-Tor-Straße hatte aber einen abweichenden Namen, nämlich nach dem des Schreibergottes Nabu, der in der Babylon benachbarten Stadt Borsippa wohnte und alljährlich zum Neujahrsfeste nach Babylon wallfahrtete. Sie ging bis zum Tempel Esagila und endete hier wohl als Sackgasse, wie aus den Privattexten hervorzugehen scheint. Diese Nabu-Straße nannte der Volksmund in den Privaturkunden „Straße der Prozession des Gottes Nabu und der Göttin Nanâ", also nach den sichtbaren Vorgängen auf der Straße, wo Nabu und seine Gemahlin Nanâ oder Taschmêtum prozessionierten. Die Marduk-

Straße nannte man dementsprechend „Prozessionsstraße des Nergal", 7
der von Kuta herbeizog. Die Nabu-Straße, die Ischtar-Straße, die Straße, die durch das „Stadttor von Esagila" ging und die Marduk-Straße" hatten auch den gemeinsamen Namen „Prozessionsstraße des Marduk" oder mit dem Schmucknamen „Aiburschabum" (Nicht möge siegen der Feind). Alles in allem hat es nach der Stadtbeschreibung (H, Z. 18, vgl. G, Z. 15—14 und H, Z. 1—15) 2 Heerstraßen und 24 Straßen im Weichbilde von Babylon gegeben, von denen auch noch einige bekannt sind, alle mit wohlklingenden religiösen Namen bedacht: „Ischimmescheaschu" (Er hört seinen Freund), „Kunuschqadru" (Beuge dich, Besiegter), „Cherub, höre seinen (d. h. Babylons) Seufzer", „Prozessionsweg des Damiq-ilischu", wohl nach dem Könige des „Meerlandes" Damiq-ilischu II. genannt, der um 1850 v. Chr. vielleicht eine Rolle bei einer Befreiung Babylons von den Hettitern gespielt haben könnte. „Vier-Straße", „Prozessionsweg des Gottes Sibitti", d. h. der Plejaden, „Zwillings-Straße", ferner „Ischimma ana rûqa" (Er hört in die Ferne), als
Prozessionsstraße des „großohrigen" Marduk. Außer den Tor-Straßen 39
lassen sich aber noch keine weiteren Straßen lokalisieren.

Die Stadt Babylon war in mehrere Stadtviertel eingeteilt, deren Lage
zum Teil schon feststeht. Die Schmucknamen Babylons, die in der 64
Stadtbeschreibung (C, Z. 1—17) angeführt sind, haben mit diesen Stadt- 1
vierteln fast garnichts zu tun: „Wohnung des Überflusses" „Wohnung des Lebens", „Himmelskraft", „Himmelslicht", „Himmelsband", „Stadt, deren Lehmziegel uralt ist", „Berufene des Himmels", „Stadt des Frohlockens", „Stadt, deren Ritus kostbar ist", „Stadt, deren heilige Satzung herrlich ist". Diese Namen deuten immer wieder auf das Grundelement hin, auf die Religion, auf die sich alles und jedes Geschehen im Alten Orient bezieht. Nur zwei der Schmucknamen lassen sich mit Namen von Stadtquartieren zusammenbringen, nämlich „Wohnung des Lebens", wörtlich „Lebenshain" genannt, und „Himmelskraft", das „Himmelshand" (Hand = Kraft) in wörtlicher Übersetzung heißt. Das Stadtviertel „Lebenshain" muß wohl in einem heiligen Bezirk zu suchen sein, vielleicht sogar in dem des Tempels Esagila selbst. „Himmelshand" ist festbestimmt in der Südwestecke der Altstadt und enthielt drei Tempel, wie die Stadtbeschreibung (B, Z. 14—15) mitteilt, von denen der des Kriegsgottes Ninurta wiedergefunden ist, wohl auch der Tempel der Arztgöttin Gula. Die andern Stadtviertel haben Namen, die teils nach naheliegenden Lokalitäten genannt sind, teils nach andern Städten außerhalb Babylons, teils lassen ihre Namen aber noch keine genauere Deutung zu.

„Binnenstadt", die „City" von Babylon, befand sich wahrscheinlich zwischen dem Stadtschloß und dem Marduktempel und hatte nach der Stadtbeschreibung (B, Z. 3—9) zahlreiche Tempel, von denen aber noch kein einziger sicher nachgewiesen ist. Ebenda (B, Z. 10—13) wird der Stadtteil „Gottespforte" mit 4 Tempeln angeführt, von denen der Tempel der Göttin Ninmach und der der Ischtar von Akkad wiedergefunden worden sind. Auch der Palast lag hier. Der Name leitete sich von der „Pforte Gottes" her, der auch im Gesamtnamen „Babylon" (Bâb-ilu) oder Bâb-ilâni („Pforte der Götter") der ganzen Stadt aufgeprägt worden ist, und zwar von der „Heiligen Pforte", die im Zentrum der ganzen
64 Stadt den Festeingang nach dem „Turm zu Babel" bildete. Es war eine vermauerte Pforte, die als „VerschlosseneTür" beschrieben wird, die einmal im Jahre, im Herbste, für den Durchzug der Götter geöffnet wurde. Sie gehört zu den interessanten Bauwerken Babylons und hat ihre Nachfolgerin in der „Porta Sancta" der Peterskirche in Rom. Auch der Stadtteil „Gottespforte" ist demnach genau zu lokalisieren, Im Nordosten der Altstadt gab es den Stadtteil Kullab, im Südosten vermutlich das Stadtviertel Schuschan, nach fremden Städten Kullab und Susa genannt. Im Nordosten der Altstadt gab es weiterhin Kaßiri und Tee, der westliche Teil von Babylon hieß „Neustadt" und zeigt dadurch, daß er erst später hinzugekommen ist. Er beherbergte einen Stadtteil namens Kumari, in dem der Adadtempel lag, demnach im westlichen Teile der „Neustadt". Die Stadtbeschreibung verlegt vier Tempel in die Neustadt (B, Z. 17—18), einen Tempel des Sonnengottes Schamasch und des Wettergottes Adad, welche Götter auch den Stadttoren der „Neustadt" ihren Namen gegeben hatten. Die Beziehung von Stadttor und dem gleichnamigen Gotteshause waren sehr eng; beide lagen in Babylon immer auf ein und derselben Seite des Stadtgeländes und die Prozessionsstraße verband sie miteinander.

An Tempeln verzeichnet die Stadtbeschreibung (H, Z. 17) 53 Heiligtümer der „Großgötter", mithin eine stattliche Anzahl von größeren Bauten. Dazu kamen aber noch zahlreiche Zellen, von denen allein 55 dem Gotte Marduk geweiht waren und die innerhalb oder auch außerhalb von Tempeln gelegen haben. Sie sind in der Stadtbeschreibung (E, Z. 1—22; F, Z. 1—11) teils mit Namen genannt, teils auch ihrer Lage nach beschrieben, als die bedeutendsten die „Heilige Pforte" oder die „Verschlossene Tür", die Zella, wo das Schicksal des Landes geweissagt wurde, namens „Ubschukkinna", eins der heiligsten Bauwerke Babylons; eine andre Zella hieß „Ubsachara". Diese Zellen dienten dazu, die Statue des Gottes Marduk bei Gelegenheiten seiner Umzüge und Festlichkeiten

Abb. 7. Das Stadtbild von Babylon, von der Neustadt aus gesehen

Abb. 9. Reste von der Freitreppe des Turmes zu Babel

in der Stadt dort aufzustellen. Für die „Himmelsgötter", Igigi genannt, gab es 300 Zellen, für die „Unterweltsgötter", namens Annunnaki, die doppelte Anzahl, 600 Zellen. Sehr zahlreich waren die Altäre, „Sitze", von denen allein für die Liebesgöttin Ischtar 180 aufgestellt waren. Für den Wettergott Adad und für den Pestgott Nergal waren zusammen ebenfalls 180 Altäre aufgestellt, teilweise in den Tempeln, teilweise aber auf den Straßen oder an Wegkreuzungen, so daß jedermann zu jeder Zeit die Möglichkeit hatte, für die Liebe, für gutes Wetter zu opfern und zu beten, oder auch Beschwörungen gegen Krankheiten vorzunehmen. Weiter waren in der Stadt Altäre aufgestellt, die bedeutsamen Gestirnen 8
geweiht waren, also kosmischen Charakter hatten, 12 Altäre der Plejaden (Sibitti), 6 Altäre für das Sternbild der „Fische", genannt die (Fisch)-„Schwänze", 4 Altäre für den „Regenbogen" (Tiranna), und endlich 2 Altäre für den „Festgott", der die Prozessionen und Festspiele leitete.

Die großen Tempel Babylons bestehen aus einem Komplex von verschiedenen Gebäuden, die um einen viereckigen Binnenhof gruppiert und außen von einer sehr dicken starken Mauer eingefaßt waren. Zinnenbekrönte Vorsprünge, Risalite, zwei Türme bei den Toren, von senkrechten Rillen gegliedert, belebten die fensterlosen Wände, die mit Stuck beworfen und vielfach weiß bemalt gewesen sind. Es ist eine Architektur von einfachen, monumentalen Formen, mit wohlabgewogenen Proportionen. Licht und Schatten und vor allem die Farbe belebten die Flächen (Titelbild). Weiß war die Farbe der Tempel, blau war die Farbe des Ischtar-Tores, ein Schutz gegen den „Bösen Blick" des Feindes, eine Maßregel, die der Orientale noch heute zur Vorsicht anwendet, indem er sich, seiner Habe, seinen Tieren blaue Perlen umhängt. Rötlich waren wohl die Wände des Stadtschlosses, das aus gebrannten Ziegeln fest erbaut war; gelblich war die Farbe der aus Lehmziegeln errichteten beiden Stadtmauern. Ohne Farbe würden alle diese Bauten ermüdend und langweilig erscheinen. Erst die Farbe hebt die monumentale Wirkung. Ohne Farbe wäre auch die moderne Baukunst eintönig, die sich wohl einfacher Formen im Geiste der „Sachlichkeit" bedient, aber leider meist die alterprobten guten Proportionen verschmäht und eine harmonische ästhetische Wirkung vermissen läßt. Der babylonische Tempel bildete ein oblonges regelmäßiges, aber auch unregelmäßiges Viereck, mit einem Haupteingange gegenüber der Gotteskapelle, die am andern Ende des Hofes lag und die Vorzella und die Hauptzella mit der Postamentnische für die Statue enthielt. Manche Tempel hatten auch noch einen zweiten Haupteingang, der dem ersteren gegenüberlag. Das waren dann „Prozessionstempel", wie der Tempel des Kriegsgottes Ninurta und 24

der Haupttempel des Marduk, durch die der Götterzug in Prozession wallfahrten konnte. Die Orientierung der Tempel war verschieden, je nach der Richtung des Windes, aus dem sich der Gott manifestierte. Die Kriegsgötter offenbarten sich danach im bösen Südwestwinde, so ist der Tempel des Gottes Ninurta und der der Kriegsgöttin Ischtar nach Südwesten orientiert. Die Unterweltsgötter, wie die Göttin Ninmach und die Göttin Gula aber offenbarten sich im Südostwinde, dem sog. „Wolkenwinde". Er brachte Wolken und Regenfälle und kam vom Meere her, dem Persischen Golfe im Südosten von Babylonien, wo man sich den Eingang zur Unterwelt gelegen dachte, wo der Unterweltsgott Enki oder Ea wohnte, der nicht nur die unterirdische Erde, sondern auch den Ozean und seine unterweltliche Fortsetzung, das Grundwasser, personifizierte und beherrschte. Anders war der Tempel des Marduk orientiert, nämlich nach Nordosten, wo die Sonne, die Marduk repräsentierte, im Juni zur Zeit des höchsten Sonnenstandes aufging. Der Windhauch des Marduk, der „Gebirgswind", war demnach der Wind aus Nordosten. Die „Marduk-Straße", die wichtigsten Tore des gewaltigen Tempelkomplexes zeigten alle in dieselbe Richtung. Der Marduktempel Esagila, „Tempel, der das
26 Haupt erhebt", war einer der umfangreichsten aller mesopotamischen
Tempel. Als Haupttempel von Babylon gebührte ihm allein ein Tempel-
35 turm, der der berühmte „Turm zu Babel" geworden ist, der in 7 Stufen,
wie ein Berg aufstieg und eine quadratische Grundfläche von rund
29 90 Metern besaß, bei einer Höhe von demselben Ausmaße. Der Aufstieg
30 zum Turm war im Südosten, gegenüber einem von vier gewaltigen Toren,
31 die vom eigentlichen Tempel herführten. Der Hochtempel, Schachuru ge-
nannt, als Hochzeitsgemach des Gottes und seiner Gemahlin Erua, der Morgenröte, gedacht, richtete sich oben auf der Spitze des Turms nach Nordosten, der Prozessionsstraße des Gottes zu, die von Nordosten an den Peribolos des „Turms zu Babel" herankam, der viereckig gestaltet war, mit Seiten von über 400 Metern Länge. Rings herum lagen Kapellen, Vorratshäuser, Wohnungen der Priester und Pilger, von Nordosten führte ein mächtiges Torgebäude mit davorliegendem Ehrenhofe geradeswegs auf die Mitte des Tempelturms hin. Das war die „Heilige Pforte", die
36 gewaltigste „Durchzugspforte der Götter", die allgemein durch einen
„Ehrenhof" nach außen hin charakterisiert waren, der hier besonders ausgedehnt angelegt ist. An der Ostseite dieses Turmkomplexes zog sich die Ischtar-Tor-Straße entlang, eine der Prozessionsstraßen des Marduk. Sie bog an der Südostecke des Peribolos des Turmes nach Westen um und führte weiter zwischen Turm und dem eigentlichen
7 Tempel über die Euphrat- oder Arachtu-Brücke hinüber zur „Neustadt".

Die Prozessionsstraße besaß eine aus Steinen gepflasterte Fahrbahn für
den Götterwagen der Prozession. Weiße Kalksteinplatten und rotweiß
gesprenkelte Brecciaplatten gaben der Gangbahn ein farbiges Aussehen.
Sie war fest und solide gebaut auf einer Unterlage von gebrannten, in
Asphalt verlegten Ziegelsteinen. Inschriften von Sanherib und Nebukad- 19
nezar II. bezeugen die sorgsame Pflege des Kultes, die sowohl der 24
Assyrer, als der Babylonier selbst, dem Stadtgotte angedeihen ließen.

Der eigentliche Tempel Esagila, im Süden des Tempelturmes, ist in
der Stadtbeschreibung (K) auf das Genaueste beschrieben worden, mit
Angabe der Maße, der Plätze, Terrassen und Kapellen. Der ganze Bezirk
hieß „Nuchar", das soviel wie abgeschlossener Bezirk bedeutet. Er hatte 26
2 Terrassen, eine obere und eine untere, und 6 Kapellen des Marduk,
seiner Gemahlin und verschiedener andrer Götter, vor allem des Gottes
Nabu, der als Sohn des Marduk in engster Verbindung zu ihm stand,
gruppierten sich in einem Viereck um einen zentralen Hof herum. Die
östliche Kapelle war die Hauptkapelle, die westliche enthielt das Schatz-
haus, worin das goldene Bett und der Thron des Marduk aufgestellt
waren. Um diesen Tempelkomplex herum lagen noch zwei Platzterrassen,
die der Göttin Ischtar und des Gottes Zababa, sowie der „Erhabene
Platz". Wahrscheinlich lagen auch die wichtigsten Zellen, wie die von
Ubschukkinna und Ubsachara dicht bei den 6 Kapellen, vermutlich
im Osten davon, wo erst wenig ausgegraben ist. An der Südseite hat
die sog. „Eingangspforte des Nabu in Esagila" gelegen, wo der Gott
Nabu hineinzog, wenn er von Borsippa zuerst auf dem sog. „Borsippa-
Kanal", dann durch das Urasch-Tor prozessionierte und hier den Stadt-
teil „Himmelshand" betrat. Die Nabu-Straße scheint hier bei der Einzugs-
pforte ein Ende gefunden zu haben, weil in verschiedenen Privaturkunden 64
die Nabu-Straße als „Sackgasse" (Straße ohne Ausgang) angesprochen
wird. Die Straße diente, wie eben alles in Babylon, ursprünglich nur den
heiligen, religiösen Zwecken, nicht aber den praktischen Bedürfnissen.
Diesen wurde aber dadurch genügegeleistet, daß die „Zababa-Tor-
Straße", die südlich des Ninurta-Tempels in die „Nabu-Straße" ein-
mündete, den Durchgangsverkehr vermittelt haben muß, den wahr-
scheinlich die „Ischtar-Straße" nach Norden weiterführte.

Neben dem „Turm zu Babel," und der „Heiligen Pforte" interessiert
insbesondere ein Gebäude, das in der Stadtbeschreibung (I, Z. 4—5)
erwähnt wird und im Südwesten der „Neustadt", nahe dem Adad-Tore 2
gelegen hat, das „Totenhaus', (Enamusch), das das Mausoleum der baby-
lonischen Könige gewesen ist und vor dem, außerhalb der Ringmauern,
der Begräbnisplatz der Bewohner von Babylon angelegt war, der in der

Stadtbeschreibung (I, Z. 5) als ein Vorort mit dem pessimistischen Namen
64 „In seinem Innern ist der Untergang geboren" beschrieben ist. Da der Nordwestwind in Babylonien der häufigste Wind war, so war die Lage des Friedhofs von Babylon hier im Südwesten sehr günstig, weil die Ausdünstung des Totenackers somit die Stadt im allgemeinen nicht berührte. Weder dieser Begräbnisort, noch auch das Mausoleum ist bisher ausgegraben worden, weil an dieser Stelle der Spaten überhaupt noch nicht angesetzt wurde. Trotzdem sind in den Ruinen der Stadt zahlreiche einzelne Gräber allenthalben aufgedeckt worden, die über die Begräbnisweise der vergangenen Bevölkerung des antiken Babylons für fast 2 Jahrtausende gute Auskunft gegeben haben. Gegen 900 Grabstätten, innerhalb der Stadt, in verfallenen Häusern, auf unbebauten Plätzen und auf den Straßen angelegt, sind untersucht, und sogar aus der älteren Zeit der Hammurapidynastie, um 2000 v. Chr., gefunden worden, die sonst wegen des seit 4000 Jahren gestiegenen Grundwassers nicht erreicht werden konnte, insbesondere auch deshalb, weil der Grundwasserspiegel heute in der unmittelbaren Nähe der Flüsse immer besonders hoch steht. Ein eigenartiges Nebeneinander der verschiedenen Bestattungsweisen läßt darauf schließen, daß zu allen Zeiten auch die mannigfachsten Völkerschaften die Stadt Babylon bewohnt haben, entsprechend der gewaltigen Ausdehnung des babylonischen Reiches. Die Völker sind durch Wanderung oder durch gewaltsame Verpflanzung in die Metropole gekommen. Von 2000 bis 300 v. Chr. herrschte der gemeinsame Brauch, die Leichen in Hockerstellung, mit angezogenen Knien, zu beerdigen, bis um 300 v. Chr. die griechischen Eroberer ihre eigene Sitte einführten, die Toten lang ausgestreckt zu begraben. Nur die altkassitische Zeit, als ein indogermanisches Volk, die Kassiten, die Vorherrschaft über Babylon inne hatte, zwischen 2000 und 1500 v, Chr., zeigt in einfachen Erd-, Lehm- und mit Ziegeln ausgemauerten Gruben die Hocker- und die Langstellung der Leichen nebeneinander, eben wohl eine fremde mitgebrachte Sitte der kassitischen Eroberer. In der spätkassitischen Zeit von 1400 bis 1000 v. Chr. sind Doppeltopfgräber Sitte: Zwei mit breiter Öffnung in horizontaler Stellung aneinander gefügte Vorratsgefäße von ca. 70 Zentimeter Höhe, worin die Leiche, in Binsenmatten oder Kleider gehüllt, in der Hockerstellung eingezwängt wurde. Eine langsam sich vollziehende Abwandlung dieser Sitte läßt sich im Verlaufe der nächsten Jahrhunderte recht deutlich verfolgen: Zwischen 1000 und 800 v. Chr. ist es Sitte, die Topfgräber mit flacherem Schalendeckel zu versehen und sie schräg aufrecht zu stellen; von 800 bis 540 v. Chr., in der assyrischen und neubabylonischen Zeit, jedoch begnügt man sich, die Topfgräber mit einem

einfachen Palmenholzdeckel zu schließen. Sie werden nunmehr aufrecht senkrecht gestellt. Gewölbte Grüfte finden sich neben der geschilderten Bestattungsart bis etwa 1000 v. Chr. In der kassitischen Periode werden außerdem noch viereckige Tonsärge verwendet, die mit einem zweigeteiltem Deckel geschlossen werden, sowie ovale wannenförmige Särge. Von 1000 bis 540 v. Chr. sind die „Hockersärge" im Gebrauch, d. h. Särge in Form einer Wanne, die an der einen Seite gerade, an der andern jedoch rund abgeschnitten war und deren Vorbild sich schon in der neusumerischen Zeit (um 2500 v. Chr.) findet, wo solche eigenartig geschnittenen Becken als Weihwasserbecken für den Tempelgebrauch in Verwendung gewesen sind. So wurde, wie es so häufig der Fall ist, auch hier aus einem ursprünglich nur für Götter bestimmten Gegenstande, später ein für praktische Bedürfnisse verwendetes Gerät geschaffen, das für eine Sargform für geeignet befunden wurde. Die Form dieser „Hockersärge" verlängert sich um die Zeit des Königs Nebukadnezar II. (600 v. Chr.), noch mehr in der persischen Periode (540 bis 330 v. Chr.) und es bilden sich in dieser letztgenannten Zeit die sogenannten „Stülpgräber" heraus, d. h. lange Tonträge, die man über die Leichen stülpte, die in Hockerstellung niedergelegt worden waren. Die „Hockersärge" wurden in der griechischen und parthischen Periode (330 bis um Christi Geburt) noch mehr verlängert, so daß die Leiche lang ausgestreckt beerdigt werden konnte. Für die griechische Zeit ist eine neue Form sehr charakteristisch, die sog. „anthropoïden" Särge, auf deren Oberfläche die menschliche Gestalt, besonders der Kopf, plastisch nachgebildet wurde. In der parthischen Zeit gibt es die sog. „Pantoffelsärge", d. h. tönerne langgestreckte Särge, in Form eines Pantoffels, dessen ovaler Ausschnitt, in den die Leiche hineingezwängt werden mußte, mit einem tönernen ovalen Deckel verschlossen wurde. Am Fußende hatte man an der Schmalseite des Troges ein Loch geöffnet, um die Füße des Leichnames wohl vermittels eines Strickes bequemer hineinziehen zu können. Diese Pantoffelsärge waren meist schön grün bemalt und mit Glasur versehen, vielfach auch mit ornamentalen Strickmustern, aber auch mit andern plastischen Darstellungen verziert, oft in Gestalt einer nackten Frau. Die fabrikationsmäßige Herstellung bemächtigte sich auch der Sarkophage und so schuf man plastische Hohlformen, um die figürliche Verzierung einfach und schnell auf dem Sarge abdrücken zu können. In der spätesten Zeit Babylons gibt es endlich schmale Gräber, die mit Ziegeln ausgemauert wurden; statt des Deckels schloß man die obere Öffnung mit einer Reihe von schräg von oben eingesetzten Ziegeln.

Die Beigaben, die man dem Toten für das Jenseits mitgab, sind gleichfalls von besonderem Interesse. Man war darauf bedacht, ihm dieselben Genüsse wie im diesseitigen Leben zu verschaffen. Ein Grab wurde in der Nähe des Brunnenrohres des verfallenen Hauses angelegt oder, wenn dies unmöglich war, ein Scheinbrunnen neben dem Grabe markiert, damit es an Trinkwasser nicht fehle, und damit die unmittelbare Verbindung zum Grundwasser der Unterwelt hergestellt sei. An Speisen erhielt der Tote Datteln, Granatäpfel, Feigen, Fische verschiedener Art, Ziegen- und Hammelfleisch, an Geräten setzte man Wasserkrug, Schale, Parfümfläschchen, ferner Tiegel und Näpfe für Salben und Essenzen hinzu, die in der kassitischen Zeit (Mitte des 2. Jahrtausends) aus Fritte, im 1. Jahrtausend aber aus Alabaster, Glas oder glasiertem Ton bestanden. Weiter finden sich die Beigaben von allerlei Schmuck, Spangen, Kämme, Nähnadeln, Spiegel, Siegelzylinder und Amulette. Idole und Terrakotten jedoch finden sich erst seit der griechischen Periode. Der Feuerkult bei den Gräbern ist nur bei den Topfgräbern aus der Zeit von 1400 bis 800 v. Chr. nachzuweisen, wo man über den Gräbern mehrmals mitunter große Fanale anzündete. Ihre Reste lassen erkennen, daß man die Feuer mit Holz und Dattelkernen unterhielt. Besonders bemerkenswert ist, daß Graboberbauten, Stelen oder Grabhügel gänzlich fehlten, so daß kein oberirdisches Zeichen das Grab verraten konnte.

Die in Babylon ausgegrabenen Grabstätten zeigen einen sehr großen Gegensatz zu den ägyptischen Gräbern. Der prähistorische Ägypter ist in der Hockerstellung beerdigt, nach der Weise der schweifenden Nomaden, der im Zelte auf dem Erdboden mit angezogenen Beinen, in Hockerstellung, zu schlafen gewohnt ist. Der Ägypter der historischen Zeit aber ist immer in der Langstellung bestattet, gleich dem seßhaften Ackerbauern, der in seinem Bette im Hause lang ausgestreckt schläft. Der Babylonier aber hat zur gleichen Zeit die Hockerstellung, nur fremde Völker, wie die indogermanischen Kassiten, haben vorübergehend die Langstellung eingeführt, die sich jedoch auch nur für ihre Zeit halten konnte, und der altüblichen Hockerstellung zuletzt doch wieder weichen mußte. Die Bestattung des Babyloniers in Hausruinen und auf wüsten Plätzen mag ihren Grund vielleicht in der Armut der beerdigten Leute haben, andrerseits ist es bezeugt, daß sich die Könige in Babylonien und in Assyrien auch in alten unbenutzten Palästen bestatten ließen. Die Friedhofsbestattung ist in Babylon zunächst nur durch die Stadtbeschreibung (I, Z. 5) bezeugt, für die Stadt Ur in Chaldäa aber schon für die ältesten sumerischen Zeiten durch die Ausgrabungen nachgewiesen; doch sind hier nur Könige und Großwürdenträger beigesetzt. Ein weiterer Gegensatz zwischen Ägypter und Babylonier zeigt sich ferner auch darin, daß der Ägypter seine Werkzeuge, Waffen und Idole mit ins Grab gelegt bekam, der Babylonier, der in den Hausruinen bestattet wurde, jedoch nicht. Nur im altsumerischen Ur hat man dieselbe Sitte nach ägyptischer Art gefunden, die in Ur um 3300 v. Chr. Verwendung gehabt hat. In Ur herrschte aber die eigenartige Sitte der zentralasiatischen Despoten, ihre gesamte tote und lebende Habe mit ins Grab zu nehmen, wobei die Frauen und das Gefolge den Herrn oder die Herrin durch einen freiwilligen Gifttod ins Jenseits begleiteten. Tod und Leben waren diesen Sumerern eins in der Einheit des Alls. Sie kannten keine Schrecknisse des Todes, kein Jammern und Wehklagen, erst später, unter dem Einfluß der semitischen Weltanschauung in Mesopotamien scheinen Hemmungen aufgekommen zu sein, wie der pessimistische Name des Totenackers von Babylon deutlich beweist. Die Sumerer hatten eine ähnliche Lebensauffassung wie noch heute die Völker des fernen Ostens in China und Japan, wo in unserer Zeit der japanische Marschall Nogi seinem Leben durch das traditionelle Harakiri ein Ende bereitete, als er die Nachricht vom Ableben des Mikados von Japan vernommen hatte. Auch er wollte seiner Auffassung gemäß seinem Herrscher auch fernerhin als Marschall zur Stelle sein, um ihm noch weiterhin zu dienen.

Einen großen Unterschied zwischen Ägypten und Babylonien kann man darin erblicken, daß der Ägypter das Individuum mit seinem Namen hervorhebt, ähnlich, wie er sich bemüht, auch die charakteristischen Gesichtszüge durch die porträtmäßige Wiedergabe des Toten im Bilde festzuhalten. In Babylon aber ist bisher von keinem Grabe der Name des Beigesetzten bekannt geworden, da man anscheinend darauf kein Gewicht legte. Nur bei den alten Grabstätten in Ur sind die Namen der Könige genau bekannt und auch auf den assyrischen Königssarkophagen in Assur ist der Name der Toten eingeschrieben. Dies berechtigt zu der Hoffnung, daß auch noch die Särge von anderen bedeutenden Königen, wie Nebukadnezar II. in Babylon gefunden werden können, in denen sie samt ihrer kostbaren Habe beerdigt wurden, die den Grab-Goldschätzen der Sumerer von Ur an Glanz und kunstgeschichtlicher Bedeutung wohl wenig nachstehen wird.

An Palästen besaß Babylon das befestigte Schloß im Nordwesten der
Altstadt, das zwischen der Stadtmauer im Norden und dem Schloß- 64
graben, dem Libilchegalla-Kanal im Süden, gelegen war, andrerseits aber
vom Euphrat oder Arachtu im Westen und der breiten Prozessionsstraße
im Osten begrenzt wurde. Nebukadnezar II. hat den Palast sehr erweitert;
sein Zugang war im Osten, zunächst zu einem mächtigen Ehrenhof, 49
von dem man westwärts durch einen zweiten Hof in den Haupthof ge-

langte, an dem im Süden, mit drei großen Eingängen dem kühlen Norden
zugewendet, der Thronsaal erbaut war, dessen Schmuckfassade durch
50 emaillierte Fliesen verziert, die ornamentale Palmsäulen mit Ranken
und Rosetten in wenigen Farben, blau, weiß, braun wiedergaben. Nebu-
kadnezar erst erweiterte die Palastgebäude, indem er nach Norden über
die Ringmauer hinausging und außerhalb der Stadt einen neuen großen
Palast, meist aus gebrannten Ziegeln anlegte, den „Zentralpalast", in dem
55 er ein „Schloßmuseum" anlegte, gefüllt mit Monumenten aller Art, die
zum großen Teil aus der Beute von den Eroberungen stammten, aber
auch eigene Denkmäler, historische Urkunden von seinen auswärtigen
Bauten, sowie eine Bibliothek von Tontafeln beherbergte. Dieses Tro-
phäenmuseum schuf er „zum Anschauen der Völker seines Landes".
Zum Schutze dieses Schloßmuseums errichtete dann der König noch
eine besondere Befestigung, die „Nordburg", weiter nördlich davon. Es
ist bemerkenswert, daß in der Stadtbeschreibung keine Notiz von dem
Palaste genommen wird, vielleicht aus religiösen Gründen, da der Palast
keinen Tempel der Götter enthielt, im Gegensatz zu der assyrischen
Stadt Assur, wo der Palast das Heiligtum der „Palastherrin" mit um-
schloß und deshalb in der Stadtbeschreibung von Assur Erwähnung ge-
funden hat. Nebukadnezar gründete auch seitwärts des Schloßmuseums,
jenseits der sich nach außen fortsetzenden „Ischtar-Tor-Straße" ein be-
festigtes Bollwerk. Er hatte aber damit seine Bautätigkeit noch nicht
erschöpft, sondern erbaute weit außerhalb der Stadt im Norden einen
54 weiteren Palast, den man mit „Sommerpalast" bezeichnen könnte. Zum
Schutze dieses neuen Palastes und zur Sicherung des vor dem Ischtar-
Tore gelegenen „Neujahrsfesttempels" ließ der König eine höchst solide
2 und mächtige Außenmauer im Osten und Süden der Altstadt errichten
und wußte somit die wesentlichsten Bauten seiner Residenz mit einer
einheitlichen Befestigung gesichert.

Die Stadt Babylon beschränkte sich jedoch nicht nur auf das Weichbild, sondern zu ihr gehörten auch noch eine ganze Reihe von Vororten, die in der Stadtbeschreibung (I, Z. 10) auf insgesamt 10 beziffert werden, von denen 6 auf den Osten, 4 auf die Peripherie des westlichen Babylons, der „Neustadt" entfielen. Nur die Namen der Vororte vor der „Neustadt" sind in der Stadtbeschreibung (I) erhalten geblieben. Vor dem Adad-Tore im Westen lag ein Ort, genannt der „Nuchar", wahrscheinlich eine Entsprechung des „Nuchar" vom Tempel Esagila auf der östlichen Seite des Flusses. Bei dem Adad-Tor befand sich auch die Totenstadt, die schon erwähnt ist. Ferner lag nördlich der „Neustadt" der Ort „Pforte des Lugalgirra", der nach der hier liegenden Stadtpforte gleichen Namens

hieß, die der Volksmund „Bêls-Pforte" nannte. Im Süden, vor dem Schamasch Tore gab es den Vorort „Tuba" zwischen diesem Stadttore und dem Euphrat, wie auch eine antike Stadtkarte im Bilde vorführt. 4
Die 6 Vororte vor dem westlichen Teile von Babylon sind dem Namen nach nicht in der Stadtbeschreibung erhalten, aber aus den zahlreichen Privaturkunden lassen sich noch eine ganze Reihe von Ortschaften namhaft machen, deren Lage zu einem Stadttore und „im Stadtkreise von Babylon" wohlbekannt ist. Aus der Zeit des Nabonaid, um 550 v. Chr. ist ein Ort bekannt, der „Palast des Königs von Babylon" heißt und nur nach dem Sommerpalaste des Nebukadnezar II. benannt sein kann, in dessen Nähe im Süden ein größerer Ruinenhügel existiert. Zwischen diesem Vororte und dem Ischtar-Tore floß der „Alte Kuta-Kanal", der 2
hier in den Euphrat mündete und, wie der Name sagt, von der Stadt Kuta, im Nordosten von Babylon, gekommen sein muß. Im Norden von Babylon gab es den Neujahrsfesttempel, dessen „Propyläen" bei dem Stadtviertel Kullab erwähnt sind, und der auch durch eine Allee von Bäumen mit dem Euphrat verbunden gewesen ist. Vor dem Zababa-Tore im Osten der Stadt floß der „Bânîtum-Kanal", längs der „Straße nach Kisch", wo es den „Bânîtum-Ort" und den „Kischer-Straßen-Ort" gegeben hat. Ganz enorm muß die Besiedlung im Süden der Stadt gewesen sein, nach Borsippa zu, mit welcher Stadt Babylon durch religiöse Bande auf das Engste verknüpft war. Vor dem Enlil-Tore befand sich der „Neue Kanal" und der „Obere Neue Kanal", mit den Ortschaften „Neue Kanal-Stadt", „Bît Rachimmu", am Ufer dieser Flußläufe. Vor demselben Tore lagen die Orte „Dûru scha Karrabi" und „Bît Chachuru". Letzterer befand sich am sog. „Graben-Kanal". „Schugalala" war ein Vorort in dieser Gegend am Ufer des „Ache-schullim-Kanals". Vor dem Urasch-Tore wird eine größere Vorstadt „Litamu" mehrfach erwähnt, am „Piqudu-Kanal" gelegen und von der „Straße des Königs", d. h. der Straße, die der König entlang zog, vom Urasch-Tore her, durchschnitten. Nahebei floß der „Madânu-Kanal". Südlich der „Neustadt", unmittelbar gegenüber dem Schamasch-Tore zweigte der „Borsippa-Kanal" nach Süden vom Euphrat nach der Stadt Borsippa hin ab. An seinem Ufer stand die Stadt „Schachrinu", auch „Stadt des Nabu" genannt. Weiter südlich, zwischen Babylon und Borsippa gab es einen Ort „Ubassu", wo die Göttin Nanâ speziell verehrt wurde. Welche von diesen Vororten nun von der Stadtbeschreibung zu den eigentlichen Vororten Babylons von religiöser Bedeutung gerechnet wurden, läßt sich natürlich vor der Wiederherstellung des gesamten Textes, insbesondere von Abschnitt I, nicht feststellen.

Ein Gesamtüberblick über das Stadtbild von Babylon läßt erkennen, daß schon das antike Babylon, lange bevor die Griechen an die regelmäßige Bebauung ihrer Städte gingen, eine regelmäßige Anlage der gesamten Stadt besaß. Die Straßen schnitten sich rechtwinklig. Da die Stadt durch keine natürlichen Hemmnisse in ihrer Ausdehnung oder bei ihrer Anlage gehindert war, so ist die Planmäßigkeit des babylonischen Stadtbaumeisters um so höher einzuschätzen. Für alle Fragen des Lebens, auch für die Städteanlage war immer die religiöse Grundlage das maßgebende und bestimmende Element. Der Mittelpunkt der gesamten Anlage ist die „Heilige Pforte", die auch der ganzen Stadt ihren Namen gegeben hat, mitsamt dem Turm zu Babel gewesen. Worauf sich die Existenz dieser Pforte gründet, ist noch gänzlich unbekannt. Die weitere Anlage der Stadt stützte sich dann darauf, daß sie nach den vier Windrichtungen orientiert sein mußte, aus denen sich die Götter offenbarten. Insbesondere die Stadtmauern und vor allem die Straßen mußten auf diese Windrichtungen hinführen, die nach den klimatologischen Bedingungen Mesopotamiens die Winde aus Nordwest, Nordost, Südost und Südwest gewesen sind und noch jetzt durch langjährige Beobachtungen der modernen Meteorologen genau registriert worden sind. Eine praktische Bedeutung dieser Orientierung hat zunächst nicht vorgelegen, war nicht die Absicht der Städtebaumeister gewesen. Das ergibt sich daraus, daß die Tempel von Babylon nach sämtlichen Windrichtungen, auch nach der ungünstigen, aus der der Südweststaubsturm herkam, orientiert sind. Dieser Tatsache kann nur die Ansicht von der göttlichen Offenbarung, die auch dieser höchst unangenehme Wind mit sich brachte, zugrunde gelegt sein. Wenn ein praktischer Gesichtspunkt vorgelegen hätte, dann wären wahrscheinlich alle Tempel nur nach dem „Günstigen Winde", d. h. dem angenehmen Nordwestwinde orientiert worden. Dies ist allerdings bei allen Stadtpalästen die Regel. Sie sind profane Bauten, dem häufigsten Winde zugewendet erbaut, genau wie in Europa die Residenzen und vornehmen Stadtviertel nach Westen zu liegen. In späterer Zeit hat man gelegentlich einige Tempel, z. B. den „Turm zu Babel" nach Nordwesten umorientiert, aber ebenfalls aus religiösen Gründen (s. Kapitel XIV, 1). Dies zeigt, daß die Babylonier bis in späteste Zeiten den Gedanken aufrecht erhalten haben, daß alles irdische Sein und Geschehen nur durch die Einstellung des Menschen zur Gottheit bestimmt und geleitet werden kann.

KAPITEL VI

DIE BEFESTIGUNG VON BABYLON

Die Stadt Babylon war von einer zweifachen Ringmauer umschlossen. Beide sind in der „Stadtbeschreibung" von Babylon, Abschnitt G, Kol. 1
III, Z. 9—10 genannt. Die Benennung der Mauern von Babylon erfolgte nach dem Stadtgott von Nippur, Enlil, früher irrig Bêl gelesen. Bêl (= Herr), eine Bezeichnung für den Gott Marduk von Babylon, kommt für die Lesung überhaupt nicht in Frage, da dies Wort anders geschrieben wird. Imgur-Bêl bzw. Nimid-Bêl hießen dagegen die Stadtmauern von Nippur,[1]) die dem Marduk geweiht waren und offiziell Imgur-Marduk bzw. Nimid-Marduk genannt wurden. Die bisherige Bezeichnung der Stadtmauern von Babylon durch Imgur-Bêl usw. ist daher unrichtig.

1. Die Innenmauer und Außenmauer

Der dûru von Babylon, zuerst genannt dûru rabû (großer Dûru), wurde im 1. Jahre des Sumuabum, d. h. im Gründungsjahre der Herrschaft der 1. Dynastie von Babylon, um 2150 v. Chr., errichtet. Er wurde im 5. Jahre des Sumulailu, im 2. Jahre des Apil-Sin und von Adadaplaiddin (1080)[2]) erneuert. Nachdem Sanherib von Assyrien im Jahre 689 die Stadtmauern vollständig niedergelegt hatte, begann Assarhaddon 681 mit dem Wiederaufbau der Stadt und ihrer Mauern. Der Dûru hatte nach Angabe Assarhaddons[3]) je 30 ašlu (Seil) jede „Front" und 30 ašlu jede „Seite", d. h. also viermal je 3600 Ellen, zusammen 14400 Ellen, gemessen mit der „Groß-Suklu-Elle". Assurbanipal hat insbesondere die Außenmauer (šalḫû) erneuert, wie er in einer Urkunde vom Nimid-Enlil selbst und in der Inschrift des Prismas C mitteilt.[4]) Nebukadnezar II.

---

[1]) Vgl. Ebert, Reallexikon der Vorgeschichte s. v. Nippur E. Unger; ZMDG 53 (1899) S. 660 F. H. Weißbach = II Rawlinson Taf. 50, Kol. VII—VIII, Z. 25—29;

[2]) VAB V, S. 582, 583, 586 M. Schorr. WVDOG 48, S. 79 (Wetzel).

[3]) BA III, 2, S. 250, Z. 34—35 B. Meißner; D. Luckenbill, Ancient Records II § 659 D. 1 ašlu (Seil) hatte 120 Ellen Länge.

[4]) Vgl. VAB VII, S. 827 M. Streck (mit Literatur); Zylinder vom Nimid-Enlil: a. a. O. S. 234ff., Nr. 4; Prisma C, Kol. X, Z. 42: a. a. O. S. 148.

hat die beiden Mauern wiederum erneuert und vollendet, was sein Vater Nabopolassar nicht hatte fertigstellen können.[1])

Die Innenmauer Imgur-Enlil bestand aus Lehmziegeln, war 6,50 m dick und hatte in regelmäßigen Abständen von 18,10 m abwechselnd quergestellte große Türme von 9,40 m Front und 11,40 m Seite, und längsgestellte kleine Türme von 9,70 m Front und 8,06 m Seite. Die Ziegel haben 0,32 m im Quadrat (Koldewey, WEB[4] S. 148).

Die Außenmauer Nimid-Enlil lag vor der Innenmauer in 7,20 m Abstand. Die Mauer war 3,72 m dick; in gleichmäßigen Abständen von je 20,50 m sitzen quergestellte Türme von 5,10 m Front und 5,80 m Tiefe (Koldewey, WEB[4] S. 148f.), aus Lehm (gelblich, s, Titelbild).

Nebukadnezar berichtet eingehender über den Stadtgraben (ḫirîtu). Er teilt mit, daß Nabopolassar die zwei Ufermauern (kâru) des Stadtgrabens gebaut habe, was ein (!) früherer König — eine Anspielung auf Assurbanipal — nicht gebaut hätte. Er, Nebukadnezar, habe noch eine dritte Ufermauer, parallel mit jenen, ebenfalls aus Backstein und Asphalt, hinzugefügt. Mit andern Worten: Babylon erhielt einen doppelten Stadtgraben.[2]) Der König hat dann auch einen kâru gen Westen um die Stadtmauer von Babylon herumgelegt, d. h. er hat auch Babylon-West, die „Neustadt" mit einer Grabenmauer umgeben.[3]) Daß der zweite von Nebukadnezar angelegte Stadtgraben tatsächlich, wie man erwartet, auch zwei kâru (Ufermauern) gehabt hat, wird an einer andern Inschriftstelle von Nebukadnezar selbst noch ausdrücklich gesagt.[4]) Der Stadtgraben der Altstadt wird von Nebukadnezar auf 25 Ellen (= 12,5 m) Breite angesetzt (CT 37, 14, Kol. II, Z. 52f.).

Als letzter König hat dann Nabonaid an den Stadtmauern von Babylon

---

[1]) VAB IV, S. 130, Nr. 15, Kol. IV, Z. 66ff. Nebukadnezar faßt die beiden Mauern als eine Einheit auf. Die Mauern haben keine selbständige Daseinsberechtigung, sondern sind, auch in ihren Einzelheiten, ein Zubehör zur heiligen Stadt Babylon. Bei der Beschreibung der Mauerbauten spricht deshalb der König von seinen (d. h. Babylons) Toren, seinen (desgl.) Mauern und seinem (desgl.) Graben, analog wie in der „Stadtbeschreibung" auch von seinem (Babylons) dûru bzw. šalḫû die Rede ist. Ein Irrtum des Schreibers liegt nicht vor, wie Langdon (a. a. O. S. 86, Nr. 7, Kol. II, Z. 5—10; S. 132, Nr. 15, Kol. V, Z. 27) vermutet, da hierbei absolute Konsequenz herrscht. Vgl. noch a. a. O. S. 72, Nr. 1, Kol. I, Z. 18f.; S. 106, Nr. 13, Kol. I, Z. 57f. Über die Stadtmauern s. die Abhandlung von F. Wetzel.

[2]) VAB IV, S. 72, Nr. 1, Kol. I, Z. 13—32; S. 106, Nr. 13, Kol. I, Z. 61ff.; S. 130, Nr. 15, Kol. V, Z. 1f.; S. 180, Nr. 20, Kol. II, S. 8—16 Langdon. In einer Urkunde (Nies-Keiser, Histor. relig. econ. Texts I Nr. 32, Z. 3, 8) spricht Nabonaid ausdrücklich davon, daß Assurbanipal die Stadtmauern erneuert habe.

[3]) VAB IV, S. 72, Nr. 1, Kol. I, Z. 33—34 Langdon.

[4]) VAB IV, S. 132, Nr. 15, Kol. V, Z. 27ff. Langdon. Die Bauurkunde des Grabens ist S. 198, Nr. 32. Längs der Stadtmauer ist die Grabenmauer besonders stark gebaut.

bauen lassen. In einem kürzlich veröffentlichten Zylinder in Philadelphia (CBS Nr. 16108)[1]) beschreibt Nabonaid den Mauerbau kurz und gibt an, daß die Länge insgesamt UŠ 20 sei. UŠ ist = 60, nämlich GAR, zu je 12 Ellen, 60 mal 12 ist 720 Ellen, multipliziert mit 20 ergibt 14400 Ellen, also wiederum dasselbe Maß, das Assarhaddon beim Wiederaufbau der Mauern angewendet hatte. Auch Nabonaid spricht davon, daß dieses Maß ein von alters her vorgeschriebenes sei. Daß dieses Maß nun genau der Wirklichkeit entsprochen hätte, dürfte nicht gerade wahrscheinlich sein. Denn 3600 Ellen für jede Seite zeigt durch die Verwendung der heiligen Zahl des Saros (3600) an, daß diese Zahl rund ist. Schon ein oberflächlicher Blick auf die Stadtkarte läßt erkennen, daß die vier Seiten 64
der Stadt in der Länge ganz bedeutend voneinander abweichen. Wenn also die Zahl einer Seite schon rund gewählt ist, so ist die Summe der Gesamtlänge erst recht von der Wirklichkeit abweichend. Und das bestätigt auch die Messung nach den von den Expedition gemachten Aufnahmen des Stadtgeländes. Die gesamte Länge der Stadtmauern ist nach diesen Plänen auf rund 8150 Meter bestimmt[2]). Wenn demgegenüber das Maß, das Assarhaddon und Nabonaid überliefert haben bzw. das sie selbst nach den alten Urkunden festgestellt haben werden, wenn dieses Maß mit 14400 Ellen = rund 7200 Metern[3]) sogar kürzer ist als der wahre Befund, so muß das unser Vertrauen in die relative Wahrhaftigkeit der alten Berichte nur stärken. Die regelmäßige Gestalt des Stadtgrundrisses mit vier gleichlangen Seiten und die Länge dieser Seiten in der ebenfalls runden Zahl von je 3600 Ellen ist vermutlich beim ersten Gründungsplan der Stadt, vielleicht schon beim Mauerbau durch Sumuabum (2150), vorgesehen und durchgeführt worden. Im Laufe der Zeiten aber hat sich das Stadtbild etwas verschoben und vergrößert. In dem Texte III Rawlinson 66 (Rücks. Kol. V, Z. 18—19) werden 10
die beiden Stadtmauern als Gott Imgur-Enlil und Gott Nimid-Enlil unter den „Göttern von Esagila und Babylon" bei dem Segenswunsch für den assyrischen König angerufen.

---

[1]) The Museum Journal Philadelphia XIV (1923) S. 282—287 L. Legrain.

[2]) Altstadt: Nordostmauer: 1500 m; Nordwestmauer: 1350 m; Südostmauer: 1350 m. — Neustadt: Südostmauer: 1200 m; Südwestmauer: 1500 m; Nordwestmauer: 1200 m.

[3]) L. Legrain errechnet nach einer „Königselle" die Länge von 8019 Metern (Mus. Journ. a. a. O. S. 283). Nabonaid erwähnt aber nichts von der Verwendung einer „Königselle". Die Länge der „Königselle" steht nicht fest als eine solche, die länger wäre als eine andere Elle; die Elle hat eine durchschnittliche Länge von rund 0,50 Metern. Vgl. Ebert, Reallexikon der Vorgeschichte s. v. Maß E (Band VIII, S. 58ff. E. Unger). Zur Ergänzung s. Br. Mus. 35385. 4

2. Die Ostmauer Nebukadnezars II.

Die Mitteilung des Königs Nabonaid über die Länge der Stadtmauern von Babylon, die mit derjenigen des Assarhaddon völlig übereinstimmt, ist ein Beweis dafür, daß die zweite Mauer, die in der Zwischenzeit von Nebukadnezar II. im Osten von Babylon angelegt worden war, nur als Außenbefestigung bewertet, und daß der zwischen Nimid-Enlil und der Ostmauer liegende Raum nicht zur Stadt Babylon gerechnet worden ist.

Gemäß der Bauinschrift für die Ostmauer (VAB IV, S. 196, Nr. 28) ist diese zur Befestigung von Esagila (und Babylon) errichtet, und zwar außerhalb von Babylon (ina kamâti).[1]) Diese Ostmauer ist eine ,,Starke Mauer" (dûru dannu). Nabopolassar habe eine Grabenmauer (kâru) angelegt, die zu schwach gewesen sei. Damit habe er (Nebukadnezar) die Ostmauer vereinigt. Nach einer andern Urkunde (VAB IV, S. 166, Nr. 19, Kol. VI, Z. 46ff.) lag das umgebene, 4000 Ellen große Gelände gen Sonnenaufgang, d. h. ebirti ṣît šamši, an der Seite (itât) von Babylon, und die Mauer hätte sich vom ,,Euphrat oberhalb, bis zum Euphrat unterhalb der Stadt" erstreckt. Der dûru dannu erhielt Tore und Graben und diente zum Schutze (ana maṣṣarti) von Babylon. Nebukadnezar rühmt sich, daß kein (manama!) König dies vor ihm getan hätte. Von speziellem Interesse ist auch eine Urkunde (VAB IV, S. 118, Nr. 14, Kol. III, Z. 1ff.), wo vom Palastbau im Norden der Stadt die Rede ist, der eine ,,Wiederholung" (miḫir) des Stadtschlosses sei. Nach Sippar zu wird hier eine 60 Ellen breite ,,appa danna" errichtet. Vielleicht ist hier ,,mächtige Stirnmauer" zu übersetzen. Möglich ist aber, daß hier ein technischer Ausdruck für einen bestimmten Gebäudetyp vorliegt, der später im persischen Apadana wiederkehrt. Sehr zahlreich sind die Stellen, an denen über diese außerordentliche Außenbefestigung im Osten der Stadt berichtet wird.[2])

Die Ostmauer ist eine Doppelmauer, deren Innenmauer aus Lehm-
10 ziegeln bestand, 7,12 m dick; auf ihr saßen rittlings Kavaliertürme, die, 8,37 m breit, von Mitte zu Mitte 52,50 m entfernt lagen. Im Abstand von 12 m lag die Grabenmauer aus zwei dicht aneinandergefügten Mauern, deren Türme wohl noch nicht untersucht sind. Sie war aus gebrannten Ziegeln hergestellt. Der innere Mauerteil war 7,80 m dick, der äußere 3,30 m (Koldewey, WEB[4] S. 1, Abb. 2, S. 3). Drei Stadtmauern sind auch von Berossus überliefert (Weißbach AO V, 4 S. 15).

---

[1]) Vgl. H. Zimmern, Akkadische Fremdwörter 1917, S. 32.

[2]) VAB IV, S. 74, Nr. 1, Kol. II, Z. 12ff; S. 80, Nr. 4, Kol. I, Z. 6ff.; S. 84, Nr. 5, Kol. I, Z. 12ff.; S. 90, Nr. 9, Kol. II, Z. 1ff.; S. 108, Nr. 13, Kol. II, Z. 25ff.; S. 132, Nr. 15, Kol. VI, Z. 22ff. sowie die oben im Text schon genannten Stellen.

Mit keinem einzigen Wort wird in den Königsinschriften von einer Erweiterung der Stadt Babylon gesprochen. In den neubabylonischen und in den persischen und hellenistischen Privaturkunden wird die große Ostmauer vollkommen ignoriert, dagegen ist die Rede stets von Imgur-Enlil und Nimid-Enlil und den dazugehörigen Stadttoren. Die von Koldewey ausgesprochene Vermutung,[1]) daß das neugewonnene Gebiet eine Erweiterung von Babylon darstelle, findet in den Urkunden keine Stütze. Der dûru dannu war lediglich eine starke Befestigung; das neue Terrain zeigt, soviel bekannt, keine regelrechte Bebauung. Es diente im Kriegsfalle der sich flüchtenden Landbevölkerung zum Schutze, als eine stadtmäßig angelegte Fliehburg.[2]) Der Umfang des gesamten Mauerringes war nunmehr etwa 18 Kilometer.

3. Vorwerke

Außer den Stadtmauern ließ Nebukadnezar II. seitlich des Ištar-Tors
zwei mächtige Vorwerke anlegen, zur rechten und linken Schwelle (sippu) 64
des Tores. Mitten im linken, westlichen Vorwerk, zwischen der Außenmauer Nimid-Enlil und einem Graben im Norden (zwei kârê) errichtete Nebukadnezar das Schloßmuseum.

Das westliche Vorwerk wird einmal mit 490 Ellen (Flächeninhalt) angesetzt,[3]) ein anderes Mal[4]) ist die Zahl 360 Ellen.

Das östliche Vorwerk ist mit 360 (?) Ellen Frontlänge (pûtim), also mit unvollständig erhaltenem Maß, angegeben. Dies Vorwerk liegt ausdrücklich außerhalb (ana kidânim) von Nimid-Enlil. Wahrscheinlich steht hier pûtim in ähnlichem Sinne wie itât an den andern Stellen, so daß es ebenfalls an der Seite, in der Nähe von Nimid-Enlil heißen soll.

Mitten im Euphratfluß legte dann Nebukadnezar noch eine mächtige
Schanze (ḫalṣu rabîtu) zur Seite des alten Stadtschlosses an. Nebukad- 53
nezar sagt, daß er diesen Bau zum Schutze von Esagila und Babylon gegen die Überschwemmungen des Euphrats errichtet habe.[5]) Dies Bauwerk ist fast vollständig ausgegraben worden. In der Südwestecke des
Baus fand sich das Bruchstück eines großen Tonprismas, das die Liste 26
der Hof- und Staatsbeamten des Königs Nebukadnezar enthält.

Vermutlich ist mit dieser Schanze der auf dem Grundrißplane von

---

[1]) R. Koldewey, Das Stadtbild von Babylon nach den bisherigen Ausgrabungen: Jahrbuch des Archäologischen Instituts XXXIII (1918), S. 73—82 (Karte).

[2]) E. Unger, Assyrische und Babylonische Kunst 1927, S. 37.

[3]) VAB IV, S. 116, Nr. 14, Kol. II, Z. 31ff.; S. 138, Nr. 15, Kol. VIII, Z. 45ff. Langdon.

[4]) VAB IV, S. 188, Nr. 21, Kol II, Z. 33ff.

[5]) Z. B., VAB IV, S. 106, Nr. 13, Kol. II, Z. 19ff.; S. 178, Nr. 20, Kol. I, Z. 64ff.

Babylon (SPA 1888, S. 129f.,Borchardt; BSGW 70, 5, S. 52 Zimmern) eingezeichnete dimtu (AN-ZA-QAR = Pfeiler) identisch, doch ist es möglich, daß es schon in älterer, kassitischer Zeit eine derartige Anlage gegeben hat. Ein Kudurru vom 28. VI. 10. Jahr des Marduknadinaḫê (um 1100) ist in einem Ort: ^{alu}Di-in-du e-ka[llim(-GAL)] d. h. Pfeiler des Palastes ausgestellt. Dindu, Dintu = Dimtu.[1])

[1]) Vgl. Hommel, Geogr. 499, Anm. 2; Hinke, New Boundary Stone, S. 217; Kudurru = Steinmetzer, Kudurru Nr. 8; King BBSt Nr. 8; S. 44 (Brit. Mus. 90840). Andre Orte mit Dintu s. Delitzsch, Paradies S. 325, 328; Clay Coll. Morgan IV, Nr. 53, Z. 20, 64; Steinmetzer Kudurru Nr. 51= Délég. Perse Mém. VI, S. 32, Kol. I, Z. 27—28, Hommel Geogr. 499. Ein Ort Dimâte (AN-ZA-QAR^{meš}) s. Delitzsch Paradies S. 207, Hinke a. a. O. S. 215; Hommel a. a. O. S. 413, Anm. 2; 350, Anm. 5; vgl. ZDMG 58, S. 249, Meißner.

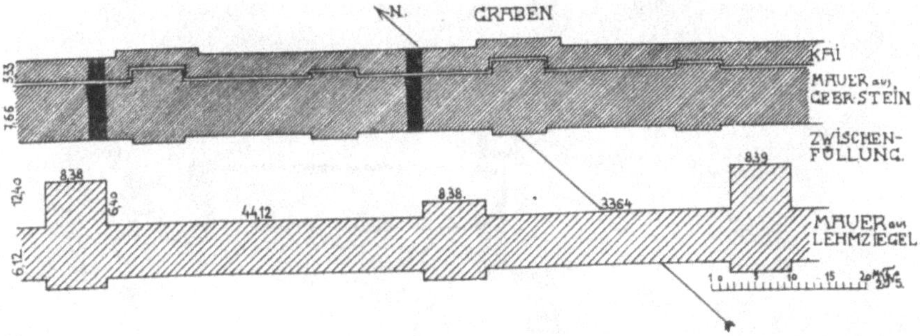

10

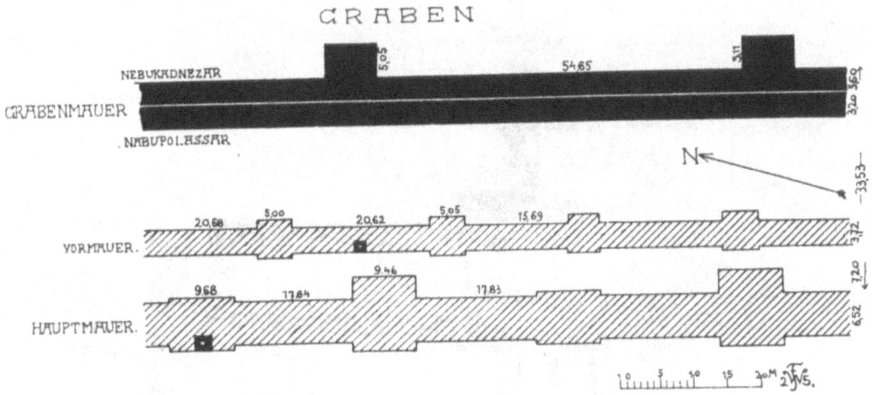

11

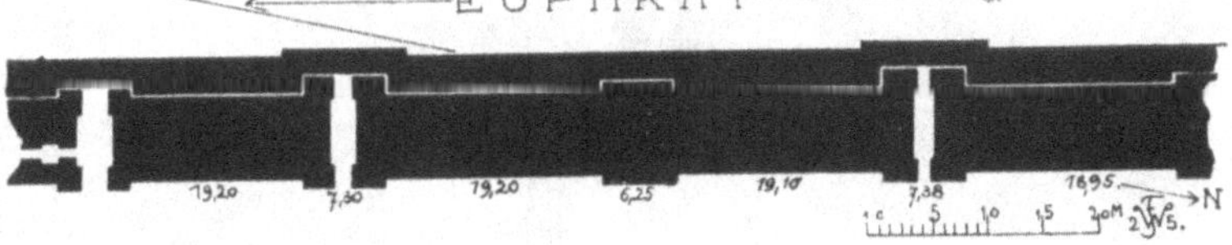

12

Abb. 10. Ostmauer Nebukadnezars
Abb. 11. Stadtmauer von Babylon. Innen-, Außen- und Grabenmauer
Abb. 12. Euphratkaimauer des Nabonaid

Tafel 8

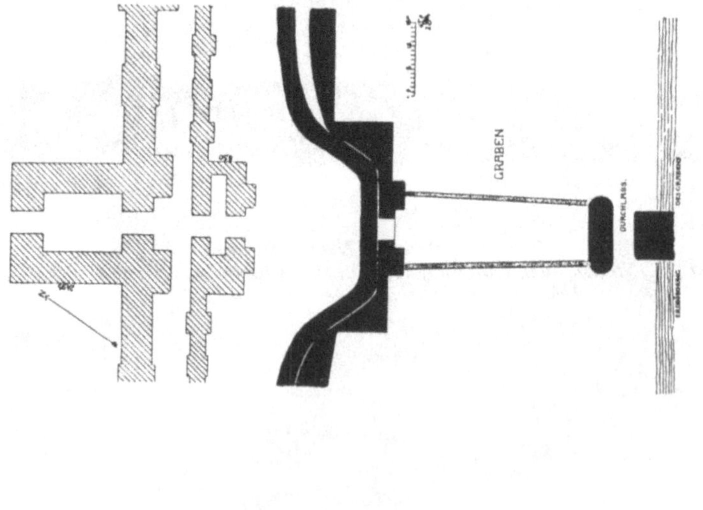

Abb. 13. Das Urasch-Tor

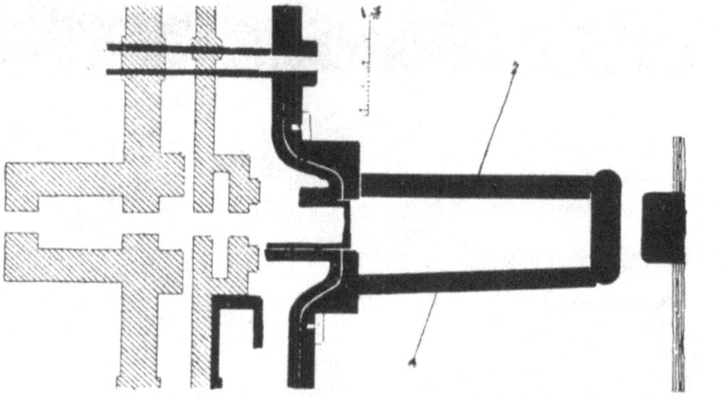

Abb. 14. Das Zababa-Tor

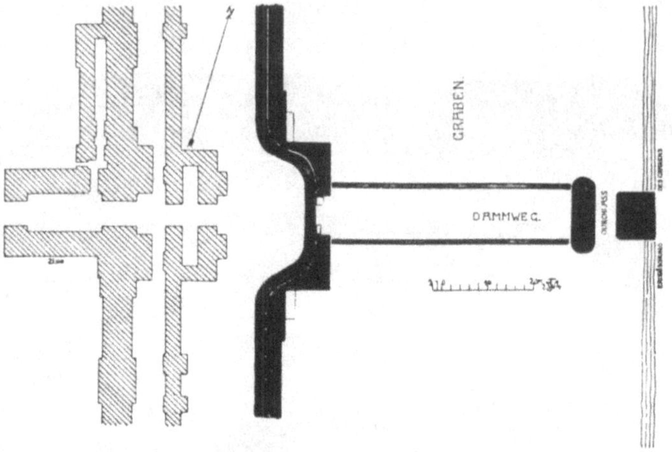

Abb. 15. Das Marduk- oder Gischu-Tor

KAPITEL VII

DIE STADTTORE

Aus der „Beschreibung der Stadt Babylon" geht hervor, daß Babylon 8 Stadttore hatte. Hierfür sind vier verschiedene Abschriften des Textes übereinstimmend heranzuziehen. Es ist zu beachten, daß das Wort für „Stadttor" abullu (sumerisch: KA-GAL) ein feststehender Begriff war, demgegenüber das Wort bâbu (sumerisch: KA) ein kleineres Tor bedeutete. Um Verwechslungen zu vermeiden, übersetze ich daher abullu mit „Tor", bâbu mit „Pforte", welche Übersetzungen bisher nicht genügend auseinandergehalten worden sind. Zu den 8 Toren gesellt sich noch ein neuntes, das niemals in der regulären Liste der 8 Stadttore erscheint, das „Stadttor" des Tempels Esagila (z. B. in der „Esagila-Tafel"), das, wie die andern, in dem Zuge einer Befestigungsmauer gelegen haben muß und deshalb nur das Brückentor zwischen dem Haupttempel und dem Turm sein kann, wohindurch die Prozessionsstraße nach der „Neustadt" führte. Dieses Tor hat aber als Stadttor auszuscheiden.

Die Tore werden stets in derselben Reihenfolge aufgezählt, ebenso auch die 8 Straßen, die von jenen Toren ins Stadtinnere geführt haben, Für die Anordnung der Tore ist ein topographischer Gesichtspunkt nur insofern vorhanden, als zuerst die Tore der Altstadt, dann am Schluß die beiden Tore der Neustadt genannt werden. Der — modern aufgefaßt — topographische Gesichtspunkt hat aber dem Babylonier nicht als maßgebend vorgeschwebt, sondern einzig der religiöse Gesichtspunkt, nach dem die älteste heilige Stadt in der östlichen Altstadt lag.

Für die Lage der Tore im allgemeinen ist maßgebend, daß ein Tor immer auf derselben Stadtseite liegt, wie der Tempel desjenigen Gottes, dem das Tor geweiht war. Aus diesem Grunde muß, um das gleich vorwegzunehmen, das Tor des Sin in der Altstadt gelegen haben, weil der Tempel des Sin im Stadtviertel Binnenstadt (libbi ali) stand. Für die sonstige Anordnung der Tore in den Listen lassen sich weiter keine andernGründe anführen als etwa der, daß sie vielleicht in einer geheiligten Abfolge genannt werden sollten.

Die Namen der Tore sind nun nach denjenigen Gottheiten gewählt, die in den Städten als Stadtgötter verehrt wurden, zu denen die Straße durch jene Tore hindurchführte. Maßgebend dafür war insbesondere auch der Umstand, daß diese Götter alljährlich zum Neujahrsfeste oder zu einem andern Feste nach Babylon in Prozession wallfahrteten, um dem Obergotte von Babylonien, Marduk, ihre Huldigung darzubringen. Darum hießen die Straßen auch mit den Namen dieser Götter, und der Volksmund, der in den Kontrakten zu Worte kommt, nennt sie z. B. „Prozessionsstraße des Nergal" (mutaq ^{d}Nergal) oder „Prozessionsstraße des Nabu und der Nanâ". Nanâ ist der volkstümliche Name für Taschmêtum, die Gemahlin des Nabu von Borsippa. Die betreffenden Straßen gingen demgemäß nach Kuta bzw. nach Borsippa. Ein einziges Tor hat auch den Namen nach der Stadt des göttlichen Inhabers, nämlich das Adad-Tor, das auch Akußer-Tor genannt wurde. Für dieses Tor sind beide Namen keilinschriftlich überliefert. Für andere Tore ist nur durch Herodot (III, 155 und 158) der nach der Stadt genannte Name bekannt geworden. Er kennt 5 Tore von Babylon mit Namen. Das der Semiramis (Σεμιράμιος πύλαι), das der Niniviten (Νινίων πύλαι), nach Ninive zu, wofür das Ištar-Tor oder das Sin-Tor in Betracht kommt. Das der Chaldäer (Χαλδαίων πύλαι), demnach gen Süden gerichtet, das Uraš-Tor oder das Enlil-Tor. Allein das vierte und fünfte Tor lassen sich lokalisieren: Das Bêl-Tor (Βηλίδαι πύλαι) ist das Marduk-Tor, die Κισσίαι πύλαι, d. h. das Kischer-Tor, ist das Zababa-Tor, beide benachbart und von Herodot deshalb zweimal nebeneinander genannt.

Die Tore haben zum Teil schmückende Beinamen, die für die Topographie nichts besagen; dagegen sind die Namen der Straßen deshalb von Wert, weil alle mit dem Namen des göttlichen Inhabers beginnen, so daß dadurch auch die Tornamen jener Straßen klargestellt sind. Vgl. „Stadt-
1 beschreibung", Abschnitt F, Z. 1—8; Abschnitt G, Z. 3—10. Die Namen hat schon Weißbach ausführlich behandelt.[1]) Diese Straßen führten als Prozessionsstraßen der Götter zu ihren Tempeln in der Stadt.

---

[1]) F. H. Weißbach, Die Inschriften Nebukadnezars II. im Wadi Brisa und am Nahr el-Kelb: WVDOG 5 (1906) S. 40f.; ders., Das Stadtbild von Babylon: AO V, 4. Weißbach hat hier schon viele Kontrakte für die Topographie mit Erfolg verwertet; ebenso benutzte er auch VAT 554. Da er aber hier keine Mitteilung über die Quellen im einzelnen gemacht hat, so habe ich natürlich das gesamte Quellenmaterial vollkommen von neuem durchgearbeitet. Die von Weißbach ohne Begründung gemachten topographischen Angaben habe ich im allgemeinen bestätigt gefunden. In vielen Punkten aber habe ich seine Resultate ergänzen und vielfach erweitern und vervollständigen können. Auch bei F. Hommel, Geographie des Alten Orients, habe ich vielfach zutreffende Beobachtungen verwerten können. Hommel ist m. W. der erste, der Stadtteile von Babylon erkannt hat (a. a. O. S. 399f.). In dem Kontrakt (VS VI, Nr. 68), vom 26. III. 4. Jahre des Nabonaid ist von der Grundsteinlegung eines Stadttores die Rede (ana nadê uššu ša abulli); ein Name ist aber nicht genannt.

Zu diesen 8 Toren kommt dann noch die Pforte (bâbu) des Lugalgirra, die im Volksmunde „Pforte des Bêl" genannt wurde, hinzu; sie lag in der Nordmauer der „Neustadt". Es ist immerhin interessant zu beobachten, wie das Volk Babylons kein Interesse für die schönen, aber oft langatmigen Namen zeigt, sondern statt dessen kurze Benennungen vorzieht, die sich nach den sichtbaren Vorgängen in den Straßen richten.

Den Gang der Ermittlung der topographischen Erkenntnisse hinsichtlich der Tore möchte ich noch kurz skizzieren: Das erste Tor, das festgestellt wurde, war das Ištar-Tor, einzig und allein durch die Ausgrabung der Deutschen Orient-Gesellschaft, der der Fund der Torinschrift im Schutte der Torruine gelang. Aus andern Urkunden wäre dies Tor aber niemals zu ermitteln gewesen. Weiter ergab sich alsdann die Festlegung des Uraš-Tors, am entgegengesetzten Ende der Stadt. Dann folgte das Zababa-Tor und das benachbarte Marduk-Tor oder Giššu-Tor, dann auch die Lage des Enlil-Tors. Die Bestimmung des Sin-Tors bleibt noch nicht ganz gewiß. Unabhängig von allen diesen Feststellungen konnte das Šamaš-Tor im Süden der „Neustadt" angesetzt werden. Aus der Stadtbeschreibung (I, Z. 7) ergab sich die Lage der Pforte des Lugalgirra auf der entgegengesetzten Nordseite der Neustadt. Daraus folgte als letzte Erkenntnis die Ansetzung des Adad- oder Akußer-Tors mitten im Westen der Neustadt. Im folgenden habe ich der Übersichtlichkeit halber die alphabetische Reihenfolge der Tore für ihre Besprechung angesetzt.

Die Anlage der Tore erfolgte so, daß das Tor nahe einer Ecke zuerst festgelegt wurde. Das zweite lag genau in der Mitte der restlichen Mauer. 64
Dies ist in der Kai-Mauer, in der Nordostmauer erwiesen und deshalb für Sin-Tor und Enlil-Tor zu fordern, die nicht ausgegraben sind. Ich verdanke diese Beobachtung Herrn Kunstmaler Herbert Anger, der den Stadtplan zeichnete.

1. Adad- (Akußer-) Tor

Adad-Tor, genannt: Adad napištim ummâne uṣur (G, Z. 7)[1], ist dem Akußer-Tor gleichzusetzen, das im westlichen Teile von Babylon lag (I, Z. 2, 4). Es ist in einem Kontrakt dd. Babylon, vom 22. XI. 28. Jahre des Darius I. (VS V, 101) kurz erwähnt, wohl auch in einem Notiztäfelchen aus dem alten Bestande des Louvre, der meist Texte aus Babylon enthält, gemeint (TC XIII, 215). Dieser Text (MNB 1869) ist nicht datiert. Eine andre Tafel, die aus Uruk stammen soll (TC XIII, 223),

[1]) Die Übersetzung der Namen findet man im Text der „Stadtbeschreibung".

nennt aber Babylon (Z. 22), seine Vorstadt Šaḫrinu, das Uraš-Tor (Z. 5), einen Ort Bît Sà-ab-ra-ga-nu (Z. 1), einen weiteren Bît Šar-a-ni und auch das Adad-Tor, dürfte daher Grundstücke in Babylon behandeln. In Uruk gab es allerdings auch ein Adad-Tor, z. B. nach den Kontrakten Goucher-Coll. 268 und 317, vom 22. XI. 7. Jahre und vom 23. XIIb. 7. Jahre des Nabonaid, die zwar keine Ortsangabe enthalten, jedoch aus Uruk gekommen sind. Das Adad-Tor lag im Zuge der westlichen Mauer der „Neustadt" (B, Z. 18) und durchbrach sie etwa in der Mitte. Nicht weit davon entfernt befand sich auch der Adad-Tempel und das „Totenhaus", das Mausoleum (Bît mûti).

1 Akußer-Tor, in der Stadtbeschreibung (I, Z. 2, 4) neben dem Adad-Tempel erwähnt, war ein andrer Name für das Adad-Tor und zwar nach der Stadt des Wettergottes Akuṣ, wohin die Straße des Tors führte (ZAW 1927, S. 167 E. Unger).

2. Enlil-Tor

1 Enlil-Tor, mit Namen: Enlil mûkin šarrutišu (G, Z. 5) lag wahrscheinlich als östliches Tor der südlichen Stadtmauer des östlichen Babylons, im Zuge der Straße nach Nippur, der Stadt des Enlil, des Beherrschers der Erdoberfläche, der deshalb, wie der Schmuckname es ausspricht, das Königtum stiftet. In Kontrakten werden Felder beim Enlil-Tor mehrfach genannt: Kontrakt, dd. Babylon, vom 27. IV. 14. Jahre des Nabopolassar (ZA 4, S. 141, Nr. 11; s. unten 3!), ferner dd. Babylon, vom 8. XI. o.[1]) Jahre des Neriglissar (VR 67, 1). Renovierung der Mauer am Tore wird gemeldet im Kontrakte dd. Babylon, vom ?. ?. o. Jahre des Cyrus (Straßmaier, Cyrus 10); ferner sei genannt: dd. Babylon, vom 10. I. 5. Jahre des Cyrus (Straßmaier, a. a. O. 188; ZA 3, S. 226, Budge). Beim Tore lag der „Neue Kanal" (nâru eššu), gemäß dem erstgenannten Vertrage des Cyrus, außerdem nach dem letztgenannten und dem Kontrakt BE VIII, 1, Nr. 64 der Nâru ša ᵐAḫêšullim. Der erste Kanal ist auch in den folgenden Kontrakten erwähnt neben dem Enlil-Tore: Straßmaier, Kam-
48 byses, 375, vom 1. V. 7. Jahre Kambyses; Straßmaier, Darius I., 80 (vom 1. VI.b. 3. Jahre); a. a. O. 265 (vom 2. I. 10. Jahre); hier und im folgenden heißt der Kanal: „Oberer Neuer Kanal" (nâru eššu eliu), a. a. O. 313 (vom 3. XII. 11. Jahre). Nur das Enlil-Tor nennen die Kontrakte a. a. O. 569, Z. 10 und 573 (vom 1. X. 23. Jahre Darius I.), ferner ZA 4, S. 152, Nr. 9 dd. Babylon, vom 1. VII. 1. Jahre des Barzia (Smerdes). Vor dem Enlil-Tor lag die Vorstadt Dûru ša Karrabi (Kapitel X, 9).

[1]) o. Jahr bedeutet stets Anfangsjahr der Regierung eines Königs, das jeweils dem Vorgänger zugerechnet und als rêš šarrûti = Anfang des Königtums bezeichnet wurde.

3. Giššu- (Marduk-) Tor

Giššu-Tor oder Marduk-Tor, genannt: Še 'ašu irimu (G, Z. 3; K 15122, 1
Z. 3: Marduk-Tor!). Nach dem Kontrakt dd. Babylon vom 20. IX. 11. Jahre 45
Nabonaid (Straßmaier, Nabonid 552) lag ein Feld zwischen dem Giššu-Tor und dem Zababa-Tor, beide Tore sind also benachbart (s. a. AO V, 4, S. 16 Weißbach). Da das letztere Tor das südliche Tor der östlichen Stadtmauer ist, so war das Giššu-Tor das nördliche Tor. Kontrakte er- 15
wähnen häufig das Tor. Straßmaier, Nabonid 605 (vom 11. IV. 12. Jahre); a. a. O., Cambyses 182 (vom 22. VIb. 3. Jahre); a. a. O. 187 (vom 15. VII. 3. Jahr); a. a. O. 226 (vom 22. VIb. 3. Jahre); a. a. O. 284 (vom 2. VI. 5. Jahre), a. a. O. Darius 129 (vom 20. VII. 4. Jahre); a. a. O. 423 (vom 18. V. 16. Jahre). Pinches (Guide Nimr. Centr. Sal. 1886, S. 84, Nr. 24) beschreibt einen Kontrakt dd. Babylon, vom 27. IV. 14. Jahre Nabopolassars, wo von einem Grundstück beim „Great gate of Bêl" (= Enlil-Tor?) die Rede ist = Guide[3], S. 146, Nr. 95 = Br. Mus., Nr. 30335. Herodot (III, 155 und 158) erwähnt auch das Tor des Bêl, neben dem Tor der Κισσίοι, wo der persische General Zopyros im Auftrag des Darius I. (521 v. Chr.) in die Stadt eindrang.

Im Jahresdatum vom 16. Jahre des Apil-Sin von der 1. Dynastie von Babylon wird die Erbauung des Ost-Stadttors von Babylon genannt (Abul Bâbîli Ṣît Šamši). Es ist möglich, daß damit das Giššu-Tor gemeint ist (VAB V, S. 587 Schorr).

Von einem Felde vor dem Marduk-Tor (ša pa-na-at abul ^{ilu}Ma[rd]uk) ist in dem Kontrakt VS III, Nr. 150, Z. 1 dd. Babylon, vom 2. VI. 32. Jahre des Darius I. die Rede.

4. Ištar-Tor
(Titelbild)

Ištar-Tor, genannt: Ištar šakipat tebiša (Stadtbeschreibung G, Z. 4). 1
Es ist von Koldewey wiedergefunden und durch eine Monumentalinschrift des Nebukadnezar II. (MDOG XII, S. 14, Abb. 2: VAB IV, S. 190, Nr. 22 Langdon) mit dem Ištar-Tor identifiziert worden (R. Kolde- 49
wey, Das Ischtar-Tor in Babylon: WVDOG 32 [1918]). Das Ištar-Tor lag in der nördlichen Stadtmauer. In seiner Umgebung befanden sich nur Paläste und der Tempel der Ninmaḫ, aber keine Privathäuser, so daß das Ištar-Tor in Kontrakten selten erwähnt wird. Eine Ausnahme macht der Kontrakt dd. Babylon vom 13. I. 33. Jahre des Nebukadnezar II. (VS IV, 23), wonach Renovierungsarbeiten an der Grabenmauer vor dem Ištar-Tor vorgenommen wurden. Lehrreich ist der Kontrakt in der

Sammlung C. J. Ball (PSBA XIV, S. 142; 166f.) dd. Babylon (Tin-tir^{ki})
49 vom 12. I. 3. Jahre des Darius I., wo ein Feld vor (miḫrat) dem Ištar-Tor piḫat Bâbîli am Bab nâr Kutâ labiri, d. h. am Abzweigungspunkt des Alten Kuta-Kanals vom Euphrat, verhandelt wird. Die Westseite des Feldes begrenzte das Ufer des Euphrats (Z. 9), die Ostseite bildete die Königstraße (ḫarran šarri), die vom Ištar-Tor nordwärts ging. Der Kontrakt Straßmaier Darius I. 102 vom 3. Jahre hat ähnlichen Wortlaut am Anfang und der abgebrochene Torname dürfte Ištar-Tor gelautet haben. In einem altbabylonischen Brief der Hammurapi Zeit (JSOR XI, S. 212 O. Schroeder) ist von einer Ištar-Pforte (Bâb Ištar) die Rede. Ob sie mit dem Ištar-Tor identisch ist, läßt sich vorläufig nicht feststellen. Das Tor wurde von Nebukadnezar über und über mit emaillierten Ziegeln mit Darstellungen des Stiers des Adad und des „Drachen" (mušḫuššu) des Marduk verziert. Auf Ištar wiesen die in der Prozessionsstraße vor dem Tor zu beiden Seiten angebrachten Löwendarstellungen in emaillierten Ziegeln. Die Anzahl der am Tore selbst gefundenen Tierbilder wird auf 575 Stück berechnet. Sie sind nicht gleichzeitig in dieser Anzahl sichtbar gewesen, sondern das Tor wurde während der langen Regierung Nebukadnezars aufgehöht und die Prozessionsstraße gleichfalls auf ein höheres Niveau gebracht. Im einzelnen von hochkünstlerischer Ausführung, aber fabrikmäßig aus Formen gepreßt, wirken sie doch in ihrer übertriebenen Wiederholung ermüdend (E. Unger, Assyr. und Babyl. Kunst, 1927, S. 60; Abb. 95—97). In einem Text (Br. Mus. 35968, Kol. II,
17 2) ist das Ištar-Tor im 17. Jahre des Nabukinapli (990 v. Chr.) erwähnt.

Entsprechend der doppelten Stadtmauer war das Ištar-Tor auch eine Doppelanlage, ein kleineres Vortor mit zwei Türmen, deren Oberteil weit vorgekragt und aus Fachwerk mit Schießscharten und Zinnen angelegt war, 27,20 m breit. Die Bogentür war 4,50 m weit und etwa 9 m hoch. Im Vestibül nach Westen zu lag ein Postament. Das Haupttor, gleichfalls von zwei Türmen bewehrt, hatte ein 30,00 m tiefes Vestibül. Die Breite zwischen den Turmecken (außen) ist 26,65 m; die Höhe überragte die der Türme des Vortores. Die blauemaillierten Ziegel belebten das Architekturbild ungemein. Ihr Zweck ist der Schutz vor dem im Orient noch heute so sehr gefürchteten „Bösen Blick" des Feindes.

5. Šamaš-Tor

Šamaš-Tor, genannt: Šamaš-ummâne-kain (G, Z. 8). Die Lage ist
44 bestimmt nach dem Kontrakt Straßmaier, Nabonid 193 (dd. Babylon vom 25. VI. 5. Jahre), wonach das Bâb nâr Barsip, die Öffnung (die Pforte) des Borsippa-Kanals gegenüber dem Šamaš-Tor gelegen habe.

Abb. 16. Goldplakette vom Königssarge aus dem Stadtschlosse Nebukadnezars. Darstellung eines Stadttores mit weitausgebauten Wehraufbauten der Tortürme, als Beispiel für das Ischtar-Tor

Abb. 17. Löwenrelief der Ischtar aus emaillierten Ziegeln. Schmuck der Prozessionsstraße vor dem Ischtar-Tore

Abb. 18. Stierrelief des Adad aus emaillierten Ziegeln. Schmuck des Ischtar-Tores

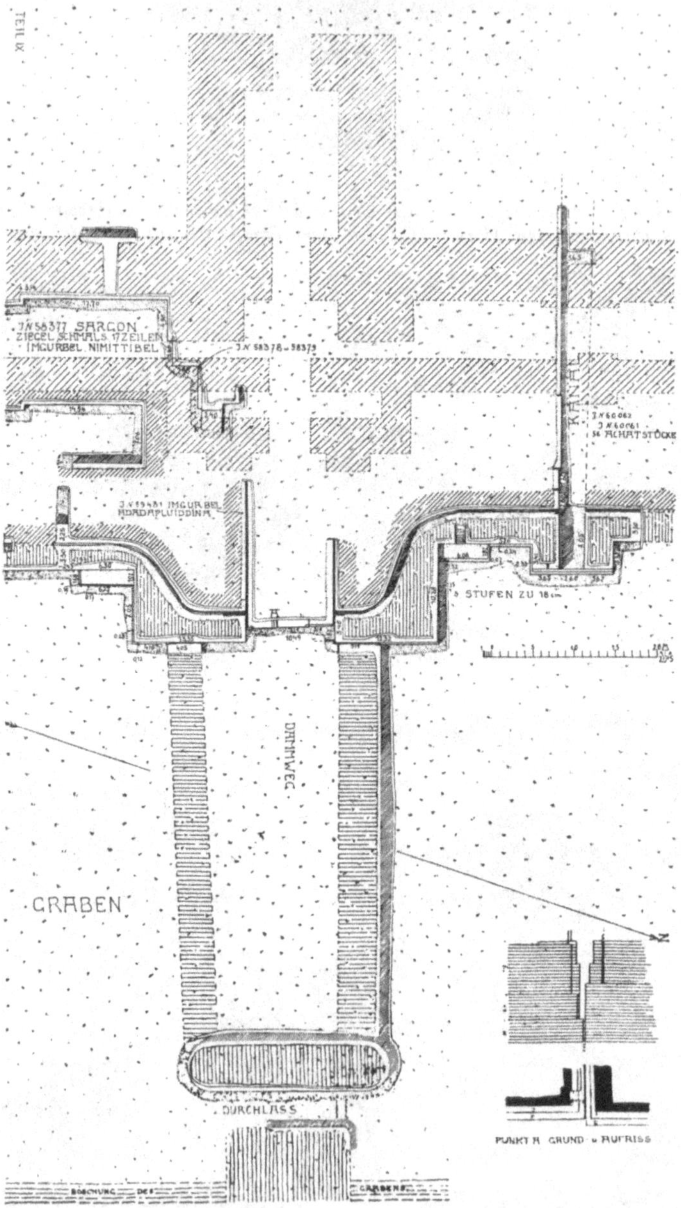

Abb. 19. Das Zababa-Tor mit Durchlaß des Bânîtum-Kanals

Dieser Kanal geht im Südwesten von Babylon vom Euphrat am westlichen
Ufer nach Süden ab. Das Šamaš-Tor lag also in der Südmauer der „Neu-
stadt". In dem angeführten Text wird noch der „Sumpf (raqqatum) des
Königs" und die „Königsstraße" als vor dem Šamaš-Tor liegend be-
zeichnet. Hier lag nach einem Plan (TSBA VII [1882] S. 152 Pinches) 4
von Babylon der Vorort Tu-ba^{ki} nahe dem Euphrat. Weißbach vermutete
(AO V, 4. S. 16) die Lage des Tors in der Nähe des Uraš-Tors. Das ist
richtig, nur lag es im Westen jenseits des Euphrats. Ein zweiter Kontrakt
erwähnt das Tor z. Z. des Amêl-Marduk (Straßmaier-Evetts, Evil-Mero-
dach 23 (vom 15. IV. 2. Jahre). Da das Šamaš-Tor in der Stadttorliste
(G, Z. 8) neben dem Adad-Tor (G., Z. 7) genannt wird, so dürfte dies 1
die Lage in der Neustadt nur bestätigen. Ferner liegt auch der Šamaš-
Tempel in der Neustadt.

In dem Vertrage Straßmaier, Nabonid 990, dd. Babylon vom 13. VIII.
16. Jahre. vgl. KB IV, S. 252, ist ein Feld vor dem Šamaš-Tor erwähnt.
Der Text ist etwas ungenau geschrieben, da der Schreiber das Wort Bâbu,
zwischen miḫrat (= GAB) und rabû (GAL) zu schreiben vergaß. Das
Feld lag am (Z. 7) nâru ḫi-rum ša ^{m}Ablâ miḫrat {ab}ul ^{ilu}Šamaš (Z. 8)
pi-ḫat Bâbîli (Tin-Tir^{ki}). Der Kanal ist m. W. sonst unbekannt und wohl
eine ephemere, an die Person des Besitzers Ablâ geknüpfte Erscheinung.

6. Sin-Tor

Sin-Tor, genannt: Libur-nadušu (G, Z. 6), ist in der Stadttorliste als 1
drittletztes Tor erwähnt, d. h. vor den beiden Toren der Neustadt,
Adad-Tor und Šamaš-Tor. Der Tempel des Sin lag in der Altstadt,
darum muß auch das Tor des Sin in diesem Stadtteile, Babylon-Ost,
zu suchen sein, weil dieses Indizium bei allen andern Stadttoren zutrifft.
Irgendeine andere Möglichkeit, das Tor zu lokalisieren, ist vorläufig nicht
vorhanden, weil das Tor bisher in keinem einzigen Kontrakte genannt
ist. Als Grund dafür möchte ich annehmen, daß die Gegend des Sin-
Tors mit heiligen Gebäuden oder mit Mauern so besetzt war, daß für
Privathäuser kein oder nur wenig Raum war, so daß Urkunden über
Handel mit Grundstücken wenig zahlreich sind und daher überhaupt
noch nicht gefunden wurden. Ein Parallelbeispiel dafür ist das Ištar-Tor,
wo nachweislich nur sehr wenig Privatgebäude gestanden haben und
ebenfalls nur sehr wenig Urkunden privatrechtlichen Inhalts (zwei bis
drei) aufgetaucht sind.

Die einzige Möglichkeit, das Tor in die Stadtmauer einzuordnen, bleibt
im östlichen Tor der Nordmauer der Altstadt, entsprechend dem Enlil-
Tore in der Südmauer. Gegraben ist jedoch an der betreffenden Stelle

noch nicht. Doch ist die Stadtanlage ziemlich regelmäßig, daß hier ein viertes Tor zu erwarten ist. In dieser Gegend befand sich der Stadtteil Kullab. Ich schließe das daraus, daß in diesem Stadtquartier ein Gebäude existierte, das mit dem Neujahrsfesttempel oder Bît Akîtum in engem Zusammenhange gestanden hat, nämlich das Bît rêš-Akîtum. Der Neujahrsfesttempel lag bestimmt nördlich des Ištar-Tores (vgl. Ber. Sächs. Ges. Wiss. 70 ,5 Zimmern), etwas landeinwärts, da eine Allee das Heiligtum mit dem Euphrat verband. Was bedeutet Bît rêš Akîtum? Kopf-Haus des Akîtum oder Anfangs-Haus des Akîtum, d. h. „Propyläen des Neujahrsfestes", wie ich (Forschungen und Fortschritte IV, Nr. 7) erklärt habe. Das Wort rêšu = „Anfang" steht z. B. über der 1. Kolumne des bekannten Tiglatpileser I.-Prismas. In diesem Sinne wird es auch von Quellen gebraucht und ist die einzig mögliche Deutung für das Bît
37 rêš-Akîtum. Im Kontrakte, dd. Babylon, vom 19. IX. ?. Jahres des Kandalanu (VS V, 5, Z. 5) ist es im Stadtteil Kullab angesetzt. Es ist nicht ausgeschlossen, daß sich in diesem Worte wiederum eine volkstümliche Bezeichnung verbirgt, die man schon öfter bei der Benennung von Örtlichkeiten von Babylon getroffen hat. Offiziell war es vielleicht das Sin-Tor, dessen Straße direkt zum Neujahrsfesttempel hinführte, und aus diesem Grunde hat es der Volksmund, der aus diesen Kontrakten spricht, mit der Bezeichnung benannt, die die wirkliche Bedeutung des Sin-Tores ausgesprochen hat, gleich den andern ähnlichen Benennungen. Da das Sin-Tor nur hier gelegen haben kann und die Propyläen des Neujahrsfesttempels ebenfalls hier angesetzt werden müssen, so ist jedenfalls die Wahrscheinlichkeit schon sehr groß, daß beide miteinander übereinstimmen.

Der Kultort, wohin die Sin-Straße zeigte, muß demnach im Norden gelegen haben. Harran, das zuerst in Frage käme, liegt jedoch zu weit entfernt und auch in einer andern Richtung. Diese stimmt aber genau überein mit der Lage der Landschaft Namar oder Nawar in der Gegend des heutigen Samarra, woher eine Inschrift des Arisên, Königs von Nawar, stammt (Rev. d'Assyr. IX, S. 1f. Thureau-Dangin). In dieser Gegend befand sich nämlich nach der Angabe des Kudurrus Nebukadnezars I. (Steinmetzer, Kudurru Nr. 6, Kol. II, Z. 50) ein Ort Bît Ḫabban, wo der Mondgott Sin und die „Bêlit von Akkad" verehrt wurde. Die Bêlit von Akkad ist die Ištar von Akkad, der das Ištar-Tor in Babylon, das Nachbartor des Sin-Tors, geweiht war. Das wird auch nicht zufällig sein. Das Sin-Tor ist wahrscheinlich dem Tor der Niniviten (der Bewohner von Ninive), das Herodot (III, 155) nennt, gleichzusetzen, da die Straße des Sin-Tors über Samarra nach dem assyrischen Ninive geführt hat.

7. Uraš-Tor

Uraš-Tor, genannt: Ikkibšu nakar (G, Z. 1), bzw. Ina kibšu nakar 1
(VAB IV, S. 160, Nr. 19, VII, 47; Wadi Brisa-Inschrift von Nebukad-
nezar II.). Uraš, meist ^{ilu}IB, aber auch ^{ilu}U-ra-aš (a. a. O. S. 180, Nr. 20,
II, 20) geschrieben, war der Stadtgott von Dilbat, der Gott des Acker-
baus und dem Anu identisch (Deimel, Pantheon S. 143). Die Lage des
Tors wird bestimmt durch die im Süden von Babylon liegende Stadt
Dilbat, wohin die Torstraße führte; ferner durch die Prozessionsstraße
des Nabû, Nabû daiân nîšêšu, die vom Zentrum von Babylon zum Uraš-
Tor ging. Danach ist das westliche Tor der Südmauer mit dem Uraš-Tor 13
gleichzusetzen (AO V, 4, S. 16 Weißbach). Das Uraš-Tor lag in der Nähe
des Euphrats (Steinmetzer, Kudurru Nr. 29 z. Z. des Nabuaplaiddina,
um 860 v. Chr. in London [BB. Mus. 90936 King, BBSt Taf. 104). Vor
dem Uraš-Tor lag der Piqudu-Kanal und der „Madânu-Kanal" (nâru
^{ilu} DI-KUD), ferner die Vorstadt von Babylon, namens Litamu. Das
Uraš-Tor wird sehr oft in Kontrakten erwähnt (Straßmaier, Nabonid
440 (vom 8. VII. 10. Jahre); a. a. O. 477 (vom 22. XI. 10. Jahre); a. a. O.
964 (vom 20. IV. 16. Jahre [Madânu-Kanal]); Straßmaier, Darius I., 26
(vom 8. XII. 1. Jahre [Litamu, Königsstraße, Euphrat]); a. a. O. 152
(vom 29. XII. 4. Jahre [Piqudu, Litamu]); a. a. O. 227 (vom 3. VII. 7.
Jahre [Piqudu, Litamu]); Collection Morgan I, 73 Clay (dd. Piqudu- 50
Kanal vom 1. IV. 8. Jahre Darius I.); Straßmaier, Darius I. 466 (vom
24. I. 18. Jahre). Das Uraš-Tor wird dann noch in dem Text in London
(Rm 155 = CT 29, 48f.) erwähnt, wo Ereignisse in Babylon z. Z. eines 16
Königs Qa(?)-šemmibbi beschrieben werden, und wo Vords. 18 eine
Feuersbrunst im Uraš-Tor aufgezeichnet ist[1]). Siehe ferner die Chronik 17
(Br. Mus. 35968) Kol. II, 7, wohl im 6. Jahre des Nabukînapli, sowie
Kol. II, 19f., im 17. Jahre, wo Tiere in das Tor eindrangen.

In einem gut erhaltenen Kontrakt dd. Babylon (Tintir^{ki}) vom 7. II. 15. Jahre des Nabopolassar, von der Deutschen Orient-Gesellschaft in Babylon gefunden (Nr. 58055; Phot. 3335 = VAT 13107), wird ein Grundstück verkauft, das vor dem Uraš-Tor lag. An der westlichen Seite befand sich die „Königsstraße". Ebenfalls miḫrat abul ^{ilu}Uraš lag ein Hausgrundstück nach dem Vertrag aus Babylon (55793) ohne nähere Angaben, wohl aus persischer Zeit stammend.

Ein Bruchstück eines Grenzsteins (kudurru) aus grauem Kalkstein ist vor dem Uraš-Tor in Babylon ausgegraben worden (Nr. 56919, Phot. 3318), das der Zeit des Nabukînapli (um 980) entstammt. Aus 7 lesbaren

[1]) Boissier CTDAB, S. 253f.; ders. DA, S. 267; B. Meißner, Babylonien und Assyrien II, S. 277.

Zeilen geht hervor, daß die Belehnung in der Stadt Dur-Šarrukên, in der Nähe von Opis-Akšak-Seleuzia (King BBSt Nr. 24, S. 27; Steinmetzer, Kudurru Nr 24) stattfand. Personen werden genannt: Zêr-lišir, Sohn des Kidin-sukkal, Offiziere (šak-šup-par) treten auf; der Text ist aber zu kurz, um Genaueres zu ermitteln.

Unter den Göttern von Babylon (siehe S. 164) werden im Texte III
10 Rawlinson, Rückseite Kol. V, Z. 5—6 das Ištar-Tor und das Uraš-Tor, vorher noch Gott Marduk, aufgezählt, mithin als göttliche Wesen angesprochen.

8. Zababa-Tor

1 Zababa-Tor, genannt: Izir tubqi(UB)šu (G, Z. 2). Es hieß auch Ninurta-Tor (abul Ninurta,[1]) da Ninurta und Zababa[2]) identisch sind. Zababa ist der Hauptgott der benachbarten, im Osten liegenden Stadt
19 Kiš, darum ist die Lage dieses Tores nach Analogie der anderen Tore
14 bestimmt und zwar in dem Südtor der Oststadtmauer, wo der Weg
64 geradezu nach Kiš führt. Dies bestätigt die Angabe des Sanherib, daß sein Feind der babylonische König Mardukaplaiddina II. durch das Zababa-Tor aus Babylon zur Schlacht bei Kiš auszog, in der er 703 besiegt wurde (Luckenbill, Annals of Sennacherib S. 50, Z. 21). Das Zababa-Tor war dem Giššu-Tor benachbart, vgl. Straßmaier, Nabonid
45 552 dd. Babylon vom 20. IX. 11. Jahre (AO V, 4, S. 16 Weißbach). Die Kontrakte berichten, daß vor dem Zababa-Tor der Bânîtum-Kanal (nâru ^{ilu}Bânîtum) und zwar an dem „Wege nach Kisch" (vgl. s. 98 ff.) = ḫarrân Kiš (Nabonaid 552), eine „Königsstraße" (ḫarran šarri) und ein
36 „Kanal des ^{m}I-li-'-Bêl" gelegen habe. Kontrakt VS V, 4, dd. Babylon vom 28. X. 18. Jahre des Kandalanu[3]) (An der Südseite des Grundstücks: Bânîtum-Kanal, an seiner Nordseite: Dûr-Imgur-Enlil). Straßmaier,

[1]) In einem einzigen Kontrakt, dd. Babylon, vom 8. III. 8. Jahr Nabonaid (Straßmaier, Nabonid Nr. 293) wird ein Feld vor (mi-iḫ-ra-at) dem Ninurta-Tor im Stadtkreis (pi-ḫa-at) von Bâbili (Bâb-ilâni$^{meš\ ki}$) behandelt. Ninurta ist eine Erscheinungsform des Zababa bzw. umgekehrt; daher kann mit dem Ninurta-Tor nur das Zababa-Tor gemeint sein. Topographische Mitteilungen, die geeignet wären, über die Lage des Ninurta-Tors Auskunft zu geben, enthält diese Urkunde nicht. Weißbach (WVDOG V, S. 40f.) spricht auch von einem Ninurta-Tor, ohne die Quelle anzugeben.

[2]) Zamama = Zababa s. Archiv f. Keilschriftforschung II, S. 13, Anm. 1, E. F. Weidner.

[3]) Kandalânu von Babylon ist eine vielumstrittene Persönlichkeit, die von einigen Gelehrten (zuletzt von Langdon: JRAS 1925, S. 166) mit Assurbanipal von Assyrien identifiziert wird, der angeblich unter dem Namen Kandalânu in Babylon regiert habe. Die letzten Könige von Assyrien regierten als „Könige von Assyrien" oder als „Könige der Länder" (šar mâtâte) über Assyrien und Babylonien zugleich. Als suzeräne Vasallenkönige von Babylonien, waren eingesetzt: Šamaš-šumi-ukin, Kandalânu und Nabopolassar. Die Oberkönige

Nabonid 116 vom 24. VII. 3. Jahre (Bânîtum, Königsstraße); a. a. O. 132 42
vom ?. XIIb. 3. Jahre; a. a. O. 437 vom 8. VIb. 10. Jahre (Ili'-Bêl-Kanal); a. a. O. 687 vom 24. XIIb. 12. Jahre; Straßmaier, Cyrus 337 vom 22. II. 9. Jahre; Straßmaier, Darius I., 37 vom 21. V. 2. Jahre (vgl. MVAG 18, 2, S. 53 Meißner); a. a. O. 379, Z. 67, vom 24. V. 14. Jahre (Feld ša kida-nu abul iluZababa = außerhalb des Zababa-Tors); ein Kontrakt mit verlorenem Datum: VS VI, 254. Herodot (III, 155 und 158) nennt das Tor der Kissier (= Leute von Kisch) neben dem Tor des Bêl. Ohne weitere Angabe erwähnt der Kontrakt (ZA IV, S. 152, Nr. 9) dd. Babylon, vom 1. VII. 1. Jahre des Barzia (= Smerdis) das Zababa-Tor (8. Intern. Orient. Congr., Stockholm I, S. 260 Oppert).

Ein Grundstück lag am Zababa-Tor nach einem Kontrakt aus Babylon vom 10. Jahre des Artaxerxes, nach Notiz von Weißbach, in Babylon (Nr. 15293) von der Deutschen Orient-Gesellschaft ausgegraben. Näheres ist nicht mitgeteilt. Ein Grundstück vor dem Tor am nâr pitqa ša Li'u-Bêl verzeichnet der Kontrakt vom 1. VI. 7. Jahre des Cyrus nach Mitteilung von Kohler-Peiser, Aus dem Babylonischen Rechtsleben IV, S. 69. Möglicherweise ist dieser Kanal mit dem oben erwähnten identisch.

---

datierten in Assyrien nach den Eponymen (limu), in Babylonien aber nach ihren Regierungsjahren. In Babylonien datierte man sowohl nach den Ober-, als auch nach den Unterkönigen. Urkunden des Šamaš-šumi-ukin aus Uruk (10. Jahr: TC XII, 10; 14. Jahr: Nies-Coll. I, 134), aus Ur (10. Jahr: Guide[3], 82), aus Dilbat (2. Jahr: Coll. Morgan I, 34; 16. Jahr: Rev. d'Assyr. 18, 32/3), aus Sippar (Steinmetzer, Kudurru Nr. 75), aus Borsippa (9. Jahr: a. a. O. Nr. 10; 13. Jahr: BE VIII, 1, Nr. 2). Assurbanipal aus Uruk (18. Jahr: JRAS 1928, 322; 19. Jahr: Rev. d'Assyr. 15, 81 f.; 23. J. [= Kandalânu 2 J.]: (JRAS 1928, 321), aus Ur (19.—20. Jahr: Guide[3], 82), aus Sippar (11. Jahr: VS IV, 7), aus Dilbat (19. J. Langdon, Venus Tabl. 93[8]), aus Borsippa (18. IX. 22. Jahr: Babylon 38135,29 = Phot. 1680), aus Babylon (8.—9. Jahr: MAOG III, 1/2, Nr. XIV). Kandalânu aus Uruk (2. Jahr: VAT 8497; 8. Jahr: Nies-Coll. I, 159), aus Sippar (6. Jahr: Rev. d'Assyr. 1, S. 1, 3/4), aus Borsippa (7.—8. Jahr: TCXII, 6—7), aus Kuta (17. Jahr: Babylon 43447 = Phot. 2447). Sin-šarri-iškun aus Uruk (o. Jahr: TC XII, 14; 7. Jahr: JRAS 1921, 383, ZA 9, 320), aus Sippar (2. Jahr: VS VI, 2; Straßmaier-Evetts Babyl. Texte 6 B, S. 90). In der Urkunde aus Uruk in Berlin (VAT 8495) sind nun 6 Urkunden hintereinander kopiert, die Grundstücke meist im Stadtteil Bît mKinâ von Bît Dakuri betreffen, die nach den 3 Königen Nabopolassar, Kandalânu und Assurbanipal datiert sind und beweisen, daß die beiden letzten Könige streng zu trennen sind, sowie daß Nabopolassar dem Kandalânu auch in Uruk unmittelbar gefolgt ist: 1. dd. Uruk, vom 23. II. 1. Jahr des Nabopolassar, Königs von Babylon; 2. dd. Uruk, vom 22. XII. 1. Jahr desselben; 3. dd. Il-tuk, vom 22. IX. 2. Jahr desselben; 4. dd. Uruk, vom 4. V. 1. Jahr desselben; 5. dd. Bît mŠammeš-ilu-u-', vom 25. XII. 7. Jahr des m iluKan-da-la-nu, Königs von Babylon; 6. dd. Il-tuk, vom 1. XII. 20. Jahr des Assur-bân-apli, Königs der Länder. Das Gottesdeterminativ hat Kandalânu auch in dem Kontrakt dd. Borsippa, vom 18. I. 19. Jahr (Pinches, Behrens-Coll. 1915, Nr. 103, Z. 19, S. 136). Ferner dd. Nippur 26. XII. 31. J. Assurbanipals (TC XII, 5).

KAPITEL VIII

DIE STADTPFORTEN

Neben den großen Stadttoren gab es kleinere Stadtpforten, nur mit dem Ausdruck Bâbu gekennzeichnet.

1. Bèl-Pforte

Tâmirtu Bâbu ša Bêl, am Ufer des Gubbati-Kanals „piḫat Bâbîli" gelegen, war eine Pforte in der Stadtmauer. Zwei Kontrakte z. Z. des
35 Kandalanu nennen das Tor: VS V, 3, dd. Babylon, vom 6. X. 1. Jahre und
36 VS V, 4 desgl. vom 28. X. 18. Jahre, Z. 14ff. Das Feld stößt im Westen an den Gubbati-Kanal, im Osten lag die Landungsstelle der „50" (makallû ša 50 ^{meš}). Diese Bêls-Pforte, die vom Volksmund so benannt zu sein scheint, ist ihrer Lage nach mit der Lugalgirra-Pforte identisch. Weiteres darüber s. Kapitel XI, 6.

2. Kellek-Pforte

Kellek-Pforte (bâb kalakki), in Kontrakten oft genannt, deren Lage jedoch nicht bekannt ist; sie lag wohl am Fluß, wo die Kelleks (kalakki) anlegten. Z. B. Coll. Morgan I, 48, 6 Clay (vom 6. X. 22. Jahre Nebukadnezars II.); VS III, 55, 5—6, (vom 10. I. 15. Jahre Nabonaids); a. a. O. 58 (vom 4. I. 16. Jahre Nabonaids); Straßmaier, Nabonid 14 (vom 16. XI. 0. Jahre Nabonaids). Vgl. den Kontrakt dd. Babylon vom 35 Jahre des Nebukadnezar II. (TC XII, Nr. 51, Z. 7), wo Bâb
7 ka-lak-ka geschrieben ist. Das Brückentor könnte möglicherweise auch die Pforte sein.

Kelleks sind große Holz-Flöße auf aufgeblasenen Hammelhäuten, die seit der assyrischen Zeit üblich sind und noch heute den Tigris abwärts nach Babylonien schwimmen. Vgl. Hans Schaal, Flußschiffahrt und Flußhandel im Altertum: Festschrift zur Vierhundertjahrfeier des Alten Gymnasiums zu Bremen 1528—1928, Bremen, G. Winter, S. 370—421.

3. Lugal-girra-Pforte

Durch die feste Bestimmung des Šamaš-Tores im Süden der „Neustadt" ergibt sich auch die Ansetzung des Vorortes „Pforte des Lugalgirra", der gleichfalls den Euphrat berührt, an entgegengesetzter Stelle, nämlich im Norden der „Neustadt". Aus dem Namen des Ortes folgt natürlich, daß hier eine Pforte (bâbu) in der Nordmauer des „Neustadt" gelegen hat, nicht ein Tor (abullu), weswegen die Pforte unter den Stadttoren nicht vorkommt. Lugalgirra ist ein Name für den Nergal, als „Herrn der Stärke", im Gegensatz zum Nergal ša Ḫadê (der Freude), der in der Altstadt Tempel und Prozessionsstraße hatte. Die Pforte hieß auch „Pforte des Bêl" (siehe oben zu 1).

4. Prozessions-Pforte

Prozessionspforte(?), Bâbu mu(?)-ta-qu in einem Kontrakt (Straßmaier, Darius I. 439, dd. Babylon vom 24. I. 17. Jahre und in einem Text, wo Felder des Bêl, Nabu, Nergal und Šamaš vermessen werden, die am Sumandar-Kanal und am Neuen Kanal lagen (a. a. O. 9, vom 17. ?. o. Jahre Darius I.: Bâbu mutaq iṭ-ṭi-e-ti [= Dorn bzw. Götterwaffe]: Prozessionspforte der Iṭṭêti-Symbole (Delitzsch HWB S. 45b).

5. Mušêpišu-Pforte

Bâbu mu-še-pi-šu, bei einem unbekannten Tor ist nach Notiz von Weinbach in dem Kontrakt 23369, von der Deutschen Orient-Gesellschaft in Babylon gefunden, erwähnt. Genannt ist auch die Außenmauer, Nimid-Enlil und ein Hausbesitzer nahe dem šalḫû = der Außenmauer (rab bîti ša tiḫ šal-ḫi-e. Ohne Prüfung des verschollenen Originals läßt sich vorläufig nichts Genaueres darüber sagen. Mušêpišu bedeutet Arbeitsleiter, Meister, aber auch Zauberer, Hexenmeister s. Kapitel XII, 32.

KAPITEL IX

DIE STADTVIERTEL

1. Binnenstadt (Libbi ali)

Babylon zerfiel in verschiedene Stadtteile, deren Abgrenzung heute z. T.
1 schon möglich ist. Die Stadtbeschreibung von Babylon (B, Z. 9, 13, 15, 18) unterscheidet mindestens 4 Stadtteile, aber andre sind noch bezeugt. Mindestens 7 Tempel liegen in der Binnenstadt oder City (libbi ali^{ki}). Nur Eḫursagtila ist zu ermitteln (Kap. XXI, 4, LVIII). S. Weißbach: AO V, 4, S. 30; Hommel, Geographie S. 331, Anm. 1, 400. Nebukadnezar II. unterscheidet zwischen Babylon-Osten und Babylon-Westen (CT 37, 13, II, 41 ff.).

Der Kontrakt, den Straßmaier im 8. Intern. Orient. Congress Stockholm
30 I, Nr. 3 publizierte, und der vom 25. I. 4. Jahre des Assarhaddon (= Oppert-Ménant, Docum. jurid. 1877, Nr. XX, S. 186/7) datiert ist, ist gegeben zu ^{alu}Lib-bi ali = City. Die Stadt Assur besitzt einen ähnlichen Stadtteil, und es ist zwar nicht direkt gesagt, daß Babylon gemeint ist, doch geht dies aus folgenden Gründen mit voller Sicherheit hervor: Das Datum ist nicht, wie in Assur üblich, nach Eponymen (Limu), sondern nach Regierungsjahren des Assarhaddon ausgedrückt. Als Zeuge fungiert Ašur-ilai, der uršu-Beamte, der sich als Stellvertreter des assyrischen Königs in Babylon befand. Man könnte auch noch den Personennamen Zêr-Bâbîli (Z. 9) anführen, der in Babylon besonders beliebt war. So ist nun die City von Babylon als besonderer Stadtteil auch in den Geschäftsurkunden gebraucht. In zwei weiteren Urkunden wird die City als „Stadt der City-Bewohner“ erwähnt, einmal (Straßmaier, Darius I. 390 vom 15. XI. 14. Jahre) ist die Urkunde in diesem Stadtteil ausgestellt mit dem Zusatz „Feld (Grundstück) des Bêl“ eqlu ša Bêl; das andre Mal (Straßmaier, Darius I. 413 vom 5. IX. 15. Jahre) wird eine Getreidelieferung in diesem Stadtteil getätigt und der Kontrakt ist in Babylon (E^{ki}) ausgestellt. Ein Feldgrundstück ina alu libbi a-lu, nach einem Kontrakt vom 21. V. ?. Jahre des Darius [I. ?] ohne Ortsangabe beim Datum, aus Babylon (Nr. 56341), befindet sich vermutlich ebenfalls in der City von Babylon. Die City „^{ilu}Libbi ali“ ist in der Aufzählung der
11 Götter (III Rawlinson 66, Rücks. Kol. VI, 9) als eine Gottheit

angerufen. Dieser Stadtteil galt also als besonders heilig. Er läßt sich
vorläufig nur provisorisch zwischen Stadtschloß und Tempel Esagila 64
lokalisieren, wo jedoch noch keine Grabungen unternommen worden
sind. Hier dürfte jedoch der einzige Platz sein, wo er gelegen haben
könnte.

2. Gottes-Pforte (Kadingirra)

Kadingirra^{ki} (= Gottespforte) ist nicht nur ein allgemeiner Name von
Babylon, sondern auch der Name eines Stadtteils, wie aus der Stadt-
beschreibung hervorgeht, wo vier Tempel genannt sind, darunter der von
Koldewey ausgegrabene Tempel der Ištar von Akkad und der der Nin-
maḫ. Kadingirra ist demnach im Hügel Merkes zu suchen, erstreckte sich 22
jedoch bis ans Ištar-Tor nach Norden und bis zur „Heiligen Pforte" nach
Süden und umschloß auch das Stadtschloß. Der Tempel Emaḫ liegt 49
nach der Inschrift Assurbanipals ausdrücklich in „Kadingirra" (VAB
VII, S. 241, Nr. 5, Z. 13; WVDOG 4, Taf. 7 ša qirib Kadingirra^{ki});
ebenso Nebukadnezar II. (WVDOG 15, S. 68, Nr. 2, Z. 3, libba Kadin-
girra^{ki}). Der Stadtteil wurde vergöttlicht (siehe S. 164).

Auch der Tempel der Kriegsgöttin (ilat tamḫaru) Ištar von Akkad 21
liegt nach der Gründungsurkunde des Königs Nabonaid im Stadtteil
„Gottespforte" (in qirib Kadingirra^{ki}), vgl. O. Reuther, Die Innenstadt
von Babylon (WVDOG 47), S. 136, Z. 48 (H. Ehelolf). Jede Gründungs-
urkunde bestätigt von neuem die feste Tradition der Stadtbeschreibung.

3. Kaṣîri

Kaṣîri, wo die Prozessionsstraße des Nergal ša Ḫadê hindurchlief, z. B.
nach dem Kontrakt: Straßmaier, Darius I, 275 (vom 18. VI. 10. Jahre).
Ein Bît Kaṣirânu eines Kontraktes (Straßmaier, Cambyses 384, vom 1. IX.
7. Jahre) scheint auch auf diesen Stadtteil hinzuweisen (s. Tallqvist,
NBN).

4. Kullab

Kullab lag höchstwahrscheinlich im Nordosten der Stadt. In der Nähe
aber war der Neujahrsfesttempel (Bît-akîtum) nach dem Kontrakt (VS V, 37
5, vom 19. IX. ?. Jahre des Kandalanu; Hommel, Geographie S. 391).
Kullab, früher Zirlab oder Ḫallab gelesen, dürfte mit Hommel besser
Kullab zu lesen sein. Nach einem Kontrakt (WVDOG IV, Nr. XV, 39
Weißbach) ging auch durch diesen Stadtteil die Straße des Nergal ša
Ḫadê, so daß Kullab, Kaṣîri und Te-e benachbart gewesen sind. Im
Opferkalender (Coll. Morgan IV, 25, Z. 25, vgl. 47 Clay) ist ein Gott 8

Lugalbanda von Kullab namhaft gemacht. S. a. ZA III, S. 97 Zimmern; AO V, 4, S. 30 Weißbach.

Ein Grundstück im Stadtteil Kul-lab^{ki} ša qi-rib Bâbîli^{ki} (Tin-tir^{ki}) wird im Kontrakt [dd. Babylon] vom 2[o.] I. ?. Jahre des Šamaš-šumi-ukin verhandelt. Es wird nur eine Gasse im Westen des Grundstücks (sûqu [qatnu ?]) namhaft gemacht (8. Intern. Orient. Congress Stockholm, Straßmaier Nr. 8 in London 82—7—14, 25).

Der Name des Stadtquartiers leitet sich von einer altbabylonischen Stadt Kullab her.

5. Kumari

Kumari, ein Stadtteil der Neustadt, der mehrmals in Inschriften
64 Nebukadnezars II. vorkommt (VAB IV, S. 74, Nr. 1, Kol. II, 8; 106,
Nr. 13, Kol. I, 47; 179, Nr. 20, Kol. I, 47 Langdon), wo der Tempel des
Adad lag, der in der Neustadt oder Babylon-West angesetzt wird.

Der Stadtteil wird auch in Kontrakten als irṣitim Kumari sà qirib
Ba-bi-lum^{ki} (Var. Tin-Tir^{ki}) angeführt; TC XII, Nr. 19, dd. Babylon
38 vom 21. VIb. 15. Jahre des Nabopolassar, genannt Ku-ma-ru; hier liegt
im Süden des Grundstücks eine enge Straße: sûqu qat(SIK)-nu (Z. 5);
in Z. 7 wird ein Haus des Priesters von E-nam-ti-la erwähnt, Ein anderer
Kontrakt (TC XII, Nr. 43, dd. Babylon (E^{ki}) vom 24. IX. 20. (+ ?) Jahre
des Nebukadnezar II. nennt das Grundstück in Ku-ma-ri; benachbart
sind eine offene enge Gasse (sûqu qatnu [SIK] a-ṣu-u; Z. 6) und eine
enge Sackgasse (Z. 9: sûqu qat-nu la a-ṣu-u). Interessant ist, daß als
Zeuge ein gewisser E-ṭil-lu, Sohn des Kûnâ anwesend ist, der als apil
šangu ^{ilu}Adad, d. h. als Nachkomme des Adadpriesters, bezeichnet wird.
Der Adad-Tempel befand sich gleichfalls im Stadtteil Kumari (s. u.).

6. Neustadt

Neustadt (alu eššu), im Westen von Babylon jenseits des Euphrats oder
64 Araḫtu, wie er hier hieß, gelegen. Mehrere Tempel lagen nach der
Stadtbeschreibung (B) in der Neustadt. Darunter befindet sich der Adad-
Tempel. Auch gab es Bezirke der Neustadt Kumari und Tuba(?). In Privat-
urkunden kommt die Neustadt gelegentlich vor: Inschrift aus Sippar
des Nabuaplaiddina, vom Jahre 856, Kol. II, 12 (King, BBSt S. 122).
Kontrakt vom 22. II. 4. Jahre des Assarhaddon (Pinches, Guide Nimr.
Centr. Sal. S. 83, Nr. 21 = DT 4: Bezold, Catalogue S. 1542; 8. Intern.
Or. Congr. Stockholm, Straßmaier Nr. 5: irṣitim ^{alu}Eššu^{ki} ša qirib Bâbîli
[Tin-tir^{ki}] nennt eine im Westen des Grundstücks liegende Prozessions-
straße: sûqu rapšu mutaq ili u šarri „für Gott und König"). — Straß-

maier, Nebukadnezar 247, vom 29. IV. 32. Jahre, vgl. a. a. O. 416;
vgl. Pinches, Old Test. in the light... S. 433. Wichtig ist die Stelle
der Nebukadnezar-Inschrift: CT 37, 13, Kol. II, Z. 43f. — Vermutlich 2
hat Samsuiluna die Neustadt erweitert, da er Babylon vergrößert hat
(KB III, 1, S. 133, Kol. III, 20f.). Das geschah um 1980 v. Chr.

„Im Westen" von Babylon lag der „8. Garten" (kirû samânîtum)
nach Br. Mus. 35968, Kol. III, Z. 12, wo im 16. Jahre des Nabu- 17
kînapli (um 975 v. Chr.) ein Löwe eingedrungen sei.

Ein Kontrakt, VS IV, Nr. 45 (vom 26. XI. 9. Jahre des Nabonaid) ist
in alu éš(= AB) -šu datiert. Vgl. San Nicolò und Ungnad, Neubabyl.
Rechtsurk. I, Nr. 174. Ein Grundstück in der Neustadt s. Harper, Letters 32
877, 20, 1. Vgl. a. Kapitel XXII, 4.

7. Šuanna (Himmelshand)

Šuanna^{ki} = Himmelshand ist allgemeiner Name der Stadt, aber
auch die Bezeichnung eines Stadtteils, wie die Stadtbeschreibung (B) 1
zeigt, wo die Tempel der Gula, des Nergal und des Ninurta lagen.
Letzterer ist von Koldewey im Süden des Hügels Ischan el Aswad aus- 24
gegraben, also lag hier Šuanna. Die Gründungsurkunde für diesen
von Nabopolassar neu erbauten Tempel Epaṭutila nennt das Stadt-
viertel ausdrücklich mit dem Namen „Himmelshand". Der Tempel
befand sich ša qirib Šu-an-na^{ki} = innerhalb von Šuanna, VAB IV,
S. 68, Z. 22 = WVDOG IV, S. 20, Taf. 8, Z. 22, F. H. Weißbach.

Kontrakte nennen den Stadtteil: Straßmaier, Nabonid 643, Z. 13, vom
?. VIII. 12. Jahre; VS V, 38, vom 22. II. 6. Jahre des Cyrus; Straßmaier,
Cyrus 345, vom 13. VIII. 6. Jahre. Nach diesem Texte erstreckte sich 47
Šuanna bis an den Euphrat, da bei der hier erwähnten Straße (Z. 15),
sûqu qatnu murad nâri = zum Fluß hinabführendes Gäßchen, das
„nâru", wie üblich, dem Euphrat gleichzusetzen ist. Die Straße begrenzt
das Grundstück im Süden, so daß sie demnach von Osten nach Westen
tatsächlich zum Euphrat ging. Vgl. den fragmentierten Kontrakt in Berlin
betr. ein Grundstück in Šuanna, dd. Babylon, vom ?. ?. 2. Jahre eines
neubabylonischen Königs (VAT 2064). Unter den Schmucknamen der
Stadtbeschreibung (C, Z. 4) hat Šuanna in der Übertragung Himmels-
kraft (Hand = Kraft) Aufnahme gefunden.

8. Šušan (Susa)

Šušan^{ki}, ist von Weißbach (AO V, 4, S. 30) schon mit Recht als Stadtteil
von Babylon angenommen, da in einem Texte (Straßmaier, Darius I.,
437, vom ?. ?. 16. Jahre) Beamte von Esagila vorkommen, während in

einem andern (a. a. O. 435 vom 10. XII b. 16. Jahre) ebenfalls nach diesem Stadtteil datiert ist, sowie in Z. 1 — allerdings etwas verwischt — der Ort des Datums ausdrücklich als in Babylon liegend bezeichnet wird. Ein dritter Kontrakt (Straßmaier, Darius I., 497, vom 11. I. 20. Jahre) ist gleichfalls in alu Šu-ša-an-na datiert. Eine interessante Urkunde ist VS VI, Nr. 155, dd. Šu-šan^{ki}, vom 6. VIII. 29. Jahre des Darius I., wo Z. 9 (vgl. Rand!) Kuddâ, der Vogt (qîpu) von Esagila, ferner (Z. 15) Nabu-nadin-aḫi, der „Zweite" der Leute von Šu-ša-an, sowie (Z. 20) Ea-(BE) -iddina, Vogt von E-ki-dur-gi-na, Sohn des Gulapriesters genannt sind. Ein Kontrakt aus Babylon dd. ^{alu}Šu-ša-nu^{ki} vom 22. II. 20. Jahre Darius I. ist in Berlin (VAT 13417). Šušan ist wohl wie Kullab nach einer andern Stadt benannt (AO V, 4, S. 30, Weißbach), nämlich nach der Hauptstadt von Elam, Susa. Ob etwa hierdurch dieses Stadtviertel das Wohnquartier der Elamiten darstellen würde, läßt sich natürlich vorerst nur mutmaßen. Irgend eine reale Begründung für den Namen wird aber bestimmt vorgelegen haben.

9. Tê

Te-e^{ki}, ein andrer Stadtteil von Babylon, dessen richtige Lesung wohl noch zu finden ist; er ist in Kontrakten genannt, ohne daß die Lage ganz genau daraus hervorginge. Da sich aber die Prozessionsstraße des Nergal
64 ša Ḫadê hier hindurchzog, waren die Stadtteile Kaṣiri und Kullab dem Stadtviertel Tê benachbart. Die Kontrakte, die das Stadtquartier nennen, sind folgende: BE VIII, 1, Nr. 7 Clay, dd. Babylon vom 4. V. 8. Jahre des Nabopolassar; Straßmaier, Nebukadnezar Nr. 4, vom 20. VII. 0.
41 Jahre; a. a. O. 164 vom 2. V. 26. Jahre; Straßmaier, Cambyses 423, vom 4. VIII. ?. Jahre. — S. a. AO V, 4, S. 30, Weißbach.

In einem Kontrakt (Straßmaier, Darius 379 vom 24. V. 14. Jahre) werden Häuser ša irṣitim Te-e (Z. 5, 7) behandelt, die in Babylon liegen (Z. 9; ina Bâb-ilâni^{meš}). Ein weiterer Text ohne Angabe der Zeit ist in TSBA VII, S. 171 notiert (Te-e^{ki} ša qi-ir-ba Ka-dingir-ra^{ki} = Tê, das innerhalb von Babylon liegt).

10. Tintir (Lebenshain)

Nach der Stadtbeschreibung (C, Z. 3) heißt ein Schmuckname Babylons
1 Tintir = Lebenswohnung (šubat balâṭi), wörtlich Lebenshain, ein allgemein gebräuchlicher Name für Babylon, aber, wie aus einem Kontrakt aus Babylon (14338, Phot. 1163), den die Deutsche Orient-Gesellschaft ausgegraben hat, hervorgeht, auch ein besonderer Stadtteil, dd. Babylon (Tin-tir^{ki}), vom 20. V. 6. Jahre des Assarhaddon. Hier werden zwei

Grundstücke „irṣitim Tin-tir^{ki} ša qi-rib Tin-tir^{ki}" verhandelt. Aus dieser Nebeneinanderstellung dieser beiden Tin-tir^{ki} geht hervor, daß das erste der Stadtteil, das zweite der allgemeine Ausdruck für Babylon ist. Über die Lage, die ich bei Esagila vermuten möchte, da diese Gegend allein in Frage kommt, ist aus den sonstigen Angaben nichts zu entnehmen. Als Nachbarn ist angegeben: ein X., Sohn des Ea-i-rab-i-šim-me (Var. mu); eine enge Straße (sûqu qat-nu), das Haus des Aḫi-iddina, eines Bêl-ereš aus der Stadt Kisik usw. Erst die Prüfung des verschollenen Originals dürfte genauere Auskunft geben können. In dem Kontrakt Straßmaier, Darius I., 379, vom 24. V. 14. Jahre werden mehrere Häuser ša irṣitim Tin-Tir^{ki} (Z. 4, 5, 31), die in Babylon (Ka-dingir-ra^{ki}) liegen, aufgeführt.

Hierzu kommt ein weiterer Vertrag, dd. [Babylon], vom 2. III. 10. Jahre eines unbekannten Königs, enthaltend Grundstücksverkäufe im „Stadtviertel Tintir innerhalb von Babylon" (irṣitim Tintir^{ki} ša qi-rib [Tintir^{ki}]); eine „offne enge Straße" (sûqu qatn[u a]ṣû) und ein „Haus der Bäcker" (bît nuḫatimme^{meš}) werden in Z. 14 und Z. 32 angeführt. Le Gac in Babyloniaca III, S. 65 f. (Collektion Lyclama in Cannes XII).

11. Irḫi

In einer Urkunde vom 6. XI. 3. Jahre des Cyrus (Kohler-Peiser, Aus dem Babyl. Rechtsleben II, S. 13; Br. Mus. 84—2—11, 79) ist ein Stadtteil Ír-ḫi^{ki} genannt, dessen Identifizierung vorläufig noch aussteht.

12. Tuba

Siehe die Ausführungen zum Vorort Tuba (Kapitel X, 26).

KAPITEL X

DIE VORORTE

Nachdem die „Stadtbeschreibung" bis zum Abschnitte H alle Baulich-
keiten „innerhalb des Weichbildes von Babylon" aufgezählt hat, beginnt
1 sie mit der Beschreibung der Vororte (H, Z. 25f.), deren Anfang nicht
erhalten geblieben ist. Aus der letzten Zeile des folgenden Abschnittes
(I, Z. 10) jedoch geht hervor, daß es im ganzen 10 Vororte von Babylon
gegeben hat. 4 von ihnen entfallen auf die Peripherie von Babylon-West
(I, Z. 9) und sie sind am Anfange dieses Abschnittes ihrer Lage und
ihrem Namen nach beschrieben (I, Z. 1ff.). Somit bleiben für Babylon-
Ost im ganzen noch 6 Vororte übrig, deren Namen vorläufig noch nicht
sicher bekannt sind. Sie müssen aber in den zahlreichen in Kontrakten
namhaft gemachten Vororten stecken.

64 Die 4 Vororte an der Peripherie der „Neustadt" sind folgende: (1.) NU-ḪAR (I, Z. 2—3), das zwischen dem Akußer (Adad)-Tor und dem Adad-Tempel außerhalb der Ringmauer lag und mit der Glosse „pir-ki" d. h. „Bezirk" (ZATW 1927, S. 167 E. Unger) versehen ist. Ebenso hieß auch der große Kapellenkomplex von Esagila NU-ḪAR. Möglich wäre auch die Deutung und Lesung „par-ki", d. h. „der Verschlossene", wie bei babylonischen Klöstern, z. B. in der Stadt Ur beim E-gi parku = der dunkle verschlossene Tempel, der aus der neusumerischen Zeit, um 2400 v. Chr. stammt. Es handelt sich hier vermutlich um eine Art Kloster, das der Gattin des Mondgottes Sin, der Göttin Ningal geweiht war (L. C. Woolley, Vor 5000 Jahren, Stuttgart 1929, S. 92; Abb. auf S. 93). Auch die „Heilige Pforte" hieß die „Verschlossene" (parku) nach dem Wortlaut der Stadtbeschreibung (F, Z. 6).

(2.) Der zweite Vorort (I, Z. 4—5) hatte den Namen: „In seinem Innern ist der Untergang geboren", ein pessimistischer Name von echt semitischem Ursprunge, der deutlich auf die Nekropole von Babylon hinweist, auch deshalb weil der Ort zwischen dem Adad-Tor und dem „Totenhaus" (Bît mûti) lag, das innerhalb der Mauern, als königliches Mausoleum anzusprechen ist (Forsch. u. Fortschr. IV, S. 63 E. Unger).

Die Lage dieses Vororts habe ich südlich des Adad-Tores angesetzt und zwar aus dem Grunde, weil der Totenacker von Babylon hier, an dieser Stelle, mit seinen Ausdünstungen die bewohnte Stadt am wenigsten belästigen konnte. Denn der in Babylon herrschende Nordwestwind war die maßgebende Windrichtung, so daß di Setadtpaläste Mesopotamiens allgemein im Nordwesten der Städte erbaut sind, weil hier die Lage am günstigsten war. Der Friedhof von Babylon befand sich demnach im Südwesten der Stadt; entsprechend lag die Königsnekropole von Ur (3300 v. Chr.) im Südosten des dortigen Tempelbezirks.

(3.) Vorort „Bâb Lugalgirra" (I, Z. 6—7), Pforte des Lugalgirra, genannt nach einer hier in der Stadtmauer befindlichen Pforte, Bâb Lugalgirra, die sich im Norden nach außen öffnete, mit der „Pforte des Bêl" der Kontrakte identisch ist, die zwischen dem „Gubbatum-Kanal" und dem 35
Euphrat gelegen hat. Der Vorort befand sich gemäß der Stadtbeschreibung „zwischen dem ‚LI-DUR' des ‚Bogens' der Pforte des Tempels der Bêlit Nînâ und dem ‚Flusse'", d. h. dem Euphrat.

(4.) In Übereinstimmung mit der antiken Stadtkarte steht der 4. Vorort 4
„Tuba", zwischen dem Schamasch-Tor und dem Euphrat (I, Z. 8). Auch in Kontrakten ist er erwähnt (s. u. 26), während die andern 3 Vororte mit dem Namen der Stadtbeschreibung noch nicht dort vorkommen. Alle diese Vororte werden in der Beschreibung (I, Z. 9—10) als „alâni", Ortschaften bezeichnet, deren Fluren (tâmirtu) fruchtbar sei. Die in den Privaturkunden aufgeführten Vororte sind im folgenden behandelt.

1. Ort, angesichts von Appak

In einem Vertrage der Zeit des Darius I. (Straßmaier, Darius Nr. 533, Z. 15) ist unter andern Orten auch eine Stadt ^{alu}ša ina pân ^{alu}Ap-pa-ak genannt, die eventuell in der Nähe von Babylon gelegen haben könnte, weil andre dort erwähnte Orte tatsächlich Vororte von Babylon sind (s. u. zu 28).

2. Bânîtum-Kanal-Ort

Am Bânîtum-Kanal existierte auch ein Ort, der nach ihm benannt ist
alu ^{ilu}Bânîtu bzw. ^{alu}Bânîtu-a-a = Ort der Leute von Bânîtum, wonach 2
einige Kontrakte datiert sind. Vgl. VS III, Nr. 50, dd. ^{alu}Bânîtum-Kanal-Ort, vom 16. V. 6. (oder 7.) Jahre des Nabonaid; Nr. 116, dd. ^{alu}Bânîtum-a-a, vom 22. I. 15. Jahre des Darius I.; VS V, Nr. 19, dd. desgl., vom ?. ?. 1. Jahre des Neriglissar; VS VI, Nr. 72, Z. 8, ^{alu}Bânîta-a-a erwähnt, ohne Ort, vom 16. (?) IX. 6. Jahre des Nabonaid. Babylon wird in keinem dieser Verträge erwähnt, daher mag der Ort etwas entfernter von der Stadt gelegen haben.

3. Bêl-iqbi („Bêl sprach")-Ort

[alu]Bêl-iq-bi, ein Vorort von Babylon, liegt nach dem Kontrakte Straßmaier, Cyrus 174, vom 24. VI. 4. Jahre (= KB IV, S. 270 Peiser) im Bezirke (pi-ḫat) von Babylon; die Lage ist ohne weitere Angabe aber noch unbestimmt. Vgl. Moldenke II, Nr. 7 (21. VI. 7. Jahr Nabopolassar).

4. Bît Ḫaḫḫuru („Rabenhaus")

Vor dem Enlil-Tore im Südosten der Stadt gelegen beim „Oberen
2 Neuen Kanal". Der Ort wird z. Z. des Darius I. oft genannt, meist alu Bît Ḫa-aḫ-ḫu-ru geschrieben. Straßmaier, Darius I., 208, dd. Babylon, vom 14. VII. 6. Jahre; a. a. O. 212, dd. Bît-Ḫaḫḫuru, vom 26. IX. 6. Jahre; a. a. O. 286 (Z. 6—7), vom 10. Jahre; a. a. O. 371 vom 12. II. 14. Jahre ist tâmirtu gesagt; ferner a. a. O. 386, dd. Babylon, vom 11. X. 14. Jahre; a. a. O. 412, vom 28. VIII. 15. Jahre; a. a. O. 482, vom 19. II. 19. Jahre; a. a. O. 485; a. a. O. 498, dd. Babylon, vom 14. I. 20. Jahre; a. a. O. 505, vom 3. VI. 20. Jahre; a. a. O. 506, vom 5. VI. 20. Jahre. Der Obere Neue Kanal lag bei Bît Ḫaḫḫuru (6. Orient. Congress, Liverpool Nr. 33, dd. Babylon, vom 4. VIII. 19. Jahre des Darius I. Vgl. a. VS IV, Nr. 165, Z. 10, dd. Babylon, vom 10. IX. 26. Jahre des Darius I. (San Nicolò und Ungnad, Neubabylon. Rechtsurk. I, Nr. 332), wo der Ort kurz erwähnt ist. Eine andere Urkunde s. Kapitel XI, 15.

5. Bît Qaṣṣir („Haus des Walkers")

Bei Litamu, am Ausgang (ina pî), lag der Vorort Bît Qaṣṣir am „Kischer
33 Kanal" nach dem Kontrakte dd. Babylon vom 20. IX. 14. Jahre des Šamaš-šumi-ukin (TC XII, Nr. 11, Z. 1 ff.).

6. Bît Raḫimmu

Bît Ra-ḫi-im-mu, Vorstadt am „Oberen Neuen Kanal", vor dem Enlil-
2 Tor nach dem Kontrakt des Artaxerxes I. dd. Babylon, vom 7. VI. 13. Jahre (VS III, 187).

7. Bît šar Bâbîli

„Palast des Königs von Babylon" hieß ein Ort (alu), nach einem königlichen Schloß genannt, tritt zuerst im 5. Jahre des Königs Nabonaid auf.[1])

[1]) YOS VI, Nr. 100, Z. 18, aus Uruk (!), dd. Babylon vom 26. II. 5. Jahre des Nabonaid; ferner Straßmaier, Nabonid, S. 33; Moldenke, Cuneiform Texts I, Nr. 31; Goucher College Nr. 353, vom 6. XI. 7. Jahre; Straßmaier Nabonid Nr. 1102, Nr. 1030, vom 3. II. 17. Jahre; wo ein Haus in Babylon verhandelt wird. Vertrag für einen Offizier des Belsazar, Sohnes des Nabonaid, vom 14. IV. 10. Jahre im Amherst College (JRAS 1926, S. 105 f., T. G. Pinches). Zwei Offiziere des Kronprinzen (rêše ša mâr šarri) sind hier genannt: Pân-Sin-lûmur und Nabu-gu-zu.

In einem Kontrakt (Straßmaier, Nabonid Nr. 967, vom 22. IV. 16. Jahre des Nabonaid wird auch eine Hausmiete von der Stadt Ḫursagkalamma (Kisch) bezahlt. Aus den letzten Tagen des Königs stammt die Urkunde in Paris vom 5. VI. 17. Jahre (TSBA VII, S. 407f.; (Louvre MNB 1133, TC XII, Nr. 120; Zeitschr. f. vergl. Rechtswiss. V (1884), S. 383f., Kohler; Bezold, Literatur S. 153).

Es ist ein Vorort, der erst nach der Zeit Nebukadnezars auftritt, nachdem der „Sommerpalast" dieses Königs außerhalb der Stadt im 2
Norden erbaut war. Südlich von dem Trümmerhügel Babil existiert eine größere Siedlung, die mit B. identisch sein wird. Zur Zeit der persischen Könige fehlt der Ort, er erscheint erst wieder in einem Kontrakte in London vom 21 (?). ?. 9. Jahre Alexanders, des Sohnes von Alexander dem Großen, aus Sippar, wo ein „Bezirksherr" (amêl piḫati) von B. mehrfach vorkommt.[1]) Über den „Sommerpalast" s. Kapitel XXII, 3.

8. Bît Ṭâbi-Bêl (Haus „Gut ist Bêl")

aluBît Ṭâ-bi-Bêl (bzw. DUG-GA-Bêl geschrieben), nach dem Kontrakte Straßmaier, Darius I., Nr. 541, bei Šaḫrinu gelegen. Der Ort kommt auch vor a. a. O. 360, dd. Bît Ṭâbi-Bêl, vom 29. X. 13. Jahre und a. a. O. 527, dd. Bît Ṭa-bi-Bêl, vom 17. VII. 21. Jahre, ferner in einer Liste von Orten a. a. O. 533, vom 21. Jahre des Darius I. (Z. 9) neben dem Borsippa-Kanal[2]). Siehe unten zu 28.

9. Dûru ša Karrabi („Mauer des Segens")

Ortschaft am „Neuen Kanal" vor dem Enlil-Tore (Kapitel VII, 2) 2
gelegen; nach Osten zu befanden sich die „gi-iṣ-ṣa-a-ti šarri" = qiṣṣâti: Ernte des Königs, vgl. den Kontrakt in Paris (MNB 1126) = Straßmaier, Darius I., Nr. 321 — 6. Oriental. Congress Leiden Nr. 177 — TC XIII, Nr. 190, dd. Babylon, vom 6. II. (+SI-DI) 12. Jahre des 51
Darius I. Die Schreibung in letzterer Publikation Kar-bi(!) ist wohl irrtümlich; Straßmaier liest Kar-ra-bi.

10. Ḫar-ri-ṣi („Graben")

Unsicherer Vorort, Straßmaier, Darius I., Nr. 533, Z. 17, vgl. unten zu 28.

---

1) Ker Porter, Travels II, Taf. 77: Rev. arch. VI (1849), Taf. 123 (I. Löwenstern); Oppert-Ménant, Docum. jurid. 1877, S. 285, Nr. IX.

2) Den Ort nennt auch der neubabylonische Brief CT XXII, 243.

11. Ili'u-Bêl („Stark ist Bêl")

^{alu}pit-qa ša Ili'u(DA)-Bêl, wohl am Kanal gleichen Namens; VS III, Nr. 62, vom 9. VI. 3. Jahre des Cyrus; ferner a. a. O. Nr. 96, vom 11. VI. 4. Jahre des Darius I. (pitqa ša e-li ^{ilu}Bêl[!]; a. a. O. Nr. 115, vom 20. I. 14. Jahre des Darius I,; VS VI, Nr. 124, vom 9. II. 8. Jahre des Darius I. ^{alu}Bît Ili'u(DA)-Bêl in Straßmaier, Nabonid Nr. 678, Z. 11 genannt. Pitqu bedeutet Wasserlauf, Graben und kommt auch in der Zeichnung
6 der Weltkarte vor. Über den gleichnamigen Kanal s. Kapitel XI, 7.

12. Kischer-Landstraßen-Ort

Kischer-Landstraßen-Dorf (alu ḫarran Kiš^{ki}), mehrfach in Kontrakten
2 genannt, lag der Bezeichnung nach, an der vom Zababa-Tor nach Kiš gehenden Straße (Straßmaier, Darius I., 226, vom 22. VI. 7. Jahre, 304, dd. Kischer-Straßen-Ort, vom 19. VI. 11. Jahre; 377, desgl. vom 18. V. 14. Jahre.

13. Litamu

Alu oder tâmirtu (Flur) Litamu war eine größere und sehr häufig ge-
2 nannte Vorstadt von Babylon im Süden vor dem Uraš-Tore, am Piqudu-Kanal und am Euphrat gelegen. Die Lage hat schon Weißbach (AO V, 4, S. 30) ermittelt. Unter vielen Kontrakten sind zu nennen: Straßmaier, Darius I., 172, dd. Litamu vom 25. VI. 5. Jahre; a. a. O. 273, dd. Babylon, vom 19. V. 10. Jahre (^{tâmirtu} Litamu) und a. a. O. 290, dd. Litamu vom 21. XII. 10. Jahre; a. a. O. 329, vom 24. V. 12. Jahre (Bît Litamu).

Bemerkenswert ist ein Kontrakt dd. Babylon vom 20. IX. 14. Jahre des
33 Šamaš-šumi-ukin (TC XII, Nr. 11, Z. 1 ff), wo die Flur (tâmirtu) Litamu neben der Flur Ma-ḫi-e genannt ist. Die Grenzen des Grundstückes gehen vom Euphrat (Pu-rat-tu) bis Bît ^{m}Qaṣ-ṣir(BU) am nâr Kiš^{ki} = Kischer-Kanal, sowie vom Kischer-Kanal bis zur „makallê" der Babylonier, dem Landungsplatz, wo Schiffe anlegten (Delitzsch HWB S. 328 b; VAB IV, S. 156, Z. 42, Langdon). Das ergibt also ebenfalls eine Anspielung auf den Euphratfluß.

14. Maḫê

Tâmirtu Ma-ḫi-e, in der Nähe von Litamu (s. o. 13), bei Bît-Qaṣṣir
33 (s. o. 5) gelegen, vor dem Uraš-Tor, also im Süden der Stadt; s. Straßmaier, Nebukadnezar Nr. 210, dd. Ma-ḫi-e, alu ša ^{m}Nabu-apla-iddin, vom 1. II. 30. Jahre des Nebukadnezar II.

15. Neu-Kanal-Ort

Vor dem Enlil-Tore, am „Neuen Kanal" wird dieser Vorort erwähnt, 2
z. B. Straßmaier, Cambyses Nr. 375; ders. Darius Nr. 80, 265. Über den Neuen Kanal s. Kapitel XI, 15.

16. Ort des Nûr-ea

Wohl eine ephemere Niederlassung, alu ša ^{m}Nûr-e-a, nach einem Privatmann genannt, aus der Zeit des Nebukadnezar II. und des Neriglissar; Kontrakt aus Babylon (Nr. 14322) vom 12. ?. 3. Jahre des Neriglissar; VS V, 15—17, vom 23. IX. 42. Jahre, vom 25. V. 43. Jahre des Nebukadnezar II., vom 12. XI. 1. Jahre des Amêl-Marduk (San Nicolò und Ungnad, Neubabylon. Rechtsurk. I, Nr. 153—155). Im Vertrage vom 21. Jahre des Darius I. (Straßmaier, Darius Nr. 533) ist dieser Ort noch erwähnt, s. u. zu 28.

17. Paširi

Ein Ort am „Alten Kuta-Kanal", wohl im Nordosten der Stadt, Straßmaier, Cambyses, Nr. 214, 215, 217, vom 22. XI. 13. Jahre des Kambyses; neben Kuta genannt im Brief Harper, Letters 804, Z. 23/4.

18. Šaḫrînu

Šaḫrinu, eine Vorstadt im Süden von Babylon neben Litamu gelegen und zwar am Borsippa-Kanal (nâr Barsip; Weißbach: AOV, 4, S. 29; im 2
Westen floß der Kanal Ṭupâšu. Sie ist als Stadt des Nabu (alu ša Nabu) bezeichnet (Straßmaier, Nabonid S. 39), besaß ein Stadttor des Nabu (abul Nabu). Der Name, der häufig begegnet, wird verschieden geschrieben: Šaḫ-ri-nu; Šaḫ-ri-in; Ša-ḫa-ri-nu; Šaḫ-ri-in-ni; Ša-ḫa-ri-in-ni; Ša-ḫa-ri-in-nu; Ša-ḫi-ri-in-ni; Ša-ḫi-ri-i-ni; Šaḫ-ri-'. Die wichtigsten Kontrakte sind: Straßmaier, Nabonid 344, dd. Babylon, vom 16. IV. 9. Jahre (Borsippa-Kanal); a. a. O. 722, dd. Š., alu ša Nabu, vom 23. VII. 13. Jahre. Straßmaier, Darius I, 315, vom 21. XII. 11. Jahre (Garten, Eigentum des Marduk [Bêl]); a. a. O. 323, vom 24. II. 12. Jahre; a. a. O. 325, vom 15. IV. 12. Jahre (abul Nabu); Coll. Morgan I, 76, Clay, dd. Bît-^{m}Ḫaḫḫuru vom 20(?). III. 14. Jahre des Darius I.; Straßmaier, a. a. O. 393, dd. Š. vom 2. XII. 14. Jahre (Ṭupâšu-Kanal); a. a. O. 571, dd. Babylon, vom 2. IX. 23. Jahre des Darius I.; Straßmaier, Cambyses 322, dd. Šaḫrinnu, vom 13. VII. 6. Jahre (Ṭupâšu-Kanal). Weitere Kontrakte: dd. Saḫ-ri-in-ni oder Šaḫ-ri-ni: TC XII, Nr. 72, vom 6. I. 1. Jahre; Nr. 87, vom 6. XI. 6. Jahre; Nr. 100, vom 3. III. 11. Jahre; Nr. 118, vom 1. III. 17. Jahre des Nabonaid; — AJSL 27, S. 206 f. (Thompson) aus Chikago,

Slg. R. C. Thompson, Nr. 21, vom 26. III. 14. Jahre des Darius I. (Ša-ḫa-ri-nu); — Morgan I, 50, vom 27. III. 36. Jahre des Nebukadnezar II.

Šaḫrinu wird außerordentlich häufig erwähnt. Ich stelle hier zur Ergänzung die andern Kontrakte des Darius I. zusammen, deren Herausgabe von Straßmaier nicht vollendet und ohne Index gelassen ist: Straßmaier, Darius I, Nr. 48; 114, wo Z. 5 vom nâru = Euphrat die Rede ist; ferner Nr. 142; 144; 164; 243; 260; 308; 309; 323, dd. Š. vom 24. II. 12. Jahre, wo ein Grundstück im Stadtteil (irṣitim) des Nabu-Tors qirbi alu Š. behandelt ist, an dessen Südostseite die sûqu rapšu mutaq ili u šarri = breite Straße, „Prozessionsweg von Gott und König" entlangzog; a. a. O. Nr. 325; 333; 349; 358 (dd. Babylon); 369; 400 (wo ein tâmirtu Ḫa-ṣi-ra-tum erwähnt ist); 405 (wo ein Feld am Graben der Urukäer [eqlu ša ḫarri ^{amêlu}Urukaa] und der Borsippa-Kanal [Z. 9: nâr Barsip] genannt wird); Nr. 430; 438; 452; 459; 473 (dd. ^{alu}Ša-ḫi-{ri}-i-ni); 541 (wo Z. 8 Š. erwähnt ist und in ^{alu}Bît Ṭâbi-Bêl [s. oben 8] datiert wird); 561. Im Kontrakt Straßmaier, Cyrus 222—223 dd. Š., vom 20. I. 6. Jahre wird im erstgenannten Text der Ort Šaḫ-ri-', im zweiten Šaḫ-ri-nu geschrieben. Straßmaier, Cambyses 53—54, dd. Š., vom 21. V. 1. Jahre; in Nr. 53, Z. 3 steht Bâbu e-li-nu-u = die obere Pforte und in Nr. 54 ist von dem Sumpf des Borsippakanals = raqqa nâr Barsip die Rede, die beide in Šahrinu gelegen haben. Als alu ša Nabu = „Stadt des Nabu" kommt Šaḫrinu in den Kontrakten Straßmaier, Darius Nr. 276; 282; 363 und 374 vor.

In einem Vertrage der neubabylonischen oder persischen Periode (TC XIII, Nr. 223) werden neben Babylon (Z. 22) auch Ša-aḫ-ri-nì (Z. 17) genannt; ferner das Uraš-Tor und das Adad-Tor in Babylon (Z. 5 bzw. Z. 8). Außerdem sind noch Ortschaften namhaft gemacht, die wohl als Vororte Babylons in Betracht kämen: ^{alu}Bît Sà-ab-ra-ga-nu (Z. 1); ^{alu}Bît Šar-a-ni (Z. 15). Zu letztgenanntem Orte ist wohl die Ortschaft ^{alu}Šar-a-ni-tum (VS III, Nr. 193, vom 1. X. 1. Jahre des Darius II. (!) zu stellen. Eine wohl ephemere Ortschaft alu ša ^{m}Aḫi-iddin erwähnt ein Kontrakt dd. Šaḫ-ri-in, vom 6. I. 1. Jahre des Nabonaid in Paris (MNB 1137; Straßmaier: 6. Orient. Congress Leiden, Nr. 44; TC XII, Nr. 72, Contenau).

19. Šamaš-Ort

In einem Kontrakte (VS VI, 12) vom 6. VIb. 15. Jahre des Nabopolassar wird ein Vorort $^{alu\ ilu}$Šamaš ša pa-ḫat Bâbîli (Tin-tir^{ki}) „Stadt des Sonnengottes im Stadtkreise von Babylon" erwähnt, ist aber sonst nicht bekannt.

20. Šappi

aluŠap-pi, vielleicht ein Vorort von Babylon nach dem Vertrag Straßmaier, Darius I., Nr. 533, vgl. unten 28.

21. Šê Bît Esagila

Ortschaft, nach dem Esagila-Tempel benannt, lag beim „Neuen Kanal" also im Süden der Stadt, vor dem Enlil-Tore vgl. den Kontrakt VS III, Nr. 24, vom 26. I. 39. Jahre des Nebukadnezar II.

22. Ṣilimma

aluṢi-li-im-ma, womöglich ein Vorort von Babylon s. unten 28.

23. Šinna'meš

In einem Kontrakt vom 7. X. 3. Jahre des Artaxerxes (8. Intern. Or. Congress, Stockholm, Straßmaier Nr. 25 (81—10—8; 2) ist nach alu Ši-in-na-'-meš, wo Besitztum des Gottes Bêl (= Marduk) lag, datiert. Da auch die Stadt Kuta im Text genannt wird, so scheint dieser Ort zwischen Kuta und Babylon gelegen haben und könnte als Vorort von Babylon gerechnet werden. Vorläufig kommt dieser Ort m. W. nur hier vor.

24. Šugalala

Am Ufer des Aḫê-šullim-Kanals vor dem Enlil-Tore lag aluŠú-ga-la-la, Vertrag vom 14. VI. 5. Jahre des Cyrus (BE VIII, 1, Nr. 64); ebenso im Kontrakte vom 2. V. 9. Jahre des Nabonaid (VS III, Nr. 51). An demselben Kanale lag der mit Šugalala identische, ähnlich genannte Ort aluBît-ušumgal nach dem Vertrage vom 2. Jahre des Artaxerxes in der Sammlung A. B. Ebbs (PSBA XIX [1897] S. 142, T. G. Pinches). Vgl. darüber Kapitel XI, 1.

25. Šuppatum

Ein Vorort von Babylon ist der Ort (alu) oder die Flur (tâmirtu) Šu-up-pa-tum (Šup-pa-tum oder Šup-pat): Straßmaier, Cyrus 3, vom 7. IX. o. Jahre; ders. Darius 126, dd. Š. vom 13. VI. 4. Jahre (Z. 2, 8, 19); ders. 203, dd. Š. vom 2. VI. 6. Jahre; a. a. O. 362, dd. Šup-pat, vom 24. XI. 13. Jahre; ebenso 454, vom 21. XI. 17. Jahre; TC XIII, Nr. 193, vom 10. XIIb. 16. Jahre des Darius I. (aluŠup-pa-tum). Genauere Mitteilung über die Lage gibt Straßmaier, Cyrus 161, dd. Babylon, vom 6. III. 4. Jahre, Z. 12/13, wonach tâmirtu Šuppatum piḫat Babili „im Bezirk von Babylon" liegt. Die Westseite des Feldes berührt das Ufer des Euphrats (Z. 15). Es liegt zwischen Euphrat und der Straße.... (Z. 12). In dem Kontrakte Straßmaier, Cambyses 349, dd. Babylon, vom 28. XII. 6. Jahre wird ein Grundstück in Kiš und ein zweites in dem Orte Šu-up-pa-tum verhandelt. Daraus können aber keine Schlußfolgerungen auf die Lage des Ortes gezogen werden. Im Texte Straßmaier, Cyrus 160, vom 6. III. 4. Jahre, der mit dem oben erwähnten Kontrakte a. a. O. 161 in Zusammenhang steht, sind auch keine näheren Angaben über die Örtlichkeit enthalten. S. a. Kapitel XI, 11.

26. Tuba

Tu-ba^{ki}, ein Vorort vor dem Šamaš-Tor. Der Vorort ist auf der
4 Stadtkarte in London eingezeichnet (CT 22, 49 = Br. Mus. 35385, siehe
64 Forschungen und Fortschritte IV [1928] S. 54). Er kommt auch in einem
Kontrakt vor und zwar als Stadtteil irṣitim ša qirib Babîli^{ki} (Tin-Tir^{ki})
34 dd. [Babylon?] vom 29. II. 20. Jahre des Šamaš-šumi-ukin (8. Intern. Or. Congress, Stockholm, Straßmaier Nr. 6 [s. Pinches, Guide NCS, S. 83, Nr. 22 = Rm IV, 93]). Hier ist Tuba ideographisch geschrieben als A-ḪA^{ki}, was nach Ermittlung von Hommel (Geographie, S. 325, Anm. 2; S. 390, Anm. 1; S. 486, Anm. 3) mit Tuba identisch ist. Tuba soll soviel wie Steppe = šu-ba-ri bedeuten. Der Vertrag ist während der Belagerung der Stadt durch Assurbanipal im Jahre 648 geschlossen, gemäß einer Zusatzbemerkung, wo von Hungersnot und Teuerung die Rede ist und ausdrücklich gesagt ist, daß der Feind die Stadt eingeschlossen habe. Da der Vorort also von den Assyrern besetzt war, so könnte hier doch der Vorort gemeint sein; denn ein Stadtviertel Tuba ist bisher sonst noch unbekannt.

27. Ubassu

Ŭ-ba-as-su, einen Ort zugehörig zu (dal-ba-an-na) Babylon und Borsippa, wo die Göttin Nanâ verehrt wurde, hat Nabonaid wiederhergestellt (CT XXXVI, 22; Br. Mus. 108981, Kol. II, 5—7). Ubassu liegt in dem jetzigen Tell Aswiē begraben, der sich unweit nördlich von Borsippa an der Landstraße von Borsippa nach Babylon befindet. Der Ruinenhügel ist auf der Karte des englischen Generalstabes eingezeichnet.

28. Unbestimmte Vororte

Einige weitere Mitteilungen über Grundstücke außerhalb von Babylon enthalten Kontrakte aus Babylon: Nr. 13971 (nach Notiz Weißbach), wonach ein Grundstück und Palmengärten zwischen Euphrat, und Königstraße gelegen habe. Ein andrer Kontrakt dd. Babylon vom

3. XI. ? Jahre des Bêl-ibni (Babylon Nr. 15162), der von 703 bis 700 regiert hat. Ich nenne einen dritten Kontrakt Nr. 13396, ebenfalls nach Weißbach, wo in Z. 6 eine Nordostpforte genannt ist: sûq šar(?)-ru ana Bâb IM-KUR-RA: an der Königstraße (?) nach der Nordostpforte zu, und ein Grundstück gelegen habe. Z. 7 nennt Babylon (Tintir^{ki}).

In einem Kontrakte, wo Besitztümer des Gottes Nergal aufgezählt werden, sind noch verschiedene Örtlichkeiten angeführt, die z. T. im Umkreise von Babylon gelegen haben; daß alle zum Bezirke Babylons gehörten, ist möglich, jedoch vorläufig nicht nachweisbar. Ich führe sie deshalb hier an. Straßmaier, Darius I, 533 vom 21. Jahre des Darius I., Z. 5, 19: Ḫarri ša Bêl = Graben des Bêl; Z. 8: ^{alu}Ṣi-li-im-ma, Z. 9: ^{alu}Bît Ṭa-bi Bêl ; Z. 10: nâr ^{alu}Bar-sip^{ki}; Z. 13: alu ša ^{m}Nur-e-a; Z. 15: ^{alu} ša ina pân ^{alu}Ap-pa-ak^{ki} (= Ort vor der Stadt Appak); Z. 17: alu ša Ḫar-ri-ṣi; Z. 35: ^{alu} Šap-pi.

KAPITEL XI

DER EUPHRAT UND DIE KANÄLE

Die Stadt Babylon lag am Euphrat, von dem verschiedene Kanäle ab-
2 gezweigt sind. Die Flußläufe sind hier in alphabetischerReihe besprochen. Einen unbestimmten „Graben-Kanal" vor dem Enlil-Tore s. u. 15.

1. Aḫêšullim-Kanal

^{m}Aḫêšullim-Kanal, vor dem Enlil-Tore gelegen nach dem Kontrakte Straßmaier, Cyrus 188, dd. Babylon, vom 10. I. 5. Jahre, ZA 3, S. 226 Budge; AO V, 4, S. 29, Weißbach. Am Aḫêšullim-Kanal lag nach dem Kontrakt (BE VIII, 1, Nr. 64, Clay) vom 14. VI. 5. Jahre des Cyrus die Vorstadt Šugalala vor dem Enlil-Tor. In dem Kontrakt der Sammlung A. B. Ebbs (PSBA XIX [1897] S. 142, Pinches), vom 2. Jahre des Artaxerxes, wird ein Kanal Aḫê-[šullim] genannt, an dem der Ort alu Bît ušumgal = Šugalala) liegt. Auch die Stadt Kiš ist zweimal erwähnt.

Nach dem Kontrakt ohne Ortsangabe (TC XII, Nr. 74) vom 6. IV. 1. Jahre des Nabonaid werden Datteln auf dem Felde am nâru ša ^{m}Aḫê-šullim (GI) in Empfang genommen. Die Urkunde Straßmaier, Nebukadnezar II., 135, dd. Babylon vom 21. XII. 22. Jahre verlegt den Kanal nâr Aḫê-šullim piḫat Bâbîli (Tin-Tir^{ki}) in den Bezirk von Babylon.

In mehreren Kontrakten, die aus einem Orte ^{alu}Kâr-^{ilu}Nabu datiert sind, wird auch der nâru ša ^{m}Aḫê-šullim genannt, an dessen Ufer die Stadt Kâr-Nabu gelegen habe. Ob sie sich in der Nähe von Babylon befunden hat, ist jedoch aus den Texten nicht zu ermitteln. Vgl. VS III, Nr. 90, 94—95, 114, 131—132, 134, 169, 171, 205, 226 aus der Zeit vom 2. Jahre bis zum 13. Jahre des Darius I. Der Aḫêšullim-Kanal kann sich natürlich auch weiter nach dem südlichen Babylonien erstreckt haben. Eine Stadt Kâr-Nabu lag am rechten Ufer des Tigris, 4 Stunden oberhalb von Kut el-Amara in dem heutigen Trümmerhügel Bismaja, nicht zu verwechseln mit dem andern Bismaja, das auf der Stätte des alten Adab steht (RLV Bd. VI, S. 230, E. Unger).

2. Araḫtum

A-ra-aḫ-tum, der in den historischen Inschriften der neubabylonischen Könige häufig erwähnte Araḫtu-Kanal in Babylon, ist ein Name für den Euphrat, solange er die Stadt Babylon berührt. Insbesondere aber 64
wurde die östliche Seite des Euphrats, die am Palaste und an Esagila, den hervorragendsten und wichtigsten Bauwerken von Babylon entlang ging, Araḫtu genannt, so daß die Bezeichnung „Araḫtu-Ufer" die nächstliegende ist.[1]) Das gegenüberliegende, westliche Ufer aber wird als „Euphrat-Ufer" bezeichnet.

Im Norden des Stadtschlosses, am linken, hier südlichen Ufer des Flusses erbaute der Assyrer Sargon II. um 710 eine Mauer „am Euphrat-Ufer". An derselben Stelle erbaute der Babylonier Nabopolassar die „Araḫtu-Mauer" (Koldewey, WEB^{4} S. 135ff.). Was der Ausländer Sargon mit dem gewöhnlichen Namen „Euphrat" bezeichnet, ist für den Babylonier der „Araḫtu". Araḫtu war ein heiliger Name. Er kommt meines Wissens auf keiner einzigen neubabylonischen Kontrakttafel vor; in den profanen, juristischen Urkunden gibt es nur einen Euphrat oder kurzweg „Fluß" (nâru). Nur Sanherib, als er Babylon zerstörte, läßt es sich nicht nehmen, zu erwähnen, daß er den heiligen Fluß, den Araḫtu, mit den Trümmern von Babylon zugeschüttet habe, natürlich, damit auch dieses Flußbett vernichtet sei.[2]) In einem parallelen Texte, der Gründungsurkunde des Neujahrsfesttempels in der Stadt Assur[3]) steht an Stelle des Araḫtu der Euphrat (Pu-rat-ti).

Eine Bestätigung, daß nördlich des Stadtschlosses nach babylonischer Auffassung der Araḫtu gelegen hat, gibt die zweite antike Stadtkarte von Babylon. Zimmern hat zuerst die Legenden der Karte richtig gelesen und vermutet, daß man es mit einem Teil des großen Palastes Nebukadnezars oder mit dem Palast eines früheren Königs an derselben Stelle zu tun habe.[4])

Der Plan ist nach Nordwesten orientiert. Hier zieht von Osten nach Westen der „Araḫtu-Kanal" hin. Am unteren Ende des Fragmentes, fast parallel mit dem Araḫtu-Kanal, fließt der „Wassergraben des Königs" (iqu šarri). Da zwischen beiden Flußläufen „Grundstück des Palastes" (eqil bîtânu) steht, d. h. der Palast liegt, so wird der iqu šarri eine Bezeichnung für den Schloßgraben, den Libilḫegalla-Kanal sein. Das Palastgrundstück hat eine linke Schmalseite in der Länge von 5 Ein-

---

[1]) S. Forschungen u. Fortschritte IV, Nr. 7, S. 62, Unger.

[2]) D. Luckenbill, Ancient Records II § 341.

[3]) D. Luckenbill, a. a. O. II, § 438.

[4]) Ber. Sächs. Ges. d. Wiss. 70, V (1918) S. 51—52 H. Zimmern.

heiten; die rechte ist nur 2 Einheiten lang, während neben dem Wort „Grundstück" die Zahl 70 eingeschrieben ist, d. i. die Gesamtlänge der Nordwestfront oder vielleicht ein Flächenmaß. Unterhalb des Wortes „iqu šarri" steht die Zahl 20. Da die Zahlen bei größeren Grundstücken für das Längenmaß von GAR (zu 12 Ellen = rund 6 Meter) gewählt sind, so ergeben sich folgende Umrechnungen: 2 = 12 Meter; 5 = 30 Meter; 20 = 120 Meter; 70 (die vermutliche Gesamtlänge) = 420 Meter. Hierin wäre das westlich des Palastes liegende Bauwerk, der „Pfeiler" (dimtu = AN-ZA-KAR) mit eingeschlossen. Er würde an derselben Stelle liegen,
53 wo Nebukadnezar die große „Schanze", die Festung, mitten in den Fluß hineingebaut hat, die von Koldewey wieder ausgegraben ist (WEB[4] S. 124, Abb. 76, S. 142). Ist die Auffassung von 70 = 420 Meter, als Gesamtlänge der Front richtig, dann ist es doch auffallend, daß sie mit der Länge der von Koldewey ausgegrabenen Nordwestfront genau übereinstimmt.

Durch mehrere eingehende Bauberichte ist man über die Verhältnisse des Araḫtu in der Nähe des Esagila-Tempels, zwischen dem Palaste und der Südwestecke der Altstadt unterrichtet. Nebukadnezar
12 teilt mit[1]): Den Kâru (d. h. die Kaimauer) des Araḫtu, gen Osten (ebirti ṣît šamši), vom Ištar-Tor bis zum Uraš-Tor, hatte Nabopolassar erbaut und die makâti (d. h. Ufermauern) aus Backstein des jenseitigen Euphrats (abarti Purattim) festgefügt, aber einen Rest nicht vollendet usw. Kâru bedeutet Kai- oder Hafen-Mauer. Alle Städte, die die Bezeichnung Kâr besitzen, wie z. B. Kâr-Salmanassar (RLV. s. diesen Artikel), liegen an einem schiffbaren Fluß und haben einen Hafenkai. Kâru steht hier im Gegensatz zu makâti, den Ufermauern (Einfassung). Die Bedeutung „Brücke" für makâtu ist unbekannt. „Brücke" heißt titurru oder gišru; titurru wird auch von Nebukadnezar gebraucht (s. Kapitel XII, 34).

Aus der in mehreren Inschriften vorkommenden Textstelle geht hervor, daß die Bezeichnung Araḫtu sich auf das Ostufer des Flusses beschränkte, während gleichzeitig das Westufer den Namen „Euphrat-Ufer" beibehielt. Das Stadtschloß wurde aber trotzdem auch auf der Westseite vom „Euphrat" begrenzt (VAB IV, S. 114, Nr. 14, Kol. II, Z. 6; S. 212, Nr. 1, Kol. II, Z. 18 und 21). Das große, westlich des Stadtschlosses

---

[1]) Die Parallelstellen sind sehr zahlreich: VAB IV, S. 72, Nr. 1, Kol. I, Z. 38f.; S. 106, Nr. 13, Kol. II, Z. 12f.; S. 130, Nr. 15, Kol. V, Z. 7; S. 162, Nr. 19, Kol. V, Z. 31; S. 180, Nr. 20, Kol. II, Z. 23f. Langdon. CT 37, Taf. 12, Kol. II, Z. 30f. (= Br. Mus. 85975), und ein gleichartiger Tonzylinder in Philadelphia (CBS 88—7—21, 9), Museum Journal XIV (1923), S. 277, Kol. II, Z. 12—19, Legrain.

gelegene Vorwerk (ḫalṣu rabîtu) lag „mitten im Euphrat" (VAB IV, S. 106, Nr. 13, Kol. II, Z. 20). Neriglissar nennt sogar den gesamten Flußlauf durch Babylon „Euphrat" (VAB IV, S. 212, Kol. I, Z. 41 ff.). Die Bezeichnung des Euphrats mit Araḫtu, oder die Nennung des östlichen Ufers als „Araḫtu-Ufer" ist mithin lediglich aus Pietät, zur besonderen Kennzeichnung der Heiligkeit erfolgt. Die Stadtbeschreibung bestätigt endlich e silentio die Gleichung Araḫtum = Euphrat, weil der letztere unter den 3 Flußläufen, die (H, Z. 17) vorhanden sind, 1
an anderer Stelle (G, Z. 11) eben durch den Araḫtum ersetzt ist.

Die enge Beziehung zwischen Babylon und Borsippa zeigt die Existenz eines Vororts (alu) A-ra-aḫ-tum (VS III, 216; ohne Datum) bei Borsippa. Im Kontrakte (VS V, 48) dd. Barsip, vom 7. 1. 4. Jahre des Kambyses kommt ein Feld vor ugar (A-QAR) tâmirtu Araḫtum piḫat Barsip^{ki} = Gemarkung, Flur Araḫtum im Stadtkreise von Borsippa. Im Kontrakte (VS V, 106) vom 32. Jahre des Darius I. liegt ein Feld „von dem Verschluß (Damm = si-ik-ri) der Pforte des Tašmêtum-Kanals, bis an die (adi eli) tâmirtu (Flur) Araḫtum". Verträge, meist vom 16. Jahre des Xerxes sind im Orte (alu) A-ra-aḫ-tum datiert worden (VS III, 185, 186; VS VI, 301, Z. 6).

3. Bânîtum-Kanal

Bânîtum-Kanal (nâru ^{ilu}Bânîtum), der außerhalb des Zababa-Tors und auch innerhalb von Babylon floß, also im Nordosten. Das geht aus dem Kontrakt (VS V, 4) vom 28. X. 18. Jahre des Kandalanu hervor, weil 36
hier die Binnenmauer Imgur-Enlil als Feldergrenze genannt ist (s. unten). Andre Kontrakte erwähnen den Bânîtum-Kanal: VS VI, Nr. 66, dd. Babylon, vom 9. XII. 2. Jahre des Nabonaid [Z. 2, Z. 12]; Straßmaier, Nabonid 165, vom 30. VI. 4. Jahre; Straßmaier, Darius I., Nr. 267, vom 13. II. 10. Jahre; 6. Intern. Congress Leiden, Actes 2, Liverpool Nr. 24, Straßmaier, vom 16. I. 14. Jahre Darius I.

Der Bânîtum-Kanal liegt längs der Landstraße nach Kiš, wie aus zahl- 2
reichen Kontrakten hervorgeht. Dort gab es eine Ortschaft alu ša ḫarrân Kiš^{ki} = Kischer-Straßen-Dorf; Straßmaier, Cambyses Nr. 55, vom 6. VI. 1. Jahre; 56: dd. Bânîtum-Kanal vom 6. VI. 1. Jahre. Dieses Dorf mit oder ohne alu in den Urkunden: Straßmaier, Darius I. (Nr. 38, 226, 304, 377, 419 und Straßmaier, Nabonid Nr. 916; vgl. auch Hommel, Geographie S. 287; Tallqvist, Neubabylonisches Namenbuch.) Eine Dattelablieferung am Bânîtum-Kanal (nâru ^{ilu}KAK-tú) ist auf einem Kontrakt, der von der Deutschen Orient-Gesellschaft (Nr. 28344, Phot. 1256) gefunden wurde, erwähnt; er stammt vom 10. IX. 19. Jahre des

Nebukadnezar II. Außer in Babylon gab es auch in Uruk einen Bânîtum-Kanal, der neben dem Tak-ki-ru-Kanal namhaft gemacht wird in einem Kontrakt vom 25. III. 22. Jahre des Nebukadnezar II. (TC XII, Nr. 38); vgl. TC XIII, Nr. 222. Aus der Urkunde Straßmaier, Nebukadnezar II. Nr. 251, dd. Babylon, vom 18. XI. 32. Jahre scheint hervorzugehen, daß der Bânîtum-Kanal mit dem Euphrat in direkter Verbindung gestanden hat (Z. 3: ultu eli nâr ^{ilu}Bânîtum [Z. 4] adi kisal (DUL [!] statt KI)-la-a-tum ša nâr Purattum; Z. 7. ist ohne Zusammenhang damit nochmals das Wort kisal-la-a-tum verwendet). Kisallatum wohl in der Bedeutung Uferdamm. Vielleicht ist der Euphrat als nâru = Fluß auch in einem zweiten Texte neben dem Bânîtum-Kanal genannt (6. Intern. Or. Congr. Leiden, Liverpool Nr. 24, dd. Babylon, vom 16. I. 14. Jahre Darius I., Z. 1, 14). Die Verbindung würde der Libilḫegalla-Kanal sein; beide gehen ineinander über.

Der Bânîtum-Kanal wird auch als ḫarri (= Graben) ša ^{ilu}Bânîtum-a-a bezeichnet s. VS V, Nr. 12, dd. Babylon vom 6. IX. 38. Jahre des Nebukadnezar II., oder als ḫar-ra ša ^{ilu}Bânîtum, VS VI, Nr. 46, dd. ḫ... vom 6. VI. 39. Jahre des Nebukadnezar. Im Kontrakte VS VI, Nr. 66, Z. 23 ist von dem ḫarri ša tâmirtu Ba-ni-ta-a-a die Rede (dd. Babylon vom 9. XII. 2. Jahre des Nabonaid, d. h. vom Graben der Leute der Bânîtum-Flur.

Aus einem andern Kontrakt dd. Babylon vom 24. VII. 3. Jahre des
42 Nabonaid (Straßmaier, Nabonid Nr. 116, Z. 8) geht nun hervor, daß der Bânîtum-Kanal neben der „Königsstraße“, d. h. der vom Zababa-Tor nach Kisch führenden Königstraße, entlang floß. Weil nun aber das Grundstück dieser eben genannten Tafel im Norden eng an diese Straße selbst angrenzte, an der der Bânîtum-Kanal entlang floß, so befand sich der Bânîtum-Kanal auf der andern Seite, also nördlich der Königstraße, Jenes Grundstück lag ferner unmittelbar vor dem Tore. Darum ist anzunehmen, daß der Kanal ebenfalls nördlich des Tores bzw. der „Königstraße“ in die Stadt eintrat, wo er alsdann die Ost- und zum Teil die
36 Südgrenze des Grundstücks auf der Tontafel VS V, Nr. 4 gebildet hat. Die Himmelsrichtung ist auch bei diesem Kontrakt nach den Windrichtungen angezeigt, nach denen die Stadtmauern orientiert waren. Die „Nordwestseite“ ist hier aber geographisch Nordosten. Denn die Binnenmauer Imgur-Enlil soll (Z. 3) die „Nordwestgrenze“ (‚Günstiger Wind‘) bilden. Da diese Grenze hier, innerhalb der Stadt, jedoch bestimmt nur im Nordosten gelegen haben kann, so muß hier der Verfasser der Urkunde eine abweichende Orientierung gewählt haben. Infolgedessen sind auch die andern Windrichtungen abzuändern: Die

„Nordostseite“, begrenzt durch den Bânîtum-Kanal, ist Südosten, längs
der Straße. Da auch die „Südostseite“ (tatsächlich die Südwestfront) des
Grundstückes vom Bânîtum-Kanal berührt wurde, so ist daraus zu
schließen, daß der Kanal zunächst am nördlichen Rande der Zababa-
Torstraße in das Stadtinnere eintrat, die Straße einen Teil ihres Weges *19*
begleitete und dann nach Nordwesten schräg von der Straße ins Stadt-
innere abgebogen ist. Auf Grund dieser Erwägungen habe ich den Bânî-
tum-Kanal am nördlichen Rande der Zababa- oder Königsstraße, wie
beschrieben, angesetzt. An derselben Stelle ist er am Zababa-Tore aus-
gegraben worden.

Bânîtum ist volkstümlich gekürzt aus Zêr-bânîtum („Samen
schaffende“) und dieser Ausdruck des Volksmundes ist aus Ṣarpanîtum,
dem Namen der Gemahlin des Stadtgottes von Babylon, entstanden.
Es ist daher wahrscheinlich, daß der Name Bânîtum-Kanal der volks-
tümliche Ausdruck für Libilḫegalla-Kanal, den Ost-Kanal und Schloß-
graben von Babylon, ist, weil ersterer den letzteren fortzusetzen scheint. *64*

4. Borsippa-Kanal

Borsippa-Kanal (nâr Barsip), der südöstlich von Babylon vom Euphrat *2*
abzweigte, und auf dem Nabu im Prozessionsschiff Iddaḫedu von Bor-
sippa zum Uraš-Tor fuhr. Am Borsippa-Kanal lag die Vorstadt Šaḫ-
rinu. Eine andre Bezeichnung liegt wohl in nâru A-ra-am-mu ša Nabu
vor (Straßmaier, Nebukadnezar 152, vom 25. V. 25. Jahre oder sie meint
den „Landungssteg“ (arammu, Bezold, Glossar, S. 68) bzw. Hafen, wo
die Barke anlegte. Der Kanal wurde von Sargon II. neu gegraben zur
Prozession des Nabu zum Stadtviertel „Himmelshand“ (Annal. 302f.).
Oft ist in den Kontrakten das Bâb nâru Barsip angeführt, d. h. die Kanal-
pforte, die Einfahrt in den Kanal. Diese lag beim Šamaš-Tor der Neustadt;
auch die „Königsstraße“ und der Euphrat sind namhaft gemacht: Straß-
maier, Nabonid 178, vom 6. XII. 4. Jahre (Königsstraße, Euphrat- 43
Sümpfe [raqqatum]); a. a. O. 193, vom 25. VI. 5. Jahre(Šamaš-Tor); 44
a. a. O. 203, vom 6. X. 5. Jahre (Königsstraße, Sümpfe [raqqatum] am
Ufer des Euphrats); a. a. O. 995, vom 3. IX. 16. Jahre; Straßmaier, Cam-
byses Nr. 317, vom 4. V. 6. Jahre, dd. Bâb nâr Barsip; Straßmaier, Darius I.
175, vom 12. VII. 5. Jahre. Für die Bedeutung dieses Bâbu s. Hommel,
Geographie, S. 463, Anm. 4. Das Schiff des Nabu hieß ^{isu}Mà-Iddaḫedu
= elip Nabium (CT 37, 13, II, 37; Thureau-Dangin, Rit. acc. S. 143).

Ein Kontrakt dd. Bâb nâr Barsip (VS III, Nr. 25) vom 39. Jahre
des Nebukadnezar II., in dem auch ein Diener des Kronprinzen Amêl-
Marduk erwähnt wird. Ein Feld am Bâb nâr Barsip wird in dem Kon-

trakt dd. Babylon, vom 16. VI. 3. Jahre des Kambyses verhandelt (6. Intern. Or. Congr. Leiden Nr. 169); ebenso in einem Vertrag in Berlin (VAT 9187), dd. Babylon, vom 6. II. 3. Jahre des Kambyses, wo auch vom Euphrat noch die Rede ist. In einem undatierten neubabylonischen Vertrage (TC XIII, Nr. 218) wird die Kanalpforte des Borsippa-Kanals und der Madânu (^{ilu}DI-KUD)-Kanal erwähnt (Z. 12, 13, 76, 18). S. auch unten zu 20.

5. Euphrat

Euphratfluß (nâr Purattu), der im Weichbilde der Stadt Babylon den
64 Namen Araḫtu hatte. Außerhalb der Stadt, z. B. am Uraš-Tor, hieß der Fluß Euphrat. z. B. Straßmaier, Darius I., 26, dd. Babylon, vom 8. XII. 1. Jahre, wo die Vorstadt Litamu an diesem Flusse und am Piqudu-Kanal liegend geschildert wird. Der Euphrat heißt auch kurzweg der
1 „Fluß" (nâru), s. Stadtbeschreibung (I, Z. 7—8). Die Euphrat-Brücke
26 s. Kapitel XII, 33.

ID-UD-KIB-NUN^{ki}, der Name des Euphrats ist von sumerisch UD-KIB-NUN^{ki}, d. h. von der Stadt Sippar, wie ihr prähistorischer Name lautet, abgeleitet. Der sumerische Name bedeutet wörtlich „Steppenbaum-Stadt-Fluß" oder „Sippar-Fluß". S. a. Kapitel XI, 2. Über die Veränderung des Euphratlaufes s. u. die Ausführungen von
70 E. Banse. — Über den Flußgott s. unten zu 20.

Graben-Kanal s. unten 15.

6. Gubbatum-Kanal

Gubbatum-Kanal, gewöhnlich Gub (= DU)-ba-tum oder Gub-bat geschrieben, einmal jedoch noch eingehender Gu-ub-ba-tum (Straßmaier, Darius I., 123, dd. Babylon, vom 7. VI. 4. Jahre). Sämtliche Kontrakte in denen sich der Kanal findet, sind in Babylon selbst ausgestellt: Kontrakt vom 14. VII. 14. Jahre Šamaš-šumi-ukin (ZA III, S. 228 Budge; vgl. KB IV, S. 168/9, Peiser; Hommel, Geographie, S. 470/1), [Gubbata; hier begegnet eine Ortsbezeichnung Du-uk-ku-di-in-du s. unten zu 16];
35 VS V, 3, vom 6. X. 1. Jahre des Kandalanu (Gubbati und Gubbat);
36 VS V, 4, vom 28. X. 18. Jahre des Kandalanu (Gubbati und Gubbat); beide Urkunden, die miteinander in enger Beziehung stehen, sind von San Nicolò und Ungnad (Neubabylon. Rechtsurkunden I, Nr. 45—46) eingehend behandelt worden. Straßmaier, Darius I., 488, vom 5. X. 19. Jahre (Gubbatum); Kohler-Peiser II, S. 20f. (Br. Mus. 84—2—11, 61) vom 16. IV. 14. Jahre des Nabonaid (Gub-ba-ni-tum[!]) in der

Nähe des Neustadt-Kanals. Nach dem Kontrakt VS V, 3 (s. o.) liegt am Gubbatum-Kanal das Gebiet Tâmirtu Bâbu ša Bêl = Flur der Pforte des Bêl im Bezirk (piḫat [NAM]) von Babylon, ebenso nach dem Kontrakt VS V, 4 (s. o.), wo gleichzeitig ein Grundstück beim Zababa-Tor (ugar abul Zababa), im Weichbilde der Stadt, verhandelt wird. — Im Osten des Grundstücks war die Landungsstelle (makallû) ša ḫanše^{meš} (der 50). Hommel führt (Geographie S. 470/1) zwei Orte Gu-ub-ba-tum labirtu (= alt-), bzw. eššitu (= neu-) aus der Hammurapizeit an, die in einer Steuerliste, herausgegeben von Scheil, in RT 20, 70f. (Coll. Morgan IV, Nr. 53) vorkommen.

Ḫuduk....-Kanal s. unten 16.

7. Ili'u-Bêl („Stark ist Bêl")-Kanal

^{m}Ili'u-Bêl-Kanal, vor dem Zababa-Tor, in einem Kontrakt dd. Babylon vom 8. VIb. 10. Jahre des Nabonaid (Straßmaier, Nabonid 437); der Kanal ist als nâru pitqa bezeichnet. Ähnlich auch ein Kanal ša Li'u-Bêl (Straßmaier, Cambyses 325, dd. Babylon, vom 8. VIII. 6. Jahre), ohne nähere Angaben. Er wird noch genannt im Texte vom 1. VI. 7. Jahre des Cyrus (Kohler-Peiser, Aus dem Babyl. Rechtsleben IV, S. 69), als vor dem Zababa-Tor liegend. Einen Vorort gleichen Namens s. Kapitel X, 11.

8. Ištar-Kanal

Ištar-Kanal (nâr Ištar) ist in einem Kontrakt, dd. Babylon, vom 15. XII. 19. Jahre des Darius I. (Straßmaier, Darius 494) erwähnt, wo noch ein ^{alu}Bît ^{m}Nabu-bêl-ilâni, wohl nur eine zeitlich beschränkte Siedlung, angeführt wird.

9. Kischer-Kanal

Kischer-Kanal (nâr Kiš^{ki}), lag z. Z. des Šamaš-šumi-ukin in der Nähe 33
des Vorortes Litamu. Er ging nach Kisch vom Euphrat aus, der früher selbst die Stadt Kisch berührte. An diesem Kanal lag der Ort Bît ^{m}Qaṣṣir; auch wird die Anlegestelle der Babylonier (makallê) erwähnt. Der Euphrat wird nebenbei als besonderer Fluß genannt (s. a. VS V, Nr. 34).

10. Königs-Kanal

Königs-Kanal (iqu[E]-šarri), „Wasserlauf des Königs", bisher nur auf
dem Plan von Babylon (SPA 1888, V, S. 129 f. Borchardt; BSGW 5
70, 5, S. 52, Zimmern). Er ist gleich dem Libilḫegalla-Kanal. Kanal des

Königs von Elam (nâr šarri ša Elamti[ki]), nach dem ein Kontrakt datiert ist, in dem (Z. 6) auch Babylon erwähnt wird (Straßmaier, Darius I., 411, vom 22. VIII. 15. Jahre), – es handelt sich um Arbeiten am Kanal, den man natürlich auch als „Königskanal in Elam" deuten könnte, – ist hier nur der Vollständigkeit halber angeführt.

11. Kuta-Kanal

Kuta-Kanal (nâr Kuta) oder Alter Kuta-Kanal (nâru labîri ša Kuta, bzw. nâr Kuta labîri), oft in Kontrakten erwähnt, einmal ist die Lage vor einem Stadttor angegeben, aber der Torname ist weggebrochen (Straßmaier, Darius I. 102, dd. Babylon, vom 3. Jahre. Vermutlich ist es das
2 Ištar-Tor. Da Kuta im Nordosten von Babylon sich befindet, so dürfte der Kanal beim Zababa-Tor vorbeifließen, wo ein Kanaltor, der Anfang des Kanals, häufig genannt wird: Straßmaier, Cyrus 320, vom 20. VIII. 8. Jahre; a. a. O. 323, vom 11. IX. 8. Jahre; ders. Cambyses 179, vom 14. VIb. 3. Jahre; a. a. O. 346, vom 11. IX. 8. Jahre; ders. Darius I. 171, vom 20. VI. 5. Jahre; a. a. O. 287, vom 2. XI. 10. Jahre; a. a. O. 316, vom 14. ?. 13. Jahre; a. a. O. 332, vom 12. VI. 12. Jahre; a. a. O. 426, vom 2. VI. 16. Jahre. Ein zweites Kanal-Tor lag vor dem Ištar-Tor am Euphrat; s. Kontrakt in Sammlung C. J. Ball vom 12. I. 3. Jahre des
49 Darius I. und hier Kapitel VII, 4.

Wertvoll für die Ermittlung der Lage des Kanals ist noch der Kontrakt z. Z. des Nabonaid (Straßmaier, Nabonid 1102) dd. Bît šar Bâbîli, woraus gleichzeitig ein Anhaltspunkt über die Lage dieser Vorstadt von Babylon sich ergeben würde. Danach hätte der Kanal nördlichere Lage und die Identifizierung der Vorstadt mit der am Nordpalast Nebukadnezars wäre wahrscheinlich. Das Feld stößt mit einer Seite an den Ausgangsweg des Königs (Z. 6: mușû ša šarri) und mit einer andern an die Terrassen von Babylon (Z. 8: kisal-la-a-ta ša Tintir[ki]). Das Datum des Kontrakts ist vom 9. VII. ?. Jahre des Nabonaid.

In der Nähe des Bâb nâr Kutê labîri, d. h. des Ausgangs des Alten Kuta-Kanals lag ein Ort Paširi (Straßmaier, Cambyses 214, 215, vom 22. XI. 3. Jahre und 217, Z. 1, 16 vom selben Datum). In Straßmaier, Nabonid 973, vom 28. V. 16. Jahre ist ein Feld an derselben Kanalpforte erwähnt und hier lag ein Ort A(?)-dir(?)-tum. Der Kanal ging wahrscheinlich auch im Osten von Babylon vorbei bis in die Nähe von Nippur, nach einer Urkunde (BE X, 50) vom 8. VII. 1. Jahre des Darius II. aus Nippur. Hier wird ein Ort Bît [m]Za-bi-in am Ufer des nâr Šap-pu-ut-tum (vgl. BE IX, Nr. 82; 102; 106 z. Z. des Artaxerxes I.) namhaft gemacht, der mit dem Ort Šuppatum bei Babylon nicht zu verwechseln ist.

12. Libilḫegalla-Kanal

(Der Schloßgraben)

Libilḫegalla-Kanal wird als der „Ostkanal von Babylon" bezeichnet, d. h. ein Kanal, der die Stadt in östlicher Richtung durchfließt (VAB IV, S. 160, Nr. 19, Kol. VII, 54f.: (palag ṣît šamši Bâbîli.) Er wird nur in Königsinschriften, nicht aber in Kontrakten angeführt, wo er wahrscheinlich Bânîtum-Kanal heißt (s. oben 3). Eine genaue Bestimmung gibt die Bauinschrift des Kanals selbst (VAB IV, S. 88, Nr. 8, I, 21f. Langdon), wo es heißt, daß der Kanal „vom Euphratufer bis zur Prozessionsstraße Aîburšâbu" gebaut sei; für diese wurde eine Brücke (titurru) angelegt. Damit wird die West-Ost-Richtung des Kanals bestätigt. Die Lage wird präzisiert durch die Angabe, daß der Kanal als Schloßgraben diente (VAB IV, S. 114, Nr. 14, II, 4ff.; S. 136, Nr. 15, VII, 40ff. Langdon). Hier beschreibt Nebukadnezar die Umrißlinien des Palastes, der sich erstreckte: zwischen Imgur-Enlil im Norden und dem Libilḫegalla-Kanal im Süden, sowie zwischen dem Euphrat im Westen und der Prozessionsstraße im Osten. An der Südgrenze des Palastes floß 64
also der Kanal vorbei. Schon Weißbach hatte die Lage des Kanals richtig bestimmt (AO V, 4, S. 17). Koldewey hat ihn z. T. ausgegraben (WEB^4 S. 67, Abb. 44; WVDOG 47, Taf. 2, Reuther). Auf der antiken Stadt- 5
karte heißt er „Königs-Graben" (s. oben 10). Bânîtum-Kanal ist wohl volkstümlicher Ausdruck für Libilḫegalla-Kanal, die zusammenzuhängen scheinen (s. oben 3). In seinem 9 m breiten Kanalbett südlich des Stadtschlosses fanden sich Ziegel mit dem aramäischen Stempel: Libilchai (לבלחי), s. Hommel, Geographie, S. 288, Anm. 2; S. 326; MDOG IV, S. 3; 13.

13. Madânu-Kanal

Madânu Kanal (nâr ^{ilu}DI KUD — Madânu), vor dem Uraš-Tor gelegen, s. Straßmaier-Evetts, Neriglissar 31, dd. Madânu-Kanal vom 2
1. Jahre, wohl Prozessionsweg des Gottes. S. auch Kapitel VII, 7.

14. Marduk-Kanal

Ob ein Kanal mit diesem Namen in Babylon existiert hat, wie Weißbach (AO V, 4, S. 18, 28) annimmt, ist ungewiß. In den Inschriften Nebukadnezars ist nur vom Gott Marduk gesprochen und „seinem Kanal", womit auch der Araḫtu, der Prozessions-Kanal, gemeint sein könnte (VAB IV, S. 116, Nr. 14, II, 26—29; S. 136, Nr. 15, VIII, 31—39 Langdon).

15. Neuer Kanal

Neuer Kanal (nâru eššu) oder Oberer N. K. (n. e. elû). Mit Weißbach
2 (AO V, 4, S. 29) floß er westöstlich, in der Nähe des Enlil-Tors. Am
N. K. lagen auch eine Vorstadt von Babylon namens Dûru ša Karrabi,
eine andre Bît-Ḫaḫḫuru, ferner die „giṣṣâti" des Königs. Es wird auch
eine andre Vorstadt mit dem Namen des N. K. erwähnt, die also am
N. K. lag. Bei Uruk gab es ebenfalls einen Neuen Kanal und Neu-
Kanal-Stadt (YOS VI, Nr. 158; 182). In Kontrakten wird der N. K.
oft genannt und aus der Neu-Kanal-Stadt datiert: Straßmaier, Neri-
glissar 63, vom 23. VI. 3. Jahre; ders. Nabonid 353, vom 10. VI. 9. Jahre;
a. a. O. 419, vom 10. III. 10. Jahre; a. a. O. 473, vom 10. XI. 10. Jahre;
Straßmaier, Cyrus 123, vom 26. VI. 3. Jahre; Straßmaier, Cambyses 118,
48 vom 20. VI. 2. Jahre; a. a. O. 375, dd. Babylon, vom 1. V. 7. Jahre (Enlil-
Tor); ders., Darius I. 9, vom 17. ?. 0. Jahre (Bâbu mutaqiṭṭêti [Kap. VIII, 4],
Sumandar-Kanal); a. a. O. 124, vom 10. VI. 4. Jahre (nâru eššu elû);
a. a. O. 155, vom 22. I. 5. Jahre; a. a. O. 321, dd. Babylon, vom 6. II. 12.
51 Jahre (Dûru ša Karrabi, vgl. a. a. O. 335, Z. 2, giṣṣâti šarri); a. a. O.
353, dd. nâru eššu, vom 10. VI. 13. Jahre; a. a. O. 425, vom 1. VI. 16.
Jahre; 8. Congrès intern. Oriental., Leiden, Actes 2, Liverpool Nr. 33,
vom 4. VIII. 19. Jahre des Darius I., Straßmaier (Bît-Ḫaḫḫuru). Straß-
maier, Nebukadnezar 115, dd. ḫuṣṣêtu ša Ḫaḫḫuru, vom 29. VI. 18. Jahre
(„Graben-Kanal" nâr ḫarri). Einen vielleicht mit diesem identischen
„Graben Kanal" (nâr ḫar-ri) nennt die Urkunde Straßmaier, Darius I.
193, dd. Babylon vom 17. XIIb. 5. Jahre.

Der nâru eššu kommt noch vor VS VI, Nr. 131, dd. n. e. vom 11. ?. 13. Jahre des Darius I., ebenso im Kontrakte (VS III, Nr. 24) vom 26. I. 39. Jahre des Nebukadnezar II., wo ein Ort Šê Bît-Esagila (siehe Kapitel X, 21) angeführt ist.

16. Neustadt-Kanal

Daß die Neustadt von Babylon von einem Kanal (palgu ša alu eššu)
64 durchflossen wird, ist durch Kontrakte erwiesen. Nach dem Vertrage dd.
Babylon vom 29. IV. 32. Jahre des Nebukadnezar II. (Straßmaier, Nebu-
kadnezar Nr. 247, vgl. Nr. 416) lag der Tempel der Göttin Nin-e-an-na
am Ufer des Kanals. Ebenso im Kontrakt dd. Babylon, vom 16. IV.
14. Jahre des Nabonaid (Br. Mus. 84—2—11, 61), von Kohler-Peiser
(Aus dem Babyl. Rechtsleben II, S. 20) nur in Übersetzung publiziert.
Im Texte kommt auch ein Kanal Gub-ba-nitum vor. Auch der Opfer-
8 kalender (Duplikat zu VAT 398; Coll. Morgan IV, Nr. 25, Z. 22) führt
den Tempel, kišad palgi („am Ufer des Kanals",) an, der diese Worte,

wie es scheint, geradezu als Apposition, als Unterschied von einem ähnlichen Tempel getragen hat, der sich gleichfalls in der Neustadt befunden hat.

Die Lage dieses Kanals läßt sich noch nicht feststellen. Sein Name ist bisher ebensowenig in den Verträgen genannt. Hier scheint aber die Stadtbeschreibung ergänzend einzuspringen. In G, Z. 13 ist als dritter Kanal
der „Libilḫegalla" genannt. Übrig bleibt der mittlere (Z. 12) mit einem 1
noch völlig unbekannten Namen: nâru ḪU-DU-UK..., der nur der Name des dritten Flußlaufs innerhalb von Babylon sein kann, des Kanals der „Neustadt", da die drei Flußläufe gemäß Stadtbeschreibung (H, Z. 24) d. i. die letzte Zeile der zusammenfassenden Statistik, ausdrücklich innerhalb des Weichbildes fließen.

Da der Name des „Neustadt-Kanals" unvollständig erhalten ist, so macht seine Erklärung natürlich Schwierigkeiten. ḪU ist iṣṣuru = Vogel, ein nâr iṣṣuri = Vogelfluß wird in geographischen Listen neben dem Araḫtu und dem Euphrat genannt.[1]) Möglich sind auch die Lesungen Ḫu-du-uk... und Paq-du-uk... In einem Kontrakte dd. Babylon vom 14. VII. 14. Jahre des Šamaš-šumi-ukin[2]) ist folgende Ortsangabe gemacht: ultu eli (Muḫ) Du-uk-ku-di-in-du ana u-šal-la ša nâr Gub-ba-ta. Von dem Dukkudindu — eventuell Muḫdukkudindu zu lesen — bis zum Wiesengrund des Gubbata-Kanals (s. oben 6). Vielleicht ist Dukkudindu der vollständige Name des Neustadt-Kanals. Das Wort „Fluß" steht zwar nicht vor diesem Worte, aber der neben Dukkudindu genannte
Kanal Gubbata liegt gemäß zwei andern Kontrakten (VS V ,3 und 4), 35
vom 6. X. 1. Jahre bzw. vom 28. X. 18. Jahre des Kandalanu im Stadt- 36
kreise (piḫatu) von Babylon. Am Gubbata-Kanal liegt ferner die Flur (tâmirtu) „Bâbu ša Bêl" (Pforte des Bêl), eine populäre Benennung des Vororts „Bâb ^{ilu}Lugalgirra"; beide lagen an derselben Stelle im Norden der „Neustadt". Das Feld der beiden genannten Kontrakte (VS V, Nr 3. und 4) grenzt im Westen an den Gubbata-Kanal, im Osten aber an den Euphrat, wo die „Landungsstelle der 50" (makallû ša ḫanšê) gelegen hat. In dem anfangs erwähnten, von Peiser nur in Übersetzung edierten Texte (Br. Mus. 84—2—11, 61) ist neben dem Tempel der Göttin Nineanna am Neustadt-Kanal auch der Kanal Gubbanitum erwähnt, der mit dem Gubbat eins sein wird. Darum läßt sich die Gleichsetzung von nâru Ḫu-du-uk... und Muḫ(?)-du-uk-ku-di-in-du in Erwägung ziehen.

Oberer Neuer Kanal s. oben 15.

[1]) Vgl. F. Hommel, Geographie S 269, 273, 280; Delitzsch, Wo lag das Paradies? S. 189; II Rawlinson 51, Nr. 2, Z. 41.

[2]) Kontrakt in London (Br. Mus. 88—5—12, 343) ZA 3 (1888) S. 228 E. A. W. Budge.

17. Piqudu-Kanal

Piqudu-Kanal, vor dem Uraš-Tor gelegen; er bespülte die Vorstadt
2 von Babylon namens Litamu s. Kapitel X, 13, vgl. AO V, 4, S. 30, Weißbach. Auch die „Königsstraße" ging hier vorüber.

In der Nähe von Babylon lagen am Piqudu-Kanal noch verschiedene Dörfer, alu ša ^{m}Su-um-ma-a = Dorf des Summâ (Straßmaier, Darius I. 387, dd. alu ša S. vom 1. XI. 14. Jahre; a. a. O. 392, dd. Babylon, vom 20. XI. 14. Jahre; ferner Bit ^{m}U-bar am Piqudu-Kanal (a. a. O. 478, dd. Babylon, vom 27. ?. 18. Jahre des Darius I.); endlich ein alu Šu-bil-tum nach einem Kontrakt, dd. alu ša ^{m}Bêl-it-tan-nu ša eli nâr Piqudu = Dorf des B. am Piqudu-Kanal, vom 22. VI. 15. Jahre (Straßmaier, Darius 403, vgl. 404 vom 23. VI. 15. Jahre). Ein Ort alu (bzw. Birtum) ša ^{m}Ki-na-a lag vermutlich auch am Piqudu-Kanal (Straßmaier, Darius I. 389, vom 15. XI. 14. Jahre; a. a. O. 397, vom 25. ?. 14. Jahre; a. a. O. 427, vom 27. VI. 16. Jahre). Alle drei Kontrakte sind in dem genannten Dorfe ausgestellt. Es ist möglich, daß es sich bei diesen Ortschaften um ephemere Siedlungen handelt, die länger oder kürzer Bestand gehabt haben.

18. Sumandar-Kanal

BE-DAR (= Sumandar[1]) bzw. Sumundar)-Kanal, dessen Kanalpforte (bâbu) in dem Opferkalender (VAT 398, R. 4; Reisner SBH Nr. VII,
8 S. 144, Z. 28—29 = Morgan Coll. IV, Nr. 25, Z. 53) genannt wird, wo den Gottheiten Nergal, Mesir und Namtar Rauchopfer dargebracht werden sollen. Dieser Kanal liegt also in Babylon. In einem Kudurru des 12. Jahrhunderts (Steinmetzer, Kudurru, Nr. 7, Kol. I, 2, 9; King BBSt, Taf. 63f, S. 38, Anm. 4) wird ebenfalls ein S. K. erwähnt; vgl. Hommel, Geographie, S. 267, 359, 461, Anm. 4, 484. Ein im Kontrakt (VS V, 10) vom 9. IV. [?] 31. Jahre Nebukadnezars II. genannter Kanal ^{ilu}Bil-dar[?] gehört wohl hierher.

In einem Kontrakt aus Babylon (Deutsche Orient-Gesellschaft Nr. 28169, Phot. 1283) vom 10. Jahre des Nebukadnezar II. (?) wird ein Mann namens Rimût vom (ša) nâr BE-dar genannt, ohne daß weitere Angaben über die Lage zu entnehmen wären.

Der Fluß Sumandar, Sumundar oder Šumandar kam von weither, da er nach einem Kudurru (Grenzstein) des Nazimaruttaš (Déleg. Perse Mém. II, S. 88, Susa 2, Kol. II, 13; Steinmetzer, Kudurru Nr. 37) in Tupliaš und Bît-Sin-magir, floß, Länder, die nördlich von Babylon lagen.

---

[1]) BE = su-mu-un = summanu Delitzsch, Sumer. Glossar, S. 252f. = alt; Tallqvist, NBN (Su-ma-an-dar).

Tiglatpileser III. (729) erwähnt den Ort Kalaïn am Šumand[ar!]-Kanal (Rost, Annal., Z. 13; Schiffer, Aramäer, S. 132, 154f.), der als Ort neben dem Kanal auch in Kontrakten vorkommt (Straßmaier, Neriglissar Nr. 56; 70; Nabonid Nr. 910, Z. 3—4), sogar in Verträgen aus Uruk (YOS III, Nr. 84; VI, Nr. 41; Nr. 150); tâmirtu, alu und mâtu (Land) Sumandar. Eine Identifizierung dieses Kanals ist nicht möglich, ebensowenig wie die der Lage der Ortschaft. Der Kanal muß jedenfalls die Stadt Babylon berührt haben. Im Kontrakt vom 17. ?. 0. Jahre des Darius I. (Straßmaier Darius Nr. 9) werden Felder verschiedener Götter Bêl, Nabu, Nergal und Šamaš vermessen. Diese Felder lagen am S.-Kanal und am „Neuen Kanal“, so daß der S.-Kanal danach im Süden Babylons gelegen haben könnte (siehe oben zu 15 und S. 291, Anm. 2).

19. Surra-Kanal

Surra-Kanal (nâr Su-ur-ra), seither nur in einem Kontrakt als zum Bezirk von Babylon gehörig erwähnt (Straßmaier, Cambyses 192, dd. Babylon, vom 10. VIII. 3. Jahre, doch läßt sich die Lage nicht feststellen.

20. Flüsse und Kanäle als Götter

In dem Text der Götterlisten, die den Hausstaat des Gottes Marduk im Tempel Esagila vorführen, werden vier Flußgötter genannt. (CT XXIV, Taf. 16, Z. 23—26; hier Z. 11—14). Es sind (11.) der „Fluß“, 7
also der Euphrat, (12.) der „Große Fluß“, (13.) der „Fluß des Heils“ und (14.) der „Fluß ‚Mensch, der Tribut gibt‘ “ d. h. der „Tributbringende Fluß“ oder Kanal. Ein Schiff mit Namen des (in Z. 14) genannten Kanals wird dem Gotte „Id“, dem „Fluß“ als zugehörig angesehen (Howardy, Clavis Nr. 272, 548d). Andrerseits heißt nach Deimel (Pantheon, Nr. 1537) dieses Schiff des in Z. 14 erwähnten Kanals MA-ID-ḪU-DU (UL), was an das Prozessionsschiff des Nabu MA-ID-DA-ḪE-DU stark anklingt. Es wäre mithin möglich, daß dieser, mit dem Euphrat (ID) in Beziehung stehende Kanal mit dem Borsippa-Kanal identisch ist.

KAPITEL XII

DIE STRASSEN UND BRÜCKEN

Nach der Stadtbeschreibung (H, Z. 18) hat Babylon im ganzen 2 Heer-
1 straßen oder Prozessionsstraßen (girri) und 24 andre Straßen (SIL=sûqu).
Prozessionsstraßen, auch sulû genannt oder mašdaḫu, auch in der Schreibung E-SIR. Über die Straßen von Babylon allgemein s. WVDOG V, S. 40ff., Weißbach; Hommel, Geographie S. 398ff. In der Stadtbeschreibung von Babylon sind in G, Z. 14—15 und H, Z. 1—15 die 20 Namen von den 26 Straßen teilweise erhalten. Ich wähle die Reihenfolge der Stadtbeschreibung, die mit den Prozessionsstraßen beginnt (G, Z. 14f) Die Straßen führen heilige Namen, die in Beziehung zu den Göttern stehen. Die Götter durchzogen die Straßen als ihre Prozessionsstraßen. Und diese führten zu ihrem Tempel innerhalb der Stadt. Daher lassen sich schon jetzt einige Straßenzüge in das Stadtbild einzeichnen. Bemerkenswert ist, daß die Straßen teils zur Nordostmauer parallel laufen, die die Generalorientierung der ganzen Stadt bedeutete, nach dem Tempel des Marduk. Die Nordwestmauer gab die zweite Parallele für die querlaufenden Straßen ab.

Die Orientierung der Straßen erfolgte nach den Windrichtungen, wie von den Königen von Babylon ausdrücklich mitgeteilt wird (Kapitel XIV, 1).

Die 8 Stadttor-Straßen, hier 6—13, stehen in der engsten Verbindung mit den 8 Stadttoren (Kapitel VII, 1—8), wo ausführlicher über die Quellen gehandelt ist.

Neben den mit sûqu, sulû bezeichneten Straßen der Stadt, steht die Bezeichnung ḫarranu, die für Landstraßen und Landwege außerhalb der Stadt gebraucht wird.

1. Išimme še'ašu-Straße

Als erste Prozessionsstraße ist die Straße Išimme še'ašu „Er hört seinen
1 Freund" (G, Z. 14) aufgeführt. Sie ist vergöttlicht im Opferkalender als
^{ilu}I-šim-me (Var.: mi) še-'-a-ša (Reisner, Sumer. Babyl. Hymn. S. 144,
8 Z. 15 = Coll. Morgan IV, Nr. 25, Z. 35). Sûqu rapšu = Breite Straße ist
wahrscheinlich im Texte der Stadtbeschreibung zu ergänzen. Vgl. S. 137.

2. Kunuš qadru-Straße

Die zweite Prozessionsstraße „Beuge Dich, Besiegter" (G, Z. 15) war, 1
in Anlehnung an den Namen, als „enge Straße" gestaltet. Ein vergöttlichter „Kunuš qadru", vielleicht der erbeutete Straßengott Babylons, stand im Assur-Tempel von Assur, ist im Texte III Rawlinson, Taf. 66, Vord. Kol. I, Z. 28, VR, 47, Rs. Z. 37/8 und KAR Nr. 122, Rs. Z. 7 genannt.[1])

3. Aîburšâbum-Straße

Die drittgenannte Straße ist in Anfangsresten erhalten (G, Z. 5) und 1
war die Prozessionsstraße des Marduk z. Z. des Nebukadnezar II. Der
Name bedeutet „Nicht möge Sieg gewinnen der Feind" (Hommel, Geographie S. 1015). Er kommt m. W. nicht in Kontrakten vor, sondern
nur in Königsinschriften (VAB IV, S. 300). Es ist überraschend, daß der
Name in den Bauinschriften der Straße selbst (VAB IV, S. 196, Nr. 29
und S. 198, Nr. 30) nicht vorkommt, ebensowenig auf den Pflastersteinen, 24
die Koldewey (WVDOG 2) veröffentlichte und die aus Kalkstein des
Libanon („Bergstein" = abnu šadû)[2]) und aus weißroter Breccia (abnu
turminabanda) bestehen. Letztere, die Sanherib im Ort Kapridargilâ bei
Til-Barsip südlich von Karkamiš brach (Luckenbill, Annals of. Senn.
108, 59; 121, 48), tragen die Inschrift dieses Herrschers (WVDOG 2, 19
S. 10, Taf. 4; AK II, S. 21, Nr. 3, E. Unger) und wurden im „Ehrenhof"
der „Heiligen Pforte" zum Etemenanki gefunden (Koldewey WEB[4], Abb.
36, S. 52, S. 187). Die Prozessionsstraße, die einerseits vom Ištar-Tor
bis zum Haupttempel des Marduk die Stadt durchschnitt, verlief andrerseits von Westen nach Osten zwischen Etemenanki und Esagila, vom 26
Brückentor an, kreuzte die andre Straße und ging nach Nordosten bis zum Marduk-Tor oder Giššu-Tor weiter, das in der östlichen Stadtmauer, nördlich des Zababa-Tors lag. Die Straße ist in den ausgegrabenen Stücken 10—20 Meter breit, die Pflasterbahn für den Prozessionswagen des Gottes Marduk, der im Nisan (März), dem 1. Monat des Jahres zum Neujahrsfesttempel geführt wurde, war 6—7 m breit (WVDOG 47, Taf. 18, Reuther). Über die Straße s. a. WVDOG V, S. 40f., Weißbach; AO V, 4, S. 26f., ders.

4. KI-?-Straße

Im Abschnitt H, Z. 1 der Stadtbeschreibung ist die Fortsetzung der 1
Straßennamen erhalten, von dessen erstem sich nur das Zeichen KI erhalten hat.

[1]) Stadtbeschreibung von Assur Z. 11 (KAV Nr. 42, Kol. I, Z. 11, O. Schroeder); A. Deimel, Pantheon babyl. Nr. 1701. Vgl. unten S. 162, sowie Landsberger: MAOG IV, S. 298f.

[2]) AOTU II, 2—3 (1921) S. 76ff. E. Unger.

5. Schatten(?) . . . -Straße

1 In H, Z. 2 ist der Rest eines zweiten Straßennamens ,,Schatten" (ṣillu)
erhalten, der sich vorläufig nicht ergänzen läßt.

6. Nabu-Straße

Nabu daiân nišêšu, die Prozessionsstraße des Nabu vom Uraš-Tor bis
zur ,,Einzugspforte des Nabu in Esagila", wie es in einer Inschrift des
Nebukadnezar heißt (VAB IV, S. 160, Nr. 19, VII, 49f., Langdon; AO
V, 4, S. 27, Weißbach); hier noch genauer charakterisiert als sulû rapšu,
mutaq ^{ilu}Nabu, ,,breite Straße, Prozessionsstraße des Nabu". Der heilige
1 Name findet sich in der Straßenliste H, Z. 3. In den Kontrakten ist er
nicht genannt, wohl aber ist die Straße ähnlich bezeichnet, wie in der
Königsinschrift: sûqu rapšu, mutaqu Nabu u Nanâ (= Tašmêtum),
52 VS V, 82, dd. Babylon, vom 13. III. 16. Jahre des Darius I.; abweichend
davon steht in einem Kontrakt derselben Zeit: da-ḫu (= angrenzend)
sûqu la [a]ṣu-u (= Straße ohne Ausgang!), mutaqu Nabu u Nanâ:
VS V,64, vom 21. IV. 14(?). Jahre des Darius I. Ebenso auch la a-ṣu-u:
VS V, 78, dd. Babylon vom 3(?). V. 15. Jahre des Darius; VS V, 84, dd.
53 Babylon, vom ?. V. 18. Jahre des Darius; ähnlich liegt nach VS V, 131,
vom 3. ?. 10+?. Jahre eines unbekannten Herrschers von Babylon ein
Haus [daḫu sûqu] mu-ta-qu Na[bu u Nanâ sûqu] la a-ṣu-u. Daraus
geht hervor, daß die Nabustraße an einem Ende eine Sackgasse bildete,
also bei Esagila. Während sonst die Tore und die zugehörigen Straßen
innerhalb der Stadt einem und demselben Gotte geweiht sind, trägt das
Tor hier den Namen des Stadtgottes von Dilbat, Uraš, während die
Straße dem Nabu geweiht ist, dessen Kult in Borsippa erst in der
Hammurapizeit (um 2000 v. Chr.) eingerichtet ist, so daß die Benennung
der Straße also später sein muß, als die des Tores.

7. Zababa-Straße

Zababa muḫalliq garišu, Straße vom Zababa-Tor ins Stadtinnere
1 (H, Z. 4), sonst in Inschriften und Kontrakten nicht namhaft gemacht.
Z. gehörte nicht zur Prozessionsstraße des Marduk. Die Zababa-
Straße empfing die Landstraße, die von Kiš kam, wo der Gott Zababa
wohnte, am Zababa-Tore und führte in paralleler Richtung zur Nord-
64 westmauer direkt zum Tempel des Ninurta (oder Zababa) im Stadtteil
,,Himmelshand".

8. Marduk-Straße

Marduk re'u mâtišu, Straße vom Giššu-Tor, einer eigentümlichen Be-
zeichnung des Marduk-Tors, war eine wichtige Prozessionsstraße des
Marduk bis zum Peribolos des Turms zu Babel. Der Name kommt
nur in der Beschreibung (H., Z. 5) vor, im Volksmund „Straße des 1
Nergal der Freude" (Nergal ša Ḫadê) genannt. Diese Straße kam als
Prozessionsstraße des Pestgottes Nergal unmittelbar von der Stadt dieses 7
Gottes, Kuta im Nordosten von Babylon. Gleichzeitig war sie Prozessions-
straße des Marduk, des Gottes der Tagessonne, die am Tage ihres
Höchststandes im Juni im Nordosten aufging.

9. Ištar-Straße

Ištar lamassi ummânišu, Name der nördlichen Hälfte der Prozessions-
straße Aîburšâbum, die von Norden nach Süden, vom Ištar-Tor bis zur
Heiligen Pforte ging. Der Name ist in der Stadtbeschreibung (H, Z. 6), 1
und auch in Inschriften Nebukadnezars überliefert (VAB IV, S. 160,
Nr. 19, VII, 45, Langdon), wo ausdrücklich gesagt ist, daß diese Straße
vom Ištar-Tor bis zur „Heiligen Pforte" führte. Die Ištar-Straße, die
beim Ištar-Tor die Landstraße von Akkad aufnahm, war der Kriegs-
göttin Ištar von Akkad geheiligt. Sie verlief ursprünglich, parallel zur
Nordostmauer, bis zum Tempel der Ištar von Akkad im Stadtviertel
„Gottespforte". Denn in der Nähe des Schloßportales macht die Straße 49
einen merkbaren Knick nach Süden. Sie ist also in späterer Zeit abge-
lenkt und zur Prozessionsstraße nach Esagila umgebaut worden. Die
Götter, die in dieser Straße entlangzogen, waren nach einer Inschrift-
stelle (VAB IV, S. 156, Nr. 19, Kol. V, Z. 49ff.) vor allem drei Gott-
heiten, deren Symboltiere daher längs der Straße in Emaillereliefs an-
gebracht sind: Marduk, als „Enlil der Götter" (Schlangendrache am 46
Ištar-Tor), Wettergott Adad (Stier, ebenda) und Ištar (Löwe an der 18
Straße außerhalb des Tores). 17

10. Enlil-Straße

Enlil mûkin šarrutišu, Straße, die vom Enlil-Tor in die Stadt führte;
ihr Name ist nur in Abschnitt H, Z. 7 genannt. Die Straße kam von 1
Nippur, der Stadt des Enlil her und ging wahrscheinlich parallel zur
Nordostmauer. Sie wird zum Enlil-Tempel geführt haben.

11. Sin-Straße

Sin mûkin âgi šarrutišu, Name der Straße des Sin-Tors, in der Be-
schreibung H, Z. 8 angeführt. Der Gott ist wahrscheinlich der Mond- 1

gott von Bît Ḫabban; die Straße verlief vermutlich parallel zur Nordostmauer von Babylon und ging in die Nähe des Sin-Tempels.

12. Adad-Straße

Adad napšat ummâniia uṣur, Name der Straße vom Adad-Tor in der
1 Neustadt (H, Z. 9,), bis zur Euphratbrücke nach Osten hin.

13. Šamaš-Straße

Šamaš išid ummâniia kain, Name der Straße des Šamaš-Tors in der
1 Neustadt, vgl. H, Z. 10. Eine Straße, allerdings ohne Namensnennung in der Inschrift Nebukadnezars (CT 37, 21, R. 1) als sûqu rapšu abul Šamaš erwähnt, lag in Dilbat(!). Die Šamaš-Straße zog sich von Süden
64 nach Norden durch die Neustadt möglicherweise bis zur Lugal-girra-Pforte, auch „Pforte des Bêl" volkstümlich benannt (Kapitel VIII, 3).

14. Kurub lišmê-Straße

Sûqu „Kurub lišmê su(?)-me-e-u-su", Straße von unbekannter Lage,
1 nur in Beschreibung H, Z. 11 erwähnt; vermutlich ist das folgende „E-SIR" eine Apposition dazu, die bedeutete „Prozessionsweg des Gottes X. Eine Zella des Gottes Marduk trug fast denselben Namen wie die Straße. Die Zella ist wahrscheinlich mit der der „Heiligen Pforte" identisch.

15. Damiq-ilišu-Straße

Sûqu „E-SIR ^{m}Damiq-ilišu", (Prozessionsstraße des D.), im Abschnitt
1 H, Z. 12 genannt. Es ist möglich, daß sich der Name auf den König der 2. Dynastie des Meerlandes gleichen Namens bezieht. Auch Hommel liest die Straße so (Geographie S. 324), ohne sich über die Bedeutung zu äußern.

S. a. H. Winckler AOF I, S. 516 betr. K. 3993, Damiqilišu und Babylon. Da die Straße ausdrücklich als „E-SIR" = sulû = Prozessionsstraße bezeichnet ist, so kann es sich nur um eine Persönlichkeit, Gott oder König, handeln. Da ein Gottesname in dieser Art nicht vorkommt, ist die Beziehung auf den König Damiq-ilišu II. vom Meerlande äußerst wahrscheinlich. Er hat zur Zeit des Untergangs von Babylon durch Hettiter und Kassiten gelebt und hat verumtlich die Stadt von jenen Fremdlingen wieder gesäubert und ist feierlich in Babylon eingezogen, was der Straßenname nur bedeuten kann.

16. Vier-Straße

Die Beschreibung (H, Z. 12) nennt eine sulû (E-SIR) irbitti (IV-ma), 1
vielleicht auf die 4 Winde bezüglich.

17. Sibitti (Plejaden)-Straße

Sûqu „E-SIR Sibitti" (Prozessionsstraße des Gottes Sibitti = Plejaden), 1
nur H, Z. 13 erwähnt.

18. Zwillings-Straße

In derselben Zeile 13 steht sulû (E-SIR) ^{ilu}Maš-tab-ba Prozession- 1
straße des „Zwillingsgottes", = Sternbild Zwillinge, vgl. A. Deimel, Pantheon babylon. Nr. 2090.

19. Ḫup amâtsu dâdsu karaku (?)-Straße

In H, Z. 14 steht ein zur Zeit noch nicht recht verständlicher Name 1
einer Straße Ḫup ma-a-šu (Var.: [a]mat-su) da-a-šu (Var.: da-at-su) ka-ra-ku(?) (Var.: kaš?) als sûqu (SIL) gekennzeichnet. S. auch die Übersetzung des Textes.

20. Išimma ana rûqa-Straße

Sûqu (SIL) I-šim-ma (Var.: mu) ana ru-ú-qa = „Er hört in die Ferne", Prozessionsweg (su-la-a, bzw. su-ul-a) des Marduk. Damit
schließt die Straßenliste und überhaupt die Beschreibung der Binnen- 1
stadt (H, Z. 15). Der Name spielt auf den 'großohrigen' Bêl (S. 210) an.

21. Nergal ša Ḫadê-Straße

Mutaq Nergal ša Ḫadê, Prozessionsstraße des Nergal der Freude, die 64
durch die Stadtteile Kullab, Kaṣîri und Tê hindurchzog. Der Tempel 7
des Nergal selbst lag im Stadtteil Šuanna. Der Gott Nergal kam von Nordosten, von Kuta, darum ist wohl dieser Straßenname ein andrer für die Straße des Marduk zum Giššu-Tor, das auf der Straße nach Kuta
gelegen hat. Kontrakt: WVDOG IV, Nr. XV, S. 44, Taf. 15, 2, Weiß- 39
bach, dd. Babylon, vom 24. XII. o. Jahre des Nebukadnezar II. im Stadtteil Kullab; die Straße hat noch die Bezeichnung KIB (?) hinter dem sûqu). Straßmaier, Nabonid 75, Z. 9ff. datiert in Borsippa vom ?. VII 2. Jahre; VS V, 32, Z. 4f. vom 13. VI. 13. Jahre des Nabonaid (sûqu qatan = enge Straße); Straßmaier, Cambyses 423, vom 4. VIII. ?. Jahre (sûqu rapšu, Stadtteil Tê); 6. intern. Oriental. Congress Leiden 1883, Actes 2, Nr. 18, Liverpool, vom 16. IV. 2. Jahre des Kambyses (fehlerhaft publiziert; ließ: Te-e, statt alu E, sowie Ḫa-di-e statt Ḫa-pad(?)-du (?), wohl auch sûqu rapšu = Breitestraße S. Kapitel IX, 3.

22. Weg der Götter und des Königs

Mutaq ilâni u šarri (Prozessionsstraße der Götter und des Königs), wurde die Fortsetzung der Prozessionsstraße des Nabu vom Uraš-Tor nach Borsippa durch die Vorstadt Šaḫrînu genannt, auch kurz: mutaq ili u šarri und sûqu rapšu = breite Straße (Straßmaier, Darius I., 323, dd. Šaḫrînu, vom 24. II. 12. Jahre); die Straße führte hier beim Nabu-Tor der Vorstadt entlang. Straßmaier, Cambyses 233, dd. Borsippa, vom 14. III. 4. Jahre. Ob zu dieser Straße die in Straßmaier, Darius I., 82, Z. 4f. dd. Babylon, vom 16. VII. 3. Jahre = KB IV, S. 304) mu-taq-qa.. ili ma ga ru uš [ta?] genannte Straße gehört, ist unsicher, da die Bezeichnung unverständlich ist. Auch in der Neustadt gab es eine sûqu rapšu mutaq ili u šarri nach dem Kontrakt dd. Babylon vom 22. II. 4. Jahre des Assarhaddon (8. Intern. Or. Congress Stockholm I. Semit., Straßmaier, Nr. 5 [DT 34]. Vgl. a. den Kontrakt vom 8. Jahre des Artaxerxes (VS V, Nr. 119), wo ein Stadttor (?) und die Breitestraße [mutaq] ilâni u šarri genannt ist.

23. Weg des Königs

Königsweg (ḫarrân šarri). Bei der Vorstadt Litamu vorbei am Piqudu-Kanal entlang nach Borsippa (AO V, 4, S. 28f., Weißbach). Ebenso beim Šamaš-Tor. „Königsstraße" ist ein volkstümlicher Ausdruck für den Weg, den der König passierte. Ḫarranu ist immer ein Ausdruck für „Landstraße" oder „Landweg" außerhalb einer Stadt.

Eine Königsstraße lag am Bânîtum-Kanal; in der Nähe des Zababa-Tors ging eine zweite Straße vorbei. Ohne nähere Angabe nennt ein Kontrakt dd. Babylon, vom 12. V. 3. Jahre des Sargon II. (8. Intern. Or. Congr. Stockholm, Straßmaier, Nr, 2, Z. 15) die „Königsstraße".

Muṣû ša šarri (Ausgang des Königs) wird in einem Kontrakt aus der Vorstadt Bît šar Bâbîli erwähnt, nebst den kisallâti (Terrassen) von Babylon: Straßmaier, Nabonid 1102, dd. Bît šar Bâbîli vom 9. VII. ?. Jahre. Vielleicht ist hiermit die Fortsetzung der Prozessionsstraße vom Ištar-Tor nach Norden gemeint. Diese ist als ḫarran šarri = Königsstraße
49 in dem Kontrakt vom 12. I. 3. Jahre des Darius I. (PSBA XIV, S. 142, 166f., Ball) angeführt.

24. Binnenmauer-Straße

Dûr-Imgur-Enlil-Straße, eine Straße entlang der inneren Stadtmauer, deren genaue Lage nicht mitgeteilt ist, wird in einem Kontrakt (VS V, 99) bd. Babylon, vom 14. X. 27. Jahre des Darius I. erwähnt. Die griechischen
62 Schriftsteller berichten, daß längs der inneren Mauer von Babylon ein breiter Streifen freien Geländes unbebaut liegen geblieben ist.

25. Ḫubur-Straße

Topf-Straße (sûqu ḫuburru), wenn ḫuburru richtig mit Topf übersetzt ist (Bezold, Glossar S. 118). Dies Wort hat auch die Bedeutung „Versammlung" (Bezold a. a. O.); daher könnte man auch „Marktstraße" übersetzen. Die genauere Lage geht aus den Kontrakten nicht hervor. Straßmaier-Evetts, Amêl-Marduk 24, Z. 3, vom 4. IV. 2. Jahre; Straßmaier, Cambyses 68, dd. Babylon, vom 2. VIII. 1. Jahre [sûqu ša ḫu-bur]; Straßmaier, Darius I., 410, vom 10. VIII. 15. Jahre (sûqu ša ḫubur]; a. a. O. 464, Z. 6, dd. Babylon, vom 21. I. 18. Jahre (desgl.); a. a. O. 474, vom 12. XII. 18. Jahre [sûqu ša mušêpišu ša ḫubur = Straße des Töpfermeisters]. Vgl. auch unten 32 und oben Kapitel VIII, 5.

26. Wüste Straße

Davon zu trennen ist die Straße sûqu ša ḫurbi = wüste Straße, die in dem Stadtteil Šušan gelegen hat (Straßmaier, Darius I. 435, vom 10. XIIb. 16. Jahre.)

27. Breitestraßen

Breitestraße (sûqu rapšu), Benennung verschiedener unbestimmter Straßen, z. B. Straßmaier, Darius I., 256, vom 26. VI. 9. Jahre; Liverpool 29, Z. 5, 6. Intern. Oriental. Congress Leiden, Actes 2, Straßmaier (ohne Datum).

Breitestraße gegenüber der Südpforte des Tempels Eturkalamma wird in einem Kontrakt erwähnt: Straßmaier, Cambyses 431, Z. 5, vom 14. XI. ?. Jahre.

28. Gassen (Enge Straßen)

Enge Straßen, ebenfalls ohne weitere Angaben, sind oftmals in Kontrakten namhaft gemacht, teils als offene (aṣû), teils als nichtoffene Sackgassen (lâ aṣû) und mit der Bezeichnung „eng" (qatnu; ZA 31, S. 54) charakterisiert: VS V, 38; 39; 91 aus der Zeit des Kambyses und Darius I. u. a. m. Die Gasse ist meist sûqu (SIL) qatnu (SIG) geschrieben; auch sûqaqu = Gäßchen findet sich, aber selten.

29. Kischer-Landstraße

Die Fortsetzung der Zababa-Straße bildete die Kischer-Landstraße (ḫarran Kiš) außerhalb des Weichbildes, die gelegentlich erwähnt ist, im Kon- 2
trakt vom 30. VI. ?. Jahre des Nabonaid (Kohler-Peiser, Aus dem Babyl. Rechtsleben II, S. 14 [Br. Mus. 84—2—11, 69]. An dieser Straße entlang floß der Bânîtum-Kanal. Auch ein Ort alu ḫarran Kiš^{ki} = Kischer-

Landstraßen-Ort wird namhaft gemacht, so z. B. VS V, Nr. 33, dd. Ḫ. K., vom 2. VII. 15. Jahre des Nabonaid; ferner Straßmaier, Nabonid, Nr. 133, dd. Babylon, vom 13. XIIb. 3. Jahre.

30. Pašû-Straße

Sûqu pašû (pa-šú-ú). Die Westseite eines Grundstücks in Babylon, dessen Nordostseite der Ausgang zu den (É^{meš} = bîtâte =) Tempeln begrenzt, bildet die sûqu pašû nach dem Kontrakt Straßmaier, Nabonid Nr. 1128, Z. 22, 23, dd. Babylon, vom 11. XI. ?. Jahre, wo ein Richterkollegium unter dem Präsidium des sartennu (Gerichtspräsidenten) Sin-i-ri-ba (Z. 5, 30) amtiert. Über den Stadtteil ist nichts gesagt.

31. Unbestimmte Straße

Eine Straße mit verstümmeltem Namen kommt in dem Kontrakt Straßmaier, Darius I., 515, Z. 7, dd. Babylon, vom 28. XII. 20. Jahre, vor, wo ein Haus gelegen hat, dessen Lage nicht angegeben ist. Es ist dort erhalten: su-u-qu.....nik(?) ša tiḫ Bît ^{m}Ardiia, benachbart dem Hause des Ardiia.

32. Mušêpišu-Straße (Zauberer-Straße)

Außer dem Straßennamen mušêpišu ša ḫubur (siehe oben 25), der wahrscheinlich „Straße des Töpfermeisters“ bedeutet, gab es auch Straßen, die nur mušêpišu genannt sind. Dies Wort heißt nicht nur „Arbeitsleiter, Meister“ (VAB VI, Nr. 46 und 47, S. 267, Ungnad; Bezold, Glossar, S. 58a), sondern auch „Zauberer, Hexenmeister“ (Meißner, Babylonien und Assyrien II, S. 202). Man wird schließen können, daß in der betreffenden Gegend die Töpferei oder die Zauberei besonders getrieben wurde. So gab es eine Zauberer-Pforte (Bâb mušêpišu) nach einem unveröffentlichten Texte aus Babylon (Nr. 23369), nach einer Notiz von Weißbach, wo auch von der Außenmauer Babylons Nimid-Enlil die Rede ist. Als Ortsangabe muß auch die Notiz des Kontraktes dd. Babylon vom 29. VI. 24. Jahre des Darius I. (VS III, Nr. 135) aufgefaßt werden, wo eine Ablieferung ina mušêpišu ša Bît mâr šarri erfolgen soll, an dem Ort des „Zauberers des Kronprinzenpalastes“.

33. Libilḫegalla-Brücke

Libilḫegalla-Brücke, die Brücke über den „Ostkanal“ von Babylon ist die einzige, die von Nebukadnezar II. erwähnt wird. Er nennt sie titurru und errichtete sie aus Baumstämmen, worauf er die Prozessionsstraße

Aîburšâbu aus Ziegeln hinüberführte (VAB IV, S. 88, Nr. 8, II, 9; S. 160, Nr. 19, VII, 54ff. Langdon). Der Kanal lag südlich des Stadtschlosses; die 64
Brücke, an der Südostecke desselben, ist aber noch nicht ausgegraben.

34. Euphrat-Brücke

Die Euphrat-Brücke ist von Koldewey ausgegraben. Sie lag in Fortsetzung der Prozessionsstraße zwischen dem Peribolos von Etemenanki und Esa- 26
gila, und bestand aus mehreren schiffartigen Pfeilern mit dem Bug nach Norden, aus Ziegeln in Asphalt gelegt, mit Kalksteinverwendung. Von den Pfeilern sind alle 8 freigelegt worden. Die Gangbahn bestand aus Bohlen. Da die Ziegel keinen Stempel haben und kleines Format (31 zu 31 cm) besitzen, so hat schon Koldewey geschlossen, daß die Brücke älter sei, als Nebukadnezar II. Sie wird auch in seinen Inschriften nicht erwähnt. Die von Koldewey (WEB[4] S. 193ff.) angeführte Stelle ist dort unrichtig gedeutet. Andre Parallelen lassen sich auch noch hinzunehmen: VAB IV, S. 72, Nr. 1, Kol. I, Z. 38f.; S. 106, Nr. 13, II, 12f.; S. 130, Nr. 15, V, 7; S. 162, Nr. 19, V, 31; S. 180, Nr. 20, II, 23f. Langdon. Dazu kommt CT 37, 12, II, 30f. Letztere Stelle ist von Wichtigkeit für die richtige Übersetzung, die schon von Langdon verwendet ist; es stehen sich zwei Worte, kâru = Kaimauer und makâti = Ufermauern, gegenüber; die Bedeutung „Brücke" für dies Wort ist nicht belegt.[1]) Den kâru des Araḫtu gegen Osten vom 12
Ištar-Tor bis zum Uraš-Tor hatte Nabopolassar erbaut und die makâti aus Ziegeln des jenseitigen (d. h. also westlichen Ufers (abarti, ebirti) des Euphrats festgefügt. Der Kaimauer des Araḫtu lag also die Ufermauer des Euphrat gegenüber. Wie schon gesagt, war der Araḫtu nur eine andre Bezeichnung für den Euphrat und zwar innerhalb der Stadt. Aus den oben angeführten Stellen geht nun weiter hervor, daß speziell die an den Palästen und Heiligtümern von Babylon sich entlangziehende Flußseite im Osten den Namen Araḫtu führte. Ich bezeichne sie daher mit „Araḫtu-Ufer".

Die älteste Brücke aus Kalkstein und Ziegeln wurde von Sanherib um 700 in Ninive erbaut; sie führte vom Tor des Palastes in die Stadt (D. Luckenbill, Annals of Sennacherib 1924, S. 102, Rassam Zylinder, Z. 90; Luckenbill, Ancient Records of Assyria II, § 381).

---

[1]) Die von Koldewey (WEB[4] S. 195) auf Anregung von C. F. Lehmann-Haupt angenommene Übersetzung von makât abarti Puratti mit „Brücke über den Euphrat" wird von keinem Assyriologen angewendet; s. Langdon, Legrain (oben S. 96), ferner F. Hommel, Geographie S. 1014; Delitzsch, HWB S. 407; Bezold, Glossar S. 172. Makûtu heißt Einfassung, Geländer, Balustrade oder Ufermauer (vom Flusse); makâti ist der Plural von makûtu. Titurru = Brücke bei Nebukadnezar: VAB IV, S. 88, Nr. 8, Kol. II, Z. 9; S. 160, Nr. 19, Kol. VII, Z. 63, Langdon.

60 Die feste steinerne Brücke über den Euphrat wird auch von den
62 griechischen Schriftstellern (Herodot I, 186, Diodor II, 8, Q. Curtius
63 Rufus V, 4) erwähnt und als ein Weltwunder betrachtet und als Werk der Königin Nitokris, d. h. Nebukadnezar II., bzw. der Semiramis angesehen. Des Nachts wurde die Brücke unterbrochen, indem man die Balken entfernte. Dies geschah natürlich nur zwischen zwei Brückenpfeilern und wahrscheinlich am Ende der Brücke beim Ufer der Neustadt. Eine Bestätigung gibt der Befund der 115 Meter langen Brücke, deren westlicher Landpfeiler vom nächsten Strompfeiler[1]) doppelt so weit entfernt war, als die andern Strompfeiler unter sich. Der Landpfeiler hatte 6 Meter Breite, was die ungefähre Breite der Gangbahn bezeichnete. Die 6 stark geböschten Strompfeiler sind je 21 Meter lang, 9 Meter dick und ebensoviel von einander entfernt[2]). Der östliche Landpfeiler in älterer Zeit — Inschriften sind nicht beobachtet — hatte einen 12,40 m langen, 2,40 m tiefen Rücksprung mit Stufen, vielleicht der Ansatz für eine Schiffbrücke (WVDOG 48, S. 54, Tf. 51, 55, Wetzel). Diese Mauer ist nachkassitisch. Später beim Brückenbau errichtete man hier einen breiten Landpfeiler, im Querschnitt wie ein halbes Schiff. Nabonaid schob den Kai bis auf den 1. Strompfeiler vor (Koldewey, WEB[4], S. 193f.), so daß die Brücke seiner Zeit nur 5 Strompfeiler besaß.

35. Schiffbrücke

In einem Kontrakte dd. Babylon vom 1. IV. 26. Jahre des Darius I. (TC XIII, Nr. 196, in Paris, MNB 1131) wird eine Schiffbrücke erwähnt, gi-iš-ri, bzw. giš-ri, die bewacht wird und e-ri-du ù e-lu-ú Bît Bâb-tum (oder Kip-tum) ša ^{m}Gu-za-nu, šakin ṭêmi Bâbîli (Tintir^{ki}) gelegen hat, dazu gehörte auch ein kâru, d. h. eine Hafenmauer: „unterhalb und oberhalb des ‚Pforten-Hauses' des Guzanu, des Gouverneurs von Babylon". Die Schiffe (elippu) sind als darku (klein?) bezeichnet. Aus diesem Beispiel erkennt man, in welcher Weise man in Babylon am bequemsten über einen Fluß oder einen Kanal gelangte, nämlich vermittels einer Schiffbrücke. Die Lage des hier verzeichneten Hauses des damaligen persischen Vorstehers von Babylon, das zugleich das Verwaltungsgebäude der Stadt sein wird, läßt sich nicht feststellen, da keine speziellen Angaben gemacht sind.

---

[1]) An diesem Strompfeiler, dem ersten von Westen her, sind 2 Schichten Kalksteinmauerwerk außer den üblichen gebrannten Ziegeln, festgestellt worden (WVDOG 48, S. 55).

[2]) Die an der Brücke verwendeten Maße, 6, 9 und 21 m findet man auch beim Turm zu Babel (S. 197); was eventuell für die Datierung der Brücke wertvoll sein könnte.

KAPITEL XIII

DIE STRASSENALTÄRE UND ZELLEN

Außer den Tempeln (maḫazu) und den Kapellen (papaḫâni) und den
Zellen (parakke) gab es in Babylon noch sogenannte Standorte, Sitze
(UB-LIL-LA = ibrâtu), manzaza oder KI-GUB; deren Anzahl außer-
ordentlich hoch war. 53 Tempel, mindestens 955 Zellen und 384 Stand-
orte. Es sind mit den letzteren die Straßenaltäre gemeint, die vor den
Eingängen der Tempel, oder auch sonst an Straßenkreuzungen oder
Plätzen aufgestellt waren, und von denen sich noch einige in den Aus-
grabungen vorgefunden haben. Zu diesen gehören wohl auch 300 Zellen
(parakkê) der Himmelsgötter Igigi und 600 der Unterweltsgötter Annun-
naki (Beschreibung H, Z. 19), sowie 7 Zellen KUR-GUB^{meš} der 7 ašakki 1
(Dämonen), mâr Anim (Kinder des Anu), gehörig dem Ninurta (kišitti
Ninurta), die KAR Nr. 142, Vord., Kol. II, 1—10 aufgeführt werden, sogar
mit Angabe des Standortes und zwar: 1. Gegenüber dem Tempel E-tùr-
kalamma; 2. In der Pforte von E-ḫursagtilla; 3. In der Pforte des
Tempels der Ištar von Akkad; 4. In der Pforte des Tempels des Lugal-
banda; 5. In der Pforte des Tempels des MES-SAG-UNU-KI (= Šara
s. ZA XXXIII, S. 129, Z. 47 = Pisangunuqu [Schroeder] vgl. Deimel,
Pantheon S. 180); 6. Gegenüber von EN (wohl verhört für E) -namḫe;
d. h. Tempel des Adad; 7. In der Pforte des Tempels der Bêlit Nînâ
(beide in der Neustadt). Ob 7 GUBBA^{meš}-Götter (Pförtner-Götter),
die KAR Nr. 142, Vord., Kol. II, Z. 21—24 genannt sind, hierhergehören,
ist ungewiß, weil der zugehörige Tempelname fehlt. Aus alter Zeit
werden KI-DÙR (šubtu) des Marduk am Euphrat im 9. Jahre des
Ammiditana erwähnt (VAB V, S. 601), ebenso im 20. Jahre desselben
Königs KI-DÙR SAG-DUG-GA-KI, am Araḫtum-Kanal und am
Palast (a. a. O. S. 602). Diese KI-DÙR haben auch die Bedeutung
manzazu, Standort, Sitz. Im assyr. Brief Harper ,Letters Nr. 119, Rd. 1—2 27
sind solche KI-DÙR... und Gott Nabu bei Esagila genannt.

Die Stadtbeschreibung (H, Z. 20—23) nennt zusammenfassend noch 1
180 Straßenaltäre (UB-LIL-LA) der Ištar, ferner 180 „manzaza" des
Lugaldingirra und des Mešlamtaëa, d. h. des Adad (Deimel, Pantheon

S. 166) und des Nergal; weiter 12 Straßenaltäre des Sibitti (Siebengottheit = Plejaden), 6 desgl. der KUN^{meš}, d. h. zibbâte = Schwänze (= Fischschwänze = Sternbild der Fische), ferner 4 desgl. des Regenbogens (Tiranna) und 2 desgl. des Festgottes (^{ilu}Isinnu), s. dazu ZDMG 69, S. 413, Meißner; KAR, Nr. 26, Z. 17; Deimel, Pantheon S. 114.

In einem besonderen Abschnitte der „Stadtbeschreibung" (D) werden
1 Zellen von verschiedenen Göttern genannt. Sie lassen sich wegen der ungenügenden Erhaltung des Textes nicht identifizieren, nur einige Gottheiten seien deshalb namhaft gemacht, zu deren Kreisen die Zellengötter gehören, Ningizzida, ein Unterweltsgott, Anu, der Himmelsgott. Sie besitzen „Zellen" (parakke), die als ihre Wohnstatt (šûbat) gekennzeichnet sind.

Die im Abschnitt E der Stadtbeschreibung angeführten Zellen des Gottes Marduk, von denen es im ganzen 55 an Zahl gegeben hat, sind in Kapitel XVII behandelt.

Im Abschnitt F desselben Textes sind gleichfalls Zellen, mit Angabe ihrer Lage und ihrer Namen beschrieben. Sie befanden sich in der Nähe des „Heiligen Hauses" und der „Heiligen Pforte" (s. Kapitel XIV, 4 [LVIII], Kapitel XVII [S. 190] und Kapitel XVIII).

In Babylon sind eine Reihe von 10 solcher Straßenaltäre ausgegraben, doch ist ihre Zugehörigkeit, bzw. ihre Zuweisung an einen Gott meist nicht festgestellt, wenn sie nicht nahe einem Tempel gefunden sind. Sie stammen aus späterer Zeit, 7. Jahrhundert (Assarhaddon) und aus der neubabylonischen Periode. Da gerade die Altäre dem Zugriff der Ziegelräuber ausgesetzt waren, haben sich immerhin eine stattliche Anzahl auffinden lassen. Es handelt sich um folgende Altäre: 1. Viereckiger Altar, 2,83:2,57 Meter, mit Ziegeln des Assarhaddon aus dem Stadtteil „Gottespforte" (jetzt im Hügel Merkes) in der „Ziqqurratstraße" (O. Reuther, Innenstadt von Babylon S. 70f.). 2. Desgl. an einer Straßenkreuzung
8 (Reuther a. a. O. Taf. 21, S. 72/3), 3,20:3,05 Meter im Geviert. Er besitzt einen Hohlraum, vielleicht zum Aufstellen eines Symboles, einer Standarte (RLA I, Taf. 11, c). 3. Ein weiterer viereckiger Altar an der östlichen Seite der Ištar-Straße, östlich des Stadtschlosses (Koldewey, Tempel von Babylon und Borsippa, Taf. 2). 4. Ein runder, hohler Altar, 1,40 Meter im Durchmesser, nördlich des Ištar-Tors, in der Prozessionsstraße (Reuther a. a. O. S. 70; Koldewey, Ištar-Tor S. 10). 5. Viereckiger Altar vor dem rechten, nordöstlichen Torturm des Ištar-Tores, 0,80 Meter im Geviert (Koldewey a. a. O. Abb. 9). 6. Viereckiger Altar, 1,15:1,60 Meter im Geviert unter der Zella des Tempels der Ištar von Akkad (Reuther a. a. O. S. 139, Abb. 89). 7. Viereckiger Altar, vor dem Ein-

gange desselben Tempels, 3,70:3,20 Meter im Geviert, aus der Zeit des 21
Königs Nabonaid (Reuther, a. a. O. Taf. 30). Er entspricht also dem 3. in
der Siebener-Liste (KAR Nr. 142, Vorders. Kol. II, Z. 3) genannten Al-
tare (KUR-GUB) des ašakku-Dämonen, Sohnes des Himmelsgottes Anu,
gehörig dem Gottes Ninurta (s. oben). 8. Altar vor dem Haupteingange
des Tempels der Ninmaḫ im Stadtviertel Kadingirra (Gottespforte), 23
von Nebukadnezar II. gebaut, 1 Meter im Quadrat (Koldewey, Tempel
von Babylon und Borsippa Taf. 3, S. 4ff.). 9. Vor dem Osteingange des
Ninurta-Tempels im Stadtteile Himmelshand, 1,20 Meter im Quadrat, 24
wohl von Nabopolassar gebaut (Koldewey, a. a. O. Taf. 6, S. 25, Abb. 25).
10. Vor dem Haupttore des Gula-Tempels in demselben Stadtviertel,
des Tempels Z von Koldewey (a. a. O. S. 19), hat ein Altar gestanden, 20
der jedoch verschwunden ist. Abbildungen solcher Altäre finden sich auf Reliefs von Sargon II. aus Dûr-Sargon (Botta-Flandin, Mon. Taf. 114, Greßmann AOBAT[2] Abb. 440; RLA I, Taf. 11, a) auf einem Waldberge, ein andrer auf einem Felsen, an dem eine Quelle entspringt (Botta a. a. O., Taf. 78; RLA I, Taf. 11, b). Zwei Altäre sind im Gelände des königlichen Stadtschlosses von Arbailu erbaut, nach dem Relief Assurbanipals in Paris (RLV III, Taf. 98; Louvre; Pottier, Catalogue des Antiquités assyriennes Nr. 73). Ebenso steht ein Altar vor der Königsstele, als Kultgegenstand im Lustgarten mit dem Aquädukt auf einem Relief desselben Königs in London (Brit. Mus. Assyrian Saloon Nr. 92; Renan, Mission de Phénicie S. 162/3; RLA I, Taf. 15; Pinches, Old Testament in the Light of the Ancient Orient Abb. 16, S. 406 [Photo]. Vielleicht handelt es sich um den Lustgarten des Königs Sanherib nördlich von Ninive, den Herbert Anger nach meinen Angaben im Bilde wiederhergestellt hat (Schätze unterm Schutt, Stuttgart Kosmos, 1930, Tafel 4 [E. Unger]).

Kapitel XIV

DIE HEILIGTÜMER

1. Die Orientierung der Bauwerke

Die Kenntnis der Babylonier von der Astronomie und ihre darauf sich gründende Astrologie und Wahrsagung aus dem Laufe der Gestirne wird seit dem klassischen Altertum bis heute noch fast sprichwörtlich gerühmt. Und doch hat man jüngst festgestellt, daß präzise Beobachtungen der Gestirne und ihres Wandels am Himmel erst seit etwa 700 v. Chr., seit der spätassyrischen Zeit, gemacht worden sind. Gestützt auf die hohe Meinung, die man von der babylonischen Astronomie besaß, hatte man auch ohne weiteres angenommen, daß die Babylonier die uns geläufigen astronomischen Himmelsrichtungen angewendet hätten. In ihren Keilschrifturkunden reden die Babylonier und Assyrer aber von vier Winden, nach denen sie Straßen, Städte, Gebäude usw. orientiert hätten, auch von „Sonnenaufgang" und „Sonnenuntergang",[1]) zwei Begriffen, die keinesfalls astronomisch sind, sondern einen Abschnitt am östlichen oder westlichen Horizont umfassen, der zwischen Nordosten und Südosten und zwischen Nordwesten und Südwesten liegt. Es sind die äußersten Punkte, an denen die Sonne im Sommer (Nordosten, Nordwesten) bzw. im Winter (Südosten, Südwesten) auf- und untergeht.

Es ist höchst bemerkenswert, daß es in der babylonischen Sprache keine prägnanten Ausdrücke für Norden, Osten, Süden und Westen gibt, um so mehr als der ausgezeichnete Assyriologe Knut Tallqvist jüngst in einer sorgfältigen und eingehenden Studie[2]) zu dem Resultat gekommen ist, daß es für die vier, von den Babyloniern als „Winde" bezeichneten angeblichen „Himmelsrichtungen" keine etymologische Erklärung gibt. Von den Bezeichnungen der Winde iltânu = „Norden",

[1]) Einige Beispiele aus assyrischen Königsinschriften: Tukulti-Ninurta I. (1250): KAH II, Nr. 58, Z. 59—69; Nr. 60, Kol. I, Z. 23 = Luckenbill, Anc. Rec. I, § 163; Assurnassipal II. (880): Statue Z. 4—8 = Le Gac, Inscr. S. 201 = Luckenbill a. a. O. I, § 504; Sanherib (700): Luckenbill a. a. O. II, § 473; ders. Annals S. 152, XVII; Assurbanipal (650): VAB VII, S. 464, S. 588.

[2]) Knut Tallqvist, Himmelsgegenden und Winde: Studia Orientalia ed. Soc. Or. Fennica II (1928), S. 105—185.

šadû = „Osten", šûtu = „Süden", amurru = „Westen", wie man sie bisher irrig deutete, hat Tallqvist nur den vermeintlichen „Osten" als „Bergwind" erklären können. „Wind des Gebirges" ist die wörtliche Bedeutung dieser Bezeichnung gemäß dem entsprechenden Ausdruck IM-KUR-RA, den die Sumerer, die Erfinder der Keilschrift, dafür anwendeten. Aus dem Sumerischen lassen sich aber auch die drei andern Winde genau definieren: iltânu = IM-SI-DI, wörtlich: „Günstiger Wind"; šûtu = IM-GAL-LU, „Wolkenwind"; amurru = IM-MAR-TU, „Sturmwind".[1]) Weder diese sumerischen noch die babylonischen Namen enthalten also irgendeine Anspielung auf eine astronomische Orientierung. Daß die Richtung dieser Winde ungefähr aus dem Norden, Osten, Süden und Westen kommt, steht fest. Die tatsächlichen Windverhältnisse Mesopotamiens stehen aber mit der Ansetzung einer genauen Nord-, Ost-, Süd- und West-Richtung in größtem Widerspruch. Nach den Beobachtungen der Meteorologen[2]), deren Kenntnis ich Prof. Dr. H. von Ficker, dem Direktor des Meteorologischen Instituts Berlin, verdanke, gibt es Winde aus Norden, Osten, Süden und Westen äußerst selten, sowohl in Assyrien als auch in Babylonien. Dagegen ist der herrschende Wind der Nordwest-Wind, trocken und angenehm, mit klarer Luft, d. i. „Günstiger Wind" (iltânu).[3]) Sehr häufig ist der Südost, im Gegensatz zum Nordwestwind, feucht und heiß, mit Dünsten und Wolken, Regen und Gewittern, vom Persischen Golfe her wehend, d. i. der „Wolkenwind" (šûtu) der Sumerer[4]). An dritter Stelle steht der gefürchtete Südwest-Wind, heiß, unerträglich und lästig, manchmal zu rotem Staub-Sturm sich entwickelnd, Krankheiten begünstigend, d. i. der „Sturmwind" (amurru)[5]). Auch der lange Jahre in Assyrien weilende Ausgräber A. H. Layard[6]) beschreibt diesen Wüstensturm ausführlich,

[1]) KAV Nr. 81 (VAT 11263). (IM)šâru = kappu (Flügel) = Wind (Howardy, Clavis Nr. 262). CT XVIII, Taf. 44 Vorders., Z. 66—69; ZA 35, S. 306/7 (P. Schnabel); III R 66, Rückseite Kol. III, Z. 27 (Die 4 Winde als Götter angerufen).

[2]) Alex. Schläfli, Zur physikal. Geographie von Unter-Mesopotamien: Neue Denkschr. d. Allgem. Schweiz. Ges. f. d. gesamt. Naturwissenschaften XX (1864), 4. W. Cellingwood, a. a. O. S. 92ff.; H. Grothe, Meine Vorderasienexpedition II, S. 297f. C. W. B. Normand, Meteorol. conditions.. in Mesopotamia: Quart. Journ. Royal Meteorol. Soc. XLV (1919), S. 368ff.

[3]) SI-DI = išaru: recht, günstig (Howardy, Clavis Nr. 127, 4; Delitzsch, Sumer. Glossar S. 236).

[4]) GAL-LU = irpu: wolkig (Howardy, a. a. O. Nr. 48, 4; Delitzsch, a. a. O. S. 80 [Wolkenwind]). GAL = qàl (Thureau-Dangin, Le Syllabaire accadien, 1926, S. 5, Nr. 19).

[5]) MAR-TU = abubu: Sturmwind (Howardy, a. a. O. Nr. 278, 2; Delitzsch, a. a. O. S. 181). Vgl. auch RLV „Vorderasien" S. 186b. Abubu ist die Bezeichnung für die „Sintflut".

[6]) A. H. Layard, Populärer Bericht (deutsch) S. 59.

und einem solchen elementaren Ausbruch des Südwest-Sturms ist das Dampfboot „Tigris" der bekannten Euphrat-Expedition des englischen Obersten Chesney (1835) zum Opfer gefallen.[1]) An vierter Stelle weht der Nordost-Wind, der „Gebirgswind" (šadû) der Sumerer, von der mesopotamischen Ebene aus beobachtet.[2]) Die antiken Namen der Winde und die Eigenschaften der heutigen Winde, die nach Prof. von Ficker im Altertum nicht anders geweht haben als jetzt, decken sich also vollkommen. Dazu kommt nun die merkwürdige Orientierung der antiken Bauten und Städte, die durchweg mit den Fronten nach Nordwest und Nordost, Südost und Südwest zugekehrt sind, gleich den Straßen, durch die der erfrischende Wind im heißen Orient entlang streichen soll. Im Einklang damit geht aus den Angaben der topographischen und Bauurkunden mit Gewißheit hervor, daß noch spät, im 7. Jahrhundert, die Assyrer die tatsächlichen Windrichtungen zur Orientierung heranzogen, nicht aber die astronomischen Richtungen, die damals noch nicht üblich waren.[3])

Die von Sargon II. um 710 erbaute assyrische Residenz Dûr-Sargon war „nach den vier Windrichtungen hin" angelegt und ist in der übereck orientierten, regelmäßig viereckigen Ruine Chorsabad, nördlich von Ninive, ausgegraben worden.[4]) Dadurch sind die im Keilschrifttext hier auch einzeln genannten 4 Winde als Nordwest, Nordost, Südost und Südwest bestimmt. Babylon, das ähnlich angelegt und regelmäßig gebaut war und dessen Mauerzüge sich keineswegs nach dem Flußlauf des Euphrats, sondern nur nach den Windrichtungen orientieren, hat der König Assarhaddon 681 v. Chr. neu gegründet und „die Straßen der Stadt nach den vier Windrichtungen zu geöffnet".[5]) Also auch hier Nordwest-, Nordost-, Südost- und Südwest-Windrichtungen. Ganz ausführlich schildert Sanherib (um 700) die Lage der 15 Stadttore von Ninive, dessen Grundriß, ebenso angelegt, am südöstlich fließenden Tigris entlang — gegenüber dem heutige Mossul —, gut erhalten

[1]) F. R. Chesney, the Expedition for the survey of the rivers Euphrates and Tigris, London 1850; ders. Narrative of the Euphrates Expedition, London 1868; W. F. Ainsworth, A personal narrative of the Euphrates Expedition, London 1888.

[2]) Hilprecht, der Ausgräber von Nippur, hat von dort aus die Gebirgszüge beobachtet (Hinke, Boundary Stone of Nebukadnezzar I, S. 322).

[3]) Auch andere Gelehrte haben diese Ansicht schon früher ausgesprochen: Bertin, Hagen, Haupt, Hommel, Pinches; s. K. Tallqvist, a. a. O. S. 146, Anm. 2.

[4]) Sargon II. Stierinschrift Z. 82 (Winckler); Annal. Z. 427; Saal XIV, Z. 76; Prunkinschrift Z. 164; Pavé des portes II, Z. 38—39; IV, Z. 119; 8 Tore nach 8 „Winden" hin (Saal XIV, Z. 79) — ähnlich Sanherib beim Palastbau von Ninive (Luckenbill, Annals S. 97, Z. 85).

[5]) BA III, 2, S. 252, Z. 37—38; Luckenbill, Anc. Rec. II, § 659, E.

ist.[1]) Danach lagen drei Tore „nach dem iltânu („günstigen Wind") zu" = Nordwest, 5 Tore an der Tigrisfront, gen amurru „Sturmwind" = Südwest, und 7 Tore „gen Sonnenaufgang, gen Wolkenwind (šûtu) und gen Gebirgswind (šadû)". Aus der letzten Angabe geht deutlich hervor, daß Sanherib unter dem šûtu (Wolkenwind) nur den Südost-Wind verstehen kann, da er gen Sonnenaufgang liegen soll. Hierdurch ist die Übersetzung „Südwind", wie es seither geschah, ausgeschlossen, weil der Sonnenaufgang niemals im Süden, wohl aber im Südosten (im Winter) stattfindet, genau so wie im Sommer im Nordosten; darum ist Sanherib in vollem Rechte, wenn er Nordosten (Bergwind) und Südosten (Wolkenwind) mit der Richtung des „Sonnenaufgangs" gleichsetzt. Daraus erhellt, daß der „Sonnenaufgang" in seiner vollen Ausdehnung am östlichen Horizont, von Nordosten bis Südosten, verstanden ist. Nur unter diesem Gesichtspunkte haben die Assyrer und Babylonier den Persischen Golf als das „Meer des Sonnenaufgangs" bezeichnen können, weil er im Südosten ihres Landes gelegen ist. In demselben Sinne hieß das Mittelländische Meer das „Meer des Sonnenuntergangs". Eine astronomische Fixierung der Himmelsrichtung kann mithin auch in diesen Richtungsbezeichnungen niemals liegen.

Diese Orientierung der Stadtanlagen, der Gebäude und Tempel, die man bisher nicht zu deuten verstand, ist mithin nach dem Auftreten der Winde vorgenommen worden. Ich wähle noch einige Beispiele, die ich nach den Ausgrabungen der Deutschen Orient-Gesellschaft in der assyrischen Hauptstadt Assur ermittelt habe. Die nach Nordnordwest gerichtete Front der Stadt hat hier eine Reihe von Gebäuden, die sich garnicht um die natürliche Richtung des Felsabhanges kümmern, sondern schräger gestellt, nach dem Nordwest-Winde zu, orientiert sind. Der „Neue Palast" von Assur, den Tukulti-Ninurta I. (um 1250) hier erbaute, liegt nach seinen Angaben „gegenüber dem iltânu (Nordwest)-Winde".[2]) Um 1100 spricht Tiglatpileser I. davon, daß die Lage dieses Palastes „nach dem iltânu (IM-SI-DI)-Winde zu" orientiert sei.[3]) Der „Alte Palast" der Stadt Assur, weiter östlich in der Mitte der Nordfront gelegen und jetzt auch völlig ausgegraben, hat, gemäß Mitteilung des Tukulti-Ninurta I., „nach dem Gebirgswind (IM-

---

[1]) Sanherib, Prisma Br. Mus. Nr. 103000, Kol. VII, Z. 70ff. (CT 26); Ruth Buka, Topographie Ninives, Dissertation Berlin 1915, S. 40f. Die Orientierung ist in dieser Abhandlung jedoch nicht besprochen worden.

[2]) Luckenbill, Anc. Rec. I, § 146; a. a. O. I, § 156, Z. 18f. WVDOG 23, S. 164.

[3]) Luckenbill, a. a. O. I, § 394; Zerbrochener Obelisk, Kol. V, Z. 4, Annals of the Kings of Assyria S. 145. (L. W. King).

KUR-RA = Nordost) zu" den großen Tempelturm des Assur-Enliltempels der Stadt vor sich, was wiederum mit der tatsächlichen (nordöstlichen) Lage des Turms zum Palast genau übereinstimmt.[1])

Die teilweise Abweichung der Orientierung der Gebäude von der streng einheitlichen Richtung nach Nordwesten erklärt sich aus der Praxis der Grundsteinlegung. Diese erfolgte „in einem günstigen Monat" und „an einem günstigen Tage", was von den Wahrsagern und Priestern durch allerlei Vorzeichen vorherbestimmt wurde.[2]) Infolgedessen wurde auch der an diesem prädestinierten Tage wehende Wind als Richtschnur für die Orientierung genommen, und da die Richtung des Nordwest-Windes um einige Grade schwankt, so ergab sich daraus die schwankende Orientierung der Bauten. Was Babylon angeht, so besitzt man eine wertvolle Angabe über die Festsetzung des günstigen (DUG-GA) Tages und Monats, die von den Priestern für die Inangriffnahme der Bedachung des Marduk-Tempels Esagila vorherbestimmt wurde, als der Neubau unter Assarhaddon (um 670) fast vollendet war. Der assyrische Berichterstatter meldet dem Könige in einem Briefe (Harper, Letters Nr. 1278 [K 915]), daß der 2. XII. dafür geeignet befunden sei.

Die Windrichtungen werden aber nicht nur für topographische Zwecke, sondern auch für astronomische und astrologische Bestimmungen verwendet. In den Mondomina z. B. trägt der šûtu (= Südost)-Wind alle Merkmale des tatsächlichen, vom Meere her wehenden „Wolkenwindes". Er bringt Gewölk, Regen, Überflutung und Stauung der Flüsse durch das Meer, das noch heute bei Flut die Wasser des Tigris bis Kurna hinauf zur Stauung bringt.[3])

Es ist somit durch die Nachprüfung aller kontrollierbaren Angaben der Keilinschriften über die Verwendung der angeblichen „Himmelsrichtungen" festgestellt, daß astronomische Orientierung im alten Mesopotamien nicht vorgenommen wurde, sondern allein eine Orientierung nach den dort herrschenden Windrichtungen, daher die allgemein übliche „Eckorientierung"[4]) — nach moderner Auffassung. Da die Wind-

---

[1]) KAH I Nr. 17, Rücks. Z. 3, Luckenbill, a. a. O. I, § 153.

[2]) Ina arḫu šemê ûmi mitgari (Sargon II., Saal XIV, Z. 68—69 [Winckler S. 91]).

[3]) BA VIII, 4, S. 34, Z. 15; S. 35, Z. 27; S. 46, Z. 23; S. 67, Z. 132. Südostwind = Wind des Ea, günstig für Regierungsbeginn (Meißner: MAOG I, 2, S. 38; Luckenbill, Anc. Records II, § 506); Wolkenwind: Delitzsch, Sumer. Glossar S. 80.

[4]) In Mesopotamien gab es außerdem noch Orientierung nach der Natur: „oben und unten", sowie nach der Person des Menschen selbst „vorn und hinten", „links und rechts". Oben (eliš, elû) ist im Norden, bzw. Nordwesten, unten (šapliš, šaplû) dagegen im Süden, bzw. Südosten gesehen, entsprechend der Senkung des Tieflandes nach dem Persischen Golf zu. Dieser war deshalb „das untere Meer", gegenüber dem „oberen Meer", d. h. dem Mittel-

orientierung auch bei astronomischen Beobachtungen ausdrücklich bezeugt ist, so kann auch hier nur die gebräuchliche Windorientierung in Frage kommen. Viele der bisherigen Berechnungen werden daher illusorisch, namentlich z. B. bei den Bestimmungen der Finsternisse des Mondes, den die Babylonier in die vier nach den Windrichtungen orientierten Quadranten eingeteilt haben. Der Mond, bisher willkürlich nach astronomischen Richtungen durch ein Diagonalkreuz in vier Quadranten eingeteilt, muß nunmehr durch ein Vertikalkreuz in vier Quadranten nach Nordwest, Nordost, Südost und Südwest geteilt werden[1]). Der Vorübergang des Erdschattens vor dem Monde durch die einzelnen Quadranten erfährt aber durch die neue Orientierung der Quadranten erhebliche Verschiebungen, so daß jetzt ganz andere Mondfinsternisse in Frage kommen werden, als die seither berechneten. Es werden sich auch wesentliche Änderungen in der Zusammenstellung und in der Konstellation der Gestirne ergeben müssen und, falls durch Finsternisse historische Ereignisse oder Daten festgelegt sind, so muß auch hierin manche Korrektur vorgenommen werden.

Die wissenschaftliche Astronomie der Babylonier, die man vielfach, aber irrtümlich, seit ältesten Zeiten voraussetzte, hat, was die Orientierung angeht, nicht den geringsten bestimmenden Einfluß ausgeübt. Die sumerische auf kosmischer Grundlage beruhende religiöse Weltanschauung hat sich nur insoweit an die Gestirne und ihren Lauf angelehnt, als es rein äußerlich, ohne Berechnung geschehen konnte, indem sie den Himmel als „Bilderbuch" nahm, wie es A. Jeremias (HAOG[2]) treffend ausgedrückt hat. Rechenbuch war der Himmel erst im 7. und 6. Jahrhundert, in Ninive und Babylon, und die monumentale Auswirkung ist die rein astronomische Orientierung der 3 großen Paläste Nebukadnezars II. in Babylon, die genau nach Norden orientiert sind. Die

---

meer, z. B. bei Sanherib (Luckenbill, Annals S. 66, Z. 3). Eliš und šapliš heißt „insgesamt", z. B. bei Adadnirari II., KAH II, Nr. 84, Z. 118 (Luckenbill, Anc. Rec. I, § 373), bei Tiglatpileser III. (Platteninschrift 2, Z. 39 [Rost]); dieser König fügt hinzu, „vom Grunde des Himmels bis zur Höhe des Himmels" und verwendet als Komplemente dieser Maße: von Sonnenaufgang bis -untergang (Tontafel Vorders. Z. 3—4 [Rost]). Vgl. a. Smith, BHT S. 113, Taf. XIII, Nabonaid-Cyrus-Chronik Kol. III, Z. 10f. (AOB I, S. 101, Anm. 9). „Oberer Wind" (šâru elû) ist gleich „Vorderer Wind" (AOB I, Nr. XX, 14, Vord. Z. 7; MDOG 21, S. 29; AOB Nr. XX, 23) nach Nordwesten, wo die Gärten des Assur-Tempels lagen. Bei der Orientierung: vorn, hinten, links, rechts entsprach wahrscheinlich Nordwest = rechts, so daß die Orientierung nach Südwesten war (PSBA V [1882] S. 74, T. G. Pinches). Vorn ist pâna oder rêši, hinten ist arka, rechts ist imnu, links ist šumelu.

[1]) F. X. Kugler, Sternkunde und Sterndienst in Babel II, S. 60f. S. meine Zusammenstellung dieser beiden Einteilungen in: Forschungen und Fortschritte IV (1928) Abb. 2, S. 344.

wissenschaftliche Astronomie gewinnt also zuerst Einfluß auf die Profan-Architektur. Sie hat auch jetzt noch keine bestimmende Einwirkung auf die sakrale Kultur.

2 Die Offenbarung der Gottheit durch den Windhauch

Die Orientierung richtete sich in Assyrien vorzugsweise nach dem Nordwest-Winde, dem sog. „Günstigen Winde" (iltânu), so daß man geneigt sein wird, hier einen praktischen Gesichtspunkt als Leitmotiv anzunehmen, um so mehr, als die Assyrer, praktisch und militärisch wie die Römer, ihre Kultur spät entfalteten, deren Keim sie von den Babyloniern empfingen, die, wie die Griechen, die geistigen Kulturgüter mehr gepflegt haben und auf eine über 1000 Jahre ältere Tradition zurück-
28 blicken konnten. Die Tempelgrundrisse der Städte Babylon, Borsippa und Ur in Chaldäa zeigen aber, daß nicht der praktische Grund das ursprüngliche Motiv für die Orientierung gewesen sein kann. Denn die Tempel sind teils nach Südosten, dem „Wolkenwinde" (šûtu) zu, teils aber nach Südwest, dem bösen und gefürchteten Wüstensturmwinde (amurru) zu orientiert. Maßgebend war hier deshalb ausschließlich das religiöse Motiv, und zwar die Offenbarung der Gottheit durch den Windhauch. Möglich ist, daß die „Seele" der Götter darin spricht. „Seele" ist nämlich ein ‚bewegtes Rohr' und hat auch die Bedeutung einer Bewegung, „Erheben"; also auch hier ist der Wind mit im Spiele (E. Unger, Die Keilschrift, Entstehung, System... 1929, Nr. 41).

Der Wettergott Adad oder Ramman ist der „Wind" (IM = schâru), wie sein Name sagt, so daß man den Gott mit den Worten „Du Wind" anredet.[1]) Er ist der Gott, „der im Winde daherfährt", der „Orkan,"[2]) „der im Sturme spricht", d. h. der sich im Sturme offenbart. Aber auch andre Götter offenbaren sich ebenfalls durch den Windhauch. In einem Zwiegespräch des Königs Assurbanipal (650 v. Chr.) mit dem Gotte Nebo von Ninive „antwortete ein Windhauch von dem Antlitz des Nebo her" dem Könige, d. h. von der Statue des Gottes im Tempel, die aus der Richtung des Windes her sich so dem Beter offenbarte.[3]) Das Symbol des Windes ist der Flügel, der schon bei den Sumerern in übertragener Bedeutung (PA = SIG) den Wind (schâru) bedeutete.[4]) Die Windgötter sind daher als geflügelte Götter und Dämonen im Bilde dargestellt

---

[1]) CT XV, 15 (Ungnad, Religion S. 195, Z. 16f.)

[2]) CT XXIV, Taf. 32, Z. 123.

[3]) KB VI, 2, S. 138, Z. 23; auch Ištar offenbart sich dem Könige in derselben Weise: Greßmann ATAT² S. 281 (A. Jeremias HAOG² S. 318).

[4]) Howardy, Clavis Nr. 262; s. auch S. 123 Anm. 1.

worden. Der Windhauch des Gottes kann nun für den Menschen gut oder böse sein. Der gute Hauch tröstet den Menschen in der Not.[1]) „Marduk" (der Stadtgott von Babylon), „möge ich leben durch deinen Hauch!"[2]) heißt es in einem Gebet. Marduk führt den heiligen Namen: „Tutuzîqu, der Reinigung hält, der Gott des guten Hauches, der Herr der Erhörung und Gnade."[3]) Der gute Hauch bringt also Gnade und Erhörung. Gute Geister, die „sieben Weisen", offenbaren sich als „günstige Winde".[4]) Speziell das Wort der Götter wird durch den Windhauch kundgetan. Ein prächtiger sumerischer Hymnus preist diesen Gedanken[5]). Er bringt die Macht des Enlil, des Gottes der Erdoberfläche, des Stifters der Königreiche, dadurch zu beredtem Ausdruck. Das Wort des Mondgottes, „das wie der Windhauch dahinzieht, läßt Weide und Tränke gedeihen".[6]) Die Gottheit aber vermag auch den „bösen Hauch" zu senden, mit dem sie vernichtet. Marduk tötet im „Weltschöpfungsepos" die Göttin Tiâmat, das Urchaos, durch seine Waffen, die Winde.[7]) Enlil zerstört die Städte durch den Sturmwind.[8]) Wenn der Mensch verzaubert ist, so bittet er den Sonnengott: „Dein grimmiger Windhauch möge den Zauberer und die Hexe fassen; weggeblasen werde ihr Zauber!"[9]) Eine besondere Gattung von bösen Elementen bilden die sieben Dämonen, die Krankheit und Fieber des Menschen erregen. Ihre Behausung ist die Ruine. „Finstere Winde, böse Stürme sind sie". „Anstürmende Winde sind sie." Sie „wehen den Menschen an, wie der Wind" und dringen selbst durch das Schlüsselloch in die Wohnung.[10])

Die Offenbarung der Gottheit durch den Windhauch in gutem und in

---

[1]) Meißner, BuA II, S. 120—1; AOTU II, 4, S. 68, Z. 20ff. —Vgl. weitere Stellen aus den Inschriften des Assurbanipal VAB VII, S. 347; Rassam-Zylinder Kol. VI, Z. 64.

[2]) Ungnad, Religion S. 176, Z. 65.

[3]) Weltschöpfungsepos Tafel VII, Z. 19—20; Meißner BuA II, S. 181.

[4]) Meißner a. a. O. II, S. 49, 206; LSS III, 3, S. 72f. — Geist, der „Gute Wind": Meißner, a. a. O. II, S. 203; Klauber PRT Nr. 109, Rücks. Z. 4.

[5]) A. Ungnad, Religion der Babylonier und Assyrer 1921, S. 212—216.

[6]) Combe, Culte de Sin, S. 96; IV R^2, 9 Vorders. Z. 60; Ungnad, Religion S. 166, Z. 28.

[7]) S. Kapitel XX und XXI.

[8]) Marduk entfernte andrerseits durch die 4 Winde die Erdmassen von den Ruinen der Tempel, z. B. von Ebarra in Larsa; s. VAB IV, S. 97, Nr. 10, Kol. I, Z. 20 (Nebukadnezar II.); a. a. O. S. 236, Z. 11; S. 242, Z. 52 (Nabonaid). Zerstörende Winde des Enlil: Ungnad, Religion S. 207f.

[9]) Ungnad, a. a. O. S. 246, Z. 121; S. 249, Z. 121; S. 254, Z. 57.

[10]) Ungnad, a. a. O. S. 285, Z. 40; S. 286, Z. 32; S. 286, Z. 139; S. 288, Z. 282, Z. 1; S. 290, Z. 98; Delitzsch, HWB S. 252; CT XVI, Taf. 13, Kol. II, Z. 65; Meißner, BuA II, S. 202, 216f.

bösem Sinne spricht sich also sehr klar in der religiösen Literatur aus. Eine lebendige Illustration dazu ist in zwei goldenen gleichartigen Figuren einer Göttin[1]) der Hammurapizeit (2000) erhalten. Die Göttin legt beide Hände im Halbbogen über den Mund zusammen, als wenn sie blasen will und mit günstigem Hauche Gewährung spendet. Diese in der Rundplastik sehr klar ausgedrückte Gebärde wird im Relief nicht ebenso deutlich wiedergegeben werden können. Es ist daher nicht ausgeschlossen, daß göttliche Gestalten, die im Relief beide Hände vor das Antlitz bis zur Höhe des Mundes erheben, die gleiche Gebärde wie die Göttinnen des Goldschmuckes darstellen sollen. Aber noch andere Bestätigungen lassen sich beibringen. Vor allem die Eigennamen, die zahlreich aus dem 2. und 1. Jahrtausend v. Chr. überliefert sind, zeigen die Bedeutung des Windhauches der Götter für den Menschen: „Im Windhauche des Gottes Nusku gehe ich," „Im Windhauche des Bêl gehe ich" findet sich neben den Namen: „Gut ist der Windhauch des Gottes Assur," „Gut ist der Windhauch der Göttin Ischtar." In weiteren Eigennamen sind andere Götter verwendet, wie die Göttin Inanna, der Mondgott Sin, der Sonnengott Schamasch, der Gott Anmartu usw., in der letztgenannten Form des Namens. Diese Namen beweisen, daß jedem Gotte die Offenbarung durch den Windhauch zukommt.[2])

Dieser Gedanke ist jedoch nicht auf Mesopotamien beschränkt. Er findet sich auch im übrigen Vorderasien. Ich möchte hier nur die interessante Tatsache hervorheben, daß in der keilinschriftlichen Fürstenkorrespondenz von Tell Amarna (um die Mitte des 2. Jahrtausends) die Könige Palästinas von Tyrus, Sidon, Beirut, Gebal, Gezer usw. von dem „Hauche des Lebens" reden, der „von dem Munde des Königs ausgeht", d. h. des ägyptischen Pharaos, den sie als „Sonnengott"

[1]) In der Sammlung von Frau Dr. Hahn, Berlin; abgebildet in: Forschungen und Fortschritte V (1929) S. 271; Gesch. des Kunstgewerbes, Wasmuth, III (1930), S. 357, 7—8.

[2]) Tallqvist, Neubabylon. Namenbuch; Tallqvist, Assyrian Personal Names: Ina-šâr-Nusku-alak (BE XIV), Ina-šâr-Marduk-alak (a. a. O.); Ina-šâr-Bêli-alak (Harper, Letters Nr. 167, Z. 2; Nr. 990, Z. 2). — Ṭâb-šâr-Aššur (Johns ADD Nr. 147, Rücks. Z. 4; Nr. 232, Z. 3); Ṭâb-šâr-Ištar (Tallqvist APN S. 216); Ṭâb-šâr-Ma-la-ka (Gut ist der Windhauch des Gottes Melek: Johns, ADD Nr. 534, Rücks. Z. 4); Ṭâb-šâr-Nergal (a. a. O. Nr. 209, Rs. Z. 3; Nr. 509, Rs. Z. 2); Ṭâb-šâr-Anu (CT VI, 15, Kol. II, Z. 17); Ṭâb-šâr-Sin (VAB VII, S. 728; Combe Culte de Sin S. 154; Johns, ADD Nr. 993, Rs. IV, Z. 19); Ṭâb-šâr-An-martu; Ṭâb-šâr-Šamaš; Ṭâb-šâr-Inanna (Goucher, Coll.); Ṭâb-šâr-Nabu, Ṭâb-šâr-Bêlit usw. Šâr-Bânîtum-ṭâbu (Der Windhauch der Göttin Bânîtum ist gut: Straßmaier, Cambyses Nr. 193, Z. 3; VS VI, Nr. 233, ein Frauenname: Šâr-Bêli-ṭâbi [?] (a. a. O. Cambyses Nr. 291, Z. 9). — Es finden sich auch Kurznamen wie: Šâr-Aššur (Windhauch des Gottes Assur), Šâr-Nergal; Šâr-Ištar (Tallqvist APN).

verehren.[1]) Der König besaß diese göttliche Eigenschaft auch noch im späteren Assyrien (7. Jahrhundert) z. B. nach dem assyrischen Eigennamen „Gut ist der Hauch des Königs"[2]), und ein schönes assyrisches Sprichwort verkündet:

„Der Mann ist der Schatten Gottes.
Der Sklave ist der Schatten des Mannes.
Aber der König ist gleich Gott".[3])

Von besonderer Bedeutung aber sind die Eigennamen wie „Gut ist der Windhauch des Tempels Ezida", d. h. des Tempels des Schreibergottes Nebo von Borsippa, oder „Gut ist der Windhauch des Tempels *28*
Eanna" (des Tempels der Ischtar in Uruk), oder „des Tempels Esabat" (des Tempels der Göttin Gula in Babylon).[4]) Diese Namen, die auch *20*
von dem Windhauch der Tempel sprechen, spielen auf deren Orientierung an, die, wie festgestellt ist, nach den Windrichtungen vorgenommen wurde. So ist Ezida nach Südwesten orientiert und Esabat, der wahrscheinlich mit dem Tempel „Z" in Babylon identisch ist, nach Südosten. Der Gott Nebo von Borsippa offenbarte sich also im Südwest- *27*
Winde, die Göttin Gula, wie auch die große Muttergöttin Ninmach von Babylon, im Südost-Winde. Diese Orientierung erklärt sich durch die enge Beziehung der Göttinnen zur Unterwelt, zum Reiche des Gottes Enki, der, wie sein Name sagt, die Erde an sich, samt dem Ozean und seiner unterirdischen Fortsetzung, dem Grundwasser, repräsentierte. Das „Meer des Sonnenaufganges" im Südosten Mesopotamiens, der Per- *1*
sische Meerbusen, war seine spezielle Wohnung, der Südost-Wind war dem Gotte Enki (Ea) speziell geheiligt,[5]) als der „Wolkenwind", der unmittelbar vom Meere her wehte und Regen brachte.

---

[1]) VAB II, Nr. 141; 143 (Beirut); 144, 145 (Sidon); 164; 281; 297 (Gezer), 149 (Tyrus) usw.

[2]) Ṭâb-šâr-šarri im assyrischen Briefe Harper, Letters Nr. 840.

[3]) Im assyrischen Briefe vom Archiv in Ninive: Harper, Letters Nr. 652; Meißner BuA I, S. 371.

[4]) Ṭâb-šâr-Ezida; Ṭâb-šâr-Eanna; (YOS VI z. Z. des Nabonaid); Ṭâb-šâr-Esabat (Straßmaier, Darius I., Nr. 201, Z. 13; Meißner, BuA II, S. 121). — Sogar Eigennamen, in denen vom Windhauch von Städten gesprochen wird, sind vorhanden: Ṭâb-šâr aluArbailu = Gut ist der Windhauch der Stadt Arbailu = Arbela, s. Tallqvist APN.

[5]) Über die Verteilung der Götter auf die Winde gibt es zwei von einander etwas abweichende Texte, was sich aus der religiösen Entwicklung ergibt, dahingehend, daß dem erstgenannten Texte eine spätere Rezension zukommt, als dem zweiten. Volle Klarheit besteht aber über die Beziehungen der Götter zu den Winden noch nicht in jedem einzelnen Falle. Die beiden Texte sind auch noch nicht ordnungsgemäß veröffentlicht: Bezold Catalogue Kuyundjik Coll. III, S. 1045 (K 9875) = 1. Text; a. a. O. III, S. 923 (K 8397) = 2. Text.

Der Südwest-Wind aber gehörte dem Himmelsgotte Anu, so daß sein großer Tempel in Uruk, dem heutigen Warka, wo die Deutsche Orient Gesellschaft gegenwärtig gräbt, gleichfalls nach Südwesten orientiert ist, auch der große dazu gehörige Tempelturm, der zwischen dem Anu-Tempel (Bît Rêsch) und dem Ischtar-Tempel (Eanna) liegt. Die Ischtar von Uruk ist, wie aus dem bekannten Gilgamesch-Epos hervorgeht, die spezielle Liebesgöttin; sie macht dem Helden Gilgamesch Liebesanträge, die aber jener Held stolz zurückweist, weil ihm letztenendes doch nur Unheil daraus entstehen würde. Der Tempel der Liebesgöttin Ischtar ist nach dem Nordwestwinde zu orientiert, also bezeichnenderweise nach dem „Günstigen Winde." Die Eigenschaft des Windes wird mithin mit den Eigenschaften der Gottheiten in engste Beziehung gesetzt. So offenbart sich die Ischtar als die Kriegsgöttin, in unheilvoller Eigenschaft, in dem ungünstigen Wüstensturmwinde,
21 wie man es an dem Tempel der Ischtar von Akkad in Babylon sehen kann, der nach Südwesten orientiert ist.

Ganz besonders interessant ist die Orientierung des Marduk-Tempels
26 in Babylon, Esagila, wo die Kapelle des Hauptgottes nach Nordosten zu gerichtet war. Marduk war ein Sonnengott, und man muß daher in Betracht ziehen, was macht die Sonne im Nordosten? Hier ist derjenige Punkt, wo die Sonne zu der Zeit der Sommersonnenwende, im Juni, aufgeht, vor dem längsten Tage des Jahres. Im krassen Gegensatze
27 dazu steht aber der Tempel des Gottes Nebo von Borsippa, der Nachbar-
28 stadt im Süden von Babylon, mit dessen Stadtgott Marduk von Babylon außerordentlich eng verbunden war. Ezida, der Tempel in Borsippa, ist nach Südwesten orientiert, also entgegengesetzt, wie Esagila von Babylon.
14 Zur weiteren Erklärung springt hier nun ein Text ein, der berichtet, daß im Monat Juni (Duzu) Miuššar und Kaṭuna, die „Töchter von Esagila" nach Ezida ziehen, und im Dezember (Ṭebetu) umgekehrt Gazbaba und Kanisurra, die „Töchter von Ezida" nach Esagila ziehen. „Warum ziehen Sie?" fragt der Text selbst und antwortet: „Im Duzu (Juni) ist die Nacht kurz, und, um die Nächte zu verlängern, ziehen die Töchter von Esagila nach Ezida. — Ezida ist dann das Haus der Nacht. — Im Monat Ṭebetu (Dezember) aber ist der Tag kurz, und die Töchter von Ezida ziehen nach Esagila, um die Tage zu verlängern. Esagila ist dann das Haus des Tages." Gott Nebo ist daher die Nachtsonne, die im Südwesten im Dezember bei der Wintersonnenwende vor der längsten Nacht untergeht, um ihren Lauf unterhalb der Erde fortzusetzen. Alles in allem, speziell die Bezeichnung der Tempel Esagila als „Haus des Tages" und Ezida als „Haus der Nacht" präzisiert

die Götter Marduk als den Repräsentanten der Tagessonne, seinen Gegenspieler und Partner Nebo aber als den Vertreter der Nachtsonne.

Durch die Orientierung der Tempel nach der Richtung des Windhauches, aus dem sich die Götter offenbarten, lassen sich manche wertvolle und greifbare monumentale Zeugnisse ermitteln, die auf den ursprünglichen Charakterzug der Gottheit ein helles Licht werfen. Der Charakter der Götter ist etwa im 7. Jahrhundert v. Chr. mitunter umgedeutet worden, und zwar so, daß der Gott, der früher mehr ungünstige bannende Eigenschaften besessen hatte, nunmehr eine vorzugsweise gütige Note seines Wesens erhielt. So sind unter diesem Gedankenumschwunge auch die Tempel mehrfach umorientiert worden. In Assyrien ist allgemein die Nordwestorientierung üblich gewesen, soweit aus den bisherigen Grundrissen zu ersehen ist. In Babylonien hat man z. B. den „Turm zu Babel", der im Einklang mit dem Haupttempel,
der Kapelle des Marduk, nach Nordosten orientiert sein müßte, nach 26
Nordwesten umorientiert. In Ur kann man dieselbe Veränderung der Orientierung der Tempel des Mondgottes Sin-Nannar feststellen. Sie war im 3. Jahrtausend nach Südwesten hin, ist jedoch in neubabylonischer Zeit ebenfalls nach Nordwesten hin verschoben und umgewechselt worden. Der „Günstige Wind" galt eben in dieser Zeit als der eigentlich richtige Windhauch für die Offenbarung des guten Gottes und ist der sichtbare Ausdruck eines veränderten religiösen Gefühls, das die gesamte mesopotamische Welt damals erlebte. Daß die Orientierung der Bauten aus religiöser Ursache nach den Windrichtungen, nach der Offenbarung des Gottes durch den Windhauch, schon in ältester Zeit vorgenommen wurde, ist schon bei den sumerischen Grabkammern der bekannten Nekropole in Ur (3300 v. Chr.), die die überraschenden Goldschätze enthielt, festgestellt. Sie sind nach Nordwesten orientiert. Sie sind das Werk des sumerischen Volkes und die ältesten monumentalen Zeugnisse für die Anschauung von der göttlichen Offenbarung im Windhauche, in gutem und bösem Sinne, eine Anschauung von weittragender religionsgeschichtlicher Bedeutung, die sich letzten Endes in der christlichen Anschauung vom „Heiligen Geist" auswirkte, den man sich gern in der Gestalt einer fliegenden Taube vorstellte, die den Windhauch symbolisch zum Ausdruck bringt.

Über den Grundzug der altorientalischen Denkweise wird man nun gerade durch die Beobachtungen über die Offenbarung der Gottheit durch den Windhauch ausgezeichnet orientiert. Das oberste Prinzip für alle Handlungen sind die Götter, die Religion. Sie ist nicht nur rein äußerlich bestimmend für die Richtlinien des menschlichen Lebens, auch die Namengebung, die Einrichtung der Städte stehen völlig im Banne der Religion. Das Praktische und die Vernunft aber kommen erst in zweiter Linie in Betracht, sie wirken sich im allgemeinen erst in der späteren Zeit im 1. Jahrtausend vor Christi aus, mehr und mehr unter dem Einflusse der Assyrer, die tatsächlich einen mehr praktischen Zug in ihrem ganzen Wesen zur Schau tragen.

Der Alte Orient haftet durchaus an der realen Welt und ihren Erscheinungen. Der Gott ist nicht ein Geist, sondern er ist wirklich und wahrhaftig in seiner Statue vorhanden; mit dieser Statue geht auch er und sein Einfluß vollständig zugrunde, wie die Geschichte der Statue des Marduk deutlich erkennen läßt. Die tatsächlichen Erscheinungen der Winde sind die Offenbarungen der Götter, je nachdem, in guter oder in unheilvoller Weise, eben nach der Wesensart der Winde selbst. Daraus resultierte dann ihr starker Einfluß auf die Orientierung der Städte und Tempel, der Wohnungen der Menschen und Götter. In engstem Zusammenhange mit dieser realen Wirklichkeit stehen auch die Namen, die man verlieh. Sie haben immer eine wirkliche Beziehung zu dem benannten Objekt. Sie sind — in großem Gegensatze zu unserer heutigen Zeit, deren Anschauungen durch die Griechen angebahnt wurden — nicht leerer „Schall und Rauch", sondern sie sind auf das engste mit dem Gegenstande verbunden. So sind die Statuen der Könige nicht, wie wir es auffassen, Abbilder der Könige. Im Gegenteil. Man hauchte den Statuen durch eine Zeremonie und durch die Namensgebung volles Leben ein, und die Statuen waren daher die lebendige Inkarnation des Herrschers, der sich dadurch, um sein Andenken in der späteren Welt aufrecht zu erhalten, vervielfältigte. Auch der Name und die Inschrift, die den Namen aufgezeichnet hat, lebte. Um den Namen zu töten, muß man daher auch die Inschrift zerstören, speziell den Namen, und das ist auch in vielen Fällen geschehen, wo der Feind den Namen des gegnerischen Königs auf den Monumenten ausgelöscht hat. Die Namen haben also die engste Beziehung zum Gegenstande. So ist die „Marduk-Straße" die Straße, die der Gott Marduk auf seinem Prozessionswege tatsächlich auch passierte, in wirklicher Bedeutung, nicht, wie wir es heute auffassen, nur zu einer Erhaltung des Gedächtnisses. Name und Sache gehören im Alten Orient eng zusammen. In unserer Zeit aber haben Name und Gegenstand nichts mit einander zu tun; sie sollen höchstens das Andenken eines bedeutenden Menschen erhalten, wie „Schiller-Straße", oder sie dienen als Reklame, wie „Bismarck-Zigarre", man ist aber heute in dieser Beziehung noch viel weiter gegangen, indem man sogar völlig sinnlose Namen, aus den Buchstaben eines Gesellschaftsnamens abkürzt, wie etwa „Ufa-Palast", was nur ein auffälliger, zugkräftiger Name ist. Sokrates ist wohl einer der ersten gewesen, der die Geistigkeit der Gottheit lehrte und den Zusammenhang mit den wirklichen Erscheinungen leugnete. Darum hat man ihn, den religiösen Umstürzler, damals zum Gifttode verurteilen müssen. Die gesamte Einstellung des Orients ist derart mit der Wirklichkeit verknüpft, daß auch jeder Begriff in wörtlichem Sinne aufgefaßt werden muß, weil er sich durch ganz bestimmte, greifbare Tatsachen dokumentierte. Redensarten und übertragene Bedeutungen sind der Wesensart des Alten Orients völlig fremd. Der moderne Mensch muß daher erst einmal seinen Rationalismus und auch seine Denkweise, die alles und jedes in geistigem und übertragenem Sinne betrachtet, völlig abstreifen, ehe er die altorientalische Wesensart richtig begreifen wird. Der Rationalismus wird durch die religiöse Einstellung des Alten Orients ausgeschaltet, die übertragene Vergeistigung aber durch das strenge Haften des Alten Orients an der Wirklichkeit. Nur unter strenger Beobachtung dieser beiden Grundregeln,[1]) die die altorientalische Denkweise beherrschen, wird man daher die zahlreichen Probleme lösen können, die uns die altorientalischen Denkmäler heute noch bieten.

3. Die Lage der Tempel in Babylon

Nach dem Bericht der „Beschreibung" von Babylon (H, Z. 16) gab 1
es 53 Tempel (maḫazi) der Groß-Götter, und wir sind in der Lage, aus den Abschnitten A und B eine große Anzahl von ihnen festzustellen, sogar in welchen Stadtvierteln die einzelnen Tempel sich befanden. Hommel (Geographie S. 400) hat zuerst richtig erkannt, daß die Nennung der Stadtviertel in B jeweils zu allen vorhergehenden Tempeln gehört. Zu diesem Abschnitte kommen Angaben der Stücke F und I, wo teils Tempel angeführt werden, teils die Vororte von Babylon abgegrenzt sind, zunächst im Osten, dann im Westen, und wo ebenfalls einige Tempel genannt sind. Wichtig ist ferner die Inschrift Nebukadnezars
(CT 37, 13, Kol. II, 42—43), nach der gleichfalls einige Tempel im 2
Osten und im Westen (sc. des Euphrats) unterschieden werden. Danach ergibt sich folgendes Bild der Lage der Tempel[2]):

Altstadt, Binnenstadt (libbi ali): Tempel der Bêlit von Babylon (XV); Sin (XLIX); Papsukkal (XLV); Dumuzi ša nasikâti (IX); Nabu

[1]) Über eine andre Denkweise der Babylonier, die für die Entwicklung der menschlichen Denkart überhaupt von Interesse ist, s. S. 240, Anm. 1.

[2]) Die römischen Ziffern (im folgenden) bezeichnen die in Kapitel XIV, Abschnitt 4 behandelten Tempel.

ša nikasi (XXVII); Ningizzida (XXXVIII); Anunîtum (IV). Diese Tempel lagen wahrscheinlich in dem Quartier zwischen der Ištar-Torstraße und dem Araḫtu-Euphrat, nördlich von Esagila, das wohl in dem Stadtviertel „Lebenshain" lag (siehe auch LVIII).

Gottespforte (Kadingirra): Tempel von Nabu ša Ḫarê (XXVIII); Ištar von Akkad (XIV); Ašrâtum (V); Ninmaḫ (XLI). Da der zweite und vierte Tempel ausgegraben ist, schloß sich dieser Stadtteil unmittelbar östlich an den erstgenannten an und erstreckte sich vom Ištartor bis südlich zum Merkes eingeschlossen. Hier lag auch die „Heilige Pforte", und zwar nahe dem Südende der Ištar-Tor-Straße, und das ganze Quartier hieß nach dieser Pforte.

Himmelshand (Šuanna): Tempel von Ninurta (XLII); Nergal (XXXII); Gula oder Išḫâra (XVI). Die Tempel des Ninurta und der Gula sind wiedergefunden im Hügel Ischan el-Aswad, also südlich von Kadingirra. Die Ausdehnung geht weiter nach Westen bis an den Euphrat, da Nabus Prozessionsweg zum Tempel Esagila durch Šuanna verläuft (VAB IV, S. 158, Z. 49).

Kullab: Tempel des Lugalbanda (XX) und die Propyläen des Neujahrsfestes (Bît-rêš-Akîtum, LIV).

Šušan (Susa): Der Tempel Ekidurgina stand vermutlich in diesem Stadtteile (s. unten XXXVI, LVII).

In der Oststadt befand sich, ohne bestimmte Zuweisung in ein Stadtviertel, noch ein weiterer Tempel der Gula, bzw. Ninkarrak (XI).

Neustadt (alu eššu): Tempel von Šamaš (XLVIIA); Nabu (XXVII); Nineanna am Neustadtkanal (XXXVI); Nineanna an der Stadtmauer (XXXVII); Adad, der im Bezirk „Kumari" lag (I); Bêlit Ninâ (VIII); Bît mûti (LV) oder das „Totenhaus" oder Mausoleum.

4. Die Tempel und Verehrungsstätten

Im folgenden sind die Tempel im allgemeinen in der alphabetischen
Reihenfolge der göttlichen Inhaber behandelt. Von Bedeutung waren
8 die Monatsfestkalender für den VIII.—X. Monat, die für Babylon zu-
geschnitten sind (Reisner SBH S. 144, Nr. VII; Coll. Morgan IV, Nr. 25,
das eine bessere und ausführlichere Redaktion erkennen läßt). Es läßt
sich nicht immer sagen, ob die Götter in Babylon Tempel oder Kapellen
oder nur Zellen oder Altäre besaßen.

I. Adad-Tempel, E-nam-ḫe im Stadtteil Kumari in der Neustadt
1 (A, Z. 25; B, Z. 18), oft genannt: Im 28. Jahre des Hammurapi (VAB
V S. 591 Schorr) wird er erbaut; im 13. Jahre des Ammizaduga (a. a. O.
S. 606) wird eine Statue des Königs in den Tempel gebracht. Nebu-

kadnezar II. erneuerte ihn (VAB IV, S. 74, Kol. II, Z. 8; S. 106, Kol. I,
Z. 47; S. 178, Z. 47). Sonst findet er Erwähnung: KAR Nr. 109, Z. 19;
Coll. Morgan IV, 25, 6. Ob die in Coll. Morgan IV, 25, 20 = Reisner 8
S. 144, Z. 10 namhaft gemachten Adad^{meš} (vgl. H, Z. 21) etwas mit dem
Tempel zu tun haben, ist ungewiß. Nach Jastrow, Religion II, S. 21, 43
hätte der Tempel auch den Namen E-ḫe-nun gehabt. (S. a. MAOG I, 3,
S. 17 Schlobies). Über den Straßenaltar beim Adadtempel nach KAR
Nr. 142 s. Kapitel XIII, ferner s. Kapitel XIV, 5.
Da in der Neustadt überhaupt noch nicht gegraben ist, läßt sich nur 64
die ungefähre Lage nach der Stadtbeschreibung (H, Z. 21) feststellen.

Aḫbita s. Kapitel XIV, 5.
Akkad s. Ištar von Akkad (XIV).

II. Allâtu, die Unterweltsgöttin, wird nur in dem Text Coll. Morgan
IV, 25, Z. 35 erwähnt, im Zusammenhange (?) mit einer Straße (Kap. 8
XII, 1) und ohne Gottesdeterminativ. Der Paralleltext hat dieses Wort
ausgelassen (Reisner S. 144, Z. 15—16). Allâtu ist Ereškigal.
III. ^{ilu}An-aš-šat ša alu Dunnu-zaidu, kommt Coll. Morgan IV, 25,
Z. 39 = Reisner Z. 19 vor, wo nur ^{ilu}Aššat steht; Rauchopfer am 15. IX., 8
s. Orientalia für Tallqvist S. 98 ff., wo diese Stelle von Langdon erklärt
ist nach CT 19, 18 Rs. Z. 19b und CT 4, 23, 3c. Vgl. zu VI.
III, A. Anmartu-Heiligtum, namens E-namtaggatuḫa, von Assar-
haddon erneuert (s. Stadtbeschreibung A, 1, ergänzt, s. LVIII). 1
Anu und Antum s. Kapitel XIV, 5.
IV. Anunîtum, Tempelname noch unbekannt. Nach B, Z. 9 lag er 1
in der Binnenstadt. Morgan IV, 25, Z. 37 = Reisner S. 144, Z. 18 wird 8
Anunîtum und šarrat Sippar = Königin von Sippar miteinander ver-
bunden und Rauchopfer werden am 13. IX. dargebracht.

Asakku (Ašakku) s. Kapitel XIII und XIV, 5.

V. Ašrâtum, Tempel E-ḫi-li-kalam-ma gemäß Morgan IV, 25, Z. 38, 8
Opfer am 14. IX. Abschnitt B, Z. 12 der Stadtbeschreibung verlegt den 1
Tempel in den Stadtteil Kadingirra. Eine Weihinschrift der Hammurapi-
zeit s. King, Letters, Inscr. of Hammurabi I, Tf. 126 f. = ATAT^{2}
S. 338 Ebeling. Der Tempelname bedeutet „Pracht (kuzbu) des Landes"
und ist im Text K 1354, Z. 5, 27 abgekürzt als E-ḫi-li und mit der
Apposition šá gir-gub-ti-ia = „der mein Schemel ist" genannt. Zu
Ašratum s. RLA I, S. 169, Ebeling.

Baṣ s. XXI.
Ba-u, s. Kapitel XIV, 5.

VI. Bêl und Ninurta der Stadt Dunnizaidi (s. o. III); Morgan IV, 25,
8 Z. 51 = Reisner S. 144, Z. 26, Opfer am 10. X. Die Stadt Du-nu-za-i-du
ist auch in TSBA I, S. 90 von George Smith behandelt. Wertvoll ist
ein Kontrakt Straßmaier, Nebukadnezar II., Nr. 246, dd. Šûbat Bêlšunu,
vom 8. III. 32. Jahre, wo ein Feld, der Stadt Dunnuzaidu und der
Stadt Ši-di-ma-ra-a-tu angehörig, zwischen dem Euphrat und dem
Landungssteg (makallû) des ^{m}Šamaš-êṭir, Sohnes des ^{m}Zêriia, Sohnes
des ^{m}Bartukku, liegt. Daraus ergibt sich für die Lage wohl nur so-
viel, daß sie am Euphrat zu lokalisieren ist. Mehr läßt sich vorläufig
nicht mit Sicherheit ermitteln. Die älteste Erwähnung dieser Stadt
ist vorläufig in einem Texte der Zeit des Samsuditana, also um 1860,
in VAB V, Nr. 150, genannt Du-un-ne-za-aḫ-di^{ki}.

Bêlit von Babylon s. Ištar von Babylon (XV).

VII. Bêlit E-an-ki der Stadt Kâr ^{ilu}Bêl-mâtâte; vgl. Bezold, Catalogue
8 S. 761 (K 6082); Morgan IV, 25, Z. 24, Opfer am 7. IX. Die Stadt wird
im 8. Jahre des Nabukinapli (um 990 v. Chr.) von den Aramäern erobert
17 (Br. Mus. Nr. 35968 = King Chronicles II, S. 81, Kol. III, Z. 6—8).
VIII. Bêlit-Nînâ^{ki}, Tempel namens E-ḫur-sag-an-ki-a („Berg von
8 Himmel und Erde"); s. Morgan IV, 25, Z. 45 mit Reisner S. 144, Z. 21
(Bît Bêlit Nînâ) verglichen. Ebenso ist der Tempel genannt in der Be-
1 schreibung I, Z. 6, in der Neustadt und auch in Br. Mus. 35968 (Kol. I,
17 6), im 5. (?) Jahre des Nabukinapli ([Bît?] Bêlit Ninâ). Opfer für die
Göttin nach Morgan a. a. O. am 17. IX., sowie am 4. IX. gemäß Z. 19
= Reisner Z. 9. In demselben Tempel wohnte auch die Göttin Kaššiti
(s. XIX). Priester der Bêlit-Ni-na-a nennt der Kontrakt dd. Babylon,
vom 1[0]. XII(?). 23. Jahr des Nebukadnezar II. (TC XII, Nr. 40).
Ein Straßenaltar (s. Kapitel XIII) ist in einem Texte (KAR Nr. 142)
ausdrücklich erwähnt.

Bît Bêltiia (Stadt) s. XXVI.
Borsippa (Stadt) s. XXVIII, XL.
Dêri (Stadt) s. Kapitel XIV, 5.

IX. Dumuzi ša nasikâti (KI-BAD), = Tamuz der Regenten (der Schei-
che), dessen Tempel in der Binnenstadt stand, dessen Name jedoch un-
1 bekannt ist, erfahren wir aus Abschnitt B, Z. 6 der Stadtbeschreibung.

Dunnu-zaidu (Stadt) s. III, VI.
Dûr-Kurigalzu (Stadt) s. XVII.
Durrunîtu s. Kapitel XIV, 5.

X, A. Enlil-Tempel, nur aus der Hammurapizeit bekannt, aus dem Datum des 18. Jahres des Hammurapi (VAB V, S. 590 Schorr), wo ein Göttergemach des Enlil (parakku ṣîru), also wohl nur eine Zella, erwähnt ist. Allerdings hat König Abiêšuḫ, nach Datum f (a. a. O. S. 599) seine Statue in das Bîtu (Tempel) des Enlil[1]) geweiht. Das Neujahrsfestritual Z. 284 (Thureau-Dangin, Rit. acc. S. 136) führt einen „Wohnsitz" (šubtu, KI-DUR) des Gottes in Esagila an, in dem Monatsfestkalender werden am 7. IX. den Enlil^{meš} Opfer gestiftet (Coll. Morgan 8
IV, 25, Z. 20 = Reisner S. 144, Z. 10). S. a. XLIV.

In mehreren religiösen Texten, die dem Gotte Enlil gewidmet sind, kommt neben Etemenanki, dem Tempelturm des Marduk, ein Tempel Edaranna vor (Reisner, SBH, Nr. 33: Ungnad, Religion S. 207, Z. 11; a. a. O. S. 209, Z. 49; — Reisner SBH Nr. 1 = KB VI, 2, S. 80, Z. 149 bis 150: Ungnad, a. a. O. S. 216, Z. 91—92), so daß man an ein Heiligtum des Enlil in Babylon denken könnte.

Ebensogut könnte Edaranna ein Name der Zella des Turms zu Babel, der noch unbekannt ist, sein. Hommel (Geographie S. 309) weist Edaranna dem Gott Ea zu, aber ohne Angabe von Gründen.

X, B. Stadt Eridu, alu ḪI^{ki}, vgl. Coll. Morgan IV, 25, Z. 11, Opfer 8
am 25. VIII.

Eṭêru s. Kapitel XIV, 5.
Gamelu s. Kapital XIV, 5.

XI. Gula-Tempel (Ninkarrak-Tempel), E-ḫur-sag-sikilla, („Heiliger Berg"), im Ostteil Babylons, gemäß Inschrift Nebukadnezars (CT 37, 2
13, Kol. II, 42); wahrscheinlich, aber nicht sicher ist diese Gula Coll.
Morgan IV, 25, Z. 31 = Reisner S. 144, Z. 14 gemeint. Nebukadnezar 8
beschreibt den Neubau sehr eingehend in der Inschrift VAB IV, S. 76, Nr. 1, Kol. III, Z. 5—37. Er ist sonst nur kurz angeführt: a.a.O. S. 106, Kol. I, Z. 46; S. 128, Kol. IV, Z. 40; S. 164, Kol. V, Z. 73 (Eḫursagellu); S. 178, Z. 46. In dem späten Text (Coll. Morgan I, Nr. 99, Z. 27 und 47) ist der Tempel noch erwähnt, existierte also noch im Jahre 94 v. Chr. (= 218 Seleuziden-Aera (S. a. Hommel, Geographie S. 313; AOV, 4, S. 26 Weißbach; Jastrow, Religion I, S. 406, II, S. 143). Der Tempel Z (Kolde-

[1]) Der Kassite Gandaš (1750) erneuerte den Tempel nach später Kopie seiner Inschrift in London (84—2—11, 178); BOR I, 54; Winckler, Untersuch. z. Altor. Gesch. S. 34, 156. Nr. 6; King, Chronicles I, S. 103.

wey WEB[4] S. 218 f.; WVDOG XV, S. 18 f.) könnte ein Gula-Tempel
1 sein. Die Stadtbeschreibung (A, Z. 22) nennt einen Tempel E-me-sikil-la, der mit dem Tempel E-ḫur-sag-sikilla vielleicht identisch sein könnte.

Nach der Gründungsurkunde Nebukadnezars II. (VAB IV, S. 76, Nr. 1, Kol. III, Z. 5ff.) heißt Ninkarrak oder Gula, die göttliche Ärztin, „die mein Leben bewahrt" (naṣirat napištiia), „die mein Omen günstig gestaltet" (mušallimat bir'ia). Ihr Tempel war seit alters verfallen und hatte sehr dünne Grundsteinwände aus Lehmziegeln; 3 winzige Lehmziegel von 1 Elle und 3 Zoll Breite insgesamt. Stattdessen legte der König 3 gebrannte Ziegel von je 16 Zoll (= 33 cm) als Grundstein (PKOM I, 1916, S. 17, E. Unger).

Der von Assurbanipal restaurierte Tempel (AK II, S. 97 ff. Nassuhi, Prisma vom 6. II. 30. Jahr = 639 v. Chr.) war ein Gula-Tempel in Borsippa.

XII. Gula-Tempel, namens E-sa-bat[1]). Er wird von Nebukadnezar II. erneuert (VAB IV. S. 129, Nr. 15, Kol. IV, Z. 40; S. 164, Nr. 19, Kol. VI, Z. 9 ff.). Der König weiht der Göttin, die Weißbach Ka-tar-an-ki mit besonderem Namen lesen möchte (AO V, 4, S. 26), 6 Hunde aus Metall. In religiösen Texten tritt der Tempel ebenfalls auf: KAR Nr. 109,
8 Z. 20; Coll. Morgan IV, 25, Z. 17 = Reisner SBH S. 144, Z. 7 (Opfer am 25. VIII), endlich in späten Tempelabgabenlisten: Coll. Morgan I, Nr. 99, Z. 32, vom Jahre 94 v. Chr. (= 218 Seleuziden-Ära); ZA III, S. 144, Nr. 4 = Kohler-Ungnad, 100 Rechtsurk. Nr. 96 (von 218), wo ein Bît ḫilṣu (Schatzhaus?) des Esabat angeführt wird; ebenso in den gleichartigen Texten: ZA III, S. 145, Nr. 5, S. 146, Nr. 6, S. 147, Nr. 7 = Kohler-Ungnad, a. a. O. Nr. 97, 98, 100, vom Jahre 219. Daß ein in einem älteren Texte genannter Esabat-Tempel der Gula, wie eine Chronik aus der Zeit des Naram-Sin von Akkad (2750 v. Chr.) erzählen will, nicht in Babylon sondern in Kiš gestanden hat, ist wahrscheinlich, da hier die Truppen versammelt werden (Rev. d'Assyr. XVI, S. 206 Boissier). Im Kontrakt, ohne Ort, vom 4. V. 1. Jahre des Barzia (= Smerdis) ist von einem Bît ^{ilu} Gu-la die Rede (ZA IV, S. 150,
32 Nr. 6 Straßmaier). Harper, Letters 877, 16 nennt eine Gula-Pforte.

XIII. Gula-Tempel, namens E-ḫur-sag-azag-ga, neben den beiden andern Tempeln der Gula (XI—XII) in der Inschrift vom Jahre 218 der Seleuziden-Aera: Coll. Morgan IV, 99, Z. 28, 34 aufgeführt.

---

1) Nach der „Stadtbeschreibung von Assur" (Z. 169) gab es in Assur einen gleichnamigen Tempel Esabat, der „Tempel, der den Verstand (das Ohr) öffnet" (Bît pitat uznu). In Assur gab es nach Z. 117 desselben Textes die erbeutete (?) Statue einer Gula, vielleicht der von Babylon analog den andern aus dieser Stadt entführten Statuen (RLA I, S. 1S6, § 43, E. Unger; s. unten zu XXVIII).

Die enge Beziehung von Babylon zur Nachbarstadt Borsippa gibt sich auch darin kund, daß es in Borsippa gleichfalls drei Gula (Ninkarrak)-Tempel gegeben hat: 1. E-Gula („Gula-Tempel"), VAB IV, Nebudkadnezar II. Nr. 27a, S. 195 (Bauurkunde). — 2. E-til-la (E-ti-la, „Haus des Lebens", a. a. O. S. 195, Nr. 27b (Bauurkunde). — 3. E-zi--ba-til-la (Museum Journal, Philadelphia, 1923, S. 279, Kol. II, Z. 69ff.; VAB IV, Nr. 15, Kol. IV, Z. 54—56: „dreiTempel in Borsippa").

Im Ruinenhügel Ischan el Aswad hat Koldewey einen Tempel aus-
gegraben, den er nicht genauer bestimmen konnte und mit dem Buch-
staben „Z" bezeichnete. Er hatte außer einer Taubenfigur aus Ton[1]) mit 20
schwer verständlicher Inschrift keine weiteren Schriftdenkmäler gefunden
und zwar aus dem Grunde, weil er sie nicht aufgesucht hat; aber in
jedem Tempel stecken die Urkunden innerhalb der Lehmmauern des Ge-
bäudes. Trotz dieses negativen Erfolges der Grabung ist doch der Grund-
riß ausgezeichnet herausgekommen, und aus ihm läßt sich, mit Hilfe der
andern Nachrichten, die die Beschreibung der Babylonier lieferten, der
Inhaber des Tempels ermitteln. Im Osten vom Tempel liegt der Tempel
des Kriegsgottes Ninurta, im Stadtteile „Himmelshand", wie die
Gründungsurkunde des Nabopolassar im Einklange mit der Stadt-
beschreibung (B, Z. 14) mitteilt. Der Stadtteil Himmelshand erstreckte 1
sich, gemäß den Aufschlüssen, die die Privaturkunden liefern, bis zum
„Flusse", d. h. vom Ninurta-Tempel noch weiter bis an den Euphrat.
Also lag der unbekannte Tempel in diesem Stadtteile. Dieser beherbergte
nur noch zwei andre Tempel, den Tempel des Nergal und einen dritten
Tempel. Der Tempel kann aber nur einer weiblichen Gottheit angehört
haben; denn er besitzt nur eine Zella für ein einziges Götterstandbild,
und das kommt nur bei Göttinnen vor, wie die Tempel der Ischtar von
Akkad, der Ninmach in Babylon, der Ischtar in Uruk deutlich zeigen.
Auch die Ištartempel in Assur (RLA I, S. 186, § 47) haben eine Zella.
Daß hier nun tatsächlich der Tempel der Gula vorliegt, geht aus dem
ganz eigenartigen Charakter des Bauwerkes hervor. Er ist zunächst nach
Südosten orientiert, wie es einer Gottheit zukommt, die der Unterwelt
nahesteht, d. h. dem Reiche des Gottes Enki, des Beherrschers des
Ozeans, der im Persischen Golfe wohnte, im Südosten von Babylon. 1
Auch das spricht für Gula. Noch mehr aber spricht dafür die umfang-
reiche Tempelanlage (45,60 × 38,80 m) mit drei Höfen, einem mittleren
Haupthofe und zwei Nebenhöfen im Westen des Komplexes. Zwei Ein-
gänge führen in den Haupthof (11,00 × 13,41 m), der größere von Norden,

1) WVDOG XV, S. 19, Abb. 20, 21; OLZ 1911, Nr. 11, Ungnad, Peiser.

der kleinere von Osten, beide außen mit einem Turmpaare ausgezeichnet. Die Haupteingangstür im Norden ist so eingerichtet, daß der Blick geradeaus auf eine Wand fällt, nicht unmittelbar in den Haupthof und auf die Zella und Statue der Göttin, deren Unterweltscharakter eine besondere Ehrfurcht und Bann erzeugte. Erst von der Hoftür des Vestibüles aus schweifte der Blick ins Innere. Am Vestibül befindet sich westlich die Pförtnerstube und ein Durchgang in den 1. Nebenhof. Der Nebeneingang im Osten zeigt Außen- und Innentür des Vestibüles in einer Flucht in den Haupthof, und geradeaus über den Hof ging man durch einen Durchlaß ebenfalls in den 1. Nebenhof. Dabei konnte man während der Prozession einen Blick nach Süden auf die Gottesstatue werfen. Der Nebeneingang besitzt im Süden die Pförtnerstube, an die sich weiter nach Süden ein schlauchartiger Gang fast bis in die Mitte hinter der Zella anschließt, mittwegs durch eine Tür mit der großen Vorzella verbunden, so daß man von der Vorzella hierdurch seinen Ausgang nehmen konnte. Die Prozession ging demnach durch das Hauptportal über den Haupthof zur Zella, die mit zwei Portaltürmen geschmückt war, man betrat die große Vorzella, brachte sein Opfer der Göttin dar und ging durch den schlauchartigen Gang im Osten zum Nebenportal wieder hinaus. So konnte ein ununterbrochener Verkehr durch den Tempel ohne weitere Störung verlaufen. Die Hauptzella besitzt im Osten eine quadratische Schatzkammer, im Westen aber nur ein kleineres Zimmer, das sich als schmaler Gang hinter die Zella und die Nische fortsetzte. Es diente, wie der andre Gang vom Osten her, wohl mehr zum Schutze des kostbaren Götterbildes, zum Aufstellen der Wachen des Tempels. Durch das Nebenportal des Tempels konnte nun ein zweiter Prozessionszug eintreten, und zwar von solchen Leuten, die nicht in die unmittelbare Nähe der Göttin gelangen konnten oder besser sollten, sondern, die geradeaus nach Westen in den 1. Nebenhof eintraten, wo sich 4 Einzelzimmer und im Südwesten eine zweizimmerige Wohnung, Zimmer mit kleiner Kammer, befanden. Ein Durchgang führte weiter nach Süden in den 2. Nebenhof, in dem man im Westen ein Zimmer, im Süden aber, und zwar in bevorzugter Lage, nach dem kühlen Nordwesten hin, eine Dreizimmerwohnung findet. Diese kann nur dem Oberpriester, dem vornehmsten Mitgliede des Priesterkollegiums, angehören. Im 1. Nebenhofe aber wohnte ein Priester von mittlerem Range in der Zweizimmerwohnung, die gleichfalls nach Nordwesten zu lag. Diese eigenartige Anlage mit den zwei abseits liegenden Nebenhöfen, mit den zwei Prosessionswegen, kann nur einem komplizierteren Kulte gedient haben. Gula, die Unterweltsgöttin, war nämlich

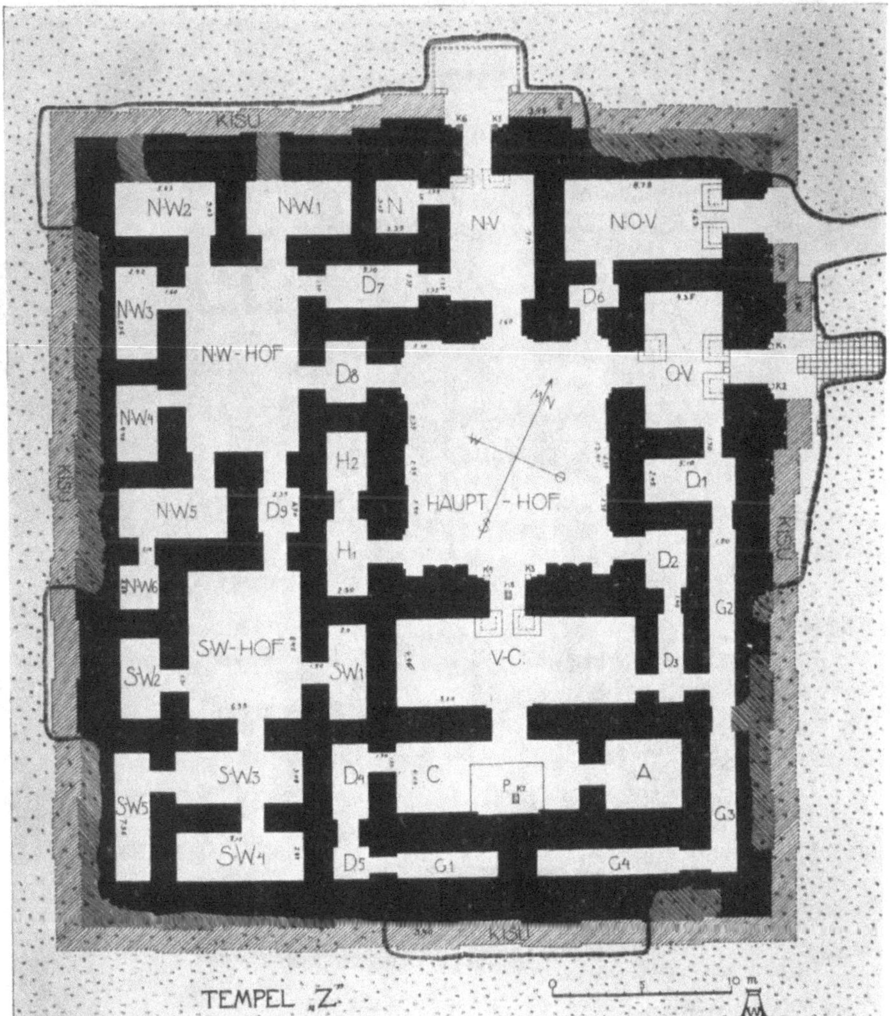

Abb. 20. Grundriß des Gula-Tempels

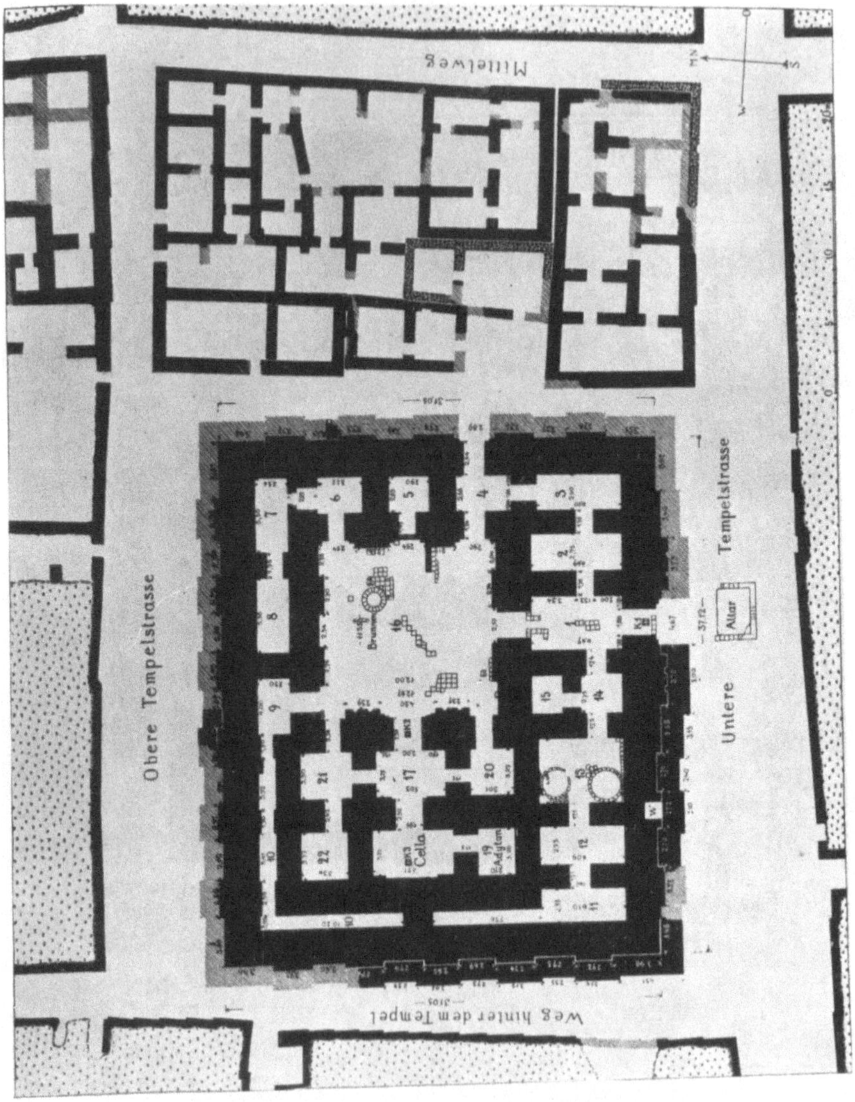

Abb. 21. Grundriß des Tempels der Ischtar von Akkad

die große Ärztin, die die Krankheiten heilte, infolgedessen eine vielbesuchte und begehrte Göttin, aufgesucht von den Kranken. Diejenigen, die leichter erkrankt waren, hatten die Möglichkeit, direkt zu der Vorzella zu gelangen, um durch den Anblick der heilenden Göttin zu gesunden. Andre Kranke aber mußten sich der priesterlich-ärztlichen Konsultation und Behandlung unterziehen, die man vor allem in der Beschwörung der Kranken erblickte. So erklären sich die Nebengelasse, vor allem der 1. Nebenhof als das Laboratorium für die Beschwörungen, oder mit modernem Ausdruck gesagt, als das Sanatorium für die Kranken. Der Gula-Tempel war in Wahrheit ein Tempel für das Volk, und er bedurfte deshalb dieser umfangreichen Nebenanlagen, die man bei den andern Tempeln, z. B. dem Ninmach-Tempel und dem naheliegenden Ninurta-Tempel, nicht nötig gehabt hat. Möglich ist auch, daß die Göttin Išḫara als Inhaberin des Tempels in Betracht kommt, eine Orakelgöttin, die deshalb auch ein Orakellaboratorium besaß.[1])

Ḫararati (Stadt) s. XXIV.
Ḫidêri s. Kapitel XIV, 5.
Iaagab... s. Kapitel XIV, 5.
Illât s. Kapitel XIV, 5.
Išarkidišu s. Kapitel XIV, 5.
Išḫâra s. XVI.
Isin (Stadt) s. XLVI.

XIV. Tempel der Ištar von Akkad, genannt Emašdari, nach A, B, Z. 11 1
im Stadtviertel Gottespforte gelegen, wird noch in Coll. Morgan IV, 25,
Z. 40 mit Namen genannt, Opfer für den 15. IX.; die Göttin heißt hier 8
Bêlit von Akkad. Im selben Text Opfer am 7. IX. für dieselbe Göttin,
hier Ištar von Akkad genannt. Der Tempel ist von Koldewey im Hügel 22
Merkes wiedergefunden und von Reuther (WVDOG 47, S. 123—147) 21
beschrieben; der im Tempel gefundene Bauzylinder des Nabonaid ebenda veröffentlicht von Eheloff (a. a. O. S. 135 f.). Reuther hat drei Bauschichten festgestellt, von denen er zwei dem Nabonaid zuweist, die ältere aber vermutungsweise dem Nabopolassar. Der Tempel hat jedoch vor Nabopolassar bestanden, weil er in der Tafel der Stadtbeschreibung aus der Bibliothek des Assurbanipal in Ninive schon aufgeführt ist. Er muß also schon um 700 existiert haben. Vor diesem

[1]) In einer Privaturkunde wird ein Išḫara-Tempel (XVI) genannt, die auch eine Orakelgöttin war, und der Unterwelt zugehörte. Er soll danach im Stadtteil „Himmelshand" gelegen haben, könnte also mit Tempel Z. identisch sein. Išḫara-Straße s. Harper, Letters 877,25. 32

Bauwerk aber gab es hier keinen Tempel, sondern nur einen „Straßenaltar", der sich unterhalb der Zella befunden hat und ein Mal erneuert worden ist (Reuther a. a. O. S. 137 f.). Der Tempel (a. a. O. Tafel 29—30) hatte den Haupteingang von Süden und einen Nebeneingang von Osten, die in den Binnenhof führen. Schräg gegenüber dem Osttor liegt im Südwesten der eigentliche Tempel, zweimal je drei Räume hintereinander, gleichsam dreischiffig, der mittlere Trakt war breiter, und der hintere Raum enthielt die einzige, durch Wandnische ausgezeichnete Zella (parakku) des Tempels, wie es in Tempeln für Göttinnen üblich ist. Um den Hof laufen bei den Toren Räume, die die Tiefe der Torbauten haben, hinter dem Hauptgebäude jedoch nur schmale Gänge sind. Die Länge des ganzen Komplexes war 37,20 m, die Breite: 31,07 m. Vor dem Bau des Nabonaid war außerdem ein Straßenaltar vor dem Haupttor vorgelegt, etwas seitlich verschoben. Er ist in KAR Nr. 142 (Kapitel XIII) ausdrücklich genannt. Eine Rekonstruktion der inneren doppeltürmigen Zellafront gibt Reuther Abb. 84, S. 123. Die Ausgrabung hat die Ruine des Tempels in persischer Zeit festgestellt, so daß er in späten Texten auch nicht erwähnt worden ist. Die Orientierung des Tempels ist nach Südwesten, dem Wüstenwinde zu, entsprechend dem Charakter der Ištar als Kriegsgöttin.

Die Prozessionsstraße der Ištar von Akkad ging ursprünglich zu diesem Tempel oder zu einem älteren Tempel, der an andrer Stelle erbaut war. Der Knick der Ištar-Straße nahe bei dem Schloßtor zeigt, daß sie z. Z. Nebukadnezars zum Haupttempel Esagila hin abgelenkt worden ist (s. Kapitel XII, 9).

XV. Tempel der Ištar von Babylon, auch Bêlit von Babylon genannt; er hieß E-tùr-kalam-ma. Die Göttin ist auch Bêlit ilâni (KAR, 142, R. Kol. III, 35) häufig in einem Neujahrsfestritual für Gott Aššur
1 (a. a. O. Nr. 143) als Bêlit von Babylon, ihr Tempel in A, B, Z. 3 genannt, ebenso mitsamt dem Tempelnamen in der Ba-u-Hymne (KAR, Nr. 109,
8 Z. 17), als Ištar von Babylon in Coll. Morgan IV, 25, Z. 36 = Reisner S. 144, Z. 17, wo am 17. IX. Opfer gebracht werden. Der Tempel kommt auch in dem Text K 6082 (Bezold, Cat. S. 781) und Sm. 1891 (a. a. O. S. 1514) vor. Die Geschichte des Tempels Etùrkalamma beginnt mit dem 13. Jahre des Apil-Sin (VAB V, S. 587), wo der Tempel erbaut wird; Hammurapi stiftet einen Thron für die Göttin im 14. Jahre (a. a. O. S. 590), erneuert den Tempel im 34. Jahre (a. a. O. S. 592); in einem altbabylonischen Brief wird eine Alabasterstatue z. Z. des Samsuiluna genannt (VS XVI, Nr. 156); in einem Kontrakt, dd. Dilbat, vom 4. VI. 9. Jahre des Ammizaduga (VAB V, Nr. 255) ist von Opfer-

tieren für die Göttin die Rede. Um 1250 hat Tukulti-Ninurta I. vermutlich den Tempel der Ištar erneuert und ihm einen andern Namen gegeben (AK II, S. 19 f., Nr. 1, Unger), aber das ist noch unsicher. Tiglatpileser III. opfert der Bêlit von Babylon (Rost, Keilinschr. Tigl. S. 44, Platteninschrift von Nimrud Nr. 1, Z. 16); Assurbanipal rühmt sich, den Tempel Etùrkalamma der Ištar von Babylon erneuert zu haben (Luckenbill, Anc. Rec. II, § 955; VAB VII, S. 228, Anm. 1 Streck), wozu der Brief Harper Nr. 119, R. 11—12 zu stellen ist, wo die Göttin 27
wiederum Bêlit von Babylon heißt. Die Assyrer hatten danach ein besonderes Interesse für den Tempel. Nebukadnezar erwähnt ihn nicht. Erst wieder unter Nabonaid (Nabonaid-Cyrus-Chronik, Kol. III, 6) wird er erwähnt: der König betritt im 17. Jahre den Tempel. Im Kontrakt Straßmaier, Cambyses, Nr. 431, dd. Babylon, vom 14. XI. ?. Jahre (Z. 5 f.) ist ein Haus an der „breiten Straße, gegenüber der Südostpforte des Tempels Etùrkalamma" angeführt (Hommel, Geographie, S. 310; AO V, 4, S. 28 Weißbach). Noch im Jahre 94 v. Chr. existierte der Tempel gemäß Coll. Morgan I, Nr. 99, Z. 26, vom Jahr 218 Seleuziden-Ära. Der Straßenaltar eines Dämonen stand gegenüber dem Tempel (Kapitel XIII). — Der Tempel ist noch nicht ermittelt; jedenfalls lag er in der Binnenstadt, wohl zwischen Palast und Esagila. — Die Prozession der Göttin war am 25. Simânu (III. Monat), dem Monat des Sin (VAB VII S. 71, S. 205, Kol. II, Z. 17—20 (Assurbanipal-Text). Im Texte des Brit. Mus. (81—4—28, 787; Haupt-Festschrift S. 217 f. T. G. Pinches) ist das Pfortenhaus (Bâbanû) und die Kapelle (papaḫu) der Ištar von Babylon angeführt.

Tempel der Ištar von Babylon (?), namens E-amaš-kalamma, soll ebenfalls dem Tempel Etùrkalamma gleichgesetzt werden können (s. Lehmann, Šamaššumukin Bd. II, S. 61 zu K 891; Luckenbill: AJSL XXIV, S. 293, 319; AO V, 4, S. 26 Weißbach).

XVI. Tempel der Išḫâra, namens E-šaga-tùr-ra, wird von Hommel (Geographie S. 311) und Streck (VAB VII, S. 228, Anm. 1) als identisch vermutet mit dem Tempel der Ištar von Babylon. Das erscheint jedoch unhaltbar, angesichts des verschiedenen Tempelnamens und der Angabe, daß der Tempel im Stadtteil Šuanna gelegen hat (Straßmaier, Nebukadnezar II. Nr. 247, Z. 6 f. dd. Babylon, vom 29. IV. 32. Jahre vgl. dazu den Paralleltext a. a. O. Nr. 416; ferner Peiser, Babyl. Verträge Nr. 107 vom 2. ?. 26. Jahre des Darius I., s. a. Nr. 108). In der Beschreibung (B) fehlt allerdings der Tempel, soweit der Text erhalten 1
ist. Vielleicht erklärt sich das daraus, daß möglicherweise zu jener älteren Zeit, um 700 v. Chr. der Tempel einem andern Stadtquartier zugewiesen war. Zu Išḫâra s. a. Deimel, Pantheon babyl. S. 149. Sie ist im Kontrakt

VS IV, Nr. 171 (Tempel der Išḫâra, San Nicolò-Ungnad Nr. 336) und VS VI, Nr. 273 im Text genannt, siehe auch oben zu XIII.

XVII. Ištar ašarittum (GIŠ-TUG) Dûr-Kurigalzu (= Ištar die Erste
8 von der Stadt Dûr-Kurigalzu), nur in dem Monatsfestkalender (Coll. Morgan IV, 25, Z. 19 = Reisner S. 144, Z. 9) genannt, wo ihr am 4. IX. Rauchopfer dargebracht werden. Von einem Tempel ist nicht die Rede, so daß es sich um einen Straßenaltar oder um eine Zella handeln dürfte.

XVIII. Ištar von Uruk, gleichfalls ebendort Z. 23 = Reisner a. a. O.
8 Z. 11 (s. a. Z. 56 (bzw. 31)) am 7. IX. namhaft gemacht, hatte wohl auch nur einen Straßenaltar in Babylon.

Išum s. Kapitel XIV, 5.
Kâr ^{ilu}Bêl-mâtâte (Stadt) s. VII.

XIX. Kaššîti ša Eḫursagankia, bzw. Bît-Bêlit-Nînâ^{ki} = die „kassitische" Göttin vom Tempel der Bêlit-Nînâ^{ki}, der in der Neustadt lag (s. o. VIII). Die Göttin, die wohl in Uruk beheimatet war (Deimel, Pantheon S. 156), hatte vermutlich einen Verehrungsort in dem Tempel der
8 Bêlit-Nînâ. Am 17. IX. wird ihr geopfert, nach Coll. Morgan IV, 25, Z. 45 = Reisner S. 144, Z. 21, wo die wertvolle Variante steht.

Kubu s. Kapitel XIV, 5.

XIX, A. Ein Tempel des ^{ilu}Kurgal dürfte in Babylon existiert haben, da in zwei in Babylon ausgestellten Urkunden (Straßmaier, Nebukadnezar Nr. 109 vom [2]6. I. 17. Jahre und Expository Times 25, S. 420 [Pinches] vom 25. I. 19. Jahre) drei Priesterbeamte dieses Gottes genannt sind.
11 Vielleicht ist III Rawlinson 66, Rs. Kol. VI, Z. 3 [Kur]-gal zu ergänzen.

Kuta (Stadt) s. XXXII.
Laṣ s. Kapitel XIV, 5.
Lugal... s. Kapitel XIV, 5.
Lugalaabba s. Kapitel XIV, 5.

XX. Lugalbanda von der Stadt Kullab^{ki}, Coll. Morgan IV, 25, Z. 25
8 = Reisner S. 144, Z. 13, wo der Zusatz Kullab^{ki} fehlt. Wahrscheinlich ist mit Kullab das gleichnamige Stadtviertel von Babylon gemeint (Kapitel IX, 4). Das Opfer wurde am 8. IX. gespendet. Der Tempel ist auch sonst erwähnt, siehe Kapitel XIII, wo ein Straßenaltar beim

Tempel namhaft gemacht ist. Lugalbanda wurde vornehmlich in der Stadt Kullab verehrt (Deimel, Pantheon Nr. 1878).

Lugalgirra s. XXXII.

XXI. Lugal-giš-a-tu-gab-liš = Šar-ṣarbi oder Bêl-ṣarbi, Gott der
Stadt Baṣ, dessen Tempel in jener Stadt von Nebukadnezar erneuert
wurde (VAB IV, S. 300). Am 9. IX. wurde ihm in der Zedernkapelle
(papaḫ erîni), wohl die so benannte Kapelle von Esagila, geopfert, wo
ein Altar des Gottes gestanden haben wird (Coll. Morgan IV, 25, Z. 26 8
= Reisner, S. 144, Z. 12, wo die Zedernkapelle nicht erwähnt wird).
Sein Tempel in Baṣ hieß Edurgina (Deimel, Pantheon Nr. 1857).

XXII. Lugal-Maradda, Gott der Stadt Marad hatte nach Coll.
Morgan IV, 25, Z. 47 = Reisner SBH, S. 144, Z. 23, gleichfalls einen 8
Kultplatz, etwa einen Straßenaltar, wo am 25. IX. geopfert wurde.
Über die Stadt Marad s. RLV s. v. (Unger).

Madânu s. XLVII, B.

XXIII. ^{ilu} Mâr bîti (= Sohn des Tempels), Tempel des besonders
in Borsippa verehrten Gottes, nach einem Kontrakt: Straßmaier, Cambyses Nr. 147, dd. Babylon (!), vom 5. ?. 2. Jahre, wo ein Haus bei jenem
Tempel liegt. Daß es einen solchen Tempel tatsächlich auch in Babylon
gab, bestätigt der assyr. Text III R., 66, R. Kol. V, Z. 11, wo Gott 10
Mâr bîti unter den Göttern von Esagila und Babylon aufgezählt wird.
Er ist in einem Prozeßbericht aus der Hammurapizeit als „Richtergott“
genannt CT 29, Tf. 41—43, Z. 27, 40, [Br. Mus. 78184]). Vielleicht ist
der Tempel des „A-MAL“, den Šarkališarri von Akkad nach einem Jahresdatum baute (VAB I, S. 225), dem des Mârbîti gleichzusetzen. Gott
Mâr bîti ist auch Stadtgott von Ma-li-ki (Deimel, Panthon Nr. 763
[Dumu-é]). Vgl. RLA, Artikel A-MAL (Ebeling).

Marduk (Bêl) von Babylon und sein Tempel Esagila, sowie der Turm zu Babel und alle zugehörigen Annexe des Tempels s. Kapitel XV bis XXI.

Mešlamtaëa s. XXXII.

XXIV. Mišarrum („Gerechtigkeit“) von der Stadt Ḫararati, ein Sohn des Sonnengottes Šamaš (Deimel, Pantheon S. 183), der in der Stadt Ḫararati verehrt wurde, die im südlichen Babylonien gelegen hat und dem König Sanherib untertan war, dem 702 der Vogt (qîpu) von Ḫararati,

Nabu-bêl-šumâte, Tribut brachte (VAB VII, S. CCCIII, Anm. 3 Streck;
Luckenbill, Anc. Rec. II, §§ 235, 265, 275, 303; Babyl. Chronik. Kol. II,
Z. 24 f.: ASGW XXV, 1, 1906, S. 11, 21 Delitzsch). Am 17. IX. wurde
8 dem Mišarrum ein Opfer gespendet, Coll. Morgan IV, 25, Z. 45 (fehlt
bei Reisner, SBH, S. 144). Der Gott besaß demnach in Babylon einen
Altar.

XXV. ilu ME-SIR(BU), vielleicht šib-bu zu lesen, was „Schlange"
bedeutet und einen der sieben Dämonen charakterisiert (LSS III, 3,
S. 22, 24 Frank). Er wird in Coll. Morgan IV, 25, Z. 53, (besser erhalten
8 in Reisner SBH, S. 144 Z. 28—29), neben dem Namtaru, einem andern
der 7 Dämonen und Nergal genannt und diesen Göttern am Kanaltor
des Sumandar (BE-DAR)-Kanals werden am 10. X. Opfer dargebracht.

Multešir ḫablim s. Kapitel XIV, 5.

XXVI. Nabu von der Stadt Bît-Bêltiia, dem am 17. IX. geopfert
8 wird, Coll. Morgan IV, 25, Z. 43 (fehlt im Duplikat bei Reisner). Ob
diese Stadt mit der in III R. 66, R. Kol. II, Z. 28 (Hommel, Geographie
S. 481) erwähnten Stadt Bît Bêlti (iluNIN) identisch ist, dürfte sehr un-
wahrscheinlich sein, weil es sich in diesem Abschnitt um eine Liste von
Göttern aus assyrischen Städten handelt, die der Schreiber Ištar-šumi-erêš
dem assyrischen Könige mitteilt. Auch kommt Nabu in der Liste der
Götter dieser Stadt nicht vor. Es handelt sich demnach um eine baby-
lonische zweite Stadt Bît-Bêltiia.

XXVII. Tempel des Nabu ša nikâsi (GAR-RIT),[1]) in der Binnenstadt
1 (libbi ali) gelegen, gemäß Abschnitt B, Z. 7, und auch in III R. 66, R.
10 Kol. V, Z. 2 erwähnt, wenn die dort wiedergegebene verwischte Stelle
in GAR-RIT verbessert werden kann. Hier sind Götter von Esagila und
Babylon aufgezählt. Eḫursagtila heißt ein zweiter Tempel des Nabu,
1 der in Abschnitt A, Z. 2 außer den beiden andern namhaft gemacht ist.
Eine absolut sichere Gleichung liegt jetzt (S. 162) vor. Der Tempel
(s. LVIII) ist im Abschnitt F, Z. 2 und 4 zweimal angeführt und lag bei der
„Heiligen Pforte". Er kommt vor im Neujahrsfestritual Z. 213 (Thureau-
Dangin, Rit. acc. S. 133), wo es heißt, daß Nabu am 6. I. in Eḫur-
sagtila einzieht, und woraus man schließen kann, daß ihm dieser Tempel
8 zugehört. In Coll. Morgan IV, 25, Z. 21, Opfer zum 7. IX., ist zwar der
Gott Ninurta (MAŠ) als Inhaber angegeben, aber bestimmt zu ver-
bessern in PA = Nabu, durch Zufügung eines wagerechten Keils. In

[1]) Nabu war der Schreibergott und ist hier speziell der Nabu „des Vermögens" (des
1 Besitzes, der Kasse), wohl als Handelsgott. Der Tempelname endet wohl mit ki (A, Z. 7).

demselben Text, Z. 52 = Reisner SBH S. 144, Z. 27 ist noch ein Nabu
und der Gott Ninšubur (s. XXXIX) nebeneinander erwähnt, als ob
Nabu auch in diesem Tempel Eḫursagkalamma wohnte (s .XXXIX);
doch ist diese Erklärung nicht zwingend. — Ein Tempel des Nabu in
der Neustadt hieß vermutlich E-esirkalamma (Abschnitt A, Z. 24; 1
B, Z. 16), „Tempel der Feststraße des Landes". Siehe auch Kapitel XIII
(Straßenaltar beim Tempel Eḫursagtila, dessen Zella s. S. 162, 190).

Ohne Angabe des Tempels nennt das Datum des 16. Jahres des
Hammurapi (VAB V, S. 590 Schorr) einen Thron, der für Nabu angefertigt wird.

XXVIII. Tempel des Nabu ša Ḫarê, in A, Z. 10 und B, Z. 10 neben
den obigen Tempeln des Nabu erwähnt, der aber im Stadtteil Kadin-
girra erbaut war, oder, wie in CT 37, 13, Kol. II, 41 ausgedrückt, im 2
Ostteil von Babylon. Das Wort Ḫarê ist noch nicht sicher erklärt,
Bezold (Glossar S. 126) vermutet darin einen Ritualgegenstand beim
Neujahrsfest. Am 17. IX. werden diesem Nabu Opfer gespendet (Coll.
Morgan IV, 25, Z. 43 (fehlt im Duplikat bei Reisner). Der Name des 8
Tempels ist E-giš-ša-pa-kalam-ma-sum-ma (WVDOG V, S. 38; AO V,
4, S. 26 Weißbach). In Br. Mus. 35968, Kol. II, 9—11 wird im 6. (?) 17
Jahre des Nabukinapli berichtet, daß ein Leopard über den Euphrat
ging und hinter (kutal) dem Tempel E-giš-pa-kalam-ma getötet wurde.
Nebukadnezar II. restaurierte den Tempel (VAB IV, S. 74, Z. 7; S. 106,
Kol. I, Z. 44, wo versehentlich Ḫa-ri-ri geschrieben ist); a. a. O. S. 128,
Kol. IV, Z. 18 ff. ist der Tempelname folgendermaßen im Texte erklärt: ša idinnam ḫaṭṭa išarti ana pagadam kal dadme = der (sc. Nabu)
das rechtmäßige Zepter zur Regierung der gesamten Menschheit verlieh; ähnlich auch a. a. O. S. 164, Kol. V, Z. 63 ff. S. ferner S. 178, Z. 44.
Nabonaid erwähnt den Tempel (a. a. O. S. 278, Kol. VII, Z. 23). Kambyses als Kronprinz zieht am 4. I. 1. Jahre des Cyrus nach dem Tempel
(Nabonaid-Cyrus-Chronik, Kol. III, 25: Smith, BHT S. 118; ATAT[2]
S. 368 Ebeling).

In einem Kontrakt (VS III, Nr. 138, 139 [Duplik.]), dd. Babylon,
vom 7. V. 26. Jahre des Darius I. werden mârê ekalli ša Bît Ḫarê = Angehörige des Palastes vom Ḫarê-Haus (bzw. Tempel) erwähnt; hiermit
ist aber ein Gebäude in Borsippa gemeint, das einen Tempel und den
Palast der Stadt enthielt. Das Bît Ḫarê ist fernerhin noch genannt: VS III, 157, Z. 3, 8, dd. Borsippa, vom 16. I. 35. Jahre
des Darius I., sowie a. a. O. Nr. 161, dd. Borsippa, vom 5. VIII.
35. Jahre des Darius I., Z. 2: Bît Ḫarê ša Bît Nabu, wonach es sich nur
um den Palast in Borsippa handelt, wo die Urkunden ausgestellt 27

sind.[1]) Ein letztes Mal, wohl im Jahre 315/14 v. Chr., ist das Bît Ḫarê im Kampfe des Antigonus um Babylon erwähnt, in der Diadochenchronik (Smith, BHT S. 141 R. Z. 25), wo gesagt ist, daß Antigonus das Bît Ḫarê nicht erobern konnte. Das paßt zusammen mit dem Ekallu, der aus der Zeit des Darius I. bekannt ist (RLA I, Borsippa).

Die Gottesstatue des Nabu ša Ḫarê, samt ihrem Tempel wurde von Sanherib 689 nach der Zerstörung von Babylon nach Assur versetzt, wie die „Stadtbeschreibung von Assur" (Z. 156) beweist. Der Tempel heißt hier „Tempel, (der) das Zepter dem Lande verleiht, Tempel des Nabu von Ḫarê" (Bîtu ḫaṭṭa ana mâti inamdinnu, Bît Nabu ša Ḫa-ri-i). Dasselbe geschah mit Marduk, seiner Gemahlin Ṣarpanîtum und seinem Tempel Esagila (RLA, I, Aššur § 52, 53a E. Unger). Die Stadtbeschreibung nennt diesen Tempel „Esagila, Tempel, der das Haupt erhebt, Tempel des Bêl von Babylon" (Esagila, bîtu ša rišâša šaqâ, Bît ^{ilu}Bêl Ba-bi-lim). Auch die Statue des Sibitti vom Weichbilde der Stadt Babylon (ša qabal ali Bâbilâni; s. a. a. O. § 56) stand in Assur als erbeutetes Gottesbild.

Der Tempel Ezida des Nabu, erklärt als „Tempel der Seele des Landes" (Bît napište mâti) fand sich ebenfalls in Assur nach der Stadtbeschreibung (a. a. O. § 53a) und es könnte sich hier um den Tempel des
28 Nabu in Borsippa, oder auch um seine Kapelle im Tempel Esagila in Babylon handeln.

XXIX. Namtar, wohl einer der 7 Dämonen, s. XXV.

XXX. Tempel der Nanâ, namens E-ḫur-šà-ba ist genannt in Coll.
8 Morgan IV, 25, Z. 48 = Reisner, S. 144, Z. 23, Opfer am 25. IX. ferner
13 a. a. O. S. 145 im Monatsfestkalender VAT 662, Kol. II, Z. 18, 20, 27 in den Feiern des II. Monats, am 2. und 17. Tage, ferner in der VI. Kol., Z. 14. Der Tempel kommt noch in dem Kontrakt, dd. Barsip, vom 28. XII. 6. Jahre des Darius I. (BE VIII, 1, Nr. 108, Z. 9—10) vor.

---

[1]) Nabu hat hier eine Apposition MAN-ŠÚ. Sie findet sich auf Ziegeln vom Tempel-
28 turm Euriminanki in Borsippa (WVDOG XV, S. 58), ferner in einem Kontrakt, dd. Borsippa vom 27. IV. 0. Jahre des Nabonaid (TC XII, Nr. 71): Geld vom Vermögen des Nabu MAN-ŠÚ für Lehmziegel zum Stadtmauerbau. Der Tempel dieses Nabu kommt vor im Kontrakt, dd. Borsippa, vom 10. XI. 3. Jahre des Philippus Arrhidäus (Pinches, NCS, S. 122/3, Nr. 108). Die Übersetzung in WVDOG V, S. 58 mit „König der Kiššati" (des Alls) ist unmöglich richtig, weil die Verwendung von MAN (Howardy, Clavis cuneorum Nr. 462, 2—3) für die Bedeutung „König" in babylonischen (!) Texten ungebräuchlich ist. MAN ist aber „Sonne" sumerisch gelesen UTU (Delitzsch, Sumer. Glossar S. 45; ohne das Determinativ für „Gott" (ilu); Howardy, a. a. O. Nr. 462,2), und ŠÚ ist erêbu „untergehen" (Delitzsch, a. a. O. S. 265. Howardy, a. a. O. Nr, 514,1), sodaß wahrscheinlich hier Nabu als „untergehende Sonne" oder Nachtsonne charakterisiert worden ist. — Über die Tag- und Nachtsonne bei den Hettitern s. ZA 38, S. 186—190 (E. Tenner).

XXXI. Tempel der Nanâ, namens E-me-ùr-ùr, von Apil-Sin im
14. Jahre für die Göttin Innanna erbaut (VAB V, S. 587 hier irrig ge-
lesen). Der Tempel erscheint neben dem vorigen (XXX) in dem Fest-
kalender (VAT 662, Kol. II, 23) am 7. II., ferner in Coll. Morgan IV, 25, 13
Z. 48 = Reisner, SBH S. 144, Z. 24, Opfer am 25. IX. 8

XXXII. Tempel des Nergal. Nach KAR, Nr. 142, Kol. III, 28 (ZA
XXXIII, S. 142 Schroeder) hieß dieser Nergal: Mešlamtaëa; als Nergal
von Kuta erscheint er in Coll. Morgan IV, 25, Z. 49 = Reisner SBH 8
S. 144, Z. 25, Opfer am 28. IX. (Variante bei Reisner 29. IX. und ohne
Kuta). Ein Brief neubabylonischer Zeit (TC IX, Nr. 103, Z. 27) be-
stätigt den nach dem Gottesnamen gebildeten Tempelnamen Emešlam;
ebenso der Kontrakt Straßmaier, Darius I. Nr. 299, dd. Babylon, vom
16. IV. 11. Jahre, wo 3 Schreiber und ein šatam (Priester) von Emešlam
genannt sind. S. a. XXXIV. Ein Tempel des Nergal lag im Stadtviertel
„Himmelshand" (B, Z. 15 der Stadtbeschreibung). Nergal als Lugalgirra, 1
„Herr der Stärke" ist in der Neustadt in der Pforte gleichen Namens
verehrt worden (Kapitel VIII, 3). Straßenaltäre des Mešlamtaëa s.
Kapitel XIII. Tempel des Lugal-ir-ra s. Harper, Letters 877, 11. 32

XXXIII. Nergal (Ši-du) von Akšak, nur erwähnt in Coll. Morgan IV,
25, Z. 50, wo am 10. X. Opferspenden gegeben werden; im Duplikat 8
fehlt die Angabe.

XXXIV. Nergal ša Ḫadê (= Nergal der Freude), nur in der Straßen-
bezeichnung: mutaq Nergal ša Ḫadê = Prozessionsweg des Nergal
genannt, der sich durch drei Stadtviertel hindurchzog, nämlich Kullab
(WVDOG IV, Tf. 15, 2, Nr. XV Weißbach, Kontrakt vom 24. XII. 39
0. Jahr des Nebukadnezar II.), ferner Tê (Straßmaier, Cambyses Nr. 423,
vom 4. VIII. ?. Jahre) und Kaṣîri (Straßmaier, Darius I. Nr. 275 vom 64
18. VI. 10. Jahre). In letzterem Texte ist die Straße als enge Gasse ge-
kennzeichnet (sûqu qatnu). Die Straße war anscheinend außerordentlich
lang, so daß daraus geschlossen werden kann, daß der lange Weg des
Nergal von Kuta zu seinem Tempel Emešlam ging (s. XXXII), der in
Šuanna „Himmelshand") lag, südlich vom Merkes und Esagila.

XXXV. Nergal vom Kanaltore des Sumandar(BE-DAR)-Kanals
s. oben XXV.

Neujahrsfest-Tempel s. LIV.
Nin-e-an ki von Kâr-Bêl-mâtâte s. VII.

XXXVI. Nin-e-anna-Tempel, namens E-ki-dúr-ini (KA-NI oder
PA-AN oder GARZA), in der Neustadt, nach Abschnitt B, Z. 17. Nach 1
CT 37, 14, Kol. II, 43 in West-Babylon, vgl. Hommel, Geographie 2

S. 313; AO V, 4, S. 26 Weißbach. Er ist in der Ba-u-hymne (KAR Nr. 109, Z. 21 Ebeling) genannt; nach Coll. Morgan IV, 25, Z. 22 (fehlt
8 im Duplikat) hat er den topographischen Zusatz „kišad palgi" (TIK PAP-E), d. h. am Kanal, und gemäß dem Kontrakt Straßmaier, Nebukadnezar II. Nr. 247, Z. 11 f. war es der Neustadt-Kanal (dd. Babylon, vom 29. IV. 32. Jahre); a. a. O. Nr. 416 (Z. 4 f.) ist ein ähnliches Schriftstück, (s. a. Pinches, Old Testament. S. 433; Tallqvist NBN S. 297). Vermutlich geht die Gründung des Tempels ins 11. Jahr des Apil-Sin (VAB V, S. 587) zurück, wo er E-ki-dur ^{ilu}Innanna heißt. Ein Tempel E-ki-dúr-gi-na und Ea(BE)-iddina als Vogt (qîpu) des Tempels ist in dem Kontrakte (VS VI, Nr. 155) vom 6. VIII. 29. Jahre des Darius, dd. Šu-ša-an^{ki} (= Stadtteil Šušan) genannt. Eine Gleichsetzung mit unserem Tempel ist möglich aber ungewiß. (S. LVII). Über die Lesung Ekidur-i-ni s. die Kontrakte der Zeit des Nebukadnezar II. (Straßmaier, Nr. 247; 416; Langdon in VAB IV, S. 131, Anm. 1). KA = INIM (Delitzsch, Sumer. Glossar S. 26, 274), NI ist phonetisches Komplement. In den Privaturkunden ist also die Aussprache zu ermitteln. INIM = amâtu = Wort; PA-AN = GARZA, KUŠ oder BILLUD = parṣu = Gebot, in gleichartigem Sinne (Delitzsch, a. a. O. S. 69, 82, 130).

XXXVII. Nin-e-anna-Tempel, von dem vorigen gemäß Coll. Morgan
8 IV, 25, Z. 22 (Opfer am 7. IX., wie bei jenem andern [XXXVI]) ausdrücklich unterschieden, aber der Zusatz zur Unterscheidung ist bis auf den ersten wagerechten Keil abgebrochen. Nebukadnezar II. erneuert einen
2 Tempel Ekidurini für Nineanna, im Westteil von Babylon, also in demselben Viertel, wo der andre lag, und gibt ihm einen ganz anderen stereotypen topographischen Zusatz, ša tubqat dûri = an der Aufschüttung der Stadtmauer, niemals aber „am Ufer des Neustadt-Kanals", der in den beiden Kontrakten aus derselben Zeit und in dem Morganschen Texte ebenso stereotyp erscheint, so daß man geradezu einen Gegensatz anzunehmen sich genötigt sieht. Die Inschriftstellen sind: Abschnitt A, Z. 26; B, Z. 17; VAB IV, S. 74, Z. 9; S. 106, Kol. I, Z. 49; S. 130, Kol. IV, Z. 46; S. 164, Kol. VI, Z. 5; S. 178, Z. 49. Ist das richtig, was bei dem vorliegenden Material angenommen werden muß, so gab es also zwei
64 Tempel der Nineanna in der Neustadt, den einen am Kanal, den andern an der Stadtmauer. Jedenfalls sind zwei Verehrungsstätten der Göttin bezeugt. Nabonaid fertigt neue Türen für den Tempel (VAB IV, S. 282, Z. 35), mit dem Zusatz kilattân = beide (Dual), was sich auf Ekidurini beziehen kann, so daß hier beide gleichnamigen Tempel gemeint sein dürften.

1 XXXVIII. Ningizzida-Tempel, nur in Abschnitt B, Z. 8 erwähnt;

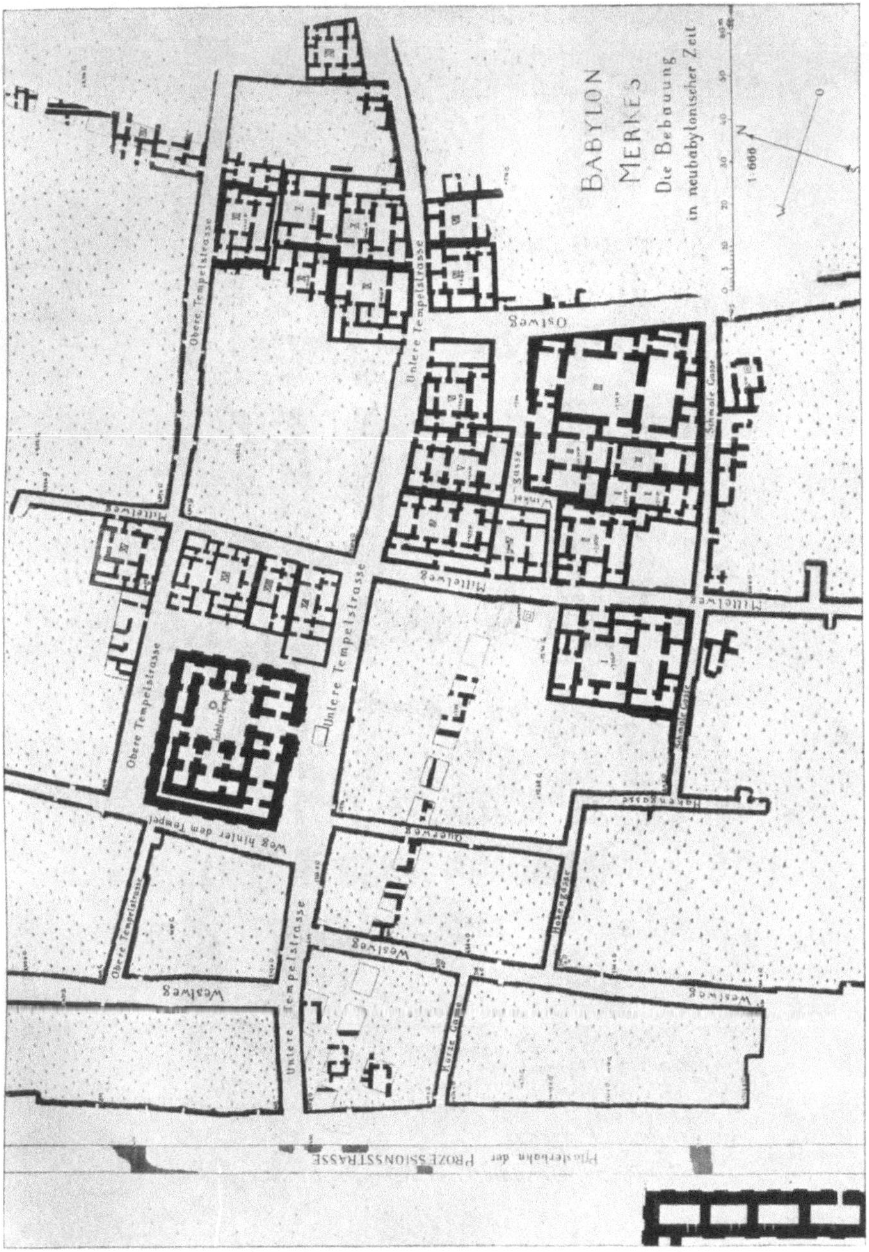

Abb. 22. Stadtviertel Gottespforte (Ruinenhügel Merkes)

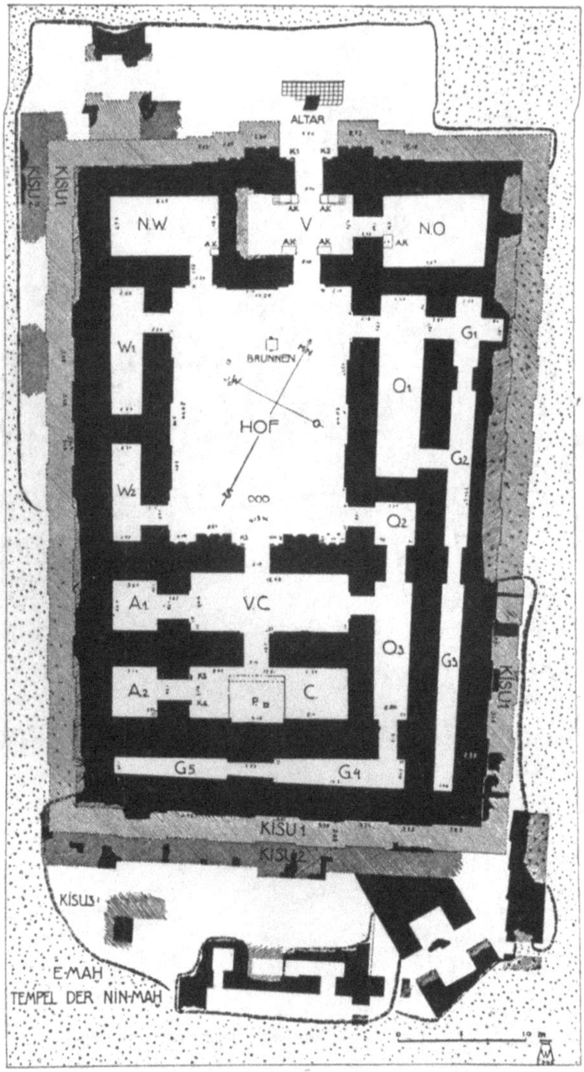

Abb. 23. Grundriß des Tempels der Ninmach

er lag in der „Binnenstadt“ zwischen Palast und Etemenanki (s. LVIII). Der Name dieses Tempels ist noch unbekannt.

Ninḫursag s. XLI.

XXXIX. Ninlil-Tempel, namens E-ḫur-sag-kalam-ma, nach Coll.
Morgan IV, 25, Z. 34 = Reisner SBH S. 144, Z. 15, wo das lil fehlt; 8
wo aber E-ḫur-sag-kalam-ma^{ki} geschrieben ist (wohl irrig?); Opfer
am 10. IX. Im selben Text, Z. 52 = Reisner Z. 27 steht Gott Nin-
šubur und der Tempel, wie oben; Opfer am 10. X. Im Monatsfest-
kalender VAT 662, Kol. V, Z. 23 ist von dem Gotte Papsukkal innerhalb 13
des Tempels Eḫursagkalamma die Rede (Reisner S. 146). Ob der im
10. Jahre des Apil-Sin genannte Tempel (?) Ḫurkalamma mit dem der
Ninlil identisch ist, läßt sich nicht feststellen. In Babylon fand sich
(Nr. 33897) ein kleiner Steindiskus mit Beischrift: Makur (Ša-ga)^{ilu}
Nin-šubur (Phot. Nr. 1623) = „Eigentum des Gottes Ninšubur.“ Dieser
Unterweltsgott wird dem Papsukkal gleichgestellt (Hommel, Geographie,
S. 116; S. 484, Anm. 5; S. 796, Anm. 1; Deimel, Pantheon Nr. 2729).
Der Tempel ist sonst noch nicht bekannt; die Nennung des Papsukkal,
bzw. des Ninšubur möchte aber den Gedanken nahelegen, daß der
Tempel vielleicht speziell dem Papsukkal geweiht war (s. unten XLV).

XL. Ninlil der Stadt Borsippa, besaß eine Verehrungsstätte nach Coll.
Morgan IV, 25, Z. 35 = Reisner SBH S. 144, Z. 16; Opfer am 10. IX. 8

XLI. Ninmaḫ-Tempel, namens Emaḫ, innerhalb des Stadtteils
Kadingirra, Abschnitt A, Z. 13; B, Z. 13 (die Göttin heißt hier nur 1
Maḫ. Nach dem Ziegel Nebukadnezars II. (VAB IV, S. 204, Nr. 43;
s. a. S. 106, Kol. I, 43; WVDOG XV, S. 68, Nr. 2, Z. 3) lag er in dem-
selben Quartier (s. a. AO V, 4, S. 25 Weißbach; Hommel, Geographie
S. 311). Die Inschrift CT 37, 13, Kol. II, 41 setzt ihn in den Ostteil von 2
Babylon. Die älteste Erwähnung ist im 13. Jahre des Ammizaduga, der
eine Statue von sich für den Tempel stiftet (VAB V, S. 606). Assur-
banipal von Assyrien erneuert ihn vollständig nach seinem Bauzylinder
(VAB VII, S. 238 f. Streck; AK II, S. 23, Nr. 16 Unger). Nebu-
kadnezar II., der eine große Stützmauer (kisû) für den Tempel baut,
nennt die Göttin Ninmaḫ oder Ninḫursag und gleichzeitig auch Maḫ
(VAB IV, S. 128, Kol. IV, Z. 14 f.). Andre Stellen sind: VAB IV, S. 74,
6; S. 84, Nr. 6 (Kisû-Inschrift); S. 106, I, 43; S. 162, V, 59 f.; S. 178,
Z. 43. Nabonaid erneuert das Bâb Emaḫ für Ninḫursag (a. a. O. S. 282,
Kol. VIII, Z. 37, 44 f. Koldewey hat den Tempel ausgegraben, der auf 23
Assurbanipal zurückgeht und von Nebukadnezar restauriert ist

(WVDOG XV, S. 4 ff., WEB^4 S. 55 ff.). Er liegt östlich des Stadtpalastes, südöstlich des Ištartors. Außer dem Gründungszylinder Assurbanipals fanden sich Arbeiterverzeichnisse vom 5. Jahre Nebukadnezars, die wohl während der Renovation hier hinein gekommen sind. In einer Gründungskapsel war ein Tonvogel eingelegt, auch wurden weibliche Terrakotten ausgegraben, wie es bei einem Tempel für eine Göttin gewöhnlich der Fall ist. Der Tempel hatte nur ein Tor, von Norden her, das durch ein Vestibül in den oblongen Tempelhof führte, 20,40 m: 14,20 m. Schräg gegenüber im Südosten befand sich die eigentliche Kapelle, ein breiträumiger Vorraum und dahinter die eine einzige ähnliche Zella mit Postament und Wandnische, vis à vis der Tür. Zwei kleine Zimmer lagen im Westen der Kapelle, während sich im Osten und im Süden ein langer Gang außen herumzog. Dahinter lag nur im Osten ein zweiter schmaler Raum, der sich nach Norden zu fortsetzte, so daß der Hof an dieser Ostseite zwei Raumreihen, sonst aber nur eine als Begrenzung hatte. Ohne die Umhüllung des Kisû hatte der Tempel eine Länge von 53,40 m und 35,40 m Breite. Vor dem Tor befand sich ein Straßenaltar Nebukadnezars. Tontafeln aus dem Tempel, der hier Bît ^{ilu}Be-lit ilî (= Tempel der „Herrin der Götter") heißt, sind vom Anfangsjahre des Amêl-Marduk datiert, in dem Ziegel und Erde zur Renovierung des Tempels geliefert werden (Babylon Nr. 5378 ff.; Nr. 5770). Nach den Tafeln (Nr. 5467, 5470) gab es im Tempel ein Bît Tu-um-tum (Zella) und Bît Sim-mil-tum, wie in Esagila (Notiz von Meißner). Der Tempel der Ninmaḫ enthält nur die notwendigsten Räume für den speziellen Kult der Göttin und für ihre Priester. Ninmaḫ, als Göttin der Unterwelt, offenbarte sich vom Ozean, dem Reiche des Gottes Enki (Ea) im Südosten des Landes und darum ist ihr Tempel nach dem Südostwinde (šûtu) orientiert (s. auch Kapitel XIV, 1). Der Tempel ist ferner nur mit einer einzigen Zella ausgestattet, ein besonderes Kennzeichen für den Tempel einer Göttin, die als Junggesellin selbständig auftreten kann, während die männlichen Götter stets verheiratet sind, also in ihren Tempeln mindestens 2 Zellen vorhanden sein müssen. S. auch Kapitel XIV, 5.

Ninšubur s. XXXIX.

XLII. Ninurta-Tempel, mit Namen Epaṭutila, lag gemäß Abschnitt B,
1 Z. 14 im Stadtteil Šuanna. Auch die Bauinschrift des Königs Nabopolassar (WVDOG IV, S. 20, Nr. IX, Z. 22 Weißbach; VAB IV, S. 66 Nr. 4 Langdon) bestätigt diese Angabe (s. a. AO V, 4, S. 25 f.).

Koldewey hat diesen Tempel wiedergefunden und vollständig ausgegraben, (WVDOG XV, S. 25 ff.; WEB[4] S. 223 ff.) und zwar im Hügel 24
Ischan el Aswad, so daß nunmehr die Lage von Šuanna festbestimmt ist. An Kleinfunden kamen vor allem Reiterfiguren aus Ton zutage, 133 an Zahl, da der Gott der Kriegsgott ist, 5 waren bärtige stehende Männerfiguren, 32 weibliche Figuren und 15 Terrakotten von Affen (WVGOG XV, S. 51 f.). Die Terrakotten scheinen sich also in drei Gruppen zu gliedern, wie auch der Tempel nicht nur für den Hauptgott, sondern für seine Familie bestimmt war und dementsprechend drei Zellen mit Nischen und Postamenten, also für drei Götter besaß, für den Hauptgott Ninurta, seine Gattin Gula und einen Untergott, wohl seinen Sohn. Die Länge des Tempels, der wie alle Tempel nicht genau abgezirkelt war, betrug 49,40 m, die Breite: 40,60 m. Er hatte drei Tore, eins von Süden, eins im Osten, nahe der Südecke und eins im Norden, nahe der Ostecke. Der sehr große, oblonge Hof ist von einer Reihe oblonger Einzel-Gemächer umzogen, nur im Westen befindet sich die Kapelle, aus drei nebeneinanderliegenden Zellen bestehend, die ohne Vorraum angelegt sind und gegenüber dem Eingang Postament und Wandnische besitzen. Die Nische der mittleren Zella ist durch doppelte Abtreppung besonders ausgezeichnet und auch durch die Portaltürme als die des Hauptgottes Ninurta gekennzeichnet. Die nördlich davon liegende zweite, etwa gleichgroße Zella gehörte der Gula, die südliche, um die Hälfte verkleinerte, dem noch unbekannten Nebengott (Nusku?), auf den sich die Affenterrakotten beziehen werden. Vor dem Osttor befindet sich ein Straßenaltar, sowie ein weiterer in einer großen Mauernische, nördlich davon in der Ostaußenmauer des Tempels. Der Tempel ist nach Südwesten, dem gefürchteten Wüstensturmwinde zu, orientiert, in dem sich der Kriegsgott Ninurta offenbarte, entsprechend seiner unheilvollen Tätigkeit.[1]) Das Haupteingangstor lag im Osten, gegenüber den Zellen der Götter, und hier mündete, von Osten kommend, die Prozessionsstraße des Tempelinhabers, die Zababa-Straße, die vom Zababa- oder Ninurta-Tor und zu guterletzt von der Stadt Kisch herkam. Die Richtung dieser Straße hielt sich in Parallele zur nordwestlichen Stadtmauer des westlichen Babylons. Zababa oder Ninurta, der Kriegsgott, wohnte in

[1]) Im Kontrakte vom 22. X. 1. Jahre des Darius I. (VS IV, Nr. 89) wird eine Statue des Marduk und des Ninurta zusammen erwähnt (San Nicolò und Ungnad, Neubabyl. Rechtsurk. Nr. 316). Der Text ist für das Neujahrsfest wertvoll, weil er beweist, daß es noch in persischer Zeit begangen wurde. Denn es handelt sich hier um eine Verpfändung der Opfergaben, die am 2., 8. und 11. Tage des I. Monats (Nisan-März) vor den beiden Götterstatuen niedergelegt wurden.

der Stadt Kisch und fand seinen Einzug in die Stadt Babylon durch Tor, Straße und Tempel auf das beste und vorzüglichste vorbereitet.

Ninurta von Eḫursagtila s. XXVII.

XLIII. Ninurta (und Bêl) von der Stadt Dunnizaidi, s. VI.

XLIV. Ninurta und Enlil-Tempel, mit Namen E-nam-ti-la (Ab-
1 schnitt A, Z. 19), von unbekannter Lage. Vielleicht ist er mit XLII identisch, d. h. er hätte in späteren Zeiten dann seinen Namen gewechselt, was nicht ausgeschlossen ist. In späten Texten kommt er nur in religiösen Stücken vor, in der Hymne an Ba-u (KAR Nr. 109, Z. 18 Ebeling; Langdon, Babyl. Wisdom S. 64, Z. 7), sowie als Bâb Namtila
15 = Pforte Namtila in dem Texte „Ludlul bêl nimêqi", (ATAT², S. 280, Z. 125), wonach es hier scheint, daß eine Pforte in Esagila damit gemeint ist, in die der Held einzieht. Es existiert die antike Kopie einer Inschrift des Hammurapi aus dem Tempel Enamtila (London, Br. Mus. Nr. 81-8-30, 9: KB III, 1, S. 120 f.), nach der Hammurapi in Babylon für den Gott Enlil einen Speicher in Babylon (Bît šutummi) errichtete. Danach könnte der Tempel Enamtila dem Enlil geweiht sein. Es ist jedoch wahrscheinlich, daß die Inschrift des Hammurapi für den Speicher des Enlil nur im Enamtila aufbewahrt ist, da Bît šutummi und Enamtila nicht identisch sein können, auch in der Inschrift nichts von Enamtila erwähnt ist. Vielmehr geht aus dem Datum des 31. Jahres des Ammiditana mit Bestimmtheit hervor, daß ein Thron für Ninurta in Enamtila geweiht wird, daß also Ninurta der Inhaber des Tempels ist (VAB V, S. 602 Schorr; Paffrath, Zur Götterlehre S. 192). Enamtila wird sonst überhaupt nur in jener Zeit, um 2000 v. Chr., aber oft genannt: Im 19. Jahre des Ammiditana wird ein goldner Thron und eine Statue des Königs geweiht (a. a. O. S. 602); im 28. Jahre ebenfalls eine Statue des Königs (a. a. O. S. 603); im 34. Jahre weiht er eine Statue seines Großvaters, Samsuiluna (a. a. O. S. 604); im 5. Jahre weiht Ammizaduga sein eigenes Bildnis für Enlil in Enamtila (a. a. O. S. 605) — diese Mitteilung könnte allerdings für Enlil als Inhaber des Tempels sprechen, jedoch ist nicht ein Thron genannt, und man nimmt daher vorläufig am besten an, daß der Tempel für beide Götter bestimmt gewesen ist. Im 8. Jahre des Ammizaduga wird ein Thron und eine Statue gestiftet (a. a. O. S. 605), im 14. Jahre endlich eine Bronze, Berge und Flüsse
38 darstellend. In einem Kontrakt (TC XII, Nr. 19), der in Kumari, in der Neustadt, geschlossen wird, ist ein Priester von Enamtila genannt. Die Lage des Enlil-Tempels war jedenfalls in Babylon-Ost, weil sich hier

sein Stadttor und seine Prozessionsstraße befand, die aufs engste mit dem Tempel in Beziehung standen. S. auch oben X, A.

Nisaba s. LIII.
Nusku s. XLII und Kapitel XIV, 5.

XLV. Papsukkal-Tempel, dessen Namen unbekannt ist, der gemäß
Abschnitt B, Z. 5 zwischen Esagila und dem Palaste, d. h. in der 1
Binnenstadt (libbi ali) lag. S. XXXIX und LVIII.

XLVI. PA-ŠE^{ki} (= Isin), eine Verehrungsstätte für diese Stadt, aus
der die 2. Dynastie von Isin, die ca. 1170—1039 v. Chr. über Babylon
herrschte, stammte. Opfer für diese Stadt werden in Coll. Morgan IV, 8
25, Z. 17 am 25. VIII. angeordnet.

XLVII, A. Šamaš-Tempel, namens E-di-kud-kalamma, nach CT 37,
14, Kol. II, 43 im Westteil von Babylon gelegen und nach der Stadt- 2
beschreibung A, Z. 23; B, Z. 16 in der Neustadt, wo demgemäß das 1
Šamaš-Tor lag. Der Tempel ist auch genannt in Coll. Morgan IV, 25, Z. 4 8
und 7, Opfer am 18. VIII; er ist schon in der Hammurapizeit bekannt:
Im 17. Jahre des Apil-Sin wird ein Thron für Šamaš von Babylon gestiftet
(VAB V, S. 587); in einem Brief des Königs Abiêšuḫ wird er genannt
(VAB VI, Nr. 67, Z. 25 Ungnad); der Kassite Agumkakrime (um 1600 18
v. Chr.) stellt die Statuen des Marduk und der Ṣarpanitum zunächst im
Šamaš-Tempel auf (KB III,1, S. 140, Kol. II, Z. 18 ff.), wo sie repariert
werden. Nebukadnezar II. restauriert den Tempel: VAB IV, S. 128,
Kol. IV, Z. 29 ff.; S. 164, Kol. VI, Z. 1 ff.; S. 178, Z. 48. S. a. Hommel,
Geographie S. 312; Jastrow, Religion II, S. 22, 41 f., 58; AO V, 4, S. 26
Weißbach. Die Šamaš-Straße wird zum Šamaš-Tempel hingeführt
haben, vom Šamaš-Tor, in der Südostmauer der Neustadt her. Die
genauere Lage des Tempels ist aber noch unbekannt, weil in der *64*
Neustadt noch nicht gegraben wurde.

XLVII, B. Madânu-Tempel, E-^{ilu}DI-KUD, Heiligtum eines Gottes,
der nach Weidner (AK II, S. 16, Z. 9a) Madânu (Mandânu) zu lesen
ist, von Šamaš verschieden ist, und für den gemäß Coll. Morgan IV, 8
25, Z. 31 am 10. IX. geopfert wird. Sein Tempel wird als E^{ilu}DI-KUD
auch im Neujahrsfestritual Z. 210 f. (Thureau-Dangin, Rit. acc. S. 133)
namhaft gemacht. S. Kapitel XIV, 5.

Tempel des Gottes Šara s. LVI.

XLVIII, Šarrat Sippar^{ki} = Königin von Sippar, neben Anunîtum genannt (s. IV).

XLIX. Sibitti, als erbeutete Statue in der „Beschreibung von Assur" namhaft gemacht (AO 27, 3, S. 33, Z. 116—117, E. Unger; ders. in RLA I, S. 189 § 56); Statue des Sibitti „vom Weichbilde der Stadt Babylon" (ša qabal ali Bâb-ilâni); bisher sind sonst 12 Altäre in Babylon
1 bekannt (H, Z. 22), aber auch die Prozessionsstraße des Gottes (H, Z. 13).

XLIX. Sin-Tempel, mit Namen E-giš-šir-gal, im Ostteil von Babylon
2 (CT 37, 13, Kol. II, 42), der nach Abschnitt B, Z. 4 (A, Z. 6) in der
8 Binnenstadt (libbi ali) sich befand. Coll. Morgan IV, 25, Z. 21 wird am 7. IX. dem Sin geopfert; der Tempel ist hier nicht erwähnt. Hammurapi fertigt im 3. Jahre den Thron für Sin (Nannar) von Babylon (VAB V, S. 589); Abiêšuḫ errichtet im Jahre f. (a. a. O. S. 599) ein Bild im Egiššir-gal. Samsuditana bringt seine eigene Statue in den Tempel im Jahre f (a. a. O. S. 608). Nebukadnezar II. nennt den Tempel unter den von ihm renovierten Bauten (VAB IV, S. 106, Kol. I, Z. 45; S. 128, Kol. IV, Z. 25 ff.). Er ist auch in einem Kontrakt, dd. Babylon, vom 16. VIII. 12. Jahre des Nabonaid erwähnt (Peiser, Babyl. Verträge Nr. 91, Z. 4; Br. Mus. 84-2-11, 57). Hier wird gleichzeitig die Statue des Cherub (Ka-ri-bi) der Marduk-Kapelle (papaḫu) und der Gott Zariqu (!) erwähnt. Der Sin-Tempel hat deshalb wohl unweit des Marduk-Tempels gestanden. S. a. Hommel, Geographie, S. 312; AO V, 4, S. 26 Weißbach.

Sippar (Stadt) s. XLVIII.

L. Sûtîti, die Göttin der Leute von Sûtî (aramäische Nomaden), bukur Ištar (Erstgeborne der Ištar), erhält nach Coll. Morgan IV, 25,
8 Z. 44 am 17. IX. Opfer. Vielleicht ist mit dieser Göttin der vergöttlichte Araḫtum gemeint, wie der Euphrat innerhalb des Weichbildes der Stadt hieß (s. dazu Weidner: AK II, S. 15, Anm. 9). Opfer für Nanâ und Sûtîti werden in Borsippa, wo sie ebenfalls verehrt wurde, dargebracht (VS VI, Nr. 113, dd. Borsippa vom 21. VIII. 6. Jahre des Kambyses; San Nicolò I, Nr. 99, S. 136).

LI. Uraš, vielleicht im Abullu (Stadttor) des Uraš verehrt, das nach
10 III R, 66, R. Kol. V, Z. 6 zu den „Göttern" von Babylon gehört. Am 22. IX. werden ihm Opfer gebracht (Coll. Morgan IV, 25, Z. 46 = Reis-
8 ner, SBH S. 144, Z. 22).

LII. Zababa von der Stadt Kiš, erhält am 25. VIII. Opfer (Coll.
8 Morgan IV, 25, Z. 12); er besaß vielleicht ebenfalls in seinem Stadttore in Babylon, wie Uraš, eine Verehrungsstätte. Es kann auch der Ninurta-
24 Tempel (s. oben XLII) gemeint sein.

LIII. E-geštu(GIŠ-DÙR -PI^{II})-[Nisaba], ein sonst unbekannter

Tempel in Babylon, der in dem Festkalender (VAT 662) bei Reisner, 13
SBH S. 145, Kol. III, Z. 13 erwähnt wird (s. a. Delitzsch, SGl. S. 97,
geštu). Ergänzt nach K 4714 (PSBA 22 [1900] S. 367, Z. 26). Vielleicht
handelt es sich um einen Tempel der Nisaba (Howardy, Clavis,
Nr. 299, 181).

LIV. Neujahrsfesttempel, Bît Akîtu, auch Bît ikribi (Gebetshaus) und
Bît nîqê (Opferhaus) genannt. Hierhin zog Marduk in Prozession und
nahm mit den andern Göttern am 10. I. Wohnung, nach Nabonaid
(VAB IV, S. 282, Kol. IX, Z. 3 ff.), und blieb am 11. I. noch dort
(VAT 662, Kol. II, 4 ff., Reisner SBH S. 145). Der Tempel befand sich 13
ina kamâti von Babylon, außerhalb Babylons, nach VAB, IV, S. 128,
Kol. IV, Z. 11; damit soll angegeben werden, daß er außerhalb des
Weichbildes gelegen hat. Infolgedessen muß man annehmen, daß das
in einem Kontrakt (VS V, 5, dd. Babylon, vom 19. IX. ?. Jahre des; 37
[Kanda]-lanu Z. 5) erwähnte Bît rêš Akîtum nicht den Neujahrsfest-
tempel selbst bedeutete, sondern ein andres, aber auf diesen Tempel
bezügliches Gebäude und zwar, wie der Name sagt, „Anfangs-Haus",
d. h. Propyläen des Akîtum.[1]) Das Bît rêš Akîtum befand sich nach
jenem Kontrakt im Stadtviertel Kullab, wo auch die „Prozessionsstraße
des Nergal" von Kuta hindurchführte (XXXIV). Somit muß dieses
Viertel in der Nordostecke der Stadt gelegen haben, dicht an der Stadt- 2
mauer, d. h. an der Peripherie der Stadt, da doch vermutlich das Bît
rêš Akîtum nicht weit vom eigentlichen Bît Akîtum zu suchen sein wird.
Ist nun, wie ich annehmen möchte, die Prozessionsstraße des Nergal
mit der Mardukstraße eins, so führte sie eben nach Nordosten — sie
war so orientiert, wie die Marduk-Kapelle — und sie verließ die Stadt
an dem Tore, das nach Kuta hinführte, das demnach mit dem Giššu-
Tor oder Marduk-Tor übereinstimmte. Es mag charakteristisch sein,
daß man für das Tor, das zwei Zwecken diente, nämlich der Prozession
des Nergal, und der des Marduk zum Bit Akitu, einen neutralen Namen
gewählt hat, Giššu-Tor, der üblicher war als der Name Marduk-Tor. 64
Die wichtigste Stelle für die Lage des Bît Akîtum nach den Inschriften
Nebukadnezars (VAB IV, S. 156, Kol. V, Z. 31 ff. = WVDOG V, S. 18

[1]) Rêšu bedeutet Anfang, z. B. ein Haus am Anfang von Ninive (bîtu ina rêš ^{alu}Ninua) vgl. Kohler-Ungnad, Assyr. Rechtsurk. Nr. 358. Rêšu bedeutet auch = pûtu, angesichts, gegenüber z. B. Sargon (Thureau-Dangin, 8me Campagne Z. 425) sagt: die Pässe des Andaruttagebirges liegen rêš alu Ḫipparna = angesichts der Stadt Ḫipparna. Auch dies würde für die Bedeutung „Propyläen" eintreten. Ebenso spricht Salmanassar III. von den Pässen des Simesi-Gebirges: ina rêš ^{mâtu}Ḫalman = am Anfang des Landes Ḫalman (Obelisk Z. 190); ähnlich Monolith Kol. II, Z. 65—66 (Pässe ina rêš ^{alu}Arbailu) angesichts, gegenüber der Stadt Arbailu.

Weißbach) ist stark zerstört, daher schwer verständlich: Marduk fährt auf dem Araḫtu mit dem Schiffe Kua; von der Landungsstelle dieses Schiffes bis zum „Opferhaus" pflanzt der König seitlich der Prozessionsstraße Ašuḫu-Bäume. Da der Araḫtu = Euphrat innerhalb der Stadt, sich vom Uraš-Tor bis zum Ištar-Tor (WEB[4] S. 135 ff.; s. Kap. XI, 2) erstreckte, so dürfte sich hier, wo auch die Prozessionsstraße vom Ištar-Tor her kam, die Landungsstelle (makallû) des Prozessionsschiffes befunden haben. Vermutlich ging dann die von Nebukadnezar bepflanzte Straße nördlich der Stadtmauer entlang bis zum Bît Akîtu, das von einem Zedernhain umhegt, nahe dem nordöstlichen Stadtteil Kullab, aber außerhalb der Stadt erbaut war. Aus älterer Zeit ist nur im 27. Jahre Samsuiluna das ME-TE[1]) des Akîtum genannt (VAB V, S. 597 Schorr).

Nabonaid erwähnt in seinen Inschriften (VAB IV, S. 234, Kol. II, Z. 31; S. 260, Kol. I, Z. 51) eine andre Bezeichnung des Bît Akîtu, nämlich E-DA-DI-ḪE-GÀL = Bît maḫir ḫegalli = Tempel, der Überfluß empfängt (s. a. V R, 65, Z. 51b; VAB IV, S. 235, Anm. 1 Langdon). Weiteres s. Thureau-Dangin, Rit. acc. S. 147 f.; BSGW 70, 5, S. 44 Zimmern; AO XXV, 3 (1926) ders.; Meißner BuA II, S. 97; Hommel, Geographie S. 311; Aage Pallis, The Babylonian akîtu Festival, 1926. Zum Neujahrsfest in Assur s. KAR, Nr. 142 R. Z. 15 Ebeling; AO XXVII, 3 (1929) S. 37 E. Unger; RLA I, „Aššur" § 54, S. 188 ders.

In Br. Mus. 35968, Kol. II, 3 f. ist im 6. (?) Jahre des Nabukînapli
17 bei Erwähnung des Neujahrsfestes neben Esagila ein „Bît ilâni" genannt,
das mit dem Bît Akîti identisch sein wird, oder auch mit Ubšukkinna.

Zum Neujahrsfest möchte ich noch folgende interessante Stellen anführen: Opfer werden genannt im Texte King, Supplement Catalogue Kuyunjik Coll. Nr. 218 (assyrischer Brief). In einem neubabylonischen Briefe des Nabušumiukin aus Borsippa (YOS III, Nr. 86) ist von der Schiffahrt der Göttinnen Nanâ und Ištar (von Uruk) durch Borsippa die Rede; sie kehren vom Neujahrsfeste zurück. Dasselbe ist in einem Privatkontrakt aus Uruk (H. F. Lutz, Berkeley I, Nr. 42) vom 22. I. 23. Jahre des Nebukadnezar II. gesagt, wohl auch im Text dd. Uruk vom 1. V. 1. Jahre des Cyrus (TC XIII, Nr. 124) wo Schiffe ša KU-BAR-LU von Esagila bis zum Tempel Eanna in Uruk gefahren werden. Hier wird aber wohl ein andres Fest in einem andern Monate gefeiert. Die späteste Erwähnung des Neujahrsfestes im I. Monat (Nisan) bringt eine Privaturkunde dd. Babylon vom 22. X. 1. Jahre des Darius I. (VS IV, Nr. 89), wo die Opfergaben vor den Statuen des Bêl und des Ninurta für den

---

[1]) ME-TE = sîmtu, Schmuck, Dekoration (Howardy, Clavis Nr. 500, 6-7; Langdon in VAB IV, S. 117, Anm. 1; Delitzsch. Sumer, Glossar S. 158).

2., 8 und 11. Nisan erwähnt sind (San Nicolò und Ungnad a. a. O. Nr. 316, S. 293).

LV. Das Totenhaus [E-NAM-BAT (UŠ) = Bît mûti] wird vor-
läufig nur in der „Stadtbeschreibung" erwähnt (A, Z. 27, I, Z. 4; 1
s. Delitzsch HWB S. 395b; Sum. Glossar, S. 58). Es lag innerhalb der Neustadt und dürfte das Mausoleum der Könige von Babylon sein. Es wird als EŠ-MAḪ = Zelt angesprochen, dessen Sinn noch dunkel ist. In der angeführten Stelle (I, Z. 4 f.) heißt es nun: Von dem Abul Akuṣîtum bis zum Bît mûti liegt der Vorort (âlu) ina qiribišu ibbanû ḪA-A (= ḫalaqu), MU-NE (šûmišu), d. h. der [Bezirk], „In seinem Innern ist geboren der Untergang", ist sein Name. Da es sich um einen „Vorort", ein größeres Gebiet handelt, so kann hiermit nur der Be-
gräbnisplatz gemeint sein, der demnach außerhalb des westlichen Baby- 64
lons, vor dem Totenhaus gelegen hat. Ausgrabungen sind hier überhaupt noch nicht unternommen, aber sie werden für die Gräberkunde von Wert sein und insbesondere Schätze enthalten, wie in Ur. Vor allem wird das „Totenhaus" dafür in Betracht kommen.

LVI. Tempel des Gottes Šara, bzw. des Gottes MES-SAG-UNU-KI = Pisangunuku, der in der Liste der 7 Zellen KAR 142, V, Kol. II, Z. 5 genannt ist. Die Lage ist unbekannt. Siehe dazu Kapitel XIII.

Uruk (Stadt) s. XVIII.

LVII. Tempel E-ki-dur-gi-na. Im Kontrakt dd. Šušan^{ki}, vom 6. VIII. 29. Jahre des Darius I. (VS VI, Nr. 155) ist (außer dem Vogt von Esagila) auch ein Vogt (qîpu) dieses Tempels erwähnt, namens Ea(BE)-iddina, Sohn des Adad-zêri-ibni, Sohnes (Nachkommen) des Priesters der Gula. Ob man daraus schließen darf, daß der Tempel der Gula geweiht war, möchte ich vorläufig nicht entscheiden (s. a. XXXVI).

LVIII. Das „Heilige Haus". Aus der Stadtbeschreibung (F) erhält 1
man Kenntnis von einem mit dem Namen „Heiliges Haus" bezeichneten Gebäude. Die „Heilige Pforte" lag nahebei und der Tempel Eḫursagtila (s. oben XXVII) des Nabu lag „zusammen" oder „beisammen" mit dem „Heiligen Hause", d. h. hat mit ihm eine Einheit gebildet. Anders läßt es sich nicht auffassen. Man erhält den Eindruck, daß dieses „Heilige Haus" Tempel enthalten habe, vielleicht deren mehrere. Für einen solchen Komplex kommt aber nur ein einziges Gebäude in Betracht, nämlich das mächtige, aus zwei gleichartigen fast
quadratisch gestalteten Gebäuden bestehende Bauwerk nordöstlich des 36
Turms zu Babel, als dessen Mittelpunkt ich die „Heilige Pforte" an-

setzen möchte. In einer Hymne an die Gemahlin des Nabu, Tašmêtum (KAR Nr. 122[VAT 10593], MAOG IV, S. 298f. Landsberger), die für König Assurbanipal (Rs. Z. 14) gedichtet ist, wird der „Erhabene Platz des Ekur“ (= der Platz am Tempelturm), die Pforte der Straße Kunuš qadru (s. Kapitel XII, 2), Eḫursagtila und seine Zella der „Enlilschaft“ des Nabu nebeneinander genannt, was auch für die geschilderte Lage sehr günstig ist.

In jeder Ecke des Bauwerkes befindet sich ein besonderes Gebäude mit einem Binnenhof, von dem Aussehen und der Gestalt einer Kapelle, etwa in der gleichen Größe wie die Kapelle des Tempels der „Ischtar von Akkad“. Ich glaube, daß es sich hier um Tempel handelt, die in dem ganzen Komplexe zusammengefaßt sind, etwa ähnlich, wie die Assyrer in ihrer Gründungsstadt Assur, den Anu- und Adad-Tempel, den Sin- und Schamasch-Tempel, zwei Ischtar-Tempel zusammengefaßt haben zu drei mächtigen eindrucksvollen Einheiten[1]). Damit wäre auch die Bedeutung des Wortes „Heiliges Haus“ vollständig erklärt. In den äußeren Ecken der beiden Bauten des „Heiligen Hauses“[2]) liegen also Tempel; die Verbindung beider Bauten aber vermittelt der mächtige Torbau der „Heiligen Pforte“, charakterisiert durch den „Ehrenhof“, in Wahrheit eine gepflasterte Prozessionsstraße, die vor der „Heiligen Pforte“ endete. Diese ist also die Pforte einer Straße, wie die Pforte der Kunuš qadru-Straße in der genannten Hymne. Man könnte daher meinen, der „Ehrenhof“ sei mit der Kunuš qadru-Straße identisch. Im „Heiligen Hause“ also können sich 8 Tempel der Götter befunden
haben. Man weiß vorerst von dem Tempel Eḫursagtila des Gottes Nabu,
1 daß er hier gestanden habe, und gemäß der Stadtbeschreibung (A, Z. 1)
käme auch der Tempel des Anmartu in Betracht. Etwa 9 Tempel können in der Binnenstadt gestanden haben, 7 sind schon als sicher bezeugt.

An der Nordecke des „Heiligen Hauses“ befindet sich übrigens eine
36 sehr merkwürdige Pforte, die nach Nordosten zu einen kleinen Ehrenhof

[1]) RLA I, Artikel „Assur“, §§ 36, 46—50, 57, E. Unger.

[2]) Neben der (S. 15f.) geschilderten unzureichenden Ausgrabungsmethode von Architekten, die in Babylon unter Ausschaltung der „assyriologischen Philister“ (s. S. 7) arbeiteten, steht eine geradezu verhängnisvolle Methode der Veröffentlichung der Grabungsresultate: Trotzdem das „Heilige Haus“ schon Januar 1914 (!) völlig ausgegraben war, wie der neueste Plan von
36 Wetzel in einer Notiz mitteilt (WVDOG 48, 1930, Taf. 8), ist der wirkliche Befund noch
2 1925 (!) von Koldewey (WEB[4], S. 181, Abb. 114 und S. 235, Abb. 155) der Wissenschaft vorenthalten worden. Reuther (WVDOG 47, Taf. 2, 1926!) erweiterte den Grundriß ein wenig, der erst jetzt, 1930 (!) vorgelegt wurde, als ob er zwischen 1925 und 1930 ausgegraben wäre. Die Wissenschaft hat kein Interesse an solcher offensichtlichen Verschleierung der Grabungs-
26 resultate. Dem Nuḫar von Esagila widerfuhr übrigens die gleiche Behandlung.

besitzt, und deren Türen nach Nordosten und nach Südwesten zu nachträglich zugemauert sind, so daß nur ein kleiner Eingang vom Nordwesten her übrig bleibt. Ich glaube aber, daß es sich hier nicht um die „Heilige Pforte" handelt, weil das Straßenpflaster für die Prozession der Götterwagen meines Wissens nicht bis zu dieser Pforte hinläuft, wohl aber zur großen, von mir bestimmten „Heiligen Pforte", mitten innerhalb des „Heiligen Hauses". Nebukadnezar II. hat die Straße ausdrücklich bis zur „Heiligen Pforte" hin gepflastert, so daß mit dieser feststehenden Tatsache auch die „Heilige Pforte" lokalisiert werden kann. Erst der Fund einer weiteren Ergänzung des Textes der Stadtbeschreibung von Babylon wird auch über den Umfang, die Bedeutung des „Heiligen Hauses" und seiner Tempel völlige Klarheit verschaffen können.

5. Weitere Götter in Babylon

In einer Inschrift (KAH I, Nr. 75, Rs. Z. 9 f.; Luckenbill, Anc. Rec. II, § 712) gibt Assarhaddon die Anzahl der Götter Babylons auf 200 an, die er wieder zurückgeführt habe. Der König nennt Bêl, Bêltiia, Bêlit von Babylon, Ea, Madânu, Šamaš, Maḫ (= Ninmaḫ), Kubu und Ninâ noch besonders in diesem Texte.

Dazu kommen einige Götter, die in den Inschriften mit Götterlisten noch aufgezählt werden: Text in London (Brit. Mus. 81—7—1, 311, 9
herausgegeben von T. G. Pinches: P. Haupt-Festschrift S. 216). Er scheint speziell Götterbilder innerhalb von Esagila zu enthalten und könnte sehr wohl einen Teil der Stadtbeschreibung gebildet haben.

„Götter von Esagila und Babylon", also Götter, die in Esagila und in der Stadt überhaupt verehrt wurden, bringt der assyrische Text in III 10
Rawlinson, Tafel 66, Rückseite, Kol. V, Z. 1—21.

„Götterbilder angesichts des Gottes Marduk", d. h. Götterstatuen in der Mardukzella, bringt derselbe Text in Kol. VI, Z. 1—11. 11

Die Götter des Hausstaates des Gottes Marduk in Esagila sind in einem Abschnitte der großen babylonischen Götterliste aufgeführt und in CT XXIV, Tafel 15—16 veröffentlicht. Hier werden genannt: 7
2 „Friseusen" der Ṣarpanîtum, der Gemahlin des Marduk, 1 Bäcker, 1 Bierbrauer, 1 Brunnengott für Trinkwasser, 1 Brunnengott für Waschwasser, im Hofe des Tempels, 2 Pförtner, 4 Hunde des Marduk und 4 Flußgötter, die wahrscheinlich auch noch zum Tempel gehören.

Aus dem Texte von Pinches sind bisher noch ungenannt: Z. 2: 9
Aḫbita, eine zu dem Pestgotte Nergal gehörige Gottesgestalt (Deimel, Pantheon Nr. 168) und ein Gott Iagab (?)-?.— Z. 4: bringt eine andre Nergal zugehörige Gottheit Išarkidišu (Deimel Nr. 1474). Z. 6: Asakku,

ein Krankheitsdämon (Deimel, Nr. 109) und ein weiterer Dämon(?). — Z. 9: ein unvollständig erhaltener Gottesname Lugal - .... — Z. 10: Lugalaabba („Meereskönig") ist Nergal selbst (Deimel Nr. 1854) und Z. 11: ist Illât, der Gott des Heeres (a. a. O. Nr. 1561). Genannt sind auch Anu und seine Gemahlin Antum von Uruk (Z. 3). Išarkidišu ist Nergal (ZA XXXIII, S. 130, Kol. II, Z. 26).

10 Der Text III Rawlinson 66, Kol. V. gibt Z. 8: die Göttin Ba-u, in Z. 10: die Göttin Durrunîtu, wohl von der Stadt Dêri am Tigris in Südbabylonien (Hommel, Geographie S. 493; Meißner in BA III, 2, S. 283; Deimel, a. a. O. Nr. 800). — Z. 12: Gott Zariqu, der „opfernde (libierende) Gott", der auch in den Privaturkunden mehrfach genannt wird (Deimel, a. a. O. Nr. 1317). — Z. 13: Eṭîru, der „Heiland", „Retter" (a. a. O. Nr. 840). — Z. 14: Gamelu, der „Erhalter". — Z. 17: der Wettergott Adad „der Mühsal"(?), ša enuḫi.

11 Im Texte III Rawlinson 66, Kol. VI ist in Z. 3: Gott Ḫidêri namhaft gemacht (Deimel, Nr. 1442), in Z. 4: Lâṣ, die Gattin des Gottes Nergal. — Z. 8: nennt den Gott Multešir ḫablim, „der Recht verschafft dem Unterdrückten", der auch als eine Keulenwaffe (šarur) des Marduk erklärt wird (Deimel, Nr. 2201, 2217). — Z. 9 und 10: endlich finden sich die Feuergötter Nusku und Išum (a. a. O. Nr. 1480)[1]).

6. Unbestimmte Tempel in Babylon

1 In der Stadtbeschreibung A, Z. 17, 18, 20, 21, 28 sind Tempel genannt, deren Inhaber noch unbestimmt sind: Eḫurankia, Ebursig..., Eešmaḫ (vielleicht der Turm zu Babel), Ekadimma, E...ki(?)šarra, ebenso in der Tašmêtum-Hymne (KAR, 122), Z, 3: Eburanna.

---

[1]) Hammurapi nennt in seinem Gesetzbuche Kol. XXV, 84ff. (A. Ungnad, Keilschrifttexte der Gesetze Hammurapis, 1909, S. 32; Greßmann ATAT², S. 407, Ebeling) die Götter Šêdu und Lamasu, als die Götter, „die Esagila betreten" = ilâni eribût Esagila, sowie die „Mauer von Esagila" als Befürworter seiner Gedanken. Die „Mauer von Esagila" ist also als göttliches Wesen personifiziert gedacht, wie die Stadtmauern (siehe S. 61), das Ištar-Tor, das Uraš-Tor (siehe S. 74) und der Stadtteil Binnenstadt (siehe S. 78), die man somit auch unter die Götter von Babylon gerechnet hat. Ebenso heilig war auch der Stadtteil „Gottespforte" (siehe S. 79)
11 nach III Rawlinson, Rückseite, Kol. VI, Z. 1.

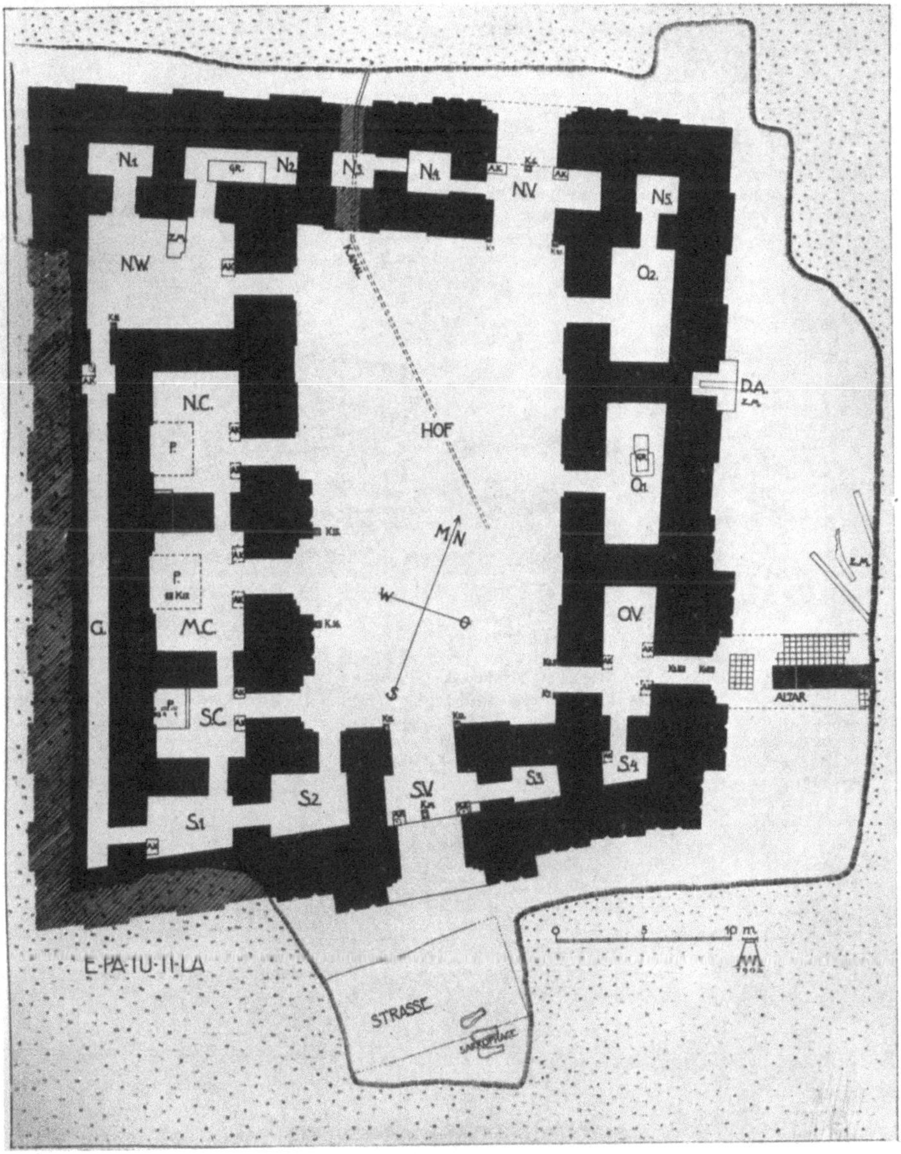

Abb. 24. Grundriß des Tempels des Ninurta

Abb. 25. Querschnitt durch den Trümmerhügel des Marduk-Tempels Esagila bei der Kapelle des Gottes Ea, mit Angabe aller Kulturschichten

KAPITEL XV

DER TEMPEL DES STADTGOTTES

Der Tempel Esagila

1. Geschichte des Tempels

Der Haupttempel von Babylon hieß Esâgila „Tempel, der das Haupt erhebt". Der Name wird gewöhnlich ideographisch geschrieben: E-sag-íl, aber auch E-sag-gíl (Bezold, Catalogue 1559 [DT Nr. 197]), in einem sehr späten Texte kommt auch die Schreibung E-sag-ki-la vor (ZA III, S. 146, Nr. 7, vom 20. VI. 219 Seleuz. Aera). Der Tempel gehört natürlich zu den am meisten genannten Tempeln von Babylon. Ich erwähne daher nur einige wichtigere Texte, z. B. das Neujahrsfestritual (Thureau-Dangin, Rituels accadiens), den Monatsfestkalender für Babylon (VAT 13
662, Reisner SBH, S. 145f.), vor allem aber die ausführliche Beschreibung des Tempels und seiner Annexe in der Keilschrifttafel aus dem Jahre 229 v. Chr. (= 83. Jahre der Seleuziden Aera), die gewöhnlich „Tafel Smith" oder „Esagila-Tafel" genannt wird und zur Stadtbeschreibung 1
(Abschnitt K) gehört.[1]) Sie ist die 6. Tafel der Stadtbeschreibung und beginnt mit dem Stichwort „Esagila", mit dem die 5. Tafel schließt (Abschnitt I, Z. 11). Die Tafel beschreibt die verschiedenen Bezirke des Tempels genau, vielfach mit ausführlicher Maßangabe, Flächeninhalt und sogar Hohlmaßen, womit in Babylonien die Größe einer Fläche ausgerechnet wird, nach dem Ertrage des Feldes, wie es noch bei uns (Scheffel) der Fall ist. Es heben sich 6 Bezirke deutlich hervor, aus denen der Tempelbezirk sich zusammensetzt:

---

[1]) Siehe darüber zusammenfassend zuletzt E. Unger in ZATW 1927, S. 162—171; ferner: V. Scheil in Mémoires de l'Académie de France 39 (1913), S. 293f. Weißbach in OLZ 1914, S. 166; Meißner und Schwenzner in OLZ 1920, S. 112—114; Thureau-Dangin, Tablettes d'Uruk (TC VI) Taf. 59—60; Thureau-Dangin in Revue d'Assyr. XVI, S. 59—60; S. Langdon in Revue d'Assyr. XV, S. 110f.; R. Koldewey in MDOG 59 (1918); T. Dombart, Der Sakralturm I, Zikkurrat, München 1920; Dombart in JSOR VIII (1924), S. 103—122; Dombart in Klio XXI (1927) S. 135—174; Dombart in OLZ 30 (1927) S. 425f.; E. Unger in „Forschungen und Fortschritte" II (1926), Heft 21; Unger in „Hirts Literaturbericht" Nr. 37 (1927), S. 541f.; Unger, Assyrische und Babylonische Kunst („Jedermanns Bücherei") 1927, S. 61, Abb. 104, S. 92.

I. Der Erhabene (Hohe) Platz (kisallu ṣîru), K, Z. 5—7.
II. Der Platz von Ištar und Zababa (kisal Ištar u Zababa); bei I und II liegen 6 Pforten (Z. 12—13); Z. 8—10.
III. Das „Glänzende"(?) von Ubšukkinna (asamû ša Ubšukkinna); Z. 14—15.
IV. Das „Suḫatum" bei der unfertigen (Schein)-Tür (suḫatum ša ina tiḫ dalat arkabinni), die der in Z. 15 genannten „Heiligen Pforte" gleich ist (K, Z. 4).
V. Der Tempelturm (sog. Turm zu Babel) namens Etemenanki unter der Erde (Z. 16—24) und oberhalb der Erde (Z. 37—42).
VI. Der „Sogenannte Nuchar" (nuḫar mune) mit den 6 Kapellen (papaḫâni) und 2 Plätzen (kisallâti) (Z. 25—36).

Die Geschichte des Tempels (s. a. Paffrath, Zur Götterlehre, S. 151 f.; AO V, 4, S. 19f. Weißbach) hängt mit der Geschichte der Statuen des Gottes Marduk und seiner Gemahlin Ṣarpanitum eng zusammen, die in Kapitel IV erzählt ist. Über Esagila selbst gewinnt man aus den Inschriften jedoch noch mehr Nachrichten. Die älteste Erwähnung des Tempels — abgesehen von den späten Chroniken und Omina, die religiös eingestellt sind (s. Kapitel IV) — ist im 10. Jahre des Königs Zabium, als Esagila „gebaut" wurde, was wohl soviel heißen soll, wie restauriert, weil schon vorher Götterbilder des Marduk und der Ṣarpanitum erwähnt sind, so im 22.—24. Jahre des Sumulailu (VAB V, S. 584, 585 Schorr; Hommel, Geographie S. 308). In einem datierten altbabylonischen Briefe der Zeit des Ammizaduga (UP VII, 89, Z. 35) ist Esagila kurz erwähnt. Im Verlauf der nächsten Zeit läßt sich das Schicksal des Tempels nur an der Hand der Schicksale der Mardukstatue erkennen. Erst um 1250 wird in der Babylon. Chronik, Kol. IV, Z. 1 f. berichtet, daß Tukulti-Ninurta I. den Schatz von Esagila nach Assyrien fortschleppte (Luckenbill, Ancient Rec. I, § 141). Pinches gibt in dem Guide zum Nimrud Central Saloon 1886, S. 70, Nr. 24 eine Urkunde bekannt, nach der Materialien zur Renovierung von Esagila aufgezählt werden, die vermutlich z. Z. des Nabuaplaiddina (um 870) stattgefunden habe. Die Tafel nennt einen Schreiber Mardukerêš, Sohn des Kidin-Marduk, šatam (Priester) von Ṣabban. Der assyrische König Salmanassar III. hat auf seinem Feldzuge zur Unterstützung des babylonischen Königs Marduk-zakiršumi gegen den Thronprätendenten Mardukbêlusâte im Jahre 850 in Esagila Opfer dargebracht (Luckenbill a. a. O. I, § 624). In der Inschrift der Nebostatue von Kalḫu (Luckenbill a. a. O. I, § 745) ist Esagila auch erwähnt. Damals, um 797, war Babylonien dem Könige Adad-nirari III. untertan. Der assyrische König Tiglatpileser III., 729—727

als König von Babylon[1]), nennt Esagila einmal in seinen Annalen (Z. 6;
Luckenbill, a. a. O. I, § 762). Sanherib, der 689 Babylon zerstörte,
spricht davon, daß der damalige babylonische König Mušezib-Marduk
die Schätze Esagilas den Elamitern überantwortet habe, zur Unter-
stützung eines Aufstandes gegen die Assyrer (Luckenbill, a. a. O. II,
§§ 252; 356). Diese Tatsache wird später von Assarhaddon rekapituliert
und als Grund für den Untergang von Babylon angegeben (Luckenbill,
a. a. O. II, § 642). Dieser König hat Babylon und Esagila wieder aufge-
baut, Esagila, ekal ilâni = den Palast der Götter (BA III, 2, S. 226, Z. 18f.
Meißner), und nennt sich den Erbauer von Esagila (Luckenbill, a. a. O.
II, § 507). Ein Stempelziegel des Assarhaddon für Esagila und Babylon 21
(AK II, S. 21, Nr. 4 Unger), ein zweiter für Esagila (a. a. O. Nr. 5) sind
Zeugnisse dieses Baus. Außerdem gibt es Briefe, in denen Aradaḫêšu,
wohl der assyrische Baumeister von Esagila selbst, über den Fortgang 27
des Neubaus berichtet (Harper, Letters Nr. 119, 120), sowie andre as- 28
syrische Briefe (a. a. O. Nr. 471, 1047, 1278, 1301, 1340), die ebenfalls 29
darüber Mitteilung machen. Der im Jahre 681 von Assarhaddon begon- 31
nene Bau wurde erst durch seinen Sohn Assurbanipal um 668 vollendet,
von dem sich gleichfalls Stempelziegel für Esagila und Etemenanki ge- 22
funden haben (AK II, S. 23, Nr. 12 Unger). Über die Vollendung in-
struieren die Texte (Luckenbill a. a. O. II, § 883, 988), die auch vom
„ekal ilâni" sprechen (VAB VII, S. 240, Z. 8f., 244, Z. 14f. Streck) und
genauer angeben, daß der König die Wohnungen (namê), die Kapellen
(di'âni) und die übrigen Zellen (parakke sitûti) von Esagila, nebst dem
früheren Zubehör, an ihrem Ort wieder errichtet habe (VAB VII, S. 234
Z. 18f.). Šamaššumiukin hat dann um 652, als er gegen seinen Bruder
Assurbanipal einen Aufstand anzettelte, die Schätze von Esagila nochmals
den Elamitern ausgeliefert (Luckenbill, a. a. O. II, § 924). Assurbanipal
aber hat 639 v. Chr. den Schatz wiederum durch Schenkungen erneuert
(s. u. zu 11, 16—18). Nabopolassar und Nebukadnezar haben später
nicht nur einen Neubau des inzwischen zerstörten Turms zu Babel,
sondern auch Renovierungen von Esagila vorgenommen. Sie geben in
ihren Inschriften dem Tempel ähnliche schmückende Beinamen, wie
die Assyrer: Ekal šamê u irṣitim = Palast von Himmel und Erde
(VAB IV, S. 72, Z. 47), ekal bêlûti = Palast der Herrschaft (d. h.
des Marduk; a. a. O. S. 124, Z. 41). Diese Könige und ihre Nachfolger
nennen sich „zanin Esagila u Ezida" = Pfleger von Esagila und

[1]) Drei aus seinem 1. Jahre datierte Lieferungsverträge, Quittungen über Lieferung von Datteln und Bier, z. T. an Damen des Palastes, stammen wahrscheinlich aus dem königlichen Schloß in Babylon (TC XII, Nr. 1—3, G. Contenau).

Ezida (des Tempels in Borsippa). Zêriia ist Priester (šatam) von Esagila z. Z. des Nabonaid (Thompson in AJSL 27, S. 201). Der Kult von Esagila wird auch in persischer Zeit aufrecht erhalten; in einem Kontrakt (YOS VII, Nr. 13, Z. 4, vom 3. III. 2. Jahre des Cyrus; Tremayne) wird ein Bezirksherr (bêl piḫati) von Esagila erwähnt; der Text in VS III, 187, dd. Babylon, vom 7. VI. 13. Jahre des Artaxerxes I. ist eine von dem „Schreiber von Esagila", Nidintumbêl, ausgestellte Urkunde.

Alexander der Große, der an den Wiederaufbau von Esagila und Etemenanki ging, ließ zunächst die Schuttmassen fortschaffen, die Koldewey im heutigen Hügel Homera wiedergefunden hat (WEB[4] S. 299ff.). Unter den Nachfolgern setzte man diese Schuttabtragung fort, wie einige Ur-
56 kunden beweisen: Kontrakt CT IV, 39, vom 6. XI. 6. Jahre des Alexander dadu = Sohn, also der Sohn Alexanders des Großen (Kohler-Ungnad, 100 Urkunden, Nr. 89; Delaporte, Epigr. aram. Nr. 99). Das bestätigt die Diadochenchronik (Smith BHT, S. 140f.), wonach im 4. Jahre des Philippus Arrhidäus (Kol. I, Z. 5), sowie im 6. und 8. Jahre des genannten Alexanders (Kol. II, Z. 12, 33) die Schuttmassen abgetragen wurden. Nach einer zweiten Diadochenchronik (Smith, a. a. O. S. 154ff.) hat Antiochus I. im 37. Jahre der Seleuziden-Ära mit dem Wiederaufbau begonnen (Rücks. Z. 19). Sein Bauzylinder von Borsippa (Br. Mus. 36277; VAB III, S. 132f. Weißbach) vom 20. XII. 43. Jahre der Seleuziden-Ära spricht ebenfalls davon. Der Tempel wird endlich noch erwähnt in einer Tafel vom 139. Jahre der Seleuziden-Ära (ZA VII, S. 330f. C. F. Leh-
57 mann), sowie in der Tafel des Hyspaosines; einige Teile von Esagila nennen die späten Tafeln aus dem 219. Jahre der Seleuziden-Aera (König Aršaka), d. h. 93 v. Chr. (Kohler-Ungnad, 100 Urkunden Nr. 99; Coll. Morgan I, Nr. 99; s. Kapitel XV, 1, 3, 17). Damit sind die Urkunden über Esagila, soweit sie einige Bedeutung haben, erschöpft.[1])

Die Bauweise des Tempels war im allgemeinen aus Lehmziegeln
7 mit Wandputz und Bemalung, die bei Tempeln gewöhnlich weiß ist. Türme standen seitlich der Pforten, senkrechte Rillen belebten die Außenwände. Das oberste Stockwerk der Türme trat — im Gegensatz zu den militärisch bedingten, weit vorgekragten Stadttor- und Stadtmauerturm-Aufbauten — nur ganz wenig vor und war unten horizontal abgesetzt. Ein oberer Zinnenkranz umzog die Mauern und war, wie der

[1]) Ich nenne noch einige Texte, die für Esagila von einigem Wert sind, aber bisher garnicht oder nur ungenügend verwertet worden sind. K 1354, Bezold Catalogue Kuyundjik Collection S. 273; VS VI, Nr. 273, wo ein Priester (šatam) von Esagila genannt ist. K 15242: King Supplement Catal. Kuy. Coll. Nr. 1773; VAT 432, wahrscheinlich ein Festritual für
32 Esagila; VAT 6608, eine Privaturkunde aus neubabylonischer Zeit; Harper, Letters 877.

Brief (Harpar, Letters Nr. 119, Rs. Z. 4—6) nahelegt, aus blauglasierten 27
Ziegeln gefertigt. Weiß und blau sind mithin die besonders betonten Farben des Tempels. Abgesehen von der Verwendung antiker Formen ist der äußere Gesamteindruck unserer modernsten Architektur dem der babylonischen Baukunst nicht unähnlich.

2. Der Erhabene (Hohe) Platz

Von den verschiedenen Kapellen und Plätzen des Tempelbezirks Esagila nennt die Esagila-Tafel (Stadtbeschreibung K, Z. 1, 5—7) zuerst den 1
„Erhabenen Platz" (kisallu ṣîru). Kisallu hat verschiedene Bedeutungen, Terrasse, Unterbau, Platz und auch Hof (Bezold, Glossar S. 145). Auch Gebäude können auf einem Kisallu stehen, wie z. B. die des „Sogenannten Nuchar". Der Kisallu ṣîru, auch kisalmaḫḫu genannt, war ein erhöhter Hofplatz. Er liegt nahe bei der Kapelle Ekua, wie das Neujahrsfestritual Z. 273 (Thureau-Dangin, Rit. acc. S. 136) zeigt, und zwar nördlich des Sog. Nuchar, wo Koldewey auch einen Platz festgestellt hat (WEB^4 Abb. 114). Die Breite, von Norden nach Süden, entspricht etwa der „Front" des Hofes (Esagila-Tafel = K, Z. 5), die auf ca. 81 Meter angegeben ist. Die „Seite" d. h. die Länge ist nach derselben Quelle 104 Meter lang. S. a. S. 162. Der Kisallu stand in enger Verbindung mit

3. Ištar- und Zababa-Platz

dem Kisallu von Ištar und Zababa (K, Z. 2, 8—13), der ca. 95 Meter 1
lang (Seite) und 40 Meter breit (Front) war und mit dem ersten größeren Kisallu so vereinigt war, daß 6 Pforten den „Zugang zu den Plätzen" bildeten, die z. T. in den vier Pforten am südlichen Peribolos von Etemenanki und vermutlich auch im Brückentor (dem abullu) wiedergefunden sind. Die genauere Lage ist noch nicht anzugeben, weil die Ausgrabungsergebnisse dieser Punkte noch ausstehen.

4. Kleiner Platz mit Ubšukkinna

Der Bezirk um die Zella Ubšukkinna, der als „Kleiner Kisallu" bezeichnet ist (K, Z. 3, s. a. Z. 14 f.), ist noch nicht bestimmbar und 1
auch vom Tafelschreiber ohne nähere Maßangaben gelassen worden. Ich vermute ihn im östlichen Anbau von Esagila (Koldewey WEB^4, S. 209).

5. Heilige Pforte

Der Bezirk der „Heiligen Pforte" (K, Z. 4, 15), dessen Maße die 1
„Esagila-Tafel" nicht mitteilt, da sie (dem Schreiber der Tafel) unbekannt seien, befindet sich beim „Turm zu Babel", nordöstlich von ihm, am Endpunkt des „Marduk-Straße" (s. Kapitel XIX).

6. Der Nuchar

Der „Sogenannte Nuḫar", ist in der Tafel (K, Z. 25—36) beschrieben und zwar in zwei Abschnitten, durch eine Linie nach Z. 27 getrennt.
1 Daß die ganze Partie, Z. 25—36 zusammengehört, geht aus der Nennung des „Sogenannten Nuḫars" am Anfang (Z. 36) hervor; in ähnlicher Weise ist der Schreiber der Tontafel auch bei den übrigen Abschnitten verfahren, indem er immer am Anfang und am Ende eines jeden Abschnittes den Namen des betreffenden Gebäudeteiles einsetzte. Mit Bezug auf die Deutung der Bezeichnung „Nuḫar mune" habe ich in ZAW 1927, S. 163f., festgestellt, daß es sich hier nicht um eine technische Bezeichnung handle, wie Koldewey (MDOG 59 [1918], S. 1f.) wollte, ferner, daß der Ausdruck „nuḫar" nicht die spezielle Bedeutung „Tempelturm" hätte, welche Meinung Koldewey veranlassen konnte, den nuḫar oben auf dem Tempelturm zu suchen (a. a. O. S. 15); endlich konnte ich nachweisen, daß eine Spezialbedeutung von nuḫar schwer feststellbar ist, daß hier die Übersetzung „Lehmwerk" oder Lehmterasse" höchstens in Frage käme, und daß aber eine Diskussion über die Bedeutung des Wortes überflüssig sei, weil der Babylonier selbst schon durch die Hinzufügung des Wortes „mune" = „sein Name" oder „sogenannt" zum Ausdruck gebracht hat, daß es sich hier um die Nennung des Namens handle. Die verschiedenen Gleichungen von nuḫar sind: ziqqurratum (Tempelturm) = pitqu (Lehmwerk) = râṭu (Tonwassergefäß) = kullatu (Wohnraum) = IMDUA (d. i. die Bezeichnung für die 1. unterste Stufe des Tempelturms (K, Z. 37), vgl. CT XVIII, 28, Z. 11a; II R 26, Z. 35 (Kol. IV)f.; V R 41, Z. 22 e, f; V R 42, Z. 30 g, h; Delitzsch HWB, S. 458b; Rev. d'Assyr. XIV, S. 165f.; ZAW 1927, S. 163f. (Unger).

Ein zweiter „Nuḫar" kommt auch in der Stadtbeschreibung von Babylon (I, Z. 3) vor, liegt hier jedoch als Vorort im westlichen Teil vor der Neustadt von Babylon, gegenüber einer Linie zwischen dem Adad-Tempel und dem Akußer-Tor (= Adad-Tor). Eine Glosse „pir(par)-ki" = (abgeschlossener) Bezirk erklärt das Wort (HWB S. 540; ZAW 1927, S. 167, Unger). Demnach hat es einen nuḫar im Osten und einen zweiten nuḫar im Westen von Babylon gegeben.

Schon Koldewey hat selbst erkannt, daß die Maße des sogenannten
26 Nuḫars mit den Maßen des von ihm ausgegrabenen Tempelkomplexes,
7 südlich des Tempelturms, übereinstimmten (MDOG 59, S. 11) und er hat die ungefähre Anordnung der Gebäude (in Abb. 1 a. a. O. S. 12) konstruiert. Nach WEB[4], Abb. 114, S. 181 (vgl. S. 200f.) hat die Front des ausgegrabenen Tempelkomplexes im Norden und Süden je 79,30

Meter, im Westen und Osten je 85,80 Meter Frontlänge, der Hof, dementsprechend 31,30 Meter im Norden und Süden, 37,60 Meter im Westen und Osten. Leider sind die ausgegrabenen Grundrisse erst in einer kleinen Zeichnung publiziert, die aber schon erkennen läßt, daß manche Übereinstimmungen mit der Beschreibung der Tontafel vorhanden sind. Ein östlich anstoßender Gebäudekomplex ist nur in den Umrissen ausgegraben und dürfte weitere Teile des nuḫar enthalten, wenn nicht gar auch Ubšukkinna selbst. Die Nordfront dieses Teiles schließt unmittelbar an die des Nuḫars an und ist 89,40 Meter lang, beide zusammen also 168,70 Meter lang. Dagegen ist der östliche Anbau nach Süden um etwa 30 Meter verlängert und die Länge der Ostfront beträgt hier 116 Meter. Hier befinden sich zwei große und eine kleine Pforte, im Norden eine große, eine kleine, in der Südfront jedoch nur eine große Pforte, in der Verlängerung der Südfront des Nuḫars; erst dann biegt der Anbau südwärts um. Die Fronten sind nach den Windrichtungen orientiert (s. S. 132).

Das „Gebirgswind-Haus" oder „Osthaus" — in Wahrheit nach Nordosten gerichtet — des „Sogenannten Nuḫars" enthielt die Kapelle Ekua des Marduk, ferner die Kapellen des Nabu, Ezida, und der Tašmêtum, die auch Nanâ genannt ist. Sie lagen nach der Baubeschreibung des
assyrischen Briefes Harper 119, V, 12f. auf dem kisallu elinû, auf dem 27
„oberen Platz", während die andern Kapellen auf dem „unteren (kisallu šapliu) Platz" (a. a. O. Z. 15f.) lagen. In dem Text in London (Br. Mus. 35968) Kol. II, 15, ist vom „igaru ša kisalli (DUL) šaplî" = „Wandmauer des Unteren Platzes die Rede, wohin (ina qabal) ein
Hochwasser gedrungen sei. Das sei im 11. Jahre des Nabukînapli 17
geschehen, um 980. Sehr richtig hat der Schreiber der Esagila-
Tafel nach Z. 27 durch einen Strich das Osthaus von den übrigen 1
wahrnehmbar getrennt. Solange keine Querschnitte durch die ausgegrabenen Grundrisse von Esagila vorliegen, läßt sich natürlich über das Aussehen dieses „oberen" und des „unteren" Platzes nichts ermitteln.
Dagegen sind die im assyrischen Briefe, Harper 119, 17f., erwähnten 27
Rampen vorn und hinten (sîru rukpi..pâni u kutalli) zu den Toren des Nuḫars von Koldewey wiedergefunden worden (WEB[4], S. 204). Außer dem Brief sind noch folgende Stellen für Ekua von Interesse: BA III, 2 S. 246, Z. 18f. nennt Assarhaddon Ekua die rimîtu (Wohnung) des Marduk; Nebukadnezar II. spricht vom papaḫu (= Kapelle) des Enlil ilâni (Enlils der Götter) Marduk (VAB IV, S. 72, Z. 48; S. 98, Z. 17; S. 152, Z. 58; MJ Philadelphia XIV, 4, S. 271, Z. 31f.; s. a. VAB IV, S. 127, Z. 18—32; S. 125, Z. 43; CT 37, 7, I, 31; VAB VII, S. 819). Von Ekua kommt man in den Kisallu ṣîru. Die Türflügel des Heiligtums

31 werden als etwas Besonderes hervorgehoben, schon in der Inschrift des
18 Kassiten Agumkakrime (KB III, 1, S. 144, Kol. IV, 40; V, 10), wo von den papaḫat, den Kapellen, gesprochen ist. Nebukadnezar bekleidete die Kapelle mit Gold (VAB IV, 153, Z. 40).Bei der Bedachung von Ekua ließ er die oberen Deckbalken aus Zedernholz mit Gold, die unteren mit Silber überziehen (VAB IV, S. 126, Z. 21ff.). Von großer Bedeutung erscheint die Mitteilung Assarhaddons, daß er die Terrasse (tamlû) des Osthauses um $16^1/_2$ Ellen ausgegraben hätte (BA III, 2, S. 246, Z. 18f., Meißner), so daß daraus hervorgeht, daß die Terrasse mindestens $16\frac{1}{2}$ Ellen, vermutlich aber noch mehr, also etwa 20 Ellen hoch war, so daß
1 die ganze Höhe des Tempels, die in Z. 36 der Tafel mit 60 Ellen insgesamt angegeben ist, auf 60 weniger 20 also 40 Ellen = 20 Meter gekommen sein wird, was für die sehr großen Abmessungen des Nuḫars nicht zu groß ist. Über die Kapelle der Ṣarpanîtum s. Kapitel XVI, 8.

Zum Osthaus gehörig sind auch die Kapellen des Nabu und der Tašmêtum. Sie liegen Saum an Saum mit der zentralgelegenen Kapelle des Marduk, d. h. die eine nördlich, die andre südlich von Ekua, direkt angebaut. Ekua ist ein gewaltiges Vestibül, rechts eine mächtige Nische, und links eine zweite entsprechende. Von Osten führt ein großes Tor in die Halle, nach Westen führt ein zweites in den Hof. In den großen Nischen standen im Nordosten wahrscheinlich die Statuen des Marduk (s. Kapitel XX) und der Ṣarpanîtum. Die Maße sind ganz enorm, 80 Ellen (= 40 m)[1] die Seite (Länge), 40 Ellen (= 20 m) die Front (Schmalseite). Der Schmalseite schließen sich an die Kapelle des Nabu und der Tašmetum, nach Süden bzw. nach Norden, mit je ebenfalls 40 Ellen und 45 Ellen Langseite, eine jede Kapelle gleichmäßig gestaltet, die südliche aber mit besonderer Pforte auch nach Osten (Bâb Ezida). Es bleibt kein Zweifel, daß das Osthaus des von Koldewey ausgegrabenen Gebäudekomplexes Esagila, mit den Maßangaben der Tafel übereinstimmt. Vgl. auch Kapitel XVI, 14 zur Begründung der Lage der Kapelle Ezida.

Über den Bau der Kapelle des Nabu, Ezida, ist weiterhin Verschiedenes bekannt. Eine Gründungsstele des Assurbanipal (London, Br. Mus.
57 90865, AK II, S. 23, Nr. 11, E. Unger), eine zweite des Šamaššumiukin (Br. Mus. 90866, a. a. O. Nr. 18), wo die Kapelle den eigentümlichen Namen É-GI_6-NAM-ÈŠ-$DU_7^{meš}$ führt, sind vorhanden. Sie wird bezeichnet als šubat il šarrâni = Wohnung des Gottes der Könige, kammir šamê irṣitim = Überwältigers von Himmel und Erde (CT 37, 7, Kol. I, Z. 33; in MJ Philadelphia XIV, 4, S. 271, I, 33) ist der Gott als Nabu ša

[1]) Die Zahl der Tontafel ist neuerdings abgebrochen; G. Smith wollte 70 oder 80 Ellen gelesen wissen.

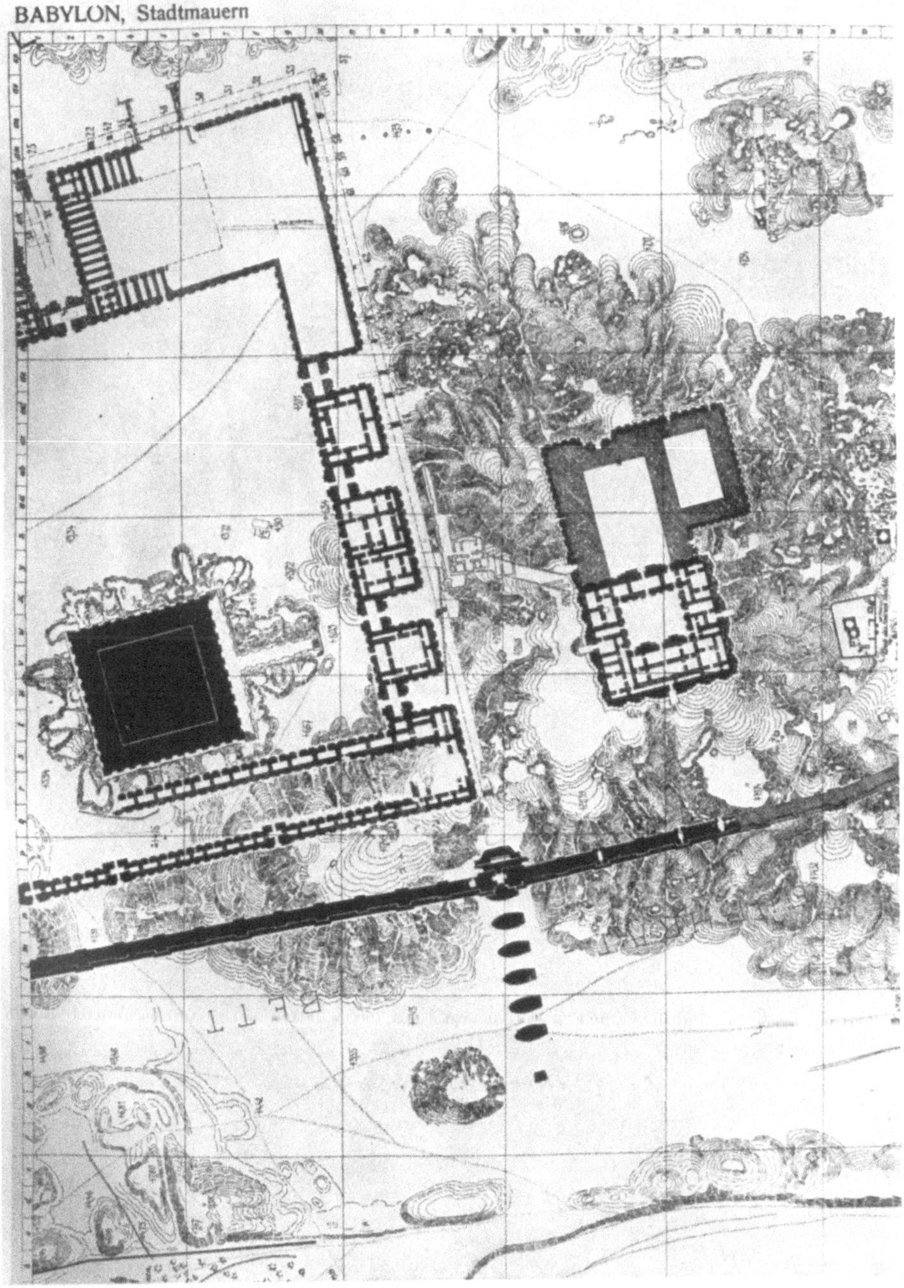

Abb. 26. Grundriß des Marduk-Tempels Esagila: des Nuchars, des Turms zu Babel, der Heiligen Pforte, der vier Pforten an der Prozessionsstraße zur steinernen Euphratbrücke

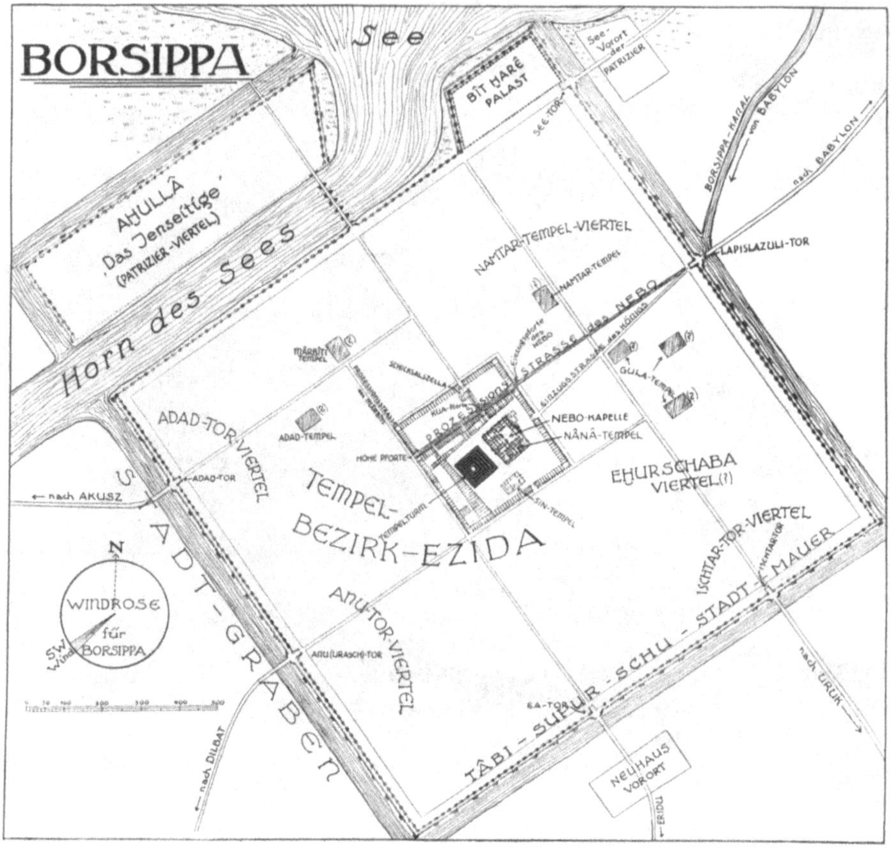

Abb. 27. Grundriß der Stadt Borsippa

kisallam = Nabu des Platzes (s. a. VAB IV, S. 152, Z. 47f.) namhaft gemacht. Nabu ist hier auch der ^{ilu}šar ilâni šamê irṣitim = Gott-König der Götter von Himmel und Erde (VAB IV, S. 72, Z. 50; ähnlich auch a. a. O. S. 90, Z. 34). Die Kapelle der Tašmêtum wird genannt in dem
einen assyrischen Brief (Harper 119, Vs. 14); Assarhaddon spricht von 27
einem Haus aus musukannu- (Palmholz) und „Dauer"-Holz für Tašmêtum (BA III, 2 S. 238, Z. 39f., s. a. S. 246, Z. 18f.); Assurbanipal nennt die Göttin die Braut von Esagila, die das Innere von Ekua bewohnt (kallat Esagila ašibat kabitti [Ekua] (VAB VII, S. 287, Z. 14). Die Eingangspforte von Ezida wird besonders hervorgehoben als Bâb Ezida. Interessant ist aus dem Neujahrsfestritual, Z. 369f. (Thureau-Dangin, Rit. acc. S. 141), daß am 5. Nisan die „Goldenen Himmel" aus dem Schatze des Marduk herausgebracht werden. Diese sind auch in dem assyr. Briefe Harper 468 erwähnt.

Im Monatsfestkalender (VAT 662, Kol. I, 16, Reisner SBH, S. 145) 13
wird der Tempel Ezida in dem Ritual genannt.

In der Pforte der Kapelle des Marduk stand der Gott Karibu: ^{ilu}Ka-rib ša Bâb (Var.: Bît = „Tempel") pa-pa-ḫu ^{ilu}Marduk, in verschiedenen Privaturkunden genannt, in denen das „Einkommenrecht" (isqu), das zu dieser Statue gehörte, verkauft wird.[1]) Der Karibu „der Segnende Gott" ist wahrscheinlich identisch mit dem Kuribu, Cherub, den geflügelten Engeln, die „Bilder der Winde" sind, da der Flügel das Symbol der Winde ist (RLV VIII, S. 208 [Mischwesen" § 31a], E. Unger; Forschungen und Fortschritte V [1929], S. 270f., „Die Offenbarung der Gottheit durch den Windhauch", E. Unger).

Die eigentliche Kapelle des Marduk bestand also aus einem gewaltigen Portikus mit 2 mächtigen Räumen für die Götterbilder. In der Eingangshalle wird die Statue dieses Karibu des Marduk aufgestellt gewesen sein. Hier war wohl die „Heils-Pforte" (s. Kapitel XVI, 7).

Die Nordhäuser — nach dem Nordwestwinde zu, dem „Günstigen Winde" — enthielten das Haus des Ozeangottes Ea, 85 Ellen lang (Seite), und 30 Ellen die Front, und das Haus des Feuergottes Nusku, ein Quadrat von 35 Ellen Seitenfront. Die Kapelle des Ea hat Koldewey
schon wiedergefunden und dem Ea zugeschrieben; sie liegt unmittelbar 25
nördlich, an die Kapelle der Tašmêtum anstoßend. Der Abdruck eines

[1]) Deimel, Pantheon Nr. 1650; F. Peiser, Babylonische Verträge 1890 Nr. 91 (Br. Mus. Nr. 84—2—11, 57), Z. 5, 9, dd. Babylon, vom 16. VIII. 12. Jahre des Nabonaid; VS IV, Nr. 69, dd. Babylon, vom 30. I. 1. Jahre des Kambyses (Peiser, a. a. O. Nr. 28); VS VI, Nr. 129, dd. Babylon, vom 7. XII. 12. Jahre des Darius I.; VS V, Nr. 87, dd. Babylon, vom 28. II. 19. Jahre des Darius I. (Peiser a. a. O. Nr. 63);

geschnitzten Thrones im Asphaltboden der Kapellennische zeigte wasser-
47 spendende Figuren an den Stuhlbeinen, sowie das Bruchstück eines Ziegenfisches an der Rückenlehne (WVDOG 15, S. 42f., Abb. 61—62 Koldewey). Es war der Rest des von Nabonaid gestifteten Thrones (s. unten). Die Tiefe des Raumes (a. a. O. Taf. 9, sowie WEB[4], Abb. 114), nebst der von den zwei anschließenden Hinterräumen betrug etwa 17 m, unter Einschluß des Einganges im Westen erreicht die Gesamtbreite dieses Komplexes etwas über 40 Meter, so daß auch hier Übereinstimmung herrscht. Die Kapelle des Nusku, die nach der Tafel etwa 17½ Meter im Quadrat umfaßte, ist daher westlich der Eingangspforte im Norden zu suchen, vermutlich dort, wo noch nicht ausgegraben ist. Die Dicke der Mauern ist vielfach ganz enorm. Es steht aber noch nicht fest, inwieweit die Babylonier diese Mauern mitgemessen haben, oder ob sie einfach die Außenabmessungen nahmen, oder nur die Innenräume vermessen haben.[1])

Von dieser Kapelle des Ea ist auch der Name bekannt: Assurbanipal in einer Gründungsstele mit Königsrelief aus Buntsandstein (AK II, S. 23, Nr. 10, Unger; Br. Mus. 90864), nennt sie Ekarzagina, s. a. VAB VII, S. 269, Z. 19. Sie ist auch so von Assarhaddon genannt (Luckenbill, Anc. Records II, § 687). Der gleichzeitige Brief seines Baumeisters
29 (Harper, Letters 471) spricht auch vom Bît Ea in Esagila. Nabonaid (VAB IV, S. 280, Kol. VIII, Z. 16ff.) stellte einen Thron (arattû) aus rotem Golde für Ea in Ekarzagina her. Der von Koldewey in Spuren gefundene Thron dürfte demnach mit dem von Nabonaid gestifteten identisch sein. Ein Bauzylinder des Assurbanipal für den Tempel Emaḫ (MDOG 21, S. 7) enthält am Schluß eine Anrufung speziell an Ea; vielleicht ist also diese Urkunde für die Eakapelle verfaßt. Über das Haus des Nusku ist sonst nichts Näheres bekannt.

Südhaus — „Wolkenwind-Haus", nach dem südöstlichen Meereswinde orientiert —, ein einheitliches Haus der Himmelsgottes Anu und des Mondgottes Sin, das 70 Ellen Seitenlänge und 30 Ellen Frontbreite hat, also etwa 35:15 Meter im Geviert. Ihm wird der Südbau entsprechen, nebst Vestibül und Korridor, von dem östlich ein kleiner Raum mit Ausgang nach dem Zentralhof liegt, südlich hiervon ein dreiteiliger größerer Raum, die man beide für Anu und Sin in Anspruch nehmen wird. Genaue Maße sind auch hiervon noch nicht veröffentlicht. Von diesen

---

[1]) Es ist höchst bedauerlich, daß der Wissenschaft noch immer die Publikation dieses größten und berühmtesten Tempels des Alten Orients vorenthalten wird, trotzdem gerade hier die eigenen Maßangaben der Babylonier seit langem zur Verfügung stehen. In WVDOG 48
26 Tf. 9, ist endlich der vollständige Grundriß vorgelegt worden.

Kapellen ist sonst nichts Besonderes bekannt. Im Neujahrsfestritual
Z. 283 (Thureau-Dangin, Rit. acc. S. 136) ist eine Krone (agû) des Anu
erwähnt. Im Monatsfestkalender (VAT 662, V, Z. 24, Reisner SBH, 13
S. 145) ist ein Garten (kirû) des Anu genannt, der vielleicht in der Nähe
der Anu-Kapelle gelegen hat.

Westhaus — nach Südwesten, dem „Sturmwinde" der Wüste orien-
tiert —, das aus zwei Kapellen, dem Tu'um = dem Allerheiligsten und 26
dem Simmilti-Haus besteht. Erwähnt ist der Pfortenbau (Bâbanû), nach
dem Hof zu gelegen, wo eine mächtige Toranlage gefunden ist; dann
das „Bett-Haus" (Bît-irši), 125 Ellen zu 30 Ellen (d. h. 62½: 15 m) lang
und breit; ferner der Innenraum (Bîtanû), 100: 20 Ellen (d. h. 50: 10m) lang
und breit; endlich das Bît-Simmilti[1]) mit 100:35 Ellen (d. h. 50: $17^1/_2$ m)
lang und breit. Das Bett, neben dem ein Thron stand, war 9:4 Ellen lang
und breit. Das Torgebäude, papaḫ Bêl Bâbanû (Kapelle des Bêl vom
Pfortenhause) wird nach dem assyrischen Briefe Harper 120, 17 gebaut 28
und mit Zedern gedeckt. Wahrscheinlich ist der gesamte Westkomplex da-
runter zu verstehen, oder das Bîtanû, der Innenraum. Ob hierunter auch
das Zedernhaus (šubat erîni) zu verstehen ist, wo die Statuen des Marduk
und seiner Gemahlin durch Agumkakrime provisorisch, als in ihrem
„zweiten Palast" (ekallu šanîtu), aufbewahrt werden (KB III, 1, S. 142, 18
Kol. III, Z. 37f.), ist noch nicht sicher; ebensowenig, ob das papaḫ erîni
(die Zedernkapelle) damit gemeint ist, die in einem Monatsfestkalender
erwähnt ist (Reisner, SBH, S. 144, VAT 398, V, 20 = Coll. Morgan IV, 8
Nr. 25, Z. 27).

Das Bît irši wird auch noch in den assyrischen Briefen, Harper 113
und 366 genannt (s. Behrens, Briefe S. 37ff.).

Bei dem Heiligtum lag der Kisallu, „von Türpfannen und Riegeln ver-
schlossen", der 100 Ellen lang und 65 Ellen breit war, also eine Größe
von 50 zu 32½ Metern hatte. Da der Binnenhof von Esagila nur 31,30 m:
37,60 m besitzt, kann er wohl nicht damit identisch sein, seine Lage wird
im östlichen Anbau von Esagila zu suchen sein. Im übrigen decken sich
die Ausdrücke kisallu und tarbaṣu (Hof) nicht, wie das Nebeneinander-
vorkommen beider Ausdrücke in den Bauberichten Harper 119 und 120 27
beweist. Die Kapellen standen nach diesen Texten ebenfalls auf solchen 28
Unterbauten oder Terrassen, den kisallu.

---

[1]) San Nicolò-Ungnad, Neubabyl. Rechtsurk. I, Nr. 327, 2 nammištum = Korridor. Nach den Kontrakten des Nabonaid (VS V, 25; Z. 6, 16) und des Darius I. (VS III, 119; V, 92) gab es bei Borsippa einen Vorort Bît Si-muš-tum (ti), der die Lesung sim-iš-ti, oder abgeschliffen: sim-mil-ti sichert.

Ein zweiter kisallu — daher die Ergänzung der Stadtbeschreibung
1 K, Z. 25: [2 kisall]âte — heißt der „Kisallu der Hierodulen" mit vier
Pforten nach den vier Richtungen, der kisal nadâti. Er ist ebenfalls
noch nicht zu lokalisieren.

So hatte der „Sogenannte Nuḫar" tatsächlich zwei kisallu, und 6 papaḫâni oder Kapellen. Letztere sind nach dem Texte und den Maßangaben deutlich voneinander zu trennen: Das Osthaus (I), die Nordhäuser (II—III), das Südhaus (IV) und das Westhaus (V = Tu'um, VI = Bît Simmilti). Zusammenfassend schließt der Text mit dem Hinweis, daß die Maße des „Sogenannten Nuḫars" und zwar des „gesamten" (= Ti = gimir) angegeben seien, und zwar die Seite, die Front und die Höhe. Da der Verfasser bisher nur die Maße der Seiten und Fronten verzeichnet hatte, so blieb ihm nur noch die Angabe der Höhe übrig, die bisher noch nicht gemacht wurde und die man deshalb vermißt. Darum setzte er der Einfachheit halber die Höhenmaße in einer Glosse, nämlich šuš-ši = 60 neben das Wort mîlu = Höhe. So erklärt sich auch diese Zeile ohne jeden Zwang. Die Gesamthöhe des Nuḫars nebst Terrasse betrug also 30 Meter.

7. Eudu, Haus der Ewigkeit

Andre Kapellen des Tempels Esagila, bzw. die dazu gehören, sind außer den in der Esagila-Tafel genannten noch bekannt, zunächst ein öfter erwähnter E-udu, geschrieben E-U$_4$-DU$_7$, Haus der Ewigkeit oder Haus des glänzenden Schmucks (? DU$_7$ = asamû). Marduk wohnte nach dem Neujahrsfestritual Z. 29, 77, 242, 375 im Eudu (Thureau-Dangin, Rit. acc. S. 130ff.). Aber auch seine Gattin, Ṣarpanîtum wohnt dort (Martin, textes religieuses 1903, S. 2, Z. 4, 13; BA V, S. 378, 382, Z. 29 Hehn; IV R 40, Nr. 2, Vs., 14; Jastrow, Religion I, S. 509, 536; Ungnad, Religion der Babylonier S. 198). Über die Lage läßt sich nichts sagen.

8. Šaḫuru, Hochzeitshaus

1 Šaḫuru, bzw. auch šuḫuru, ist nach der Esagila-Tafel (K, Z. 42) die
35 Bezeichnung des Hochtempels auf dem Turm zu Babel. Es bedeutet nach
Meißner (AOB I, S. 30, Anm. 2) wahrscheinlich das intimste Gemach
des Palastes bzw. des Tempels, das Schlafgemach (s. a. ZAW 1927,
60 S. 168, Anm. 1, Unger). Darauf deuten auch die Erzählungen Herodots
(I, 181). Danach befand sich hier ein Bett (s. unten 16) für Gott
Marduk (Bêl).

9. Bît Ḫammûti, Schlafhaus

Bît-ḫammûti, in dem das Bett (urši) für das Beilager von Marduk und Ṣarpanîtum bereitet steht, ist in einer Inschrift des Assurbanipal genannt (VAB VII, S. 306, Anm. 6; Luckenbill, Anc. Rec. II, § 1018; Martin, Textes religieuses S. 286, Z. 28). Wahrscheinlich ist dieser Tempel mit dem Šaḫuru identisch und eine poetisch-religiöse Bezeichnung desselben.

10. Bît Gunu(?)-su

Bît-gunu(?)-su.. in Esagila wird in dem Text der 47 Unheilsvorzeichen für Akkad Vs., 22 genannt, wo Feuer ausgebrochen sei (Boissier, 17
Doc. assyr. rel. aux présages S. 268).

11. Bît-tinûri, Ofenhaus

Bît-tinûri, in demselben Texte, Vs., 17 angeführt, wo Feuer entstanden sei (Boissier, CTAB S. 253f. und Boissier a. a. O. S. 268). Tinûri heißt 17
Ofen. Tinûri ist auch die Bezeichnung des Gottes IZI-GAR, dem Assurbanipal nach dem Prisma vom 30. Jahre aus Babylon (639) in Konstantinopel (Nr. 7832; AK II, S. 98, Z. 7f. Nassuhi) einen KI-ZALAG-GA in Ezida von Borsippa errichtet. Ein ähnliches Gerät zum Anzünden von Thymiaterien wird also auch in Esagila existiert haben (s. a. Hommel, Geographie, S. 1016).

12. KU-IGI-ZALAG

KU-IGI-ZALAG (ašru namru), ein Gebäudeteil von Esagila, in dem nach demselben Texte der Vorzeichen (Boissier, a. a. O. S. 268, Z. 21) 17
ein Toter gefunden wurde. In Borsippa existierte eine gleiche Anlage (AK II, Kol. I, Z. 10, S. 98, Nassuhi).

13. Bît-Ru'ame, Liebes-Haus

Bît Ru-'-a-me, Haus der Liebe (?), wo das Bett für Marduk und Ṣarpanîtum stand, vielleicht mit dem Bît Ḫammûti identisch; s. VAB VII, S. 303, Z. 19, S. 820; Martin, Textes religieuses, S. 286, Z. 19.

14. Tigris- und Euphrat-Wasser-Kapelle

Bît papâḫi mê bûr Idiglat u bûr Purattu = Kapelle für das Brunnenwasser von Tigris und Euphrat ist vorläufig nur im Neujahrsfestritual Z. 340, 348f. erwähnt (Thureau-Dangin, Rit. acc. S. 140).

15. E-INI-KALAMMA

E-ini (KA-AN)-kalamma von Esagila in dem Monatsfestkalender (Coll.
8 Morgan IV, Nr. 25, Z. 9f.) angeführt. – Andre Kapellen von Esagila sind direkt als „Pforten von Esagila" bezeichnet, bzw. sind sie nur als „Pforten" (bâbâni) in den Inschriften genannt s. Kapitel XVI.

16. Bett und Thron[1])

Zu dem Südwest-Hause des Tempelkomplexes des „Nuḫars" gehörte das „Bett-Haus" (Bît irši), worin sich, wie der Name sagt, das Bett des Marduk befand, vermutlich ein Kline-artiges[2]) Gerät, wenigstens in späterer Zeit (im 1. Jahrtausend v. Chr.), 9 Ellen lang, 4 Ellen breit
1 (K, Z. 34). Als sich z. Z. des Assurbanipal das Bett in der Stadt Assur befand, wurde es mit $6^{2}/_{3}$ zu $3^{1}/_{3}$ Ellen beschrieben. Das Zahlenverhältnis ist anders, also muß es sich um ein andres Bett des Marduk handeln, entweder um ein zweites, das in einem andern Tempel stand,
60 was Herodot (I, 181) vom Hochtempel des Turms zu Babel berichtet, oder aber es handelt sich um ein Ersatzstück. Als Material wird angegeben Palmholz (musukânu) und „Dauer"-Holz einerseits (Streck VAB VII, S. 149, Z. 37f.; S. 300, Z. 13). Von diesem Bett stammen die Maße (a. a. O. S. 295, Z. 16f.; S. 298, Z. 35) und es befand sich im Bît Ḫammûti (a. a. O. S. 302, Z. 28). Andrerseits aber wird ušu- (Ebenholz) Holz, „Dauer"-Holz und Rotgold als Material angegeben (AK II, S. 99, Kol. I, Z. 2—3), Auch hier könnte es sich um Ersatzstücke handeln, weil das erstgenannte Bett im Jahre 655 geschenkt wurde, das zweite aber nach dem Aufstande des Šamaššûmiukîn, im Jahre 639, gemäß dem Datum der Inschrift (30. Jahr = 639). In dem assyrischen Briefe des Ibašši-ilu aus Babylon (Harper Nr. 497, K 545) wird der „Vorhang des Bettes von Gott Bêl Himmels und der Erden" genannt (li-i-tú ša ^{iṣu}iršia ša ^{ilu}Bêl šamê irṣitim (vgl. Behrens Briefe S. 57).

1 Der Thron stand nach der Beschreibung (K, Z. 34) gegenüber dem Bett; seine Maße sind hier nicht angeführt, wohl aber in den Inschriften des Assurbanipal (VAB VII, S. 299, Z. 28—36), vom Jahre 655, nämlich mit $1^{2}/_{3}$ Ellen lang, $1^{2}/_{3}$ Ellen breit und $3^{1}/_{3}$ Ellen hoch. Nimmt man 1 Elle = rund 0,50 m an, so ergibt sich für den Thron rund 1,66 m Höhe, je 0,83 m Breite und Tiefe (Länge). Das Bett dagegen war nach
1 der Stadtbeschreibung 4,50 m lang und 2 m breit, nach Assurbanipal von 3,33 m Länge sowie 1,66 m Breite. Hier (VAB VII, S. 294, Z. 16) ist ein

---

[1]) Über die Statue des Marduk siehe Kapitel IV (Geschichte der Statue) und Kapitel XX.

[2]) Über die Entwicklung der Kline in Mesopotamien und Syrien s. RLV VII, 181, § 8 (Unger).

etwas ungewöhnlicher Ausdruck für Bett gebraucht und auch schlecht erhalten, nämlich a-ma-ru (?), vielleicht amartu zu lesen, was ein Polstermöbel, bzw. ein Bett in diesem Falle bedeutet (Bezold, Glossar S. 43a) und bedeuten muß, weil in der zusammenfassenden Unterschrift des Textes vom Bett (iršu) und vom Thron (kussu) die Rede ist. Das Gottesbett war als Bett für das Beilager gedacht und daher ein Doppelbett. Die älteste Erwähnung des göttlichen Throns aus Gold und Silber für die „Erhabene Zella" (BARAG-MAḪ) ist im 22. Jahresdatum des Königs Sumulailu der 1. Dynastie von Babylon (Schorr: VAB V, S. 584, Hommel Grundriß S. 308). Hammurapi schuf im 12. Jahre einen Thron für Ṣarpanitum, die Gemahlin des Marduk (a. a. O. S. 590; Hommel a. a. O., S. 309). Beide Throne werden im 19. Jahre des Samsuiluna neugefertigt (Schorr a. a. O. S. 596). Als Zierde für Marduks Thron weiht derselbe König im 7. Jahre eine Blitz-Waffe (maṣraḫu = ^{iṣu}TUKUL-ŠU-NIR) vgl. Schorr a. a. O. S. 594.

17. Wagen und Schiff

Die älteste Erwähnung des Wagens des Marduk (narkabtu) ist in dem
chronikartigen Texte mit Ereignissen der Zeit des Königs Nabukinapli (um 17
990ff.). Nachdem eine große Überschwemmung im 11. Jahre des Königs den „Unteren Platz" von Esagila verwüstet hatte, konnte der „Wagen des Bêl" in den 3 folgenden Jahren, bis zum 15. Jahre nicht ausziehen (L. W. King, Chronicles II, S. 77, Kol. II, Z. 17). Assurbanipal erneuert den Wagen im Jahre 655 (Streck VAB VII, S. 149, Z. 32f., S. 301, Z. 12). In der letztgenannten Stelle spricht er von einem „bespannten Wagen" (ṣindu narkabtu). Er war mit Gold, Silber und Edelsteinen ausgestattet und wird dem Marduk als dem „König der Gesamtheit von Himmel und Erde" (šar kiššat šamê ù irṣitim) geschenkt. An der zweiten Textstelle wird Marduk „König der Götter" (šar ilâni) und „Herr der Herren" (bêl bêlê) genannt und das Material als Palmen (musukânu)- und „Dauer"-Holz angegeben. Mit dem Wagen fuhr der Gott auf den Prozessionsstraßen der Stadt einher.

Das Prozessionsschiff für die Festfahrten auf dem Euphrat hieß Makua, „Kua-Schiff", wie die Kapelle des Marduk „Kua-Tempel". Assurbanipal erneuerte das Schiff (Streck VAB VII, S. 271, Z. 19) und beschreibt in dem Texte aus dem Jahre 655 (a. a. O. S. 299, Z. 33—34) ein weiteres Schiff von recht kleinen Außmaßen, genannt Maturru d. h. „kleines Schiff", das sich damals noch im Assurtempel befand und nach Babylon zurückerstattet wurde. Die Maße, nämlich $1\,^{2}/_{3}$ Ellen Länge, $^{2}/_{3}$ Ellen Breite und Höhe, d. h. 0,83 m Länge bei 0,33 m Höhe und Breite, zeigen, daß es ein Weihgeschenk gewesen sein muß. Nach der Beschreibung ging der Bug in den Kopf eines Schlangendrachen aus, des dem Marduk heiligen Mušḫuššu. Nebukadnezar II. hat das Prozessionsschiff wiederhergestellt (Langdon VAB IV, S. 126, Z. 10; S. 156, Z. 19ff.; CT 37, Taf. 13, Kol. II, Z. 34ff.), das ausdrücklich für die Prozession auf dem Euphrat beim Neujahrsfeste bestimmt war und mit Gold und edlen Steinen verziert wurde. Nach einer Inschrift in Philadelphia (MJ XIV [1923] S. 277) Kol. II, Z. 20ff. fährt Marduk auf dem Schiff als „bêl ilâni" Herr der Götter; eine marru (Schaufel), die Symbolwaffe des Gottes (Kapitel XX), und der Schlangendrachen (Kapitel XXI) waren angebracht und 14 Talente und 12 Minen Rotgold sowie 750 „Topf" (ṭiggur) Halbedelstein Chrysolith (dušû) und Lapislazuli (uknû) wurden verwendet (s. RLV XII, S. 394, § 3, Nr. 6 und 11 [E. Unger]). Das Schiff fuhr auf der „Krone des heiligen Euphrats" (agê [nâru]Puratti ellitim), „glänzte wie ein Stern des Himmels" (kîma kakkab burumu) und war mit Überfluß beladen „zur Bewunderung aller Völker" (ana tabrât kiššat nišê; Z. 24—25).

Von einem Schiff, das auf einem Wagen durch die Stadt gefahren wurde[1]), wie bei den späteren Karnevalsumzügen (carrus navalis), ist aus den babylonischen Keilschrifttexten bisher noch nichts bekannt geworden (AO 25, 3 S. 20, 28 H. Zimmern).

18. Weitere Gerätschaften in Esagila

Im Neujahrsfestritual (Thureau-Dangin, Rituels accadiens S. 140) Z. 339
wird der Tisch (paššûru) des Bêl und der Bêltiia genannt, er ist für Opfer
17 bestimmt, die im 6.(?) Jahre des Nabukinapli (980) zum Neujahrsfeste
in Esagila und im Bît ilâni (= Ubšukkinna?), dem „Haus der Götter"
ausgeführt wurden (King, Chronicles II, S. 74, Kol. II, Z. 3ff.).

Assurbanipal weihte ein goldenes Thymiaterion für Räucherwerk, masabbu genannt, mit dem Namenszuge der Erua, d. h. der Göttin Ṣarpanîtum oben auf dem Turm zu Babel (Streck VAB VII, S. 283, Z. 26f.; S. 287, Z. 16, 18), der Göttin der Morgenröte.

„Goldene Himmel", vielleicht ein Baldachin, werden nach einem assyrischen Briefe (Harper Nr. 468, [Rm. 217]) durch einen Priester des Sonnengottes, namens Ḫulalu, geraubt.

Assurbanipal erwähnt einen Schirm (ṣulûlu) des Marduk (Streck, a. a. O. S. 149, Z. 30f.) und das Dach (taran) des Schirmes.

---

[1]) Nur auf einem altarmenischen Siegelabdruck aus Urarthu ist der Schiffswagen dargestellt (RLV VIII, 330, § 5, Unger; SPA 1900, S. 8, Abb. 3, Lehmann-Haupt).

Nach Herodot (I, 181) hätte auf dem Turm zu Babel neben dem Bett, *60*
auch ein Tisch gestanden.

Die Siegel verschiedener Götter, der Bêltiia (= Madonna, Ṣarpanîtum),
der Ištar von Babylon, des Ea und des Madânu brachte Assurbanipal
aus Assur wieder nach Babylon zurück (a. a. O. S. 147, Z. 19, DUB =
ṭuppu und kunukku).[1]) Solche Gottessiegel haben sich aus dem Tempel
Esagila selbst erhalten, das des Marduk, gestiftet von König Marduk- *39*
zakiršumi (Koldewey WEB[4], Abb. 135, S. 217), das Siegel[2]) oder kunukku
des Adad, gestiftet von Assarhaddon (a. a. O. Abb. 134). Nur in Ab- *38*
rollung erhalten, was sehr selten ist, hat sich auf einer Tonplombe das
Gottessiegel[3]) einer Göttin, die von oben Wasser empfängt und nach *41*
untenhin spendet; vielleicht ist es das Gottessiegel der Bêltiia, das
stilistisch in jene Zeit gehören würde (Geschichte des Kunstgewerbes III,
Berlin [Wasmuth] 1930, Abb. S. 359, 2, E. Unger).

Ein unbestimmbarer Gegenstand ist der salḫu, den Assurbanipal nach dem Prisma vom 30. Jahre stiftet (AK II, S. 98, Kol. I, Z. 2). Embleme werden im 4. Jahre des Ammizaduga (VAB V, S. 605) geweiht. Weitere goldene und silberne Geräte sind in BA III, 2, S. 248, Kol. VI, 3 (MVAG 30, 1, S. 9, Anm. 3) genannt, auf die hier kurz verwiesen sei.

---

[1]) G. Howardy, Clavis Cuneorum II, Nr. 161, 13; E. Unger, Die Keilschrift 1929, Zeichenliste Nr. 136, 137.

[2]) Die vornehmen und heiligen, königlichen und göttlichen Siegel bestehen seit den ältesten Zeiten aus dem blauen Lapislazuli-Stein (uknû, κυανος bei den Griechen). Nicht nur der Wert des seltenen Halbedelsteins, sondern vor allem die blaue Farbe veranlaßte die Wahl zur Verwendung für diese Siegel. Blau ist diejenige Farbe, die gegen den „Bösen Blick" schützte. Noch heute schmückt der Orientale sich und seine Habe deshalb mit blauen Perlen und sichert sich dadurch gegen den feindseligen Blick; vgl. S. Seligmann, Die magischen Heil- und Schutzmittel aus der unbelebten Natur mit besonderer Berücksichtigung der Mittel gegen den Bösen Blick, Stuttgart, Strecker und Schröder, 1927.

[3]) Die Technik der Siegelschneidekunst ist beschrieben von Ernst Kris, Steinschneidekunst in der italienischen Renaissance, Wien, Scholl, 1929.

KAPITEL XVI

DIE PFORTEN VON ESAGILA

Die Stadtbeschreibung von Babylon (H, Z. 17) gibt an, daß es 55 Zellen des Marduk gegeben habe, von denen 18 oder 19 an Zahl mit
1 Sicherheit bestimmt werden konnten (E, Z. 1—18). Sehr wahrscheinlich sind in Z. 19—22 dieses Textes auch noch einige Namen von Zellen erhalten, eine nennt das Abullu. Ist dies zutreffend, so sind auch manche der im folgenden angeführten „Pforten" von Esagila oder in der Nähe dieses Tempels ebenfalls als Zellen des Marduk in Anspruch zu nehmen. Für die Ermittlung der Pforten sind nicht nur die Angaben der Königsinschriften von Bedeutung, sondern auch ein religiöser Text der Serie
15 Ludlul bêl nimêqi („Ich will den Weisen preisen"), der in KAR Nr. 10—11 von Ebeling veröffentlicht ist (s. a. Langdon, Babyl.Wisdom 1923, S. 64; BSGW 70,5, S. 46, Zimmern; Meißner, BuA II, S. 141; Lehmann-Haas, Textbuch z. Relig.gesch.², S. 315f., Landsberger). Die letzte Übersetzung von Ebeling in Greßmann ATAT², S. 280, Z. 122—133 ist hier verwendet. Es sind 11 Pforten genannt, eine davon zweimal (Bâb Silimma; s. u. 7). Die Pforten sind im folgenden zunächst gemäß der Aufzählung der Esagila-Tafel (K, Z. 12—13) behandelt, alsdann sind die aus dem oben genannten Text ermittelten Pforten hinzugefügt und endlich weitere in andern Inschriften namhaft gemachte Pforten.

1. Die Erhabene (Hohe) Pforte

Die Erhabene Pforte (Bâbu ṣîru, bzw. Ká-maḫ) wird nur in der Esagila-
1 Tafel (K, Z. 12) und in einem späten Kontrakt vom 20. VI. 219. Jahre des Aršaka Z. 9 (ZA III, S. 146; Kohler-Ungnad, 100 Urkunden, Nr. 99, S. 65) erwähnt. — Sie ist nicht zu verwechseln mit der gleichnamigen Pforte in Borsippa (VAB IV, S. 299, Nr. 51, Z. 4, Nebukadnezar-Inschrift aus Borsippa). — Diese Pforte Esagilas bildete einen Eingang zu den beiden Plätzen (kisallu) s. Kapitel XV, 2—3.

2. Die Sonnenaufgangs-Pforte

1 Die Sonnenaufgangs-Pforte (bâb ṣît šamši), Esagila-Tafel (K, Z. 12) ferner ATAT², S. 280, Z. 126 und VAB IV, S. 210, Kol. I, Z. 23, 29

von König Neriglissar genannt, ohne daß es aber möglich wäre, die Lage näher zu bestimmen. Wahrscheinlich kommt die nach Nordosten gerichtete Pforte des „östlichen Anbaus" von Esagila in Betracht, da die Pforte nach der nordöstlichen Windrichtung zu gelegen haben muß, wie ihr Name erkennen läßt.

3. Das „Stadttor" von Esagila

Das Stadttor (abullu) von Esagila, Esagila-Tafel (K, Z. 12). Vielleicht 1
meint Nabonaid in einer Inschrift (VAB IV, S. 282, Kol. VIII, Z. 44) mit dem hier erwähnten abullu, dem er Türflügel einsetzt, das „Stadttor" von Esagila. Das Abullu bzw. Bâbu rab-i von Esagila nennen zwei verwandte Texte der Arsazidenzeit, Coll. Morgan I, Nr. 99, Z. 25, vom Jahre 218 = 94 v. Chr. (s. u. zu 17), sowie ZA III, S. 146, Nr. 7, Z. 8 = Kohler-Ungnad, 100 Rechtsurkunden, Nr. 99, S. 65. Ein Stadttor (abullu) — der Ausdruck ist für Stadttore im Mauerzuge charakteristisch — findet sich in nächster Nähe von Esagila im Brücken-Tor, das innerhalb der am Araḫtu-Ufer entlanglaufenden Mauer sitzt.

4. Pforte des Großen Schutzgeistes

Pforte des großen Lamassu oder Schutzgeistes (Bâb lamassi ra-bi) 1
mehrfach genannt, Esagila-Tafel K, Z. 12; auch ATAT^{2}, S. 280, Z. 123; 15
VAB IV, S. 210, Kol. 1, Z. 23, 29 (Neriglissar), und endlich von Nebukadnezar (VAB IV, S. 154, IV, Z. 10 [ergänzt]) mit der wichtigen Bemerkung, daß sie und drei andre Pforten nach Etemenanki zu angrenzend
gelegen haben. Diese vier Pforten entsprechen den vier Pforten des Peri- 36
bolos von Etemenanki, die sich nach Süden, dem Esagila-Tempel gegen- 7
über, befinden. Die Verteilung der einzelnen Pforten muß jedoch bis zur Publikation der Ausgrabungen zurückgestellt bleiben (s. u. 5, 6, 16).

5. Pforte des Überflusses

Pforte des Überflusses (bâb ḫegalli, bzw. NUN [= rubû] -ḪE-GAL), 1
Esagila-Tafel K, Z. 13 und mehrmals (ATAT^{2}, S. 280, Z, 122; VAB IV, 15
S. 210, Z. 23, 29 (Neriglissar); a. a. O. S. 154, Kol. IV, Z. 11 (Nebukadnezar) erwähnt; sie lag im Peribolos von Etemenanki (s. o. 4). Wahrscheinlich ist auch in einem chronikartigen Texte um 130 v. Chr. die Pforte genannt, die Pinches (Old Testament.. 1902, S. 480) Ká-dumununna von Esagila liest, was aber wohl in Ká-ḫe-gal zu korrigieren sein wird. In dieser Pforte werden Opfer dargebracht.

In einem altbabylonischen Prozeßbericht aus der Hammurapizeit (Br. Mus. Nr. 78184; CT XXIX, 42—43) wird in der Pforte Bâb AN-

NUN-GAL geschworen, die vielleicht mit dieser Pforte, oder auch mit
36 der Ozeanspforte (s. unten zu 16) gleichgesetzt werden könnte. Es gibt
einen Gott Nungal, nach dem die Pforte „Pforte des Nungal" gedeutet
werden könnte, vgl. ZA 33, S. 131, Kol. III, Z. 14—16 (O. Schroeder)
und A. Deimel, Pantheon Babylonicum Nr. 2352.

6. Wunder-Pforte

1 Die Wunderpforte (Bâb tabrâte = Pforte der guten Vorzeichen);
15 Esagila-Tafel K, Z. 13 und noch öfter ATAT[2] S. 280, Z. 127; VAB IV,
S. 210, Z. 23, 29 (Neriglissar); a. a. O. S. 154, Kol. IV, Z. 11 [nach den
Spuren ergänzt] (Nebukadnezar) namhaft gemacht, gehörte zu den vier
36 Pforten des südlichen Peribolos von Etemenanki (s. o. 4).

7. Heils-Pforte (Glanz-Pforte)

Pforte des Heils, Bâb šulmi (SILIM-MA) und Bâb šalummati = Glanz-
15 pforte) ist ATAT[2], S. 280, Z. 124 und 132 zweimal erwähnt. An letzterer
Stelle „trifft sich" der Held des Stückes „mit Marduk", das bedeutet,
daß sich hier die Wohnung des Marduk, die Kapelle Ekua befand. Bâb
26 šulmi wäre also der Name der Osthauptpforte von Ekua. In der folgenden
Zeile ist auch die Pforte der Ṣarpanitum genannt, die Westpforte von
Ekua (s. u. 8), die in demselben Kapellenraum lag, wie die vorgenannte.
18 Die Glanzpforte wird schon von Agumkakrime (KB III, 1, S. 147, Kol. V,
37f.) genannt und als papaḫat, d. h. Kapellen, bezeichnet und dürfte der
ältere Name sein, der später in Bâb šulmi umgedeutet worden ist.
Hier stand vermutlich auch das Standbild des Karibu (s. Kapitel XV, 6,
S. 173. Auch die Ba-u-Hymne (KAR, 109, Z. 14) nennt die Pforte.

8. Pforte der Üppigkeit
(Kapelle der Ṣarpanîtum)

Pforte der Üppigkeit (Bâb ḪI-LI-SUD, Bâb kuzbu), das Bâb papaḫa
der Ṣarpanîtum = die Kapellenpforte der Ṣarpanîtum, neben Ekua er-
wähnt und durch Bâb kuzbu erklärt (VAB IV, S. 124, Kol. II, Z. 51;
15 S. 152, Z. 43); auch ATAT[2], S. 280, Z. 133, genannt, wo der Held zu
Füßen der Göttin niedergelegt wird. Die Pforte ist der westliche Ausgang
26 der gemeinsamen Kapelle Ekua. Sie ist noch erwähnt: MJ Philadelphia
XIV, S. 271, Z. 32; VAB IV, S. 72, Z. 49; S. 104, Z. 30, als šubat
(=Wohnung) der Göttin bezeichnet. VAB IV, S. 90, Z. 32, ist sie geradezu
das bîtu = Tempel für die Göttin; CT 37, 7, Kol. I, 32 das papaḫu
= die Kapelle. Zu dem Namen s. VAB VII, S. 825 Streck. Auch früher

in dem Text der Vorzeichen (Boissier, Doc. assyr. S. 269, R. Z. 11; ders. 16
CTDAB, S. 253f.) spielt die Pforte eine Rolle. Das in dem Texte Br.
Mus. 35968, Kol. III, 3f., im 16. (?) Jahre des Nabukînapli erwähnte 17
„Bâb Bêltiia" dürfte mit dieser Pforte identisch sein. Siehe auch zu 17.
Die Ba-u-Hymne (KAR, 109, Z. 15) erwähnt die Pforte.

9. Lebens-Pforte

Pforte des Lebens (Bâb Namtila) wird nur ATAT^2, S. 280, Z. 125 15
unter den andern Pforten von Esagila erwähnt, woraus ihre Existenz in Esagila erschlossen werden muß. Ob die Pforte mit dem nur in der Hammurapizeit mehrfach genannten Tempel Enamtila des Ninurta etwas zu tun hat, muß dahin gestellt bleiben, weil die Gottheit, der die Pforte geweiht war, unbekannt ist.

10. Pforte der Erlösung von Sünde

Pforte der Sündenlösung (Bâb Namtaggatuḫa), gleichfalls in ATAT^2 15
S. 280, Z. 128 namhaft gemacht, wurde von Assarhaddon (BA III, 2, S. 238, Z. 40 Meißner; Luckenbill, Anc.Rec. II, § 674) für den Gott Anmartu, „der Esagila reinigt", wiederhergestellt; sie heißt hier „Tempel" Enamtaggatuḫa. Die Lage ist nicht bekannt.

11. Pforte des Lobpreises

Pforte des Lobpreises (Bâb Katarra), nur ATAT^2, S. 280, Z. 129, ohne 15
Angabe der Gottheit, genannt.

12. Pforte der Erlösung von Mühsal

Pforte der Erlösung von Mühsal (Bâb Aŝeirtuḫu), ist gleichfalls nur
ATAT^2, S. 280, Z. 130 erwähnt, eine Gottheit wird nicht mitgeteilt, 15
daher ist wohl Marduk der Inhaber.

13. Heilige Pforte (= Pforte des Heiligen Wassers) s. Kapitel XIX.

14. Ezida-Pforte

Pforte von Ezida in Esagila (Bâb Ezida), der Eingang der Kapelle des
Nabu im Osthaus des „Sogenannten Nuḫars", wird besonders hervor-
gehoben und bezeichnet. Tatsächlich hat Koldewey in einer südlichen
Kapelle des Osthauses einen besonders durch Turmvorsprünge aus- 26
gezeichneten Eingang nach Osten zu neben dem großen Haupteingang zur Ekua-Kapelle ausgegraben. Diese zweite Pforte ist der Eingang zu Ezida, bzw. durch diese Pforte läßt sich auch ermitteln, daß Ezida gerade

hier gelegen hat, so daß für die Kapelle der Tašmêtum oder Nanâ die nördliche, gleichgroße, entsprechende Kapelle verbleibt. Um die Verwechslung mit dem gleichnamigen Tempel des Nabu in Borsippa zu vermeiden, setzen die Inschriften hinzu, daß dieses Ezida in Esagila liege: VAB IV, S. 124, Kol. II, Z. 52; S. 152, Kol. III, Z. 47; S. 90, Kol. I, Z. 35. Ezida befand sich auch auf einem besonders angeführten kisallu, der im Neujahrsfestritual Z. 351 (Thureau-Dangin, Rit. acc. S. 140) genannt ist, und wovon Nabu den Beinamen ša kisallum, ,,von der Terrasse" hat.

15. Einzugs-Pforte des Nabu in Esagila

Die Einzugspforte des Nabu in Esagila (Bâb nîrib Nabu Esagila), nicht zu verwechseln mit dem gleichnamigen Pforte in Borsippa (VAB IV, S. 299, Nr. 51, Z. 5), wird VAB IV, S. 160, Kol. VII, Z. 47f. genau festgelegt: sie lag am nördlichen Ende der Prozessionsstraße des Nabu vom Uraš-Tor her. Zwischen beiden Toren erstreckte sich die Straße Nabudaiân-nišêšu. Vermutlich ist die Pforte einmal in dem Kontrakt Straßmaier, Nabonid, Nr. 531, Z. 2 genannt, dd. Babylon, vom 8. VI. 11. Jahre, wo wahrscheinlich das Zeichen TU = nîrib, anstelle von SAR zu lesen ist. Als Tor käme die große Südpforte im östlichen Anbau
64 von Esagila in Betracht, dicht südlich der Pforte zur Kapelle Ezida. Die Nabu-Straße war hier nach Privaturkunden eine Sackgasse.

16. Ozeans-Pforte

Hehre Pforte des Ozeans (Bâbu rubû apsi, Nun-zu-ab), gehörig zu den vier Pforten im südlichen Peribolos von Etemenanki (s. o. 4—6), gemäß der Inschrift Nebukadnezars (VAB IV, S. 153, Kol. IV, Z. 10f.), wo nur die 2. Pforte (s. o. 4) vollständig ergänzt ist, jedoch nach Analogie der Esagila-Tafel und der Inschriftstelle Neriglissars (VAB IV, S. 210, Z. 23 und 29), in der die drei letzteren Tore nacheinander folgen. Es ist natürlich möglich,
36 daß die Ozeanspforte mit einer andern identisch ist. Sie wird wohl mit dem Ozeangott Ea in Beziehung stehen. S. auch oben zu 5.

17. Bêlit-Pforte

Pforte der Bêlit (Bâb Bêlit) wird bei Nabonaid (VAB IV, S. 282, Z. 38) genannt als Bâb Bêltiia und für die Prozession der Göttin bestimmt. Nach der Inschrift Nebukadnezars (VAB IV, S. 130, Kol. V, Z. 12ff.) läge die Pforte an der Straße Aîburšâbum[1]). Gegenüber der Pforte mün-

[1]) Auch Thureau-Dangin (Rituels accadiens S. 147, Anm. 4) vermutet hier eine Verlesung des Herausgebers der Inschrift, so daß Bâbu ellu anstatt Bâb Bêlit zu lesen sei. Die Stelle der dunklen Basaltinschrift ist stark verwischt.

dete die Seitenstraße nach dem Schicksalstempel, der Zella des Marduk, Ubšukkinna. In einer Tempelabgabenliste der Monate XI und XII des Jahres 218 Seleuziden-Ära (= 94 v. Chr.) wird das Bâb nîrib (= TU) Bêltiia noch erwähnt (Coll. Morgan I, Nr. 99, Z. 3 [Datum]; Z. 25); der Text gehört mit den von Straßmaier in ZA III, S. 144ff., Nr. 4—8 veröffentlichten Texten aufs engste zusammen. Die Pforte der Bêlit oder Ṣarpanîtum, der Gemahlin des Bêl, ist wohl eine allgemeine Bezeichnung für ihre Kapelle (s. o. 8), die als „Pforte" charakterisiert wird. Siehe aber auch Kapitel XIX zu der angeblichen Pforte der Bêlit an der Prozessionsstraße Aîburšâbum.

18. Begräbnis-Pforte

Pforte des Begräbnisses (Bâb qaburat), erwähnt in dem Ritual vom „Leiden und Triumph Marduks" (ATAT[2] S. 320, Z. 11; BSGW 70, 5, S. 15 Zimmern).

19. Einzugspforte des Madânu

Die Eingangspforte des Gottes Madânu (Bâb nîrib [= TU] ^{ilu}Madânu (DI-KUD), eine Prozessionspforte, ist in dem zu oben 17 erwähnten Texte genannt. Z. 30 dieser Tafel ist von den Pforten (bâbâni) von Esakkila (= Esagila) die Rede (Coll. Morgan I, Nr. 99, Z. 26). Gott Madânu wird als „Aufseher der Annunnaki", d. h. der Unterweltsgötter, bezeichnet (A. Ungnad, Religion der Babylonier, 1921, S. 171, Z. 25; A. Deimel, Pantheon Babylonicum Nr. 808 [DI-TAR-RA], Nr. 2029 [^{ilu}Ma-da-nu]).

20. Pforte (der) Kunuš qadru-(Straße)

In einer Hymne an Tašmêtum wird die Bâb ^{ilu}Kunuš-qad-ru =
„Pforte (der) Kunuš qadru-(Straße)" genannt (siehe Kapitel XII, 2), 36
die, wie ich vermuten möchte, mit der „Heiligen Pforte" (siehe Kapitel XIX) identisch ist (siehe oben S. 162).

21. Pforte von Gottespforte

Der assyrische Brief Harper, Letters 471, Vs. Z. 9 nennt die Fertig- 29
stellung der „Pforte von (Stadtviertel) Gottespforte", womit nur die 36
„Heilige Pforte" gemeint sein kann (Kapitel XIX).

KAPITEL XVII

DIE ZELLEN DES MARDUK

In der Stadtbeschreibung von Babylon werden in der Zusammen-
stellung der Topographie der Stadt im ganzen 55 Zellen (parakke) des
1 Gottes Marduk angeführt (H, Z. 17). Sie sind so wichtig, daß sie sämtlich
mit Namen genannt werden. In dem Abschnitte E sind die Reste von
19 Namen dieser Zellen noch zu lesen, darunter die auch sonst schon
bekannte Zella Ubsaḫarra (Z. 14). Die Liste endigt auf der 2. Kolumne
des Textes (VAT 554), wo in der 3. und 4. Zeile (Z. 21 und 22) am Anfang
das Wort parakku noch ziemlich deutlich zu lesen ist. Abschnitt F enthält
die Beschreibung der Lage von einigen Zellen. Die Zellen sind in der
Reihenfolge behandelt wie sie die Stadtbeschreibung noch bietet:

1. Nur das letzte Zeichen u (?) ist erhalten (Z. 1).

2. Am Ende nur ein šu noch lesbar (Z. 2).

3. [Parak(?)] Esagila (Z. 3), womit vielleicht die Zella Ekua gemeint ist (Kapitel XV, 6).

4. ....ummânišu (Z. 4). Vgl. Weltschöpfungsepos VII, 15 (^{ilu}Tutu Zi-ukkin-na napišti ummanišu).

5. [ilâni ?] aḫḫêšu (Z. 5) Die Ergänzung nach Thureau-Dangin, Rit. acc. S. 24, Z. 13/4.

6. qa ? ša ekalliia (Z. 6).

7. ..me kurub lišme (Z. 7). Der Name ist derselbe wie der der „Ver-
schlossenen Tür", der „Heiligen Pforte" (Kapitel XIX) und ähnlich
26 wie der Name einer Straße (Kapitel XII, 14). Im nordwestlichen Flügel
36 der „Heiligen Pforte" selbst ist diese Zella ausgegraben.

8. ...iš(?)-di Bâbîli (E^{ki}) Marduk (Z. 8).

9. ..[ilân]i(?)^{meš} u Ištar kalat Marduk (Z. 9): Ištar, Braut des Gottes Marduk.

10. ..ilâni^{meš} ana Marduk (Z. 10): die Götter zu Gott Marduk.

11. ..[i]š(?)di Bâbîli (E^{ki}) Marduk (Z. 11).

12. ..Bâbîli (E^{ki}) Marduk (Z. 12).

13. ..qa(?)-nu ^{ilu}Pabilsag (= Ninurta, vgl. Deimel, Pantheon, S. 240); (Z. 13).

14. ...ku parak Ubsaḫarra (Z. 14). Vgl. CT XIX, 5, Z. 11b = II R 35, Z 41b. Die Zella Ubsaḫarra.
15. ...išdi raggu Marduk (Z. 15).
16. ..napḫar aiabi Marduk (Z. 16); die Gesamtheit der Feinde des Marduk; vgl. Weltschöpfungsepos VII, 45.
17. ..? dînšu parakku .? (Z. 17).
18. ..ub(?)-šu(?)-ukkin(?)-na(?); sehr verwischt, vielleicht die auch sonst bekannte Zella, die häufig erwähnt ist. Esagila-Tafel K, Z. 3: 1
asamû ša U. = das Glänzende (?) von U. und K, Z. 14: U. kit-kit-e Esagila. IV R 56, 17—18b: U. šubat šitulti ilâni rabûti ša qirib Ekur šimmâti. CT 19, 5, Z. 11a = II R 35, 41a: U. neben Ubsaḫarraku (s. oben Zella 14) genannt. Assarhaddon (BA III, 2, S. 258, Z. 28f.) nennt U. ebenfalls šubat šitulti ilâni = Wohnsitz der Entscheidung der Götter, sowie kisal puḫur ilâni = Versammlungsplatz der Götter. Assurbanipal gibt ihm den Beinamen parakku maḫḫu = hehre Zella der Entscheidungen des Schicksals (VAB VII, S. 149, Z. 23f. II R 19, Z. 13—14a; Delitzsch HWB S. 654, 119). Ein andrer Name ist Duku oder Duazag, sowie ašar šimâti = Ort der Entscheidungen (VAB IV, S. 131, Z. 12), ferner parak šarrûti und parak il bêlûti = Zella des Königtums, bzw. Zella des Gottes der Herrschaft (a. a. O. S. 126, Z. 54f., Kol. III, 1ff.), hier in neubabylonischer Zeit erwähnt. Die Lage dieser Hauptzella des Marduk ist jedoch noch nicht festgestellt. Vermutlich liegt sie noch im Hügel Amran ibn Ali, unterhalb des heutigen Heiligtums des gleichnamigen hier begrabenen Heiligen (s. a. AO V, 4, S. 24 Weißbach). Nach der Mitteilung Nebukadnezars (VAB IV, S. 130, Kol. V, Z. 12f.) lag U. abseits der Straße Aîburšâbum, der Prozessionsstraße des Marduk, zu der eine Seitenstraße hinführte, die allerdings ebenso gepflastert war, wie die Hauptstraße, nämlich mit Brecciasteinplatten. Dem Punkte, wo diese Seitenstraße von der Aîbursâbum abzweigte, lag die „Pforte der Bêlit" (?siehe Kapitel XIX!) gegenüber. Diese Pforte kommt nur noch in der Nabonaid-Inschrift (VAB IV, S. 282, Kol. VIII, Z. 38) vor, wo noch die nähere Bezeichnung steht, daß sie für die Prozession der Göttin Ṣarpanîtum bestimmt sei. In dem chronikartigen Texte Br. Mus. 35968, Kol. I, 3f. ist neben Esagila ein „Bît-ilâni" 17
erwähnt, wo das Neujahrsfest gefeiert wurde. Damit könnte Ubšukkinna oder das Bît Akîtu, der Neujahrsfesttempel, gemeint sein.
19. Von dieser Zella ist nur ein unbestimmbarer Rest erhalten.

1 20.—23. In E, Z. 20—22, sind noch wenig Worte erhalten, jedoch sehr verwischt. In der dritten Zeile stand vermutlich das Zeichen Sag, eventuell ein Bestandteil von Esagila (?). Die dritte Zeile hat am Anfang das Zeichen parakku, ebenfalls unvollständig, dann eine Lücke von 2 Zeichen und wahrscheinlich nochmals das Wort parakku = Zella, sowie das Wort abullu. Daraus könnte man schließen, daß hiermit das abullu von Esagila gemeint sei. Ist das richtig, dann sind auch andre Pforten von Esagila als Zellen des Marduk angesehen worden, falls sie nicht ausdrücklich einem andern Gotte zugeeignet waren.

1 24. In der Beschreibung (F, Z. 2—5) wird die Zella des Tempels Eḫursagtila mit Namen genannt: ...ti-im ušaḫḫiz = „... hat ergreifen lassen"; sie ist vielleicht eine Zella des Marduk oder wohl auch des Inhabers des Tempels, des Gottes Nabu (siehe Kapitel XIV, 4, XXVII).

25. In demselben Texte (F, Z. 7—10) wird eine weitere Zella, die angesichts des ....nâtum im qulî = Brandopferplatz (?) gelegen hat, mit Namen aufgeführt: „Göttin Laḫamu (ist) Königin des Himmels inbezug auf die Klage (?) der Göttinnen zur Göttin Ṣarpanîtum", die möglicherweise eine Zella des Marduk sein könnte, da der Name auf seine Mutter Laḫamu und auf seine Gemahlin Ṣarpanîtum Bezug nimmt.

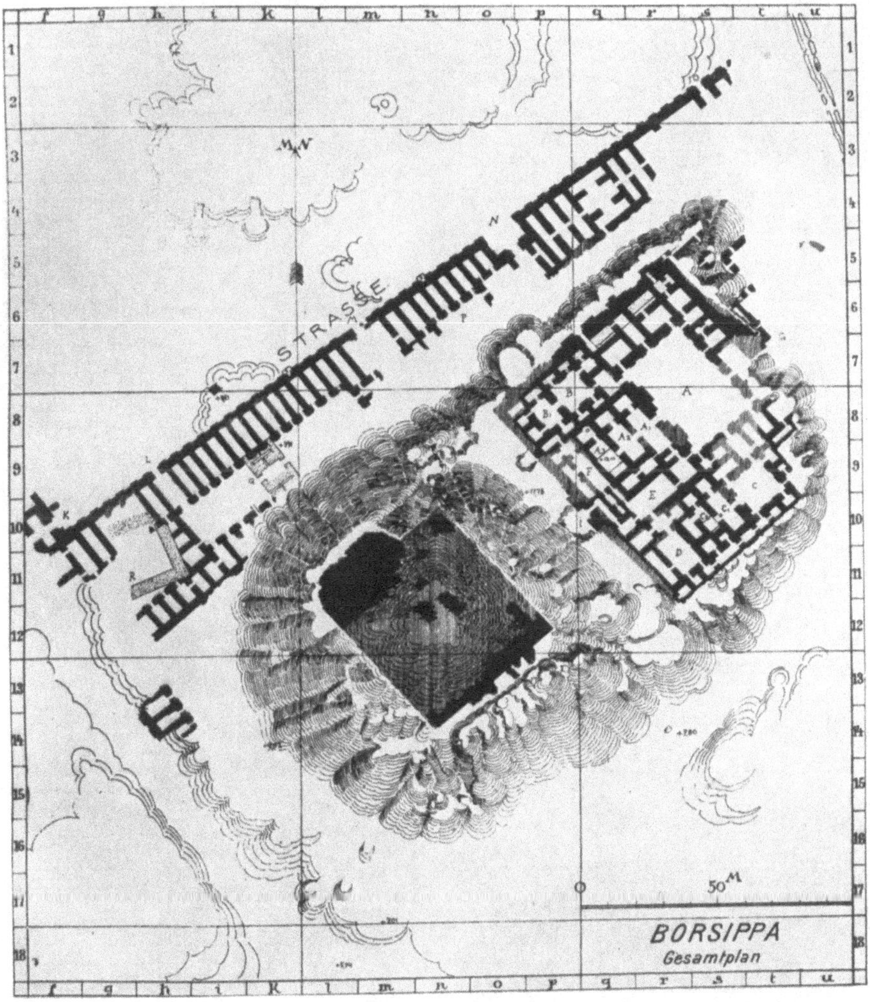

Abb. 28. Grundriß des Tempels Ezida von Borsippa und des Tempelturms

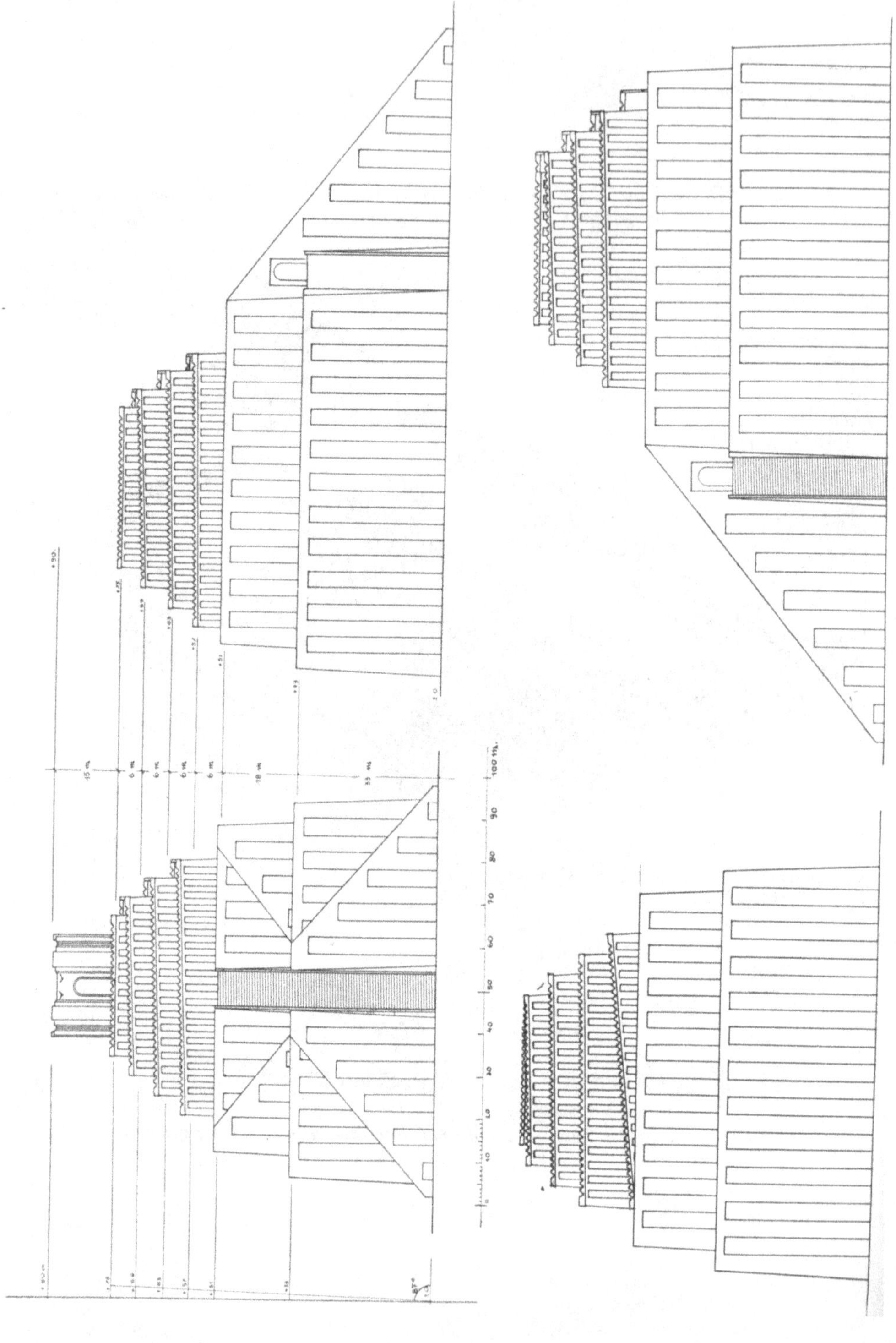

Abb. 29. Architektonische Ansichten des Turms zu Babel

KAPITEL XVIII

DER TURM ZU BABEL

Der Turm zu Babel gehört zu den eindrucksvollsten und großartigsten
Bauwerken des Altertums und ist weltbekannt und populär durch die 58
Berichte der Bibel und der griechischen Schriftsteller, von denen Herodot 60
an erster Stelle steht. Der Bau wird als etwas Gewaltiges und als eine
Übersteigerung menschlichen Könnens beschrieben. Er war der einzige 7
Tempelturm in Babylon und gehörte, wie es in Mesopotamien üblich war,
zu dem Haupttempel der Stadt, zum Tempel Esagila des Marduk, des
Bêls zu Babel. Die ältere Geschichte dieses Turmes ist vorläufig noch
nicht bekannt; seit dem Aufkommen der 1. Dynastie von Babylon, die
seit Hammurapi die Herrschaft über die damalige Welt beanspruchte,
wird der Turm eine große Rolle gespielt haben, aber die Urkunden
melden erst aus viel späterer Zeit über den Aufbau, den Zerfall oder die
gewaltsame Zerstörung des Turms. Erst im 7. Jahrhundert v. Chr. wird
der Turm zu Babel häufiger genannt. Sanherib von Assyrien hatte ihn
im Jahre 689 samt der ganzen Stadt Babylon vollständig zerstört. Aber
schon sein Sohn Assarhaddon begann im Jahre 681 wieder mit dem Neubau, 20
den dessen Sohn Assurbanipal im Jahre 668 vollenden konnte. Aber 22
schon in dem von 652 bis 648 währenden Bruderkriege zwischen Assur-
banipal und seinem Bruder Schamasch-schumi-ukin, der sich als König 34
von Babylon empört hatte, aber besiegt wurde, wird der Turm wiederum
zerstört worden sein. Denn die neubabylonischen Könige Nabopolassar
und Nebukadnezar II. beginnen einen vollständigen Neubau, der den
Ruhm Babylons damals in alle Welt verbreitete, vor allem auch durch die
Juden während ihrer Gefangenschaft in Babylonien. Der Turm stand
dann auch noch in der persischen Zeit, verfiel jedoch allmählich, wie es
bei allen mehr oder weniger aus Lehm aufgebauten Werken der Fall war.
Es ist möglich, daß König Xerxes von Persien um 478 ebenfalls die Hand
an den Turm legte, als er damals die Statue des Gottes Bêl-Marduk zer-
stören ließ und damit das Königtum von Babylon ein für allemal ab-
schaffte. Der Turm war jedenfalls, als Alexander der Große um 331 sein
großes Weltreich mit der Hauptstadt in Babylon errichten wollte, so
stark zerfallen, daß er zunächst einmal erst die gewaltigen Schuttmassen
von Lehm und Ziegeln beiseite schaffen lassen mußte, um das neue
Fundament für den Turm zu legen, der in alter Herrlichkeit, wie in den
Keilschriftdokumenten beschrieben, wieder auferstehen sollte. Der plötz-

liche Tod Alexanders hat ihn für immer daran gehindert, mit dem Werke
56 des Wiederaufbaues zu beginnen, aber noch sein Sohn Alexander und die
ersten Könige der Seleuziden-Dynastie dachten an den Neubau und
haben deshalb noch viele Jahre lang den Schutt beiseite gebracht, der
heute in dem großen Schutthügel Homera in Babylon wieder aufgefunden
worden ist. Die Verlegung der Hauptstadt des neuen Reiches von Babylon
am Euphrat nach Seleuzia am Tigris vereitelte endgültig alle weiteren
Pläne für die Wiederherstellung. Der Turm ist heute weniger als eine
Ruine, er ist eine mächtige Mulde geworden, die in der Mitte noch einen
großen Lehmkern besitzt, dessen Verschalung aus gut gebrannten Back-
steinen aber, noch ergiebig genug, in allerjüngster Zeit durch die Bewohner
des Landes, die Araber, fast völlig ausgeraubt worden ist, um ihnen
Material für ihre eigenen Bauten möglichst kostenlos zu liefern. Man ist
9 daher auf die wenigen Reste des Grundrisses angewiesen, die jetzt durch
die Ausgrabungen zutage gelegt worden sind, noch mehr aber auf die
Beschreibung der Babylonier selber, die uns darin mehr Kenntnis von
ihrem interessanten Bauwerke hinterlassen haben als alle Legenden und
Überlieferungen dies je vermocht haben.

Der Grundriß ist nach den Ausgrabungen rund 91 m im Geviert.
31 Der massive Innenkern aus Lehm und Ton hat 61 m im Quadrat, so
daß für die Verschalung aus gebrannten Ziegeln seitlich je 15 m Mauer-
stärke übrig bleibt. Wie die Gebäude Mesopotamiens auch sonst, war
der Turm nicht nach den sogenannten Himmelsrichtungen astronomisch
orientiert, sondern nach den Windrichtungen, aus denen sich die Gott-
heiten offenbarten. Während aber der unten gelegene Tieftempel Mar-
duks, das „Osthaus" nach Nordosten gerichtet war, ist der Turm zu
Babel nach Nordwesten orientiert. Die Mardukstraße Babylons führte
auch in die nordöstliche Windrichtung, so daß diese als die ursprüng-
liche Richtung anzunehmen ist, aus der sich der Gott Marduk, der Gott
der Tagessonne, offenbarte. Demnach ist die andersartige Orientierung
des Turms zu Babel nicht die uralte Richtung, sondern sie ist umgeändert,
und zwar nach der Richtung des sogenannten „Günstigen Windes",
der einer Gottheit mit guten Eigenheiten zukam. Es ist festgestellt, daß
34 auch in andern Städten Mesopotamiens z. B. in Ur in ältester Zeit für
den Tempel des Mondgottes Sin die Südwest-Orientierung maßgebend
gewesen war. Jedoch zeigen die Tempel, die für diesen Gott im 6. Jahr-
hundert von neuem wiederhergestellt worden sind, eine völlige Um-
orientierung ebenfalls nach der nordwestlichen Windrichtung, also nach
dem „Günstigen Winde" zu. Auch äußerlich wollte der Mensch hier-
durch die Macht des Gottes zum Guten ausdrücken und betonen. Die

Entwicklung ist allmählich soweit gegangen, daß wir selbst mit dem
Worte Gott das Gute selbst schon zum Ausdruck bringen. In den ältesten
Zeiten der menschlichen Religion, die man in Mesopotamien studieren
kann, wohnte dem Gotte teilweise das Gute inne, teilweise aber besaßen
die Götter überwiegend zerstörende Eigenschaften, die den Menschen
vorzugsweise bannten und niederbeugten, wie z. B. die Kriegsgötter.
Diese offenbaren sich daher in dem wilden und gefürchteten Wüsten-
sturme, dem Südwestwinde, der rote Staubwolken von der arabischen
Steppe her über die fruchtbaren Gefilde Mesopotamiens wehte. Der
Widerspruch, der sich zwischen den Orientierungen des Turmes und der
Marduk-Kapelle zunächst gezeigt hat, hat somit seine Aufklärung ge-
funden in der historischen Entwicklung der religiösen Ideen.

Von Südosten her führte eine große, 9,35 m breite Treppe hoch hinauf.
Die Treppe ist in dem „Stiel" der sogenannten „Pfanne", = Sachn, wie 9
die Araber heutzutage die Ruine des Turmes nennen, wiedergefunden.
Die Treppe setzte 60 m vom eigentlichen Turmbau an. Sie gehörte zu
einem dem Turme vorgelegten Anbau, an dem auch von Osten und
von Westen her eine 9 m breite Treppe emporstieg, so daß hier im Süden
eine imposante dreigliedrige Treppenanlage bestand. Die Außenseiten
des Turmes waren leicht geböscht, ähnlich dem schrägen Anstieg des 35
Berges, den der Turm in seiner ganzen Gestalt nachbilden sollte. Die
Außenwände waren dabei gegliedert durch 12 Pilaster, von denen sich
noch einige Spuren feststellen ließen. Mehr als diese kümmerlichen
Reste vom Grundriß hat die Ausgrabung jedoch nicht von der einstigen
Masse des Turmes angetroffen. Alles andre war durch Wind und Wetter,
mehr aber noch durch Menschenhände abgetragen und eingeebnet worden.

Hier setzt nun die keilinschriftliche Überlieferung ein, die Beschrei-
bung, die die Babylonier von ihrem stolzen Bauwerk der Nachwelt
hinterlassen haben. Sie gehört zur „Stadtbeschreibung" (K, Z. 16—24 1
und Z. 37—42)[1]). Die Babylonier nennen ihren Turm mit dem sprechen-
den selbstbewußten Namen E-temen-an-ki, d. h. „Tempel des Grund-
steins von Himmel und Erde".

In dem Abschnitt K, Z. 16—24, wird zunächst die Basis des Turms zu Babel, der Kigallu oder die Unterwelt beschrieben. Zweimal wird dieselbe Basis, aber mit Verwendung von verschiedenen Meßinstrumenten angeführt, das erste Mal (Z. 16—19) gemessen nach der „Suklu-Elle" und zwar sei die Länge, Breite und Höhe des Kigallus je 3 mal 60 Suklu-Ellen lang, im ganzen also je 180 Ellen. Die Suklu-Elle wird nur von den assyrischen Königen verwendet, namentlich von Sanherib und Assar-

[1]) In dem Texte aus Ninive (K 1354: C. Bezold, Catalogue S. 273) wird Z. 3 der Turm zu Babel, wie es scheint, als Bît AD-AD bezeichnet = Haus der Väter (Bît abbê).

haddon. Letzterer König benutzt diese ihrem Namen nach noch nicht erklärte Elle ausdrücklich für den Wiederaufbau der Stadt Babylon und speziell auch des Turms zu Babel, Etemenanki.[1]) Ferner findet man hier auch eine nur bei Assarhaddon vorkommende Eigenart in der Schreibung des Namens E-te-me-en-an-ki. Sie ist ausländischen Charakters und wird von den Babyloniern niemals angewendet, die immer E-temen(TE)-an-ki schreiben. Endlich ist ein weiteres Indizium die assyrische Bauform des Turmes mit den Rampen, ein Grund, der sich neben den beiden andern dafür anführen läßt, daß die Beschreibung von Esagila und dem Turm zu Babel eben auf eine Baubeschreibung aus der Zeit des Königs Assarhaddon von Assyrien zurückgeht, also um 680 v. Chr. Die betreffende Tafel, die heute vorliegt, ist im Jahre 229 v. Chr., im 83. Jahre der Seleuziden Ära geschrieben worden; sie geht jedoch, eigener Angabe gemäß, auf ein älteres Original zurück, das in der Stadt Borsippa aufbewahrt wurde (K, Z. 43—44).

In der zweiten Beschreibung der Basis des Turms zu Babel wird nach der sogenannten „Schritt-Elle" gerechnet und gemessen, die um $^1/_3$ größer war, als die Suklu-Elle, die in der Tafel auch als „Klein-Elle" bezeichnet wird und rund $^1/_2$ Meter groß war. Somit war die „Schritt-Elle" $^3/_4$ Meter groß und in der Tat wird die Länge, Breite und Höhe der Basis auf je 10 GAR, d. h. zu je 12 Ellen, mithin auf insgesamt 120 Ellen angegeben. Man erhält so die Gleichung: 180 Ellen der Suklu-Elle zu 0,50 m = 120 Ellen der Schritt -Elle zu 0,75 m = rund 90 m.

Weitere Einzelheiten der Basis oder des Kigallus des Turmes zu Babel werden nicht angegeben. Es ist aber schon auffällig, daß dafür ein solch ungeheures Maß angeführt wird, namentlich was die angebliche Höhe des Kigallus betrifft. Die Breite und Länge stimmen mit den tatsächlich in situ gefundenen Maßen wirklich überein (rund 91 m). Wie ist es jedoch möglich, daß die „Basis" eine solche gewaltige Größe gehabt haben soll? Und warum sind keine Einzelmaße der einzelnen Stockwerke angegeben, wie nachher bei dem eigentlichen „Turm zu Babel", der in K, Z. 37 bis 42 ausführlich mit Maßen beschrieben ist? Schon aus diesen beiden auffälligen Argumenten möchte man schließen, daß man es mit der Basis oder dem Kigallu, d. h. der „Unterwelt" von Etemenanki, nicht mit einem wirklichen Bauwerke zu tun hat, sondern nur mit einem gedachten Bau, einem Gegenstück zu dem Turm zu Babel über der Erde, ganz analog den Entsprechungen im babylonischen Weltbilde, von

[1]) Siehe darüber E. Unger, Zwei Babylonische Antiken aus Nippur PKOM I (1916) S. 18ff. (Die Suklu-Elle); E. Unger, Artikel „Maß" in M. Ebert, RLV VIII, S. 60 (§ 5); E. Unger in ZATW XLV (1927) S. 165 („Der Turm zu Babel"). A. Deimel, Die Maße des Etemenanki nach dem sog. Esagil-Texte: Orientalia Nr. 28, S. 70—74.

Himmel und Erde, vom Oberen und Unteren, die im Spiegelbilde zueinander erscheinen. So war die Weltanschauung der babylonischen Theologen. Der Turm zu Babel besaß demnach eine unsichtbare unterweltliche Entsprechung. Aber auch hierfür ist aus dem Texte der Stadtbeschreibung (K. Z. 16 und 20) der endgültige Beweis zu ersehen: Einmal sumerisch, das zweite Mal semitisch, wie es der gelehrte Schreiber gerade bei dieser „Esagila-Tafel" mit Raffinement verwendete, stehen hier die Worte „zu sehen", d. h. „in Sicht gebracht" oder besser ausgedrückt, „wenn der Kigallu in Sicht gebracht würde", dann betrügen die Maße 180 Ellen, bzw. 120 Ellen für jede Seite und für die Höhe. Das Wort für „Höhe" hat auch die Bedeutung „Tiefe" (mîlu).

In Zeile 37 bis 42 sind nun die genauen Maße des Turms zu Babel über Tag angegeben. Der Schreiber hat jedoch die Zeile für das 6. Stockwerk ausgelassen, aber sie ist leicht zu ergänzen. Das oberste Stockwerk ist außerdem als das „siebente" noch ausdrücklich bezeichnet worden.[1]) Ich gebe im folgenden die aus der Tafel K erschlossenen Maße in der Übertragung in Metern, die natürlich nur ein rundes, jedoch für die bessere Vorstellung notwendiges Maß sind. Ich habe außerdem die Stockwerke in der Weise angeordnet, wie sie in Wirklichkeit übereinander gestanden haben, also das oberste Stockwerk oben:

Länge	Breite (Maße in Metern)	Höhe	Charakteristik
24	21	15	Verkleidetes; Oberes Siebentes (Stockwerk) Schachuru (Hochzeitshaus)
33	33	6	Stiege; Sechstes (Stockwerk)
42	42	6	Stiege; Fünftes (Stockwerk)
51	51	6	Stiege; Viertes (Stockwerk)
60	60	6	Stiege; Drittes (Stockwerk)
78	78	18	Stiege; Zweites (Stockwerk)
90	90	33	Tempelturm (Lehmwerk) Unteres (Stockwerk)

Die Beschreibung des Tempelturms ist so klar, wie möglich. Durch die fortlaufende Numerierung der einzelnen Stockwerke, sowie durch die

---

[1]) Siehe E. Unger in ZATW, „Der Turm zu Babel" in ZATW 45, S. 162ff. in „Forschungen und Fortschritte" II (1927), Heft 21; Derselbe in Hirt's Literatur-Bericht" Nr. 27 (1927); Derselbe, „Assyrische und Babylonische Kunst" 1927, S. 60f., Abb. 104; Vgl. auch T. Dombart, „Der Sakralturm", München 1920; ders. „Kunsthistorische Studie zum Babelturm-Problem": MVAG XXI, S. 1—16 (1927); ders. „Das Zikkuratrelief aus Kujundschik": AfO III, Heft 5; ZA XXXVIII (1928), S. 39ff.; Aufsatz von O. Ravn (s. Literatur).

Bezeichnung des ersten Stockwerkes als das untere und des siebenten als das obere Stockwerk, ist völlig sicher gestellt, daß sich ein Stockwerk über dem andern aufbaut. Zum unteren Stockwerk ist gesagt, daß es IM-DU-A darstelle, was ein Ausdruck für pitqu (Lehmwerk) im allgemeinen, aber auch für Ziqqurrat (Tempelturm) im besonderen ist.[1]) IM-DU-A heißt wörtlich: „Aus Lehm Aufgebautes" und dann auch „Tempelturm". Hier steht es im Gegensatz zu kigallu dem speziellen Ausdruck für „Basis" und „Unterwelt", also als ein Bauwerk „über Tag".

Der in Stockwerken aufgebaute Turm, sich allmählich verjüngend,
29 konnte erstiegen werden, was durch die Beischrift bei dem 2. bis 6. Stock-
30 werk rikbi (Stiege) deutlich gesagt ist[2]). Besondere Beschreibung hat das
31 oberste, das „Obere und siebente" Stockwerk, erfahren: Es hat auch
35 gegenüber den vorhergehenden Etagen sehr große Ausmaße in Höhe von
15 Metern. Schon dadurch erweist sich dieses „Stockwerk" als ein Gebäude und zwar als ein Tempel oder eine Kapelle, die den Spezialnamen „Schachuru" führte. Dieser Ausdruck kommt bei Tempeln und bei Palästen vor. Bei den Palästen ist es das intimste Gemach, das Schlafgemach, bei den Tempeln ist es das Allerheiligste, das Gemach, wo das Beilager des Götterpaares vollzogen wurde. Und diese Tatsache haben
60 die Babylonier dem Reisenden Herodot (Buch I, 182) mitgeteilt, so daß wir
auch ihn hier als bestätigende Quelle heranziehen können.[3]) Der Schachuru-Tempel ist ferner noch „Verkleidet" = ḫitlupu,[4]) d. h. mit blauglasierten Ziegeln, was Nebukadnezar II. in seinen Inschriften ausdrücklich hervorhebt.[5]) Der Hochtempel war auch wahrscheinlich mit glänzen-

[1]) Siehe ZATW XLV (1927), S. 163, Anm. 1 (E. Unger); Delitzsch HWB, S. 458b; II Rawlinson 26, Nr. 2 (NU-ḪAR = ziqqurratum = pitqu = IM-DU-A; V Rawlinson 41, Z. 22, e, f: IM-DU-A = pitqu (Lehmwerk, Machwerk) = râṭu = kullatu (Wohnraum).

[2]) MAOG IV, S. 147 (Nötscher).

[3]) Der Ausdruck šaḫuru wechselt mit šuḫuru. Diese Kapelle befand sich auch unten im tiefgelegenen Tempel, nicht nur auf dem Tempelturme, wie beim Turm zu Babel. Vgl. die ausführlichen Bemerkungen von B. Meißner in AOB I, S. 30, Anm. 2, zur Inschrift des Puzur-Assur IV. von Assyrien; ferner Inschrift a. a. O. Nr. XX, 10 und KAH II, Nr. 66, Rs. Z. 26ff. (Inschrift des Tiglatpileser I. aus Assur, a. a. O., S. 30, Anm. 2).

[4]) Sumerisch = GIGRI (Howardy, Clavis cuneorum Nr. 214, 2; Delitzsch HWB S. 278; ders. Sumer. Glossar S. 89).

[5]) VAB IV, S. 127, Nr. 15, Kol. III, Z. 15: „Was Etemenanki betrifft, so erhöhte ich mit gebrannten Ziegeln von glänzendem Blaustein (Lapislazuli) seine Spitze" (ša Etemenanki ina agurri ^{abnu}uknî ellîti ûllâ rêšâša). Vgl. die Gründungsurkunde a. a. O., S. 209, Nr. 49, Z. 11—15. Hier fügt der König hinzu, daß er den Tempel mit bronzeverkleideten Zedern gedeckt habe. Die ausführliche Gründungsurkunde Nebukadnezars II. (a. a. O. S. 145, Nr. 17) ist mehrfach stark zerstört. Nabopolassar habe den Turm — s. dessen Gründungsurkunde a. a. O.

Abb. 30. Ansicht des Turms zu Babel von Südosten

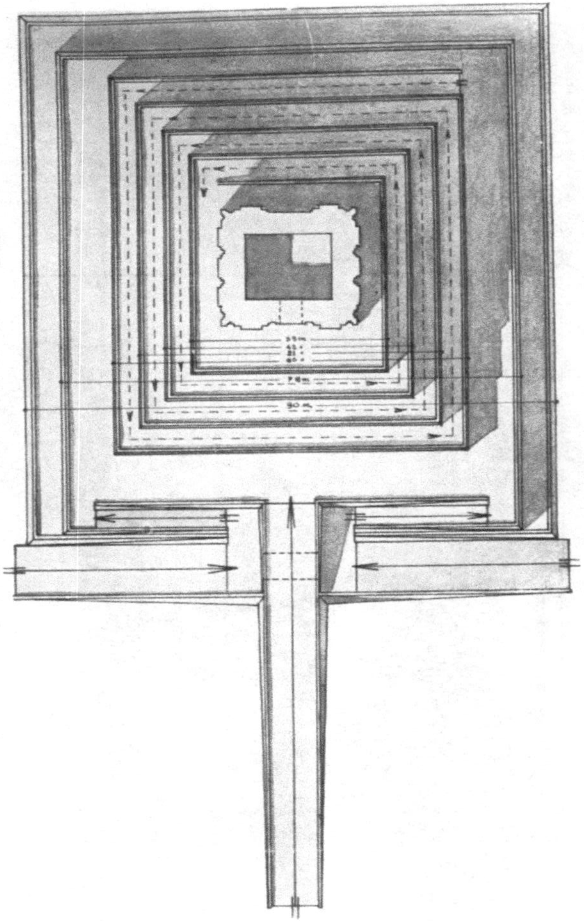

Abb. 31. Grundriß des Turms zu Babel

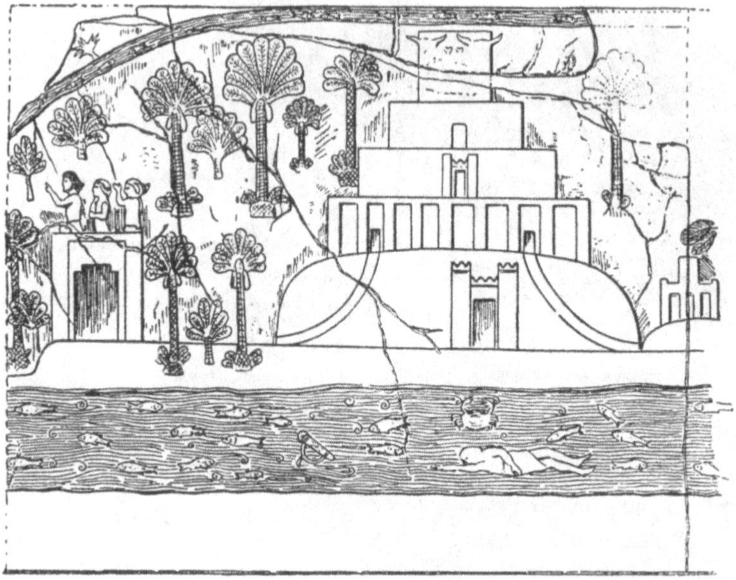

Abb. 32 Relief vom Palaste des Assurbanipal aus Ninive mit mutmaßlicher Darstellung des Turms zu Babel am Euphrat, oben der Bânitum-Kanal

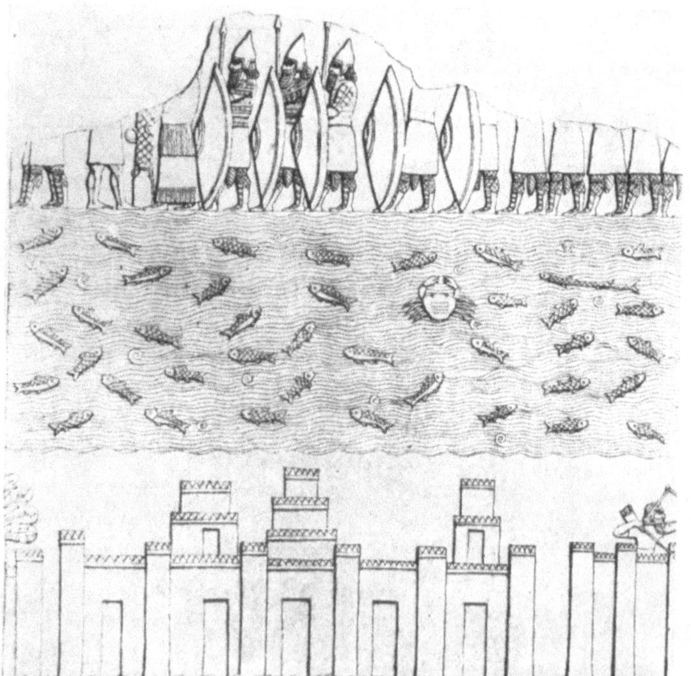

Abb. 33. Desgl. mit Darstellung der Doppelstadt Kisch-Hursagkalamma mit großem Tempelkomplex und drei Tempeltürmen

den metallüberzogenen Hörnern (qarne) verziert, was von andern Türmen berichtet wird, z. B. von dem Tempelturm von Susa, dessen Hörner der König Assurbanipal abbrechen läßt. Sie bestanden aus glänzendem Kupfer.[1]) Sie sind auch auf einem assyrischen Relief von Ninive dargestellt, auf der Spitze des Tempelturms, der möglicherweise den Turm 32
zu Babel selbst darstellen soll; doch ist das unsicher.[2]) Ein zweites Relief des Assurbanipal aus Ninive (Paterson, Palace of Sennacherib, 1915, Taf. 44/5) zeigt große Tempelbauten an einem breiten Flusse, dessen Ufer 33
mit Dattelpalmwaldungen besetzt sind. Es kann sich hier nur um eine Stadt des südlichen Mesopotamiens, also Babyloniens, handeln. Drei Hochbauten in mehreren Stockwerken, machen den Eindruck von Tempeltürmen. Babylon kann es deshalb nicht sein, eher Kisch-Ḫursag-kalamma, wo Langdon (Kish I, 32f. Tf. 33) drei Türme fand.

Die Ausmaße der Stockwerke des Turms zu Babel zeigen sehr interessante Abmessungen. Zunächst teilen sie den Turm in 2 Teile: Stockwerk 1 und 2, Stockwerk 3 bis 6, nebst dem Hochtempel. Was die Breite anbelangt, die stets quadratisch ist, so weichen der 2. um 12 m, der 3. Stock um 18(!) m zurück, die folgenden aber nur um je 9 m, d. h. = $^1/_{10}$ der Gesamtbreite oder der Gesamthöhe des Turmes. Der Innenkern aus Lehm und Ton, der rund 60 m im Quadrat besaß, käme mit dem 3. Stockwerk zum Vorschein, bei 51 m Höhe. Die Gesamthöhe der beiden untersten Etagen betrug dieses Maß, sie heben sich durch ihre sehr großen Ausmaße besonders hervor und erinnern an die uralten sumerischen Türme von Ur, Uruk, Nippur, Eridu usw.[3]) 34

S. 61, Nr. 1 — nur 30 Ellen hoch geführt. Nebukadnezar habe das Fundament (išdu) 30 Ellen hoch als Aufschüttung oder Terrasse (tamlû) gestaltet und oben auf der Spitze des Turmes den Wohnsitz (kummu) des Marduk errichtet, der hier als šagapur ilâni = „Allmächtiger der Götter" thront (a. a. O. S. 149, Nr. 17, Kol. IV, Z. 5). Vgl. das Titelbild.

[1]) Dombart, Sakralturm S. 42; VAB VII, S. 495, Rassam-Zylinder Kol. VI, Z. 29, S. 52, 403.

[2]) Die Vermutung von T. Dombart, daß dieser Turm den von Susa darstelle, ist ebenfalls nicht beweisbar, weil die Abzeichnungen dieses Reliefs schlecht und ungenau sind und Elamiter mit Sicherheit nicht erkannt werden können. — Der vorn (unten) fließende Strom könnte den Euphrat, der im Hintergrunde im Bogen fließende schmale Kanal aber den Libilḫegalla-Kanal darstellen. So spricht manches für Babylon, das Assurbanipal im Jahre 648 eroberte. Die Ansicht wäre demnach von der Neustadt her, wie auf der Rekonstruktion von H. Anger. 7

[3]) Die sumerischen Türme waren im allgemeinen von oblongem Grundrisse; sie waren auch niedriger, z. B. der Turm zu Ur etwa 21 m. Die assyrischen Türme aber sind meistens 34
quadratisch. Die Maße sind: Eridu: 180:110 m; Nippur: 57:38,4 m; Ur: 62:41 m; Uruk: ca. 50:42 m; Kisch (Zababa): 60:56 m. Tempeltürme auf der Spitze von assyrischen Obelisken (s. RLV „Obelisk" E. Unger) sind oblong, gleichzeitig stark geböscht.

Dazu kommen die späteren Türme von Babylon und seiner Schwesterstadt Borsippa. Baby- 27
lon: 90^2; Borsippa: 82^2; Assurtempel in Assur: 62^2, Assurtempel in Kar-Tukulti-Ninurta, 28

Die quadratische Anlage, sowie die veränderte Orientierung (siehe Kapitel XIV, 1) lassen aber erkennen, daß in Babylon späte Einflüsse, d. h. assyrische, geherrscht haben. Und in der Tat ist es der assyrische König Assarhaddon gewesen, der den Turm völlig neu wieder aufgebaut hat, von dem auch die Baubeschreibung der „Esagila-Tafel" stammt.
35 Namentlich die Stockwerke 3 bis 6 mit ihrer regelmäßigen Höhenabstufung von je 6 m, die äußerst niedrig ist, lehnen sich außerordentlich an die des Turmes von Dûr-Sargon (Chorsabad) nördlich von Ninive an, der ähnliche Verhältnisse gehabt hat und an dem vom Ausgräber Place eine linksherum wendelnde Rampe festgestellt worden ist, die allmählich zum Hochtempel hinaufführte.

An den meisten Tempeltürmen in Mesopotamien hat man ferner die Böschung der Turmwände feststellen können. Der Turm war als Berg gedacht, der auf seiner Spitze den Bergtempel, das Ekur des Gottes, trug, der allein senkrechte Wände als Tempelbau besaß. In Assyrien hat man bisher diese Böschung nicht festgestellt — es kann aber sein, daß dies auf unzureichender Beobachtung beruht. Jedenfalls zeigen die assyrischen Obelisken, die auf ihrer Spitze die Nachahmung eines Tempelturmes tragen, stets auch die ausgeprägte Böschung dieses Turmes. In einem Falle ist auch die Rampe, die auf die Spitze führte, angedeutet, nämlich bei dem großen Obelisken des Assurnassirpal I. aus der Mitte des 11. Jahr-
34 hunderts v. Chr. In Ur, Uruk, Nippur, Eridu konnte man die Böschung aber einwandfrei erkennen. In Nippur hatte sie sich jedoch zum Teil verschoben und namentlich an der Ecke geradegerichtet und zwar bei dem an der Oberfläche liegenden Bauteile des Assurbanipal von Assyrien. Die Türme waren auch nicht vollständig aus gebrannten Ziegeln errichtet, sondern man hatte stets im Innern, wie auch beim Turm zu Babel, einen mächtigen Lehm- und Tonkern angeordnet, auf dem natürlich die äußere harte Verschalung nicht so fest ruhen konnte, daß sie sich nicht im Laufe der Jahrtausende allmählich verschob. Der älteste Turm von Uruk aus der Zeit des Urnammu (um 2500 v. Chr.) war, ohne Verwendung von Backsteinen, vollständig aus Lehmziegeln mit Schilfzwischenlagen erbaut worden.

60 Wieder ist es Herodot, den man zur Bestätigung mancher Eigenarten des Turms zu Babel als Quelle heranziehen kann. Die Beschreibung, die

---

gegenüber von Assur: 30[2]; Dûr-Sargon (Chorsabad): 43[2]; Kalḫu (Nimrud): 51[2]; Anu-Adad-Tempel in Assur: 39:36 (alt), 24[2] (jung). Siehe RLV XIII, „Tempelturm" E. Unger; Dombart, Sakralturm S. 2 ff. Zu Uruk s. „Deutsche Forschung" (Notgemeinschaft der Deutschen Wissenschaft 1929): Jordan, Die Ausgrabungen der Notgemeinschaft der Deutschen Wissenschaft in Warka S. 4; zu Kisch s. S. Langdon, Excavations at Kish, 1924, I, S. 66, Taf. 44.

ihm die Babylonier vom Turme gemacht haben, stimmt mit dem Befunde der Grabungen und den Mitteilungen der „Stadtbeschreibung" wiederum überein. Selbst wenn der Turm damals nur noch als gewaltige Ruine bestanden haben sollte, war die Tradition bei den Babyloniern selbst noch äußerst lebendig, so daß sie Herodot sehr wohl eine gute Überlieferung vermitteln konnten; denn die „Esagila-Tafel" selbst (K) ist sogar erst, 200 Jahre nach der Anwesenheit des Vaters der Geschichte in Babylon, im Jahre 229 v. Chr. geschrieben.

Herodot sagt zunächst, daß der Turm zu Babel sich aus 8 Türmen übereinander aufbaue. Die sorgfältige Interpretation der Beschreibung des Turmes in der Esagila-Tafel hat gelehrt, daß hier zunächst der Kigallu, die Basis als ein unterweltlicher Gegenturm zum Turm über Tage als eine geschlossene Einheit beschrieben ist und daß dann die sieben Stockwerke über Tag einzeln aufgeführt werden. „In Sicht gebracht" war der unsichtbare, nur gedachte Kigallu, ein Turm, auf dem sich die übrigen sieben Stockwerke, die ständig sichtbar waren, aufbauten. Im ganzen gab es nach der Beschreibung der Babylonier, im Einklang mit Herodots Berichte, also tatsächlich 8 Türme.

Weiter berichtet Herodot, daß in der Mitte des Turmes ein „Platz
zum Ausruhen" vorhanden war; das ist die Stelle, wo das 2. Stockwerk *30*
aufhört und das 3. Stockwerk seitlich um volle 9 m zurückspringt, 51 m *31*
über dem Fußpunkte des Turmes, also ungefähr in seiner mittleren Höhe. *35*
Hier befand sich daher ringsum die breiteste Plattform des gesamten Turmes, zur Versammlung und zum Ausruhen wohl geeignet.

Aber auch in dem dritten bedeutsamen Merkmale, das Herodot überliefert, hat er recht berichtet. Der Aufgang zum Turme sei „im Kreise"
herumgegangen. Der mächtige zweistöckige Unterbau zeigte zwei Trep- *31*
pen, die von der Seite, von Osten und von Westen hinaufführten, und *9*
zwar am 1. Stockwerke, wo sie sich wahrscheinlich auf dem Treppenanbau selbst am 2. Stockwerke fortsetzten, bis zur Plattform des Ausruhens. Die große, von Süden hinaufführende Freitreppe aber, die weiter entfernt ansetzte, hatte die Möglichkeit, sogleich bis zu jenem Punkte beim freien Platze geradeaus emporzusteigen. Hier begann nun die Gangbahn auf der Rampe der niedrigen oberen Türme 3 bis 6 allmählich hinaufzusteigen, bis sie bei 75 m Höhe den Hoch-Tempel und sein Plateau erreichte.

Der erste unterste Teil der Treppenanlage des Turms[1]) war baby-

1) Die für die lebendige Anschauung wertvollen Rekonstruktionen des Grundrisses und der Ansichten des Turms zu Babel stammen von der Hand des Herrn Oberbaurat Walther Bünte, der bei den Ausgrabungen in Babylon selbst erfolgreich mitgewirkt hat. Ich bin ihm für seine außerordentliche Liebenswürdigkeit zum herzlichsten Danke verpflichtet.

34 lonisch, sumerisch, der zweite Teil aber war assyrisch. Diese Vereinigung der alten sumerischen und der neuen assyrischen Bauidee kann nur als eine vorzügliche und sympathische Lösung bezeichnet werden. Der Baugedanke kann auch nur einem assyrischen Architekten zugeschrieben werden; denn der assyrische, obere Turm hat die sekundäre spätere Form und ist dem uralten sumerischen Bauwerke aufgesetzt worden in harmonischer Rhythmik. Die Umstellung des ganzen Turmes nach der nordwestlichen Windrichtung, nach dem „Günstigen Winde", die sich damals in Assyrien ganz allgemein zur besonderen Kennzeichnung der gütigen Gottheit durchgesetzt hatte, zeigt von neuem den assyrischen Einfluß, der sich auf die Macht des Königs Assarhaddon stützte. Die damalige Zeit ist von vielen neuen und schöpferischen Ideen des Fortschrittes auf dem Gebiete der wissenschaftlichen Astronomie, der Technik, der Forschung und der Kunst durchdrungen. Die Führung lag damals vor allem in den assyrischen Händen. Der Turm zu Babel ist eine gewollte Verschmelzung des assyrischen und des babylonischen Götterberges. Er war ein monumentales Wahrzeichen des mächtigen
35 Weltreiches des Königs Assarhaddon, der die gesamte damalige Kulturwelt von Assyrien bis Babylonien, ganz Mesopotamien nebst Palästina und Syrien und auch Ägypten in seiner Hand vereinigte.

Den Völkern des Altertums erschien der Turm zu Babel als ein Aufsehen erregendes Monumentalwerk. Den Juden[1]) wurde er zum Abbild des Hochmuts und der Völkerverwirrung. Sie erzählten sich, daß die Spitze des Turms bis zum Himmel reichen sollte. Und in der Tat, die Höhe von 90 m mußte schon im Altertum als staunenerregend angesehen werden, umsomehr, als der Bau aus kleinen Ziegeln einen ungeheuren Fleiß und Zeitaufwand erforderlich machte. Und selbst der modernen Welt muß dieses Bauwerk der Babylonier als einzigartige Großtat imponieren, in seiner Art ein Vorläufer der modernen Hochhäuser und als ältester Wolkenkratzer der Welt.

[1]) Vgl. auch E. Kautzsch, Die Apokryphen und Pseudoepigraphen des Alten Testaments, 1900, S. 59: Buch der Jubiläen; 33. Jubiläum, wonach der Bau des Turms 43 Jahre gewährt habe. Seine Breite wäre 203 Ziegel gewesen, deren Höhe je $^1/_3$ Ziegellänge betragen hätte. Die Gesamthöhe wird auf 5433 Ellen und 2 Handbreiten bemessen.

Abb. 34. Der Tempelturm von Ur

Berlin, Juni 1930, Bünte

Abb. 35. Der Turm zu Babel, perspektivische Ansicht von Südwesten gesehen
Die Heilige Pforte und Prozessionsstraße (Marduk-Gischu-(Nergal) Straße) im Hintergrunde

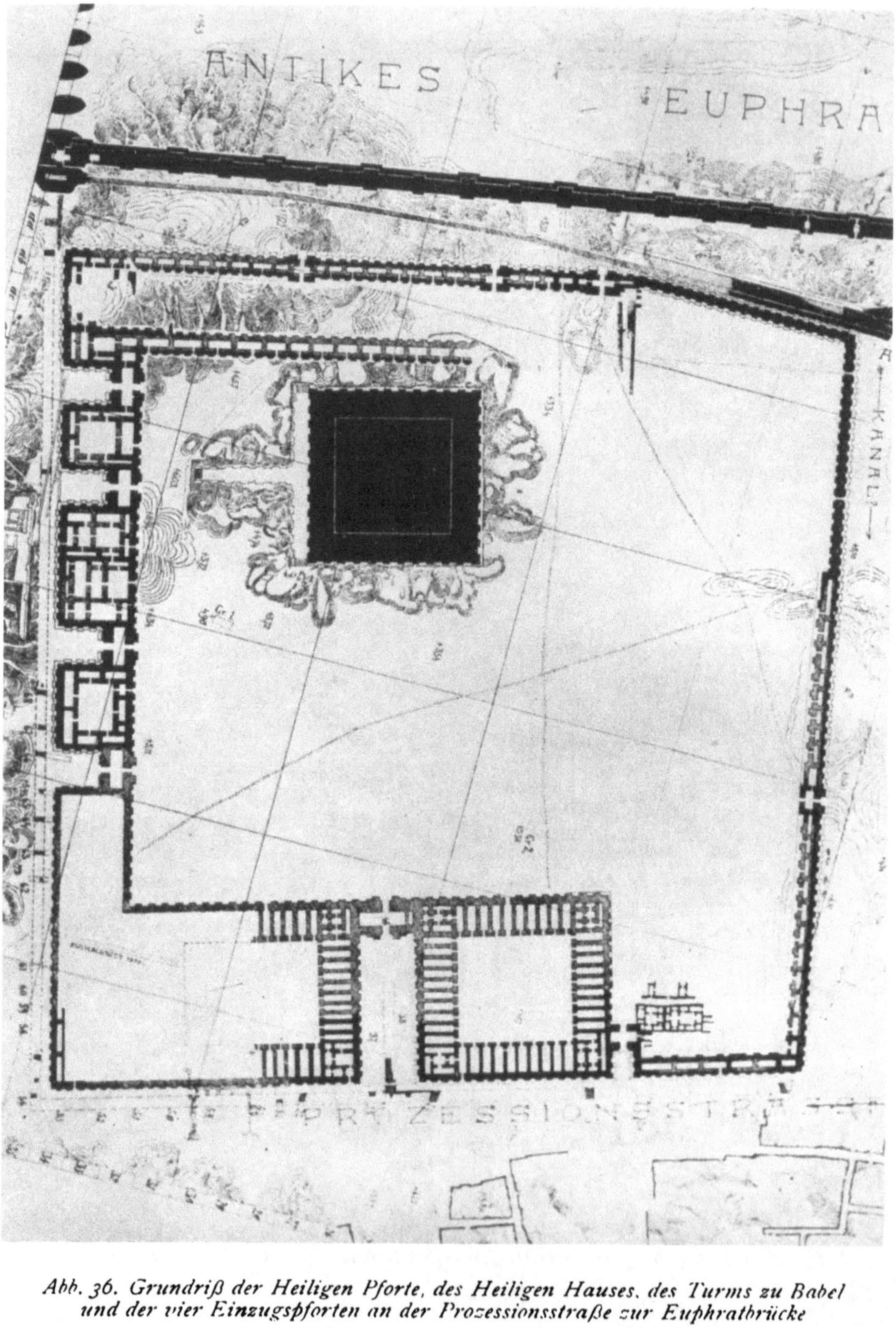

Abb. 36. Grundriß der Heiligen Pforte, des Heiligen Hauses, des Turms zu Babel und der vier Einzugspforten an der Prozessionsstraße zur Euphratbrücke

KAPITEL XIX

DIE HEILIGE PFORTE

Der Name der Stadt Babylon bedeutet „Gottespforte“ oder „Götterpforte“, und zwar ist der Name sumerisch, KA-DINGIR-RA und semitisch, Bâb-ili oder Bâb-ilâni — letzteres seltener — bekannt. Kadingirra war auch der Name eines besonderen Stadtviertels, und man hätte schon aus dem Namen der Stadt darauf schließen können, daß eine eigenartige „Gottespforte“ den Anlaß zur Namengebung gegeben haben müßte. In der Tat geht aus mehreren Stellen der Stadtbeschreibung von Babylon hervor, daß hier eine solche Pforte existiert hat, die in der Nähe
des Nabu-Tempels Eḫursagtila gelegen hat (F, Z. 2) und sich in einem 1
Gebäude befand, das den Namen „Heiliges Haus“, „Heiliger Tempel“ hatte. Die Pforte hieß „Heilige Pforte“ (KÁ-SIKILLA = Bâbu Elli bzw. Ella oder Ellu), im Texte K, Z. 15 als vierter Bezirk genannt, der ebenda Z. 4 als Suḫatum ša ina tîḫ dalti arkabinni = „suḫatum“[1]) nahe der unfertigen (Schein)-Tür (Bezold, Glossar, S. 68) umschrieben ist; s. dafür zuerst ZATW 45 (1927), S. 165f. E. Unger. Beide Pforten entsprechen sich der Reihenfolge des Textes nach. Abschnitt F, Z. 6 nennt nochmals die „Verschlossene Tür“ (dalat parku)[2]) mit Namen „[Cherub ?] höre!“. Es handelt sich hier um eine eigenartige Kultstätte, und zwar um eine verschlossene, vermauerte Pforte, vielleicht um dieselbe, die nach dem Brief Harper, Letters 338, Rs. Z. 3 und 496, Vs. Z. 10 in einem Jahresfeste in Babylon im Ulûlu (VI. Monat = September) geöffnet wurde und vom 4.—6. dieses Monats „vor Bêl (= Marduk) und Nabu offenstand (patîa)“ (vgl. LSS VI, 1/2, S. 87, 112 Landsberger; Thureau-Dangin, Rit. acc. S. 82, Anm. 4). Das Fest der Türöffnung (pît bâbi = BE-KÁ) ist auch im „Neujahrsfestritual“ Z. 440 erwähnt. Eine andre Bezeichnung für diese Pforte scheint die „Sogenannte Fenstertür“ (dalat birri ša iqabûni) zu sein, die nach dem Ritual vom „Leiden und Triumph Marduks“ hinter Marduk verriegelt worden ist, und in die die Götter Löcher bohren (Zimmern: BSGW 70, 5, S. 14ff.; ATAT^{2}, S. 322, Z. 68ff. Ebeling). Vielleicht ist sie mit einer andern „Pforte des heiligen Wassers“

[1]) Die Bedeutung dieses Wortes ist m. W. unbekannt.

[1]) Wörtlich übersetzt: „Tür der Verschließung“.

identisch.[1]) Die Scheintür (verschlossene Tür) entspricht jedenfalls der „Heiligen Pforte", die in den Königsinschriften eine große Rolle spielt.

Eine vom König Nebukadnezar erwähnte „Bâb Bêlit", d. h. Pforte der Bêlit ist in der Inschrift undeutlich erhalten und läßt die Möglichkeit zu, Bâbu elli (KÁ-SIKILLA) zu lesen, so daß die „Pforte der Bêlit" hier ausscheiden dürfte. An den Parallelstellen steht auch sonst „Heilige Pforte" (VAB IV, S. 131, Nr. 15, Kol. V, Z. 17; richtig: a. a. O. S. 193, Nr. 26, Z. 1; S. 132, Nr. 15, Kol. V, Z. 46; S. 161, Nr. 19, A, Kol. VII, Z. 44).

Außer im Ululu hat noch im Monat Duzu, dem IV. Monate, eine „Öffnung der Pforte" stattgefunden, nach den Inschriften des Assarhaddon, die den Monat als „Monat der Öffnung der Pforte" mehrfach bezeichnen.[2]) Weil nun dieser Monat in einem assyrischen Datum angewendet wird, das nach den Eponymen (Limus) rechnet, kann es sich nur um einen assyrischen Monat und um ein assyrisches Fest handeln, über das man jedoch noch nicht weiter orientiert ist. Es wird demnach auch in Assyrien eine solche „Heilige Pforte" existiert haben, in Assur oder Ninive, wo das Fest der Öffnung im IV. Monat, im Juni, stattfand, in Babylon aber im VI. Monat, im September.

Die „Heilige Pforte" von Babylon erinnert sogleich an die „Heilige Pforte" (Porta Sancta) der Peterskirche in Rom, die noch heute im Kulte verwendet wird. Sie wird alle 25 Jahre, alle Jubeljahre, geöffnet für ein ganzes Jahr, um dann für weitere 24 Jahre verschlossen, vermauert, zu bleiben. Die Porta Sancta in Rom ist der Idee nach ein letzter Ausläufer der Heiligen Pforte von Babylon. Ihrer Anlage nach aber kann sie nicht mehr mit jener übereinstimmen, weil die Heilige Pforte in Rom in einen Innenraum, in die Kirche selbst hineinführt, und zwar nicht von außen, sondern von der Vorhalle, vom Narthex aus. Man muß sich daher nach einem älteren Beispiele umsehen, das den Gedanken der Heiligen Pforte besser bewahrt hat. Diese lag, wie Nebukadnezar ausdrücklich berichtet, am Ende[3]) der Ištar-Straße, war demnach ein Straßentor, bestimmt für

---

[1]) Pforte des heiligen Wassers (Bâb Asikilla), in Greßmann ATAT² S. 280, Z. 131 genannt, sonst nur in dem Vokabular Chicago (Thureau-Dangin: Rev. d'Assyr. XVI, S. 139; vgl. ZAW 1927, S. 166, Unger). Beachte auch Kapitel XVI, 20 und 21.

[2]) Meißner in BA III, 2, S. 235, Z. 4, und S. 278 (Anm.); vgl. III Rawlinson Taf. 16, Z. 24b (Datierung des Königs nach diesem Monat); V Rawlinson, Taf. 43, Z. 19a.

[3]) Die gepflasterte Prozessionsstraße endete vor der „Heiligen Pforte". Die Ištar-Straße verlief zur Zeit Nebukadnezars bis zur Südostecke des Peribolos des Turms zu Babel. Aber in älterer Zeit befanden sich, nordöstlich des Südflügels des „Heiligen Hauses" (s. S. 161 f.), Gebäude, die die Ištar-Straße, wenn sie überhaupt damals, zur Kassitenzeit (13. Jahrhundert), sich soweit erstreckte, vollständig abgesperrt haben (WVDOG 48, Taf. 8, ax-ay, 28—31 des Plans). Die Marduk-Straße war also die ursprüngliche Prozessionsstraße dieser Gegend.

den Durchzug der Götter an bestimmten Festtagen, und wieder vermauert, damit die profane Menschheit sie nicht entweihen sollte.

Ein ausgezeichnetes Beispiel bietet die russische spätbyzantinische „Heilige Pforte", die im Jahre 1176 n. Chr. in dem Orte Szußdal, östlich von Moskau, erbaut wurde.[1]) Die Heilige Pforte von Szußdal besteht aus einem hohen Turme, der zwei Eingänge besitzt, und zwar einen breiten, offenen für den gewöhnlichen Verkehr des Volkes und daneben eine schmälere Pforte, die zugemauert ist. Im Prinzip könnte man sich die „Heilige Pforte" von Babylon in ähnlicher Weise vorstellen, mit zwei Pforten, von denen die eine für den gewöhnlichen Verkehr offen, die andere vermauert und nur für die Prozession der Götter jedes Jahr geöffnet, wenn im VI. Monat das Fest gefeiert wurde. Die Pforte von Szußdal führt von der Straße in den Hof und entspricht hiermit vollkommen den Pforten, die in babylonischen Tempeln von außen her in das Innere des Tempelkomplexes, zunächst in den Hof, gingen. Diese Pforten besitzen nun eine typische Form, nämlich einen „Ehrenhof" nach der Straße zu, so daß die turmgeschmückte Pforte zurücklag. Solche Pforten führten nicht in einen Innenraum, sondern waren daher ausgesprochene Einzugspforten von der Straße zum Hofe.

Diese Durchzugspforten sind am Peribolos, der äußeren Umfassungsmauer aller Tempel, festzustellen, so in Ur (RLV I, Taf. 97), in Borsippa,
wo eine große Durchzugspforte scharf gegenüber der Eingangspforte 27
zum eigentlichen Tempel Ezida (Koldewey: WVDOG 15, Taf. 12, 14) 28
liegt, so auch in Babylon, wo im Süden des Turmes vier gleichartige 26
Pforten, mit Ehrenhöfen nach außen zu, erbaut sind. So beschaffen war auch die „Einzugspforte (Bâb nîribu) des Nabu in Esagila" (Kapitel XVI, 15), der die „Pforte der Kapelle Ezida" des Nuchar (Kapitel XVI, 14) als eigentliche Tempelpforte gegenübersteht. Diese letztere hat keinen Ehrenhof, sondern eine Pforte zwischen zwei mächtigen Türmen.

Da die „Heilige Pforte" an der Ischtar-Straße lag, war sie eine „Durchzugs- oder „Einzugspforte" (Bâb nîribu) und muß demnach mit einem „Ehrenhof" ausgestattet gewesen sein. Außerdem war die „Heilige Pforte" von enormer Bedeutung; denn sie hat einer ganzen Stadt ihren Namen gegeben. Und das bedingt wieder, daß die Größe der Pforte ihrer Bedeutung durch eine imponierende Monumentalität entsprochen haben muß. Ihre Lage im Osten des Turmes zu Babel war bisher schon gesichert. Es bleibt keine andere Möglichkeit, als die, daß man die „Heilige Pforte" innerhalb des mächtigen Gebäudekomplexes

[1]) Abgebildet in K. O. Hartmann, Die Baukunst I. S. 201, Abb. 226.

sucht, der östlich des Turmes, am Ende der „Marduk-Straße" und am
36 Schnittpunkt derselben mit der „Ischtar-Straße" erbaut ist. Hier liegt
eine Toranlage von größten Dimensionen mit einem sehr tiefen und
breiten „Ehrenhof" nach Nordosten zu gekehrt, einem „Ehrenhof", der
mehr straßenartig gebildet und sogar gepflastert ist, und in seiner gesamten Anlage vollständig einer „Durchzugspforte" (Bâb nîribu) gleichkommt, jedoch viel großartiger und monumentaler angelegt worden ist.

Hier ist das Zentrum der Stadt. Von Nordosten, mit dem Windhauche
7 des Marduk, zieht die „Marduk-Straße" auf die „Heilige Pforte" zu,
die den Prozessionszug der Götter im September des Jahres unmittelbar
35 zu dem gigantischen Götterberge, dem Turm zu Babel hinleitete. Da
auch die andern Pforten, im Süden des Turms, auf diesen zuführen, so
daß man von Süden her, von außen hereinkommt, so gewinnt man auch
den bestimmten Eindruck, daß hier in der Vereinigung von „Heiliger
Pforte" und Tempelturm eine in sich geschlossene, uralte, ursprüng-
26 liche, ungewöhnliche, heilige Tempelanlage vorliegt, die im Leben der
Stadt Babylon in ältester Zeit im 3. Jahrtausend die maßgebende und entscheidende Rolle im Kultus gespielt haben muß. Wer war der Gott, dem die „Gottespforte" geweiht war? Warum wurde hier in Babylon eine solche „Gottespforte" besonders gefeiert? Ob schon damals Marduk der Gott Babylons war, weiß man nicht, weil über den Anfängen der Stadt in sumerischer Zeit um 3000 v. Chr. noch völliges geheimnisvolles Dunkel gebreitet ist. Heute können wir vorläufig nur gewisse Tatsachen erkennen, ohne daß wir sie jedoch näher zu erklären vermögen.

Erst durch eine neue Ausgrabung, die sich vor allem vorher mit dem notwendigen Rüstzeug und Material der assyriologischen Wissenschaft vertraut gemacht hat und die von assyriologischen Fachleuten geleitet wird, werden wir alle Fragen und Rätsel, die die Ausgrabung bisher nicht zu beantworten und zu lösen vermocht hat, mit Bestimmtheit in allen Punkten zu beantworten wissen. Denn die Babylonier haben durch ihre sorgfältig gehütete und gepflegte Überlieferung, die in Keilschrift auf Tontafeln mit emsigem Fleiß aufgezeichnet ist, selbst das beste Material dazu geliefert. Es gilt nur, intensiv bei den Grabungen darnach zu fahnden.

Den Heiligen Pforten für den Durchzug der Götter stehen die weltlichen Pforten für den Einzug eines siegreichen Königs gegenüber, die man mit „Goldenen Pforten" bezeichnet. Sie liegen vielfach in dem Zuge der Stadtmauer, wie z. B. die Goldenen Pforten in Kiew, in Wladimir[1])

[1]) Russkija Drevnosti, J. Tolstoi und N. Kondakoff, Band IV (1899), S. 16, Abb. 36, Petersburg.

und in Konstantinopel, die Porta Aurea der römischen Kaiser. Die Goldene Pforte von Wladimir, der einstigen Residenz an der Klasma, ist im Jahre 1164 erbaut und zeigt ein großes Mitteltor, als die eigentliche Goldene Pforte, und seitlich je eine kleine Nebenpforte für den gewöhnlichen Durchgang. Das Tor ist zur Zeit der Kaiserin Katharina II. völlig vermauert und mit einer Kirche über dem Mitteltore versehen worden.

Der Kreml in Moskau besitzt unter seinen vielen Toren eine Goldene Pforte, die als Einzugspforte für den siegreichen Zaren bestimmt gewesen ist. Sie ist eintorig und befindet sich in einem hohen Turm der Mauer des Kreml. Alle durch diese Pforte, die „Erlösertor" genannt wird, hindurch schreitenden Leute waren verpflichtet, ihre Kopfbedeckung unter dem Tore abzunehmen (Eugen Zabel, Moskau, Berühmte Kunststätten Nr. 12, Leipzig-Berlin, 1902, Abb. 12, S. 27; Abb. 13; J. Grabar, Geschichte der Architektur [russisch], II, S. 316, Abb.).

Die Goldene Pforte in Konstantinopel, zwischen 388 und 391 n. Chr. für den Triumphzug des Kaisers Theodosius des Großen erbaut, hatte drei Tore von außergewöhnlicher Spannweite, das mittlere besaß 7,82 m, die seitlichen Tore je 5,43 m lichte Weite. Es war von zwei quadratischen Türmen von 18,32 m Breite flankiert, die allein 16,87 m vor das Tor vorsprangen. Die ganze Anlage im allgemeinen erinnert lebhaft an die Tore Babylons, an das Ischtar-Tor oder an die „Heilige Pforte", die sich jedoch mit einem einzigen Tore begnügt haben (C. Gurlitt, Baukunst Konstantinopels 1912, Text S. 1 ff.; R. Koldewey im Jahrbuch des Deutschen Archäologischen Instituts VIII, 1893).

Die Porta Aurea in Konstantinopel ist heutzutage gleichfalls vermauert. Sie war einst das prunkvolle Einzugstor der Kaiser, reich mit Marmor und Bildwerk verziert. Für den alltäglichen Gebrauch aber war seitlich ein zweites Tor erbaut, und die Goldene Pforte diente nur für die festlichen Einzüge des Kaisers. Die römischen Triumphbogen mit einem großen mittleren und zwei seitlichen Toren sind ähnliche „Goldene Pforten" gewesen, und nach demselben Prinzip ist auch in Berlin das Brandenburger Tor angelegt, ein Goldenes Tor im wahrsten Sinne des Wortes mit 5 Eingängen, wovon der breite Mittelweg für alle Zeiten für den Herrscher reserviert bleiben sollte, besonders, wenn er seinen feierlichen Einzug vom siegreichen Feldzuge hielt. Darum hält auch das bekrönende Viergespann nach dem Stadtinnern zu, dadurch dem Tore den Charakter als Einzugstor wahrend. Noch heute ist das Brandenburger Tor das

Wahrzeichen von Berlin, als eine außerordentlich glückliche und originelle Bauidee des Architekten Langhans. Der eigentliche und erste Zweck des Brandenburger Tores war auch die Bestimmung als Einzugstor, als Goldene Pforte, nach der im Jahre 1793 erfolgten Wiedereroberung des vom französischen Revolutionsheere besetzten Mainz durch die preußischen Truppen unter dem König Friedrich Wilhelm II., dem „Selbstverteidiger des Deutschen Reiches."

KAPITEL XX

DER BEL ZU BABEL

Der aus den Nachrichten der Bibel[1]) und der klassischen Schriftsteller wohlbekannte „Bêl zu Babel" ist Marduk, der Stadtgott von Babylon, dem der Haupttempel Esagila und der „Turm zu Babel" geweiht war. Bêl bedeutet „Herr" und ist ein besonders in späterer Zeit sehr beliebter Name für Marduk, als die Juden und die Griechen nach Babylon kamen. Bêl wird aber schon um 2000 v. Chr. als Name für Marduk angewendet, wie der Abdruck des Siegels eines gewissen Aḫušunu, Sohnes des Imgur-Bêl (Bêl war gnädig), auf einer altbabylonischen Urkunde jener Zeit beweist (Harper Sammlung Nr. 3: AJSL XXXIII, S. 221). Bêl war auch ein Ausdruck für den höchsten Gott Babyloniens, als „Herr" aller andern Götter, ähnlich wie auch Christus später als „Herr" (dominus, kyrios) bezeichnet wird. Der Name Bêl konnte natürlich erst in wirksame Erscheinung treten, als Marduk, der Stadtgott von Babylon, die Weltherrschaft erhielt durch die Oberherrschaft des Königs Hammurapi, der das gesamte Land Mesopotamien unter seinem Zepter vereinigt hat.

Bêl-Marduk war zunächst ein Stadtgott von Babylon, der anfangs auch in Borsippa, der Nachbarstadt Babylons, verehrt wurde unter dem Namen Tutu. In der Hammurapizeit, um 2000 v. Chr., kommt in Borsippa ein Gott mit rein semitischem Namen Nabu oder Nabium, d. h. der „Prophet", zur Geltung. Die schon vorher vorhandene enge Beziehung bestand weiter. Nabu wurde der Sohn des Marduk und besuchte seinen Vater in Esagila, zu Schiff auf dem Borsippa-Kanal (Kapitel XI, 4) fahrend und zu Wagen durch das Urasch-Tor auf der Prozessionsstraße, der Nabu-Straße, in den Stadtteil „Himmelshand" einziehend. Namentlich am Neujahrsfeste im Frühling (März), aber auch zu einem andern entsprechenden Feste im Herbst (September) kamen hier beide Götter zusammen. Es waren die Zeiten der Tag- und Nachtgleiche, wo Sonnenauf- und Sonnenuntergang sich die Wage hielten. Ein höchst interessan-

[1]) Jesaias 46, 1; Jeremias 50, 2; 51, 44; Gesenius-Buhl, Handwörterbuch[14] S. 89. Zu Gott Bêl-Marduk s. A. Deimel, Pantheon, Nr. 2078, Nr. 3264 (Tutu); T. Paffrath, Zur Götterlehre S. 148ff.; RLV VIII, S. 27f. Ebeling.

14 ter Text, der in später Zeit abgeschrieben wurde, vermittelt uns nun
genauere Kunde über die Wesenheit des Bêl zu Babel.
Der Name Marduk ist zu erklären als AMAR-UD = „Junges der
Sonne“ (Deimel, Pantheon Nr. 2078, S. 173) und deutet schon dadurch
an, daß Marduk Sonnencharakter habe, jedoch nur ein Teil (ein
Ableger) der Sonne, ein Produkt der Sonne gewesen ist, also nicht die
gesamte Sonne an sich darstellen könne, die Gott Schamasch repräsen-
tierte. Die Erklärung des eigentlichen Charakters des Bêl zu Babel gibt
7 einerseits die Orientierung der „Marduk-Straße“, der „Heiligen Pforte“
und seines Tempels Esagila, speziell der Hauptkapelle des Bêl nach
Nordosten, gen Sonnenaufgang, dorthin, wo die Sonne im Juni, zur Zeit
ihres höchsten Standes und ihres längsten Verweilens am Himmel auf-
geht. Von hier wehte die Seele des Sonnengottes Marduk im Nordost-
winde, dem „Gebirgswinde“ (s. Kapitel XIV, 2, S. 132).
Wenn durch die Orientierung Marduk zunächst als die „aufgehende“
14 Sonne erkannt worden ist, so verhilft der oben erwähnte Text dazu, den
Charakter des Bêl noch genauer zu präzisieren. Es heißt dort, daß im
Juni „die Töchter von Esagila“ nach Ezida in Borsippa ziehen, „um die
Nächte zu verlängern“, Ezida ist das „Haus der Nacht“. Andererseits
ziehen im Dezember die „Töchter von Ezida“ nach Esagila in Babylon,
„um die Tage zu verlängern“, Esagila ist das „Haus des Tages“. Daraus
geht hervor, daß der Bêl zu Babel insbesondere die aufgehende Sonne,
aber auch die „Sonne des Tages“, d. h. die am Tage scheinende Sonne,
repräsentiert und deshalb im „Haus des Tages“, in Esagila, wohnt.
Sein Kulminationspunkt ist der Höchststand der Tagessonne im Juni.
40 Sein Gegenpartner Nabu von Borsippa ist aber der Gott der Nacht-
sonne, d. h. der Sonne, die in der Nacht, und zwar unter der Unter-
welt um die Erde im Kreislauf herumgeht. Ezida, sein Tempel, ist
61 das „Haus der Nacht“; noch Strabo (XVI, 1, 7) berichtet von „Nacht-
vögeln“, den Fledermäusen, die in Borsippa eine große Rolle spielen
sollen, worin sich nur ein von den Griechen mißverstandener Hinweis
auf Nabu, den Gott der Nachtsonne, verbergen wird. Der Kulminations-
punkt des Nabu war die Wintersonnenwende, wo die Sonne der Nacht ihre
längste Nacht hatte, also am mächtigsten in Erscheinung trat. Den end-
27 gültigen Beweis gibt aber die Orientierung des Tempels Ezida und seines
Turms, des jetzigen vielbekannten Birs Nimrud; denn sie sind nach
28 Südwesten orientiert, dorthin, wo die Sonne des Tages an ihrem
kürzesten Tage untergeht, oder — auf die Nachtsonne bezogen —, wo
diese, vor der längsten Nacht im Dezember, für die Unterwelt aufgeht.
In jeder Beziehung stehen Marduk und Nabu im Gegensatz zu einander,

der Gott der Tagessonne und der Gott der Nachtsonne. Wenn ihreMacht einander gleich ist, im Frühling und im Herbst, treffen sie aufeinander, Nabu besucht seinen Vater in Babylon, aber niemals umgekehrt.

Denn Bêl-Marduk hatte dadurch, daß das Königtum von Babylon die Herrschaft über die Welt bedeutete, vor allem die Eigenschaften des Gottes Enlil von Nippur in sich verkörpert und darum auch dessen Schlangendrachen (Kapitel XXI), übernommen. Bêl ist daher der „Enlil 45
der Götter", der „Herr (bêl) der Götter", der „Allmächtige (šagapur) der Götter", der „König (šar) der Götter", und ist mächtiger als Nabu.

In ähnlicher Weise haben auch die Assyrer für ihren höchsten Gott Assur, ihren Nationalgott, den „assyrischen Gott", den Weltenbeherrscher Enlil, mitsamt seiner Macht, seiner Gemahlin Ninlil und seinem Drachen, reklamiert. Enlil war, vor dem Einzug der Assyrer in die Gründungsstadt ihres Reiches, Assur, dort auch schon der sumerische Stadtgott gewesen (AO XXVII, 3, E. Unger).

Bêl wurde vor allem durch seine Statue des Tempels Esagila repräsentiert, deren Geschichte gut bekannt und in Kapitel IV beschrieben ist. Die Geschichte der Stadt und die Schicksale der Statue des Bêl hängen auf das engste zusammen. Die Statue ist vom persischen Könige Xerxes beseitigt worden. Über ihr Aussehen wissen wir daher nur aus Darstellungen, die vielleicht die Statue wiedergeben. Herodot (I, 183) 60
spricht von einer 6 m hohen Sitzstatue. König Assarhaddon (680) hat seine Inschrift auf die Basis der Statue des Bêl geschrieben, auf den sogenannten kigallu, das auch ein Wort für die „Unterwelt" ist, womit die Statue in den Boden, d. h. in die Unterwelt selbst eingelassen wurde (C. Bezold, Catalogue Kuyundjik Collection S. 880, K 7862). Das Königtum von Babylon hing mit der Existenz der Statue aufs engste zusammen, weil es nur durch die Zeremonie des „Ergreifens der Hände des Bêl" erlangt wurde. Diese Handlung war jedes Jahr ein wichtiger Akt im Programme des Neujahrsfestes (s. Kapitel XIV, 4, LIV). Ein anderer heiliger Tag des Marduk war der 3.V., im Monate des „Bogensterns (der Göttin Ištar), der Tochter des Sin". Es war der „nubattu", der Ruhetag des Marduk, als des „Königs der Götter". Man erfährt dies aus einer Inschrift des Assurbanipal (VAB VII, S. 73, Annalen Kol. IX, Z. 9—11; S. 199, Z. 11—13).

Eine Vorstellung vom „Bêl zu Babel" vermittelt ein Gottessiegel, ein sogenannter „Kunukku" aus blauem Lapislazuli, in der Farbe, die den 39
„Bösen Blick" zu schanden macht. Das Siegel hat, wie alle Gottessiegel, die Eigentümlichkeit, daß das Bild nicht, wie bei den gewöhnlichen Siegelzylindern sonst, eingeschnitten ist, sondern daß die Darstellung

erhaben gehalten ist, so daß die Abrollung ein negatives hohles Bild
erzeugt.[1]) Ein ähnliches Gottessiegel, hier aber nicht im Original,
41 sondern nur in seiner Abrollung erhalten, hat sich in Babylon gefunden;
es zeigt eine Göttin, Wasser vom Himmel empfangend und nach unten
zur Erde hin spendend. Es ist auf einer Tonplombe abgerollt, die wahrscheinlich
den Verschluß eines Gefäßes bildete, in dem ein geweihter
Wein enthalten war. Ein drittes Gottessiegel im Original, gleichfalls aus
dem schützenden Lapislazulistein geschnitten, durchbohrt, in Zylinder-
38 form, ist als Siegel des Wettergottes Adad gefunden worden, das nach
der Inschrift vom König Assarhaddon (680) gestiftet und im „Schatze
von Esagila" aufbewahrt wurde.

Das Gottessiegel mit dem Bilde der Mardukstatue trägt auch eine
39 Weihinschrift aus der Mitte des 9. Jahrhunderts, vom Könige Marduk-
zakirschumi von Babylon. Wie dieses Bild darf man sich wahrscheinlich
die Statue des Marduk rekonstruieren.

Der Gott trägt einen langen, an der Rückseite unten leicht gefältelten
Chiton mit Sternen verziert, um den Hals ist eine Kette geschlungen,
an der drei große Scheiben mit wechselnden Verzierungen lang herunter
hängen. Ein hoher Hut, ein Polos mit Federkrone geschmückt, bedeckt
das Haupt. Das Ohr ist besonders groß, „großohrig", wie es in Hymnen
heißt. Die Rechte ist gesenkt mit dem Bumerang, dem speziellen Abzeichen
des „Königs der Götter". Die linke Hand aber hält Ring und
Stab, d. h. Meßschnur und Meßrute, die dem Könige zum Neubau
eines Tempels vom Gotte verliehen werden. Die Füße des Bêl sind unsichtbar;
sie stecken in dem wogenden Ozean, einem Abbild des himmlischen
Ozeans. Neben der Gottheit ruht sein heiliges Tier, der so-
46 genannte „Drache zu Babel" (siehe Kapitel XXI), das Abbild der
Tiâmat, die der Gott einst besiegt und mit den andern „vergangenen
Göttern" (s. Kapitel III) unter die Sterne des „Himmlischen Ozeans"
37 versetzt hatte. Aus dem 13. Jahrh. stammt ein ähnliches Mardukbild.

Aus dem 7. Jahrhundert, aus der assyrischen Zeit, stammt ein wohl-
42 erhaltener Siegelzylinder in Wien (Nr. 148), der eine interessante andersartige
Auffassung des Gottes Bêl-Marduk zeigt. Die Szene wäre nicht so
leicht verständlich, wenn nicht eine Beischrift in Form eines Segenswunsches
für den Besitzer des Siegels vorhanden wäre. Sie lautet:
„Marduk möge seine Lebenskraft ihm erhalten" (šá ilu Marduk (AMAR-UD)
šá la-li-'-i šu-te-šur-šú). Aus der Beischrift geht hervor, daß die
bärtige männliche Gestalt, die einen Fischmenschen und einen Ziegen-

[1]) Über die Siegelkunst siehe E. Unger in M. Ebert, Reallexikon der Vorgeschichte Band IV, 2 im Artikel „Glyptik" mit zahlreichen Tafeln. Vgl. a. S. 181, Anm. 3.

Abb. 37. Relief des Bêl-Marduk mit dem Drachen und dem Symbol der Schaufel (oben rechts) vom Grenzstein des Meli-Schipak

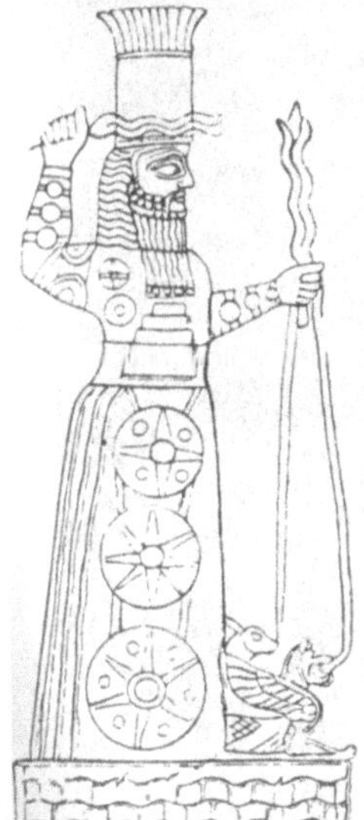

Abb. 38. Relief des Wettergottes Adad vom Gottessiegel aus dem Marduk-Tempel

Abb. 39. Relief des Bêl-Marduk vom Gottessiegel des Marduk-Tempels

Abb. 40. Assyrischer Siegelzylinder mit Darstellung des Marduk (rechts) und Nabu (links)

Abb. 41. Tonplombe mit Abrollung eines Göttin-Siegels

fisch bändigt, der Gott Marduk-Bêl selbst ist. Er ist hier im mythischen Kampfe dargestellt, daher nur im kurzen Gewande, dem Schurz, nicht im repräsentativen langen Staatskleide. Dem Kampfe muß in dieser Beziehung logische Rechnung getragen werden.

Aus derselben Zeit stammt ein anderer Siegelzylinder im Berliner
Museum (VA Nr. 2144), der wieder eine neue völlig andersartige Auf- 43
fassung des Bêl zur Schau trägt.[1]) Auch dieses Siegel besitzt eine erklärende Beischrift, in der hier der Besitzer des Siegelzylinders und sein Beruf genannt ist: „Eigentum des Adaduballiṭ, Sohnes des Nîšili, des Akka-Priesters des „Früheren Marduk“ (šá ^{m} ^{ilu}Adad-ú-bal-liṭ, mâr[DUMU] ^{m}Ni-eš-ili, ^{amêlu}šangu ak-ka ^{ilu}Marduk[AMAR-UD]-maḫ-ri-a). Für einen Priester des Marduk ziemt natürlich eine Darstellung aus der Mythologie seines Gottes, und so hat man es auch hier mit einem Kampfe des Bêl mit zwei Mischwesen zu tun. Es sind zwei von einander verschiedene Ungeheuer, das eine, links von dem Gotte, hat Löwenfüße, behaarten Bauch und Brust, wendet seinen Kopf dem Gegner zu und wehrt sich mit den Vorderpfoten. Das andre Mischwesen rechts ist mehr vogelartig, mit Vogelkopf, der sich abwendet, Vogelbeinen und Vogelschwanz. Es besitzt aber über und über Schuppen einer Schlange am Körper. Der Sieger packt beide Wesen am Scheitel und bändigt sie. Wiederum trägt er nur einen kurzen Schurz zum Kampfe. Seine Göttlichkeit ist durch ein großes Horn an der Stirn gekennzeichnet, das auf dem andern Siegelbilde wohl nur verwischt sein wird. Das Interessanteste an dieser Bêl-Gestalt aber sind die Flügel, die der „Frühere Marduk“ oder der „Ältere Marduk“ angelegt hat. Er ist der „Frühere“, weil er hier noch im Kampfe um die Weltordnung steht, gegen die früheren Beherrscher Tiâmat und Kingu, die hier in einer eigenartigen Auffassung, als geflügelt vor uns stehen, rechts Tiâmat, das Schlangentier, links das Löwentier vermutlich Kingu. Daß auch ein großer Gott gelegentlich Flügel tragen muß, ist hier geradezu als Vorbedingung für einen siegreichen Kampf gegeben. Denn ohne Flügel würde der Gott seinen geflügelten Gegnern sehr unterlegen sein, weil sich diese sonst vor dem Gott durch die Luft in Sicherheit hätten flüchten können.

Die Symbolwaffe des Marduk ist der „marru“ (Thureau-Dangin:
Rev. d'Assyr. 24, S. 147) die Schaufel, lanzenähnlich gestaltet (RLV IV, 40
2, 435, § 26, Unger), die ihn wohl als „Landmann“ von Babylon kenn- 37
zeichnet (siehe S. 22) mit dem Arbeitsgerät des Ackerbauern.

---

[1]) Vgl. E. Unger in M. Ebert, Reallexikon der Vorgeschichte VIII, Taf. 62, c.

KAPITEL XXI

DER DRACHE ZU BABEL

Zum Bêl zu Babel gehört auch der Drache zu Babel, das dem Gotte Marduk von Babylon speziell geheiligte Mischwesen. Es stellt die frühere Beherrscherin der Welt vor, das Urchaos, die Göttin Tiâmat, und wird von den Babyloniern als der „Rote Schlangendrache“ (Mušḫuššu) bezeichnet. Die Bibel weiß von Drachen in Babylon zu erzählen (Jeremias, 51, 34), und während des Mittelalters bis in die neuere Zeit ist bei den Einwohnern des Landes um Babylon davon die Rede, daß es in der alten Ruinenstätte vor Schlangen, Drachen und giftigen Tieren nicht recht geheuer sei. So berichten mehrere Reisende. Es klingt wie eine Erfüllung des Fluches beim Propheten Jesaias (14, 23): „Ich will Babel machen zum Erbe von Igeln und zum Wassersumpf.“ Noch jüngst gründete Eduard Sachau, auf dessen Initiative hin die Ausgrabung in Babylon vorgenommen wurde, seinen Vorschlag insbesondere auf den Fund von wirklichen Darstellungen solcher Schlangendrachen an der Ruine des einstigen Ištar-Tores in Babylon, dessen Wände über und über mit Reihen von Drachen und Stieren ausgeschmückt waren. Man hat rund 575 Stück von diesen in farbigen Fayencereliefs gearbeiteten Bildern gezählt.

Der Drache zu Babel ist ein eigentümliches Wesen mit geschupptem
46 Schlangenleibe, mit langem Halse und Schlangenkopf, aus dem eine gespaltene Schlangenzunge hervorzüngelt. Der Kopf trägt eine gerollte Locke und gerade spitze Hörner. Sonst ist sein Körper noch aus drei andern Tierarten gebildet: Vorderbeine des Löwen, Hinterbeine des Adlers, langer Schwanz mit dem Skorpionsstachel. Vier Tiere von der Erdoberfläche, aus der Unterwelt, aus der Luft sind hier zu einem furchterweckenden Gebilde zusammengesetzt, das zeigt, wie sich die Babylonier zur Zeit Nebukadnezars die Tiâmat vorstellten, die einst Marduk, der Stadtgott von Babylon, im mythischen Kampfe überwand, um die neue Weltordnung herzustellen, in der er selbst als oberster Regent eingesetzt ward. Neben dieser Auffassung der Tiâmat geht, wie
43 der Siegelzylinder aus Berlin (VA 2144) erkennen läßt, eine andre einher,
44 nach der Tiâmat auch als geflügeltes Wesen mit Vogelkopf und Vogel-

Abb. 42. Siegelzylinder, Marduk im mythischen Kampfe

Abb. 43. Siegelzylinder, desgl.

Abb. 44. Assyrischer Siegelzylinder, mythischer Kampf des Gottes Assur

Abb. 45. Terrakottarelief mit dem Drachen des Gottes Enlil von Nippur

Abb. 46. Relief des Drachen des Marduk, vom Ischtar-Tor, in emaillierten Ziegeln

schwanz dargestellt wird. Es ist möglich, daß hierin ein speziell in Assyrien übliches Abbild der Tiâmat zum Ausdruck kommt. Assyrien ist wohl in vielen Dingen von der Überlieferung aus Babylonien abhängig gewesen, aber es hat auch Eigenes bewahrt und geschaffen, selbständig, mitunter auch in bewußt scharfem Gegensatze zu Babylon, seinem ständigen Rivalen in Mesopotamien.

Der Drache war nicht von Anfang an das heilige Tier des Bêl von Babylon. Ehe Babylon zur Macht und zum Ansehen gelangt war, gehörte der Drache dem zweiten Gotte der mesopotamisch-sumerischen Göttertrias, Anu, Enlil, Enki (Ea) an, dem Enlil von Nippur, das das 45
Zentralheiligtum der Sumerer gewesen war. Enlil, der Gott der Erdoberfläche, der Kaufherr der weiten Erde, der Stifter der Königreiche, hat nach älterem Mythus die Königin des Urchaos, die Tiâmat, überwältigt und sich als besiegtes Wesen zugesellt. Als aber die Vorherrschaft Mesopotamiens an Babylon überging, wurde der Mythus auf den neuen Weltenherrn, Marduk-Bêl, umgedeutet und umgedichtet. Eben dasselbe machten die Assyrer (Kapitel XX) für ihren Nationalgott Assur. So ist zuletzt der Drache allen diesen drei Göttern zugeeignet worden: Enlil, Assur und Bêl-Marduk.

In dem Triumph über das tiergestaltige Ungeheuer offenbart sich ein wesentlicher Kern einer altorientalischen Weltanschauung.[1]) Der Mensch galt in seinem innersten Wesen als gut. Das Böse, das er tut, oder das Unheil, das ihn bedrängt, kommt von außen an ihn heran. Eine Krankheit kommt durch die bösen Geister und Dämonen von außen an den Menschen heran und wird deshalb durch äußerliche Zeremonien, durch Beschwörungen und durch Zauberei wieder aus dem Körper vertrieben, „abgewischt". Der Mensch war vollkommen, und der Begriff von Sünde und Schuld war den Gründern der mesopotamischen Kultur, den Sumerern, durchaus fremd. Erst allmählich durch semitische Einwirkung, die seit 2800 sich regte, wird das Gefühl von persönlicher Sünde des Menschen geweckt und verbreitet. Die Sumerer bildeten daher ihre Götter nach dem Vorbilde des guten Menschen, im großen Gegensatz zu Ägypten, wo die Götterwelt aus dem Tierkult und aus Fetischen entstanden ist. Als besonderer Gegenpol zum Menschen galt in Mesopotamien das Tier. Es galt als böse und dem Menschen feindlich. Daher wurden die niederen Götter zu Mischwesen geformt, halb Mensch, halb Tier oder aber völlig Tier. So kam der Sumerer dazu,

[1]) E. Unger, Sumerische und Akkadische Kunst 1926, S. 18ff.; E. Unger, Artikel „Mischwesen" § 1 in RLV VIII, S. 197; ders., Der Arzt im Alten Babylon: „Medizinische Welt" Nr. 41, vom 12. Oktober 1929.

schon in frühester Zeit, derartige Mischwesen aus verschiedenen Tieren zusammenzusetzen. In Mesopotamien läßt sich nun der feststehende Grundsatz zu allen Zeiten verfolgen, daß ein Mischwesen, je mehr Menschliches es besitzt, es eine umso höhere Stufe im Rang einnimmt. Je mehr Tierisches jedoch ein Mischwesen an sich hat, oder wenn es gar aus verschiedenen Tieren zusammengesetzt ist, umso abschreckender, gefährlicher erscheint es dem Menschen; es wird zu einem verderben- und krankheitbringenden Dämonen. Diese genaue Abstufung erkennt man ausgezeichnet in den verschiedenen Kampfszenen, in denen Mischwesen untereinander oder auch mit Göttern dargestellt sind. Es gibt viele Beispiele, wo eine Löwenkentaurin, d. h. eine Löwin mit Menschenkopf, von einem geflügelten Manne oder einem Gotte besiegt, gebändigt wird. Sie selbst ist aber einem schwächeren tierischen Mischwesen, z. B. einem Stierkentauren mit Menschenkopf, völlig überlegen. Man sieht, daß die Rangfolge nach Stärke und nach der Menschlichkeit des Wesens genau abgestuft ist. Das Menschliche ist das Höchste, das Sieghafte, das Gute. Das Tierische ist der unterliegende Teil und das böse Element. Am tiefsten stehen die Mischwesen, die sich aus allen möglichen tierischen Wesen zusammensetzen. Zu ihnen gehört vor allem auch der „Drache zu Babel". Der Sieg über diesen Drachen bedeutete daher einen großen Triumph über das unheilvollste Wesen. Gleichzeitig aber bedeutete dieser Sieg eine außerordentliche Wohltat für den Menschen. Ein dämonischer Gegner war vernichtet, und der befreite Mensch konnte der Gottheit seinen immer wieder erneuerten Dank abstatten.

Von dem Gott der Assyrer, Assur, erzählte man sich auch einen eigenen Kampfmythos, in dem zwei geradezu exzentrisch gestaltete Ungeheuer eine Rolle spielten. Sie sind einander so ähnlich, daß nur schärfste Beobachtung die Unterschiede feststellen kann, die aber auf den feingeschnittenen kleinen Siegelbildern erkennbar sind. In heftiger
44 vorwärts stürmender Bewegung steht der Gott mit einem Bein auf einem emporspringenden Mischwesen. Der Federhut macht ihn als Gott kenntlich. Mit dem Bogen erlegt er das feindliche Mischwesen, das sich fauchend nach seinem göttlichen Gegner umsieht. Beide Mischwesen sind geflügelt; sie haben Löwenköpfe, Löwenvorderbeine und Adlerhinterbeine. Der Trabant des Assur aber ist stärker und überlegener. Das Stierhorn und der Schwanz, der auf andern Bildern deutlich als Skorpionsschwanz charakterisiert ist, sind dafür die äußeren Merkmale. Das feindliche Wesen jedoch besitzt statt dessen nur einen Vogelschwanz.

Die unheilvollen bösen tiergestaltigen Dämonen und Mischwesen, die den hohen Göttern im mythischen Kampf unterworfen sind und

ihnen fortan als Trabanten, als Symboltiere, dienen, diese unterlegenen Götter waren ehemals, zur Zeit des Urchaos die Beherrscher der Welt. Nach ihrem Sturz durch die menschengestaltigen Götter aber gelten die besiegten als die „Vergangenen Götter", die von Marduk, ihrem Besieger,
als die Tiersternbilder mannigfacher Art am „Himmlischen Ozean" 6
unter die Sterne versetzt worden sind (s. S. 21).

In größtem Widerspruche zu dieser Weltanschauung des Alten Orients, daß der Mensch gut, daß das Tier aber böse sei, steht bekanntlich die christliche Weltanschauung. Sie nimmt an, daß das Tier unschuldig und gut, daß aber der Mensch von Natur aus böse sei. Diese beiden gegensätzlichen Anschauungen haben natürlich auch ganz verschiedene Auswirkungen auf die Menschen ausgeübt. Der altorientalische Mensch war sich seiner Vollkommenheit und seines Wertes bewußt. Deshalb fühlte er kein Bedürfnis, sich selbst zu bessern oder an kulturellen Fortschritt zu denken. Dies war unnötig, weil die Abwehr des Bösen durch äußere Mittel vollauf genügte. So ergab sich das Fehlen eines Triebes zum Fortschritt und der Hang am Althergebrachten, an der guten alten Tradition. Die Anschauung des Mesopotamiers von Gut und Böse war somit ein wesentliches Moment der außerordentlich langsam fortschreitenden Entwicklung der altorientalischen Kultur. Die umgekehrte Denkweise des christlichen Menschen von Gut und Böse hatte aber nicht den Blick rückwärts auf die Vergangenheit gerichtet. Sie blickte vielmehr in die Zukunft und suchte nach Besserung, nach Fortschritt. Und das ist der wesentliche Grund dafür, daß seit dem christlichen Zeitalter der Trieb für Forschung und Fortschritte einen ungemein viel rascheren Aufschwung genommen hat und das Tempo der Kulturentwicklung beschleunigte, bis die moderne Zeit bewußt ihre materielle Kultur zu immensem Fortschritt antrieb.

KAPITEL XXII

PALÄSTE UND HÄNGENDE GÄRTEN

1. Das Stadtschloß und die „Hängenden Gärten"

(Titelbild)

An Palästen lassen sich vorläufig nur die z. Z. Nebukadnezars II. existierenden Bauten nachweisen. Den ältesten Teil bildet der von
64 Koldewey mit „Südburg" benannte Teil, besser gesagt Stadtschloß, der nach den Angaben des Königs selbst zwischen der Stadtmauer Imgur-Enlil im Norden sowie dem als Schloßgraben dienenden Libilḫegalla-Kanal im Süden einerseits lag, und andrerseits im Westen vom Euphrat (Araḫtu), im Osten von der Prozessionsstraße Aîburšâbu begrenzt wurde (VAB IV, 114, Nr. 14, II, 4f.; 136, Nr. 15, VII, 40ff.), vgl. Koldewey WEB^4, S. 55ff.; AO V, 4, S. 17 Weißbach). An seiner Stelle bestand der viel kleinere Palast Nabopolassars. Nur wenig Nachrichten sind über den Palast von Babylon bekannt. Tiglatpileser I. von Assyrien hat um 1100 v. Chr. „die Paläste Babylons" geplündert und verbrannt, nachdem er die Städte Dûr-Kurigalzu, Sippar des Schamasch, Sippar der Anunîtum und Opis eingenommen hatte (KAH II, Nr. 63, 66, 71; Luckenbill, Anc. Rec. I § 288, 295/6, 309). In einem zweiten späteren Feldzug wurde König Marduknadinache von Babylon sogar selbst getötet. Der Palast des Mardukaplaiddina II. (Merodachbaladan der Bibel) ist in der Annaleninschrift des assyrischen Königs Sargon II. (Z. 289) erwähnt ina qirib Kadingirra^{ki} ina qabal-ti ekalli = in Babylon (Gottespforte) inmitten des Palastes, von wo der Babylonier bei Nacht vor Sargon entflieht (Winckler, Sargon S. 51, Taf. 16, Nr. 33, Z. 9).

Der Stadtteil, in dem dieser Palast lag, wird als „irṣitu Kadingirra" = „Stadtteil Gottespforte" bezeichnet (VAB IV, 114, II, 4; 136, Kol. VII, Z. 40—41; 198, Nr. 31, 3; 200, Nr. 36, 3; 200, Nr. 37, 2; 204, I, 3; 212, II, 16). Die Stadtbeschreibung ignoriert dies profane Bauwerk völlig. Der Palast trug prunkvolle Bezeichnungen, wie „markas mâti" = Band des Landes" (VAB IV. a. a. O.), oder „markas nîšim" = Band der Menschheit (VAB IV, 94, Z. 28), oder „Bît tabrât nîšim" = Wunderkabinett der Menschheit, eine Anspielung auf das im Zentralpalast befindliche Schloßmuseum (VAB IV, 114, II, 2). Der Stadtpalast Nebukad-

Abb. 47. Abdruck des Thrones des Gottes Ea im Asphaltboden der Thronnische seiner Kapelle im Tempel des Marduk

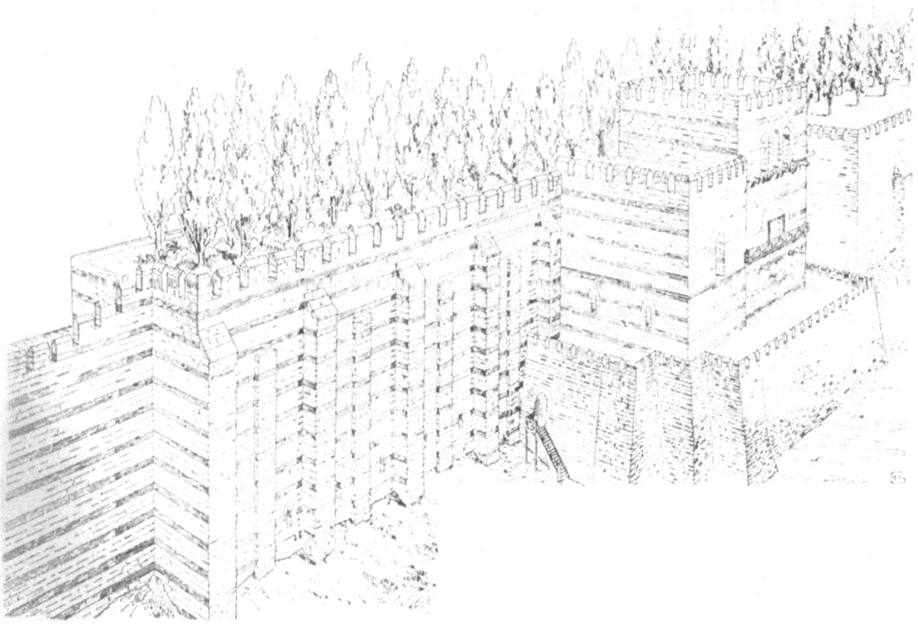

Abb. 48. Die »Hängenden Gärten« an der Stadtmauer in Konstantinopel

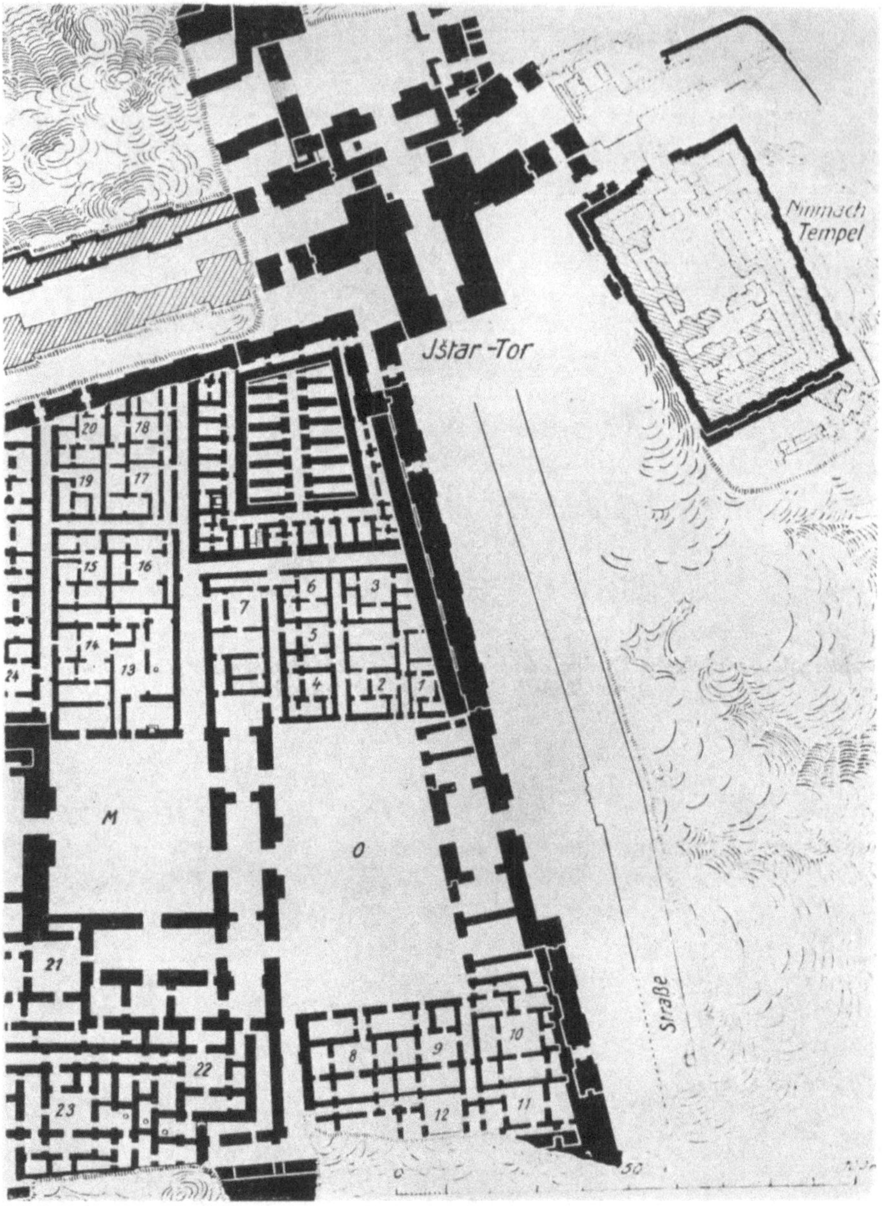

Abb. 49. Stadtschloß. Grundriß des 1. (Wachtkommando) und 2. Teiles (Palastministerium) und der »Hängenden Gärten« am Ischtar-Tor

nezars, dessen Fußboden etwa 10 m über dem heutigen Grundwasser
liegt, war von großer Ausdehnung und umschloß mehrere große Höfe,
an denen die Gemächer lagen, insbesondere der Thronsaal mit einer 50
buntglasierten Hoffassade geschmückt (WEB[4], Abb. 64).

Im Kontrakt der Sammlung Nies I, Nr. 24 von unbestimmtem Datum
der neubabylonischen Zeit ist von einem Bâb ekalli (Z. 16) die Rede,
„Palastpforte“, vielleicht von dem Palast in Babylon gesagt (vgl. S. 323[1]). 57

In dem nordöstlichen Teile des Stadtschlosses lag ferner ein Gewölbe-
bau von zweimal je sieben gewölbten Kammern, ein Unterbau nebst 49
großer Bewässerungsanlage, mit Kalkstein und Ziegeln gebaut, in dem
Koldewey mit Recht die „Hängenden Gärten der Semiramis“ vermutet
hat (WEB[4], S. 90f.). Sie lagen oben auf der Substruktion an der Nord-
ostecke des Palastes, am Ištar-Tor, gegenüber dem Tempel Emaḫ.
Diodor gibt eine romantische Beschreibung der „Hängenden Gärten“. 62
Sie sind auch auf dem bunten Titelbilde dargestellt und tragen sehr zur
farbigen Belebung des Stadtbildes bei.

Die allgemeine Überlieferung schreibt die Errichtung der „Hängen-
den Gärten“ der Königin Semiramis zu, deren Ruhm selbst im ent-
fernteren Armenien noch heute lebt, wo ein großer Bewässerungskanal
für die Stadt Wan am Wansee „Strom der Semiramis“ und der höchste
Teil des Kastells der Stadt „Semiramisburg“ genannt wird[1]).

Gegen die im Altertum kursierende Meinung, daß Semiramis die
„Hängenden Gärten“ angelegt habe, erhebt aber schon Diodor (II, 10, 1), 62
dem Ktesias folgend, Protest. Vielmehr habe sie ein babylonischer König
erbaut: Nach genauerer Mitteilung des Berossos sei es Nebukadnezar II.
gewesen, der zur Befestigung des medisch-babylonischen Bündnisses,
das wohl im Jahre 614 v. Chr. geschlossen wurde, die Tochter des
Astyages, Sohnes des Kyaxares (Umakischtar) von Medien, namens
Amyitis, geheiratet habe.[2]) Da sich die Gemahlin Nebukadnezars im
Tieflande Babylonien nach Wäldern und Bergen Mediens gesehnt habe,
so habe der König ihr die „Hängenden Gärten“ erbaut, um sie durch diese
Illusion über den Schmerz der Trennung von ihrer Heimat zu trösten. 49

Die Grundfläche des Baues der „Hängenden Gärten“[3]) im nordwest-
lichen Teile des Stadtschlosses (s. Titelbild), ist ein unregelmäßiges
Viereck von etwa 42 Meter größter Länge und etwa 30 Meter größter
Breite. Die unregelmäßige Gestaltung ergab sich aus der Lage des Baues

---

[1]) Olmstead, History of Assyria, S. 220; C. F. Lehmann, Semiramis und ihre Zeit S. 37ff.

[2]) Eusebius, Chron. 29,35 (Berossus); Olmstead, History of Assyria S. 636 f.

[3]) Auch im Tekfur-Serai des byzantinischen Konstantinopels existierte ein Zypressen- 48
garten als „Hängende Gärten“ (siehe S. 223).

an der Ecke des Palastes am Ischtar-Tore. Die Ischtar-Straße richtete sich nach der nordwestlichen Windrichtung, aber der Palast Nebukadnezars ist nach dem astronomischen Norden orientiert worden.

Die Kammern des Gewölbebaues waren 2,50 bis 3,00 Meter lichter Weite und mit Tonnengewölben gedeckt. Sie lagen vollständig unter dem Niveau des Stadtschlosses und waren also als Keller behandelt worden. Eine große Bewässerungsanlage, wahrscheinlich ein Paternosterwerk, hat sich hier befunden. Außerdem haben die Kellerräume wahrscheinlich als Getreidemagazin gedient, waren mithin auch den praktischen Zwecken der Hofverwaltung nutzbar gemacht worden. Denn in den südlichen Kammern des Gewölbebaues fanden sich Tontafeln, deren Inhalt auf Getreide Bezug nimmt (s. auch F. Wachtsmuth, Der Raum, I, Raumschöpfungen in der Kunst Vorderasiens S. 16ff. 1929).

Die Altstadt springt über den nördlichen Mauerzug der „Neustadt" ungefähr um so viel vor, daß das am Euphrat in der Nordwestecke der
64 Altstadt liegende Stadtschloß freilag. Von der inneren Altstadt war es im Süden durch den Libilḫegalla-Kanal geschieden, während im Osten die sehr breite Prozessionsstraße einen ferneren Zwischenraum zwischen Burg und Stadthäusern schuf. Eine ähnliche Lage am Rande der Stadt haben die Paläste von Uruk, Ninive, Assur, Dûr-Sargon (Chorsabad), im Mittelalter noch Konstantinopel im sog. Tekfur Serai an der großen westlichen Stadtmauer. Die exponierte Lage dieser Paläste gewährleistete den Herrschern eine schnelle Flucht bei Revolutionen ihrer Untertanen. Diese Schloßanlage ist typisch für Despoten, die meist als Angehörige einer Herrenschicht regieren.

Die Umrißmaße des Stadtschlosses, das aus 5 großen Komplexen besteht, sind folgende: (Straße): 200 m, (Graben): 310 m, (Fluß): 120 m, (Stadtmauer): 270 m, also 900 m insgesamt. Nimmt man nun noch die „Schanze" (Kapitel VI, 3) hinzu, so verlängert sich die Front am Schloßgraben im Süden um etwa 120 m auf etwa 330 m und die Nordwestfront um 140 m auf 420 m. Hierbei ist aber die besondere, rund 25 m dicke Verschalung der „Schanze" nicht mit hinzugerechnet.
5 Ein Vergleich mit dem antiken Grundrißplane des Stadtschlosses mit den vorhandenen Verhältnissen wird erst nach Veröffentlichung des Palastes nach der Aufnahme von Koldewey zu sicheren Schlüssen führen, ob der Plan als ein älterer Palast Babylons zu deuten ist, was mir wahrscheinlich ist; siehe darüber Kapitel XI, 2.

Die Maße der 5 Palastteile sind folgende (von Osten nach Westen gerechnet):

1. Hof:	66 m, bzw. 61 m (Nord—Süd),					
	42 m, bzw. 35 m (Ost—West)					
2. „	38 m (Nord—Süd),	35 m (Ost—West);	Saal:	27 m (breit),	9 m (tief)
3. „	60 m „ „	55 m „ „	Thronsaal:	52 m :	17 m
4. „	34 m „ „	32 m „ „	Saal:	35 m :	12 m
5. „	36 m „ „	30 m „ „	„	22 m :	9 m.

Das Stadtschloß Nebukadnezars ist von Koldewey in allen seinen Teilen ausgegraben, aber bisher noch nicht eingehend publiziert worden. Man kennt daher zurzeit fast nur die Grundrisse. Aber schon allein eine eingehende Betrachtung dieser Grundrisse vermag über die Bedeutung der einzelnen Teile aufzuklären. Der gesamte Palast setzt sich aus 5 großen Palästen oder Komplexen von Gebäudeteilen zusammen, die scharf von
einander getrennt erscheinen. Im Osten war die Bauflucht des Stadt- 49
schlosses durch die Flucht der Prozessionsstraße, der Ischtar-Straße, vorgeschrieben und bedingt. Sie mußte daher nach Nordosten zu gewendet sein, weil die Straße nach Nordwesten lief, dem Nordwestwinde oder dem „Günstigen Winde" entgegen. Das eintorige Haupttorgebäude richtet sich daher noch völlig nach dieser Straßenflucht. Es besitzt an beiden Seiten Räume, die sich nach dem eigentlichen Vestibül und gleichzeitig auch nach dem Hofe zu öffnen, so daß das Haupttor nach außen 1 Tor, nach innen aber deren 3 besaß. Nach den Seiten zu lag dann je ein Raum, der nur eine Pforte zum 1. Hofe hatte. Diese Räume dienten daher der Torwache in Reserve, die beiden vorher genannten Räume aber der ständigen Torwache als Aufenthalt. Das Tor war mithin außerordentlich wohlbewacht. Im Süden schließt sich noch ein größerer Raum an, der nach Osten zu eine Extrakammer hatte. Er diente wohl als Vorratsraum für die Bedürfnisse der ständigen Wachmannschaft, wo Waffen, vielleicht auch Essen und Proviant überhaupt zur Aufbewahrung kam. Im Süden, orientiert nach der südlichen Abschlußmauer des Stadtschlosses, die nach Südosten gerichtet war, sind 2 Wohnungen nebeneinander gruppiert, mit mehreren Einzelzimmern nach dem Hofe, als gemeinsamen Aufenthalt, mit 2 kleinen Binnenhöfen. Man wird hier die Wohnungen der Kommandanten der Torwache, die sich im Kommando ablösten, anzusetzen haben. In einigen Räumen fand man auch Erzeugnisse des Handwerks, die darauf deuten, daß hier gleichzeitig Wirtschaftsräume bestanden haben.

Charakteristisch ist, wie bei den meisten Gebäuden Babylons, daß man durch das Haupttor über den 1. Hof hinweg, nicht wiederum durch ein Tor blicken kannte, sondern nur auf die jenseitige Mauer. Dies geschah

aus bestimmten Gründen der Sicherheit. Das gegenüberliegende 2. Tor
hatte 3 Eingänge, einen breiten, zweitürmigen mittleren, und 2 kleinere
seitlich daneben. Sie führten aber nur zum Teil in den 2. Hof, nämlich
das Haupttor und das nördliche Tor. Die südliche Pforte führte dagegen
49 in den 2. Palastteil selbst hinein. Das prunkvolle Mitteltor muß demnach
eine ganz besondere Bedeutung gehabt haben. Es war das Prunktor des
Königs, für ihn allein bestimmt. Es war die „Goldene Pforte", die, wie
die breitere Mittelpforte des „Brandenburger Tores" in Berlin, einzig
für den Durchzug des Monarchen bestimmt gewesen ist. Der Weg führte
die übrigen Palastbewohner gewöhnlich nur durch die kleinen Pforten.
Sie gelangten nach Norden zu den nördlichen Palastteilen, im Süden
aber in den Palast selbst. Dieser war jedoch noch nicht der eigentliche
Königspalast. Er war der Palast des Schloßkommandanten, der den Titel
hatte „Palastvorsteher", d. h. wörtlich „der vor dem Palaste" (ša pân
ekallim). Es war der dritthöchste Minister, wie aus dem „Hof- und
Staatskalender" hervorgeht. Der Palastvorsteher hatte hier einen großen
Audienzsaal, nach dem kühlen Norden zu gelegen, dahinter sind Büro-
räume und seine Wohnzimmer erkennbar. Von der Wohnung des Palast-
vorstehers gelangten die Hofbeamten durch einen Flur unmittelbar zu
51 den Staatsräumen des königlichen Palastes, die in der 3. Gruppe gefunden
sind. Ein großes Tor, mit zwei mächtigen Türmen geschmückt, führte in
den 3. Hof. Im Süden liegt wiederum ein breiter Saal, der größte des
ganzen Stadtschlosses von enormen Ausmaßen, etwa 52 zu 17 m, die die
Maße des „Weißen Saales" im Berliner Stadtschloß übertreffen, der nur
50 31,81 zu 15,95 m an Ausdehnung faßt. Die Fassade des Thronsaales ist nach
dem Hofe zu durch eine bunte Fayencewand schön geschmückt, Palmen-
säulen mit Volutenkapitellen, durch palmettengeschmückte Bänder mitein-
ander verbunden, bilden die ornamentale reiche Verzierung. Weiß, blau,
braun in wenigen Schattierungen geben eine warme harmonische Wirkung.
Im Hintergrunde des Saales stand in einer Nische der königliche Thron.
Auch die Innenwände sind mit schmelzfarbenem Schmucke versehen
gewesen. Der Haupteingang hatte 6 m, die Seitenpforten 4½ m Breite.
Der 3. Palastteil enthält somit die Empfangsräume des Nebukadnezar.
Hinter dem Thronsaale befinden sich nur Aufenthaltsräume für die
Dienerschaft, die aus den hinteren Gemächern seitlich des Thrones durch
schmale Pforten in den Thronsaal direkt eintreten konnte. Nur bis hier-
her gelangten fremde Gesandte und Könige, die dem Könige Nebu-
52 kadnezar ihren Tribut und ihre Huldigung darbringen wollten. Der 4. und
der 5. Abschnitt des Stadtschlosses aber beherbergt die intime Wohnung
des Königs selbst. Im 4. Teile ist wiederum ein Hof angelegt, mit einem

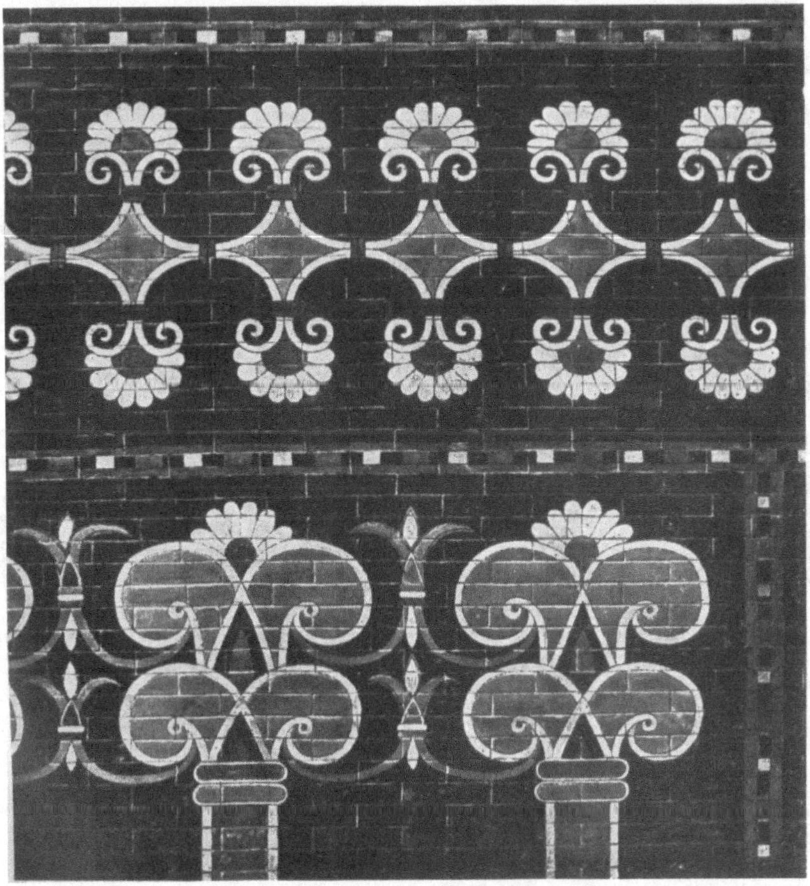

Abb. 50. Blauemaillierte Fassade des Thronsaales des 3. Teiles (Repräsentationspalast) des Staatschlosses

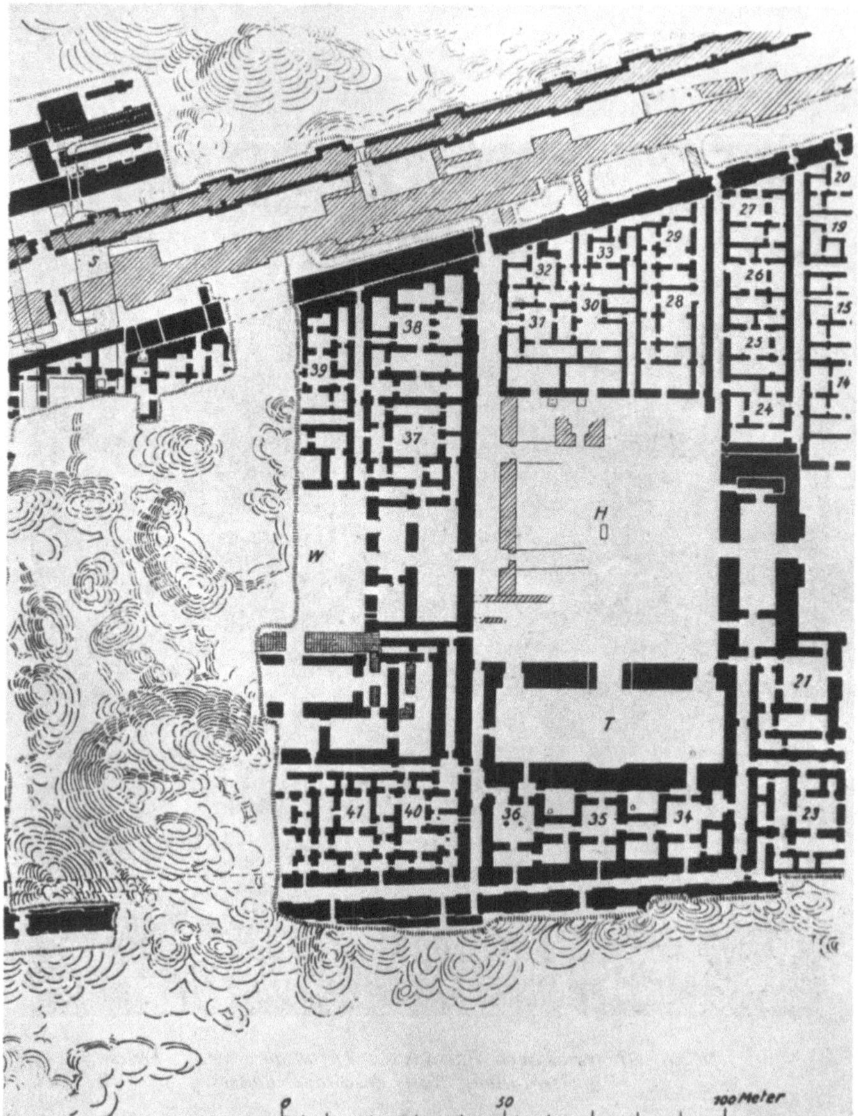

Abb. 51. Stadtschloß, 3. Teil, Repräsentationspalast (H, T)

breiten Raume, nach dem angenehmen kühlen Norden zu gerichtet. Dahinter sehen wir noch einen Zwischenraum, im Westen jedoch zwei aneinander anschließende größere Zimmer. Das westliche, hintere Zimmer ist das Schlafgemach des Königs selbst. In dem nischenartigen Teil dieses Zimmers stand das Bett des Königs. Dieser Teil des Palastes ist, ähnlich wie die Kapellen der Götter, mit dicken Mauern umgeben und mithin als ein ganz besonderes Gebäude behandelt worden, das mitten zwischen den andern eingebettet liegt. Nach Westen aber geht ein kleines schmales Pförtchen über einen Flur in die 5. und letzte Abteilung des 52
Königsschlosses, in dem man den Harem der Königin sehen muß. Ein 5. Hof, mit dem obligaten großen Zimmer nach dem Norden zu geöffnet, hier aber mit einer außerordentlich breit gestalteten Pforte, wahrscheinlich offen gehalten, wo sich die Königin und ihr Hofstaat aufhielt. In der Südwestecke des 5. Palastteiles sieht man zwei einander gleich geartete Wohnungen, wo Zweizimmerwohnungen durch zwei zusammenhängende Zimmer klar und deutlich hervorgehoben sind, außer einigen Einzelzimmern, jede Wohnung um einen kleinen Hof gruppiert. Die andern Räume lassen ohne die Veröffentlichung keine spezielle Bedeutung erkennen. Wirtschaftsräume, Bäder, Küchen werden sie enthalten haben. Vor allem aber werden die Wohnungen der zahlreichen Dienerschaft des königlichen Hauses in den nördlichen Palastteilen gelegen haben, und zwar in jedem Palastteile auch seiner speziellen Bestimmung angemessen. Als besonderes Gebäude hebt sich hier im Nordosten noch der Grundriß 49
der „Hängenden Gärten" hervor, die am Rande nahe der Stadtmauer und dem Ischtartore gelegen, in zweifacher Hinsicht Annehmlichkeiten besaßen. Einerseits empfingen sie zuerst den frischen Luftzug des häufigsten Nordwestwindes, des „Günstigen Windes", andrerseits aber konnte man ungestört von oben herab das intensive Treiben und Leben, den Verkehr der mannigfachen Völker auf der Ischtar-Straße durch das Ischtar-Tor beobachten und so die Langeweile verkürzen. Man hatte aber auch so die günstige Gelegenheit, den alljährlichen Prozessionszug des Gottes Marduk und der andern Götter Babylons und Babyloniens von hier aus anzuschauen.

Überblickt man das gesamte Stadtschloß, so gewahrt man eine vorzügliche Einteilung aller 5 Komplexe, man erkennt ihre Bestimmung auch im Einzelnen: Der 1. Teil diente dem Militär, der Wache des Schlosses. Der 2. Teil enthielt die Verwaltungsgebäude. Der 3. Teil mit dem Thronsaal war für die Empfänge, für die Feste bestimmt, für die Repräsentation. Der 4. Abschnitt war die Privatwohnung des Königs. Der 5. Teil stellte sich als der Harem, als die Wohnung der Königin, dar.

Das Stadtschloß des Nebukadnezar muß nicht nur durch die gewaltige Ausdehnung, sondern auch durch die außerordentlich klare Disposition seiner Anlage einen überzeugenden Eindruck von der hervorragenden Macht und der straffen Organisation des gewaltigen Reiches des Nebukadnezar hervorrufen, geradezu als Sinnbild seiner Kraft und Stärke.

2. Zentral-Palast und Nordburg Nebukadnezars

Bis auf Nebukadnezar II. war das Stadtschloß der einzige Palast in der
Stadt. Dieser König erweiterte das Stadtgebiet an dieser Stelle nach
Norden und legte außerhalb der Ringmauern einen zweiten großen
55 Palast an, der nach den Ausgrabungen von Koldewey zweiteilig war
und aus einem größeren Teile und einem kleineren nördlich davon befindlichen Palaste bestand (WEB[4], S. 153ff.). Nebukadnezar bezeichnet den Palast, den er als eine Einheit beschreibt und von dem er behauptet, daß er ihn in 15 Tagen fertiggestellt habe, als „kummu rabû" = Großen Wohnsitz (VAB IV, 116, 31ff.; 138, VIII, 45f.; 188, Nr. 21, II, 21ff.). Trotzdem dieser Schloßteil nur wenig ausgegraben ist, läßt sich doch schon aus den zahlreichen wichtigen und interessanten Fundstücken erkennen, daß im Zentralpalast eine Art Schloßmuseum (siehe Kapitel XXIII) eingerichtet war.

3. Sommerpalast

Im Norden außerhalb der Peripherie der Stadt, an der hier er-
54 bauten äußeren Schutzmauer der Stadt gelegen, wurde ein Palast ebenfalls von Nebukadnezar neu erbaut. Er gab ihm den Namen: „Nabium-kudurriuṣur liblut, lulabbir zânin Esagila" = Es lebe Nebukadnezar, lang lebe der Pfleger von Esagila (VAB IV, S. 119, III, 14f.; 120, III, 28—29 Langdon; AO V, 4, S. 18 Weißbach). Dieser unter dem heutigen Hügel
2 Babil begrabene Palast ist ebenfalls noch wenig ausgegraben. In späterer Zeit hatte sich hier eine Vorstadt von Babylon gebildet, die den Namen „Bît šar Bâbîli" = Haus des Königs von Babylon trug.

Sämtliche Paläste sind von Nebukadnezar II. nach der astronomischen
64 Nord-Richtung genau orientiert worden (siehe Kapitel XIV, 1), vorläufig die ältesten Bauten dieser Art, aber von rein profanem Charakter. Eine Kapelle befand sich, soviel bekannt in keinem Palaste — im Gegensatz zu Assyrien —, so daß Kirche und Staat in Babylonien völlig getrennt erscheint. In Assyrien aber war der König gleichzeitig der religiöse Oberherr, der Fürst seiner Kirche selbst.

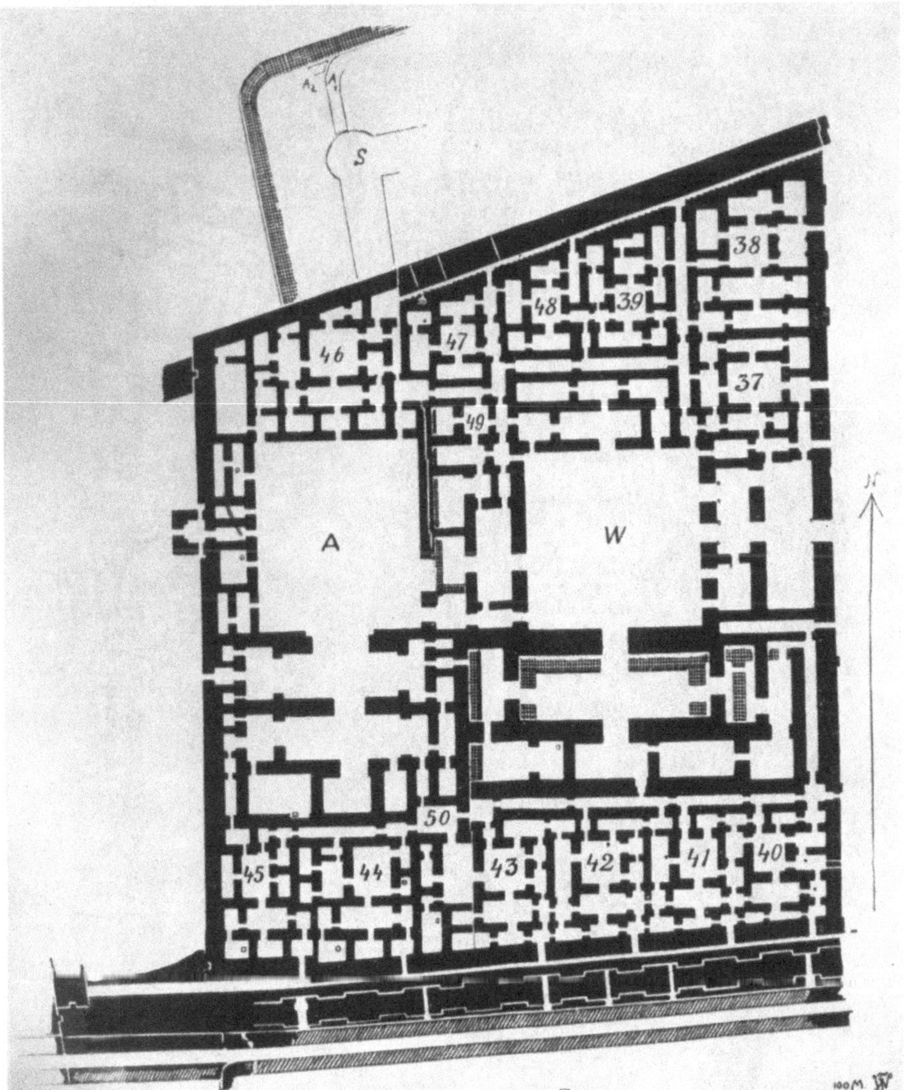

Abb. 52. Stadtschloß, 4. und 5. Teil, Königliche Wohnung (W) und Harem (A)

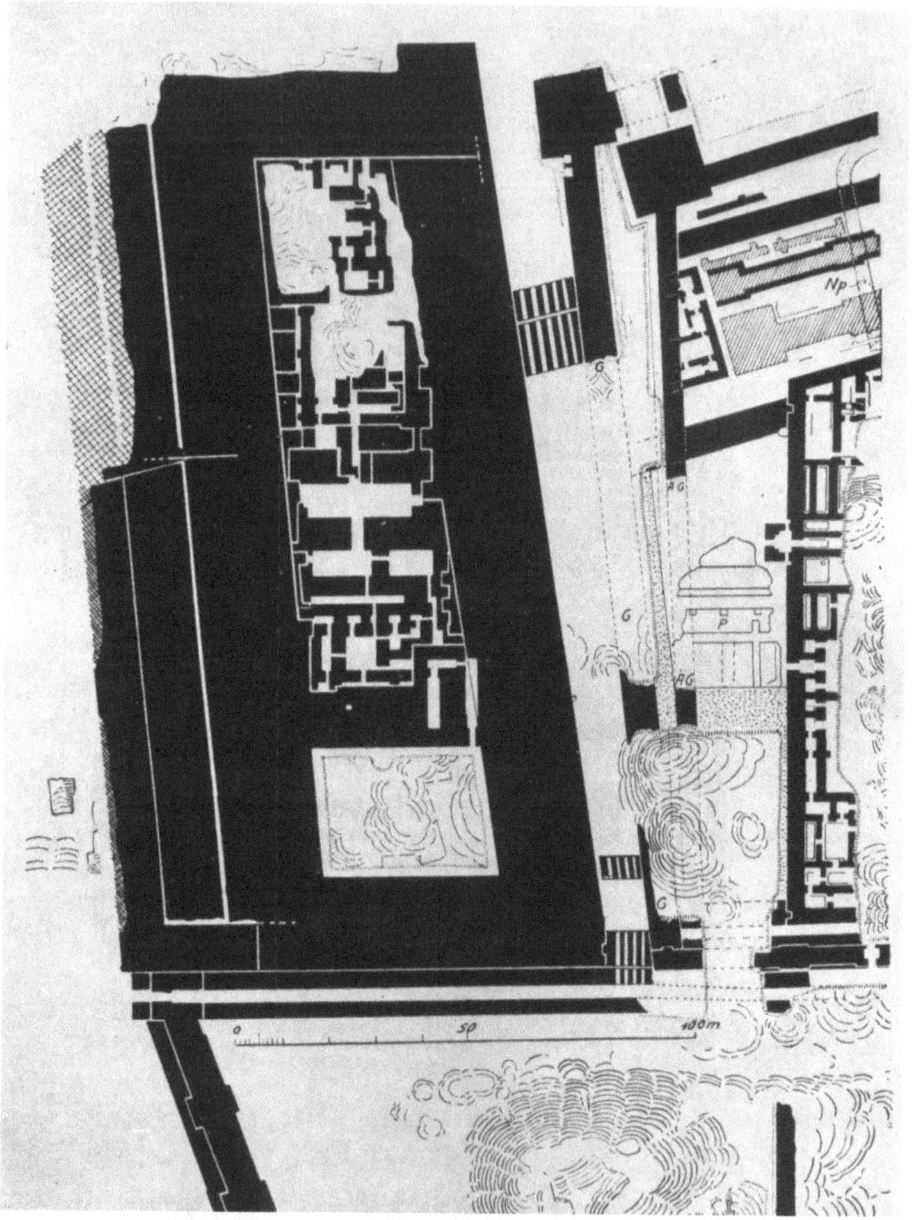

Abb. 53. Schanze im Euphrat, westlich des Stadtschlosses

Als letzter Ausläufer der altorientalischen Städtebaukunst stellt sich, wie schon wiederholt angedeutet, Konstantinopel an der Brücke von Asien nach Europa dar. Nicht nur die Anlage der Stadtmauern, zwei Hauptmauern und eine Grabenmauer davor, ist gleichartig. Drei byzantinische Inschriften melden, daß sie in 60 Tagen vollendet worden seien. Auch in späterer Zeit sind mystische Zahlen lebendig nach altem Vorbilde (siehe oben zu 2). Das Tekfur Serai befand sich gleichfalls im
Nordwesten der Stadt und stand mit den „Hängenden Gärten", heute 48
als „Gefängnis des Anemas" bekannt, in enger Verbindung, die ebenfalls von 14 tonnengewölbten schmalen Kammern — nebeneinander gereiht — getragen wurden (S. 217). Vgl. C. Gurlitt, Baukunst Konstantinopels S. 10, Abb. 27; S. 11, Abb. 28, und S. 4.

4. Speicher des Königs

Von anderen dem Könige gehörigen Gebäuden ist in Kontrakten häufig das „Bît šutummi šarri" = Speicher des Königs genannt, seine Lage aber ist nicht ermittelt, s. die Kontrakte z. B. VS VI, 411, Z. 5; 315, Z. 13; 322, Z. 6. Es gab auch ein Bît šutummi für Gott Enlil in Babylon.

Speicheranlagen zur Aufbewahrung von Getreide haben sich in den
südlichen Räumen der Kellersubstruktionen der „Hängenden Gärten" 49
(siehe S. 218) gefunden, so daß man hier von einem „Speicher des Königs" sprechen könnte[1]).

5. Kronprinzen-Palast

Der Palast des Kronprinzen ist gleichfalls nur in Kontrakten genannt, z. B. in einer Urkunde des Nabonaid, also wohl der Palast des bekannten Belsazar, und z. Z. des Darius, vermutlich der Palast des Xerxes (AO V, 4, S. 19 Weißbach; Straßmaier, Nabonid Nr. 265, Z. 11, vom ?. VIII. 7. Jahre); VS III, Nr. 135, dd. Babylon vom 29. VI. 24. Jahre des Darius, wo von einem mu-še-pi-šu (Hexenmeister) ša Bît mâr šarri die Rede ist[2]).

In der undatierten späten Urkunde VS III, Nr. 210 ist vom Bît ^{amêlu}mâršarri die Rede.

---

[1]) Ein „Schatzhaus am Ufer des Euphrats" (Bît makkuri ša kišad Puratti), wohl in der „Neustadt", da der Adad-Tempel erwähnt ist, wird in Kontrakten der Zeit des Darius I. erwähnt (Straßmaier, Darius 5, vom 22. XII. 0. Jahr [= KB IV, S. 302] a. a. O. 89, vom 24. IX. 3. Jahr).

[2]) Neben Amêl-Marduk, dem Kronprinzen (VS III, 25) und Nachfolger des Nebukadnezar II., sind noch 3 Prinzen bekannt, die als mâr šarri bezeichnet sind: Marduk-šumi-uṣur (Straßmaier, Nebuk. 372 [7. XII. 40. Jahr]; ebd. 393 [14. II. 42. Jahr] Pinches: Records of the Past. N. S. V, S. 143), Mušêzib-Marduk (Straßmaier, Nebuk. 381 [VI. 41. Jahr]), Marduk-nâdin-aḫi (ebd. 382 [8. VIb. 41. Jahr]).

KAPITEL XXIII

DAS SCHLOSSMUSEUM

Im neuen Palaste Nebukadnezars II., und zwar im sogenannten Zentralpalaste, den Koldewey aber nur zum geringsten Teil ausgegraben hat (WEB[4], S. 158, Abb. 100a), fanden sich in eigenartiger Häufung viele Denkmäler aller Zeiten, die hier von Nebukadnezar und seinen Nach-
55 folgern zusammengebracht und in einer Art Schloßmuseum aufgestellt gewesen sind. Es war sogar den Babyloniern zur Besichtigung geöffnet, ana dagalum kiššat nîše = zum Anschauen aller Völker (VAB IV, S. 119, Z. 52f.). Ein Böser durfte nicht eintreten. An Denkmälern, die mit einiger Sicherheit hier gefunden sind, oder von diesem Schloßmuseum stammen müssen, sind folgende nachzuweisen:

1. Inschrift des Dungi (Šulgi) von Ur, um 2400 v. Chr. (George Smith, Assyr. Discoveries, deutsch, S. 269).

2. Basalt-Gewicht Nebukadnezars, Kopie nach einem alten Dungi-
25 Gewicht (Guide[3], Brit. Mus. Nr. 91005, Abb. S. 137; E. Unger, Katal. Babyl. u. Assyr. Slg. Konstantinopel, III, 1, S. XI, 38).

3. Diorit-Statue des Puzur-Ištar von Mari, um 2300 v. Chr. (Kon-
62 stantinopel Nr. 7813, E. Unger Sumer. u. Akkad. Kunst Abb. 52).

60 4. Diorit-Statue ohne Inschrift ebendaher (Konstantinopel 7814, RLV
61 VII, Taf. 142).

5. Unterer Teil einer Diorit-Statue ebendaher (0,35 m hoch und dick, 0,55 m breit; MDOG III, S. 4; Koldewey, WEB[4], Abb. 105a).

6. Tonnagel des Sinmagir von Isin, um 2100 v. Chr. (Weißbach, Babyl. Misc. Nr. 1).

7. Keulenkopf des Kassiten Ulaburariaš, um 1650 v. Chr. (Weißbach, a. a. O. Nr. III; Koldewey: WVDOG 15, Abb. 77). Dieses Stück stammt aus Esagila, ist dort aber in einem Korb eines Juweliers der parthischen Zeit gefunden, zusammen mit anderen gestohlenen Gegenständen. Die Keule könnte demnach aus dem Museum stammen.

8. Granitinschrift des Adadnirari II. (um 900 v. Chr.) aus Ninive,
58 Beutestück von der Eroberung von Ninive im Jahre 612 (Weißbach a.a.O. Nr. V; AK II, S. 24 E. Unger; ders. Assyr. u. Babyl. Kunst Abb. 101).

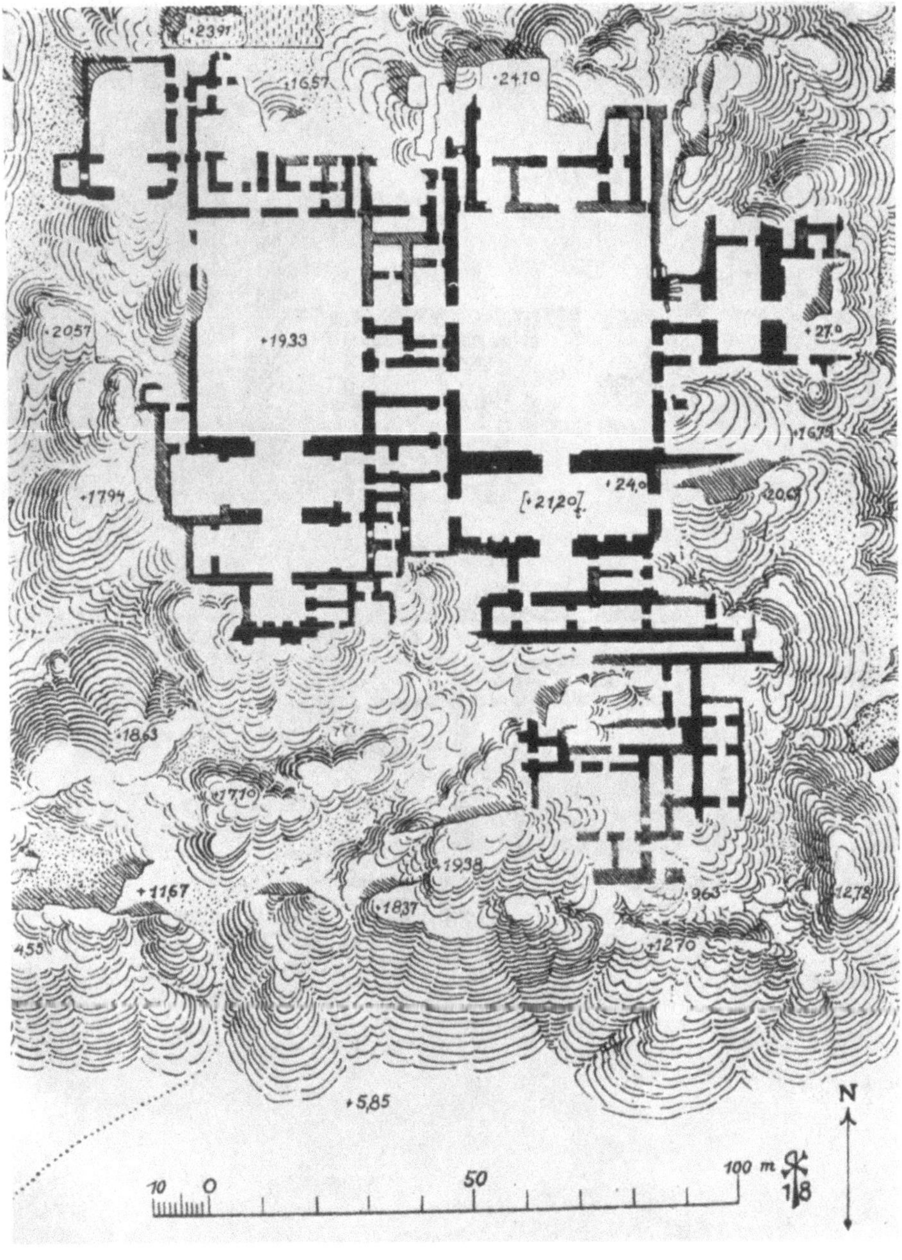

Abb. 51. Sommerpalast Nebukadnezars (Ruinenhügel Babil)

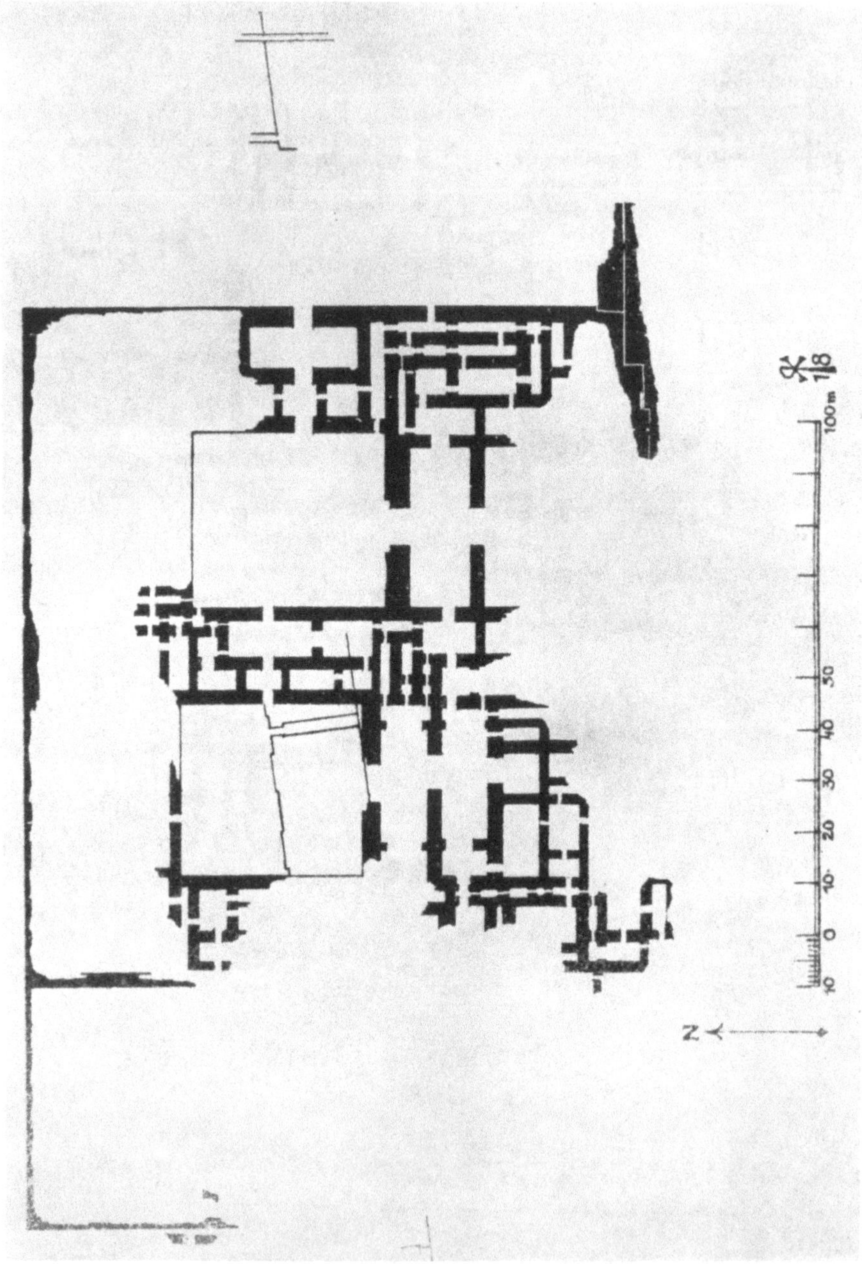

Abb. 55. Schloßmuseum Nebukadnezars

9. Relief des Šamašrêšiuṣur von Mari und Suchi, um 900 v. Chr. (Weißbach a. a. O. Nr. IV; Unger Assyr. u. Babyl. Kunst Abb. 94, 63
Konstantinopel 7815).

10. Basaltreliefstele des Assarhaddon (?), um 680 v. Chr., in London (Br. Mus. 90837; AK II, S. 22, Nr. 9 E. Unger).

11. Halbsäulige Kalksteinstele des Assurbanipal, um 660 v. Chr. (MDOG XVII, S. 2; VAB VII, S. 160, Z. 32—39 Streck).

12. Buntsandsteinstele des Assurbanipal (Br. Mus. 90864; AK II, S. 23 Nr. 10 Unger).

13. Desgl. (Br. Mus. 90865; AK a. a. O. Nr. 11). 57

14. Stele des Šamaššumiukin von Babylon, des Bruders des Assurbanipal, um 660 v. Chr. (Br. Mus. 90866; AK a. a. O. Nr. 18).

15. Tonzylinder des Assurbanipal für Eanna in Uruk (AK a. a. O., S. 24, Nr. b E. Unger).

16. Tonzylinder des Assurbanipal für die Eakapelle (?) in Esagila (MDOG XXI, S. 7, Babyl. Nr. 28510).

17. Tonzylinder des Nebukadnezar II. (605—562 v. Chr.) für E-ulla in Sippar (VAB IV, S. 102, Nr. 13 Langdon).

18. Tonzylinder Nebukadnezars für Etemenanki von Babylon (VAB IV, S. 144, Nr. 17).

19. Halbsäulige Granitstele des Nabonaid, 556—539 v. Chr. (Konstantinopel 1327; VAB IV, S. 270, Nr. 8; Unger, Assyr. u. Babyl. Kunst 59
Abb. 102).

20. 15 Stelenbruchstücke des Nabonaid (MDOG 53, S. 39).

21. Tonzylinder des Nabonaid von Eḫulḫul von Harran (VAB IV, S. 218, Nr. 1).

22. Tonzylinder des Nabonaid von Ebarra in Sippar (VAB IV, S. 230, Nr. 2).

23. Dioritstele des Darius I., um 520 v. Chr., mit Kopie der Bisutun-Inschrift (Weißbach a. a. O. Nr. X).

24. Unvollendete Basaltskulptur eines Löwen über einem liegenden Mann (Koldewey WEB[4], Abb. 101, S. 159, Museum Journal (Philadelphia) XVI [1925] S. 101 Legrain). Die Konzeption dieser Skulptur ist höchst unmesopotamisch, weder sumerisch noch babylonisch: Denn diesen Völkern ist der Gedanke, daß ein Mensch einem Tiere unterliegt, wie bei der Löwenskulptur, völlig fremd. Immer ist der Mensch siegreich. Daher möchte ich diese Skulptur, deren Kunststil wegen der unvollendeten Bosse des Werkes kaum feststellbar ist, für eine Arbeit ost- oder mittelasiatischen Geistes halten, dem die Besiegung des Menschen durch das Tier geläufig ist. Mongolen hatten in Bagdad

1258 n. Chr. das Reich der Ilchane durch Hulagu begründet. Die Mongolen versuchten ostasiatische Kultur, z. B. 1294 das chinesische Papiergeld, einzuführen, so daß ihnen auch diese fremdartige Skulptur zuzuschreiben wäre. (Siehe auch S. 213f. und ,Atlantis' Nov. 1929, Abb. S. 694, Unger.) Dieser Löwe hat demnach wohl nicht im Schloßmuseum selbst Aufstellung gefunden, obgleich er hier im Kasr von den Arabern vor mehr als 100 Jahren aus der Erde geholt wurde.

25. Basaltstele mit dem aramäischen Wettergott und „hettitischer"
56 Inschrift (7. Jahrh. v. Chr.?) (Konstantinopel Nr. 7816, WVDOG 1, Koldewey; RLV VII, Taf. 82, a).

26. Runde Basaltschale mit hettit. Inschrift London (Br. Mus., Unger Assyr. u. Babyl. Kunst, Abb. 99).

27. Desgl. mit Fingerdekoration und „hettit." Inschrift (WVDOG 46, Taf. 8, Andrae; Unger a. a. O., Abb. 100).

28. Relief mit sitzender Figur (MDOG XVII, S. 2).

29. Splitter von Doleritskulpturen (MDOG XLIX, S. 4).

30. Basaltlöwenbruchstück (MDOG III, S. 6; Herzfeld: Archaeolog. Mitt. aus Iran II [1930] S. 174, Tf. 8),

31. Basaltrelief mit zwei Händen, Bruchstück (MDOG LIII, S. 32).

32. Reliefbruchstück mit Löwenkopf (MDOG LIII, S. 32).

33. Relief mit Göttergewand, Fragment (MDOG XXXVI, S. 8, Abb. 2; AO XV, Abb. 141).

34. Bibliothek. Eine Anzahl von gutgebrannten Tontafeln, meist in Fragmenten, der Rest einer Bibliothek (MDOG LI, S. 23). Eine solche Tafel, die einen zweisprachigen Text enthält, und von der Deutschen Orient-Gesellschaft in Babylon gefunden wurde (ohne Nummer, Phot. 713) trägt am Schluß den Vermerk: gab-ri Bâbîli^{ki} (Ka-dingir-ra^{ki}). Ekal Nabu-kudurri-uṣur šar Bâbîli^{ki} (Kadingirra^{ki}) = Abschrift aus Babylon. Palast des Nebukadnezar (II.), Königs von Babylon. Andre noch unpublizierte Denkmäler der Deutschen Expedition kommen noch hinzu.

Über das Schloßmuseum von Babylon s. speziell E. Unger, Assyrische und Babylonische Kunst S. 62—68.

Die hier angeführten Denkmäler sind zum Teil Beutestücke aus dem babylonisch-assyrischen Kriege 616—605 v. Chr. (s. RLV s. v. Trophäe,
60 Unger). Die Bildwerke Nr. 3—5 und 9 stammen aus Mari und Suḫi am
61 mittleren Euphrat und es liegt die Annahme nahe, daß sie von Nabo-
62 polassar im VI. Monat des 10. Jahres (Luckenbill, Anc. Rec. II, § 1170)
63 in Ḫindanu, das sich in der Gegend von Mari befand, erbeutet wurden, als er „die Leute von Ḫindanu und ihre Götter" mit nach Babylon entführte. Im 13. Jahre (613) erfolgte ein Feldzug gegen Suḫi (a. a. O.

Abb. 56. Basaltstele mit dem aramäischen Wettergott und »hettitischer« Inschrift

Abb. 57. Buntsandsteinstele des Assurbanipal

Abb. 58. Granitinschrift des Adadnirari II., Beutestück aus Ninive

Abb. 59. Granitstele des Nabonaid

Denkmäler des Schloßmuseums

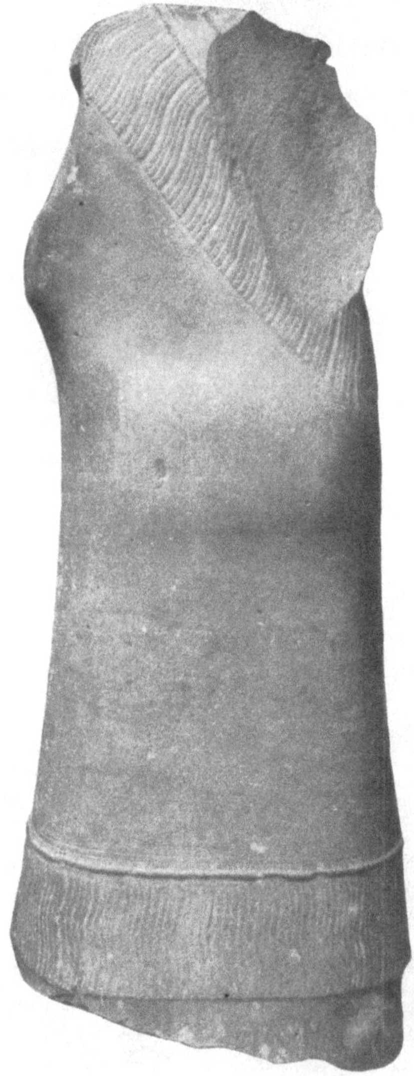

Abb. 60 Abb. 61

Dioritstatue eines Statthalters von Mari, ohne Inschrift

Denkmal des Schloßmuseums

Abb. 62. Dioritstatue des Statthalters Puzur-Ischtar von Mari
Denkmal des Schloßmuseums

Abb. 63. **Kalksteinstele des Statthalters** *Schamasch-rêschi-ussur* **von** *Mari* **und** *Suchi*
Denkmal des Schloßmuseums

§ 1175f.). Die Inschrift des Adadnirari II. von Assyrien (Nr. 8) ist eine *58*
Trophäe aus Ninive selbst vom Jahre 612. Die Inschrift wurde durch
eine Rille leicht zerstört, um sie gegen „Bösen Blick“ unschädlich zu
machen und zu töten. Gleichartige Urkunden wurden in Ninive selbst
von George Smith im Zentrum des Hügels Kujundschik gefunden
(G. Smith, Assyr. Discov. deutsch S. 142, 251; Pinches, NCS, S. 9;
Winckler in ZA II, S. 311, Taf. III, Nr. 5; Bezold, Babyl.-assyr. Literatur,
S. 64). Die aramäischen Denkmäler (Nr. 25—27) mit später eingeritzter, *56*
sogenannter „hettitischer“ Inschrift können nur aus Syrien stammen
und sind wahrscheinlich in Karkamisch erbeutet worden, wo im Jahre
606 (?) die letzte Entscheidungsschlacht zwischen den Babyloniern und
den verbündeten Assyrern und Ägyptern stattgefunden hat, in der, wie
es scheint, der Grieche Antimenidas, der Bruder des Dichters Alkaios, *59*
auf babylonischer Seite eine wichtige Rolle gespielt hat. In Karkamisch
(s. RLV s. v. Karkamisch, Unger) sind ähnliche Denkmäler mit gleichartiger
Schrift entdeckt, die z. T. bis ins 6. Jahrhundert v. Chr. hinabreichen
(s. RLV Artikel Palanga, Unger). Andre Denkmäler, Gründungsurkunden
(Nr. 15, 16) sind bei den Ausgrabungen Nebukadnezars und *57*
Nabonaids in verschiedenen Städten Mesopotamiens gefunden oder aber
sind Kopieen der eigenen, in den neugebauten Tempeln aufgestellten
Bauurkunden (Nr. 17, 18, 21, 22). Hinzukommen endlich solche
Denkmäler, die wahrscheinlich zum Schmucke des Schloßmuseums
angefertigt und aufgestellt worden sind (Nr. 19, 20, 23). Die neubabylo- *59*
nischen Könige suchten die glorreiche Vergangenheit zu erforschen und
haben ausgedehnte Grabungen veranlaßt, um die Gründungsurkunden der
berühmten Könige der Vorzeit zu Gesicht zu bekommen. Sie rühmen
sich dieser archäologischen Forschungen in hohem Maße und überbieten
sich gegenseitig an Eifer in der Suche nach solchen Antiquitäten (Unger,
Assyr. u. Babylon. Kunst S. 66—68). Dieser Forschungstrieb und dieses
Interesse für die Vergangenheit hat die damalige Zeit mit der unsrigen
gemeinsam. Auch in späteren vorchristlichen Jahrhunderten sammelten
die griechisch-aramäischen Kleinfürsten, z. B. in Lagasch, dem heutigen *1*
Tello in Südbabylonien und in Assur (Unger, Sumer. u. Akkad. Kunst,
S. 50/1), die Reste der alten Zeit an Statuen und Inschriften und stellten
sie, zertrümmert oder intakt, wie man sie fand, in ihren Palästen oder
Tempeln gleichwie in Museen, auf.

Monumente aus aller Herren Länder des Alten Orients sind im Schloßmuseum
Nebukadnezars gesammelt worden. Sie künden von den alten
vergangenen Zeiten und den mächtigen Königen, die in Babylon das Zepter
geführt haben, oder die sich unter das Joch Babylons und seines Stadt-

gottes Marduk haben beugen müssen. Die letzten Könige Babylons haben in bewußter Anlehnung an die ruhmreiche Vergangenheit, an das verschwundene „Goldene Zeitalter" noch einmal ihr besonderes Interesse durch Sammlung der alten Denkmäler und durch Ausgrabungen alter Kulturstätten bekundet. Nebukadnezar und Nabonaid haben noch einmal, zum letzten Mal in der 3000-jährigen Geschichte ihres Landes die heiligen Tempel wieder erstehen lassen. So sind es vor allem diese gewaltigen Baumonumente, die wir noch heute in umfangreichen Resten bewundern können. Die größte Blüte erlebte Babylon unter Nebukadnezar, der in seiner langen Regierungszeit von 43 Jahren eine erstaunliche Bautätigkeit entfaltet hat, so daß die Stadt zu der glänzendsten Metropole ihrer Zeit emporstieg, deren Ruhm noch von den Nachfahren und von den Ausländern weithin verkündet wurde.

Nebukadnezar war sich seiner Werke selbst wohlbewußt, die er, zum Ruhme von Babylon, vollbracht hat, und hat in berechtigtem Stolze auch in seinen eigenen Inschriften (VAB IV, S. 185, Nr. 20, Kol. III, Z. 49 bis 64 und S. 177, Nr. 19, Kol. X (B), Z. 36—40) dem Wunsche des Gedenkens für alle Zeiten beredten Ausdruck verliehen:

> Babylon, die heilige Stadt, den Ruhm der großen Götter, habe ich hervorragender gemacht als vorher und ihren Bau gefördert. Die Heiligtümer der Götter und Göttinnen ließ ich erstrahlen, wie den Tag. Was kein König unter allen Königen je geschaffen, was kein früherer König je gebaut, für Marduk habe ich es großartig gebaut. Die Ausstattung von Esagila, die Erneuerung von Babylon, habe ich mehr als früher auf das äußerste gefördert. Alle meine wertvollen Werke, die Verschönerung der Heiligtümer der großen Götter, die ich mehr als meine königlichen Vorfahren unternahm, schrieb ich auf eine Urkunde und legte sie für die Nachwelt nieder. Alle meine Taten, die ich auf die Urkunde geschrieben habe, sollen die „Wissenden" lesen und des Ruhms der großen Götter eingedenk sein. Möge alt werden mein Lebensweg; möge ich mich erfreuen an Nachkommenschaft. Möge mein Nachwuchs auf ewig das Volk der Schwarzköpfigen beherrschen. Die Nennung meines Namens aber möge für alle Zukunft im Guten verkündet werden.

KAPITEL XXIV

URKUNDEN ZUR BESCHREIBUNG VON BABYLON

A. TOPOGRAPHISCHE URKUNDEN

Nr. 1

Stadtbeschreibung von Babylon

TEXT

Abschnitt A[1])

Namen der Tempel

A, 1. [E-nam-tag-]ga-tuḫ-a	[Bît (Tempel des) ᵈAnmartu][2])
2. [E- ḫur]-sag-ti-la	Bît (Tempel des) [ᵈNabû]
3. E- tur-kalam-ma	Bît (Tempel der) [ᵈBêlit von Babylon (TIN-TIR^ki)]
4. [E- ....]....... en-na	Bît (Tempel) ....
5. [E- ....].. tum (?)	Bît (Tempel) ....
6. [E- giš-ši]r-gál	Bît (Tempel des) [ᵈSin]
7. E- ....ki	Bît (Tempel) ....
8. E- .... šim (?)	Bît (Tempel) ....
9. E- .... at (?)	Bît (Tempel) ....
10. [E- giš-pa-kalam]-ma-summu	Bît (Tempel des) [ᵈNabû ša Ḫarê]
11. [E- maš-da]-ri	Bît (Tempel der) [ᵈIštar von Akkad]
12. [E- ḫi]-[l]i-kalam-ma	Bît (Tempel der) [ᵈAšrâtum]
13. [E-] maḫ	Bît (Tempel der) [ᵈNinmaḫ]
14.	parakku (Zella) ....[3])
15. [E- sag-i]la	Bît (Tempel des) [ᵈMarduk]
16. [E-].... maḫ	Bît (Tempel) ᵈ....

[1]) Nach VAT 441 (vgl. WVDOG 48, E. Unger).

[2]) Von Assarhaddon erbaut (BA III, 2, S. 239, Z. 40). Anmartu ist der „Erleuchter Himmels und der Erden", der „Reiniger von Esagila".

[3]) Hier mit Zeile 14 beginnt die Rückseite der Tontafel.

17. [E-. .]-ḫur-an-ki-a	Bît (Tempel) ^{d}. . . .
18. E- bur-sig- ? . ? .	Bît (Tempel) ^{d}. . . .
19. E- nam-ti-la	Bît (Tempel des) [Ninurta ?]
20. E- eš-maḫ	Bît (Tempel) . . . .
21. E- ka-dim-ma	Bît (Tempel) . . . .
22. E- me-sikil-la	Bît (Tempel des) [^{d}Nergal ša Ḫadê oder der Gula ?]
23. E- di-kud-kalam-ma	Bît (Tempel des) [^{d}Šamaš]
24. E- e-sir-kalam-ma	Bît (Tempel des) [^{d}Nabû]
25. E- nam-ḫe	Bît (Tempel des) [^{d}Adad]
26. E- ki-dúr-inim (garza)	Bît (Tempel der) [^{d}Nin-e-an-na]
27. E- nam-bat (uš)	Bît (Tempel) . . . . (= Totentempel)[1])
28. [E- . . . . .]ki(?)šàr-ra	Bît (Tempel) . . . .
29.	. . . .

Abschnitt B[2])

Lage der Tempel in den Stadtvierteln

B, 1. E- ^{d}[Anmartu][3])
2. E- ^{d}[Nabu][3])
3. E- ^{d}Bêlit TIN-TI[R^{ki}]
4. E- ^{d}Sin
5. E- ^{d}Papsukkal
6. E- ^{d}Dumuzi ša nasikâti (KI-BAT)
7. E- ^{d}Nabû ša nikâsi (GAR-RIT)
8. E- ^{d}Nin-giz-zi-da
9. E- ^{d}Anunitum ša lib-bi ali$^{k[i]}$
10. E- ^{d}Nabû ša Ḫarê
11. E- ^{d}Ištar Agade^{ki}
12. E- ^{d}Aš-ra-tum
13. E- ^{d}Maḫ lib-ba KA-DINGIR-RA^{ki}
14. E- ^{d}[Gula] ^{d}Ninurta (NIN-IB)

[1]) Vgl. Abschnitt I, Z. 4ff.

[2]) Nach K 3089, S. 359 f. Vorderseite (PSBA 1900, Pinches).

[3]) Ergänzt nach Abschnitt A, Z. 1—2, aber nicht ganz sicher.

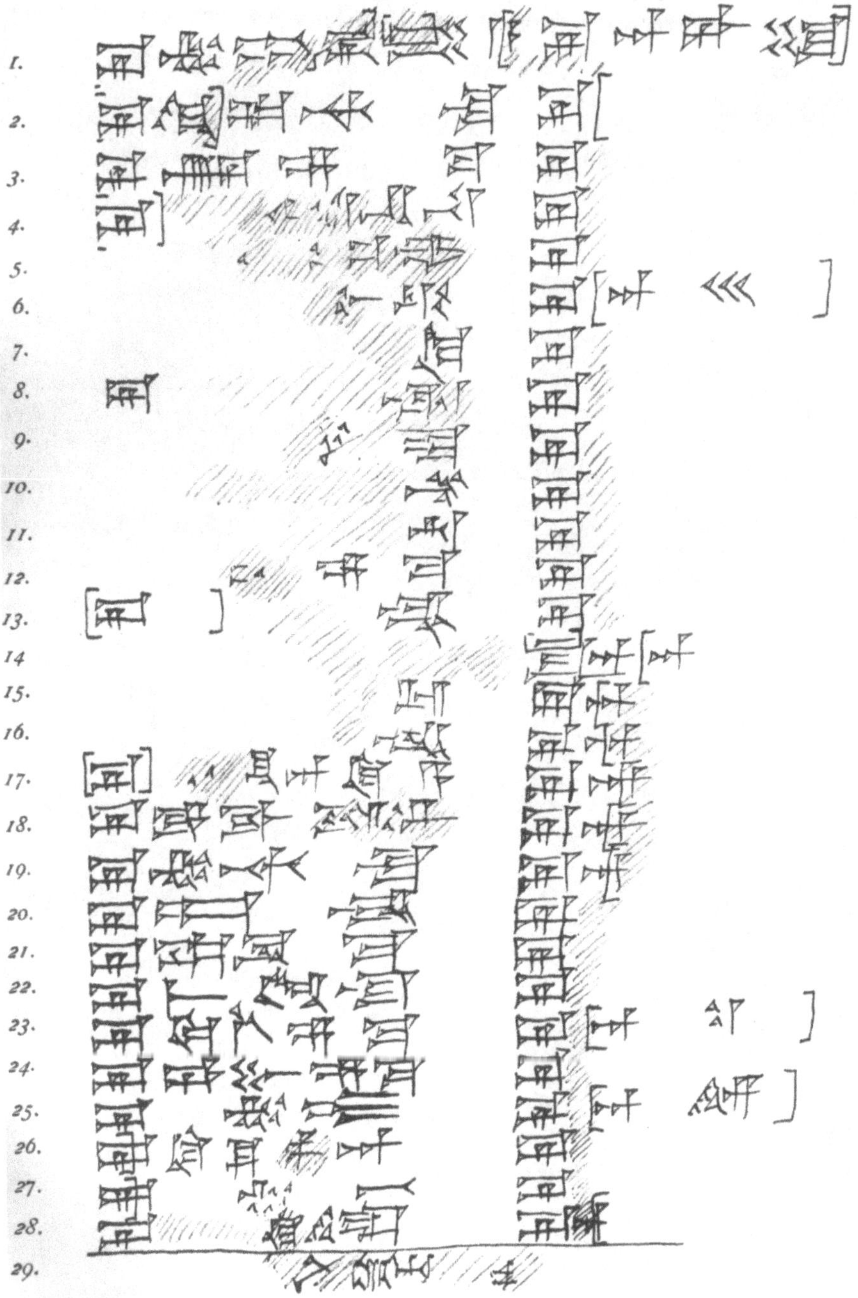

Urkunde Nr. 1. Stadtbeschreibung, Abschnitt A. Namen der Tempel

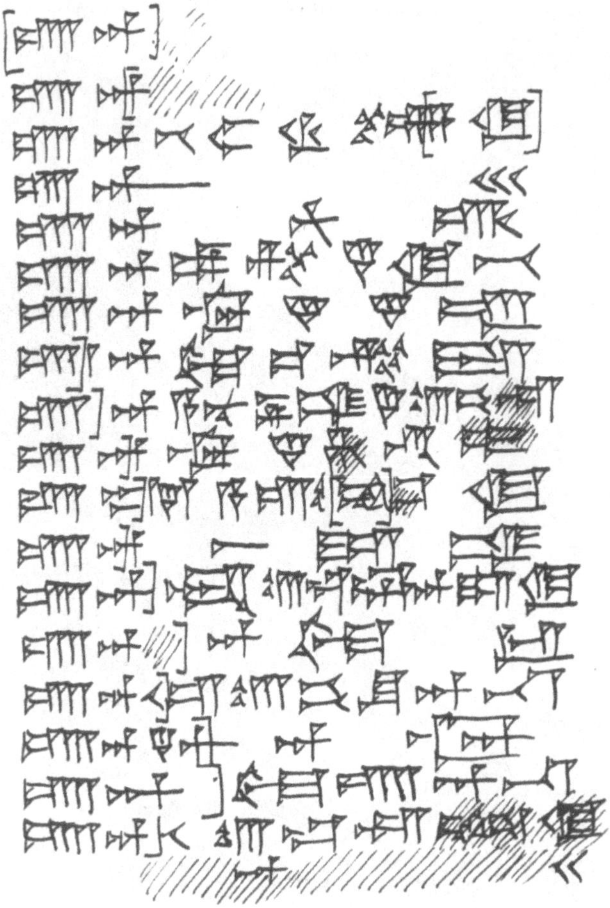

Urkunde Nr. 1. Stadtbeschreibung, Abschnitt B. Lage der Tempel in den Stadtvierteln

15. [E- ^{d}N]ergal lib-bi ŠU-AN-NA
16. E- ^{d}[Šama]š ^{d}Nabû (AG)
17. E- [^{d}]Nin-é-an-na
18. [E- ^{d}]Adad (U) lib-ba ^{alu}Eššu^{ki}
19. ....

Abschnitt C[1])

Schmucknamen von Babylon

C, 1.	[Bâbîlu šumâte^{m}]^{eš} qa-da-aš-ti u ri-šá-a-ti ana zamâri (SIR-BI)		
2.	[ḪE-NU]N^{ki}	ditto[2])	šu-b[at nu]-uḫ-ši
3.	TIN-TIR^{ki}	ditto	šu-b[at ba]-la- ṭu[3])
4.	ŠU-AN-NA	ditto	e-m[uq] šamê(AN)^{e}[4])
5.	SI-AN-NA	ditto	nu-ur šamê^{e}
6.	SA-AN-NA	ditto	mar-kas šamê^{e}
7.	SA$_{4}$-AN-NA	ditto	ni-bit šamê^{e}
8.	^{alu}LIBIT-BI DUB-SAG-GE[5])	ditto	alu šá li-bit-ta-šú maḫ-ra-ti
9.	^{alu}ASILAL[6])	ditto	alu ri-šá-a-ti
10.	^{alu}ME-BI KA[L-LA][7])	ditto	alu šá par-ṣu-šú šu-q[u]-ru
11.	^{alu}BILLUD[8])-B[I SUḪ	ditto]	alu bil-lu-du-šú nu-[us-su]-qu[9])
12.	^{alu}LUGAL	[ditto	al]u šar-ri.....^{meš}
13.	a[^{lu}]		...bit-.....
14.	....		...?.la.?.?.bu-ú
15.	....		.....[i]ṭ-lu-ti-šú
16.	....		..................a-ti.
17.	....		................šá..

---

[1]) Nach VAT 13101, Vorderseite, Kol. I (WVDOG 48 E. Unger).
[2]) Keilschriftzeichen für Wiederholung.
[3]) Name für ein Stadtquartier, wörtlich „Lebenshain" zu übersetzen.
[4]) Auch Name für das Stadtviertel „Himmelshand" (s. Abschnitt B, Z. 14f.).
[5]) Howardy, Clavis Nr. 161, 42; Delitzsch HWB S. 403.
[6]) Howardy, a. a. O. Nr. 181.
[7]) Delitzsch, Sumer. Glossar S. 113.
[8]) Howardy, a. a. O. Nr. 115, 11; Delitzsch, a. a. O. S. 69.
[9]) Delitzsch, HWB, S. 473b.

Abschnitt D[1])
Zellen und Altäre

D, 1. DÚR-AN-NA šu-bat (Var.: ditto [2]) ^{d}ŠU-ŠAG-BI 2 parakke^{meš} šá ^{d}BA-{AŠ}-MU .... (Var.: ^{d}U-ŠUM-GAL..)[2]) uš-šá-bu
2. KI-GAL-LA šu-bat (Var.: ditto) ^{d}Nin-giz-zi-.. ^{d}MUŠ..
3. ŠU-GE KARATIN (GE-NIGIN; Var.: GI-NIGIN = KARATIN) ŠU-A-BI šu-bat (Var.: ditto) ^{d}A-nim KI ŠÁ RA..È(= UD-DU)-U
4.-5. É-NÍG- ERIM (NE-RU) -ḪUL-E-NE[3]) [šu-bat] (Var : ditto) ^{d}KÚR ŠU DÍM parak[ku] ina muḫ-ḫi uš-šá-bu (Var.: .. ša-šib-bu)
6.-7. É-DELIM-ḪUR-SAG[4]) šu-bat (Var.: ditto) ^{d}NIN AG AG šá ina (DIL)... uš-šá-bu (Var.: .. ša-šib-bu)
8. KI-ŠÀG-DÙG-GA..
9. KI-BUR..........
10.-11. DÚR-KI........
12. KI................

Abschnitt E[5])
Zellen des Gottes Marduk

E, 1. .... u
2. .... šú

---

[1]) Dieser Abschnitt enthält Zellen und Altäre, die u. a. dem Ningizzida (?), Anu gehören; sie tragen sumerische Namen und sind als „Wohnung" (šubtu) der Götter bezeichnet. Eine zusammenhängende Übersetzung und Deutung ist wegen der Unvollständigkeit des Textes vorläufig nicht möglich. VAT 13200 ist besser erhalten und dem Texte zu Grunde gelegt; die Varianten stammen aus VAT 13101, Vorderseite, Kol. II (WVDOG 48 E. Unger).

[2]) Da Ušumgal = bašmu = Schlange ist, so dürfte das fehlende aš zu ergänzen sein (Delitzsch Sumer. Glossar S. 59; HWB S. 145).

[3]) Tempelname etwa in der Bedeutung: „Tempel der Schlechtigkeit (raggu) der Bösen (limnûti)"; Delitzsch, Sumer. Glossar S. 33.

[4]) Tempelname „Schlüssel des Gebirges"; DELIM = liš (Howardy, Clavis Nr. 361; Zimolong, S. 47; ähnlich geschrieben in Abschnitt F, Z. 7. — GUR, GAM = kanâšu kommt hier wohl nicht in Betracht.

[5]) Nach VAT 554, Kol. I (Reisner, Sumer. babyl. Hymnen Nr. V).

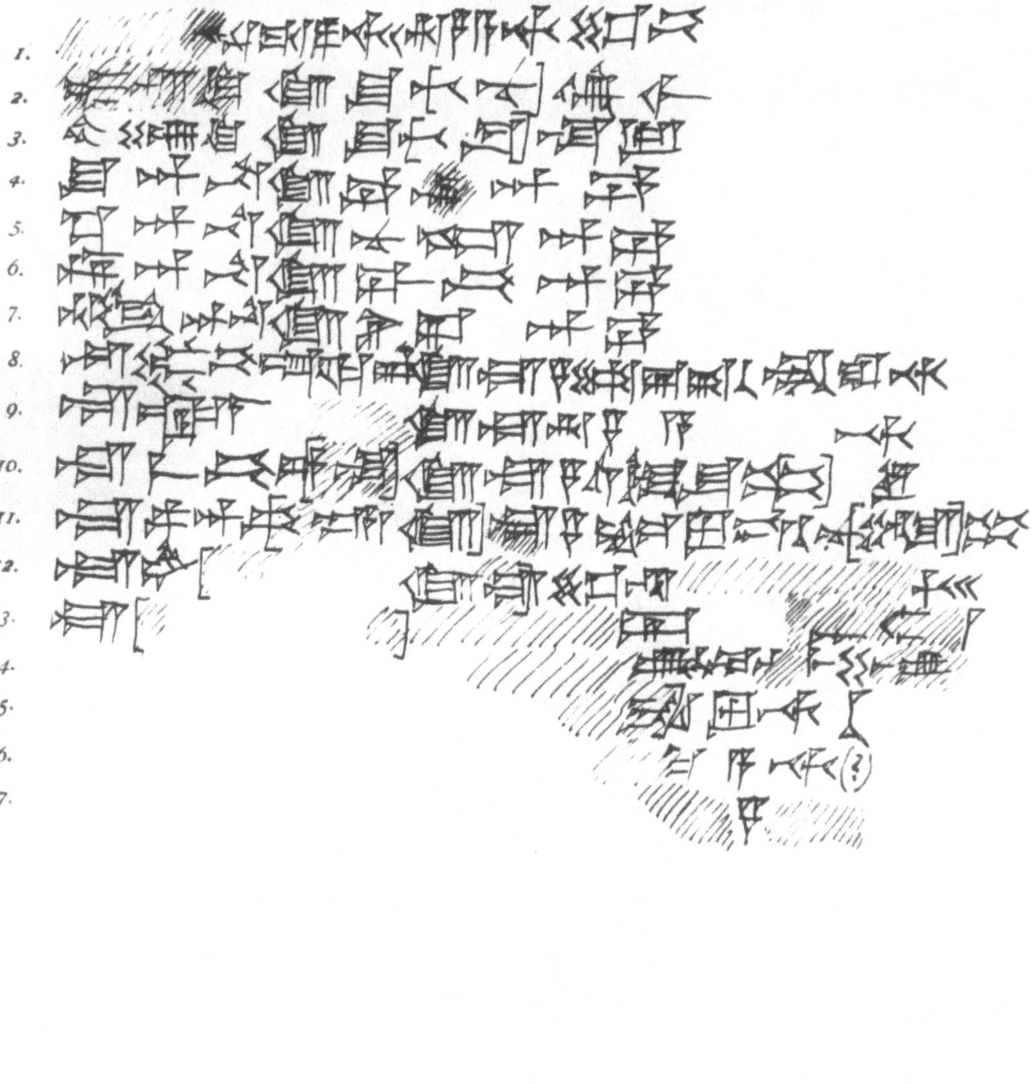

Urkunde Nr. 1. Stadtbeschreibung, Abschnitt C. Schmucknamen von Babylon

3. ....? E- sag-ila[1])
4. .... um-ma-ni-šú
5. .....[ilâni^{meš}]aḫḫê^{meš}-šú
6. ....? šá ekalli-ia
7. ....me ku-ru-ub liš-me[2])
8. ......iš(?)-di Bâbîli (E^{ki}) ^{d}Marduk (AMAR-UD)
9. .....?^{meš} u ^{d}Ištar ka-lat ^{d}Marduk[3])
10. ....ilâni^{meš} ana ^{d}Marduk
11. .....iš(?)-di Bâbîli (E^{ki}) ^{d}Marduk
12. .....? Bâbîli (E^{ki}) ^{d}Marduk
13. ....qa(?)-nu ^{d}Pa-bil-sag[4])
14. ....ku parakku UB-SAḪAR-RA[5])
15. ....? iš-di rag-gu ^{d}Marduk
16. ....[n]ap-ḫar aiabi ^{d}Marduk[6])
17. ...di-in-šu parakku ....[7])
18. ....UB(?)-ŠU(?)-UKKIN(?)-NA(?).....[8])
19. ....
20. [parakku].......?.......[9])
21. [parakku]? ? SAG......
22. parak[ku] ? parakku abul[lu][10])

Abschnitt F[11])

Lage der Zellen (des Marduk?)

F, 1. ....
2. ... tiḫ(DA) Bîtu(É)-ellu(SIKIL)^{lu} É-ḫur-sag-ti-[la]

---

[1]) von Esagila.

[2]) „Cherub höre". Vielleicht ist hier der Name der „Verschlossenen Tür" (porta sancta) der Stadt Babylon (= Bâbîlu = Gottespforte) genannt; vgl. Abschnitt F, Z. 6.

[3]) „Ištar ist die Braut des Marduk."

[4]) = Ninurta.

[5]) Zella Ubsaḫarra, auch sonst bekannt.

[6]) „Gesamtheit der Feinde des Marduk."

[7]) „Sein Gericht"; parakku = Zella.

[8]) Vielleicht die Zella des Marduk, Ubšukkinna.

[9]) Mit Zeile 20 beginnt nach einer unbestimmt großen Lücke VAT 554, Kol. II.

[10]) Zella, Stadttor.

[11]) Nach Br. Mus. 34878, Vorderseite (WVDOG 48 E. Unger).

3. [it-ti a]ḫa-meš nadû(RU)^{ú} parakki(BARAG)-šú šá
ina (DIL) A-sa-me-e
4. [ša É]-ḫur-sag-ti-la ana šâri (IM) III nadû(RU)^{ú}
5. . . . t]i-im ú-šaḫ-ḫi-iz šumi(MU)-šú.
6. . . ina]tar-ṣi-šú nadû(RU)^{ú} ultu(TA) at-ri dalat (GIŠ-GÁL)par-ku
7. [ku-ru-ub?]liš-mu šumi(MU)-šú. Parakku(BARAG) šá ina(DIL)
qu-li-e ina(DIL) pa-na-at
8. . . . na-a-tum na-du-ú
9. . . [^{d}La-]ḫa-mu šar-rat šamê(AN)^{e} ina(DIL) muḫ-ḫi
10. . . qu(?)-lu ^{d}Ištarâte(XV)^{meš} ana(DIŠ) ^{d}Ṣar-pa-ni-tum šumi
(MU)-šú
11. . . . . ^{d}Marduk(AMAR-UD) (?) . . . .

Abschnitt G[1])

Stadttore, Stadtmauern, Flußläufe, Straßen

G, 1. abullu Ina(Var.: Ik)-kib-šú na-kar(Var.: ka-ar)	abul ^{d}Uraš(IB)
2. abullu I-zi-ir tupqi(UB)-šú	abul ^{d}Za-ba-ba
3. abullu Še (Var.: Šu) -'-a-šú i-ri-mu	abul ^{d}Marduk (AMAR-UD, Var.: Giššu)
4. abullu ^{d}Ištar(XV) sa(Var.: šá)-ki-pat te(Var.: + e)-bi-šú (Var.: šá)	abul ^{d}Ištar(XV)
5. abullu ^{d}En-lil ^{mu}mûkin(GI) šarrûti(NAM-LUGAL)-šú	abul ^{d}En-lil
6. abullu Li-bur na-du-šú	abul ^{d}Sin (NANNAR)
7. abullu ^{d}Adad (IM) napištim(ZI)^{tim} ummâne(EREN)^{meš} uṣur(ŠIŠ)	abul ^{d}Adad(IM)
8. abullu ^{d}Šamaš išid (SUḪUŠ) ummâne (EREN)^{meš} kain(GI-NA)	abul ^{d}Šamaš (BABBAR)

9. Dûru Im-gur ^{d}En-lil dû[ri]-šú
10. Ša[l-ḫu]-u Ni-mid ^{d}En-lil [šalḫû]-šú

11. ^{nâru}A-ra-aḫ-tu[m]. . . . .

1) Nach VAT 554, Kol. III (Reisner, Sumer. babyl. Hymnen Nr. V), VAT 13101, K 15122 (King, Supplement Catal. Brit. Mus.); Weißbach, WVDOG V, S. 40.

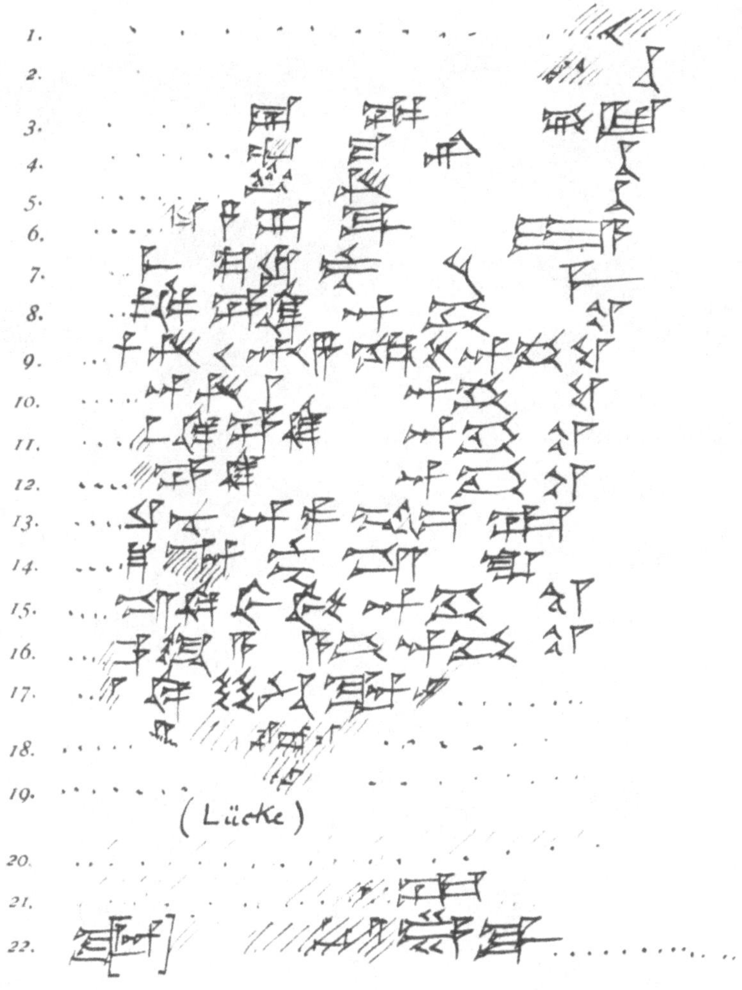

Urkunde Nr. 1. Stadtbeschreibung, Abschnitt E. Zellen des Gottes Marduk

12. ^{nâru}Ḫu-du-uk-......
13. Li-bil-ḫe-gál-lim.......
14. I-šim-me še-'-a-šú [sûqu rapšu?])
15. K[u-n]u-uš qád-ru[2]) sûqu(SIL) qatnu(SIG)^{nu} A-a-i-[bu-ur-ša-bu-um]

Abschnitt H[3])

Straßen (Fortsetzung) und topographische Statistik (innerhalb der Stadt)

H, 1.	ki ....
2.	ṣillu (GIŠ-MI) ....
3. [^{d}Nabû daiân(DI-KUD)]^{an} nîše (KALAM)^{me}-šu (Var.: ni-ši-šú)	sûq ab[ul] ^{d}Uraš(IB)]
4. ^{d}Za-ba-ba mu-ḫal-liq ga-ri-šú	sûq abul ^{d}[Za-ba-ba]
5. ^{d}Marduk(AMAR-UD) rê'u(SIB) mâti(KUR)-šu	sûq abul Gi-[iš-šu]
6. ^{d}Iš-tar la-mas-si (Var.: ^{d}LAMA) um-mâni-šú (Var.: EREN^{meš}-šu)	sûq abul [^{d}Iš-tar]
7. ^{d}En-lil mu-kin šarrûti (NAM-LUGAL-LA)-šú	sûq abul (^{d}En-l]il
8. ^{d}Sin (XXX) ditto[4]) (Var.: mu-kin) agê(MIR) šarrûti (NAM-LUGAL-LA) -šú	sûq abul [^{d}Sin(NAN] NAR)
9. ^{d}Adad(IM) napištam(ZI)^{tam} um-ma-ni-ia uṣur(ŠIŠ) Var.: za-nin (!) ummâne (EREN)^{meš}-šú[5])	sûq abul ^{d}Adad(IM)

[1]) Derselbe Name begegnet im Opferkalender, Clay, Coll. J. P. Morgan IV, Nr. 25, Z. 35 8 (^{d}I-šim-me [! anstatt DIŠ] še-'-a-šá) = Reisner, SBH VII (VAT 398), S. 144, Z. 15(^{d}I-šim-mi še-'-a-šá), als vergöttlichtes Wesen, wie die Stadttore der Ištar und des Uraš unter den Göttern von Babylon in III R, Taf. 66, Rücks. Kol. V, Z. 5—6 auftreten, und die Stadtmauern 10 von Babylon (a. a. O. Z. 18—19) mit Gottesdeterminativ geschrieben sind.

[2]) Vgl. das Götterbild ^{d}Ku-nu-uš qad-ru (III R, Taf. 66, Vorders. Kol. I, Z. 28) im Aššurtempel der Stadt Aššur, sowie in der „Stadtbeschreibung von Assur": ^{d}Kunuš (GÚR)-qad-ri (O. Schroeder, KAV Nr. 42, Kol. I, Z. 11). Vgl. F. Delitzsch HWB S. 341, 600: A. Deimel, Pantheon babylonicum Nr. 1701; s. a. E. Unger. Das Stadtbild von Assur: AO 27, 3, S. 12—16.

[3]) Nach K 3089 (Proc. Soc. Bibl. Arch. XXII, S. 360 Pinches), Varianten nach Br. Mus. 34878 = Sammlung Spartoli II, Nr. 385, vgl. WVDOG 48 E. Unger. Der zweite Text beginnt Zeile 7 und endigt Zeile 18. Er hat am Anfang jeder Zeile stets das Wort „Sûqu" (SIL) = Straße, das wahrscheinlich auch in K 3089 zu ergänzen sein wird. VAT 554 beginnt mit Z. 10.

[4]) Keilschriftzeichen für Wiederholung des darüberstehenden Schriftzeichens.

[5]) Var.: Adad ist der Pfleger seiner Leute (Truppen).

10. ^{d}Šamaš (BABBAR) išid (SUḪUŠ, Var.: ṣu!-ḫuš!) um-ma-ni-ia kain (GI-NA) Var.: EREN^{meš} -šú![1]) | sûq abul ^{d}Šamaš (BABBAR)

11. Sûqu (SIL) Ku-ru-ub liš-me-e su(?)-me-e-u-su

12. „ „ E-sir ^{m}Damiq(SIG)-ili(DINGIR)-šu E-sir Irbitti (IV-ma)

13. „ „ E-sir ^{d}Sibitti (IMINA-BI) E-sir ^{d}Maš-tab-ba

14. „ „ Ḫup ma-a-šú (Var.: ?- mat-su)[2]) da-a-šú (Var.: da-ad-su) ka-ra-ku(tuš) (Var.: ku[m])

15. „ „ I-šim-ma (Var.: mu) ana(DIŠ) ru-ú-qa su-la-a (Var.: su-ul-a) ^{d}Marduk (AMAR-UD)

---

16. Napḫar (ŠU-NIGIN): 53 ma-ḫa-su (Var.: ma-aḫ-zi) ilâni (DINGIR)^{meš} rabûti (GAL)^{meš}

17. lib-bi Bâbîli (KA-DINGIR-RA); 55 parakke (BARAG$^{aš-aš}$) ^{d}Marduk (AMAR-UD);

18. 2 gir-ri; 3 narâte^{meš}; 8 abulle^{meš}; 24 sûqe (SIL) Bâbîli (E^{ki});

19. 300 (5. UŠ) parakke ^{d}Igigi u 600 (NER) parakke An-nun-na-ki;

20. 180 (3. UŠ) ibrâte (UB-LÍL-LA) ^{d}Ištar; 180 (3. UŠ) man-za-za

21. ^{d}Lugal-dingir-ra u ^{d}Meš-lam-ta-è-a;

22. 12 manzaza (KI-GUB) ^{d}Sibitti (IMINA-BI); 6 manzaza (KI-GUB) zibbâte (KUN[^{meš}]);

23. 4 manzaza (K[I]-GUB) Tir-an-na; 2 manzaza (KI-GUB) ^{d}Isinnu (EZEN),

24. [lib-b]a qabal (MURUB) ali (ER)

---

25. .... (unleserlich)

Abschnitt I[3]).

Vororte außerhalb der Stadt

I, 1. [6 alâni^{meš} ebirti (BAL-R]I) ṣît Šamši (^{d}BABBAR-Ê-[A)]. —

2. [ultu (TA) Bî]t ^{d}Adad(IM) adi(EN) abul A-ku-ṣi-te:

---

[1]) Var.: Šamaš ist die Grundlage seiner Truppen.

[2]) Im Text Br. Mus. 34878 ist das Zeichen durch Hackenschlag des Ausgrabenden zum Teil verwischt worden. Vielleicht ist mat nur das Ende des Zeichens für „Magd" = amtu, amât (GEME), Howardy, Clavis Nr. 525, das auch für amâtu = Wort, Orakel gebraucht wird (Bezold, a. a. O. S. 3). Dann ist amât-su zu lesen.

[3]) Nach VAT 554 (Reisner, Sumer. babyl. Hymnen Nr. V) und VAT 13101 (WVDOG 48 E. Unger); dieser ist als Haupttext zugrunde gelegt worden.

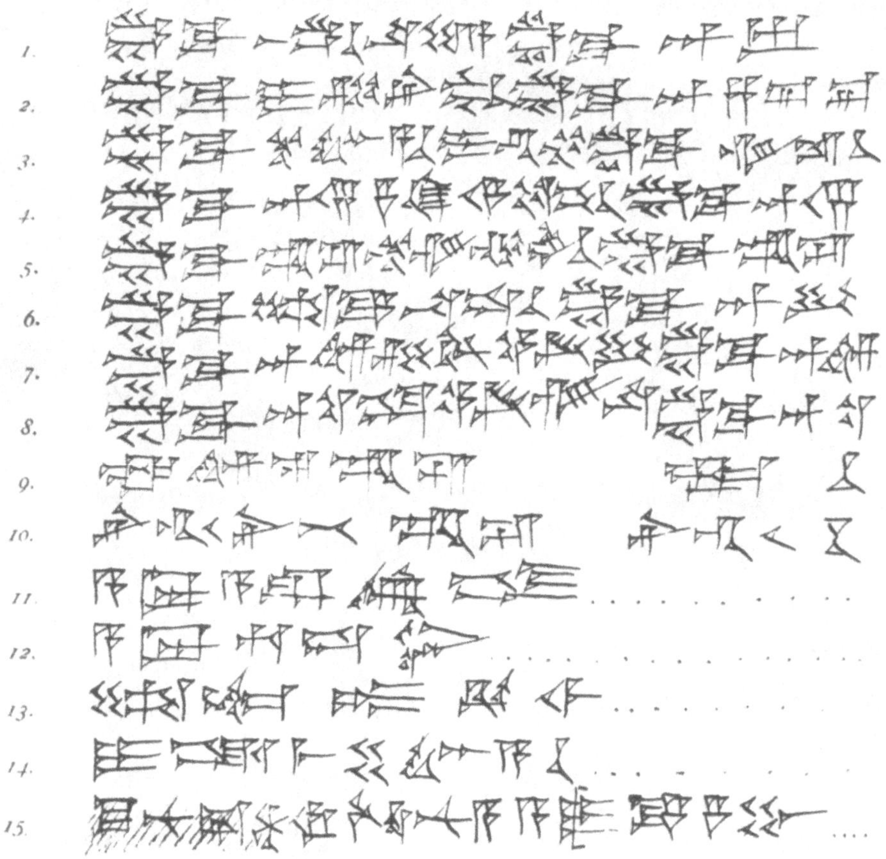

Urkunde Nr. 1. Stadtbeschreibung, Abschnitt G. Stadttore, Stadtmauern, Flußläufe, Straßen

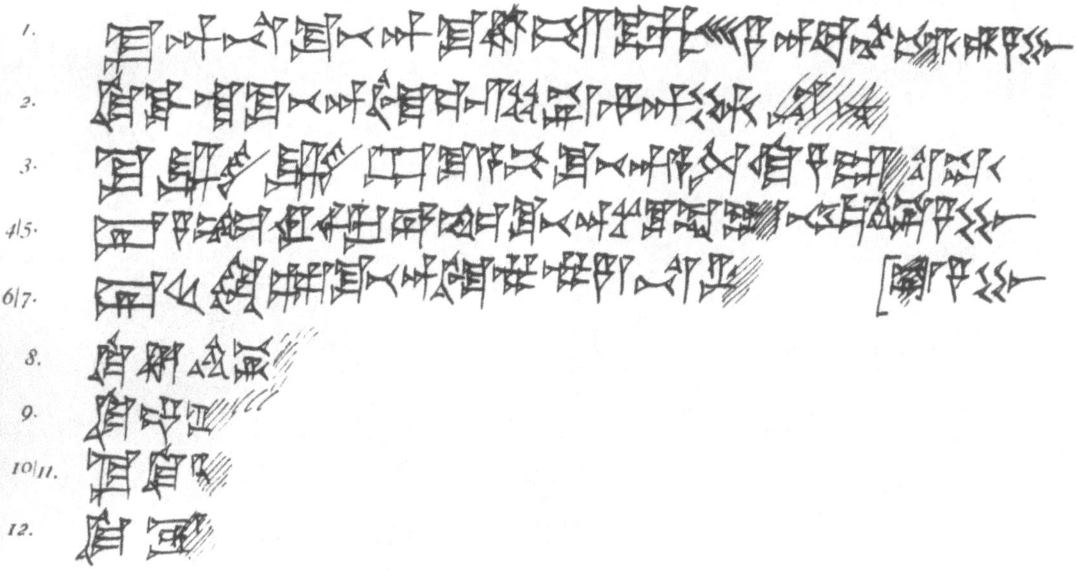

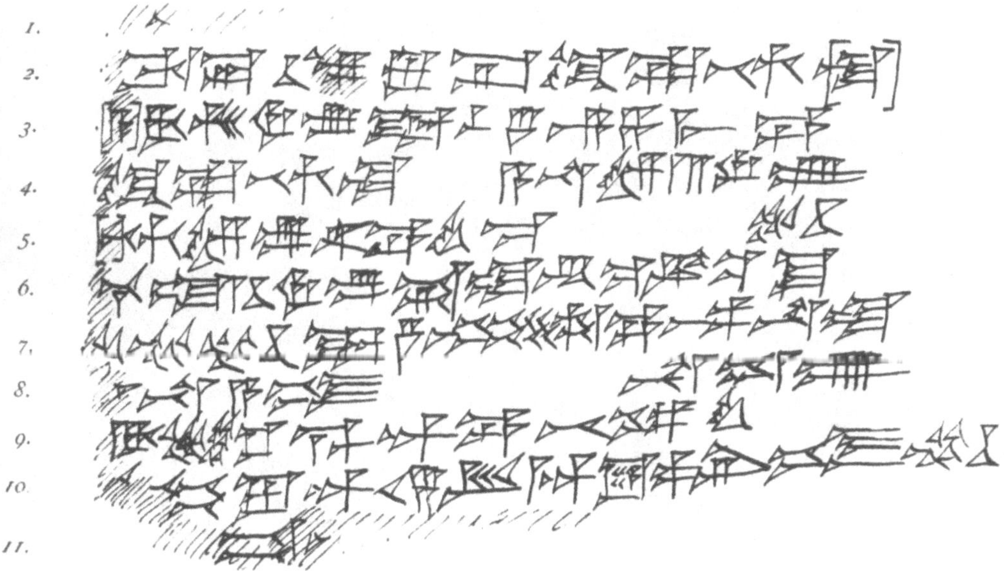

b) Urkunde Nr. 1. Stadtbeschreibung, Abschnitt F. Lage der Zellen (des Marduk?)

3. „NU-ḪAR“ pir-ki MU-NE. —
4. Ultu(TA) abul A-ku-si (!, Var.: ṣi)-tum adi(EN) Bît mûti (bzw. mûtânu: NAM-UŠ [bzw. BAT]).
5. šá Bît ṣêri (EŠ-MAḪ): „Ina qi-ri(Var.: qir)-bi-šú ib-ba-nu-ú ḫalâqu (ḪA-A)“ MU-NE. —
6. Ultu(TA) LI-DUR qašti (GIŠ-PAN)[1]) šá Bâb Bît Bêlit Ninâ
7. a-di kišâd(GÚ) nâri(ÍD): „Bâb ᵈLugal-gir-ra“ MU-NE. —
8. Ultu(TA) abul ᵈŠamaš (BABBAR) adi (EN, Var.: a-di) nâri (ÍD): „Tu-ba (Var.: bi)“ MU-NE. —

---

9. 4 alâni^{meš} ebirti (BAL-RI) ereb Šamši (ᵈBABBAR ŠÚ-A). —
10. 10 alâni^{meš} šá ta-mir-ta-šú-nu (Var.: . . . na?, VAT 554) ḫe-gál-la.

---

11. Stichzeile von VAT 554: [. . . . . E]sag-ila

---

Unterschrift von VAT 13101:

12. Duppu 5^{kam} TIN-TIR^{ki} Ba-bi-i-lu ZAG TIL-LA-BI-ŠU. —
13. Kî pî(KA) duppâni^{meš} gab-ri Bâbîli (KA-DINGIR-RA^{ki}) šaṭir (AB-SAR) bâri(U$_6$).
14. Duppu ^{md}Nabu-ki-in-ab-lim mâr ^{m}I-li-'- ᵈMarduk(AMAR-UD).

Abschnitt K[2])

Beschreibung des Marduktempels Esagila und des Turms zu Babel Plätze und Bezirke

K, 1. Esagila, kisallu ṣîru, ina iku(GAN) madazzu: 1 iku [2 sar u $^1/_2$ sar rabbi]
2. kisal Ištar u Zababa: 2 sar u $^1/_2$ sar kisal Ištar u Zababa rabbi.
3. Asamû ša Ulšukkinna: 2 sar u $^1/_2$ sar kisallu ṣiḫru, šiddu, pûtu ina iku
4. rabbi. — Suḫatum ša ina tiḫ dalat arkabinni, aššu šiddu pûtu iku

---

[1]) LI-DUR, Aussprache und Bedeutung des Ideogramms ist noch ungewiß. Meißner, Seltene Assyr. Ideogramme Nr. 641; vgl. H. Holma, Namen der Körperteile (Annal. Acad. scient. Fennic. Ser. B, VII) S. 157. Die Übersetzung ist um so unsicherer, als in VAT 554 die Variante GIŠ KIM steht; KIM = PAN mit einem senkrechten Abschlußkeil.

[2]) Bei den Maßangaben der Tafel kommen verschiedene Maße vor, „die Suklu-Elle“, „die Groß-Elle“ und die „Schritt-Elle“ (adue bzw. arê). Die beiden letzten stehen im Verhältnis von 2:3. Striche markieren die Absätze in der Tafel selbst und auch hier. Nach AO 6555 in Paris, sog. „Esagila-Tafel“ oder „Tafel Smith“ (Textes Cunéif. Louvre, VI, Taf. 59—60, Thureau-Dangin). Die Zahlen Z. 26f. sind Ellen.

5. NU-ZU-U: 11. 23. 20 šiddu kisallu ṣîru, 9 pûtu kisallu šîru; 11. 23. 20 adu 9
6. 1. 42. 30. — 1. 42. 30 adu 18: 30. 45; aššu(MU) 30. 45 NU-ZU-U: iku
7. 2 sar $^1/_2$ sar ŠE-NUMUN ina 1 ammatum rabîtum: AKA^{meš} kisallu ṣîru.

---

8. 10. 33. 20 šiddu kisal Ištar u Zababa, 4. 30 pûtu kisal Ištar u Zababa.
9. 10. 33. 20 adu 4. 30: 47. 30. — 47. 30 adu 18: 14. 15; kî 14. 1[5]
10. NU-ZU-U: 40 sar $7^1/_2$ sar ŠE-NUMUN ina 1 ammatum rabîtum: mindâti kisal [Ištar u Zababa].

---

11. napḫar: 1 iku 10 sar ŠE-NUMUN ina I ammati arê kimirti kisalâte
12. kilallân; siḫirti Bâbu ṣîru, Bâb ṣît Šamši, Abullu, Bâb Lamassi rabî,
13. Bâb ḫegalli, Bâb tabrâti, 6 bâbâni nîrib ana kisallâte.

---

14. ša ana kidudu Ekur, itâti Ubšukkinna KAT-KAT-E Esagila
15. u siḫirṭi Bâbi Elli lâ manuti.

Der Turm zu Babel unter der Erde

16. mindâti Kigalli Etemenanki, šiddu u pûtu, ana IGI-GA[B-A]
17. 60. 60. 60. šiddu, 60. 60. 60. pûtu ina 1 ammatum Suklum ša menûtišu ana ŠÁR-ŠÁR, 3 [adu 3]:
18. 9. — 9 adu 2: 18, kî 18 NU-ZU-U: 3 pi ŠE-NUMUN ina ammatum ṣi[ḫirtum]
19. Kigalli Etemenanki, mîlu kî pî šiddu [u pûtu].

---

20. šaniš: mindâti Kigalli Etemenanki, šiddu u pûtu ana a-ma-ri
21. [10 gar šid]du, 10 gar pûtu ina 1 ammatum arê ša menûtišu ana šutab[uli]
22. [10 adu 10]: 1.40. — 1.40 adu 18: 30; kî(MU) 30 NU-ZU-U: 1 iku, 3 sat [ŠE-NUMUN]
23. ina 1 amatum rabîtum. Kigalli Etemenanki, šiddu, pûtu u [mîlu]
24. ina 1 ammatum arê: 10 gar tân mitḫu[rtum].

Der Komplex des Haupttempels Esagila

25. [2 kisall]âti u 6 papaḫâni ša NU-ḪAR MU-NE: Bîtu šadû: papaḫ [Marduk]
26. [60 + 20 ši]ddu, 40 pûtu; qanni ana qanni papaḫâ[ni]
27. ša Nabû u Tašmêtum, 45 ân šiddu, 40 ân pûtu.

a

b

a. Urkunde Nr. 1. Stadtbeschreibung, Abschnitt F (Brit. Mus. 34878, Vorderseite)
b. Desgl., Abschnitt H, Z. 7—18 (desgl. Rückseite)

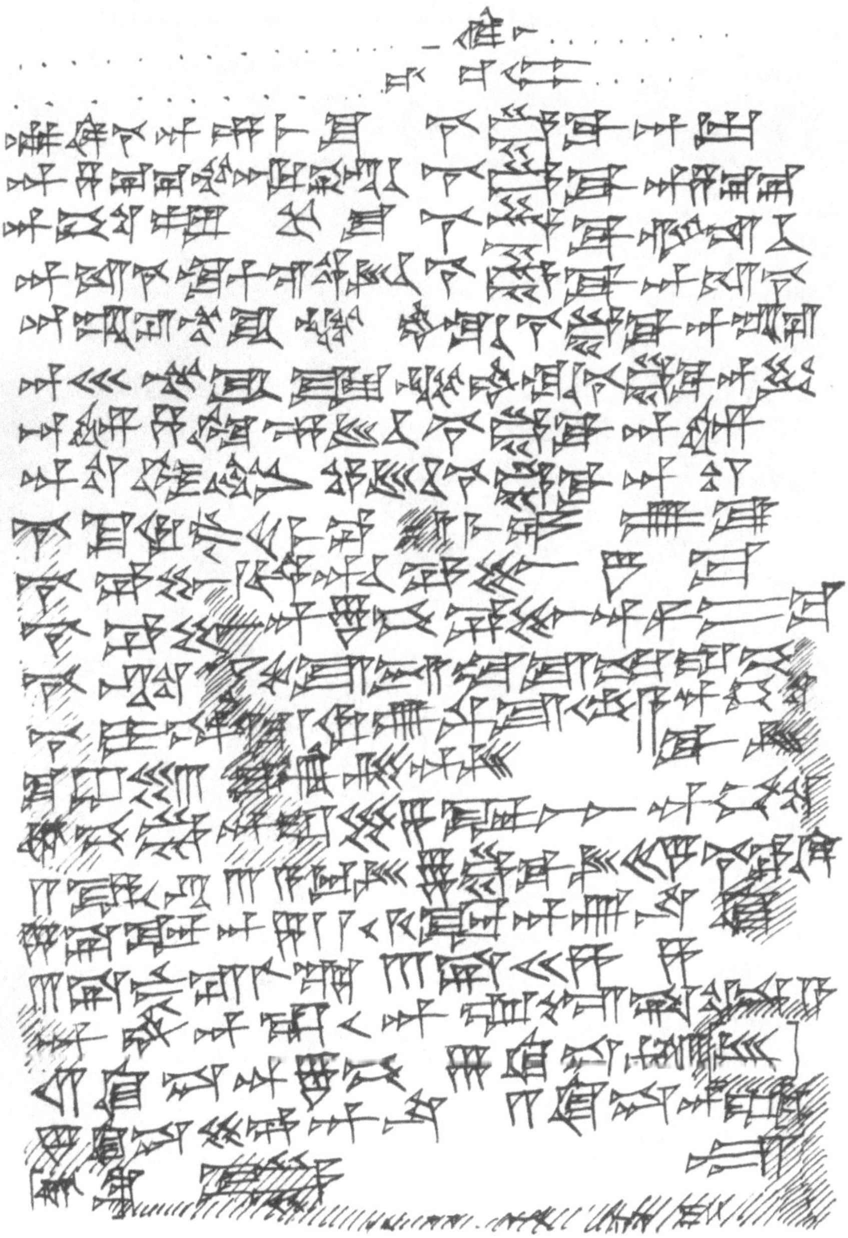

Urkunde Nr. 1. Stadtbeschreibung, Abschnitt H
Straßen (Fortsetzung) und Topographische Statistik (innerhalb der Stadt)

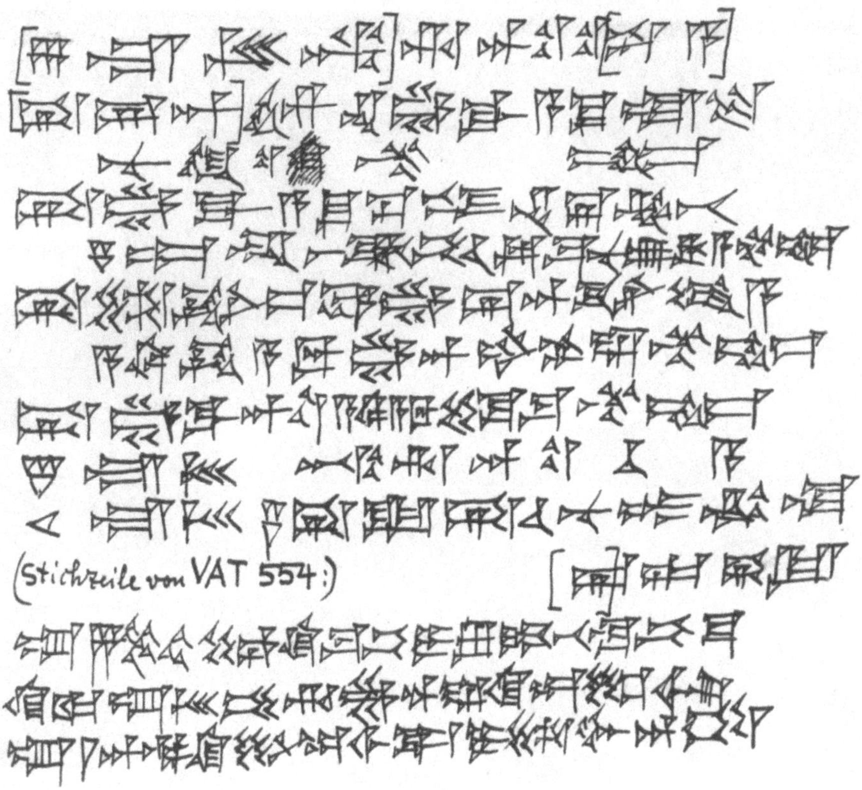

Urkunde Nr. 1. Stadtbeschreibung, Abschnitt I. Vororte außerhalb der Stadt

28. šanîta: Bîtâte ša iltâni ša Ea u Nusku; Bît Ea: 60 + 25 šiddu,
29. 30 pûtu; Bît Nusku: 35 šiddu, 35 pûtu. Bîtu ša šûti, Bît Anim u Sin,
30. 60 + 10 šiddu, 30 pûtu. Bîtu ša amurri, Tu'um u Bît Simmilti,
31. ina kutallišu pâni Bâbanû: Bît Irši: 120 + 5 šiddu, 30 pûtu;
32. pâni Bîtanû, 60 + 40 šiddu, 20 pûtu, Bît Simmilti kî pîšunuma śiddu
33. 35 pûtu. Kisallu, 60 + 40 šiddu, 60 + 5 pûtu, kisal ṣûqâti u sikkûre lamu.
34. Iršu, 9 ammatu šiddu, 4 ammatu pûtu, iršu; kussu tarṣi iršu. Šanîta:
35. Kisal nadâti, Bâb ṣît Šamši, Bâb šûti, Bâb ereb Šamši, Bâb iltâni.
36. mindâti šiddu, pûtu u mîlu $^{šuš-ši}$ gimir (TI) NU-ḪAR MU-NE[1]).

Maße des Turms zu Babel über der Erde

37. 15 gar šiddu, 15 gar pûtu, $5^1/_2$ gar mîlu, IM-DU-A, šapliû
38. 13 gar šiddu, 13 gar pûtu, 3 gar mîlu, rikbi, šanû.
39. 10 gar siddu, 10 gar pûtu, 1 gar mîlu, ḪU-SI (= rikbi), šalšu.
40. $8^1/_2$ gar šiddu, $8^1/_2$ gar pûtu, 1 gar mîlu ḪU-SI, rebû.
41. 7 gar šiddu, 7 gar pûtu, I gar mîlu, ḪU-SI, ḫaššu.
41a. [2]) {$5^1/_2$ gar šiddu, $5^1/_2$ gar pûtu, 1 gar mîlu, ḪU-SI, šeššu.}
42. 4 gar šiddu, $3^1/_2$ gar IGI-GAZ pûtu, $2^1/_2$ gar mîlu, ḫitlupu (GIR_8), elû (AN-TA), sîbû (VII^u), Šaḫuru.

Unterschrift des Tafeltextes

43. mudû mudû likkallim, lâ mudû lâ immar, pî duppi gabri Barsip
44. šaṭirma uppuš u bâri.

Maßtabelle (Z. 45—47)

Flächenmaß		Hohlmaß
18 MU-SAR	= 1 GAR	= 3 sila + (ù) ešrâtu (20^u) šá
50 MU-SAR	= $^{u\text{-}bu}$UBU	= 1 sat + 3 sila [GAR
2 UBU	= $^{i\text{-}ki}$GAN	= 3 sat
6 GAN	= $^{ib\text{-}lu}$EBEL	= 3 pi
3 EBEL	= $^{bu\text{-}ru}$BUR	= 1 gur + 4 pi
60 BUR	= $^{ša\text{-}a\text{-}ri}$ŠAR	= 108 gur

[1]) Hier endet die Vorderseite mit doppeltem Schlußstrich und leerem Raum darunter!
[2]) Vom Schreiber versehentlich ausgelassen.

Unterschrift des Schreibers und Datum

48. duppu Anubêlšunu, mâr Anubalaṭsuiqbi, apal Aḫ'utu Tirannau
49. qât Anubêlšunu, mâr Nidintumanu, apal Sinliqiunninni; Uruk, araḫ Kisilimmu, ûmu 26
50. šattu 83, Siluku šarru.
51. (am Rande): Ina amât Anu u Antum lišlim.

Stadtbeschreibung von Babylon

ÜBERSETZUNG

Abschnitt A

Namen der Tempel

(s. Text)

Abschnitt B[1])

Lage der Tempel in den Stadtvierteln

B, 1. Tempel des Gottes Anmartu
2. „ des Gottes Nabu
3. „ der Bêlit von Babylon (Ištar von TINTIR),
4. „ des Gottes Sin,

[1]) Es ist interessant zu beobachten, daß der Mensch damals, nicht wie heute, mit Überschriften arbeitete, denen eine Aufzählung der einzelnen Tempel erst folgte, sondern umgekehrt, erst die einzelnen Namen aufzählte und sie in der Unterschrift zusammenfaßte. Damals im primitiveren Kindheitszeitalter der Menschheit zählte man erst die Einzelheiten auf und erhielt dann den Überblick, man gab erst die kleineren Einheiten an und erhielt daraus die große zusammenfassende Einheit, die Summe, wie vor allem die Maßtabelle (Abschnitt K) zeigt. Dies alles ist wichtig für die Beurteilung der damaligen Denkweise der Menschen, namentlich aber auch für die Erklärung von unvollkommen erhaltenen Texten, in denen sich eine Zusammenfassung immer auf das Vorhergehende bezieht, nicht aber, wie wir es gewohnt sind, auf das Folgende. Weitere gute Beispiele s. Abschnitt H mit der Statistik am Schluß, sowie Abschnitt I, Z. 1, 9 und 10, mit zwei Teilunterschriften und einer Generalunterschrift, die sich auf die Vororte von Babylon beziehen.

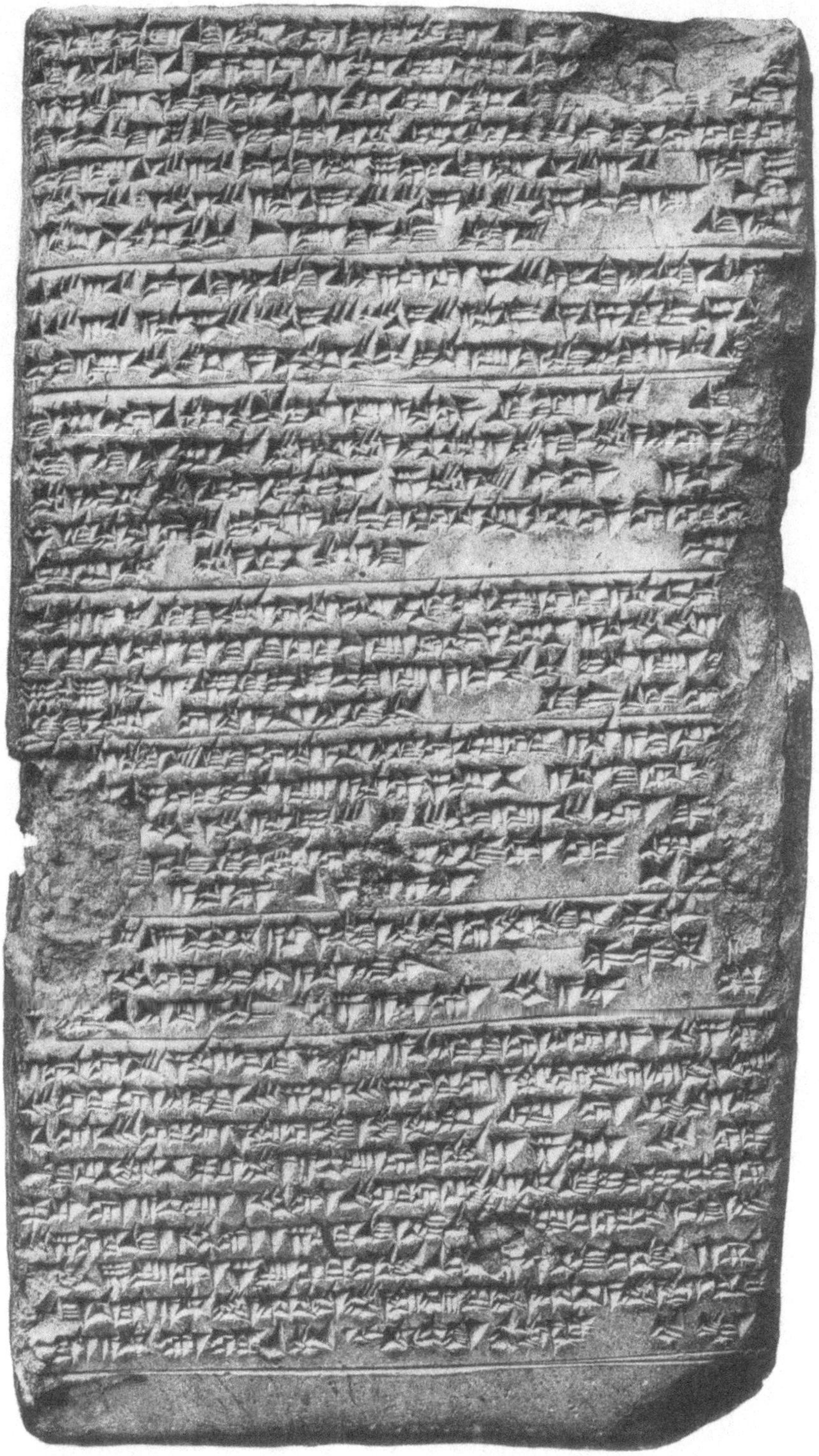

Urkunde Nr. 1. Stadtbeschreibung, Abschnitt K, Z. 1—36

Urkunde Nr. 1. Stadtbeschreibung, Abschnitt K, Z. 37–50

5. Tempel des Gottes Papsukkal,
6. „ des Tamuz „der Regenten",
7. „ des Nabû „des Vermögens",
8. „ des Ningizzida,
9. „ der Anunitum. — Von der „Binnenstadt". —
10. „ des Nabû „ša Ḫarê",
11. „ der Ištar „von Akkad",
12. „ der Ašratum,
13. „ der Maḫ. — Innerhalb von „Gottespforte". —
14. „ der Gula (?); des Gottes Ninurta,
15. „ des Nergal. — Innerhalb von „Himmelshand". —
16. „ des Šamaš; des Gottes Nabû,
17. „ der Nineanna,
18. „ des Adad. — Innerhalb der „Neustadt".

Abschnitt C
Schmucknamen von Babylon

C, 1. Babylon, Namen der Heiligkeit und des Frohlockens zu Singen
2. (wie im Text) Wohnung des Überflusses
3. „ „ „ Wohnung des Lebens[1])
4. „ „ „ Himmelskraft[1])[2])
5. „ „ „ Himmelslicht
6. „ „ „ Himmelsband
7. „ „ „ Berufene des Himmels
8. „ „ „ Stadt, deren Lehmziegel uralt ist
9. „ „ „ Stadt des Frohlockens
10. „ „ „ Stadt, deren Ritus kostbar ist
11. „ „ „ Stadt, deren heilige Satzung herrlich ist
12. „ „ „ Stadt, deren König.....

Abschnitt D
Zellen und Altäre
(s. Text)

[1]) Gleichzeitig Name für ein Stadtviertel.
[2]) Geschrieben Himmels-Hand, in babyl. Übersetzung Himmelskraft; Hand = Kraft.

Abschnitt E
Zellen des Marduk
(s. Text)

Abschnitt F
Lage der Zellen (des Marduk?)

F, 1. ....
2. Dicht an dem „Heiligen Haus“[1]) ist der Tempel Eḫursagtila
3. beisammen gelegen. Seine Zella, die im Asamû[2])
4. von Eḫursagtila nach der 3. Windrichtung[3]) hin gelegen ist,
5. „.......? hat ergreifen lassen“ ist ihr Name.
6. ...... ihr gegenüber gelegen ist außerdem die „Verschlossene Tür“[4]),
7. .... [„Cherub(?)]höre“ ist ihr Name. Die Zella, die im qulî[5]) gegenüber dem
8. .....nâtum gelegen ist,
9. „...“ [Göttin La]ḫamu[6]) Königin des Himmels in bezug auf
10. .... die Klage(?) der Göttinnen zur Göttin Sarpanitum“ ist ihr Name.
11. .... ^{d}Marduk(?) ....

[1]) „Heiliges Haus“, von dem bisher nur die „Heilige Pforte“ (s. Anm. 4) bekannt war.

[2]) Asamû, was vielleicht eine Bezeichnung topographischer Art ist. Es kommt vor in der „Esagila-Tafel“ (Abschnitt K) Vorders. Z. 3 als „Asamû von Ubšukkinna“ (des Schicksalstempels“). „Tempelbezirk“ könnte man vorläufig übersetzen.

[3]) Die 3. Windrichtung ist Nordosten, šadû, vgl. Forschungen und Fortschritte IV, Nr. 33 (Unger); ZA 35, S. 306f. P. Schnabel. Die 1. Windrichtung ist Südosten (vgl. unten S. 308).

[4]) Die „Verschlossene Tür“, auch „arkabinnu“ = „Unfertige (Schein)Tür“ (Esagila-Tafel, = K, Z. 4) und „Bâbu ellu“ = „Heilige Pforte“ (a. a. O. Z. 15), wohl auch „Fenstertür“ (birru) genannt; vgl. ZATW 1927, S. 165f. E. Unger, wo das Material über diese Vorläuferin der „Porta Santa“ der Peterskirche in Rom zusammengestellt ist, und Kapitel XIX.

[5]) Bedeutung nicht sicher; vielleicht ist „Brandopferplatz“ zu übersetzen und das Wort qulû von qalû = verbrennen abzuleiten (Bezold, Glossar, S. 243); vgl. Herodot I, 183.

[6]) Laḫamu, Mutter des Marduk.

Abschnitt G

Stadttore, Stadtmauern, Flußläufe, Straßen

G, 1.	Stadttor	„Feindschaft bedroht es“	Uraš-Tor
2.	„	„Er hat gezeichnet (umrissen) seine[1]) Aufschüttung (Bau)	Zababa-Tor
3.	„	„Seinen[1]) Freund hat er beschenkt“	Marduk-Tor Giššu-Tor
4.	„	„Ištar ist die Niederwerferin seines[1]) (Var.: ihres) Feindes“	Ištar-Tor
5.	„	„Enlil ist der Stifter seines[1]) Königtums“	Enlil-Tor
6.	„	„Möge alt werden sein[1]) Gründer(?)“	Sin-Tor
7.	„	„Adad beschütze das Leben der Truppen“	Adad-Tor
8.	„	„Šamaš lege die Grundlage der Truppen fest“	Šamaš-Tor

9. Binnenmauer Imgur-Enlil („Enlil war gnädig“), seine[1]) Binnenmauer
10. Außenmauer Nimid-Enlil („Sitz des Enlil“), seine[1]) Außenmauer

11. Fluß Araḫtum ....
12. Fluß Ḫuduk-.....
13. Libilḫegallim („Überfluß möge er bringen“)....
14. Išimme še'ašu („Er hört seinen[2]) Freund“), [große Straße];
15. Kunuš qadru („Beuge dich Besiegter“), enge Straße; Aîburšâbum („Nicht möge siegen der Feind“).

Abschnitt H

Straßen (Fortsetzung) und topographische Statistik (innerhalb der Stadt)

H, 1.	.................ki.......	
2.	.... Schatten (?)	
3.	Nabû ist der Richter seiner[1]) Bewohner	Uraš-Tor-Straße
4.	Zababa ist der Vernichter seines[1]) Feindes	Zababa-Tor-Straße

[1]) sc. Babylon.

[2]) sc. Babylon. In den Varianten steht stattdessen „ihren“. —

5. Marduk ist der Hirt seines[1]) Landes	Giššu-Tor-Straße
6. Ištar ist der Schutzgeist seines[1]) Heeres	Ištar-Tor-Straße
7. Enlil ist der Stifter seines[1]) Königtums	Enlil-Tor-Straße
8. Sin ist der Stifter der Krone seines[1]) Königtums	Sin-Tor-Straße
9. Adad schütze das Leben meines Heeres[2])	Adad-Tor-Straße
10. Šamaš setze die Grundlage meines Heeres fest[2])	Šamaš-Tor-Straße

11. Straße: Kurub lišme sumeusu (?) („Cherub höre seinen?").
12. „ Prozessionsweg des Damiq-ilišu[3]), „Vier-Straße".
13. „ Prozessionsweg des Sibitti, „Zwillings-Straße".
14. „ Ḫup mâšu (amâtsu) dâšu (datsu) karaku.[4])
15. „ Išimmu ana rûqa („Er hört in die Ferne"), Prozessionsstraße des Gottes Marduk.

---

16. Zusammen 53 Heiligtümer der großen Götter
17. innerhalb von Babylon; 55 Zellen des Gottes Marduk;
18. 2 Heerstraßen; 3 Flußläufe; 8 Stadttore; 24 Straßen von Babylon.
19. 300 Zellen der Igigi und 600 Zellen der Annunnaki;
20. 180 Sitze (Altäre) der Ištar; 180 Sitze
21. des Lugaldingirra (Adad) und Mešlamtaëa (Nergal);
22. 12 Sitze (Altäre) des Sibitti; 6 Sitze der (Fisch-)Schwänze;
23. 4 Altäre des Tiranna (Regenbogens); 2 Altäre des Festgottes;
24. innerhalb des Weichbildes der Stadt.

---

25. . . . .

—

[1]) sc. Babylon.

[2]) Abweichende Namen der Straßen s. im Text.

[3]) Damiq-ilišu vermutlich der 3. König der 1. Dynastie des Meerlandes, der Babylon von der Eroberung der Kossäer und Hettiter um 1850 befreit haben könnte, so daß eine Straße nach ihm benannt wurde.

[4]) Die Übersetzung dieses Straßennamens ist sehr ungewiß: Nur der Text in VAT 554 ist sicher erhalten. Ḫup = Reinigung (vgl. Neujahrsfestritual Z. 345, 364; Thureau-Dangin, Rit. acc. S. 140; Bezold, Glossar S. 117); mâu (amâtu) ist Orakel (Bezold, a. a. O. S. 163) oder Entscheidung; dâšu kann tá-a-šu gelesen werden = seine Beschwörung (Delitzsch, HWB, S. 701); karaku ist wohl Permansiv von karû = einholen, erteilen, vom Orakel gesagt (Bezold, a. a. O. S. 148 b). „Reinigung seines Orakels als seine Beschwörung ist erteilt worden". In der Variante da-at-su vielleicht „als sein Geschenk" (Delitzsch HWB, S. 208) aufzufassen.

Abschnitt I

Vororte außerhalb der Stadt

I, 1. 6 Vororte gen Sonnenaufgang.
2. Vom Adad-Tempel bis zum Akußer-Tor[1]):
3. „Nuchar" (Glosse: „Bezirk") ist sein[2]) Name. —
4. Vom Akußer-Tor bis zum „Totenhaus"[3]),
5. Das des „Zeltes"[4]): „In seinem Innern ist der Untergang geboren" ist sein[2]) Name. —
6. Von dem „LI-DUR des Bogens"[5]) (oder eines Bogenschusses) der Pforte des Tempels der Bêlit von Ninive
7. Bis zum Ufer des „Flusses"[6]): „Pforte des Lugalgirra" ist sein[2]) Name. —
8. Vom Šamaš-Tor bis zum „Flusse"[6]): „Tuba (Var.: Tubi)" ist sein[2]) Name.

---

9. 4 Vororte gen Sonnenuntergang. —
10. 10 Vororte, deren Flur fruchtbar ist.

---

11. Stichzeile von VAT 554: ..... Esagila[7]).

Unterschrift von VAT 13101:

12. Fünfte Tafel: TINTIR d. i. Babylon, vollständig beendigt.
13. Gleich dem Wortlaut der Tafeln, Abschriften aus Babylon, geschrieben und kollationiert.
14. Tafel des Nabu-kîn-ablim, Sohnes des Ili'-Marduk[8]).

---

1) = Adad Tor.

2) sc. des Vororts.

3) Vermutlich das Mausoleum von Babylon.

4) EŠ-MAḪ = bît ṣêri „Zelt" (Bezold, Glossar S. 87). Es dient auch als Determinativ vor dem Worte kultaru = „Zelt" (VAB VII, S. 493, 586 M. Streck).

5) LI-DUR ist nach H. Holma (Körperteile S. 47/8) die weibliche Brustwarze (zîzu, muššu); hier ist aber der Sinn nicht ganz klar. Vielleicht heißt es „Spitze" oder „Ende" des „Bogenschusses". Einen Bogenschuß entfernt von der Tempelpforte.

6) = Euphrat.

7) Nach dieser Stichzeile ist die folgende Tafel Abschnitt K, die ebenso beginnt, die sog. Esagila-Tafel",, oder „Tafel Smith" angereiht worden.

8) Der Schreiber lebte vermutlich zur Zeit des Nebukadnezar II., um 600 v. Chr. Derselbe Schreiber hat auch die Tafel VAT 398 angefertigt (Reisner, SBH S. 144, Nr. VII, vgl. ! 1, 8 Anm. 10). Demnach ist es nicht ausgeschlossen, daß beide Tafeln, VAT 13 101 und VAT 398, aus derselben Fundstelle stammen. Die Zeit dieses Schreibers ist um 600 v. Chr. anzusetzen. Ein Sohn des Schreibers, namens Nabu-eṭil (?)-ilâni, ebenfalls ein Schreiber, hat den Kontrakt (Straßmaier-Evetts, Amêl Marduk Nr. 24) vom 4. V. 2. Jahre des Amêl-Marduk (= 560) verfaßt. Wenn das zutrifft, dann fällt das Leben des Nabukînablim in die Regierungszeit Nebukadnezars II.

Abschnitt K[1])

Beschreibung des Marduktempels Esagila und des Turms zu Babel

Plätze und Bezirke

1. Esagila, Erhabener Platz, Messung mit iku: 1 iku [und 2½ sar groß].
2. Ištar und Zababa-Platz: 2½ sar Ištar und Zababa-Platz groß.
3. Der Tempelbezirk („Das Glänzende"? = Asamû) von Ubšukkinna: 2½ sar, Kleiner Platz, Seite, Front in iku
4. groß. — Das Suḫatum längs der „unfertigen (Schein)-Tür", da betreffs Seite, Front, iku (Fläche)

---

5. du nicht weißt (sc. die Einzelmasse): 11. 23. 20 ist die Seite des Erhabenen Platzes, 9 die Front des Erhabenen Platzes; 11. 23. 20 mal 9
6. ist 1. 42. 30. — 1. 42. 30 mal 18 ist 30. 45; da du 30. 45 nicht weißt, es ist 1 iku,
7. 2½ sar Aussaat nach Groß-Elle: Das sind die Maße des Erhabenen Platzes.

---

8. 10. 33. 20 ist die Seite des Ištar- und Zababa-Platzes; 4. 30 die Front des Ištar- und Zababa-Platzes.
9. 10. 33. 20 mal 4. 30 ist 47. 30. — 47. 30 mal 18 ist 14. 15; da du 14. 15
10. nicht weißt, so ist es: 47½ sar Aussaat nach Groß-Elle: Das sind die Maße des [Ištar- und Zababa-] Platzes.

---

11. Zusammen: 1 iku 10 sar Aussaat nach Schritt-Elle: die Gesamtheit der Plätze
12. der beiden; ringsherum: die Erhabene Pforte, Die Pforte des Sonnenaufgangs, das „Tor", die Pforte des großen Lamassu (Schutzgeistes),
13. die Pforte des Überflusses, die Wunderpforte: 6 Pforten, als Eingang zu den Plätzen.

---

14. Was anbetrifft den Ritualplatz neben Ubšukkinna für die Prozession in Esagila,
15. sowie die Umgebung der „Heiligen Pforte": so sind Maße nicht angeführt.

---

[1]) Die „Esagila-Tafel" habe ich in Z. f. Alttest. Wiss. N. F. IV (1927) S. 162—171 (mit Literaturangaben) zuletzt behandelt.

Der Turm zu Babel unter der Erde

16. Die Maße der (unterirdischen) Basis von Etemenanki (Turm zu Babel), Seite und Front, in Sicht gebracht:
17. 60. 60. 60. ist die Seite, 60. 60. 60 ist die Front nach Suklu-Elle, deren Zahl mit Bezug auf „Ernteertrag" ist
18. 9. — 9 mal 2: 18; da du 18 nicht weißt, so ist es: 3 pi Aussaat nach „Klein-Elle":
19. Basis von Etemenanki, die Tiefe (Höhe) ist gleichwie Seite und Front.

---

20. Oder: Die Maße der Basis von Etemenanki, Seite und Front, in Sicht gebracht:
21. 10 Gar Seite, 10 Gar Front, nach Schritt-Elle, deren Zahl, mit Bezug auf „Ernteertrag" ist:
22. 10 mal 10: 1. 40. — 1.40 mal 18: 30; da du 30 nicht weißt: so ist es 1 iku, bzw. 3 Sat Aussaat
23. nach Groß-Elle. Basis von Etemenanki: Seite, Front und Tiefe (Höhe)
24. nach der Schritt-Elle: 10 Gar ein jedes übereinstimmend gleichgroß.

Der Komplex des Haupttempels Esagila

25. 2 Plätze (bzw. Höfe) und 6 Kapellen des „Sogenannten Nuchar": Nordost-Haus[1]): Kapelle des Marduk.
26. 80 (Ellen): die Seite, 40 die Front; Saum an Saum die Kapellen
27. des Nabû und der Tašmêtum: 45 die Seite, 40 die Front, eine jede.

---

28. Ferner: Die Nordwest-Häuser des Ea und Nusku; Haus des Ea: 85 die Seite,
29. 30 die Front; Haus des Nusku: 35 die Seite, 35 die Front. Südost-Haus, Haus des Anu und Sin.
30. 70 die Seite, 30 die Front. Südwest-Haus, das Tu'um und das Simmilti-Haus.
31. In seinem (sc. Südwest-Haus), hinteren Teile, gegenüber dem „Pfortenbau", (liegt das) „Bett-Haus", 125 (Ellen) die Seite, 30 die Front;
32. gegenüber dem „Innenraum", 100 (Ellen) die Seite, 20 die Front, (liegt das) Bît-Simmilti, gleichwie jene (Zahlen) sind die Seite,
33. 35 die Front. Ein Platz (Hof), 100 (Ellen) die Seite, 65 die Front: „Platz der Türpfannen und Türriegel", umschlossen.

---

[1]) Die Richtungsbezeichnung ist nach „Windrichtungen" gegeben, die dementsprechend eingesetzt sind. Vgl. Kapitel XIV, 1.

34. Das Bett, 9 Ellen die Seite, 4 Ellen die Front, das Bett; der Thron steht gegenüber dem Bett. Ferner:
35. Platz der Hierodulen, (mit) Sonnenaufgangs (= Nordost)-Pforte, Südost-Pforte, Sonnenuntergangs (= Südwest)-Pforte, Nordwest-Pforte.
36. Maße (von) Seite, Front und Höhe 60 (Ellen)[1]) Gesamtheit des „Sogenannten Nuchar".

Maße des Turms zu Babel über der Erde

37. 15 Gar Seite, 15 Gar Front, $5^1/_2$ Gar Höhe, Lehmwerk, unteres (Stockwerk).
38. 13 Gar Seite, 13 Gar Front, 3 Gar Höhe, Stiege, zweites.
39. 10 Gar Seite, 10 Gar Front, 1 Gar Höhe, Stiege, drittes.
40. $8^1/_2$ Gar Seite, $8^1/_2$ Gar Front, 1 Gar Höhe, Stiege, viertes.
41. 7 Gar Seite, 7 Gar Front, 1 Gar Höhe, Stiege, fünftes.
41a. $5^1/_2$ Gar Seite, $5^1/_2$ Gar Front, 1 Gar Höhe, Stiege, sechstes.
42. 4 Gar Seite, $3^1/_2$ Gar — etwas weniger — Front, $2^1/_2$ Gar Höhe, verkleidetes, oberes, siebentes, Šaḫuru (Tempel).

Unterschrift des Tafeltextes

43. Der Wissende soll (die Tafel) dem Wissenden zeigen, der Unwissende soll sie nicht sehen. Gemäß einer Tafelkopie von Borsippa
44. geschrieben, kollationiert (?) und verglichen.

Maßtabelle[2]) (Z. 45—47)

Flächenmaß		Hohlmaß
18 MU-SAR	= 1 GAR(-Quadrat)	= 3 sila + $^1/_{20}$ des GAR
50 MU-SAR	= $^{u\text{-}bu}$UBU	= 1 sut + 3 sila
2 UBU	= $^{i\text{-}ki}$GAN	= 3 sat
6 GAN	= $^{ib\text{-}lu}$EBEL	= 3 pi
3 EBEL	= $^{bu\text{-}ru}$BUR	= 1 gur + 4 pi
60 BUR	= $^{ša\text{-}a\text{-}ri}$ŠAR	= 108 gur

[1]) 60 als Glosse beigeschrieben, die sich nur auf die Höhenmaße des „Nuchar" bezieht, die noch nicht genannt waren. 1 Elle = rund ½ m. Ein Gar hat 12 Ellen = rund 6 m. Der Turm zu Babel (Z. 37—42) hatte demnach eine Grundfläche von rund 90 Metern im Quadrat und 90 Meter Höhe.

[2]) Die Maßtabelle bezieht sich auf die in der Tafel am häufigsten genannte Elle ($^1/_2$ m). Glossen erklären die ideographischen Bezeichnungen. Der Übersichtlichkeit halber ist die Liste in Tabellenform gegeben, aus der Flächenmaß und Hohlmaß deutlich getrennt zu sehen ist. Für die Maße im einzelnen sei auch auf ZATW 1927, S. 168, verwiesen.

Unterschrift des Schreibers und Datum

48. Tafel des Anubêlšunu, Sohn des Anubalaṭsuiqbi, Nachkomme des Achutu aus der Stadt Tiranna:
49. Hand(schrift) des Anubêlšunu, Sohnes des Nidintum-Anu, Nachkommen des Sinliqiunninni; Uruk, IX. Monat, 26. Tag,
50. Jahr 83 (= 229 v. Chr.), Seleukos (II.), König.
51. Im Namen des Anu und der Antum möge (die Tafel) erhalten bleiben.

Nr. 2

Nebukadnezar II. Tonzylinder

Br. Mus. 85975; CT 37, Taf. 13/14, Z. 41—44

TEXT

41. E-maḫ, E-^{d}Nin-maḫ; E-giš-pa-kalam-ma-sum-mu, E-^{d}Na-bi-um ša Ḫa-ri-e;
42. E-ḫur-sag-sikil-la, E ^{d}Nin-karra-ak-a; E-giš-šir-gal, E-^{d}Sin; ebirti (BAL-RI) ṣît ^{d}šamši (BABBAR-È-A);
43. E-nam-ḫe, E-^{d}Adad(IM); E-di-kud-kalam-ma, E-^{d}Šamaš(UD); E-ki-dur-ini, E-^{d}Nin-e-an-na; ebirti (BAL-RI) erêb ^{d}šamši (BABBAR-ŠÚ-A);
44. i-na Bâbîli (TIN-TIR^{ki}) eš-ši-iš ab-ni.

ÜBERSETZUNG

41. E-maḫ, den Tempel der Ninmaḫ, Egišpakalammasummu, den Tempel des Nabu ša Ḫarê,
42. E-ḫursagsikilla, den Tempel der Ninkarrak; Egišširgal, den Tempel des Sin,
gen Sonnenaufgang,
43. E-namḫe, den Tempel des Adad; Edikudkalamma, den Tempel des Šamaš; Ekidurini, den Tempel der Nineanna,
gen Sonnenuntergang.
44. in Babylon erbaute ich von neuem.

Nr. 3

Maße der Tempel Esagila und Ezida

VAT 9961 aus Assur. KAR Nr. 364, E. Ebeling.

TEXT

1. Ultu (TA) lib-bi duppu ^{m}Apil ^{ilu}Adad(IM)...
2. 7 ku-bur ri-e-ša šá a a ina 1 [ammatu(?)] ...
3. 2 ku-bur ri-e-qa na a a u tu(?) ...
4. napḫar(PAP) 40 ina 1 ammatu(KUŠ) ku-bur ša(?).....
5. 8 ina 1 ammatu(KUŠ) lib-bi aš-ru-ka-[te....
6. ša Bâb ^{ilu} Šamaš(?) É-bar-r[a?.....
7. 77(?) ina 1 ammatu(KUŠ) Bît ki(?)-sal-[lu....
8. 77 ina 1 ammatu(KUŠ) ki-sal-lu ša ^{ilu}Ea(? BE?.)....
9. 6 ina 1 ammatu(KUŠ) pûtu(SAG) šaplîtu(KI) ša Bît ^{ilu}?...
10. 6 ina 1 ammatu(KUŠ) Bît ḪI-? ša Bît ^{ilu}(?)Si[bitti(?)] ...
11. 7 ina 1 ammatu (KUŠ) pûtu(SAG) šaplîtu(KI) ša ki-sal-li ša Bît^{ilu}..
12. 6 ina 1 ammatu(KUŠ) pûtu(SAG) š[aplîtu(KI)] [Bî]t (Bâb?) ni-rib ša Bît ^{ilu}Anu(DIŠ) ^{ilu}?...
13. 6 ina 1 ammatu(KUŠ)..... ša Bâb(KÀ) ^{ilu}Lamassi(KAL) ši ri(?).
14. ...... ri .... ša E-sag-[ila?]

15. Ultu (TA) lib-bi [duppi ^{m}] ....? na(?) im ..... šá(?) ...
16. 7 ku-bur .... a bar ....
17. 2(?) ku-bur........

Rückseite:

18. 14 ....
19. 27 šiddu(UŠ)......
20. 302 šiddu(UŠ?).....
21. 1000 šiddu(US) 500......

22. 230 aš-l[i.....
23. 230 aš-li.....
24. napḫar(PAP) 530(?) a[š-li.......
25. ša 30 ina.......
26. napḫar(PAP) 158[00]..... šur .... ilu
27. napḫar(PAP) ma(?) 16000.....19.........9? IM
28. 1000 IM 6(?)000 IM. napḫar(PAP) ...kip-pat bîti
29. 1000 šiddu(UŠ) elû(AN-TA) ?+1000 šiddu(UŠ) šapliu(KI-TA)
30. 1000 šiddu(UŠ) elû(AN-TA) 5000 šiddu(UŠ) šapliu(KI-TA)
31. napḫar(?) 3000....šá E-zi-da

32.—36. (unleserliche Tabelle)

Maße der Tempel Esagila und Ezida

ÜBERSETZUNG

1. Aus dem Inhalt der Tafel des Apil-Adad...
2. 7 Maß[1]) Höhe des ... nach 1 Elle ..
3. 2 Maß Hohlraum(?) .....
4. Zusammen 40 nach 1 Elle Maß des....
5. 8 nach 1 Elle innerhalb der Wasserabläufe(?) ...
6. der Pforte des Šamaš(?) Ebarra(?)...
7. 77(?) nach 1 Elle Terrassenhaus(?)...
8. 77 nach 1 Elle Terrasse des Ea(?)...
9. 6 nach 1 Elle Untere Front des Tempels des Gottes?
10. 6 nach 1 Elle Ḫi-?-Haus des Tempels des Sibitti(?)...
11. 7 nach 1 Elle Untere Front der Terrasse des Tempels des?
12. 6 nach 1 Elle Untere Front des Eingangs-Hauses des Anu und? -Tempels...
13. 6 nach 1 Elle ....der Pforte des Lamassu...
14. .... von Esagila(?)

---

15. Aus dem Inhalt der Tafel des ....
16. 7 Maß................
17. 2 (?) Maß.............
18. 14.......
19. 27 Seitenlänge....
20. 302 Seite....
21. 1000 Seite 500....

---

22. 230 Seile ......
23. 230 Seile.....
24. Zusammen 530(?) Seile(?).....
25. davon 30 in ......
26. Zusammen 15800 ......
27. Zusammen ? 16000.....19.....9.?IM
28. 1000 IM 6(?)000 IM. Zusammen ....Enden(Umfang?) des Tempels
29. 1000 Obere Seite ?+1000 Untere Seite

---

[1]) kubru ein allgemeineres Wort für Maß, auch Länge, z. B. von Säulen bei Sargon (Saal XIV, Z. 75), von denen jede 1 Gar groß war, d. h. 12 Ellen = 6 Meter. Das Seil (ašlu), Z. 22 f. ist 120 Ellen lang, also je 60 Meter.

30. 1000 Obere Seite 5000 Untere Seite
31. Zusammen (?) 3000 ..... von Ezida

32.—36. (unleserliche Tabelle)[1])

Nr. 4

Die Maße der Stadtmauern und Stadtgräben
Antike Karte der Neustadt

Br. Mus. 35385: CT XXII, 49, mit dem Grundriß der Neustadt von Babylon. Übersetzt von F. Hommel, Beiträge zur Morgenländischen Altertumskunde Heft 2, S. 17ff., vom 21. IX. 1920, wo schon erkannt ist, daß es sich um Maßangaben der Stadtmauern von Babylon handelt.

Kol. I

1. 3(?)....
2. ku-ru-u[b]...
3. áš-šú ^{kakkabu} (MUL) Lu(!)-ḫun-ga.....
4. aš-lum am-mat nindanaqu (GI-DIŠ-GAR) ina(AŠ) lib-bi....
5. a-na 3 maṣrat(EN-NUN) ûmu(UD)^{mu} sûtu(GIŠ-BA)...
6. a-na 3 maṣrat(EN-NUN) ûmu(UD)^{mu} sûtu(GIŠ-BA) 5...
7. min-da-tum šamê(AN)^{e} mi-šil-šú 30 ...
8. a-šá-mu-u ina(AŠ) lib-bi e-lat muḫ-.....
9. šá ga ár šá ku-un-nu šá a nin da šá min-da-tum nindanaqu (GI-DIŠ-[GAR])....
10. qa-nu-ú a min kát. 7 × 60 (UŠ) + 30 GAR dûru(BAD)elû(AN-TA) ṣît šamši (^{ilu}BABBAR-È-A);
11. 7 {× 60 (UŠ)} + 30 {GAR} ṣîru(MUŠ); 4 × 60 (UŠ) + 10 GAR dûru(BAD) šapliu(KI-TA) šá ereb šamši (^{ilu}BABBAR-ŠÚ-A); 4 {× 60(UŠ)} + 10 {GAR} [ṣîru(MUŠ)];
12. 5 × 60 (UŠ) dûru(BAD) elû(AN-TA) šá ereb šamši (^{ilu}BABBAR-ŠÚ-A); 5^{àm} [ṣîru(MUŠ)];
13. 3 × 60(UŠ) + 20 GAR dûru(BAD) šapliu(KI-TA) ša ereb šamši (^{ilu}BABBAR-ŠÚ-A) 3(!) {× 60(UŠ)} + 20 {GAR} ṣîru (MUŠ);
14. šá GAR-šú-nu-ti-ma 20 × [60(UŠ)] ....

Das weitere Verständnis für diesen Text, von Z. 10 bis 13 verdanke ich Herrn Dr. P. Johann Schaumberger, der richtig gesehen hat, daß ṣîru (MUŠ) eine Bezeichnung für den Stadtgraben von Babylon — analog dem Grabennamen der Stadt Assur — sei, und der den

[1]) Die Tafel hat die Amulettform, ist 0,06 m breit, 0,02 m dick und besitzt an der einen Schmalseite einen anhängerartigen mittleren Fortsatz, 0,04 m breit und 0.025 m hoch. — Daß die Maße tatsächlich auf Esagila und Ezida Bezug nehmen, ist nicht ausgeschlossen. Es scheint ein großer Teil der Tafel zu fehlen.

ganzen Text für topographisch hält, ohne im einzelnen die ersten Zeilen ganz sicher erklären zu können. Ich habe dies bestätigt gefunden und es lassen sich auch die letzten Zeilen vollständig ergänzen. Der Text rechnet mit GAR (s. Z. 14), die je 12 Ellen fassen. Danach beträgt die Gesamtlänge der Stadtmauern (dûru) 14400 Ellen, wie Assarhaddon und Nabonaid schon mitteilen. Hier (Nr. 4) ist aber die Länge der einzelnen Mauerabschnitte nicht in 4 gleiche Teile geteilt worden, wie in den Berichten der genannten Könige. Hier sind vielmehr die verschieden großen Mauerstücke einzeln gemessen und wahrscheinlich nach tatsächlichen Maßen der Mauern in älteren Zeiten. Die Gesamtlänge (Z. 14) ergibt 20 × 60(UŠ) = 1200 GAR.

Mauer (BAD) und Graben (MUŠ), und zwar die erste obere Seite gen Sonnenaufgang (Z. 10—11) besitzen: 7 mal 60 und 30 GAR, d. h. 450 GAR = 5400 Ellen. — Die zweite Seite, die untere Mauer gen Sonnenuntergang hat 4 mal 60 und 10 GAR = 250 GAR = 3000 Ellen (Z. 11). — Die dritte Seite, die obere Mauer gen Sonnenuntergang mißt 5 mal 60 GAR, d. h. 300 GAR = 3600 Ellen (Z. 12). — Endlich die vierte Seite, die untere Mauer gen Sonnenuntergang, ist 3 mal 60 und 20 GAR, d. h. zusammen 200 GAR = 2400 Ellen. — 5400 und 3000 und 3600 und 2400 Ellen ergibt mithin die Summe von 14400 Ellen. — Auffallend ist, daß nur die „obere Mauer gen Sonnenaufgang" aufgezählt wird, dagegen zwei „untere Mauern gen Sonnenuntergang". Ich vermute, daß in Z. 11 die Worte: „gen Sonnenuntergang" zu korrigieren sind in: „gen Sonnenaufgang". Ist das richtig, dann beträgt die Länge der gen Sonnenaufgang sehenden Mauern: 8400 Ellen; die gen Sonnenuntergang sehenden haben nur 6000 Ellen Ausdehnung; in Meter umgerechnet wären es 4200 bzw. 3000 Meter.

Von Kol. II. sind nur Reste vorhanden, wie Esagila, Šulpaë (= Jupiterstern), Nâru ṭâbu (= idsilim, s. S. 259) usw., deren Bedeutung hier noch nicht erklärbar ist.

Antike Karte der Neustadt

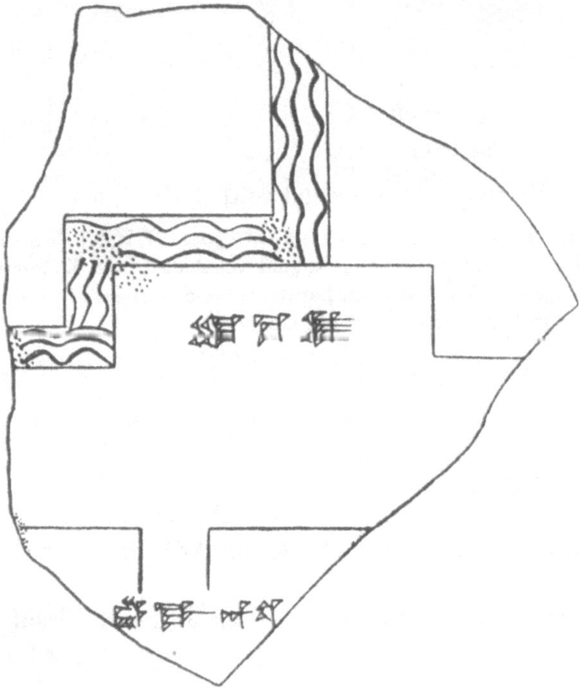

Der Plan ist nach Südosten (oben) orientiert. Das mit Wellenlinien gefüllte Band ist der Euphrat; in der Mitte liegt der Vorort Tuba (Tuba^{ki}); ganz unten ist das Šamaš-Tor (abul ^{ilu}Šamaš) eingezeichnet.

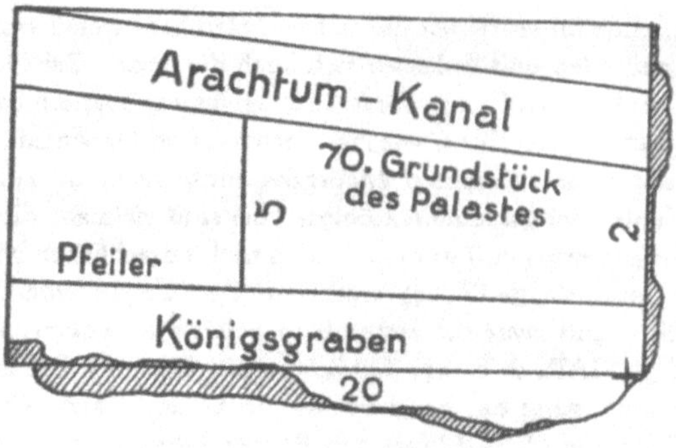

Nr. 5

Antike Karte des Stadtschlosses

Tontafel im Berliner Museum (verschollen); SPA 1888, S. 129 f. (Tafel), Borchardt; BSGW 70, 5, S. 52, H. Zimmern. (Siehe Kapitel XI, 2).

Nr. 6

Die Weltkarte

Die 7 Bezirke zwischen Himmel und Erde

Tontafel in London, Brit. Mus. Nr. 92687, alte Nr. 82—7—11, 509, CT XXII, Tafel 48; Peiser in ZA IV, 1889, S. 362 ff.; E. Weidner, Der Zug Sargons von Akkad nach Kleinasien: Boghazköj Studien VI (1922) S. 85 ff.; s. a. B. Meißner, Babylonien und Assyrien II, S. 378 f. 'Atlantis' Nov. 1929, S. 701 (E. Unger)

TEXT

Vorderseite:

1. ....
2. ...alâni $(ER_4)^{meš}$ ab-tu-[tu[1])...]
3. ... tum(?) šá i-bar-ru-ú ... ^{ilu}Marduk (AMAR-UD)......
4. ....^{meš}(?) u ilâni $(DINGIR)^{meš}$ ab-tu-tu šá ina(AŠ) lib-bi tam-tim ú-[uš-ša-bu-u?]
5. ....šu iz-za-zu ba(!)-aš-mu muš-ḫuš-gal ina(AŠ) lib-bi ^{ilu}su(!)-ú-gir(?)..

1) San Nicolò und A. Ungnad, Neubabyl. Rechtsurkunden I, S. 65.

6. ...-mu ṣa-bi-tum ab-sa-su-ú nim-ru ki-sa-[riq-qu...][1])
7. ..nêšu(UR-MAḪ) aḫu(UR-BAR-RA) lu-lim ù bu-u-ṣu...
8. ..pa-gi-tum turaḫu(DAR) lu-ur-mu šu-ra-nu ḫar-ba-bi-li ...
9. ...ú-ma-mu šá ina (AŠ) eli(MUḪ) tam-tim gal-la-tim ^{ilu}Marduk (AMAR-UD) ib-nu-šu...
10. ...Ut-napištim(ZI)^{tim} šarru (LUGAL) illik(DU) u Nûr(LAḪ)-^{ilu}Da-gan šarru (LUGAL) [illi]k(DU)....
11. [in-n]a-ap-pi-ḫu SAG[2])-ma man-ma qi-rib-ši-na ul i-[li-ku][3])

12. (Zeichnung der Weltkarte)

Rückseite:
13. [a-na maḫrû nagû ašar tallaku 7 bêri..]
14. ....ra...............
15. ....ra-tab..............
16. ....bi(?)-šú ri-.......

17. [a-na šanû nagû] a-šar tal-la-ku 7 bê[ri...]
18. ....ma(?) šip.....

19. [a-na šal]šú na-du (Versehen statt: gu)-ú a-šar tal-la-ku 7 bê[ri..]
20. [iṣ-ṣu]-ru mut-tap-ri-ši la ú-šal-la-[mu qinni (urḫi?)]

21. [ana a]r(!)-bi-i na-gu-ú a-šar tal-la-ku 7 bê[ri.......
22. [..ud]-du ik-bi-ru ma-la tam-ḫa(?)-tum u šup[uk šamê]

23. [a-na ḫaš]-šu na-gu-ú a-šar tal-la-ku 7 bêri.....
24. .....mi-lu-šú ana(DIŠ) UŠ$^{ta-a-an}$ ṣu-ub-ban ...
25. ....ki zi-nu-šú a-na aš-la$^{ta-a-an}$....
26. .....mi-num-mi-šu ul im-mar.....
27. ..... ni(ir?) il-lu aš-ri tal-...[4])
28. ....ta]-al-la-ku 7 [bêri....
29. ......a-a ṣi ..
30. ....šú 1-kaš-...

[1]) Vgl. die Inschrift des Agumkakrime (hier Nr. 18) KB III, 1, S. 143, 13; wohl so zu 18 ergänzen. AOTU II, 4, S. 23, Tafel I, Z. 141. (E. Ebeling).

[2]) rêšu, amêlu oder qaqqadu = Kopf, Mensch, Person zu lesen, Howardy, Clavis cuneorum Nr. 129.

[3]) Diese Redewendung s. bei Delitzsch HWB, S. 66b unten. In Z. 39 ist dieselbe Phrase gebraucht. Da der „Himmlische Ozean" bzw. die Bezirke mit ihren Einzelheiten beschrieben sind, kann eine Ergänzung ul idi = kennt man nicht, wie Weidner will, nicht in Frage kommen.

[4]) Hinter der Zeile 27 und 30, gemäß der neuesten Ausgabe des Textes, CT, befindet sich kein (!) Schlußstrich, —Peiser setzt aber hinter Z. 30 einen Querstrich (ZA 4, S. 363, 370) — Danach kann Zeile 28—32 nur zum 5. Bezirk gehören; vorläufig ist noch manches natürlich ungewiss.

31. ....na-gu-ú a-šar tal-la-ku ...
32. [..š]u-muḫ a-na šubti(KU)-šu-nu...

33. [a-na 6(?)]-i na-gu-ú a-šar tal-la-ku [7 bêri ...]
34. ...alpu(GUD) qar-nu šak-nu ...
35. i-la-as-su-mu-ma i-kaš-šá-du-u....

36. a-na sib (!)-i na-gu-ú a-šar tal-la-ku 7 bêri ......
37. [ana s]i-ḫir-ti še-'-ru ina ḫa-an-du-ri-šú ú-[nam-mar]

38. [napḫar 7 nagîa-]ti[1]) šá kib-ra-a-ti ir-bit-ti šá kâl i[rṣitim (?KI)]
39. ....?. ? qi-rib-ši-na man-ma la -i[li-ku]

40. ....ki-ma la-bi-ri-i-šu ša-ṭi-ir-ma ba-ri[-i]
41. [qât^{m} ....] apli-šu ša ^{m}Iṣ-ṣu-ru apil ^{m}Ea(BE)-bêl-ilâni (DINGIR)^{meš}

ÜBERSETZUNG

1. ....
2. ..... die vergangenen (zerstörten) Städte ....
3. ..... die ..., die festsetzt („erschaut") .. Gott Marduk ....
4. ... und die Götter, die vergangenen, die im Innern des (himmlischen) Ozeans wohnen(?)
5. und .... stehen: die Natter, der Schlangendrache, der große, inmitten des Sugir(?),
6. ... die Gazelle, der Stier, der Panther, der Widder,
7. ... der Löwe, der Schakal, der Hirsch und das Huhn(?)
8. ... der Affe, der Steinbock, der Straußvogel, die Katze, die ..... (ein Insekt)[2])

[1]) In der Z. 38 erwartet man, wie gewöhnlich, eine Zusammenfassung des Vorherigen, die sich auf die 7 (Z. 36!) Bezirke oder Inseln jenseits des Bitterflusses beziehen muß. Neben nagû (mask.) gibt es nagîtu oder nagîatu (femin.), vgl. Delitzsch HWB S. 446a, das hier verwendet ist und worauf sich das weibl. Pronomen šina (Z. 39, vgl. Z. 11) bezieht.

[2]) Die verschiedenen Tiere sind die „vergangenen Götter" der ersten Welt (Chaos) und nun Sternbilder am „Himmlischen Ozean", z. B. UR-MAḪ = Kleiner Löwe (A. Jeremias, Handbuch der Altorientalischen Geisteskultur, 2. Aufl. S. 218, Lulim = Andromeda (a. a. O. S. 200, 231); UR-BAR-RA („Wolf", „Schakal") = Cassiopeia, der „Schlangendrachen, Mušḫušgal = Mušḫuššu, der „Drache zu Babel" s. Kapitel XXI = Hydra a. a. O. S. 200). — Diese Drachen wurden von Marduk im Schöpfungsepos (Tafel I, Z. 139ff.) besiegt, s. AOTU II, 4, E. Ebeling. Durch das Auftreten eines Sternbildes „Katze" (Z. 8) wird die Abfassung (Rezension) der „Weltkarte" einigermaßen näher präzisiert. Denn die Katze ist erst in der kassitischen Zeit von Ägypten nach Babylonien gekommen, d. h. um 1400 v. Chr., und auf Grenzsteinen zuerst nachgewiesen, vgl. RLV „Göttersymbol" E 1, § 20, Taf. 206 (Unger), a. a. O. XIV, S. 192 (M. Hilzheimer).

9. . das Getier, das für den wogenden Ozean der Gott Marduk erschaffen.
10. . . . . [dorthin] Ut-napischtim,[1]) der König, kam hin, und Nûr-Dagan, der König, kam hin . . .
11. und wurde verklärt, aber keine Person sonst ist in ihr Inneres (d. h. in das der „Bezirke") hineingekommen.

---

12. (Zeichnung der Weltkarte)
13. [Zum 1. Bezirk, wohin der Weg 7 Meilen]
14. . . . .

---

[1]) Ut-napischtim, der bekannte babylonische „Noah" (Gilgamesch-Epos Tafel XI, s. Greßmann ATAT, 2. Aufl. S. 175.ff — Er war „König" nach dem altbabylonischen Sintflutbericht aus Nippur: UP IV, 1, S. 18, Kol. III, Z. 20, hier Ziusudra = Χισουθρος genannt. Ut-napischtim heißt: „Er schaute die Seele", d. h. er wurde den Göttern gleichgesetzt. Darauf bezieht sich die Redewendung: „wurde verklärt" (leuchtete auf, wurde entflammt). Utnapischtim wohnte auf einem Berge von Tilmun, am Ausgange der Ströme, im Persischen Golf, im Südosten von Babylonien, wofür der 1. dort liegende „Bezirk" in Betracht kommen würde. Zu Tilmun vgl. Ebert, RLV s. v. „Tilmun" (Unger). Hier lag, wie es scheint, eine Art Paradies (a. a. O. s. v. „Paradies", E. Ebeling, Band X, S. 44—45), wo keine Feindschaft, Torheit oder Krankheit und Alter existierten, und wo das „Lebenskraut" namens „Als Greis wird der Mensch wieder jung" wahrscheinlich zu finden war. — In den babylonischen Königslisten wird Ziuzudra oder Ubartutu von Schuruppak (s. S. 20, Anm.) als letzter König „vor der Sintflut" aufgezählt. Ziuzudra ist hier König von Schuruppak, wo Ut-napischtim die Arche erbaute. Wie dieser Widerspruch sich aufklären wird, ist ungewiß. —Ut-napischtim steht in Parallele zu Nûr-Dagan, der auch Ṣâb-Dagan, „der Held, Gott Dagan" gelesen werden kann und ebenfalls als „König" bezeichnet wird. — Die bisherige Lesung „Šarru-kênu" hat keine Berechtigung, es fehlt die Bezeichnung „König", wie bei Nûr-Dagan. Sargon von Akkad scheidet hiermit völlig aus der Betrachtung aus. — Die Tafel ist nur ein Teil(!) einer Weltbeschreibung und zwar enthält sie nur die Beschreibung der 7 Bezirke außerhalb des „Bitterflusses", d. h. des Ozeans. „Bezirke" kann auch mit „Inseln" übersetzt werden. Darauf bezieht sich alles, insbesondere die detaillierte Beschreibung der Rückseite. Hier sind zum Schluß die 7 Bezirke als die der „4 kibrâte" bezeichnet. — Aus dem Texte geht hervor, daß man zu den Göttern eingeht, wenn man die Bezirke überschritten hat, daß aber außer dem babylonischen Noah, Ut-napischtim und Nûr-Dagan, ebenfalls einem „Könige", kein Mensch in jene Gegenden gelangt ist. — Die Verbindung von Sargon mit der Weltkarte ist nicht erwiesen. Der Text der Weltkarte gibt eine Beschreibung der 7 nagus oder „Bezirke". In dem von E. Weidner veröffentlichten Texte aus Boghasköj betitelt: „König der Schlacht" (šar tamḫari) handelt es sich aber nicht um solche „Bezirke". Beide Texte besitzen keine Berührungspunkte miteinander. Mit H. Schmökel (Der Gott Dagan, Dissertation Heidelberg, 1928, S. 29) halte ich den Boghasköj-Text für legendenhaft, unhistorisch und phantastisch. — Die „Erdkarte" ist mithin nur als Grundlage zur Zeichnung der 7 Bezirke verwendet; deshalb sind auch nur ganz flüchtig verschiedene Örtlichkeiten angegeben, nur um ungefähr die Lage der „Bezirke" zu veranschaulichen. Dieser Gesichtspunkt ist natürlich für die Frage nach der absoluten Genauigkeit der Weltkarte sehr zu berücksichtigen. Sie ist nur eine flüchtige Generalskizze der Welt und so erklären sich die leeren Kreise oder die, mit eingeschriebenem Worte „Ort" dadurch, daß nicht die Erdkarte, sondern die 7 Bezirke zwischen der Erde und dem „Himmlischen Ozean" der eigentliche Gegenstand der Beschreibung und Darstellung gewesen sind.

15. ....
16. ....

17. Zum 2. Bezirk, wohin der Weg 7 Meilen
18. ....

19. Zum 3. Bezirk, wohin der Weg 7 Meilen, wo(hin?)
20. ein beschwingter Vogel nicht vollendet das Nest (?. den Weg?)

21. Zum 4. Bezirk, wohin der Weg 7 Meilen, wo
22. die Helligkeit mächtig (hell) ist, mehr als die Abenddämmerung und die „Aufschüttung des Himmels" (= der Sternhimmel = Sternenschein)

23. Zum 5. Bezirk, wohin der Weg 7 Meilen
24. .. dessen Höhe zu 60 ṣubban (= 3600 Ellen)
25. ... dessen „zinu" zu 1 aschlu (= 120 Ellen)
26. .... irgendetwas von ihm (d. h. vom Bezirk) erblickt man nicht ....
27. ...... hell des Ortes .....
28. .... der Weg 7 Meilen....
29. ...... nicht .....
30. ....
31. .... Bezirk, wohin der Weg .....
32. ..... Üppigkeit ihren Behausungen...

33. Zum 6. (?) Bezirk, wohin der Weg 7 Meilen
34. wo ein „Hornochse".....
35. einherrennt und [einen Ankömmling] angreift.

36. Zum 7(!) Bezirk, wohin der Weg 7 Meilen
37. wo insgesamt der Morgen aus seiner (d. h. des Bezirkes) Behausung aufleuchtet.

38. Zusammen 7 Bezirke der 4 kibrâte (Weltgegenden) der gesamten Erde
39. .... deren Inneres niemand betritt.

40. .... Nach der alten (Tafel) geschrieben und verglichen.
41. Hand(schrift) des ....., Sohnes des Iṣṣuru (= „Vogel"), Nachkomme des Ea-bêl-ilâni.[1])

---

[1]) Die Person des Schreibers, sowie die seiner Vorfahren sind sonst nicht bekannt, aber die Form „aplišu ša" präzisiert die Entstehungszeit der Abschrift der Tafel auf die neubabylon. Periode, ins Ende des 7. und ins 6. Jahrhundert, weil diese Redewendung für jene Periode typisch ist. — Die Entfernung der „Bezirke" ist stets 7 Meilen (= bêri = Doppelstunden),

B. GÖTTERBILDER-LISTEN

Nr. 7

Götterbilder im Tempel Esagila

CT XXIV, Taf. 15f., Z. 11—26 und Taf. 28, Kol. III, Z. 66—76, vgl. a. a. O. S. 5.
H. Zimmern in BSGW LXIII, 4, S. 113.

1. ^{ilu}Mi-uš-šar
2. ^{ilu}Ka-ṭu-na: Zwei Friseusen der Ṣarpanîtum
3. ^{ilu}Minâ ikul bêli (= ‚Was ißt mein Herr?'): Der Bäcker und
4. ^{ilu}Minâ išti bêli (= ‚Was trinkt mein Herr?'): der Bierbrauer von Esagila.
5. ^{ilu} Mûrim mê balâṭi (‚Der Spender des Lebenswassers') und
6. ^{ilu}Nâdin mê qâti (‚Der Spender des Händewaschwassers'): beide vom Hofe von Esagila (Brunnengötter)[1])
7. ^{ilu}Abba(Ab-u) und
8. ^{ilu}Ilkuna: beide die Pförtnergötter von Esagila.
9. ^{ilu}Ukkumu, ^{ilu}Sukkulu(Sukuku), (= „Räuber"; „Erwerber")[2])
10. ^{ilu}Ikšudu, ^{ilu}Iltebu (= „Fänger", „Bedränger")[2]): die vier Götterhunde des Marduk.
11. ^{ilu}Íd(nâru) (Glosse: i-id): (= der Fluß, Euphrat)
12. ^{ilu}Ídgal(nâru rabû), (Glosse: I-ditto[= id]): (= Großer Fluß)
13. ^{ilu}Ídsilim (Glosse: si-li-ma): (= Fluß des Heils = nâru ṭâbu?)
14. ^{ilu}Íd-lú-rú-gú[3]) (= Fluß „Mensch, der Tribut gibt")

---

immer die gleiche, weil der Ozean sich wie ein Gürtel um die Erde legt. Infolgedessen sind die Entfernungsangaben auf der „Weltkarte" (= Z. 12) zwischen (!) den einzelnen Bezirken zu verstehen, weil sie von einander abweichend sind. — Außer einigen fabelhaften Dingen, die auf jenen von niemand betretenen Bezirken vorkommen, ist besonders ihre Beziehung zur Sonne beschrieben (12), ihre vollständige Dunkelheit, ihre zunehmende Helligkeit (im 4. Bezirk, Z. 22), auch Z. 37 scheint darauf anzuspielen.—Manches ist noch unklar, aber im großen und ganzen läßt sich sagen, daß der Inhalt dieser Tafel zunächst allgemein den „Himmlischen Ozean", die Sternenwelt beschreibt, speziell aber die Bezirke, die zu jener führen, die nur Ut-napischtim und Ṣâb-Dagan betreten und durcheilt haben, als sie zu den Göttern im Himmel eingingen. Die Beschreibung der „Bezirke" verläuft von Südosten, wie der Uhrzeiger (!) 4
herumgehend, nach Nordwest (4. Bezirk), Norden mit Polarnacht (5. Bezirk) bis Osten (7. Bezirk).

[1]) Der eine Brunnen mit gutem Trinkwasser, der zweite Brunnen für gewöhnliches Waschwasser. Noch heute wird beides im Orient streng geschieden.

[2]) Delitzsch HWB, S. 57, 364.

[3]) Vgl. A. Deimel, Pantheon, Nr. 1535—7, 1540; Delitzsch, Sumer. Glossar S. 21, 273. Den Fluß Íd-lú-rú nennt Gudea von Lagaš (VAB I, S. 71, Kol. VI, Z. 52). Er liegt in Madga, einer gebirgigen Gegend, wohl im Zagrosgebirge, nördlich von Babylonien. S. Kapitel XI, 20.

Nr. 8

Opferkalender für Babylon für den VIII., IX. und X. Monat

AT. Clay., Coll. Morgan IV, Nr. 25 (Morgan Library Coll. 2608) = Reisner SBH S. 144 (VAT 398). Der Opferkalender betrifft die Monate Oktober, November und Dezember nach unserer Jahresrechnung. Der Text gehört hierher, weil er mit der Nennung zahlreicher Götter, denen geopfert werden soll, den besten Aufschluß über die Götter der Stadt gibt, die sonst nicht hinreichend genug bekannt sein würden[1]).

VIII. Monat(Araḫšamnu)

4. ..... 18. Tag Šamaš
5. ..... 18. Tag 2 riksi ultu E-... (2 Opferzurüstungen; aus dem Tempel....)
6. Mârê dBêl(?) = Die Kinder des Bêl(?) zum E-nam-ḫe ziehen sie
7. .....?.. mit ihnen zum Tempel E-di-kud-kalamma gehen sie ....
8. .... 2 Räucherbecken richtet man an....
9. Am 19. VIII. in E-inim(KA-AN)-kalamma von Esagila.
10. wird ein Räucherbecken angerichtet...
11. Am 25. VIII. für die Stadt Eridu(ḪIki).
12. Am 25. VIII. für Zababa von Kiš.
17. Am 25. VIII. für Isin(PA-ŠEki) und E-sa-bat.

IX. Monat:

18. Am 4. IX. (Kisilimmu) für Marduk und Erûa (Var.: Ṣarpanîtum) von E-te-me-en(Var.: na)-an-ki (= Turm zu Babel).
19. Bêlit Ninâ und Ištar, die Erste (ašarittum = GIŠ-TUK) in Dûr-Kurigalzu.
20. Am 7. IX. für die Enlil- und Adad-Götter,
21. für Sin und Anmartu, für Ninurta (lies: Nabu!) von Eḫursagtila,
22. für Nin-e-an-na „am Ufer des Kanals" (kišad palgi), für Nin-e-an-na von.....
23. für Ištar von Uruk und Ištar von Akkad,
24. für Bêlit(NIN)-e-an-ki von der Stadt Kâr-Bêl-mâtâte.
25. Am 8. IX. für Lugalbanda von Kullab.
26. Am 9. IX. für Lugal-giš-a-tu-gab-liš 2 Räucherbecken..
27. ... in der Kapelle (papaḫu) von Zedernholz (ša erîni)..
30. .... Am 10. IX. für Gott E-[a.]
31. Am 10. IX. für Gott Madânu und Göttin Gu[la]..
34. ..... Am 10. IX. für Ninlil von Eḫursagkalamma,
35. für Gott Išimme-še'aša der Unterwelt(allâti), für Ninlil von Borsippa.
36. Am 12. IX. für Ištar von Babylon (TIN-TIR).
37. Am 13(?). IX. für Göttin Anunîtum und die „Königin von Sippar" von Babylon(TIN-TIR).

[1]) Die ausgelassenen Zeilen sind sehr stark zerstört.

38. Am 14. IX. für Göttin Ašrâtum von E-ḫi-li-kalam-ma.
39. Am 15. IX. für Göttin An-aš-šat von der Stadt Dunnu-zaidu.[1])
40. Am 15. IX. für Bêlit (= Ištar) von Akkad von E-maš-da-ri.
41. Am 17. (Var.: 16.) IX. für Nabû(AG) von Borsippa 2 Räucherbecken mit Zedernholz
42. in der Kapelle (papaḫu) ...
43. Am 17. IX. für Nabû(AG) ša Ḫarê, für Nabû(AG) von der Stadt Bît-Bêltiia,
44. für die Göttin Sûtîti, Erstgeborne (bu-kur) der Ištar (XV),
45. für die Göttin Kaššîti von E-ḫur-sag-an-ki-a (Var.: Bît-Bêlit-Ninâ), für Gott Mi-šar-rum von der Stadt Ḫararati.
46. Am 22. IX. für Gott Uraš(IB)......??
47. Am 25. IX. für Gott Lugal-Maradda,
48. für Göttin Nanâ von E-ḫur-šà-ba, für Nanâ von E-me-ur$_4$-ur$_4$.
49. Am 28. IX. (Var.: 29.) für Nergal(UGUR) von Kuta.

X. Monat:

50. Am 10. X. (Ṭebêtu) für Nergal(ŠI-DU) von der Stadt Akšak,
51. für das Räucherbecken des Gottes Bêl und Ninurta(NIN-IB) von der Stadt Dunnu-zaidu,
52. für das Räucherbecken des Nabû und Nin-šubur von E-ḫur-sag-kalam-ma,
53. für das Räucherbecken des Nergal(UGUR), des Gottes Me-sir (Šibbu) und des Gottes Namtar
54. von der Pforte des Kanales Sumun(BE)-dar soll Feuer angezündet werden.
55. Nebst den Räucherbecken für die Götter, soviel es gibt,
56. soll ein Räucherbecken angesichts der Ištar von Uruk entflammt werden.

Nr. 9

Götter von Esagila (?)

London (81—7—1, 311); Pinches: Haupt-Festschrift S. 216.

1. E-sag-ila ša-qu-u ra-aš-bu(= das hohe, ehrfurchtsvolle Esagila)
2. (Gott) Aḫ-bi-ta, (Gott) Ia-a-gab(?)-?
3. (Gott) Anim, (Göttin) Antum

[1]) Vgl. Langdon: Studia Orientalia für Tallqvist (1925) S. 98.

4. (Gott) I-šar-ki-di-šu
5. (Gott) Na-bi-um, (Gott) Nabû(AG)
6. (Gott) Asakku (AZAG-AN), (Gott)?[1])
7. (Gott) Nergal
8. (Gott) Lugal-Maradda
9. (Gott) Lugal-??
10. (Gott) Lugal-A-AB-BA (= Nergal)
11. (Gott) Illât, (Gott)?
12. Anmartu (Gott Martu).

Nr. 10

Götter von Esagila und Babylon

III R Tf. 66, Rückseite, Kol. V, Z. 1—21; Meissner: BA III, 2, S. 283

1. Gott A-....
2. Gott Nabû (AG) des Vermögens (ša nikasi)
3. Göttin Bêlit ilâni
4. Gott Nabû ([P]A); Göttin Nanâ
5. Gott Marduk (AMAR-UD) Abul-Ištar (= Ištar-Tor)
6. Abul- Uraš (= Uraš-Tor)
7. Göttin Bêlit balâṭi (TI-LA)
8. Göttin Ba-u
9. Göttin Gula
10. Gott Dur-ru-ni-tu
11. Gott Mâr bîti
12. Gott Zâriqum
13. Gott Eṭiru
14. Gott Gamelu
15. Göttin Bêlit von Ninive (GAŠAN NINÂ)
16. Göttin Bêlit ilâni
17. Gott Adad der Mühsal (?, ša enuḫi)
18. Gott Imgur-Enlil (= Binnenmauer)
19. Gott Nimid-Enlil (= Außenmauer)
20. Die Götter von Esagila
21. und Babylon (Kadingirra).

---

[1]) Zeichen: GAZ, aber mit eingeschriebenen ú, anstelle des še. Wohl ein zweiter Dämon, wie der Asakku-Dämon.

Nr. 11

Götter angesichts der Mardukstatue

III R Tf. 66, Rückseite, Kol. VI, Z. 1—11

1. [Gott Ka]dingirra (= Stadtteil „Gottespforte")
2. [Gott Šamaš,] Göttin Aia
3. [Gott KUR(?)] GAL, Gott Ḫi-di-e-ri
4. Gott Nergal, Göttin Laṣ
5. Gott Zababa
6. Gott Sin, Gott Madânu
7. Göttin Ninkarrak
8. Gott Multe[šir] ḫablim
9. Gott Nusku, Gott Libbi-ali (Stadtteil „Binnenstadt")
10. Gott Išum
11. Die Götter angesichts des Gottes Marduk (AMAR-UD).

C. RELIGIÖSE TEXTE

Nr. 12

Schöpfung von Babylon

Ein Schöpfungsepos zu Ehren des Marduk und Babylons in neubabylonischer Fassung, sumerischer und akkadischer Sprache, CT XIII, Tf. 35f.; A. Ungnad, Religion S. 52f.; E. Ebeling in Gressmann, ATAT², S. 130f.

1. Ein heiliger Tempel, ein Götterhaus war an heiliger Stätte noch nicht gemacht.
2. Ein Rohr war noch nicht hervorgesprossen, ein Baum noch nicht gebildet.
23. Ein Ziegel war noch nicht gelegt, eine Ziegelform noch nicht geschaffen.
4. Ein Haus war noch nicht gemacht, eine Stadt noch nicht gebildet.
5. Eine Stadt war noch nicht gebaut, Volk noch nicht hineingesetzt.
6. Nippur war noch nicht gemacht, Ekur (= Tempel von Nippur) noch nicht gebaut.
7. Uruk war noch nicht gemacht, Eanna (= Tempel in Uruk) war noch nicht gebaut.
8. Der Ozean war noch nicht gemacht, Eridu war noch nicht gebaut.

9. Eines Heiligen Tempels, eines Götterhauses Stätte war noch nicht gemacht.
10. Alle Länder waren Meer.
11. Als die Mitte des Meeres ein Rinnsal(?) war,
12. Da wurde Eridu gemacht, Esagila gebildet,
13. Esagila, das inmitten des Ozeans Lugaldukugga (= Marduk) zum Wohnsitz erkor.
44. Babylon wurde gemacht, Esagila wurde vollendet.
15. Die Annunnaki (= Erdgötter) allesamt schufen die Stadt.
16. Mit hohem Namen benannten sie sie als die „Heilige Stadt", die „Stätte der Herzensfreude".

(Es folgt die Schöpfung von Haus, Mensch, Tier, Euphrat und Tigris, sowie der Pflanzenwelt.)

Nr. 13

Festkalender von Babylon

VAT 662; Reisner SBH Nr. VIII, S. 145—146; Reisner hat irrig die Nummer VAT 663; richtig ist VAT 662. Von der I. Kolumne ist nur wenig erhalten. Sie ist hier nicht gezählt, weil sie etwas Anderes enthalten haben muß als den Festkalender, der am Anfang von der erhaltenen Kolumne beginnt.

TEXT

Kol. I.

1. [arḫu Nisannu ša araḫ il] šamê u irṣitim nibitsu zakrat
2. [Nabû........] teliltum uštešir ana Bêl bêlê (EN-EN)
3. [......t]ediq bêlûtišu inandiq inaš melammu
4. [....... uštešir ana qirib E-sakkur-sakkur-ra
5. [ilâni rabûti] ašib irṣitim u šama'
6. ...da-a-qa....e uštenirrubu maḫaršunu
7. ina ûmi XI. ina qirib E-sakkur-sakkura itenippušu isinnu
8. ...ša šu...apkallu SAD-DAR-NU iḫiš ana ḫadaššûtu
9. ...... Anim irmû ana šarrûtu
10. .... ilâni [qu]t[ri]nnu ultu maḫrišu uštaḫmaṭu maḫar ilâni kâlâma.

---

11. Ana arḫu Airu araḫ Ningirsu iššakku Enlil quradu
12. araḫ alpê^{meš} uštešir nu-ta-at-ta-a bamâtu
13. Umu II. tarbâṣi ûmu šaḫaṭu Šamaš quradu
14. Nabû ša ḫadaššûtu innandiq têdiq Anûtu
15. ultu qirib Ezida ina šat mûši uštapâ nannariš

16. kîma Sin ina nipḫišu unammar iqlit
17. ina qirib Eḫuršaba ušteširi išaddiḫu namriš
18. irumma ana maḫar ^{d}NIN kâli šitkunu ana ḫadaššûtu
19. Ina qirib Eḫuršaba kîma ûmu išakkan nami[rtu]
20. ina maialtum mûši ṭâbi ittanaialu šitta [ṭâbta]
21. ûmu VI. ana qirib kirî ušteṣamma ukallam-..
22. ûmu VII. ana E-me-ur$_4$-ur$_4$ ušteširi ana E-an-na el[li]
23. ana kirî uṣṣâ ana kirî Anim irumma uššab[u
24. aššu šarrûtu Anim ilqû ugammiri..
25. šipat amêl âšipê ḫimšat gišimmari agâ Anim ited[iq]
26. Ana ûmi XVII. ultu qirib Eḫuršaba Nanâ iḫišamma
27. kirî ḫursannu ušteširi....
28. Enlil [ult]u Enlil^{ki} (= Nippur) bil-lu-di-e..
29. ..... ana E-zak-ḫe-ra...
30. ..... ri ašib...
31. ...ušteṣamma.....

Kol. II

1. nu....
2. ûmu XXII. ...
3. Nabû u Nanâ...
4. ina išten ditto ?...
5. aššu Enlil u ^{d}...
6. ultu ûmu XV. a-di
7. ša Bêlit ilâni...
8. ša AN BA ZI AN NA ...
9. ana tabrât nišê^{meš} in(?)...
10. aššu KI NI ina KI....

---

11. Arḫu Duzu araḫ te ... Vierter Monat (Duzu)
12. araḫ ki-mi-tum ...
13. ša Bêlit ilâni ...
14. ri-kis-si ...
15. ša Marduk (AMAR-UD) u-du-...
16. i-ki-mu bil-l[u-di-e]...
17. ina Bar-[sib^{ki}]....

Kol. III. (Rückseite).

1. .....
2. ûmu....
3. ina ûmu VIII.
4. iš-ta...

5. ina Esag[ila....
6. ilâni ....
7. ina te-lil-tu amêlu(?)...
8. ultu tak-kin-tum ....
9. a-di tak-ti-....
10. Ištarâte^{meš} ma-ḫa-ma(?)...
11. aššu Nanâ ra(?)...
12. Ištarâte^{meš}......
13. ina E-geštu-uznâ[Nisaba]....
14. ina E-ḫur-ša-ba....

Kol. IV — Neunter Monat (Kisilimmu)

1. ....TAB-BA šu AB..
2. ..Igigi ippalsu..
3. ..Anunnaki gimir..
4. ..Igigi u Anunnaki..
5. ....utirri...
6. ..Marduk (AMAR-UD) kun-du-šú-ma...
7. ..piš bêlûtu ilâni ša...
8. ûmu III. te-di-iq be-lu-tu...
9. ûmu IV. ma-ḫar Marduk (AMAR-UD)...
10. ...kir-ri-e-tu Igigi...
11. ..pad-tu(?) u Nin-lil(?)...
12. [i-ga]m-mu-ú ina i-ša-a-tu(?)...
13. ..... uš-ki....
14. ....ḫa-a-tu i-te...
15. ...ultu maḫar Šamaš ...
16. [^{d}Gaz]-ba-ba u ^{d}Ka-ni-[sur-ra][1])...
17. ....^{d}UN-GAL Enlil^{ki}..[2])
18. Ina qi-iṣ kap-pi ana maḫar ^{d}A-n[im?]
19. ûmu XVI. têdiq bêlûtu in[nandiq]...
20. ^{d}Bil[-dar?] iz-zi têdiq bêlûtu [innandiq]...
21. ûmu XVII. ana maḫar Nabû (AG) uš[tešir]. .
22. kir-ri-e-tu Igigi u Anunnaki i-...
23. ...Papsukkal ša ina Eḫursagkalamma ša ma-...
24. ša Igigi u Anunnaki i-lak-...
25. i-gam-mu-u ina i-ša-a-tu uš-ta...

---

[1]) Vgl. ZA VI, S. 241, Deimel, Pantheon Nr. 1639. „Töchter von Ezida" die Urkunde Nr. 14 s. unten.

[2]) Deimel, Pantheon Nr. 1221.

26. kîma ša araḫ Airu (II.) im-ma [is]? erînu [.... [in-naq-q]u-u sakkur-sakkur[meš] kîma
27. ina araḫ Duzu (IV.) ina aṣê te- .... [i-naq-qu]-u sakkur-sakkur[meš] abullê[meš]
28. ina araḫ Kisilimmu (IX.) ûmu VIII. ina a[-ṣê] te .... ki
29. ...[meš] E-an-? mala bašû.... .....at-lu da-di-ḫe-gal
30. ......ekurrate[meš] gi-[mir] ...... ku-lu da-di-ḫe-gal
31. ....ti sar(?)...............Enlil(?) ana(?) ga [d]Muš(?)
32. .... la-a ana mâti
33. ....i-ba-ab-ba-lu ḫi-ṣib-šu
34. ....ina ṣi-bit-ti-šu i-bar-ra šu(?)-ul-me mâti
35. ....En-me-šar-ra i-šak-kan bi-ki-tum
36. ....ša [i]-ri-šu ṭa-bu-tum
37. ....a-nu-nu up-pu-šu ḫi-ṣib mâtâte[meš]
38. ....šal(?)-lat-šu(?) ša iš-lu-lu ina mâti
39. ....E-zi-]da uš-taḫ-ma-ṭu emuq (ŠU) ili (DINGIR) nu-uḫ amêli
40. ....Esagil]a u E-zi-da uš-taḫ-ma-ṭu i-ri-šu ṭa-bu-tu
41. ....iš-ta-bi bi-ki-tum
42. .... E]n-me-šár-ra ik-ka-mu-u [d]Gula(ME-ME)iš-kun bi-ki-tum
43. ...an-ni ib-ri a-a-bi im-ru-ku-u še-tap-pat-tu
44. [marâte Esagila] [d]Mi-uš-šár u [d]Ka-di[1]) me-rat [d]Šar-rat [d]A-edinna-u-a (= Erua)
45. [marâte Ezi]da [d]Gaz-ba-ba u [d]Ka-ni-sur-ra me-rat [d]Na-na-a
46. ....i-te-]it-ti-iq i-te-it-ti-iq i-ba-' su-la-a
47. ....i-ša]d-di-ḫu i-šaḫ-ḫa-ṭu i-te-nir-ru-bu E-kur[râte-šu?]

Festkalender von Babylon

VAT 662 (KB VI, 2, S. 24—27, P. Jensen)

ÜBERSETZUNG

Kol. I

Erster Monat:

1. Im Nisannu (I.), dessen Name „Monat des Gottes von Himmel und Erde" heißt,
2. geht Nabû [zur] Reinigung zum „Herrn der Herren".

[1]) Beide Göttinnen in dieser Form auch in der Götterliste aus Assur (VAT 9588) KAV Nr. 65, Kol. II, Z. 11—12.

3. ... mit dem Kleide seines Herrentums wird er bekleidet, Strahlenglanz trägt er an sich.
4. ..... geht nach Esakkursakkurra hinein.
5. Die großen Götter, die die Erde und den Himmel bewohnen,
6. ... lassen sie vor sich hineingehen.
7. Am 11. Tage machen sie in Esakkursakkurra ein Fest.
8. .... der Allweise, der ... eilte zur Brautschaft.
9. .... des Anu sich niederlassen zum Königtum.
10. ... die Götter lassen Räucherwerk von „vor" ihm weg auflodern vor den sämtlichen Göttern.

Zweiter Monat:

11. Im Aiaru (II.) dem Monate des Ningirsu, des Priesterfürsten des Enlil, des Gewaltigen,
12. dem Monate, der die Rinder richtig macht, da werden die Weiden fruchtbar werden.
13. Am 2. Tage, dem „Hofe", zur Zeit des Aufsteigens des Sonnengottes Šamaš, des Gewaltigen,
14. Nabû wird mit der Brautschaft bekleidet mit dem Kleid der Anuschaft.
15. Aus Ezida tritt er hinaus zur Nachtzeit wie die Mondsichel,
16. wie der Mondgott Sin bei seinem Aufleuchten erhellt er die Finsternis.
17. In Eḫuršaba geht er hinein, indem er leuchtend dahinzieht.
18. Er geht hinein vor die „Herrin"; alles ist hergerichtet für die Brautschaft.
19. In Eḫuršaba macht er Helligkeit wie der Tag.
20. Im Schlafraum der guten Nacht schlafen sie einen guten Schlaf.
21. Am 6. Tag läßt er in den Park hinausgehen und läßt sehen........
22. Am 7. Tage geht er nach Emeurur, nach dem „Heiligen Eanna",
23. geht hinaus zum Parke hin; geht zum Parke des Anu und nimmt Wohnung.
24. Weil er das Königtum des Anu empfangen und erfüllt hat,
25. eine Beschwörung der Beschwörer ... die .... einer Dattelpalme, die Krone des Anu .... er.
26. Am 17. Tage eilt Nanâ aus Eḫuršaba hinaus und zieht
27. zum Berg(?)-Parke hin.
28. Enlil aus Nippur (?) die Satzungen
29. .....
30. ..... der wohnt in...
31. ....läßt ausziehen....

Kol. II

Dritter Monat:

1. ....
2. Am 22. Tage....
3. Nabû und Nanâ ....
4. .....
5. Weil Enlil und Gott? ....
6. Vom 15. Tage bis zum ? Tage ...
7. der Bêlit ilâni (Herrin der Götter) ....
8. ....
9. Zur Bewunderung der Menschen .....
10. Weil ....

Vierter Monat:

11. Monat Duzu (IV.), der Monat des ....
12. Monat des ? des Gottes ? ....
13. von Bêlit ilâni (Herrin der Götter) ...
14. .....
15. von Marduk ...
16. entführte die „Satzungen" ...
17. Aus Borsippa ....

Eine Übersetzung ergibt weiterhin noch keinen ganz klaren Text, so daß nur auf einige Besonderheiten aufmerksam gemacht sein möge: Kol. IV, Z. 16 sind die Töchter von Ezida genannt, die nach einem andern Texte, s. unten Nr. 14, am 3. X. nach Esagila ziehen, in der Win- 14
tersonnenwende, um die Tage zu verlängern, während umgekehrt die Töchter von Esagila am 11. IV., d. h. in der Sommersonnenwende, nach Ezida ziehen, um die Nächte zu verlängern. — Die Töchter von Esagila sind Mi-uš-šar und Ka-di (!), Töchter der Götterkönigin Erua (= Ṣarpanîtum) in Kol. IV, Z. 44 genannt, worauf in der folgenden Zeile 45 auch die beiden entsprechenden „Töchter von Ezida" erwähnt sind. Durch die Tätigkeit dieser Geschwisterpaare wurde Esagila zum „Haus des Tages" und Ezida zum „Haus der Nacht".

Kol. IV

19. Am 16. Tage mit dem Gewande der Herrschaft wird er angetan..
20. Gott Bil(?), der furchtbare mit dem Gewande der Herrschaft wird er bekleidet.
21. Am 17. Tage vor Gott Nabu zieht er hin....
22. Ein Gastmahl der Igigi und Annunnaki....
23. ... Gott Papsukkal nach Eḫursagkalamma....

24. der Igigi und Annunnaki....
25. sie verbrennen mit Feuer...
26. Gleichwie es im Aiaru-(II.)Monat geschieht, Zedernholz.. werden Opfer dargebracht. Gleichwie
27. im Duzu-(IV.) Monat beim Auszug .... geopfert werden die Opfer für die Stadttore.

Neunter Monat:

28. im Kisilimmu- (IX.) Monat, am 8. Tage beim Auszuge .....
....

32. .... dem Lande
33. .... bringt seinen Reichtum
34. .... aus seinem Besitztum wird Überfluß haben, Wohlergehen des Landes.

Zehnter Monat:

35. .... wegen Enmescharra (= Nergal[1]) erhebt man Wehklagen
36. .... [Weihrauch], dessen Duft wohlriechend ist
37. .... den Überfluß der Länder
38. .... was man als Beute erbeutete im Lande
39. ... [für Esagila und Ezi]da läßt man auflodern als Macht[2]) des Gottes, als Beruhigung des Menschen.
40. ... [Weihrauch für Esagil]a und Ezida läßt man auflodern, dessen Duft angenehm ist.
41. .... überwältigte das Wehklagen
42. .... ist Enmescharra gefangen genommen worden, die Göttin Gula veranstaltete Wehklagen;
43. .... als Freund, als Feind verzichtete man auf die Genossin.
44. die Töchter von Esagila Göttin Miuššar und Kadi, die Töchter der Königin Erua,
45. [und? die Töchter von Ezi]da, Göttin Gazbaba und Kanisurra, die Töchter der Nanâ
46. .... zum Fortzug ziehen sie, schlagen die Prozessionsstraße ein,
47. ziehen feierlich einher, eilen dahin und werden wieder in ihre Tempel hineingeführt.

---

[1]) Vgl. Deimel, Pantheon Babylonicum Nr. 982.

[2]) ŠU (Hand) = emuqu = Kraft findet sich im Schmucknamen Šuanna von Babylon,
I s. Abschnitt C, Z. 4 der Stadtbeschreibung.

Nr. 14
Esagila, das „Haus des Tages"
Ezida, das „Haus der Nacht"

Sp. I, 131, 174 Sel. Ära, 111 Ars. Ära = 138 v. Chr.; ZA VI, 1891, S. 228, 241 Epping und Straßmaier. Der Text stammt aus Babylon. Am Rande der Tafel steht: Ina amât Bêl u Bêltiia purussu = Im Namen des Bêl und der Bêltiia (= Ṣarpanîtum) eine Entscheidung.

TEXT

1. Araḫ Duzu (IV) ûmu 11. ša dMi-uš-šar u dKa-ṭu-na marâte Esagila
2. ana Ezida illakâni u ina araḫ Ṭebêtu (X) ûmu 3. dGaz-ba-[ba]
3. u dKa-ni-sur-ra marâte Ezida ana Esagila illakâni. —
4. Ana muḫḫi minê kî illaka'? Ina araḫ Duzu (IV) mûši [kî ḫarû]
5. ana eli urruku ša mûši marâte Esagila ana Ezida ittalkâni;
6. Ezida Bît mûši šû. Ina araḫ Ṭebêtu (X) ûmu kî ḫarû
7. marâte Ezida urruku ša ûmu ana Esagila ittalka'
8. Esagila Bît ûmu šû.

ÜBERSETZUNG

1. Im Monat Duzu(IV. = Juni) am 11. Tage ist es, wo Miuššar und Kaṭuna, die „Töchter von Esagila"
2. nach Ezida ziehen und im Monat Ṭebêtu (X. = Dezember), am 3. Tage ist es, wo Gaz-baba
3. und Kanisurra, die „Töchter von Ezida" nach Esagila ziehen. —
4. Weshalb ziehen sie? Im Monat Duzu (IV. = Juni) ist die Nacht kurz,
5. und, um die Nächte zu verlängern, ziehen die „Töchter von Esagila" nach Ezida;
6. Ezida ist dann das „Haus der Nacht". Im Monat Ṭebetu (X. = Dezember) ist der Tag kurz,
7. und die „Töchter von Ezida", um die Tage zu verlängern, ziehen nach Esagila.
8. Esagila ist dann das „Haus des Tages".

Nr. 15

Einzug des Königs durch die Pforten von Esagila

KAR Nr. 10 = ATAT², S. 280, Z. 120—133; übersetzt von Ebeling; aus dem Hymnus „Ich will den Weisen preisen" (Ludlul bêl nîmêqi)

TEXT

122. Ina Bâb ḪE-GÀL, ḫegalla ....
123. Ina Bâb Lamassi rabî, lamassi iddiḫa.
124. Ina Bâb SILIM-MA šulmâna appa.
125. Ina Bâb Namtila, balâṭa ammaḫir.
126. Ina Bâb ṣît šamši, itti balṭûti ammani.
127. Ina Bâb IGI-E-DI-UD-RA, ittatûe immera.
128. Ina Bâb Namtaggatuḫa, 'ilti ippadir.
129. Ina Bâb Katarra, ištala piia.
130. Ina Bâb A-ŠE-IR-TUḪ-U, dar tadara taniḫi.

---

131. Ina Bâb A-SIKIL-LA, mê telilte assaliḫ.
132. Ina Bâb SI-LIM-MA itti Marduk anbanir.
133. Ina Bâb ḪI-LI-SUD, šêp Ṣarpanîtum annaḫu.

ÜBERSETZUNG

120. Mit geneigtem Antlitz und Gebet trat ich ein in Esagila.
121. Ich, der ins Grab hinabgestiegen, kehrte zurück nach Babylon.
122. In der Pforte der Fülle, wurde mir Fülle geschenkt.
123. In der Pforte des großen Schutzgeistes, nahte mir der Schutzgeist.
124. In der Pforte des Heils erblickte ich Heil.
125. In der Pforte des Lebens, trat ich vor das Leben.
126. In der Pforte des Sonnenaufgangs, wurde ich zu den Lebenden gerechnet.
127. In der Pforte der strahlenden Vorzeichen (Wunder), wurden meine Vorzeichen hell.
128. In der Pforte der Sündenlösung wurde meine Schuld gelöst.
129. In der Pforte des Lobpreises fragte mein Mund.
130. In der Pforte der Erlösung von Mühsal, wurde ich von Mühsal erlöst.

---

131. In der Pforte des Heiligen Wassers, wurde ich mit dem Wasser der Reinigung besprengt.
132. In der Pforte des Heils, traf ich mit Marduk zusammen.
133. In der Pforte des üppigen Schmuckes, wurde ich zu Füßen der Ṣarpanîtum gelegt.

Nr. 16

47 Unheilvolle Vorzeichen für den Untergang von Babylonien z. Z. des Königs Qa(?)šemmibi

Rm 155: Alfred Boissier, (DA =) Documents assyriens relatifs aux présages 1894, S. 267f.; ders. (CTDAB =) Choix de textes relatifs à la divination assyro-babylonienne, 1905, S. 253ff.; CT XXIX, 48/9

TEXT

Vorderseite:

1. Ittâtê[meš] ša ina tar-ṣi Qa(?)-še-im-me-ib-bi, šarru, ma-la ina Bâbîli (KA-DINGIR-RA[ki])ù[mâtu Akkad izzazûni]

17. Ina arḫu VIII. miqitti išâti ina Esagila ina Bît Ti-nu-ri it-tab-ši

18. Miqitti išâti ina abul Uraš it-tab-ši; Mûkil rêš limuttim ina pa-pa-ḫi ina kankanni it-tan-mar.

. . . .

21. Ina Bâbîli (TIN-TIR[ki]) ina šubat damiqti (DÙR-SÌG)[1]) Bêl amêlu mîtu sa-a-ri. . . .

22. Miqitti išâti ina arḫu X. (?) ina Esagila ina Bît GUNU (?)-SU . . .

Rückseite:

. . . .

11. Ina Bâb ḪI-LI-SUD mûkil rêš limuttim ina kankanni ittanmar.

---

12. 47 ittâtê limutti ša ana nadê mâtu Akkad izazûni.

13. Kîma labîrišu šâṭirma bâri.

14. Dup-pi Nabu-zuqup-kênu amêlu dupšarru.

ÜBERSETZUNG

1. Vorzeichen, die zur Zeit des Qa(?)šemmibbi, des Königs, in Babylon und Akkad stattfanden.

. . . .)

17. im VIII. Monat ist eine Feuersbrunst in Esagila im „Ofenhaus" ausgebrochen.

18. Feuersbrunst brach im Uraš-Tor aus. — Ein unheilvolles Vorzeichen in der Kapelle, in der kankannu-Vase wurde gesehen.

21. In Babylon, auf dem hellen (reinen) Altar des Bêl ein Leichnam, eine Hyäne(?). . . .

22. Feuersbrunst brach aus im X. Monat in Esagila im ??-Hause. . .

---

[1]) VR 28, 14, 15d (Delitzsch, HWB 222a).

11. In der Pforte der Üppigkeit wurde ein unheilvolles Vorzeichen in der Kankannu-Vase gesehen.

---

12. 47 unheilvolle Vorzeichen, die zum Unglück von Akkad eingetreten sind.
13. gleich dem Original geschrieben und verglichen.
14. Tafel des Nabu-zuqub-kênu, des Schreibers.[1])

Nr. 17

Unheilvolle Ereignisse z. Z. des Nabukînapli (um 980 v. Chr.)

Br. Mus. 35968 King, Chronicles II, S. 70ff., 157ff.; I, S. 212ff. Meißner BuA II, S. 277.

TEXT

I, 6. ...... [Bît ^{ilu}] Bêlit Nina-a ittanmar (IGI....?)

7. ..... idûkušu

II, 1. Ina arḫu Airu (II.) ûmu 11^{kam} šarru ikšuda[mma]

2. buḫadê ša aṣê ^{ilu} Bêl un[akkis]ma ul...

3. niqê u paššur ili ša adi ûm Akîtim ilqû

4. 4 ûmi ina Esagila u Bît ilâni (= Ubšukkinna) kî šalme iqqu

5. adi ûm nîqê šarru ul isruq, urigallu isruqma Bîta ipqid

6. Ina arḫu Duzu (IV.) ina ebirti erêb šamši barbarru irbiṣma idûkûšu

7. Ina arḫu Abu (V.) kalbu ina abul Uraš ina Bâb E-šag-TU amêlu asê

8. u... ibarrušu

9. Ina arḫu Tešritu (VII.) ûmu 25^{kam} nimru balṭu

10. nâra ikkilippuma ina kutal Egišpakalamma[summu]

11. idûkûšuma ana tabali ušeluniššu

15. Ina arḫu Ululu (VI.) ša šattu 11^{kam} mê ina qabal igari ša Kisalli šaplî illikûni

19. Ina arḫu Airu (II.) ûmu 15^{kam} ša šattu 17^{kam} šalḫû ša abul Uraš

20. kî(?) idulu ibarrušu. Ina arḫu Simânu (III.) ûmu 15^{kam} ša šattu 17$^{[kam]}$...

21. Ultu Abul Ištar ana nâri kî uridu

---

1) Der Schreiber ist ein assyrischer Schreiber, der ein Sohn des Marduk-šumi-iqiša und ein Nachkomme des Königsschreibers Gabbi-ilâni-ereš (z. Z. des Assurnassirpal II., um 880 v. Chr.) war und in Kalḫu und in Babylonien Abschriften von Literaturtexten aller Art anfertigte. Nach Daten arbeitete er zwischen 706 und 683 v. Chr.; sein Sohn war ein bekannter Schriftgelehrter Ištar-šumi-ereš; s. III Rawlinson 64 Rs. Z. 35; III R 2, Nr. 20; vgl. B. Meißner, Babylonien und Assyrien II, S. 332; OLZ XXIII, S. 205ff.

22. ana Bâbîli kî iruba ina ebirti erêb šamši . .
23. ? . ? . A ME 2 ṣâbê idduk parakku ša Bâb E-n[amḫe ?]
24. dalâtê ša abulli mašku ušši šaplî . . .
25. u . . . ?-tatum kî imqutu idûkšu . .

III. 3. Ina arḫu Airu (II.) aialu ša erêbušu ana ali manma lâ imuru ina Bâb Bêliia
4. imurušuma idûkušu.
11. Ina arḫu Duzu (IV.) ša šattu 16^{kam} nêšu ša erêbušu ana ali manma
12. lâ imuru ina ebirti erêb šamši ina ^{iṣu} kirû 8. (samâ)nîtum
13. imuruma idûkûšu.
15. ina šattu 24^{kam} Nabûkînapli, šarri,
16. ilu Ka-ri-bu ša imitti ša Bâb papaḫi ša [Bêl] . . . . . .
17. kî idulu ibarru. ilu mûkil rêš limutti ina Bît irše^{meš}
18. ša Nabû ittanmar. ? ina eli . . ? šubtu ša Nabû ina libbi šêri ittanmar.

ÜBERSETZUNG

I, 6. . . . [im] Tempel der Bêlit Niná wurde gesehen
7. . . . man tötete ihn.

6. Jahr des Nabûkînapli

II, 1. am 11. II. kam der König an und
2. Jungtiere zum Auszug des Bêl schlachtete er und nicht . . .
3. Opfer und Opfertisch für den Gott, die bis zum Neujahrsfesttage sie erhielten
4. 4 Tage lang in Esagila und im „Tempel der Götter" rite opferte man;
5. bis zum Opfertage der König libierte nicht, sondern der Oberpriester libierte und betreute den Tempel.
6. Im Monat IV. im Westen lagerte sich eine Hyäne, man tötete sie.
7. Im V. Monat einen Hund im Uraš-Tor in der Pforte von EšàgTU die Ärzte
8. ? und fingen ihn.
9. Im VII. Monat am 25. Tage ein Panther lebend
0. überschritt den Fluß, hinter dem Tempel Egišpakalammasummu
1. man tötete ihn, hob ihn auf und trug ihn weg.

11. Jahr des Nabukînapli

5. im VI. Monat des 11. Jahres kamen Wasser inmitten der Mauer des „Unteren Kisallu" hinein.

17. Jahr des Nabukînapli

19. Im II. Monat, am 15. Tage des 17. Jahres ein šalḫu-Tier, welches das Uraš-Tor
20. ? man verriegelte und fing es. Im III. Monat des 17. Jahres [ein Löwe ?]
21. Vom Ištar-Tor nach dem Fluß ging er hinab
22. und betrat Babylon im Westen..
23. ??lagerte, 2 Leute tötete er; die Zella der Pforte des Tempels En[amḫe ?]
24. die Türen des Tores, das untere (Leder)-Fundament (sc. der Türpfosten)...
25. und?... da er in ? fiel, tötete man ihn ...

Im ? Jahre Nabukînapli

III. 3. Im II. Monat einen Hirsch, dessen Eintreten in die Stadt unbemerkt worden war, in der Pforte des Bêliia („Meines Herrn")
4. wurde er erblickt und man tötete ihn.

Z. 4—5: 7. Jahr, Krieg mit den Aramu-Leuten (Aramäern).

Im 16. Jahr des Nabukînapli

11. Im IV. Monat des 16. Jahres, einen Löwen, dessen Eindringen in die Stadt niemand
12. bemerkt hatte, im Westen im „8. Garten"
13. sah man ihn und tötete ihn.
15. Im 24. Jahre des Königs Nabukînapli
16. der Gott Karibu zur Rechten der Pforte der Kapelle des [Bêl ... ein Tier(?) drang ein(?)]
17. als es eingeschlossen war, fing man es. Eine unheilvolle Gottheit im Hause der Betten
18. des Nabu wurde gesehen. Ein ? auf dem Altar des Nabu im Fleisch wurde gesehen.

D. KÖNIGLICHE URKUNDEN

Nr. 18

Rückführung der Mardukstatue durch Agumkakrime

Inschrift des kassitischen Königs Agumkakrime, um 1650, nach einer Abschrift aus der Bibliothek des Assurbanipal aus dem 7. Jahrhundert v. Chr.; V Rawlinson Tf. 33; P. Jensen in KB III, I, S. 134ff. London (K 4149, 4203, 4448 + Smith 27).

Kolumne I

Agumkakrime, Sohn des Tazzigurumasch, heiliger Same des Gottes Schuqamuna, berufen von Anu und Enlil, Ea und Marduk, Sin und

Schamasch, der mächtige Held der Ischtar, der kriegerischen Göttin, bin ich: König der Klugheit und der Entscheidung, König der Erhörung und der Freundschaft, Sohn des Tazzigurumasch, Nachkomme des Abirattasch, ... des erstgeborenen Sohnes des Agum des Älteren, aus heiliger Rasse, aus königlicher Rasse, der die Zügel festhält, der mächtige Hirt bin ich; der Hirt der weiten Völker, der kräftige Hirt, der das Fundament seines väterlichen Thrones gefestigt hat, bin ich. Der König der Kassiten und Akkader, König des weiten Landes der Stadt Babylon, der die weiten Völker des Landes Tupliasch siedeln ließ, König des Landes Padan und Alman, König des Landes der Gutäer, der Völker der Mordtaten[1]), der König, der erhaben macht die 4 Kibrate (Weltgegenden), Günstling der großen Götter, bin ich. — Als Marduk, der Herr von Esagila und Babylon, und die großen Götter, in ihrem heiligen Ausspruch seine Rückkehr nach Babylon befahlen, Marduk nach Babylon... sein Antlitz richtete er.......

Kolumne II

Ich plante, war willens und, daß ich Marduks Antlitz gen Babylon richtete, eilte ich Marduk, der meine Regierung liebt, zur Unterstützung bei und befragte den König Schamasch durch das Lamm eines Opferbeschauers und, nach dem fernen Lande Ḫanî sandte ich hin, die Hand des Marduk und der Göttin Ṣarpanîtum ergriffen sie, Marduk und Ṣarpanîtum, die meine Regierung lieben, nach Esagila und Babylon führten sie sie zurück, im Tempel des Schamasch, im hinteren Bau (parṣu) stellte ich sie auf. Handwerker ließ ich sie hinsetzen. Metallarbeiter..... — 4 Talente vorzüglichen Goldes für die Gewandung des Marduk und der Ṣarpanîtum stiftete ich, mit einer großartigen Gewandung, mit Gewandung aus vorzüglichem Golde bekleidete ich Marduk und Ṣarpanîtum. Lapislazuli, grünen pî-marḫaši-Stein, Chalzedon Augenstein (ḫulâlu-îni), Schlangenstein (mušgarru), UT-RU-Stein, UT-ḪAL-Stein, Augensteine von Meluḫḫa, Gipsstein (parutu), kostbaren strahlenden Stein, und glänzenden Stein, dessen „Same" kostbar ist, stiftete ich für die Heiligtümer des Marduk und der Ṣarpanîtum und legte sie auf die Oberfläche der Gewandung ihrer erhabenen Gottheiten, hohe Hörnerkronen (agê qarni), Kronen der Herrschaft, das Abzeichen der Göttlichkeit voll bannender Ehrfurcht,

Kolumne III

von Lapislazuli und Gold setzte ich auf sein Haupt. Auf der Spitze der Krone befestigte ich Schlangenstein, Minišuti-Stein, Chalzedon-

[1]) Die Übersetzung ist unsicher; oder der törichten Menschen(?). Sak-la-a-ti oder šaq-la-a-ti.

Stein, Schlangenstein, Pimarḫaši-Stein, Lapislazuli, UT-RU-Stein legte ich auf seine Krone, und einen Drachen (mušḫuššu), auf dem seine erhabene Gottheit steht (rukub), Gold .... umgab ich, und ließ seinen abussatu bekleiden. — Ein Meer[1]) stellte ich auf und Chalzedon, Chalzedon-Augenstein, UT-RU-Stein brachte ich in (?) dem zweiten „Palaste" (ekallu) ... auf seiner Brust an und einen Zaum (ḫiš ?) von Gold. Lapislazuli (?), Basalt, Chalzedon legte ich auf seine Kehle (napištu) und einen kostbaren Schatz, einen hervorragenden Schatz von Augensteinen [von Meluḫḫa], Chalzedon, grünem Pi-marḫaši-Stein, ḫulalu-RU-Stein ..... auf .... legte ich....

Kolumne IV

ließ ich einfassen und setzte sie auf seine Wohnstätte, der „Zedernwohnung", bis ich sie die Heiligtümer ihrer erhabenen Gottheiten einnehmen ließ (?), und die Handwerker fertig waren (?). Zum Zederngebirge und Zypressengebirge schickte ich... zu einem heiligen Berge, dessen Gestein (?) gut ist, .. Sie brachten Zedern und Zypressen herab und ..... mit Hörnern (?) ...und große Türen, Türen aus Zedernholz, zweiflüglige, ließ ich anfertigen und in den Kapellen (papaḫat) des Marduk und der Ṣarpanîtum stellte ich sie auf. Mit Bändern (?) aus Bronze (= Türbeschlag) bekleidete ich sie; ihre Türpole faßte ich in Angeln aus blankem Kupfer. Mit einer Natter (bašmu), einem Ungeheuer (lachmu), einem Widder (kusariqqu), einem großen Wind, einem wütenden Hund, einem Fischmenschen,

Kolumne V

einem Ziegenfisch,[2]) mit Lapislazuli, mit Chrysolit, mit Karneol, mit Gipsstein (Alabaster) stattete ich sie aus. Ihre Reinheit machte ich erhaben und die herrlichen Türen stellte ich in den Kapellen des Marduk und der Ṣarpanitum auf. Und Esagila gleichzeitig entsühnte ein Beschwörer. Nachdem die Reinigung des Tempels gleichzeitig erfolgt war .... durch die Heils-Pforte in die Kapellen des Marduk ließ ich sie eintreten. Großartige Freudenfeste veranstaltete ich. Den Tempel ließ ich mit ... Überfluß überschütten. Dem „Herrn" und der „Herrin" gab ich ihre Geschenke.

---

[1]) Eine Anspielung auf den „Himmlischen Ozean", vgl. die Urkunde der Weltkarte 6 (Z. 4, 9) und das Bild des Marduk-Siegels (siehe Anm. 2 und Kapitel XX, S. 210).

[2]) Diese Tiere gehören wiederum zu dem Getier (umâmu) des „Himmlischen Ozeans", das Marduk selbst geschaffen hat. Die Tiere sind nach der Weltkarte 6 (Z. 4, 9) die „Vergangenen Götter".

Kolumne VI—VIII

.... den Tempel des Marduk (?). Einen großen... von Gold... einen großen..... von Lapislazuli, einen Schmuck aus Silber stiftete ich dem Marduk. Geschenke von Silber und Gold stiftete ich den Göttern von Esagila. Nachdem ich Esagila gut und schön versorgt hatte, ... machte ich für Marduk, und Ṣarpanîtum abgabenfrei: den Nûr-..., samt seinem Hause, seinem Felde, seinem Garten, den Iqischa-..., den Sühnepriester, samt seinem Hause, seinem Felde und seinem Garten, den Marduk-muballiṭ, den Juwelier (Metallarbeiter), samt seinem Hause, seinem Felde und seinem Garten. — Weil der König Agum die Kapelle des Marduk erbaute, Esagila erneuerte, Marduk in seine Wohnstätte hineinführte, hat er als Geschenke diese Künstler samt ihrem Hause, ihrem Felde und ihrem Garten für Marduk und Ṣarpanîtum als frei erklärt. — Mögen die Tage des Königs Agum lang sein, seine Jahre lang sein, seine Regierung mit Gutem überströmt werden, mögen Strahlen (?) der weiten Himmel ihm leuchten (?), die Wolke möge Regen bringen, Gott .... möge für seine Pflanzungen in Ewigkeit gute Frucht bringen, für den guten König Agum, der die Kapellen des Marduk erbaute und die Künstler abgabenfrei machte. — Anu und Antum mögen ihn vom Himmel segnen, Enlil und Ninlil mögen vom Ekur ihm das Geschick des „Lebens" (Andenkens) bestimmen! Ea und Damkina, die im großen Ozean wohnen, mögen ihm das „Leben" für ferne Tage verleihen; die Göttin Mach, die Herrin der weiten Länder, möge ihm .... „vollenden". Sin, die Leuchte des Himmels, möge ihm seinen Königsstamm für ferne Tage hin verleihen. Der Held Schamasch, der Held des Himmels und der Erde, möge das Fundament seiner Majestät (Königtums) für ferne Tage festlegen! Ea, der Herr des Grundwassers, möge ihm Weisheit „vollenden"! Marduk, der seine Regierung liebt, der Herr des Grundwassers, möge ihm Überfluß „vollenden"! (Fluch und Unterschrift der Bibliothek des Königs Assurbanipal in Ninive).

Nr. 19

Inschrift Sanheribs von Assyrien auf einer Pflastersteinplatte aus Breccia von der Prozessionsstraße des Marduk

R. Koldewey, Die Pflastersteine von Aiburschabu in Babylon: WVDOG 2 1902, S. 10, Tafel 4; gefunden im ‚Ehrenhof' der „Heiligen Pforte"

Sanherib, König von Assyrien

Nr. 20

Bauziegel des Assarhaddon von Assyrien für den Turm zu Babel

WVDOG 15, S. 71, übersetzt von Weißbach; in sumerischer Fassung.

Marduk, seinem Herrn,
hat Assarhaddon, König von Assyrien,
König der Kischati (des Alls),
König der 4 Weltgegenden,
Statthalter von Babylon(KÁ- ditto)[1]),
König von Sumer und Akkad,
für sein Leben
E-te-me-en-an-ki (d. h. den Turm zu Babel)
gebaut.

Nr. 21

Bauziegel mit Stempel des Assarhaddon für Esagila und Babylon

I Rawlinson 48, Nr. 9 und Koldewey WEB⁴, S. 205, Abb. 127; AK II, S. 21f. Nr. 4 und 8, E. Unger; Luckenbill, Ancient Records II, § 760.

Für Marduk, seinen Herrn,
hat Assarhaddon,
König von Assyrien,
König von Babylon[2]),
Gebrannte Ziegel für
Esagila
und Babylon[2])
neu anfertigen lassen.

Nr. 22

Bauziegel des Assurbanipal für Esagila und den Turm zu Babel

Gestempelter Ziegel: WVDOG 15, S. 72, übersetzt von Weißbach; Archaistische Schrift; Koldewey, WEB⁴, S. 203, Abb. 125; AK II, S. 23, Nr. 12 (Unger); VAB VII, S. 350 β M. Streck.

Für Marduk, seinen Herrn, hat
Assurbanipal, König der Kischati, König von Assyrien,
für das Leben seiner Seelen
gebrannte Ziegel
für Esagila und Etemenanki
von neuem anfertigen lassen.

---

[1]) 2 senkrechte Keile. Vgl. S. 25, Anm. 1.

[2]) Geschrieben wie in Nr. 20, s. Anm. 1.

Nr. 23
Bauziegel Nebukadnezars II. für seine Bauten in Babylon

VAB IV, S. 203, Nr. 39—41 (Langdon), gestempelt, in 3 oder in 6 oder 7 Zeilen; Originale in Berlin (VA 75; VA 77; VA 78), in der neubabylonischen Schrift der Zeit oder auch in archaistischer Schrift, die den Inschriften der Hammurapizeit nachgeahmt ist.

Nebukadnezar (Nabu-kudurri-uṣur),
König von Babylon,
Pfleger von Esagila und Ezida,
Erstgeborener Sohn des Nabopolassar (Nabu-aplu-uṣur),
des Königs von Babylon

Nr. 24
Inschrift Nebukadnezars II. auf den Pflastersteinplatten der Prozessionsstraße des Marduk in Babylon

R. Koldewey, Die Pflastersteine von Aiburschabu in Babylon: WVDOG 2, 1902; Langdon in VAB IV, S. 198, Nr. 30

Nebukadnezar, König von Babylon,
Sohn des Nabopolassar, Königs von Babylon, bin ich. Die Prozessionsstraße (sulû) von Babylon habe ich für die Prozession des großen Herrn Marduk mit Quadern aus Kalkstein [Berggestein] — Var.: aus Breccia [Turminabanda] — gepflastert. Marduk, mein Herr, ewiges Leben schenke mir!

Nr. 25
Stelengewicht

Kopie Nebukadnezars nach einem Vorbilde des Dungi von Ur (um 2400 v. Chr.); Brit. Mus. Nr. 91005 E. Unger, Katalog der Gewichte Konstantinopel S. XIf.; 8. Congrès Internat. des Orientalistes Stockholm, Actes, 2, Sect. 1. S. 179 C. F. Lehmann.

1. Mine richtig,
2. Eigentum des Gottes Marduk, des Königs der Götter[1])
3. Kopie des Gewichtes (gabri šuqulti),
4. die Nebukadnezar,
5. König von Babylon (Kadingir-ra^{ki}),
6. Sohn des Nabopolassar,
7. Königs von Babylon,
8. nach der Kopie
9. eines Gewichtes des Dungi[2]),
10. eines früheren Königs, festgesetzt (fertiggestellt) hat.

---

[1]) Das Gewicht besitzt, als Zeugnis seiner Zugehörigkeit zum Schatze des Marduk in Esagila an einer Seite das eingravierte Symbol des Gottes Marduk, die Schaufel (marru).

[2]) König Dungi von Ur, der um 2400 v. Chr., also 1800 Jahre vor Nebukadnezar II. über ganz Mesopotamien als einer der letzten sumerischen Herrscher gebot.

Nr. 26

Hof- und Staatskalender Nebukadnezars

Tonprisma in Konstantinopel, Nr. 7834, aus Babylon vom westlichen Teile des Stadtschlosses; H.: 0,24; D.: 0,24; Breite einer der Spalten: 0,085 m; vgl. E. Unger, Namen im Hofstaate Nebukadnezars II.: Theologische Literaturzeitung 50, 1925, S. 481—486; E. Unger, Der älteste Hof- und Staatskalender der Welt: Forschungen und Fortschritte III, 1927, S. 1 ff.

TEXT

Kolumne I

1. (Ezida) [uza'in šikin]-šu[1])
2. [^{ilu}Nabium u ^{ilu}N]a-na-a
3. [in ḫidâti u rišâ]-ti
4. [šubat ṭûb libbi qirbašu uše]-ši-ib
5. [ša ûm išten gumaḫḫê marâ alpu] šuklulu (ŠU-UL)
6. [16 pasillum bitru]-tim
7. [gadum ša ilâni Barzipa]^{ki}
8. [isiḫ nûnim iṣṣurum ^{šam}šu]-um-mu
9. [bilâ simat a]p-pa-ri-im
10. [dišpa ḫimetim šizbam u]-ul ša-am-nim
11. [šikar satu]-um ka-ra-nam e-el-lam
12. [paššur ^{ilu}Nabu] ^{ilu}Na-na-a
13. [bêlêiia eli ša pân] u-da-aš-ši
14. [gi-ne-e] ^{ilu}Nergal
15. [ù ^{ilu}Laz ilâni ša E]mešlam u-ki-in
16. [sattuk ilâni rabûti] uš-pa-ar-zi-iḫ-ma
17. [eli ginê labêri] ginâ u-ša-te-ir
18. [Ebarra ša] Sippar^{ki}
19. [ana ^{ilu}Šamaš nâram ša]r-ru-ti-ia
20. [êššiš e]-pú-uš
21. [Ebarra] Bît ^{ilu}Šamaš
22. [ù Aia ša La-ar-]sa e-pú-uš
23. [Egišširgal ša] Ur^{ki} a-na ^{ilu}En-zu bi-e-la
24. [nâram] šar-ru-ti-ia e-pú-uš
25. [Ana ^{ilu}Lug]algišatugabliš (Bêl-ṣarbi) ga-bu-ú da-am-{ga}-ti-ia
26. [Edurgi]na bît-su in qi-ri-ib ^{alu}Ba-az e-pú-uš
27. . . . .

---

[1]) Vgl. VAB IV, S. 92, Nr. 9, Kol. II, Z. 23 ff. bis Kol. III, Z. 59 (= hier Kol. III, 20).

Urkunde Nr. 26. Hof- und Staatskalender Nebukadnezars
Kolumne 1

Kolumne II

1. ......
2. [s]i-ma-a[t apparim]
3. [ti-bi-ik s]i-ra-aš la ne-bi[mamiš karanam]
4. [ša-at-ti-]ša-am in nu-úḫ-ši-im ù ḫe-gál-lam (?)
5. ma-[aḫ-]ri-šu-nu e-te-it-ti-iq
6. ni-šim [ra]-ap-ša-a-ti ša ^{ilu}Marduk bi-e-la
7. u-ma-[a]l-lu-ú ga-tu-ú-a
8. in ṭè-[im] ša ^{ilu}É-a i-ši-ma-am
9. in [d]a-am-ga-a-ti
10. aš-te-ne-'-e ši-na-a-ti
11. ús-su ki-i-na ri-it-tam da-am-qu
12. ú-ša-aš-bi-iṭ-sè-na-a-ti
13. in še-e-di-ia da-mi-qa
14. in la-ma-si-ia im-mi-ra
15. in ša-ri-im si(!)-ri-im in mi-ḫi-e zu-lu-lu
16. ḫáb(?)-li lim-n[i] la ki-in-nim
17. a-na Ba-bi-lam^{ki} uk-ka-an-ni-iš
18. bi-la-at mâtâte (MA-DA MA-DA) ḫi-zi-ib sa-tu-um
19. bi-ši-it ma-ti-ta-an qi-er$_4$-ba-šu am-ḫu-úr
20. a-na zi-il-li-šu da-ri-i ku-ul-la-at ni-šim
21. ṭa-bi-iš ú-pa-aḫ-ḫi-ir
22. úr-ri-e dannu (DA-NÚM)-tim la ne-bi aš-ta-ap-pa-ak-šu
23. pa-li-e nu-úḫ-ši ša-na-a-ti ḫe-gál-e
24. in qi-ri-ib ma-ti-ia ú-še-e-pi
25. in 1 SILA(QA) zêru (ŠE-NUMUN) ina ša-at-ti-ia 1000. 1000 še-im
26. 1 Kur (?) suluppi (KA-LUM-MA) 30000 sa-ap-pa-a-ti[1]) suluppi (KA-[LUM-MA])
27. in qi-ri-ib E-sag-ila ak-ku-qa[2])
28. 2000. 1000 še-im 100 000 suluppu (KA-LUM-MA)
29. 2 (?) bil-tu (?) 1000 sa-ap-pa-a-ti suluppi (KA[-LUM-MA])
30. ..... [ultu qi-ri-]ib ekalli-ia
31. .... a]k-ku[2])-qa
32. in a-du (?) ..... šamaššammu (ŠE?-IS-NI)
33. ù šamnu (NI) ....
34. šikaru (KAS) e-lu-u ....
35. ša in gi-mi-er$_4$ li-ib-bi-ia
36. az-nu-nu ma-ḫa-zi-šu-n[u]

---

[1]) = šappatu ein Maß für Wein; Delitzsch HWB, S. 681; Bezold, Glossar S. 217.

[2]) Vgl. Delitzsch HWB, S. 593a, wohl vom Stamm des Wortes guqqû = Opfer; vgl. Bezold, Glossar S. 101.

Kolumne III

1. . . . . ka . . .
2. . . . . Bît (?) ša sa ni?
3. [gušurê] . . . . . dannu (DA-NÚM)-tim
4. . . . . . u-ša-at-ri-iṣ
5. . . . . in ku-up-ri
6. [ù a-g]ur-ru ú-ša-aš-ḫi-ir-ša
7. [pa-ra-aṣ ša]r-ru-ti šu-lu-uḫ bi-e-lu-ti
8. [in li-ib-]bi-ša ú-ša-pa-am
9. [aš-ši ga-ta-]am ú-sa-al-la-a bêl (EN) bêlê (EN EN)
10. [ana ^{ilu}Marduk r]i-im-ni-i i-li-ku su-pu-ú-a
11. [bêl mâtâ]te (MA-DA MA-DA) ^{ilu}Marduk (AMAR UD) ši-mi zi-it bi-ia
12. Bîtu e-pú-šu la-la-ša lu-uš-bi
13. in Ba-bi-[lam]^{ki} in qi-er$_4$-bi-ša
14. ši-bu-ti lu-uk-šu-ud
15. lu-uš-[b]a-a li-it-tu-ti
16. ša ša-[ra]-a-ni ki-ib-ra-a-tim
17. ša ka-[la] te-ne-še-e-tim
18. bi-la-su-nu ka-bi-it-ti lu-um-ḫu-ur qi-ri-bi-ša
19. li-pu-ú-a qi-ri-bi-ša a-na da-er$_4$-a-tim
20. za-al-ma-at ga-ga-dam li-bi-e-lu
21. iš-tu ti-a-am-tim e-li-ti
22. a-di ti-a-am-tim šap-li-ti
23. mâtâte (MA-DA MA-DA) ga-la-ši-na
24. ša ^{ilu}Marduk (AMAR-UD) bi-e-la ia-ti iš-ruq[1])-qam
25. in qi-bí-ti-šu zi-er$_4$-tim
26. bi-la-si-na ka-bi-it-ti
27. ú-še-sa (!)-ma a-na ma-aḫ-ri-šu
28. a-na e-pí-šum e-ka-al-lam
29. Bît ta-ab-ra-at ni-šim
30. mu-ša-ab šar-ru$_4$-ti-ia
31. ^{isu}al-lam ad-di-in-šu-nu-ši-im-ma
32. ú-ša-aš-bi-it-su-nu-ti du-ub-šik-ka-a-ti
33. libnâte(MUR)^{meš} (?) bi (?) lat (?). ? zi-bi-it-ti du-ul-lu
34. ma-an-za-zu ša ri-e-ši-ia ú-ša-aš-bi-it:

---

35. m amêlu ma-še-en-nim
36. m ^{ilu}Nabu(AG)-zêri-i-din-nam ^{amêlu}rab nu-uḫ-tim-mu

1) Wahrscheinlich ist dies Zeichen = Howardy, Clavis Nr. 8, rug = Thureau-Dangin, Syllabar Nr. 7.

Urkunde Nr. 26. Hof- und Staatskalender Nebukadnezars
Kolumne 2

37. m ^{ilu}Nabu-zêri-ib-ni ^{amêlu}rab ka-ṣi-ri
38. m [E?]-ri-ib...(?)ma (?)-na-aḫ ^{amêlu}šá pa-an ekalli(É-GAL)
39. m En-zu(?) -šarri-.... ^{amêlu}rab bîti(É)
40. m At-kal-a-na-Mâr-É-sag-ila(?) ....

Kolumne IV

1—2 .....
3. m Ina-qi-bi-it-Bêl ak-ša.... ^{a}[^{mêlu}rab ....]
4. m Bêl-e-ri-iš ^{amêlu}rab .....
5. m Ar-di-ia ^{amêlu}ma-še-en-nim ša Bît šigrêti ekalli (É-SAL-ŠAG-É-GAL)
6. m Bêl-ú-ba-al-li-iṭ ^{amêlu} dup-šar
7. ša Bît šigrêti ekalli
8. m Zi-il-la-a ^{amêlu}rab ri-e-di ki-ib-su
9. m ^{ilu}Nabu-aḫi-ú-ṣur ^{amêlu}rab ka-al-la-bi
10. m Mu-šal-lim-^{ilu}Marduk ^{m} ^{ilu}Nabu-ú-ši-ib-ši
11. m E-ri-ib-šu ^{amêlu}rab a-mi-la-a-ti
12. m ^{ilu}Nabu-bêli-ú-ṣur ^{amêlu}rab a-mi-la-a-ti
13. m ^{ilu}Nabu-zêri-i-bi-in ^{amêlu}šaqû (ŠU-GAB-A]
14. m ^{ilu}Nergal(UGUR)-ri-zu-ú-a ^{amêlu}rab za-am-ma-ri
15. m Ár-di-^{ilu}Nabu ^{amêlu}si-pi-ri ša mâr šarri
16. m ^{ilu}É-a-i-dan-ni ^{amêlu}rab pu-ú-ma
17. m Ri-mu-tu ^{amêlu}rab pu-ú-ma
18. m ^{ilu}Nabu-mâr-šarri-ú-ṣur ^{amêlu}rab ma-la-ḫi
19. m Ḫa-nu-nu ^{amêlu}rab dam-qar šarri
20. ^{amêlu}rabûti(GAL)^{meš} ša ma-at Ak-ka-di-im
21. m ^{ilu}É-a-da-a-a-an ^{amêlu}šá-kìn Tam-tim
22. m ^{ilu}Nergal(UGUR)-šarri-ú-ṣur ^{amêlu} ^{ilu}Sin (XXX)-ma-gi-ir
23. m E-muq-aḫi ša ^{mâtu}Ṭu-up-li-ia ai(í)-àš
24. m Bêl-šumi-iškun (ŠÁ)^{un} ša ^{mâtu}Pu-qu-du
25. m Bi-bi-e-a mâr ^{m}Da-ku-ru
26. m Iddina(SE)^{na}-aḫi ^{amêlu}É-maš Dêri(BAD-AN)^{ki}
27. m ^{ilu}Marduk-šarri-ú-ṣur ša ^{mâtu}Ga-am-bu-lum
28. m ^{ilu}Marduk-šarr-a-ni ^{amêlu}bêl piḫati (NAM)
29. ša Su-ma-an-da-ar
30. m Bêl-li-dar-um mâr ^{m}A-mu-ka-nim
31. m Ri-mu-tu ša-ak-nu ki-nu ša ^{mâtu}Za-mi-e
32. m ^{ilu}Nabu(AG)-êṭir(KAR)-napšâte(ZI)^{meš} ša-ak-nu
33. [ša ^{mâtu}Ia-a]p-[t]i-ri

Kolumne V

1. m I-lab(rib)-bi-it-su(?) ^{amêlu}É[-maš] ....
2. m Mu-še-zi-ib-Bêl ^{amêlu}É-maš [ša ..
3. m (!) (Lücke) ^{amêlu}É-maš ^{meš}
4. m Šu-um-ki-i-nim ^{amêlu}É-maš ^{alu}Dûr-[Ia-ki-nu]
5. m Ba-ni-ia ^{amêlu}É-maš ^{alu}Li-me-t[um]
6. m ^{ilu}Marduk-zêri-i-bí-in ^{amêlu}É-maš ^{alu}Ma-at-a-ka-al-l[u]
7. m Šu-la-a ^{amêlu}É-maš ^{alu}Ni-mi-id-La-gu-da
8. m Šu-ma-a ^{amêlu}É-maš ^{alu}Ku-ul-la-bi
9. m ^{ilu}Nergal(ŠI-DU)-zêri-i-bí-in ^{amêlu}É-maš ^{alu}Ú-da-an-nim
10. m ^{ilu}Marduk-e-ri-iš ^{amêlu}É-maš ^{alu}La-ar-sa
11. m ^{ilu}Nabu(AG)-ki-in-apli(TUR-UŠ) ^{amêlu}É-maš ^{alu}Ki-is-si-ik
12. m Bêl-ú-pa-aḫ-ḫi-ir ^{amêlu}É-maš ^{alu}Ba-ku-uš-šu
13. m (!) (Lücke) ^{amêlu} qi-i-pi alâni(ER$_4$)$^{\text{m[eš}}$ ....]
14. m I-ba-a ^{amêlu}bêl piḫati ša ^{alu}Dûr .....
15. m Ša-la-am-bi-li ^{amêlu}bêl piḫati ša .....
16. m Zi-ri-ia ^{amêlu}bêl piḫati ša ....
17. m Za-bi-na-' ^{amêlu}qi-i-pi ša ....
18. m Šu-ma-a ^{amêlu}qi-i-pi ša .....
19. m ^{ilu}Adad(IM)-aḫi-i-din-nam ^{amêlu}bêl piḫati ša $^{\text{al[u}}$ .....
20. m ^{ilu}Nabu(AG)-zêri-ukin(GI-NA) ša mâtu A- .....
21. m ^{ilu}A-nim-i-pu-uš ^{amêlu}qi-i-pi ša .....
22. m Bêl-šumi(MU)-iškun(ŠÁ)^{un} ^{amêlu}qi-i-pi ša ^{alu}Ni(?) ....
23. šarru ša ^{mâtu}Zu-u[r-ru]
24. šarru ša ^{mâtu}Ḫa-az-z[a-ti]
25. šarru ša ^{mâtu}Za-'-d[u-ni]
26. šarru ša ^{mâtu}Ar-ma-[da]
27. šarru ša ^{mâtu}Áš-d[u-du]
28. šarru ša ^{mâtu}Mir- .....
29. šarru ša ^{mâtu} ....

ÜBERSETZUNG

Kolumne I

1. (Ezida) seinen Bau schmückte ich.
2. Nabu und Nanâ,
3. in Freude und Frohlocken,
4. in die Stätte der Freude des Herzens ließ ich darin einziehen.
5. Täglich: einen fetten Opferstier, ein vollkommenes (fehlerloses) Rind
6. 16 fette Lämmer

7. angemessen (?) für die Götter von Borsippa,
8. eine Reuse (voll) Fisch, Geflügel, Knoblauch (?),
9. Lorbeer(?), „Schmuck des Sumpfes",
10. Honig, Butter, Milch, fettes Öl,
11. Gebirgsbier, klaren Wein,
12. als Opfertafel von Nabu und Nanâ,[1])
13. meiner Herren, habe ich reicher als früher bestellt.
14. Die regelmäßigen Opfer für Nergal
15. und die Göttin Laz von Emeschlam[2]) setzte ich fest.
16. Die Opfergaben für die großen Götter stattete ich üppig aus.
17. Über die früheren Abgaben erhöhte ich ihre Abgaben.
18. Ebarra in Sippar,
19. für Schamasch, der meine Majestät liebt,
20. erneuerte ich vollständig.
21. Ebarra, den Tempel des Schamasch
22. und der Aia von Larsa, baute ich.
23. Egischirgal, in der Stadt Ur, für Sin,
24. der meine Majestät liebt, erbaute ich.
25. Für Lugalgischatugablisch, der mein Wohl spricht,
26. Edurgina, seinen Tempel in der Stadt Baz[3]) baute ich.

Kolumne II

2. Den „Schmuck des Sumpfes",
3. Spende von Most wie Wasser, Wein
4. alljährlich in Hülle und Fülle
5. vor ihnen (den Göttern) brachte ich dar.
6. Die weiten Völker, die zu beherrschen Marduk
7. in meine Hand gegeben hatte,
8. auf das Gebot, das Gott Ea mir bestimmt hatte,
9. im Guten
10. habe ich sie verändert,
11. den rechten Weg, eine gute Hand
12. habe ich ihnen verliehen;
13. mit meinem guten Schutzgeiste (Šêdu),
14. mit meinem vorsorglichen Genius (Lamasu),
15. im Wüstenwind, im Sturmwetter ein Schirmherr,
16. den bösen Verderber, den Ungerechten, habe ich
17. der Stadt Babylon unterworfen.

[1]) Die Götter der Stadt Borsippa.
[2]) Tempel in Kuta.
[3]) Stadt in Babylonien von unbekannter Lage.

18. Den Tribut der Länder, den Reichtum des Gebirges,
19. den Ertrag von allerwärts habe ich in seinem Weichbilde empfangen.
20. In seinem ewigen Schatten habe ich die Gesamtheit der Menschen
21. glücklich gesammelt.
22. Mächtige Vorräte habe ich ohne Zahl dafür (d. h. für Babylon) aufgehäuft.
23. Regierung des Überflusses, Jahre der Fruchtbarkeit
24. ließ ich im Lande walten.
25. Auf einen Sila Aussaat (gab es) zu meiner Zeit 1000.1000 (= 1 Million) Getreidekörner.
26. 1 Kur Datteln (ergab) 30000 Maß Datteln.
27. Innerhalb von Esagila opferte ich:
28. 2000.1000 (=2000000) Getreidekörner, 100000 Datteln,
29. 2(?) ..... 1000 Maß Datteln
30. (aus dem Innern?) meines Palastes
31. .... habe ich geopfert.
32. außerdem(?) .... Sesam
33. und Öl ....
34. Vorzügliches Bier.......
35. von ganzem Herzen
36. habe ich ihre Heiligtümer ausgestattet.

Kolumne III

3. Balken... mächtige
4. ...ließ ich ausbreiten.
5. [Mit einer Mauer] aus Asphalt
6. und gebrannten Ziegeln ließ ich ihn (d. h. den Palast) umschließen.
7. Den Willen meiner Majestät, den Kult meiner Herrschaft
8. ließ ich darin walten.
9. Da nun erhob ich meine Hand zum Herrn der Herren,
10. zu Marduk, dem Barmherzigen, gingen meine Bitten:
11. „Herr der Länder, Marduk, höre,
was aus meinem Munde geht!
12. Möge ich den Genuß meines Palastes,
den ich gebaut habe, haben!
13. Möge ich im Innern von Babylon das Greisenalter
14. erreichen!
15. Möge ich mich an Nachkommenschaft erfreuen!
16. Von den Königen der Welten (kibrati)
17. von allen Menschen

Urkunde Nr. 26. Hof- und Staatskalender Nebukadnezars
Kolumne 3

18. ihren schweren Tribut möge ich in seinem Weichbilde erhalten!
19. Mögen meine Kindeskinder in seinem Weichbilde auf ewig
20. die „Schwarzköpfigen" beherrschen!"
21. — Vom „Oberen Meere" (= Mittelmeer)
22. bis zum „Unteren Meere" (= Persischer Golf)
23. die gesamten Länder,
24. die zu beherrschen Marduk mir verliehen hat,
25. auf sein erhabenes Gebot
26. ihren schweren Tribut
27. ließen sie vor ihn kommen.
28. Zur Erbauung des Palastes
29. „Wunder-Schloß der Menschheit",
30. den Wohnsitz meiner Majestät,
31. habe ich ihnen das Joch auferlegt,
32. ließ sie die Ziegelkörbe nehmen.
33. .. Zur Dienstleistung
34. in Stellung bei meiner Person verpflichtete ich:

---

35. Die Oberhofbeamten:[1])
36. Nabu-zêri-iddinnam, „Oberbäcker" (= Reichskanzler)[2])
37. Nabu-zêri-ibni, Generalissimus[3])
38. ...... naḫ, Palastvorsteher[4])

---

[1]) Eine Überschrift, wie auch in Kol. IV, Z. 20, V, Z. 3, 13. — Oberhofbeamter oder einfach Hofbeamter ist wohl die richtige Übersetzung dieses Wortes, das noch wenig bekannt ist und zuerst in einer assyrischen Beamtenliste (II Rawlinson, Taf. 31, Nr. 5, Kol. II, Z. 68) vorkommt, als Maš-en-nu (s. a. Harper, Letters 1020, Z. 8). Häufig ist die Verwendung dieses Titels in der Bibel als Mischne (מִשְׁנֶה) und erklärt als „Der Zweite nach dem König". Unser Text erläutert die Bedeutung des Titels noch präziser als „Oberhofbeamter".

[2]) Nach dem Zeugnis der Bibel (Jeremias 39,9 und 2. Könige 25,8) war Nabu-zêri-idinnam, biblisch Nebuzaradan (נְבוּזַרְאֲדָן), der Feldherr, der im 19. Jahre des Nebukadnezar II. (586) die Deportation der Juden aus Jerusalem durchgeführt hat (MVAG 1924, 2, S. 37f.). Er hat hier den Titel Rab tabachim (רַב־טַבָּחִים), der dem babylonischen Titel entspricht. Der „Oberbäcker" als Reichskanzler dürfte eine Reminiszenz aus dem Meerlande sein, woher die Dynastie stammte. Ein Keilschriftbrief aus Uruk nennt einen Knecht (gallu) des Nabu-zêri-iddinnam (YOS III, Nr. 165, Z. 29,33); ein weiterer Brief (ebenda Nr. 122) aus der Stadt Eridu, die im „Meerlande" (S. 292, Anm. 5) lag, nennt einen „Oberbäcker" aber ohne Namen.

[3]) Vor ihm war Bêl-zêri-ibni im 21. Jahre des Nabopolassar d. h. 605 der Generalissimus, der also der babylonische Heerführer im Kriege gegen Assyrien gewesen ist (Straßmaier, Nabopolassar Nr. 19, Z. 6: ZA IV, S. 106ff.). Unter Darius II. (um 415) war Mušallim-Bêl der rab kaṣir (UP II,1, Nr. 68).

[4]) Wörtlich: „Der vor dem Palaste". Es war der Hausminister Nebukadnezars, der in dem 2. Palastteile, von Osten gesehen, wohnte, der tatsächlich „vor dem Palaste" des Königs lag. Bêl-šarri-bulliṭ war „rab ekallim" des Kambyses (TC XIII, 153).

39. Sin-šarri-...., Tempelvorsteher[1])
40. Atkal-ana-Mâr Esagila(?)................

Kolumne IV

3. Ina-qibit-Bêl-akša[2]) Ober-....
4. Bêl-ereš, Ober-...
5. Ardiia, Oberhofbeamter des Palast-Harems
6. Bêl-uballiṭ, Schreiber
7. des Palast-Harems,
8. Zillâ, Obervorsteher des Schemels
9. Nabu-aḫi-uṣur, Oberbarbier
10. Mušallim-Marduk, Nabu-ušibši,
11. Eribšu, Vorsteher der Sklavinnen
12. Nabu-bêli-uṣur, Vorsteher der Sklavinnen
13. Nabu-zêri-ibin, Mundschenk
14. Nergal-rizua, Oberkapellmeister
15. Ardi-Nabu, Sekretär des Kronprinzen (d. h. des Amêl-Marduk)
16. Ea-idanni, Oberproviantmeister
17. Rîmûtu, Oberproviantmeister
18. Nabu-mâr-šarri-uṣur, Oberschiffer[3])
19. Ḫanunu, Oberbankier (Oberkaufmann) des Königs.
20. Die Großen des Landes Akkad:
21. Ea-daian, Gouverneur des „Meerlandes"[4])
22. Nergal-šarri-uṣur (= Neriglissar), Fürst von Sin-magir[5])

[1]) Tempelvorsteher (rab bîti) steht hier parallel zu dem Palastvorsteher (ša pân ekallim), daraus erhellt die Bedeutung des bîtu hier speziell als „Tempel". Ša-Nabu-šû war im 13. Jahre des Königs der Tempelvorsteher nach der Urkunde vom ?. XII. 13. Jahre, dd. Babylon (TC XII, Nr. 32). Unter Cyrus war Nabu-šarri-uṣur der General des Königs (rêš šarri) und ša eli bîtâti (Tempelvorsteher: YOS VII, Nr. 68; 70).

[2]) Vielleicht ist der Name verhört aus Ina-qibi-Bêl-aḫi-šu; dieser Name kommt in einem babylonischen Briefe an einen assyrischen König vor (Br. Mus. 83—1—18, 3 = Bezold, Catalogue S. 1854). Die Person kann natürlich mit dem Beamten des Hof-und Staatskalenders nicht identisch gewesen sein.

[3]) Daiân-bêli-uṣur war nach einer Urkunde dd. Šaḫarinu, vom 14. III. 2. Jahre des Kambyses (Coll. Morgan I, Nr. 65, Z. 3, 5) damals (um 528) in demselben Amte.

[4]) In dem Kontrakte des 18. Jahres des Nebukadnezar (Straßmaier, Nebukadnezar Nr. 116, Z. 14) wird ein Gouverneur des Meerlandes ohne Namen erwähnt. Siehe folgende Anmerkung.

[5]) Neriglissar, der Schwiegersohn und zweite Nachfolger des Nebukadnezar II., in der Bibel schon mit seinem Titel erwähnt (Bewer in AJSL 42, S. 130) im Jahre 586 v. Chr. Sin-magir oder Bît-Sin-magir ist ein Ort und eine Landschaft nördlich von Babylon und geht auf eine Gründung des Königs Sin-magir von Isin (2100) zurück, wird in kassitischer Zeit sehr viel genannt, namentlich in den Inschriften der Grenzsteine (Kudurru), vgl. auch Délégation en

Urkunde Nr. 26. Hof- und Staatskalender Nebukadnezars
Kolumne 4

23. Emuq-aḫi vom Lande Tupliiaš
24. Bêl-šumi-iškun,[1]) vom Lande Puqudu
25. Bibiea, Sohn (= aus dem Hause) Dakuru
26. Iddina-aḫi, Oberpriester von der Stadt Dêri
27. Marduk-šarri-uṣur, vom Lande Gambulum
28. Marduk-šarrani, „Bezirksherr"
29. von Sumandar[2])
30. Bêl-lidarum, Sohn (= aus dem Hause) Amukanum[3])
31. Rîmûtu, wirklicher Gouverneur vom Lande Zamê[4])
32. Nabu-êṭir-napšâte, Gouverneur
33. vom Lande Japtiri[5])

Perse, Mémoires II, S. 88, und Steinmetzer, Kudurru. — Nicht weit davon, mehr im Nordosten hat auch die Landschaft Tupliiasch gelegen (s. Kol. IV, Z. 23). — Über die Schicksale des Neriglissar kann man aus den Privatkontrakten allerhand ermitteln: Im [3]3. und 37. Jahre des Nebukadnezar befand er sich in der Stadt Akšak (UḪ^{ki}) nahe dem späteren Seleuzia, im 34. Jahre jedoch in der Stadt Tekrit (= Takrietain) am Tigris, halbwegs nach Assyrien, im 43. Jahre aber war Neriglissar in Babylon, vermutlich weil man das Ableben des Nebukadnezar befürchtete. Vgl. die Urkunden bei Straßmaier, Nebukadnezar Nr. 31, 322, 266, 411. Neriglissar war gemäß des Hof- und Staatskalenders, der um 570 geschrieben ist, der zweite der Großen von Babylonien, nur der Gouverneur des Meerlandes, der Stammprovinz des Königshauses, stand über ihm im Range. In einer Tafelunterschrift aus Seleuzidischer Zeit (Thureau-Dangin, Rituels accad. S. 65, 79—80; ders. Tablettes d Uruk Nr. 38) wird Nabopolassar, der Vater des Nebukadnezar, als „König des Meerlandes" angeführt (Paris AO 6451). — Bêl-ú-dan-an-ni, Haushofmeister (rab bîti) des Neriglissar, wird in einer Urkunde (VS III, 36), dd. Borsippa, vom 9. V. 43. Jahre Nebukadnezars erwähnt.

[1]) Ein Bêl-šumi-iškun wird als Vater des Neriglissar genannt, von ihm selbst in VAB IV, S. 210, Z. 14 und in der Privaturkunde: Straßmaier, Nebukadnezar Nr. 266, Z. 4.

[2]) Sumandar, Ort und Fluß oder Kanal in der Nähe von Tupliiaš und auch bei der Stadt Babylon (Kapitel XI, 18), auch BE-DAR geschrieben. Er ist in kassitischer Zeit bekannt (Délég. Perse Mém. II, S. 88), wird von Tiglatpileser III. (Annalen Z. 13: Šuman-da-ar!) nebst der Stadt Kalain erobert (vgl. Mât-Akallu, hier Kol. V, Z. 6), auch in einer Inschrift des Nebukadnezar erwähnt (VAB IV, S. 146, Z. 8: [Su]-man-[dar]), sonst noch sehr häufig in Kontrakten: Straßmaier(-Evetts), Neriglissar Nr. 56, Z. 2, Nr. 70, Z. 14; ders. Nabonid Nr. 910, Z. 3—4; YOS III, Nr. 84, Z. 27; YOS VI, Nr. 41, Z. 4; Nr. 140, Z. 3, 7.

[3]) Über Amukanum s. RLA s. v. Bît Amukanu (E. Unger).

[4]) Fürst Januqu von Zamê wird durch Sargon II. untertan gemacht (Annalen Z. 274); z. Z. des Assurbanipal stand die Landschaft unter einem assyrischen Bezirksherrn (bêl piḫati) namens Nûr-ea (VAB VII, S. CXXIII). Zamê hat mit Zamua nichts zu tun, sondern lag im südlichen Babylonien und zwar in der Nähe von Amukanum, wo auch Dakuru, Gambulum, Japtiri, und das Meerland anzusetzen sind.

[5]) Der Name der Landschaft ist vermutlich so zu ergänzen; sie wird nämlich von Sargon II. neben Zamê namhaft gemacht (s. vorige Anmerkung). Möglicherseise ist dieser Nabu-êṭir-napšâte derselbe Beamte, der im 17. Jahre des Nebukadnezar Vogt des Meerlandes (qîpu) gewesen war (Straßmaier, Nebukadnezar Nr. 109, Z. 15).

Kolumne V

1. Ilab(rib)bitsu, Oberpriester der Stadt....
2. Mušêzib-Bêl, Oberpriester der Stadt.....
3. Die Oberpriester von .....:
4. Šumkinim, Oberpriester der Stadt Dûr-Iakînu[1])
5. Baniia, Oberpriester der Stadt Limetum[2])
6. Marduk-zêri-ibin, Oberpriester der Stadt Mat-Akallu[3])
7. Šulâ, Oberpriester der Stadt Nimid-Laguda[4])
8. Šumâ, Oberpriester der Stadt Kullabi[5])
9. Nergal(Šidu)-zêri-ibin, Oberpriester der Stadt Udannum[6])
10. Marduk-ereš, Oberpriester der Stadt Larsa[7])

---

[1]) Dur-Iakînu, die Hauptstadt des Meerlandes (s. Anmerkung 5).

[2]) Zur Kassitenzeit bekannt (UP II, 2 CBS Nr. 13488), wohl identisch mit dem Orte LMDI (למדי) eines Briefes aus der Zeit des Assurbanipal in Aramäisch (ZA 31, S.193 f.Z.6, Lidzbarski), wo auch Amukanum genannt ist. Die Lesung „Medien" ist unbegründet.

[3]) Ma-at = Land, das hier mitgesprochen zu sein scheint; vielleicht ist die Stadt mit Kalain am Sumandar-Kanal gleichzusetzen (s. oben Kol. IV, Z. 29). Im Kontrakte vom 36. Jahre des Nebukadnezar (Straßmaier, Nebukadnezar Nr. 311, Z. 3) wird eine Stadt Qalunu genannt.

[4]) Im Süden von Babylonien gelegen und von Sargon II. mit den Städten Kullab, Larsa und Kissik nebeneinander erwähnt (Winckler, Sargon S. 80). Eine Statue (ṣalam) des Mondgottes Sin von Nimid-Laguda ist im Texte in London (81—2—4, 67; Bezold, Catalogue S. 1758) erwähnt. Das Siegel des Gottes Ea von Ni-mid ^{ilu}La-gu-du ist in einem neubabylonischen Brief aus der Zeit des Nabopolassar in London (Br. Mus. 117666) genannt, vgl. Sidney Smith in JRAS 1926, S. 442f.

[5]) Kullab, von Sargon II. erwähnt (s. vorige Anmerkung) und in der Inschrift KAV Nr. 92, Z. 46, wo das Reich eines Sargon beschrieben ist. Vgl. auch Forrer, Provinzeinteilung des assyrischen Reiches, 1920, S. 101. In einem neubabylonischen Brief wird die „Königin von Kullab" (šarrat Kul-la-bu) als Göttin genannt (Coll. Nies, I, Nr. 28, Z. 3, 31). König Sanherib zählt die einzelnen Orte auf, die dieser im Jahre 703 in Südbabylonien eingenommen hat (Luckenbill, Annals of Sennacherib, 1924, S. 49, Z. 10—15; S. 52, Z. 36 bis S. 53, Z. 49). Danach gehörten die Orte Nimid-Laguda, Kullab, Larsa, Kissik zu Bît-Iakînu, neben Dûr-Iakîni, das ich deshalb in Z. 4 ergänzen möchte, sowie neben drei andren Städten: Bît ^{m}Zabidiia, Eridu und Kâr-Nabu. Vgl. auch Delitzsch, Wo lag das Paradies? S. 225f. („Zirlab") und F. Hommel, Geographie S. 390f. Siehe Kapitel IX, 4.

[6]) In einem neubabylonischen Briefe (YOS III, Nr. 95, Z. 17) genannt; ist wahrscheinlich identisch mit dem von Tiglatpileser III. eroberten Dunanu (Annalen Z. 13). Udunê lag nahe bei Kullab (WVDOG 35, Nr. 92, Z. 47). Die Stadt lag demnach auch im Süden von Babylonien, im „Meerlande".

[7]) Larsa, die Hauptstadt des früheren Königreiches von Larsa (2285—2000 v. Chr.) wird mit dem biblischen Ellasar gleichgesetzt (Langdon in JRAS 1920, S. 515). Über die Stadt s. RLV „Larsa" (E. Unger). Die Stadt ist auch in neubabylonischer Zeit noch von Bedeutung. In einem Kontrakt dd. Babylon, vom 10. III. 14. Jahre des Šamaš-šumi-ukin von Babylon (654 v. Chr.) tritt der Oberpriester (E-maš) von Larsa, Nabu-kin-zêri als vornehmster Zeuge auf (TC XII, Nr. 12, Z. 38). Weitere Urkunden betreffend Larsa sind die Kontrakte Straß-

Urkunde Nr. 26. Hof- und Staatskalender Nebukadnezars
Kolumne 5

11. Nabu-kin-apli, Oberpriester der Stadt Kissik[1])
12. Bêl-upaḫḫir, Oberpriester der Stadt Bakuššu[2])
13. Die Vögte der Städte von .....:
14. Ibâ, Bezirksherr von der Stadt Dur-.........
15. Šalambili, Bezirksherr von der Stadt ....
16. Zîriia[3]), Bezirksherr von der Stadt ....
17. Zabina', Vogt von der Stadt ....
18. Šumâ, Vogt von der Stadt ....
19. Adad-aḫi-idinnam, Bezirksherr von der Stadt ....
20. Nabu-zêri-ukin, vom Lande A-.......
21. Anim-ipuš, Vogt der Stadt ....
22. Bêl-šumi-iškun, Vogt der Stadt Ni(?)-.....
23. Der König vom Lande Tyrus[4])
24. Der König vom Lande Gaza[5])
25. Der König vom Lande Sidon[6])

---

maier, Nebukadnezar Nr. 52 (vom 6. Jahr); — YOS VII, Nr. 11, 71, 72, 124, 146, 172, 229; Coll. Nies II, Nr. 113, 117, 119; Berlin: VAT 8432 (ohne Datum); 8491 (vom 3. Jahre) Zeit des Nabonaid; — TC XIII, 135. (dd. Uruk, vom 25. VIII. 4. Jahre des Cyrus); YOS VII, 121 (dd. Larsa vom 5. XI. 1. Jahre des Kambyses); Straßmaier, Darius I., Nr. 10; endlich einige Privatbriefe aus neubabylonischer Zeit (YOS III, Nr. 32, 62, 92).

[1]) Die Stadt Kissik ebenfalls im Meerlande. In kassitischer Zeit als Ki-sik auf einem Grenzstein erwähnt (Kudurru z. Z. des Simmaššipak: Br. Mus. 90937; Steinmetzer, Kudurru Nr. 27; King, BBSt, S. 102). Offiziere des Meerlandes waren bei dem Akt zugegen. Tiglatpileser III. (Annalen Z. 13), Sargon II. und Sanherib nennen die wichtige Stadt, die auch sonst in Privaturkunden der Zeit (um 700 v. Chr.) vorkommt (Figulla in MVAG XVII, S. 24, 42 [Harper, Letters Nr. 521; K 1550]; Forrer, Provinzeinteilung S. 101; Streck in VAB VII, S. 791; ZA XXVII, S. 292; Bezold, Catalogue S. 1861 [betr. Br. Mus. 83—1—18, 84, Brief des Sin-šarri-uṣur]; T. G. Pinches, Texts in the Babylonian Wedgewriting 1882, S. 4 [K 647 = IV Rawlinson 52, Nr. 3 = Harper, Letters Nr. 210] und Harper, Letters Nr. 736 [K 1030]). Vgl. auch die Anmerkung zur Z. 8.

[2]) In persischer Zeit ist eine Ortschaft „huṣṣîtu ša Bagušu" (BE IX, Nr. 88, Z. 4, vom 41. Jahre des Artaxerxes I.; BE X, Nr. 97, Z. 8, vom 4. Jahre des Darius II.) „Ortschaft (oder Farm) des Bagušu" bekannt. Bei Uruk liegt anscheinend ein Ort Bît mBa-gi-e-su nach dem Kontrakt dd. Uruk, vom 19 (!). VI. 3. Jahre des Kambyses (YOS VII, Nr. 149).

[3]) Zîriia war nach einer Urkunde vom 36. Jahre des Nebukadnezar (Straßmaier, Nebukadnezar Nr. 311, Z. 14) Bezirksherr von Gambulum. Ein Zêriia ist Vogt (qîpu) von Esagila im 17. Jahre des Nabonaid (TC XII, Nr. 120), dd. Bît-šar-Bâbili vom 5. VI. 17. Jahre.

[4]) Tyrus, Ṣurru, hier mit Z geschrieben, weil in der Prisma-Inschrift hier gewöhnlich Z anstatt Ṣ gesetzt ist. Andre Urkunden, aus denen die Botmäßigkeit von Tyrus hervorgeht, s. S. 36f.

[5]) Gaza war noch dem Könige Nabonaid untertan nach eigener Mitteilung (VAB IV, S. 220, Z. 39).

[6]) Sidon, sonst gewöhnlich Ṣidunu geschrieben; es findet sich aber auch die Schreibung mit ' (Ṣa-'-i-du-nu, Sidney Smith, BHT, 1924, S. 12, Vorderseite Z. 14), entsprechend dem heutigen Namen Saida, wie auch in obigem Texte, hier.

26. Der König vom Lande Arwad[1])
27. Der König vom Lande Asdod[2])
28. Der König vom Lande Mir-. . . . . . .[3])
29. Der König vom Lande . . . .

E. PRIVATURKUNDEN

Nr. 27

Amtlicher Privatbrief, Neubau von Esagila

Harper, Letters Nr. 119, K. 499; Zeit des Assurbanipal

TEXT

Vorderseite

1. Ana šarri bêliia
2. arduka Araḍaḫêšu.
3. lu šulmu ana šarri bêliia
4. Aššur, Ešarra ana šarri bêliia
5. likrubu. Marduk, Ṣarpanîtum
6. Nabu, Tašmêtum, Nanâ
7. u ilâni ammar ina Esagila
8. kammusûni, ûmê ša šarri bêliia
9. lurrikû. Kussu ša šarri bêliia
10. lukinnu. Ṭûb libbi
11. ṭûb šîrê ana šarri bêliia liddinu.
12. Esagila, ki-sal-lu e-li-nu-u
13. ina Bît Bêl Bêltiia uššabûni
14. adi ekurrâtešu, Bît papaḫ Tašmêtum;
15. Ki-sal-lu šap-li-u adi ekurrâtêšu
16. napḫar anniu gabbu epišû[ni]
17. Sîru rukpî. . . . . .

[1]) Armada = Arwada ist die nördlichste Stadt der Phönizier, vgl. E. Unger in RLA I, S. 160.

[2]) Asdod in Südpalästina in der Nähe der Küste, am Rande des Fruchtlandes und des wüsten Küstenstreifens. S. Honigmann in RLA im Artikel „Asdod".

[3]) Da von diesem Stadt- oder Landnamen nur die erste Silbe erhalten ist, läßt er sich nicht dentifizieren. Aus der Bibel können folgende Orte in Betracht kommen: Mar'ascha (מָרֵאשָׁה = Μαρισά), das im heutigen Tell Sandaḥanna in Judäa wiedergefunden ist (Gesenius-Buhl[14] S. 415), ferner Meroz (מֵרוֹז a. a. O. S. 416) im nördlichen Palästina, Merom (מֵרוֹם = Marum a. a. O. S. 417), Marot (מָרוֹת) in Judäa (a. a. O.), Meronot (מֵרֹנוֹת) ebenfalls in Judäa (a. a. O. S. 419).

18. pâni u kuta[lli]...
19. KI-DUR^{meš} ša.... [Marduk?]
20. u Nabu...

Rückseite

1. agurri .. dullu?
2. nitapaš NU BU?
3. bibâni gabbu.
4. ki-li-lu ša kupr[i u]
5. agurri Bît ...
6. gabbu nissakan ina rêš (?) PAP (?) meš
7. nitakkal. Šarru bêli lûdi.
8. Šar Bâbîli iqtibanaši
9. mâ: [D]ûru labiu kaiamânu
10. ša Esagila nippaša
11. Mâ: Bît Bêlit Bâbîli (K[a]dingir[ra^{ki}])
12. tippaša. Mâ: Riḫte
13. amêlu Urasi e-pir [irṣitim]
14. ša tarbâṣê ša Esag[ila]
15. lišḫuṭu. Šarru bêli
16. lûdi.

ÜBERSETZUNG

Vorderseite

1. An den König, meinen Herrn
2. Dein Knecht Aradaḫêšu
3. Heil dem König meinem Herrn
4. Assur, Ešarra meinem Herrn König
5. möge Segen spenden. Marduk, Ṣarpanîtum
6. Nabu, Taschmêtum, Nanâ
7. und die Götter, soviel in Esagila
8. wohnen, die Tage meines Herrn Königs
9. mögen sie verlängern. Den Thron meines Herrn Königs
10. mögen sie feststellen. Wohlsein des Herzens
11. Wohlsein des Leibes meinem Herrn König mögen sie verleihen.
12. Esagila den „Oberen Platz"
13. wo Bêl und Bêltiia den Tempel bewohnen
14. nebst den Heiligtümern, den Tempel der Taschmêtum,
15. den „Unteren Platz" nebst den Heiligtümern

16. insgesamt alles dies erbaute man.
17. Die Wand der Rampen...
18. vorn und hinten...
19. die „Sitze" des [Marduk?]
20. und des Nabu [vollendeten wir?]

Rückseite

1. Bezüglich der Brandziegel .. [die Arbeit?]
2. haben wir geleistet.
3. Alle Abflußröhren...
4. die Krönung aus Aspha[lt und]
5. Brandziegeln des Tempels..?
6. alles haben wir gemacht, an der Spitze ?? kunstvoll vollendet.
7. Der König, mein Herr, wisse es.
8. Der König von Babylon sprach zu uns
9. also: Die ständige Umschließungsmauer
10. von Esagila wollen wir bauen.
11. Ferner: Den Tempel der Bêlit Bâbîli
12. erbaue. Ferner: Den Rest:
13. der Urasi-Beamte die Erdmassen (Bauschutt)
14. der Höfe von Esagila
15. möge fortschaffen. Der König mein Herr
16. wisse es.

Nr. 28

Amtlicher Privatbrief, Neubau von Esagila

Harper, Letters Nr. 120, K. 1461; Zeit des Assarhaddon oder Assurbanipal

TEXT

Vorderseite

1. Ana šarri bêliia
2. arduka Aradaḫêšu
3.—12. wie Nr. 119, Vorders. Z. 3—11.
13. 138 erîni šattu
14. annîtu, ultu libbi UR-SU-TE
15. ultu] alu Karkamiš naṣûni

16. ina lib]bi 30 erîni dannûti
17. ana B]ît papaḫ Bêl Bâbanû
18 . . . erîni . .
19. . . . nuṣabbit . . .
20. . . . ina m]uḫḫi Bâbišu . . .

Rückseite

1.
2. . . nu]ṣabb[it . .
3. . . . ka
4. . nu]ṣabbit
5. . . . e ina muḫḫi
6. . . dullu ša libitti
7. . . . la ri hi
8. meš bibâni
9. . . igarâtê
10. . . ša tarbâṣê dullu
11. ša ag]urrê šû
12. . . . ni nippaš
13. šarru bêli l]ûdi. ^{iṣu}labbunâte
14. u b]ibâni gabbu
15. nissakan]. šumu ša šarri bêliia
16. ina libbi ni]ssatar. ilânika
17. . . pi? ki? ti? is-su nitapaš
18. . . hu? êpirê
19. . . ma pi is

ÜBERSETZUNG

Vorderseite

1. An den König, meinen Herrn
2. Dein Knecht Aradaḫêšu
13. 138 Zedern, Jahr
14. dieses, aus den . . . .
15. von der Stadt Karkamisch haben wir herausgezogen
16. 30 mächtige Zedernstämme
17. nach der Kapelle des Bêl vom Pfortenhause
18. . . . . Zedern . . . . . .
19. . . . . wir haben ergriffen . . . .
20. auf seine Pforte

Rückseite

1. ....
2. wir haben ergriffen ...
3. ....
4. ... wir haben ergriffen
5. .... in bezug auf
6. .. Die Arbeit der Lehmziegelanfertigung
7. ....
8. ... Röhren
9. ... Mauern
10. der Höfe, die Arbeit
11. der Brandziegel
12. haben wir gemacht
13. der König, mein Herr, wisse es. Die hölzernen .....[1])
14. und alle Röhren
15. haben wir gelegt, den Namen des Königs, meines Herrn,
16. darauf geschrieben. Deine Götter
17. .... gleichzeitig haben wir gemacht
18. .... Erdmassen
19. ....

Nr. 29

Amtlicher Privatbrief, Neubau von Esagila und Etemenanki (Turm zu Babel)

Harper, Letters Nr. 471 (80—7—19, 41) Zeit des Assarhaddon oder Assurbanipal

TEXT

Vorderseite

1. [Ana šarri bêliia]
2. [arduka] .....ilu G[ula(?)] = (Arad Gula?)
3. šulmu ana šarri bêliia. Marduk
4. Ṣarpanî]tum, Nabû, Tašmêtum
5. ana šarri bêlii]a adanniš likrubu
6. ûmê ša šarri bêliia lurriku
7. .... ša? Bêl ina ESAGILA

[1]) labbunâte wahrscheinlich zu Bît labuni gehörig, das in der Stadt Assur (RLA I, S. 192, § 61, 1, E. Unger) einen Teil des Stadtpalastes gebildet hatte. Die Bedeutung von Labuni ist noch nicht bekannt (AOB I, S. 106, Anm. 3 (E. Weidner).

8. .... ana šarri bêliia lukallimu.
9. [.... si]-kur-ri ša Bâbi ša ina Kadingirra[ki]
10. [ša šarru bêliia] išpurannini mâ: UR-SUD
11. [ša E-tùr]-kalam-ma ša Bît ^{ilu}EA
12. ...... RI u ša siḫirti ESAGILA
13. ..ir? nikarrar u ..ša KI IS
14. .... ša ZIQ-QUR-RAT ṭê[mu]
15. nis]sakan rêšu inaššiu
16. [arḫu] Šabâṭu arḫu magra šû šarru bêli
17. [i]sappar ikarruru
18. Didî, amêlu šekalpaia
19. ša ina eli dulli ša ESAGILA
20. paqiddûni annaka šû
21. aqtibaššu muk alka issiia
22. ina eli karari ša ušši
23. mâ: laššu ša šupî ša šarri
24. la allak.

Rückseite

1. mâ: ina eli UR-SU-TE ša ESAGILA
2. ša allikanni mâ: egirtu
3. ina libbi ekalli attidin
4. mâ: udina ṭêmu la isakkanûni
5. ṭêmu liškunušu issiia lillik;
6. ša la šâšu la muqanni
7. uššu la nikarrar. Ina muḫḫi riqqê
8. šamni ṭâbi, ṭiṭṭi sâmi u abnê
9. ša ina eli ušši nikarrarûni
10. ..... ṭêmu liškun
11. [lid]dinunâši.

ÜBERSETZUNG

Vorderseite

1. An den König, meinen Herrn,
2. Dein Knecht [Arad-Gula?]
3. Heil dem König, meinem Herrn. Marduk,
4. Ṣarpanîtum, Nabu, Taschmêtum
5. mögen den König, meinen Herrn, gar sehr segnen
6. Die Tage des Königs, meines Herrn, mögen lang sein.

7. ... Bêl in Esagila
8. ... dem König, meinem Herrn, möge [Gnade?] zeigen.
9. [Türen ? und] Riegel der Pforte von Babylon[1])
10. [wie der König, mein Herr, geschrieben hat: Die Ursud
11. [des Tempels E-tur]-kalamma, des Ea-Tempels,
12. [des ....] und der Umfassung von Esagila
13. ..... haben wir angebracht und ....
14. ... des Tempelturms den Befehl
15. haben wir ausgeführt, die Spitze wird erhöht.
16. Der XI. Monat ist günstiger Monat; in diesem, der König, mein Herr,
17. wird sie (die Spitze) legen und anbringen.
18. Didî, der Bauleiter (?)
19. der mit der Arbeit an Esagila
20. betraut ist, als ich
21. habe gesagt zu ihm: „Nun gehe mit uns,
22. um den Grundstein zu legen";
23. (sagte er): „Ohne den Auftrag des Königs
24. gehe ich nicht!"

Rückseite

1. Weiter: Bezüglich der Ursute von Esagila
2. bin ich gegangen und: Botschaft
3. im Palaste habe ich gegeben
4. nämlich: „Irgendein Befehl ist nicht gegeben!
5. ein Befehl dafür möge erfolgen, mit mir möge er (der Befehl) gehen.
6. Ohne diesen ist es unmöglich.
7. Den Grundstein werden wir nicht legen. Bezüglich des Weihrauchs,
8. des guten Öls, des dunklen Tons und der Stein(urkunden)
9. die wir im Grundstein niederlegen sollen,
10. [sofort] Befehl möge erfolgen!
11. möge uns gegeben werden!"

---

[1]) Die „Pforte von Gottespforte (Babylon)" kann nur die „Heilige Pforte" (s. Kapitel XVI, 21 und XIX) sein.

Nr. 30

Geldverleihung in Babylon [Binnenstadt] vom 25. I. 4. Jahr des Assarhaddon

Br. Mus. . . ?= 8. Congrès Int. Or. Stockholm, Actes 2, Sect. 1, Nr. 3 [Straßmaier]

$1^2/_3$ Minen des Nabu-aḫi-iddinna
für Muranu bis Ende des Monats
Ulul (VI.) wird er das Geld an Nabu-aḫi-iddinna
wiedergeben; wenn er es nicht gibt,
wird für den Monat je 2 Sekel Silber für ihn verzinst (anwachsen).
Zeugen: Aššur-ilai, der Ur-šu-Beamte,
Quqû der Bote (Sekretär),
Šakin-šumi, Sohn des Dabibi,
Zêr-Bâbîli, Sohn des Šadûnu,
Bêl-zêru, Sohn des Sehers,
Marduk-uballiṭ, Sohn des Nur-Papsukkal
und der Schreiber: Imbâ,
Sohn des Arkât-ilâni-damqa;
dd. Binnenstadt (alu lib-bi-ali) 25. I. 4. Jahr des Assarhaddon, des Königs von Assyrien.

Nr. 31

Amtlicher Privatbrief betr. den Neubau von Esagila

Liste von verschiedenen Berichten an den König Assurbanipal von Assyrien; K 1519; Bezold, Catalogue Kuyundjik Collection S. 301 f. Vorbereitung der Fertigstellung und der Opfer für die Einweihung des Tempels um 668 v. Chr.

1. Mit Bezug auf die Türen von Esagila (E-sag-gil)
2. „ „ „ „ Balken aus Zedernholz
3. „ „ „ „ Weine
4. „ „ „ „ Schafe
5. „ „ „ den Urasi-Beamten von Kuta[1])
6. „ „ „ „ Besitz (oder die Beschlagnahme) von Rindern und Schafen
7. „ „ „ „ Bêl-eriba, den Zazakku-Beamten[2])
8. „ „ „ „ König von Babylon (d. h. Šamaš-šumi-ukin)

---

[1]) Der assyrische Verwaltungsbeamte, auch Ur-šu geschrieben, amtierte auch in Babylon z. B. Aššur-ilai in der Urkunde vom 25. I. 4. Jahre des Assarhaddon (8. Congrès Internat. 30
Oriental. Stockholm, Nr. 3, Straßmaier).

[2]) Hoher Beamter, dessen Funktion noch unbekannt ist.

Nr. 32

Freilassung von 5 Leuten in Babylon

Harper Letters, Nr. 877, K 6; 7. Jahrhundert v. Chr.

1. Marduk-šumi-ibni
2. Sohn des Tabniea,
3. Sohnes des Nabu-eṭir, Beschwörungspriester (mašmašu),
4. Familie des Hauses Gaḫal,
5. ihr väterliches Hausgrundstück gegenüber dem Bêl (? = Marduk-tempel)
6. Itti-Marduk-balâṭu,
7. Sohn des Šapik-zêri,
8. Sohnes des Balâsu,
9. Familie des Hauses Mulublim,
10. des Klagepriesters (kalû),
11. ihr väterliches Hausgrundstück gegenüber dem Tempel des Nergal (Lugal-ìr-ra).
12. Ḫarran-šadû,
13. Sohn des Marduk..
14. Sohnes des Ba-u-ereš,
15. Familie des Hauses des Bêl-eṭira,
16. ihr väterliches Hausgrundstück gegenüber der Einzuspforte (Bâb e-rib) der Göttin Gula
17. Šapî-Bêl, Sohn des Aplâia,
18. Sohnes des Rimti,
19. Familie des Hauses des Schiffers,
20. ihr Haus auf dem jenseitigen Ufer
21. schaut auf (?in-di-ṭul) Kulturland (zêri = ŠE-NUMUN)
22. Bêl-aḫi-iddin, Sohn des Nabu-kaßir,
23. Sohnes des Nabu-li'u,
24. Familie des Hauses Egibi,
25. ihr väterliches Grundstück in der Straße
26. der Išḫara.
27. Zusammen 5 Leute,
28. die Nabu-bêl-šunu
29. für das Leben seiner Seelen,
30. für den Gott Bêl
31. freigemacht hat.

Nr. 33

Felderkauf in Maḫê bei Litamu

TC XII, Nr. 11 (Paris, AO Nr. 4605, Contenau; vom 20. IX. 14. Jahr des Šamaš-šumi-ukin

Ein (Išten) 50-iger (50-Ú)[1]) in der Marsch (appâru) Ma-ḫi-e am Ausgange (ša pi-i) der Flur (tâmirtu) Litamu; — 250 Ellen Front vom Euphrat-Flusse (Pu-rat-tu) bis zum Orte Šê Bît Qaṣ-ṣir; — Ein 50-iger (50-Ú) am Ufer des Kischer-Kanals (nâr Kiš^{ki}), 250 Ellen Front und ein Zehn-Teil (ištit ešreti[=U^{ti}]): 50 Ellen Front; — zusammen 300 Ellen Front, von dem Kischer-Kanal bis zur Landungsstelle (makallê) der Babylonier (ša ^{amêlu} Tintir$^{ki\ meš}$), zusammen 2 50-iger (50^{meš}) und Ein Zehn-teil, was von Bêl-epuš, dem Nachkommen des Arztes, sowie von Bêl-ušallim, Sohn des Ir-an-ni, der Bêl-nîmîq (ID^{iq})-kâlâ (KAK-A-BI), Sohn des Saggilai, der Gouverneur (ŠÁ-KU = šâkin ṭêmi) von Babylon (Tintir^{ki}) für den Gegenwert von 2 Minen Silbergeld gekauft hat. — 1 Mine Silber hat Bêl-ušallim für den Kaufpreis seiner 50-iger (50^{meš}) und seines Zehn-Teiles (=U^{ti}) empfangen. — Sobald das Geld vollständig gegeben worden ist, (dann) wird er das Siegel bezüglich der Quittung gleichzeitig (itti-šu) siegeln. —

Als Zeugen waren zugegen: Šulâ, Sohn des Ardi-E-GIG; Bêl-šumi-iškun, Sohn des Šigua; Tabnêa, Sohn des Nergal-naßir; Bêl-aḫḫê-iddin, Nachkomme des Obersten der 1000; Šuzubu, Sohn des Sagillai; Bêl-iqiša, Nachkomme des Schiffers; und Ṭâb-ašâbi-Marduk, Sohn des Ir-an-ni, der Schreiber. —

Babylon, am 20. IX. 14. Jahr des Šamaš-šumi-ukin, Königs von Babylon.

Nr. 34

Grundstückskauf im Stadtteil Tuba, während der Belagerung von Babylon durch Assurbanipal, 648 v. Chr.

Brit. Mus. Rm. IV, 33, 8. Congrès Intern. Orient. Stockholm, 2. Sect. 1. Nr. 6 Straßmaier; vom 29. II. 20. Jahr des Šamaš-šumi-ukin. Vgl. die Urkunde aus derselben Notzeit: dd. Babylon, vom 9. X. 19. Jahr (Br. Mus. 81—11—3,71; Pinches: Records of the Past New Ser. IV, S. 97).

1. 8 (d. h. Gar), 2 (zusammen = 98) Ellen, 20 Zoll Rohr nebst dem Ausgang, bebautes Hausgrundstück,
2. zum Abreißen und Bebauen (?ša na-pa-ṣu u e-pi-šu) im Stadtteil (KI^{tim}) Tuba (A-ḪA^{ki}) innerhalb von Babylon (TIN-TIR^{ki})

---

[1]) Vielleicht ist mit 50-iger die Einheit von 50 Sar oder 1 Ubu gemeint. Ḫanšû (50-ger) dient in Borsippa (RLA I Borsippa § 38, E. Unger) geradezu als Ortsbezeichnung, wie unser „Huf", von dem sich Namen wie Huber, Hufner ableiten.

3. 1½Gar 3 Ellen 19 Zoll, Obere Seite im Südwesten
4. anstoßend an das Haus des Dumuqu, Sohnes des Rîmût-Enlil,
5. 1½ Gar 3 Ellen 19 Zoll, Untere Seite im Nordosten,
6. anstoßend an das Haus des Bêl-êṭir, Nachkommen des amêlu ALAM-KA
7. 1 Gar, Obere Front im Nordwesten, angrenzend an das Haus des Gilû, Sohnes des Patriziers (amêlu banû),
8. 1 Gar, Untere Front im Südosten, angrenzend an ein Feld innerhalb der Felder.
9. Zusammen: 6 Ellen, 9 Zoll, erste Messung des Feldes.
10. ½ Gar 1 Elle, Obere Seite, im Südwesten, anstoßend an das Haus des Dumuq,
11. Sohnes des Rîmût-Enlil und des Labâši-Marduk, Sohnes des Nabutu,
12. ½ Gar, 4 Zoll, Untere Seite, im Nordosten, anstoßend an ein Feld, innerhalb der Felder,
13. 5 Ellen 18 Zoll, Obere Front, im Nordwesten, anstoßend an das Haus des Gilû, Sohnes des Patriziers,
14. 6 Ellen, Untere Front im Südosten, angrenzend an das Haus des Dumuq, Sohnes des Rîmût-Enlil;
15. Zusammen: 6 Ellen, 9 Zoll Rohr, zweite Messung des Feldes.
16. ½ Ellen Seite, 2½ Ellen Front, Ausgang am Hause des Dumuq, Sohnes des Rîmût-Enlil.
17. Zusammen: 8 (=Gar) 2 (= zusammen 98) Ellen, 20 Zoll Rohr nebst Ausgang
18. Maße dieses Hausgrundstücks.

---

19. Mit Kunâ, Sohn des Adad-šumi-ereš, Ubaru, Sohn des Mukallim
20. für ½ Mine 1 Sekel Silber in Stücken als Kaufpreis hat vereinbart,
21. 1 Sekel Silber als Zugabe zum Preise gab hinzu und kaufte Kunâ.
22. Zusammen: ½ Mine weißes Silber aus den Händen des Ubaru, Sohnes des Mukallim
23. hat Kunâ, Sohn des Adad-šumi-ereš gekauft .... (Zeugen und Datum)
41. 29. II. 20. Jahr des Šamaš-šumi-ukin
42. des Königs von Babylon. Nagel des Kunâ, Sohnes des Adad-šumi-ereš
43. anstelle seines Siegels. Zu jener Zeit der Feind die Stadt
44. belagerte er, Hungersnot verursachte er im Lande, der Preis für 3 Sila (Qa) Korn[1])
45. wurde für 1 Sekel Silber[2]) auf dem Markte (? pu-us-ru) gekauft.

---

[1]) Etwa 1,25 Liter.

[2]) Etwa 1 Mark.

Nr. 35
Feldkauf in dem Vorort „Pforte des Bêl“ am Gubbat-Kanal z. Z. des Kandalânu

VS V, Nr. 3 (= VAT 2963) San Nicolò und Ungnad, Neubabylonische Rechtsurk. 1929, I, Nr. 45, S. 69f.

30 Kur Aussaat (= Fläche), Feld der Steppe, Neubruchland. 50 Ellen. .. obere .. Flur des Vorortes „Pforte des Bêl“, am Ufer des Gubbat-Kanals, im Stadtkreis von Babylon.

Obere Langseite nach Nordwesten angrenzend an Nabu-šumi-iddina den Nachkommen des Epêš-ili. Untere Langseite nach Südosten angrenzend an Êrišu, den Verkäufer des Feldes. Obere Schmalseite nach Südwesten (angrenzend) an das Ufer des Gubbati-Kanals. Untere Schmalseite nach Nordosten angrenzend an . . . ., Nachkommen des Vermessers.

Insgesamt: 30 Kur Aussaat (= Fläche) des betreffenden Feldes hat von Êrišu, dem Sohne des Nâdin, des Nachkommen des Ardi-Nergal, Bêl-aḫḫê-iddina, Sohn des Bêl-le', des Nachkommen des Epêš-ili, — indem er 3²/₃ Minen und 5 Sekel Silbergeld als Gegenwert genannt hatte — gekauft zu ihrem vollen Kaufpreise.

Insgesamt 3²/₃ Minen 5 Sekel Bruchsilber hat aus der Hand des Bêl-aḫḫê-iddina, Nachkommen des Epêš-ili, der Êrišu, Nachkomme des Ardi-Nergal, den Kaufpreis seines Feldes als vollen Geldbetrag empfangen. Er (der Verkäufer) ist befriedigt, quitt; eine Forderungsklage hat er nicht. Nicht dürfen sie wieder darauf zurückkommen, um gegeneinander zu klagen. Wann immer in der Zukunft der Tage unter den Brüdern, den Söhnen, der Familie, der Sippe und der Verwandtschaft vom Hause des Ardi-Nergal jemand sich erhebt und wegen des betreffenden Feldes klagt, klagen läßt, den Vertrag ändert, das Feld irgendwie vindiziert und also sagt: „Das betreffende Feld ist nicht gegeben und das Silber ist nicht empfangen.“ Dann wird der Vindikant das Silber, das er empfangen hat, zwölffach ersetzen. Bei Gott und beim König ist geschworen.

Bei der Siegelung der Urkunde waren zugegen: (Namen der Zeugen). dd. Babylon, am 6. X. 1. Jahr des Kandalânu, Königs von Babylon.

Fingernagel(abdruck) des Êrišu, des Nachkommen des Ardi-Nergal, anstelle seines Siegels.

Wenn man die Aussaatfläche nachmißt und sie ist kleiner, so wird er (der Käufer) von der Aussaatfläche des Êrišu (das Fehlende) zu seinem Gebiete hinzumessen und in Besitz nehmen. Wenn man nachmißt und sie ist größer, so wird soviel Aussaatfläche, wie sie größer ist, Êrišu zu seinem Gebiete hinzunehmen und in Besitz nehmen.“

Nr. 36

Grundstücksverkauf vor dem Zababa-Tore und vor der „Pforte des Bêl“

VS V, Nr. 4 (= VAT 3163) San Nicolò und Ungnad, Neubabylon. Rechtsurk. 1929, Nr. 46, S. 71. Verkauf desselben Feldes (4. Absatz) wie in der Urkunde vom 6. X. 1. Jahre des Kandalânu, 17 Jahre später um den doppelten Preis

4 Kur Aussaatfläche, Garten, bepflanzt mit Dattelpalmen mit tragenden Bäumen und jungen Palmen in der Flur des Zababa-Tores im Stadtkreise von Babylon.

Obere Langseite nach dem „Günstigen Wind“ (Nordwesten) angrenzend an die Stadtmauer Imgur-Enlil und an Rîmût, Nachkommen des Eapriesters. Untere Langseite nach dem „Wolkenwind“ zu (Südosten) das Ufer des Bânîtum-Kanals und angrenzend an Šâkin-šumi, den Nachkommen des Maurers und an Tabnêa, den Nachkommen des Nabu-êṭir. Obere Schmalseite im Südwesten (Sturmwind) angrenzend an Tabnêa, Nachkommen des Fischers. Untere Schmalseite im Nordosten (Gebirgswind) das Ufer des Bânîtum-Kanals.

Insgesamt 4 Kur Aussaatfläche Maß des betreffenden Gartens hat Zêriia, Marduk-šumi-ibni und Nâdin, den Söhnen des Bêl-aḫḫê-iddina des Nachkommens des Epêš-ili, für 19 Minen Bruchsilber — entsprechend je 6 Gar zu 1 Sekel und $^1/_3$ Gar als „Essen“ der Aussaatfläche — und ½ Mine Silber als Zugabe gegeben ist, indem er dies als Gegenwert genannt hatte, gekauft zu ihrem vollen Kaufpreise.

30 Kur Aussaatfläche, Feld der Steppe, kultiviertes Land, Oberes ....., in der Flur „Pforte des Bêl“ am Ufer des Gubbati-Kanals im Stadtkreise von Babylon.

Obere Langseite nach Nordwesten angrenzend an Nabu-šumi-iddina, den Nachkommen des Epêš-ili. Untere Langseite nach Südosten, angrenzend an Êrišu, den Nachkommen des Ardi-Nergal. Obere Schmalseite im Südwesten das Ufer des Gubbati-Kanals. Untere Schmalseite im Nordosten bis zur Landungsstelle der 50 (makallû ša ḫanšê).

Insgesamt 2 Anpflanzungen am Ufer des Gubbat-Kanals, 30 Kur Aussaatfläche des betreffenden Feldes hat von Zêrija, Marduk-šumi-ibni und Nâdin, den Söhnen des Bêl-aḫḫê-iddina, des Nachkommen des Epêš-ili, Nabu-sumi-ibni, Sohn des Bêl-iddina, des Nachkommen des Epês-ili, für 7½ Minen Silber — entsprechend je 2 „Seah“ (= sat) Aussaatfläche (zu 1 Sekel) — indem er dies als Gegenwert genannt hatte, gekauft zu ihrem vollen Kaufpreise.

(Formeln und Zeugen)

dd. Babylon, am 28. X. 18. Jahr des Kandalânu, Königs von Babylon. Fingernagel des Zêrija, des Marduk-sumi-ibni und des Nâdin, der Söhne des Bêl-aḫḫê-iddina, des Nachkommen des Epêš-ili, anstelle ihres Siegels.

Nr. 37

Grundstückskauf im Stadtteil Kullab z. Z. des Kandalânu

VS V, Nr. 5 (= VAT 451; Peiser KB IV, S. 172ff.: San Nicolò und A. Ungnad, Neubabylonische Rechtsurk. 1929, I, Nr. 33, S. 52[1])

11 Rohr Feld unbebautes Grundstück im Stadtteil Kullab im Weichbilde von Babylon: Obere Langseite neben der Engen Gasse, Untere Langseite neben den Propyläen des Neujahrsfestes; Obere Schmalseite neben dem Hause des Bêl-nâßir, des Nachkommen des Sin-daiân; Untere Schmalseite neben dem Hause des Bêl-iqiša, des Rohrarbeiters.. „zerstört". Maß des betreffenden Grundstückes.. „zerstört".... Minen 4 Sekel von Nabu-bêlšunu.. „zerstört".. und Nabu-bêlšunu, dem Nachkommen des Bêl-êṭir, aus der Hand des Bêl-aḫḫê-iddina, des Nachkommen des Ardi-Ea. — Insgesamt: 11 Rohr Feld, unbebautes Grundstück, einschließlich 1 Sekel Silber, das als Zugabe gegeben ist, hat er aus der Hand des Bêl-aḫḫê-iddina, des Nachkommen des Ardi-Ea im Auftrage des Nabu-bêlšunu, des Nachkommen des Schmieds und des Nabu-bêlšunu, des Nachkommen des Bêl-êṭir, indem er (d. h. der Käufer) den vollen Geldbetrag gab, empfangen.

Er (der Verkäufer) ist befriedigt, quitt. Eine Forderungsklage hat er nicht. Nicht dürfen sie wieder darauf zurückkommen, um gegeneinander .. „zerstört". Wann immer in der Zukunft der Tage .. „zerstört".. der Familie, der Sippe und der Verwandtschaft ... aus dem Hause des Bêl-e-meš jemand sich erhebt und wegen des betreffenden Grundstücks klagt, klagen läßt, den Vertrag ändert, das Grundstück irgendwie vindiziert und sagt: „Das betreffende Grundstück ist nicht gegeben und das Silber ist nicht empfangen", — so wird der Vindikant das Silber, das er (der Verkäufer) empfing, zwölfmal ersetzen.

Bei der Siegelung der Urkunde waren zugegen: Nabu-nâdin-aḫi, Nachkomme des Egibi, Verwalter[2]) von Babylon; Kabtiia (?), Priester (šà-tam), Tempelbetreter des Gottes Marduk; Ša-Nabu-šû, Nachkomme des Šippê; Nabu-šumi-iškun, Nachkomme des Arkât-ili-damqa; „zerstört" Nachkomme des Weißgerbers; Schreiber der

---

[1]) Der Text ist — mit einigen Änderungen — nach der Übersetzung von Ungnad wiedergegeben. 1 Rohr ist = 6 Ellen. „zerstört" steht in der Originaltafel, die nur eine Abschrift einer älteren Urkunde darstellt, die hie und da verwischt war. Rohr ist ein Maß für bebaubare Stadtgrundstücke.

[2]) amêluŠÁ-KÙ = šâkin ṭêmi, ein hoher Verwalter oder Gouverneur von Babylon, nach Ungnad „Berichterstatter von Babylon", vielleicht auch Gouverneur, der die Verwaltung im Sinne des assyrischen Oberkönigs kontrollierte.

Urkunde: Nabu-bêlšunu, Nachkomme des Arkât-ili-damqa. Am 19. IX. ? („zerstört") Jahr des [Kanda]lânu, Königs von Babylon.

Rohr aus der Hand des Nabu-bêlšunu, Nachkommen des Schmieds und Rohr aus der Hand des Nabu-bêlšunu, des Nachkommen des Bêl-êṭir. Insgesamt 11 Rohr.

Nr. 38

Grundstückskauf im Stadtviertel Kumaru

TC XII, Nr. 19 (G. Contenau), Paris AO Nr. 8562
vom 21. VIb (= 2. Ululu). 15. Jahr des Nabopolassar

9 Rohr unbebautes Feld im Stadtteil Kumaru^{ki} im Weichbilde von Babylon (Tintir^{ki}). — 1½ GAR Obere Seite im Nordwesten am Hause des Kunâ und an Feldern. — 1½ GAR Untere Seite im Südosten an der Engen Straße. — 1½ GAR Obere Front nach dem 4. Winde zu (= Südwesten) beim Haus des Bêl-êṭir, Sohn des Nabu-nâṣir-apli, des Priesters von Enamtila. — 1½ GAR Untere Front, nach dem 3. Winde hin (= Nordosten) angrenzend an ein Feld innerhalb der Felder. — Zusammen 9 Rohr ausgemessen.

Preis 3½ Minen 3½ Sekel weißes Silbergeld. (Formeln und Zeugen). dd. Babylon (Tintir^{ki}) am 21. VIb. 15. Jahr des Nabopolassar, Königs von Babylon.

Nr. 39

Grundstückskauf im Stadtviertel Kullab

Ausgegraben in Babylon [Nr. 7447], F. H. Weißbach, Babylonische Miscellen: WVDOG IV, 1903, Nr. XV, S. 44f., Tf. 15, Nr. 2 ,vom 24. XII. o. Jahre des Nebukadnezar II.

10 Rohr, 6 Ellen Verfallenes Haus zum Abbruch und Wiederaufbau im Stadtviertel Kullab (Kul-lab^{ki}) im Weichbilde von Babylon (Tintir^{ki}). 1½ GAR, 17 Zoll Obere Seite nach Nordwesten, anstoßend an das Haus des Kinâ, Sohnes des Bêl-iddina und des Nabu-kisir, Sohnes des Hausbesitzers, und angrenzend an Bêl-iddina, Nachkommen des Dabibi. — 1½ GAR, 17 Zoll Untere Seite nach Südosten, anstoßend an das Haus des Bêl-apla-iddina, Nachkommen des Sisiia. — 1½ GAR, 1 Elle, 18 Zoll, Obere Front nach Südwesten, angrenzend an die Enge Straße, den Prozessionsweg des Nergals der Freude (Ḫadê). — 1½ GAR, 5 Ellen, 6 Zoll Untere Front nach Nordosten, anstoßend an das Haus des Bêl-iddina, Nachkommen des Dabibi. — Zusammen 10 Rohr, 6 Ellen beträgt das Maß dieses Grundstückes, gehörig zu den 34 Rohr, die Nabu-

aḫḫê-bulliṭ, Nachkomme des Dabibi, an Bêl-ušallim, den Weber für Geld verkauft hatte. Mit Aqara, Sohn des Bêl-ušallim, Nachkommen des Webers, hat Ubaru, Sohn des Nabu-ušallim, Nachkomme des Amêl-Ea, verabredet, daß er 23 Minen 53 Sekel bares Geld und zwar für je ½ GAR Fläche 2 Minen 12 Sekel; dazu $^1/_3$ Mine, 4 Sekel Geld als Zugabe, 9 Sekel Geld, 10 Kur Getreide und 5 Kur Datteln, das als „Kleidung" (= Trinkgeld) gegeben werden sollte, als Kaufpreis geben wolle und zahlte den gesamten Preis. — Zusammen 24 $^1/_3$ Minen, 6 Sekel Bruchsilber, 10 Kur Getreide, 5 Kur Datteln aus der Hand des Ubar, Sohnes des Nabu-ušallim, Nachkommen des Amêl-Ea, hat Aqara, Sohn des Bêl-ušallim, Nachkomme des Webers, als Kaufpreis seines Grundstückes den vollständigen Geldbetrag erhalten und quittiert. Forderungsklage hat er nicht. Bei Gott und König ist geschworen worden. —

Beim Siegeln dieser Tafel waren zugegen (als Zeugen): Marduk-šumi-ibni, Sohn des Bibea, Nachkomme des Arkât-ilâni-damqâti; Balâsu, Sohn des Ibnâ, Nachkomme des ??; Ukin-zêr, Sohn des Šamaš-ibni; Šulâ, Sohn des Mušallim-Marduk, Nachkomme des Adad-Priesters; Nabu-??, Sohn des Bêl-êṭir, Nachkomme des Epêš-ili; Aplaia, Sohn des Mušezib, Nachkomme des Arrabti; Qiribtu, Sohn des Ea-aḫḫê-iddin; und Bêl-uballiṭ, Schreiber, Nachkomme des Kuduranu. — dd. Babylon (Tintir^{ki}), am 24. XII. 0. Jahr[1]) des Nebukadnezar, Königs von Babylon (E^{ki}). Das Nagelzeichen des Aqara, Sohnes des Bêl-ušallim anstatt seines Siegels. Das Kaufgeld für sein Grundstück hat Aqara am 24. VIII. 19. Jahr des Nabopolassar in Empfang genommen.

Nr. 40

Goldzahlung an den Juwelier für den Tempel Esagila

Sammlung J. B. Nies, Coll. I. Nr. 138, NBC Nr. 1173
Vom 1. XII. 13. Jahr des Nebukadnezar II.

1. $^5/_6$ Minen 9 Sekel, $^2/_3$ Sekel (2-ta qâtâ-II^{meš}, d. h. 2 „kleine Minen") Gold
2. in Gold, das für die Verwaltung für
3. den Tempel Esagila[2]) bereit ist,
4. ist angelangt. — 4 Sekel $^2/_3$ Sekel
5. Gold davon ist für Arbeiten
6. dem Nabu-zêri-ukin, dem Goldschmied, gegeben.
7. Am 1. XII. 13. Jahr
8. des Nebukadnezar, des Königs von Babylon.

---

[1]) d. h. Anfangsjahr (rêš šarrûti), das dem Vorgänger zugerechnet wurde.
[2]) É-sag-íl (GA-ṬU)-la.

Nr. 41
Grundstückskauf im Stadtviertel Tee

Straßmaier, Nebukadnezar Nr. 164, vom 2. V. 26. Jahr des Nebukadnezar II.

17 Rohr, 4 Ellen, 17½ Zoll Verfallenes Haus im Stadtviertel Tee im Weichbilde von Babylon (Kadingirra^{ki}). —

2½ GAR, 6 Ellen, 8 Zoll Obere Seite im Südwesten angrenzend an die Rohre des Nachkommen des Werbers[1]). — 3 GAR, 2 Ellen Untere Seite im Nordosten am Ausgange zum Felde und anstoßend an das Haus des Gimillu, Sohnes des Itti-Esagila-zêri, Nachkommen des Priesters (é-maš) des Ea. — 1 GAR, $^2/_3$ Ellen, Obere Front im Nordwesten, angrenzend an den Ausgang des Nachkommens des Werbers, — und an Ibnâ, Sohn des Balâsu, Nachkommen des Fischers. — 1 GAR, 3 Ellen Untere Front im Südosten anstoßend an das Haus des Bâniia, Sohnes des Nabu-šullimanni. — Zusammen 14 Rohr, erste Messung.[2])

(Es folgt eine 2. Messung, wobei 17 Rohr herauskommen; es folgen die Formeln auf Unterlassung von Klagen usw. Dann heißt es: Damit es unanfechtbar sei, haben sie den Schwur bei Nabu und Marduk, ihren Göttern, und den Schwur bei Nebukadnezar, dem Könige, ihrem Herrn, einstimmig geleistet. — Die Zeugen und das Datum): dd. Babylon (Tintir^{ki}), am 2. V. 26. Jahr des Nebukadnezar, Königs von Babylon (Kadingirra^{ki}).

Nr. 42
Felderkauf vor dem Zababa-Tore

Straßmaier, Nabonid, Nr. 116, Brit. Mus. SH. 77—4—9, 1 und 76—11—17, 58 vom 24. VII. 3. Jahr des Nabonaid

5 Kur 1 Pi, 3 Sat (Seah), 5 Sila (Qa) Feldfläche Feld der Steppe, Garten, bepflanzt mit Dattelpalmen, bebautes und unbebautes Feld, unterhalb des Bânîtum-Kanals vor dem Zababa-Tore im Stadtkreise (piḫât) von Babylon (Tintir^{ki}). —

949 Ellen Obere Seite im Südwesten angrenzend an Nabu-šumi-uṣur, den Verkäufer des Feldes; — 949 Ellen Untere Seite im Nordosten angrenzend an Nabu-šarri-ibni, Sohn des Marduku; — 40 Ellen Obere Front im Nordwesten angrenzend an die Straße am Ufer des Bânîtum-Kanals; — 40 Ellen Untere Front im Südosten anstoßend an Feld. — Zusammen 4 (?) Pi, 1 sutu, 5 Gar Aussaatfläche des Feldes mit Dattelpalmen bepflanzt und 1 sutu, 4 Sila (Qa), 8 Gar Aussaatfläche unbebaut: Erste Messung. — 1630 Ellen Obere Seite im Südwesten angrenzend an Nabu-šumi-uṣur, den Verkäufer des Feldes; — 1614 Ellen Untere

---

1) Werber oder Feldwebel ^{amêlu}di-ki-i.

2) Eine zweimalige Messung erfolgte dann, wenn der Grundriß unregelmäßig, schiefwinklig war.

Seite im Nordosten angrenzend an Šapik-zêri, Sohn des Bêl-šunu, Nachkomme des Torversieglers; — 160 Ellen die Fronten je im Nordwesten angrenzend an die Erste Messung und angrenzend an Nabu-šarri-ibni, Sohn des Marduku; — Im Südosten anstoßend an Nabu-šumi-uṣur, den Verkäufer des Feldes. — Zusammen 3 Kur, 1 Sutu, 4 Sila, 7 Gar Aussaatfläche mit Dattelpalmen bepflanztes Feld und 1 Kur, 2 Pi, 5 Sat, 1 Sila Aussaatfläche bebautes Feld, Zweite Messung. — Zusammen 5 Kur, 1 Pi, 3 Sat, 5 Sila Aussaatfläche Maß dieses Feldes. (Kaufpreis: 19 Minen 17²/₃ Sekel Geld und 1 Mine ¹/₃ Mine Zugabe, zusammen: 20½ Minen 7²/₃ Sekel Bruchsilber). Formeln, Zeugen, Datum: dd. Babylon (Tintir[ki]), am 24. VII. 3. Jahr des Nabonaid, Königs von Babylon.

Nr. 43

Felderkauf an der Abzweigung des Borsippa-Kanals

Straßmaier, Nabonid, Nr. 178, Brit. Mus. 81—6—25, 17 und 79—4—19, 1 vom 6. XII. 4. Jahre des Nabonaid

1 Pi Aussaatfläche Garten, bepflanzt mit Dattelpalmen in der Flur (ugaru) der „Pforte des Borsippa-Kanals" im Stadtkreis (piḫât) von Babylon (Tintir[ki]). —

457 Ellen Obere Seite im Nordwesten, angrenzend an Mušezib-Bêl, Sohn des Esagila-zêr, Nachkomme des Nûr-Sin, angrenzend an Ibni-zêri, Sohn des Na'id-Marduk, Nachkomme des Webers; —

450 Ellen Untere Seite im Südosten anstoßend an Nabu-aḫḫê-iddina, den Käufer des Feldes; —

22½ Ellen Obere Front im Südwesten angrenzend an Marduk-šumi-iddin, Sohn des Šâkin-šumi, Nachkomme des Schiffers; —

21 Ellen Untere Front im Nordosten, anstoßend an die Landstraße des Königs; Zusammen 5 Sat, 2 Sila, 7 Gar Aussaatfläche. Erste Messung oberhalb der Landstraße des Königs. —

57½ Ellen Seiten im Nordwesten angrenzend an Ibni-zêri, im Südosten anstoßend an Nabu-aḫḫê-iddin, den Käufer des Feldes; —

21½ Ellen Obere Front im Südwesten angrenzend an die Landstraße des Königs; —

21 Ellen Untere Front im Nordosten, anstoßend an die Sümpfe am Ufer des Euphrats. —

Zusammen 1 Pi Aussaatfläche; Zweite Messung unterhalb der Landstraße des Königs. —

(Kaufpreis: 1½ Minen, 6 Sekel und als Zugabe 6½ Sekel Silber, zusammen: 1²/₃ Minen, 2½ Sekel Bruchsilbergeld.) Formeln und Zeugen, Datum: dd. Babylon (Tintir[ki]), am 6. XII. 4. Jahr des Nabonaid, Königs von Babylon (Tintir[ki]).

Nr. 44

Felderkauf vor dem Šamas-Tor an der Abzweigung des Borsippa-Kanals

Straßmaier, Nabonid, Nr. 193, Brit. Mus. Spartoli 8, vom 25. VIb. 5. Jahre des Nabonaid

2 Sat Aussaatfläche Feld der Steppe, Garten, bepflanzt mit Dattelpalmen bei (ina) der „Pforte des Borsippa-Kanals" gegenüber (mi-ḫir-rat) dem Šamaš-Tor. —

Obere Seite im Südwesten anstoßend an den Sumpf des Königs. — Untere Seite im Nordosten anstoßend an die Landstraße des Königs. — Obere Front im Nordwesten angrenzend an Nabu-aḫḫê-iddin Sohn des Šulâ, Nachkomme des Egibi, Käufer des Feldes. —

Untere Front im Südosten anstoßend an Marduk-šumi-ibni, Sohn des Nabu-êṭir, Nachkomme des Sin-šadûnu. —

Zusammen 2 Sat Aussaatfläche. (Kaufpreis: ½ Mine 2 Sekel Geld und 1 Sekel als Zugabe, insgesamt: ½ Mine 3 Sekel Bruchsilber). Formeln und Zeugen, Datum: dd. Babylon (Tintir^{ki}), am 25. VIb. 5. Jahr des Nabonaid, Königs von Babylon.

Nr. 45

Pfandurkunde auf ein Feld zwischen dem Zababa-Tor und Giššu-Tor

Straßmaier, Nabonid, Nr. 552, Br. Mus. 76—11—17, 237, vom 20. IX. 11. des Nabonaid

1 Mine Silber des Itti-Marduk-balâṭu, Sohnes des Nabu-aḫḫê-iddin, Nachkommen des Egibi zu Lasten des Bêl-iddin, Sohnes des Bêl-šumi-iškun, Nachkommen des Sin-tabni; — Für den Monat wird die 1 Mine um 1 Sekel sich verzinsen. —

Sein Saatfeld, das zwischen (bi-rit) dem Zababa-Tore und (û) dem Giššu-Tore (Abul Gi-iš) liegt, nach Maßgabe seines Anteils, den er mit seinem Bruder Bêl-ušallim hat, dient als Pfand, bis Itti-Marduk-balâṭu mit seinem Gelde befriedigt ist.

Zeugen: Bêl-rimanni, Sohn des Marduk-mûkin-apli, Sohnes des Sin-damaqu; Nâdin-Nabu, Sohn des Bêl-iddin, Nachkomme des Priesters des Gottes Ninurta; Damqiia, Sohn des Marduk-mûkin-apli, Sohnes des Sin-damaqu; Bêl-iddin, Sohn des Tabniea, Sohnes des .... Der Schreiber Nabu-šumi-iškun, Sohn des Assur-zêri-ibni[1]). dd. Babylon, am 20. IX. 11. Jahr des Nabonaid, Königs von Babylon.

---

[1]) Interessant ist, daß hier ein Assyrer als Schreiber auftritt. Die Assyrer verschwanden nach dem Untergange Assyriens zunächst völlig und tauchen zuerst in einer Urkunde vom 42. Jahre des Nebukadnezar II. aus Nippur (BE VIII, Nr. 27) wieder auf. Man kann sie natürlich nur in der Verwendung des Gottesnamens Assur an ihren Namen erkennen (vgl. RLV XI, S. 119, E. Unger).

Nr. 46

Eintragung einer Schuld in das Schuldgrundbuch des Gottes Bêl, die „Tafel des Bêl", zwecks Sicherung der Verpflichtung

Straßmaier, Nabonid, Nr. 945; Peiser, Babyl. Verträge S. 302; dd. Babylon, vom 12. ?. 15. Jahre des Nabonaid

1 ½ Minen Silber, gehörig dem Itti-Marduk-balâṭu, Sohn des Nabu-aḫḫê-iddin, Nachkomme des Egibi, zu Lasten des Labâši, Sohnes des Bêl-riṣûa, Nachkommen des Tempeldieners (širiq...) des ?,

wofür monatlich für je 1 Mine je 1 Sekel Silber zu seinen Lasten (als Zinsen) anwachsen soll, im 9. Monat wird er das Geld und seinen Zins wiedergeben.

Als Sicherheit (riksu) für die Begleichung seines Wertes (KI-LAM = maḫiru) wird (die Eintragung) in „die Tafel des Bêl"[1]) zu Lasten des Labâši, Itti-Marduk-balâṭu als Bürgschaft nehmen. Labâši wird in seinem Hause an Itti-Marduk-balâṭu (das Geld) wiedergeben.

(Zeugen und Schreiber) dd. Babylon, am 12. ?. 15. Jahre des Nabonaid, Königs von Babylon.

Nr. 47

Hauskauf im Stadtviertel Himmelshand

Straßmaier, Cyrus, Nr. 345, Brit. Mus. 77—11—15, 2, vom 13. VIII, 6. Jahre des Cyrus

6 Rohr, 6 Ellen, 13 Zoll, bebautes Hausgrundstück im Stadtviertel Šuanna („Himmelshand") im Weichbilde von Babylon (Tintir[ki]).

1 GAR, 2 Ellen, 13 Zoll Obere Seite im Südwesten am Hause des Ardiia, Sohnes des Apkallum; —

1 GAR, 1 Elle, 8 Zoll Untere Seite im Nordosten am Hause des Nergal-zêri-ibni, Sohn des Bel-eli'; —

1 GAR, 6 Ellen, 13 Zoll Obere Front im Nordwesten am Hause des Bel-eli', Sohn des Esagillai; —

1 GAR, 6 Ellen, 15 Zoll Untere Front im Südosten neben demselben Felde (ṭêḫ libbû eqli)[2]); —

Zusammen 4 Rohr, 1 Elle, 17 Zoll Erste Messung. —

½ GAR, 6 Ellen, 15 Zoll Obere Seite nach Nordwesten angrenzend an die erste Messung; —

---

[1]) Vgl. auch Urkunde Nr. 54. Ferner VS III, Nr. 127 (Peiser, Babyl. Verträge Nr. 137, 54
S. 302), dd. Babylon (Tintir[ki]), vom 29. I. 21. Jahre des Darius I., wo gleichfalls in die „Tafel des Bêl" ([l]ṣ[u]li'u[DA] ša Bêl) eingetragen wird, und zwar Datteln, die zum Besitz (makkur [ŠA-GA]) des Gottes gehörten.

[2]) San Nicolò und Ungnad a. a. O. I, Nr. 42, Anm. 4, S. 67.

½ GAR, 6 Ellen, 21 Zoll Untere Seite im Südosten angrenzend an eine Straße, die zum Flusse hinabführt; —

½ GAR, 2 Ellen, 4 Zoll Obere Front im Südwesten am Hause des Ardiia, Sohnes des Apkallum; —

½ GAR, 3 Ellen Untere Front im Nordosten am Hause des Nergal-zêri-ibni, Sohnes des Bêl-eli'. —

Zusammen: 2 Rohr, 4 Ellen, 20 Zoll Zweite Messung.

Zusammen: 6. Rohr, 6 Ellen, 13 Zoll Messung dieses Hauses. Kaufpreis pro 1 GAR = 1 Mine 15 Sekel Silber, im ganzen 8 ²/₃ Minen, dazu 17 Sekel als Zugabe und Trinkgeld („Kleidung" lubari) „für die Hausbesitzerin" (bêlit bîti)[1]). Der volle Preis war also 8 Minen, 57 Sekel Bruchsilber. Eine eventuelle Strafe wegen Klage sollte durch 12fache Bezahlung des Kaufpreises an die Schatzkammer des Gottes Marduk erfolgen.) Datum: dd. Babylon (Tintir[ki]), am 13. VIII. 6. Jahre des Cyrus, Königs von Babylon, Königs der Länder.

Nr. 48

Feldertausch vor dem Enlil-Tore

Straßmaier, Cambyses, Nr. 375, Brit. Mus. 81—6—25, 36, vom 1. V. 7. Jahre des Kambyses

Tausch-Tafelurkunde (duppi šupeltum)[2]) für die Felder des Itti-Marduk-balâṭu, Sohnes des Nabu-aḫḫê-iddinna, Nachkommen des Egibi und des Munaḫtu-Marduk, Sohnes des Bâniia, Nachkommen des Priesters des Gottos Ninurta (NIN-IB), nebst der Saatfläche, der Mitgift seiner Frau Inṣabtum, Tochter des Ardi-Bêl, Nachkommen des Pappaia miteinander getauscht haben. —

Obere Seite im Südwesten angrenzend an Iddina-apli, Sohn des Rîmûtu; Untere Seite im Nordosten, angrenzend an Ṭâbiia, Sohn des Kabtiia; Obere Front im Nordwesten: Ufer des Neuen Kanals; —

Untere Front im Südosten angrenzend an Bazuzu, Sohn des Rîmûtu; — Zusammen 3 Pi, 4 Sat Saatfläche unterhalb des Neuen Kanals, gegenüber dem Enlil-Tore im Stadtkreise (NAM = piḫat) von Babylon (Tintir[ki]). Dies ist das Saatfeld gehörig dem Munaḫtu-Marduk nebst dem Saatfelde seiner Frau Inṣabtum.

(Vom Grundstück des Itti-Marduk-balâṭu ist wenig erhalten). Formeln und Zeugen und Datum: dd. Babylon (Tintir[ki]), am 1. V. 7. Jahre des Kambyses, Königs von Babylon (Tintir[ki]), Königs der Länder.

---

[1]) Die Zugabe war demnach ein Höflichkeitsgeschenk für die Frau des Verkäufers. San Nicolò a. a. O. S. 67, Anm. 13.

[2]) San Nicolò und Ungnad a. a. O. I, Nr. 109ff.

Nr. 49

Felderkauf vor dem Ištar Tore am Alten Kuta-Kanal

C. J. Ball, A Babylonian Deed of sale: PSBA XIV (1892), S. 146 (Taf.), S. 166ff. Sammlung C. J. Ball; vom 12. I. 3. Jahr des Darius I.

1 Kur 5 Sat Aussaatfläche, Feld der Steppe, bepflanzt mit fruchttragenden Dattelpalmen, vor dem Ištar-Tore, im Stadtkreise (NAM) von Babylon (KA-DINGIR-RA^ki) an (ina) der Pforte des Alten Kuta-Kanales (Bâb nâr Kuta la-bi-ri). —

Obere Seite im Nordwesten, angrenzend an Marduk-naßir-apli, Sohn des Itti-Marduk-balâṭu, Nachkomme des Egibi, den Käufer des Feldes.—

Untere Seite im Südosten, angrenzend an Nabu-mûkin-zêri, Sohn des Ibnâ, Nachkomme des Nûr-Sin. —

Obere Front im Südwesten, Ufer des Euphrats. —

Untere Front im Nordosten, anstoßend an die Landstraße des Königs. —

(Kaufpreis für 1 Sutu Feld je 16 Sekel Geld, dazu 9 Sekel als Zugabe, zusammen $9^1/_3$ Minen und 9 Sekel Bruchsilber).

Formeln und Zeugen, Datum: dd. Babylon (Tintir^ki), am 12. I. 3. Jahr des Darius, Königs von Babylon (Tintir^ki), Königs der Länder, Fingernagel des Bêl-êṭir, des Verkäufers des Feldes gleich seinem Siegel. — (Die Urkunde enthält noch die Abrollung des Siegels des Schreibers Ardi-Marduk, Sohnes des Kittiia, Nachkommen des Priesters des Gottes Ea).

Nr. 50

Felderkauf im Vorort Litamu vor dem Uraš-Tor

Coll. Morgan I, Nr. 73 (A. T. Clay) Morg. Libr. Coll. Nr. 1778 vom 2. VII. 8. Jahre des Darius I.

2 Seah(Sat) Aussaatfläche, Feld der Steppe, mit Palmen bepflanzter Garten, Gefilde (ú-ga-ri), Gefilde[1]) der Flur Litamu beim (iš-ti!) Uraš-Tore, im Stadtkreise (pi-ḫa-ti) von Babylon (Tintir^ki). Vom Ufer des Piqudu-Kanals bis zu dem Punkte, wo 2 Seah Aussaatfläche erreicht sind. — Obere Seite angrenzend an die Töchter des Nidi(!)-Marduk; Untere Seite angrenzend an Frau Bu'itum, Tochter des Abu-ul-idi. — Obere Front, angrenzend an die Landstraße am Ufer des Piqudu-Kanals; Untere Front am „Flusse" (= Euphrat?), wo die Aussaatfläche erreicht ist.

(Das Feld wird für $^1/_3$ Mine $8\frac{1}{2}$ Sekel Silber verkauft).

Formeln, Zeugen, Datum: dd. Ortschaft des Nabu-uballiṭ, Sohnes des Marduk-eriba am Piqudu-Kanale, am 2. VII. 8. Jahre des Darius I., Königs von Babylon, Königs der Länder.

---

[1]) ú-ga-ri, Doppelschreibung(?).

Nr. 51

Felderkauf im Vorort Dûru ša Karrabi

TC XIII. Nr. 190 (G. Contenau), Paris, MNB Nr. 1126, Straßmaier, Darius Nr. 321 vom 6. II. 12. Jahr des Darius I.

6 Kur Aussaatfläche Feld der Steppe, Garten mit fruchttragenden Dattelpalmen bepflanzt, in der Gegend des Vorortes Dûru ša Karbi(!); Obere Seite im Nordwesten, angrenzend an Mušêzib-Marduk, Sohn des Zakiru, Nachkomme des Sattlers. Untere Seite im Südosten angrenzend an Bêl-ribannu, Bazuzu, ...ti, Laddinnu, Söhne des Dummuqa, des Nachkommen des Ägypters..... Front im Südwesten, das Ufer des Neuen Kanals.... Front im Nordosten angrenzend qiṣṣâti (Ernteland oder Schafschur, gizzâti?) des Königs.

(Formeln und Zeugen, am Schluß der Schreiber: Ardi-Marduk, Schreiber, Sohn des Ea-Priesters (^{amêlu} ša-an-gi-e ^{ilu}É-a). dd. Babylon (Tintir^{ki}), am 6. II. (airu SI-DI!). 12. Jahr des Darius (I.), Königs von Babylon, Königs der Länder.

Nr. 52

Miete eines Hauses an der Nabu-Straße

VS V, Nr. 82 (= VAT 447; San Nicolò und Ungnad a. a. O. I, Nr. 130, S. 169 vom 13. III. 16. Jahre des Darius I.

Das Haus des Iddina-Nabu, Sohnes des Nabu-bâni-zêri, des Nachkommens des Schmiedes, das an der Breiten Straße, dem Prozessionsweg des Gottes Nabu und der Göttin Nanâ liegt, hat er zur Hausmiete für jährlich $^1/_3$ Mine weißen zerbrochenen Silbers in Achtsekel-Stücken, an den Nuḫšaa, den Sohn des Nergal-uballiṭ, gegeben. Einen Teil des Geldes wird er im Anfang des Jahres, den Rest in der Mitte des Jahres geben. Das Dach wird er ausbessern, die Grundmauer wird er in Ordnung halten. Im I., IV. und IX. Monat soll er eine Beihilfe beisteuern (?). Vom 1. IV. des 16. Jahres an ist das Haus zur Verfügung des Nuḫšaa. — Arbeit an Ziegeln, Rohr und Balken wird er, soviel er darin ausführt, zu Lasten des Iddina-Nabu rechnen. — Je eine Urkunde haben sie genommen. — (Zeugen).

dd. Babylon, am 13. III. 16. Jahre des Darius I., Königs von Babylon, Königs der Länder.

Nr. 53

Miete eines Hauses an der „ausgangslosen" Nabu-Straße

VS V, Nr. 84 = VAT 503, San Nicolò und Ungnad a. a. O. I, Nr. 132, S. 170
vom 18. Jahr des Darius I.

Das Haus des Iddina-Nabu, Sohnes des Nabu-bâni-zêri, des Nachkommens des Schmieds, das an der „ausgangslosen Straße", dem Prozessionswege des Gottes Nabu und der Göttin Nanâ, liegt, hat er zur Miete für jährlich [?] Sekel gegeben an Nabu-?? -šimanni, den Sklaven des Rîmût. Einen Teil des Geldes wird er zu Jahresanfang, den Rest um Jahresmitte zahlen. Das Dach wird er ausbessern, die Grundmauer in Ordnung halten. Im I., IV. und IX. Monat wird er eine Beihilfe (?) geben. Arbeit an Ziegeln, Rohr und Balken, soviel er darin ausführt, wird er über 1 Sekel Geld hinaus zu Lasten des Iddina-Nabu rechnen. — .. 10 Sekel Silber für die Hälfte seines Jahres hat Iddina-Nabu aus der Hand des Nabu-??-šimanni empfangen. Auf [?] Jahre steht das Haus zur Verfügung des Nabu-?-šimanni. (Zeugen). dd. Babylon, am ?. V. 18. Jahre des Darius I., Königs von Babylon und der Länder.

Nr. 54

Eintragung in das Schuldgrundbuch des Gottes Bêl die „Tafel des Bêl", zwecks Sicherung der Forderung zur Rückzahlung nach einigen Jahren

VS III, Nr. 126, dd. Babylon, vom 7 (?) XII. 20. Jahre des Darius I. = 501 v. Chr.
San Nicolò und Ungnad, Neubabyl. Rechtsurk. I, Nr. 364.

18 Kur 1 Pi 4 Sat Gerste, die (auf Anweisung?) des Ubar, Sohnes des Nâdin, des Nachkommen des Priesters der Göttin Ischtar von Babylon, dem Nabu-apla-iddina, dem Sohne des Eriba-Ea, des Nachkommen des ...-Nabu, gegeben worden war, wobei ein Verpflichtungsschein zu Lasten des Nabu-apla-iddina ausgestellt wurde, des Inhalts, daß er (die Gerste) auf der „Tafel des Gottes Bêl"[1]) eintragen lassen und für den Nabu-bulliṭsu, den Sohn des Ubar, des Nachkommen des Priesters der Göttin Ischtar von Babylon übergeben wird, — jene Gerste, nämlich 18 Kur, 1 Pi, 4 Sat, hat [für Rechnung (?) des Ubar], Sohnes des Nâdin, des Nachkommen des Priesters der Göttin Ischtar von Babylon, der Ardidaian, Sohn des Niqudu, der Schreiber (?) von Esagila (?), aus der Hand des Nabu-apla-iddina empfangen (?). — Die Gerste des Ardidaian, worüber ein Verpflichtungsschein ausgestellt worden war, ist beglichen. — (Zeugen und Schreiber).

dd. Babylon, am 7 (?). XII. 20. Jahr des Darius (I.), des Königs von Babylon und der Länder.

---

[1]) Vgl. auch Urkunde Nr. 46.

Nr. 55

Kriegsgefangene aus Sidon nach Babylon im 14. Jahre des Artaxerxes III.

345 v. Chr.; Tafel in London [S† 1177; 76—11—17], 8. Congrès Internat. Oriental. Stockholm, Actes 2, Section 1, Straßmaier Nr. 28; vgl. S. Smith, BHT S. 148 zu Z. 25

1. [Im Jahre] 14. des Umasu, der Artaxerxes
2. [gen]annt ist, im VII. Monate die Kriegsgefangenen (amêlu ḫubtu [SAR]tu)[1]) des Königs
3. [vom] Lande Sidon (Ṣi-da-nu), als Beute für Babylon und Susa
4. in diesem Monat am 13. Tage, ein geringes (i-ṣu-u)[2]) Heer
5. mit ihnen, nach Babylon zogen hinein.
6. Am 16. Tage die schwachen Frauen, Beute vom Lande Sidon,
7. die der König gesandt hatte, an diesem Tage
8. zogen sie in den Palast des Königs[3]) ein.

Nr. 56

Quittung über Geldstiftung für Arbeit bei dem Abbruch der Ruine des Tempels Esagila

CT IV, Tf. 39, Brit. Mus. 88—5—12, 619; L. Delaporte, Epigraphes araméens 1912 Nr. 99, S. 80; Lidzbarski, Ephemeris II, S. 202; J. Oppert, Alexandre à Babylone: CRP. 1898, S. 415—418; vom 6. XI. 6. Jahr Alexanders, Sohnes des Alexander des Großen

1 Mine Silber, als Zehnten (10-ú), den Baruqâ, Diener des Nanzanu, für Fortschaffung des Schuttes von Esagila für das Leben seiner Seele dem Gotte Bêl und der Göttin Bêltiia gegeben hat. —Am 6. XI. 6. Jahr des Aliksandar, des Sohnes (da-du!).[4]) (Aramäische Beischrift): Von der Wegschaffung der Schuttmassen, Zehntabgabe von Esangil (!).

---

1) SAR = ḫubtu s. Howardy, Clavis Nr. 177, 23.

2) iṣû gering, wenig, s. VAB VII, S. 374 (M. Streck).

3) Eine von der Deutschen Orient-Gesellschaft in Babylon gefundene Urkunde mit astronomischem Inhalt in Berlin (VAT 4924) stammt vom 5. Jahre (=354 v. Chr.) des mU-ma-su ana pân zi-ḫi, d. h. des Umasu (Artaxerxes) „angesichts des Aufstandes", der damals im persischen Reiche wütete. Ein weiterer Text, in dem Artaxerxes in Keilschrift als Umasu = Ochus genannt wird, ist der 18jährige Jahreszyklus vom 213. Jahre der Seleuziden-Aera (= 99 v. Chr.), die vom 7. Jahre des Nabonaid bis zum 213. Jahre jener Aera aufgezeichnet wurde: Pinches, Guide Nimrud Central Saloon, Brit. Mus. S. 71, Nr. 31; PSBA 6 (1884), S. 202f; ZA VII, S. 199; Eduard Meyer, Forschungen II, S. 456. — Der Palast des Artaxerxes III. ist von Koldewey in Resten ausgegraben worden (s. Kapitel IV, S. 40, 41[1]).

4) Die aus der Zeit Alexanders des Großen, der Diadochen und der Parther stammenden Keilschrifturkunden sind bisher nicht sehr zahlreich — mir sind über 350 bekannt —, außer-

Fortsetzung d. Anm. 4 s. S. 319. 320, 321. u. 322

Nr. 57

Stiftung für einen Babylonier seitens des Priesterkollegiums von Esagila, z. Z. des Hyspaosines von Charakene 127 v. Chr.

Kontrakt in der Sammlung W. Lucas; BOR IV (1890), S. 131—135, T. G. Pinches; S. 136—144, Terrien de Lacouperie; T. G. Pinches, Old Testament S. 482 f.

TEXT.

1. šá ú-ba-' . . .
2. ^{ilu}Nabu(AG)- šumi(MU)-uṣur(ŠIŠ) ^{amêlu}. . . .
3. ultu(TA) IM SI RI. . . .
4. araḫ Simânu(SIG), ûmu(UD) 13^{kam} šattu(MU) [185(?)^{kam}]
5. ^{m}As-pa-si-ni-e šarru

---

6. araḫ Aiaru ûmu 24^{kam} šáttu(MU) 185^{kam} [^{m}As-pa-si]-ni-e šarru
7. ^{m}Bêl-lumur(ŠI) ^{amêlu}šà-tam É-sag-gíl u ^{amêlu}Bâbîlai(E^{ki})^{meš}

---

dem sehr zerstreut veröffentlicht. Daher habe ich hier alle sicher aus Babylon stammenden Urkunden, Astronomische (A), Religiöse (R) Texte und Kontrakte (K) zusammengestellt; aus der Zeit der griechischen Herrschaft vor Seleukus I. aber habe ich alle Urkunden mitgeteilt.

Alexander der Große (seit 329 v. Chr.)

1. (A) dd. ?, vom 1. III. 7. Jahr (ZA 7, 202; Eduard Meyer, Forsch. II, 457, Anm. 1)
2. (K) [dd. Uruk], vom 16. I. 8. Jahr (TC XIII, Nr. 247)
3. (A) dd. ?, vom 19. I. 8. Jahr (Literatur wie zum 1. Text)
4. (K) dd. ?, vom 10. V. 8. Jahr (CRP 1898, 418, Oppert)
5. (A) dd. ?, vom 1. VII. 8. Jahr (Literatur wie zum 1. Text)
6. (K) dd. ?, vom 11. XII. 8. Jahr (CRP 1898, 419, Oppert)
7. (K) [dd. Uruk], vom 8. II. 9. Jahr (TC XIII, Nr. 248)
8. (K) dd. ?. vom 11. X. 9. Jahr (CRP 1898, 419, Oppert)
9. (R) dd. Babylon, vom 17. VI. 10. Jahr (CT 17, 13)
10. (K) dd. ?, vom 2. X. 10. Jahr (CRP 1898, 419 Oppert)
11. (A) dd. ?, vom 12. IV. 12. Jahr (Literatur wie zum 1. Text)
12. (A) dd. ?, vom 6. XII. 12. Jahr (desgl.)
13. (K) aus Babylon, vom 12. Jahr (Babylon, DOG Nr. 15516, unpubl.)
14. (R) aus Babylon, vom 13. Jahr (CT 17, 26)
15. (K) aus Babylon, II.—III. Monat ?. Jahr (Berlin, VAT 6453, unpubl.)

Philippus Arrhidäus (seit 323 v. Chr.)

16. (K) aus Babylon, vom [? +] 1. Jahr (Berlin, VAT 13103, unpubl.)
17. (K), dd. Borsippa, vom 10. XI. 3. Jahr (Br. Mus. 47311; Pinches, NCS, 122 Nr. 108: Guide^{3}, 159, Nr. 350)
18. (K) dd. Kuta, vom 7. Jahr (BE VIII, Nr. 129; Kohler-Ungnad, 100 Urk. Nr. 90a)
19. (R) dd. ?, vom 23. I. 8. Jahr (Rev. d Assyr. 12, 73 f., Langdon; Thompson, Bodleian S. 41).
20. (K) dd. Uruk, vom 20. V. 8. Jahr (TC XIII, Nr. 249)

8. ^{amêlu}puḫru(UKKIN) šá É-sag-gíl it-ti a-ḫa-meš im-mil-ku-ú
9. u iq-bu-ú um-ma: ^{m}Itti(KI)-^{ilu}Marduk(ŠÚ)-balâṭu(TIN) ^{amêlu}rab (GAL) bânû(KAK)
10. eli(MUḪ) ali(ER) ^{amêlu}ub-bu-di-e-tú šá bîtâte(É)^{meš} ilâni(AN)^{meš}
11. ^{amêlu}šangûtu(MIŠ)^{tú}-AN-NA-EN-LÍL-LÁ apil(A) amêli šá ^{m}Nâdin(MU)-Bêl
12. šá ina(AŠ) pâna(ŠI)-ma a-na tîḫ(DA) ^{m}As-pa-si-ni-e, šarri (LUGAL),
13. ni(?)-ra(?)-ru šá ḫi-šiḫ-ti ina(AŠ) Bâb(KÁ) šarri (LUGAL)
14. [i-ba-']-ú u en-na a-ga-a i-ba-áš-ši
15. [^{m}Bêl-aḫḫê(ŠIŠ)^{m}]^{eš}-uṣur(ŠIŠ) u $^{\text{m ilu}}$Nabu(AG)-mušêtiq-urri (LU-UD-DA) amêlu aplê(A)^{meš}-šú [ittišu?]
16. [manma] (MIN$_4$) ma-la na-ṣa-ri šá na-ṣar ma-ṣu-ú
17. manma(MIN$_4$) ši-in-ṭa-rak ina(AŠ) pa-ni ^{m}Bêl-lumur(ŠI) an-na-a
18. u ^{amêlu}Bâbîlai(E^{ki})^{meš} ^{amêlu}puḫru(UKKIN) šá É-sag-gíl

---

Antigonus Gonatas

21. (K) aus Babylon, vom VII. 5. Jahr (Pinches, NCS, 123, Nr. 109)
22. (K) desgl., vom 6. Jahr (PSBA 1884, 204; Ed. Meyer, Forsch. II, 458)
23. (A) desgl. (?), vom 18. IV. 14. Jahr (!) — hinter dem 10. Jahr des Seleukus I. (Kugler, Von Moses bis Paulus, 309)

Alexander, Sohn Alexanders des Großen

24. (K) aus Babylon, vom 4. III. 6. Jahr (Br. Mus. 40463; Kohler-Ungnad, 100 Urk. Nr. 90)

56 25. (K) dd. Babylon = Urkunde Nr. 56

25a. (K) dd. Ḫursagkalamma, vom 12. V. 7. Jahr (Weld-Coll. 1929, 159; Langdon, Excav. Kish III, Tf. 11)

26. (K) aus Sippar, vom 21 (?). ?. 9. Jahr (Rev. Arch. 6, 1849, Tf. 123, Löwenstern)
27. (K) aus Babylon, vom 10. Jahr (PSBA 1884, 204; Ed. Meyer, a. a. O. 459)
28. (K) aus Babylon, vom 25. ?. 11. Jahr (ZA 3, 148, Slg. Spartoli Nr. 94; von Straßmaier irrig für Demetrius gelesen!)

Seleuzidenära (seit 312/311 v. Chr.)

(sämtlich aus Babylon)

29. (K) vom 6. VIII. 14. Jahr (ZA 3, 125, Spartoli Nr. 20; Ed. Meyer, a. a. O. 460)
30. (R) vom 15. VI. 25. Jahr (Pinches, Old Testament, 477f.)
31. (K) vom 24. VIII. 60. Jahr (DOG Babylon Nr. 15613, unpubl.)
32. (K) vom 2. II. 94. Jahr (ZA 3, 150, Nr. 13; Kohler-Ungnad, 100 Urk. Nr. 92)
33. (A) aus Babylon (?), vom 94. Jahr (Kugler, Moses-Paulus, 322; Slg. Spartoli II, 51, 12)
34. (K) desgl. (?) vom 95. Jahr (VS 6, Nr. 227; Kohler-Ungnad, a. a. O. Nr. 93)
35. (A) desgl. (?) vom 96 (!). Jahr (ZA 8, 109; Kugler, a. a. O. 322)
36. (K) vom 1. X. 106. Jahr (DOG Babylon Nr. 15577, unpubl.)
37. (R) vom 22. XII. 148. Jahr (Reisner, SBH Nr. 1; Langdon Psalms, 38f.)
38. (A) vom 4. X. 151. Jahr (Kugler a. a. O. 334)
39. (K) ca. 155. Jahr (Demetrius; Bezold, Catalogue 662 = K 4790!) [334)
40. (R) vom ?. VI. 155. Jahr (Reisner, SBH, Nr. 26; Langdon, Psalms, 106f. Kugler, a. a. O.
41. (R) vom 25. IX. 157. Jahr (Reisner, SBH Nr. 54, Nachtrag!; Kugler, a. a. O. 335)

19. šá ultu(TA) ûmu(UD)^{mu} an-na-a šá šattu(MU-AN-NA)-us-su
20. 2 ma-na kaspi(AZAG-UD) kurummâti(PAD^{hi-a})
^{m}Itti(KI)-^{ilu} Marduk(ŠÚ)-balâṭu(TIN) a-na
21 amêlu abi(AD)-šú-nu a-na ^{m}Bêl-aḫḫê(ŠIŠ)^{meš} -uṣur(ŠIŠ) u
^{ilu}Nabu (AG)-mušêtiq-urri(LU-UD-DA)
22. ultu(TA) ḫi-šiḫ-ti-ni ni-nam-din-nu lib-bu-ú
23. minma(MIN$_4$) šá ^{m}Itti(KI)-^{ilu}Marduk(ŠÚ)-balâṭu(TIN)
amêlu abi (AD)šú-nu iš-šu-ú
24. šá na-ṣar i-na-aṣ-ṣa-ru-ú u tir-si(!)-e-tú
25. šá šattu(MU-AN-NA)-us-su i-nam-din-nu-u itti(KI) ^{m}Bêl-šú-nu,
26. ^{m}Nu-úr, ^{m}Mu-ra-nu, ^{m}Nâdin(MU)-Bêl, ^{m}Bêl-uṣur(ŠIŠ)-šú,
27. ^{amêlu}šangûtu(MIŠ)^{tú}-AN-NA-EN-LÍL-LÁ u ^{amêlu}šangûtu(MIŠ)^{tú}-
AN-NA-EN-LÍL-LÁ
28. šá-nu-ú-tú.

---

42. (R) vom 20. XII. 159. Jahr (Reisner, SBH Nr. 21; Kugler, a. a. O. 335)
43. (R) vom 29. XII. 162. Jahr (Reisner, SBH Nr. 17; Kugler, a. a. O. 335)
44. (R) vom ?. IX. 164. Jahr (Reisner, SBH Nr. 14; Kugler, a. a. O.)
45. (Brief) vom 16. IX. 164. Jahr (8. Intern. Orient. Congr. Stockholm 2, 1, Nr. 32, Straßmaier: Slg. Spartoli II, 27)

Arsaziden-Ära

(seit 141 v. Chr. = 171 Seleuziden Ära in Babylon)

46. (K) vom 17. ?. 108. Jahre (Arsaz. Ära = 172. Sel. Ära); (ZA 3, 143, Nr. 1; Kohler-Ungnad, 100 Urk. Nr. 94)
47. (R) vom 111. (= 175. Sel. Ära) Jahre (Reisner, SBH Nr. 5; Langdon Psalms, 56)
48. (R) vom 114. (= 178. Sel. Ära) Jahre (Reisner, SBH Nr. 35)

Antiochus Sidetes

(in Babylon 130 bis 129 v. Chr.)

49. (R) vom 22. II. 182. Jahr (= 130 v. Chr.); (Reisner, SBH Nr. 25, Langdon, Psalms, 123, vgl. Reisner S. XIV, VAT 1746)

Hyspaosines von Charakene

(in Babylon ca. 129 — 124 v. Chr.)

50. (K) vom 24. II. 185. Jahre des As-pa-si-ni-e = Urkunde Nr. 57 57
51. (Chronik) dieselbe Zeit (Pinches, Old Testament, 483; nennt Bâgâ-asâ, den Bruder des Königs; General Pilinussu und dessen Gegner Te'udiši)
52. (Chronik) dieselbe Zeit (Pinches, a. a. O. 483; nennt Ti'mutusu, den Sohn des Königs, der von Babylon nach Seleuzia zieht. Besiegung des Elamiters Pittit)

Arsaziden-Ära

(seit 124 v. Chr.)

53. (R) vom 30. ?. 127. Jahr (= 191. Sel. Ära); (Reisner, SBH Nr. 60)
54. (R) vom 135. Jahr (= 199. Sel. Ära = 113. v. Chr.); (Reisner, SBH Nr. 15; Langdon, Psalms, 104)

ÜBERSETZUNG

1. Was anbetrifft ....
2. Nabu-šumi-uṣur, der ....-Beamte...
3. aus dem ???..........
4. Im Monat Simânu (III.), am 13. Tage des Jahres [185(?)] des
5. Aspasinê (Hyspaosines), des Königs.

---

6. Im Monat Aiaru (II.), am 24. Tage, im Jahre 185 des Aspasinê (Hyspaosines), des Königs,
7. Bêl-lumur, der Priester-Vorsteher des Tempels Esagila und die Babylonier,
8. die Ratsversammlung des Tempels Esagila haben miteinander beraten
9. und folgendes ausgesprochen (d. h. beschlossen): Itti-Marduk-balâṭu, der Oberpatrizier[1]),

55. (R) vom 135. Jahr (Reisner, SBH Nr. 10)
56. (R) vom 20. I. 135. Jahr (Reisner, SBH Nr. 45)
57. (R) vom 6. II. 135. Jahr (a. a. O. Nr. 19)
58. (A) vom 23. XII (?). 144. Jahr (= 208. Sel. Ära); (G. Smith, Assyr. Discoveries, deutsch, 443; DT 35; Bezold, Catalogue S. 1543)
59. (K) vom (145.) 209. Jahr (Br. Mus. 33017; Kohler-Ungnad, 100 Urk. Nr. 95)
60. (R) vom 14. X. 145. Jahr (= 209. Sel. Ära); (Reisner, SBH Nr. 3; Langdon, Psalms, 52)
61. (K) vom 11. IV. 154. Jahr (=218. Sel. Ära); (Bodleian Library, Oxford, Catalogue, Thompson, Nr. AB 248)
62. (K) vom 21. V. 154. Jahr (= 218. Sel. Ära); (Br. Mus.; Kohler-Ungnad, 100 Urk. Nr. 96)
63. (K) vom 218. Jahre (Coll. Morgan I, Nr. 99).
64. (K) vom 18. XI. 154. Jahr (= 218. Sel. Ära); (Br. Mus. 33009; Kohler-Ungnad, a. a. O. Nr. 97)
65. (K) vom 30. II. 155. Jahr (= 219. Sel. Ära = 93. v. Chr.); (Br. Mus. 78—7—30, 8; ZA 3, 146, Nr. 6; Kohler-Ungnad, a. a. O. Nr. 98). — Vgl. die 2 gleichartigen Texte in Bodleian Library (Thompson, Catalogue Nr. AB 245/6, vom selben Tage)
66. (K) vom 20. VI. 155. Jahr (ZA 3, 146, Nr. 7; Kohler-Ungnad, a. a. O. Nr. 99)
67. (K) vom 26. VI. 155. Jahr (ZA 3, 147, Nr. 8; Kohler-Ungnad, a. a. O. Nr. 100)
68. (R) vom 3. III. 157. Jahr (= 221.); (Reisner, SBH Nr. 46; Langdon, Psalms, 132)
69. (R) vom 6. XII. 155. Jahr (Reisner, SBH Nr. 51)
70. (A) vom 14. IV. 160. Jahr (= 224. Sel. Ära); (ZA 6, 226; ZA 8, 112; Kugler, Sternkunde II, 447; Aršakâ = Gutarzâ und seine Gattin Asîbatum ist erwähnt)
71. (R) vom 9. IV. 162. Jahr (= 226. Sel. Ära = 86. v. Chr.); (Reisner, SBH Nr. 27)
72. (R) vom 17. I. 163. Jahr (= 226.! Sel. Ära); (Reisner, a. a. O. Nr. 55)
73. (R) vom 14. —. 167. Jahr (= 231. Sel. Ära); (Reisner, a. a. O. Nr. 49)
74. (A) vom VII. 213. (=277. Sel. Ära=35. v. Chr.) Jahr (ZA 7, 204; Kugler, Sternkunde II, 447)
75. (K) dd. Babylon Aršakâ (Datum zerstört); (Chicago Haskell-Slg; „RCT 2"; Thompson in AJSL 27, 194)

---

1) amêluRab bânê ist mit Ungnad (San Nicolò und Ungnad, Neubabylonische Rechtsurkunden I, S. 23, Anm. 6; S. 104, Anm. 2) eine Bezeichnung für Freie. Patrizier ist wohl hier in Babylon die beste Übersetzung. Rab bânê ist also wohl „Oberpatrizier" oder „Großpatrizier". Die Herrenwürde kommt auch in den weiteren Bezeichnungen zu deutlichem Ausdruck: amêlu ist das spezielle Wort für den Freien, schon bei Hammurapi und noch im Jahre 127 v. Chr.

10. (der) über die Stadt der Leute, (die) für die Tempel der Götter Dienstbarkeit (leisten), (gesetzt ist),
11. Mitglied der Anu-Enlil-Priesterschaft, der Herrensohn des Nâdin-Bêl,
12. welcher früher an die Seite des Aspasinê (Hyspaosines), des Königs,
13. als Helfer(?) bei dem Mangel in der „Pforte des Königs"[1])
14. gekommen war(?) und auch jetzt wieder hier ist,
15. Bêl-aḫḫê-uṣur und Nabu-mušêtiq-urri, seine Herren Söhne, [mit ihm zugleich?].
16. Wer immer nach Wache halten[2]) Verlangen trägt,
17. Wer immer eingeschrieben ist vor Bêl-lumur, diesem hier,
18. und den Babyloniern, der Ratsversammlung von Esagila:
19. „Daß wir von dem heutigen Tage ab für jedes Jahr,
20. 2 Minen Silber als Unterhalt (des) Itti-Marduk-balâṭu, für
21. ihren Herrn Vater, für Bêl-aḫḫê-uṣur und Nabu-mušêtiq-urri
22. aus unserem Mangel geben wollen. Was das Herz
23. des Itti-Marduk-balâṭu, ihres Herrn Vaters, auch immer begehrt,
24. so werden sie (d. h. die Stiftenden) Wache halten und Unterstützung(?)
25. für jedes Jahr geben." Gleichzeitig: Bêlšunu,
26. Nûr, Murânu, Nâdin-Bêl, Bêluṣuršu,
27. Mitglied der Anu-Enlil-Priesterschaft und Mitglied der Anu-Enlil- Priesterschaft
28. zweiten Ranges[3]).

---

[1]) „Pforte des Königs" ist wohl eine Bezeichnung für die königliche Hofhaltung, vielleicht in dem Palaste von Babylon. Es ist auch festgestellt, daß ein parthischer Palast hier existiert hat.

[2]) naṣâru ša naṣar ist wohl mit „Wache halten" zu übersetzen und scheint, in Verbindung mit dem „Mangel", bzw. der Notlage, in der sich die damaligen Bewohner von Babylon befunden haben, darauf hinzuweisen, daß die frommen und tapfern babylonischen Priester, aller Unsicherheit zum Trotz, in dem halb verödeten Babylon ausgeharrt haben und sich gegenseitig nach Kräften gegen Not und Überfälle zu schützen verstanden haben. Es handelt sich hier um eine Art von Ehrenwache für den hochverdienten Itti-Marduk-balâṭu.

[3]) Dieser Text zeigt, daß der Tempel Esagila und eine Priesterschaft des Tempels, die man damals Anu-Enlil-Priesterschaft genannt hat, und die auch eine zweite Abstufung besaß, damals noch in der Stadt Babylon existiert hat. Historisch interessant ist die Tatsache, daß Babylon für einige Jahre unter die Botmäßigkeit des Königs Hyspaosines von Charakene, am Persischen Golf, geraten war. Datierte Münzen dieses Königs stehen in zeitlichem Einklang mit den Tontafeln, die hier in der Anmerkung 4 zu S. 318, auf S. 321 unter Nr. 50, 51, 52 gebucht sind. Nach den Münzbildern ist Hyspaosines rasiert, wie die hellenistischen Fürsten. Edward T. Newell, Mithradates of Parthia and Hyspaosines of Charakene: Numismatic Notes and Monographs Nr. 26, New York, Americ. Numism. Soc. 1925.

F. FREMDE UND SPÄTERE ÜBERLIEFERUNG

Nr. 58

Die Bibel, Der Turmbau zu Babel

1. Mose 11, 1—9; A. S. Yahuda, Die Sprache des Pentateuch, 219; RLA I, S. 384f.

1. Es hatte aber alle Welt einerlei Zunge und Sprache.
2. Da sie nun zogen gen Morgen, fanden sie ein eben Land im Lande Sinear, und wohneten daselbst.
3. Und sprachen unter einander: „Wohlauf, laßt uns Ziegel streichen und brennen! Und nahmen Ziegel zu Stein und Erdharz zu Kalk."
4. Und sprachen: „Wohlauf, laßt uns eine Stadt und Turm bauen, des Spitze bis an den Himmel reiche, daß wir uns einen Namen machen! denn wir werden sonst zerstreuet in alle Länder."
5. Da fuhr der Herr hernieder, daß er sähe die Stadt und Turm, die die Menschenkinder baueten.
6. Und der Herr sprach: „Siehe, es ist einerlei Volk und einerlei Sprache unter ihnen allen, und haben das angefangen zu tun.
7. Wohlauf, laßt uns herniederfahren, und ihre Sprache daselbst verwirren, daß keiner des andern Sprache vernehme!"
8. Also zerstreute sie der Herr von dannen in alle Länder, daß sie mußten aufhören, die Stadt zu bauen.
9. Daher heißt ihr Name Babel, daß der Herr daselbst verwirret hatte aller Länder Sprache, und sie zerstreuet von dannen in alle Länder.

Nr. 59

Antimenidas, Bruder des Alkaios in der Schlacht bei Karkamisch, um 606 v. Chr.

Gedicht des Alkaios nach Strabo XIII, 2, 3 (617); Übersetzung nach A. Forbiger und Karl Otfried Müller; vgl. Ernst Diehl, Anthologia Lyrica Graeca, Leipzig, Teubner, 1925, I, S. 412 f. Alkaios Nr. 50

Es (d. h. Mytilene auf der Insel Lesbos) hatte vor alters berühmte Männer, wie den Pittakos, einen der sieben Weisen, den Dichter Alkaios, nebst dessen Bruder Antimenidas, von dem Alkaios sagt, er habe, für die Babylonier streitend, einen großen Kampf beendigt und sie aus ihrer Not errettet, indem er: ‚einen streitbaren Mann und königlichen Kämpfer, der nur eine Handbreite kleiner als 5 Ellen Länge gehabt habe', getötet habe[1]).

[1]) Ich verdanke den Hinweis auf diese interessante Stelle Herrn Generalkonsul Prof. Dr. J. H. Mordtmann. Sie ist verwertet in B. G. Niebuhr, Vorträge über alte Geschichte, herausgegeben von M. Niebuhr, I (1847), S. 310, und vorher von Karl Otfried Müller (Geschichte

Nr. 60

Herodot von Halikarnaß, Beschreibung von Babylon

Geschichten (um 460 v. Chr.) Buch I, 178 bis 188, übersetzt von F. Lange

178. In Assyrien nun gibt es viele große Städte, die berühmteste aber und mächtigste von allen, daselbst auch das Königreich gewesen nach der Zerstörung von Ninive, war Babylon. Und diese Stadt ist also beschaffen: Sie liegt in einer großen Ebene und ist ein Viereck und jegliche Seite desselben beträgt 120 Stadien, das macht im ganzen einen Umkreis von 480 Stadien. Das ist die Größe der Stadt Babylon. Keine Stadt aber ist so prächtig gebaut, soweit wir wissen. Denn erstlich läuft ein Graben umher, der ist tief und breit und voll Wasser; dann eine Mauer, die ist 50 königliche Ellen breit und 200 Ellen hoch. Die königliche Elle aber ist um 3 Zoll breit größer, als die gemeine.

179. Hier muß ich auch gleich noch sagen, wozu die Erde aus dem Graben verwendet und auf welche Art die Mauer gebaut worden. Sowie sie den Graben machten, strichen sie gleich Ziegel[1]) aus der Erde, die aus dem Graben geworfen wurde, und wie sie eine hinlängliche Zahl von Ziegeln gefertigt, brannten sie dieselben in Ziegelöfen, und dann nahmen sie zum Mörtel heißes Erdharz und zwischen je 30 Ziegelschichten stopften sie Matten aus Rohr. Auf diese Weise bauten sie erst den Grabenrand und sodann die Mauer auf die nämliche Weise. Und oben auf der Mauer an dem Rand bauten sie Türme, aus einem einzigen Raum, einen gegen den andern, und zwischen den Türmen blieb ein Raum, daß ein Wagen mit 4 Pferden herumfahren konnte. Und rund umher in der Mauer waren 100 Tore, ganz aus Erz, Pfosten und Sims gleicher Gestalt. Es liegt aber eine andre Stadt 8 Tagereisen (oberhalb) von Babylon, mit Namen

der griechischen Literatur I² (1857), S. 303, Anm. 6) erklärt worden. K. O. Müller vermutet in der großen Schlacht die Schlacht bei Karkamisch (Carchemisch), in der die Babylonier den ägyptischen Pharao Necho und seinen Verbündeten, den letzten König von Assyrien, Assuruballiṭ II., um 606 v. Chr., entscheidend besiegt haben. Es wäre möglich, daß mit dem „königlichen Kämpfer", der mit seinen 5 Ellen, weniger einer Handbreite, also mit etwa 2,40 Metern Größe, ein wahrer Goliath gewesen ist, vielleicht der assyrische König selbst gemeint ist. Der Tod des Assyrers jedenfalls hatte für die Beendigung des Kampfes entscheidende Bedeutung, die Alkaios besonders hervorhebt, da mit Assuruballiṭ der letzte Erbfolger auf den assyrischen Thron gefallen war. Die Textstelle wurde von B. G. Niebuhr im Rheinischen Museum I, S. 287 zuerst richtiggestellt. Antimenidas brachte als Lohn für diese seine tapferen Taten „von den Enden der Erde" einen elfenbeinernen Schwertgriff mit (Alkaios, Reliquiae her. v. August Matthiae, Leipzig 1827, Nr. 67 = C. I. Blomfield, Alcaei Fragmenta in Musei Critici Cantabrig. Nr. III, Nr. 32 — Diehl [s. oben] hat beide Texte kombiniert und rekonstruiert —), während Alkaios, der Dichter, sich weniger als Held, denn als Ausreißer betätigte und sogar dessen noch rühmte, nach Herodot V, 95.

[1]) Über Ziegelherstellung s. W. Boje in „Atlantis" 1929, S. 729—732.

Is (= It, heute Hit). Daselbst ist ein kleiner Fluß und dieser Fluß heißt auch Is und ergießt sich in den Euphrat. Dieser Fluß Is nun führt mit sich viele Klumpen von Erdharz und von hier wird das Erdharz zu der Mauer von Babylon geholt.

180. Also ward erbaut die Mauer von Babylon. Die Stadt aber besteht aus 2 Teilen, denn mitten durch fließt ein Wasser, das heißt der Euphrat. Er kommt von Armenien herunter und ist groß und tief und reißend und fließt in das Rote Meer (= Persischer Golf). Die Mauer macht nun von beiden Seiten einen Winkel an dem Fluß und dann kommt eine Mauer von Backsteinen, an beiden Ufern des Flusses entlang. Aber die Stadt selber besteht aus lauter Häusern von 3 bis 4 Stockwerken und ist durchschnitten von geraden Straßen, beides, die parallel gehen, oder quer durch nach dem Flusse. Und am Ende einer jeglichen Straße waren Pforten in der Mauer an dem Fluß, soviel Straßen, soviel Pforten. Auch diese waren von Erz und durch diese durch ging es nach dem Fluß.

181. Die erste Mauer nun ist gleichsam der Stadt Panzer, innerhalb läuft aber noch eine zweite umher, die ist nicht viel kleiner, als die erste, jedoch etwas schwächer. Und in der Mitte einer jeglichen Hälfte der Stadt steht ein Gebäude, nämlich in der einen die königliche Burg, die da ist umgeben von einer großen und festen Mauer, und in der andern des Zeus-Belus Heiligtum, mit ehernen Toren. Das war noch zu meiner Zeit zu sehen und ist ein Viereck, jede Seite 2 Stadien lang. Und in der Mitte desselben Heiligtums war ein Turm gebaut, durch und durch von Stein, 1 Stadie lang und breit, und auf diesem Turm stand ein anderer Turm und auf diesem wieder ein andrer und so 8 Türme, immer einer auf dem andern. Auswärts aber um alle die Türme herum ging eine Wendeltreppe hinauf, und wenn man die Treppe halb hinauf ist, da sind Ruhebänke angebracht, wo die Hinaufsteigenden sich hinsetzen und ausruhen. Und in dem letzten Turme ist ein großer Tempel und in dem Tempel steht ein großes, schön bereitetes Bett und daneben ein goldener Tisch. Aber kein Bild ist darinnen aufgerichtet, auch übernachtet kein Mensch dort, außer zuweilen einem inländischen Weib, das sich der Gott selber von allen auserkoren, wie die Chaldäer erzählen, die da sind die Priester desselbigen Gottes.

182. Diese Leute erzählen auch — ich glaube es aber nicht —, der Gott komme zuweilen in den Tempel und schlafe auf dem Bette, gerade wie die Ägypter erzählen von Theben, denn auch dort schläft ein Weib in dem Tempel des Thebäischen Zeus. Diese beiden Weiber sollen nie mit einem Manne Gemeinschaft haben. So wird auch zu Patara die

Oberpriesterin des Gottes, wenn er da ist, — denn nicht immer ist dort eine Weissagung — wann er aber da ist, so wird sie des Nachts in dem Tempel mit eingeschlossen.

183. Aber in dem Heiligtum zu Babylon ist unten noch ein andrer Tempel, darinnen eine große Bildsäule des Zeus, die da sitzt, von Gold, sich befindet, und daneben steht ein großer goldener Tisch, und Stuhl und Schemel sind auch von Gold, und, wie die Chaldäer sagen, ist dies alles 800 Talente Gold (= rund 602400 Mark) wert. Außerhalb des Tempels ist ein goldener Altar, es steht daselbst auch noch ein andrer Altar, worauf erwachsene Tiere geopfert werden; denn auf dem goldenen Altar darf nichts geopfert werden, was nicht noch säugt. Auf dem größeren Altar verbrennen auch die Chaldäer 1000 Talente Weihrauch alle Jahr, zu der Zeit, wenn sie das Fest des Gottes feiern (= Neujahrsfest). Es war auch noch zu jener Zeit in dem Heiligtum eine Bildsäule, 12 Ellen hoch, von gediegenem Golde. Ich habe sie aber nicht gesehen, ich erzähle nur wieder, was die Chaldäer erzählen. Nach dieser Bildsäule trachtete Darius, des Hystaspes Sohn, doch unterstand er sich nicht, sie zu nehmen; Xerxes aber, des Darius Sohn, nahm sie weg und ließ den Priester hinrichten, der verbot, die Bildsäule von der Stelle zu rücken. Das sind dieses Heiligtums Herrlichkeiten. Es sind aber noch außerdem besondere Weihgeschenke darinnen.

184. Diese Stadt Babylon hatte nun viele Könige gehabt, die ich in den „Assyrischen Geschichten" erwähne, welche die Mauer erbaut und die Heiligtümer, unter anderm auch 2 Frauen. Und die zuerst Königin war, 5 Menschenalter (zu je 35 Jahren) vor der andern hieß Semiramis und hat in dem Blachfelde sehenswürdige Wälle errichtet. Denn zuvor machte der Fluß aus dem Blachfeld eine offene See.

185. Die zweite Königin aber nach dieser, mit Namen Nitokris (= König Nebukadnezar II.!), war noch viel verständiger als die erste, und sie hat viele Bauwerke hinterlassen, die ich beschreiben will. Und vor allem, als sie sah, daß die Macht der Meder groß ward und keine Ruhe hielt, sondern viele der Städte eroberte, darunter auch Ninive; so verwahrte sie sich nach allen Kräften. Und zuerst machte sie den Fluß Euphrat, der da mitten durch die Stadt fließt und erst ganz geradeaus lief, durch Gräben oberhalb voller Krümmungen, also daß er einen Flecken in Assyrien dreimal in seinem Laufe berührte. Dieser Flecken, den der Euphrat berührt, hieß Arderikka. Und noch heute, wer von unserm Meer gen Babylon reist und den Euphrat hinunter fährt, kommt dreimal an denselben Flecken und das in 3 Tagen. Das war eins von ihren Werken; sodann schüttete sie einen Wall an beiden Ufern des

Flusses auf und es ist bewunderungswürdig, wie groß und hoch er ist. Und weit oberhalb von Babylon grub sie ein Bett für einen See, nicht weit vom Flusse, so tief, bis das Wasser kam, aber so breit, daß er einen Umfang von 420 Stadien hatte. Die ausgegrabene Erde aber verwendete sie zu einem Walle an den Ufern des Flusses. Und als der See gegraben war, führte sie Steine hinzu, und baute rund umher eine Randmauer. Dies beides, nämlich die Krümmungen in dem Fluß und den ganzen ausgegrabenen Sumpf, machte sie darum, daß der Fluß in so vielen Biegungen gebrochen, langsamer strömte und die Schiffahrt gen Babylon durch Krümmungen ginge, und wenn diese vorbei waren, so käme dann des Sees großer Umfang. Und diese Vorrichtungen waren gemacht in der Gegend des Landes, da die Eingänge sind und der nächste Weg aus dem Mederlande, auf daß die Meder nicht etwa durch Verkehr Kunde bekämen, wie es um ihr Land stünde.

186. Das war eigentlich der Hauptgrund. Dann hatte sie aber noch einen Nebenvorteil davon. Weil die Stadt aus 2 Teilen besteht und der Fluß mitten durch läuft, so mußte man, wenn man zu den Zeiten der vorigen Könige von einem Teil in den andern fahren wollte, überfahren in einem Kahn, und das muß sehr beschwerlich gewesen sein. Aber auch dafür sorgte die Königin. Denn nachdem sie das Seebecken gegraben hatte, bereitete sie sich aus demselben Werk noch dieses Denkmal. Nämlich sie ließ lange Steine zuhauen, und als die Steine fertig waren und das Becken gegraben war, da leitete sie den ganzen Strom in denselben Raum. Und weil dieser so kunstvoll war, trocknete das alte Bett aus; und nun übermauerte sie erstlich des Flusses Ufer in der Stadt und die Stufen, die von den Pforten hinunter führten an den Fluß, mit Backsteinen auf dieselbe Art, wie die Mauer, und zum andern baute sie eine Brücke von den gehauenen Steinen, ungefähr in der Mitte der Stadt und verband die Steine durch Eisen und Blei. Und so oft es Tag ward, legte man viereckige Balken darüber, worauf die Babylonier hinüber gingen. Des Nachts aber nahm man diese Balken weg, darum, daß sie nicht hinüber gingen bei Nacht und sich einander bestohlen. Und als nun der gegrabene See durch den Fluß voll Wasser geworden war und der Brückenbau vollendet, da leitete sie den Fluß Euphrat aus dem See zurück in sein altes Bett, und auf solche Art war ein Sumpf entstanden, worauf es eigentlich abgesehen war, und die Bürger hatten noch obendrein eine Brücke bekommen.

187. Diese Königin ersann auch folgende List: Über dem Tor der Stadt, wo man am häufigsten aus- und einging, ließ sie sich ein Grabmal errichten, das schwebte gerade über dem Tore, und an diesem Grabmal

ließ sie folgende Worte einhauen: „Wenn einer von den Königen Babylons, die nach mir kommen, in großer Geldnot ist, so soll er dies Grabmal öffnen und sich soviel Geld nehmen, als er verlangt; aber nicht anders, als wenn er in der größten Not ist, sonst wäre es Frevel." Dies Grabmal blieb aber unangerührt, bis das Königreich an den Darius kam. Denn Darius dachte, es wäre doch sonderbar, daß er durch dieses Tor nicht sollte ein- und ausgehen, und die Schätze lägen da und forderten ihn noch dazu auf, und er sollte nicht davon nehmen. Durch dieses Tor konnte er nämlich nicht gehen darum, weil er den Leichnam über seinem Haupte hatte, wenn er durchfuhr. Er öffnete also das Grabmal und fand keine Schätze, wohl aber den Leichnam und die folgenden Worte: „Wärest du nicht voll unersättlicher Gier nach schnödem Gewinn: nimmer hättest du der Toten Ruhestätte geöffnet."

188. Also erzählt man von dieser Königin.

Nr. 61

Strabo über Babylon (etwa 60 v. Chr. bis 20 n. Chr.)

Strabo XVI, 1, 5—7 [738—739], vgl. Koldewey, WEB[4], S. 314 f.; Übersetzung von A. Forbiger

(5) Babylon liegt gleichfalls in der Ebene und seine Mauer hat einen Umfang von 365 Stadien und eine Dicke von 32 Fuß: die Höhe zwischen den 50 Mauertürmen beträgt 50 Ellen, die der Türme 60; der Weg auf der Mauer hin ist so breit, daß Viergespanne leicht beieinander vorbeifahren können. Deshalb wird sowohl diese Mauer den 7 Wunderwerken beigezählt, als der „Hängende Garten", welcher bei einer viereckigen Gestalt auf jeder Seite eine Länge von 4 Plethren (= 123,32 m) hat. Er wird von Schwibbogen bildenden Gewölben getragen, die, eines über dem andern, auf würfelförmigen Pfeilern ruhen; diese Pfeiler aber sind hohl und mit Erde ausgefüllt, so daß sie die Wurzeln der größten Bäume fassen, und sowohl sie selbst, als die Schwibbogen und Gewölbe sind aus gebrannten Ziegelsteinen und Erdpech aufgeführt. Das oberste Stockwerk hat treppenähnliche Aufgänge und neben denselben liegende Schraubenpumpen, vermittelst deren dazu angestellte Leute beständig das Wasser aus dem Euphrat in den Garten hinaufheben. Denn der 1 Stadion breite Strom fließt mitten durch die Stadt, und der Garten liegt am Strome. — Daselbst fand sich auch das jetzt vernichtete Grabmal des Bêl, welches, wie man sagte, Xerxes zerstörte. Es war aber eine vierseitige Pyramide aus gebrannten Ziegelsteinen und sowohl selbst 1 Stadion hoch, als auch jede der Seiten 1 Stadion lang. Alexander wollte sie wiederherstellen, aber das Unternehmen war groß und er-

forderte viel Zeit — denn schon die Abräumung des Schuttes war eine Arbeit für 2 Monate für 10000 Menschen —, so daß er das begonnene Werk nicht vollenden konnte; denn alsbald befiel den König seine Krankheit und der Tod; von den Späteren aber kümmerte sich niemand darum. Doch auch das Übrige wurde vernachlässigt; denn einen Teil der Stadt zerstörten die Perser, einen anderen die Zeit und die Geringschätzung solcher Werke von seiten der Mazedonier und besonders seitdem Seleukos Nikator in der Nähe von Babylon, etwa 300 Stadien (= 55,49 km) davon, Seleuzia am Tigris erbaute. Denn sowohl er, als alle seine Nachfolger begünstigten diese Stadt und verlegten ihren Königssitz dahin; und so ist sie denn jetzt größer geworden, als Babylon, dieses aber größtenteils verödet, so daß man kein Bedenken haben darf, auch von ihm zu sagen, was einer der Lustspieldichter von Megalopolis in Arkadien sagte: „Doch große Wüstenei ist jetzt die große Stadt." Wegen des Mangels an Bauholz wird der Häuserbau von Balken und Pfosten aus Palmenholz bewerkstelligt; um die Pfosten aber windet man aus Stroh gedrehte Seile, welche man hernach übertüncht und mit Farben bestreicht, sowie die Türen mit Erdpech. Auch diese sind hoch und alle Häuser des Holzmangels wegen überwölbt. Denn das Land ist größtenteils kahl und trägt, den Palmenbaum ausgenommen, bloß Strauchwerk; dieser aber wächst in Babylonien sehr häufig, häufig auch in Susis (= Elam), an der persischen Küste und in Karmanien. Dachziegel jedoch gebrauchen sie nicht; denn sie haben wenig Regen. Ähnlich sind auch die Einrichtungen in Susis und der Sitazene.

(6) In Babylon war für die einheimischen Weisen, die sogenannten Chaldäer, welche sich meist mit der Sternkunde beschäftigen, ein Wohnplatz abgegrenzt. Einige maßen sich auch die Deutung der Gestirne in der Geburtsstunde an, werden jedoch von den übrigen nicht anerkannt. Auch gibt es ein gewisses Volk der Chaldäer und eine von ihnen bewohnte Landschaft Babyloniens, welche den Arabern und dem sogenannten „Persischen Meere" benachbart ist. Auch von den sternkundigen Chaldäern gibt es mehrere Arten; denn einige heißen Orchoëner (= Bewohner der Stadt Uruk), andre Borsippener (= Bewohner der Stadt Borsippa) und so mehrere andre, die gleichsam in Schulen geteilt, über dieselben Gegenstände verschiedene Lehren vortragen. Einiger dieser Männer gedenken auch die Mathematiker, wie des Kidenas (= Kidinnu), Naburianos und Sudinos; auch Seleukos[1]) von Seleuzia ist ein Chaldäer und mehrere andre namhafte Männer.

[1]) Über diese z. T. auch in Keilinschriften als Astronomen festgestellte Männer s. P. Schnabel, Berossos; ZA XXXVII (1926), S. 1—60 (Kidenas, Hipparch und die Entdeckung der Präzession).

(7) Borsippa ist eine heilige Stadt der Artemis und des Apollo, eine große Leinwandfabrik. In ihr findet sich eine Menge Fledermäuse (Nykterides = Nachtvögel)[1]) und viel größere, als an andern Orten. Sie werden zum Essen gefangen und eingesalzen.

Nr. 62

Diodorus Sikulus, Beschreibung von Babylon

Historische Bibliothek (1. Jahrh. n. Chr.) Buch II, 7—10

7. Semiramis, ehrgeizig, den Ruhm ihres königlichen Vorgängers zu überstrahlen, beschloß eine Stadt in Babylonien zu gründen. Sie ließ von allen Seiten Architekten und Techniker in der Anzahl von zwei Millionen kommen und ließ alle notwendigen Materialien vorbereiten. Sie umgab die neue Stadt, die mitten vom Euphrat durchflossen wird, mit einer Mauer von 360 Stadien im Umfang, verstärkt, nach Ktesias von Knidos, durch in Abständen aufgestellte große und starke Türme. Die Menge dieser Arbeiten war eine derartige, daß die Breite der Mauer für die Fahrt von 6 Wagen nebeneinander genügte, und ihre Höhe erscheint unglaublich. Nach dem Berichte des Klitarchus und einiger anderer, die Alexander nach Asien gefolgt sind, hatte die Mauer eine Ausdehnung von 365 Stadien, welche die Zahl der Tage darstellen sollten. Die Mauer war mit gebrannten Ziegeln gebaut, die mit Asphalt bestrichen waren. Ihre Höhe betrug nach Ktesias 50 Orgyien (rund 100 m), aber nach den jüngeren Geschichtsschreibern war sie nur 50 Ellen (rund 25 m) und ihre Breite war mehr als 2 Wagen mit Bespannung. Man sah aber hier 250 Türme von einer Höhe und Dicke, die der Mauermasse angemessen war. Man darf sich nicht wundern, daß die Anzahl der Türme, verglichen mit der Ausdehnung der Mauer, so klein war; denn an mehreren Stellen war die Stadt durch Sümpfe begrenzt, so daß die Natur die Befestigung durch Menschenhand unnötig machte. Zwischen den Häusern und der Ringmauer hatte man einen Zwischenraum von 2 Plethren.

8. Um die Ausführung der Arbeiten zu beeilen, hatte die Königin für jeden ihrer Freunde einen Zwischenraum von 1 Stadion bestimmt, und lieferte ihnen die nötigen Materialien mit dem Befehl, ihre Aufgabe in einem Jahre zu vollenden. Während sie sich mit Eifer ihrer Arbeit

---

[1]) Es scheint, daß in dieser Erzählung von den nächtlichen Fledermäusen eine Anspielung, eine Erinnerung an den Tempel Ezida, als das Haus der Nacht, und an Gott Nebo, als Gott der Nachtsonne, liegt.

widmeten, erbaute sie an der engsten Stelle des Flusses eine Brücke von 5 Stadien Länge, die auf Pfeilern ruhte, die in großer Tiefe eingelassen waren und in einem Zwischenraume von 12 Fuß einer vom andern entfernt standen. Die Steine waren mit Eisenklammern verbunden und die Verbindungen mit Blei ausgegossen. Die Seiten jedes Pfeilers gegenüber der Strömung des Flusses waren in Form von winkligen Vorsprüngen gebaut, die die Fluten teilten und ihr Ungestüm beseitigten und zur soliden Konstruktion viel beitrugen. Die Brücke war belegt mit Planken von Zedern- und Zypressenholz, die auf ungeheuren Palmholzbalken ruhten. Sie war 30 Fuß breit und nicht zum wenigsten eines der schönsten Bauwerke der Semiramis. Auf jeder Seite des Flusses schuf sie großartige Kais, fast ebenso breit wie die Mauern, in einer Ausdehnung von 160 Stadien. An jedem Ausgangspunkte der Brücke ließ sie einen Palast erbauen, von wo aus sie die ganze Stadt überblicken konnte. Die beiden Paläste waren, sozusagen, die Schlüssel der beiden wichtigsten Stadtviertel. Da der Euphrat, der Babylon durchschneidet, gegen Süden fließt, blickte einer dieser Paläste nach Osten, der andre nach Westen, und alle beide waren von großer Herrlichkeit. Der Palast nach der untergehenden Sonne hatte 60 Stadien im Umkreis. Er war mit schönen Mauern befestigt, sehr hoch und aus gebrannten Ziegeln gebaut. Innerhalb dieser Mauer war eine zweite Ringmauer, aus Lehmziegeln gefertigt, auf denen die Gestalten aller Arten von Tieren eingepreßt waren; diese Figuren waren mit einer solchen Kunst bemalt, daß sie zu leben schienen. Diese Ringmauer hatte 40 Stadien in der Länge. Ihre Dicke war 300 Ziegel und ihre Höhe, nach Ktesias, 50 Orgyien; die Höhe der Türme war 75 Orgyien. Endlich innerhalb dieser zweiten Ringmauer gab es noch eine dritte, die die Zitadelle (Burg) umgab, deren Durchmesser 20 Stadien betrug, und die an Höhe die zweite Mauer noch überragte. Auf den Türmen und Mauern hatte man allerhand Arten von Tieren dargestellt, vollkommen in Farbe und Relief nachgebildet. Man sah hier eine Jagd auf verschiedene Tiere, die mehr als 4 Ellen Höhe besaßen. In dieser Jagd war Semiramis zu Pferde dargestellt, einen Speer auf einen Panther entsendend, bei ihr war Ninus, ihr Gatte, der mit einem Lanzenstoß einen Löwen traf. Man betrat die Burg durch ein dreifaches Tor, unter (hinter?) dem sich eherne Zimmer durch eine Maschine öffneten. Dieser Palast war an Ausdehnung und Schönheit dem auf der andern Flußseite gelegenen Palaste bei weitem überlegen. Letzterer hatte nur eine Ringmauer aus gebrannten Ziegeln, 30 Stadien im Umkreis. An Stelle von Tierfiguren sah man hier die Erzstatuen des Ninus und der Semiramis, der Statthalter der Provinzen und die Statue des Zeus, den die Babylonier Belus nennen. Man bemerkte hier auch Darstellungen von Kämpfen und Jagden, reizvoll anzusehen.

9. Nach diesem wählte sie den niedrigsten Ort in der Umgebung von Babylon aus, um hier ein viereckiges Bassin zu erbauen, von dem jede Seite 300 Stadien hatte. Dieses Reservoir war aus gebrannten Ziegeln und Asphalt gebaut, seine Tiefe betrug 35 Fuß. Sie ließ den Fluß ableiten, um ihn in das Bassin zu führen, und ließ eine unterirdische Gallerie herstellen, die beide Paläste auf jedem Ufer des Flusses miteinander verband. Die Bogen dieser Gallerie waren aus gebrannten Ziegeln konstruiert, ihre Dicke war 4 Ellen, mit heißem Asphalt ausgepicht. Die Wände der Gallerie waren 20 Ziegel stark, 12 Fuß hoch, bis an den Scheitel des Bogens und die Breite der Gallerie war 15 Fuß. Dieses Werk wurde in 7 Tagen vollendet. Sie ließ den Fluß wieder in sein Bett eintreten, und so konnte man, vermittels des unterirdischen Ganges von einem Palast zum andern gelangen, ohne das Wasser zu überschreiten. Die beiden Ausgänge des Ganges wurden durch Türen verschlossen, die sich noch bis zur persischen Herrschaft erhalten haben. Nach diesem erbaute Semiramis im Mittelpunkt der Stadt ein Heiligtum, dem Zeus geweiht, den die Babylonier Belus nennen, wie wir schon gesagt haben. Da die Geschichtsschreiber sich über dieses Monument nicht einig sind, und da es im Verlaufe der Zeit in Trümmer gesunken ist, ist es unmöglich, hier eine genaue Beschreibung zu geben. Man nimmt jedoch an, daß es außerordentlich hoch gebaut war, und daß die Chaldäer wegen seiner Höhe hier ihre astronomischen Arbeiten vollzogen, indem sie sorgfältig Auf- und Untergang der Gestirne beobachteten. Das ganze Gebäude war mit vieler Kunst hergestellt, aus Asphalt und Ziegeln. Auf seiner Spitze befanden sich die Statuen des Zeus, der Hera und der Rhea, mit Goldüberzug bedeckt. Die Statue des Zeus stellte den Gott dar, aufrecht und in der Stellung des Gehens, und wog 1000 babylonische Talente (3012000 Gramm). Die der Rhea, sitzend dargestellt auf einem goldenen Wagen, hatte dasselbe Gewicht, wie die vorhergehende Statue. Auf ihren Knien ruhten zwei Löwen, und zu ihrer Seite waren gewaltige silberne Schlangen dargestellt, von denen jede 30 Talente wog. Die Statue der Hera, aufrecht dargestellt, wog 800 Talente; sie hielt in der Rechten eine Schlange am Kopfe, und in der Linken ein edelsteingeschmücktes Zepter. Vor den 3 Statuen war ein goldener Tisch aufgestellt, 40 Fuß lang (ca. 12 m), 15 Fuß breit (ca. 4,50 m), im Gewicht von 500 Talenten. Auf dem Tisch standen 2 Urnen im Gewicht von 30 Talenten. Es gab hier Räucherbecken in gleicher Anzahl, jedes im Gewicht von 300 Talenten, sowie 3 goldene Vasen, von denen die eine,

an Zeus geweiht, 1200 babylonische Talente wog und die andern jede 600. Alle diese Schätze wurden später von den Perserkönigen geplündert. Was die königlichen Residenzen und die andern Gebäude betrifft, so verschwanden sie durch die Unbilden der Zeit und verfielen in Ruinen; heutzutage ist nur ein kleiner Teil von Babylon noch bewohnt. Der Rest des von den Mauern eingefaßten Raumes wird durch beackerte Felder ausgefüllt.

10. Es existierte in der Burg der sogenannte „Hängende Garten", ein Werk, nicht der Semiramis, sondern eines späteren syrischen (= assyrischen) Königs, der es zu Gefallen seiner Konkubine herstellen ließ. Man erzählt, daß diese Frau, von persischer Herkunft, die sich nach der Nähe der Berge sehnte, den König bewogen hatte, ihr durch künstliche Anpflanzungen ihr Heimatland Persien wachzurufen. Dieser Garten, von viereckiger Form, hatte 4 Plethren auf jeder Seite. Man stieg hier durch Stufen auf Terrassen, die eine über die andre gesetzt waren, so daß das Ganze den Eindruck eines Amphitheaters hervorrief. Diese Terrassen oder Plattformen, auf die man stieg, waren von Säulen gestützt, die fortschreitend von Abstand zu Abstand sich höher erhoben, alle den Sockel der Anpflanzungen trugen. Die am höchsten gestellte Säule, von 50 Ellen Höhe, trug die Spitze des Gartens und befand sich im Niveau mit den Brüstungen der Umschließungsmauer. Die Mauern, solide und mit großen Kosten errichtet, hatten 22 Fuß Dicke, und jeder Ausgang hatte 10 Fuß Breite. Die Plattformen der Terrassen waren aus Steinblöcken konstruiert, deren Länge, die Vorsprünge eingeschlossen, 16 Fuß zu 4 Fuß Breite. Diese Blöcke waren bedeckt mit einer Decke von Rohr, vermischt mit viel Asphalt belegt; auf jeder Lage ruhte eine doppelte Reihe von gebrannten Ziegeln, mit Gipsmörtel. Diese waren wiederum mit Bleiplatten bedeckt, um das Wasser zu hindern, in die künstlichen Substruktionen einzudringen. Auf allem diesen fand sich Erde ausgebreitet, genügend, um die Wurzeln der größten Bäume aufzunehmen. Dieser künstliche Boden war angefüllt mit Bäumen von jeder Art, deren Anblick durch ihre Größe und ihren Reiz entzückte. Die Säulen, die sich nach und nach höher hoben, ließen durch ihre Zwischenräume das Licht bis in die zahlreichen und reichverzierten königlichen Gemächer dringen. Eine einzige dieser Säulen war hohl von ihrer Spitze bis zur Basis; sie enthielt hydraulische Maschinen, die vom Flusse eine große Menge Wasser heben konnten, ohne daß jemand von außen etwas davon sehen konnte. So war dieser Garten beschaffen, der, wie wir gesagt haben, später angelegt worden ist.

Nr. 63
Quintus Curtius Rufus (1. Jh. n. Chr.)
Einzug Alexanders in Babylon Ende 331 v. Chr.

Von den Taten Alexanders des Großen; übersetzt von J. Siebelis, Berlin, Langenscheidt, 3. Aufl. Buch V, 3ff.

3. Als Alexander nun gegen Babylon vorrückte, kam ihm Mazäus, der aus der Schlacht (bei Gaugamela) in diese Stadt geflohen war, mit seinen erwachsenen Kindern, um Gnade flehend entgegen und übergab ihm die Stadt und sich selbst. Dem König war seine Ankunft willkommen, da die Belagerung einer so stark befestigten Stadt große Mühe gekostet haben würde. Außerdem ließ sich vermuten, der angesehene und persönlich tapfere Mann, der sich auch durch die letzte Schlacht einen berühmten Namen gemacht hatte, werde auch die übrigen durch sein Beispiel veranlassen, sich zu ergeben. Er nahm ihn also mit seinen Kindern gnädig auf; doch gab er den Seinigen Befehl, gleich als ob es in die Schlacht ginge, in ein Viereck aufgestellt, das er selbst anführte, einherzuziehen. Ein großer Teil der Babylonier stand auf den Mauern, neugierig den neuen König zu sehen; noch mehr zogen ihm entgegen. Unter anderm hatte der Burghauptmann und königliche Schatzmeister Bagophanes (Baga'panu), um nicht an Zuvorkommenheit von Mazäus übertroffen zu werden, den ganzen Weg mit Blumen und Kränzen bestreut, während er zu beiden Seiten silberne Altäre aufgestellt hatte, die nicht nur mit Weihrauch, sondern allen möglichen Wohlgerüchen überhäuft waren. Hinter ihm folgten als Geschenke Herden von Schlachtvieh und Rossen, ja es wurden in Käfigen Löwen und Pardel vorausgetragen. Dann kamen die Magier, die nach ihrer Sitte ein Lied absangen, hinter ihnen die Chaldäer und die babylonischen Weissager sowohl als Musiker mit ihren eigentümlichen Saiteninstrumenten. Diese pflegten Loblieder auf ihre Könige zu singen, während die Chaldäer die Bewegung der Gestirne und den regelmäßigen Wechsel der Jahreszeiten anzeigten. Zuletzt endlich kamen die babylonischen Reiter, deren eigener Schmuck sowohl als der ihrer Rosse mehr üppige Verschwendung als Pracht zeigte. Der König, von Bewaffneten umgeben, befahl den Scharen der Stadtbewohner, sich hinter den letzten Reihen des Fußvolkes anzuschließen, und er selbst zog auf einem Wagen in die Stadt und nachher in den königlichen Palast. Am folgenden Tage nahm er das Gerät des Darius und seinen ganzen Schatz in Augenschein.

4. Übrigens zog die Schönheit und das Alter der Stadt selbst nicht nur des Königs, sondern auch aller andern Augen nicht mit Unrecht auf sich. Semiramis hatte sie gebaut, nicht, wie die meisten geglaubt haben,

Belus, dessen Palast man noch zeigt. Die Mauer, von Backsteinen gebaut und mit Erdpech gekittet, hat eine Breite von 32 Fuß, so daß, wie man sagt, Vierspänner sich ohne Gefahr begegnen und nebeneinander fahren können. Die Höhe der Mauer übersteigt 50 Ellen, und die Türme sind jedesmal 10 Fuß höher als die Mauer. Der Umfang des ganzen Baues beträgt 365 Stadien und der Erzählung zufolge soll jedesmal in einem Tage der Bau einer Stadie beendigt worden sein. Die Gebäude lehnen sich nicht an die Mauer, sondern stehen ungefähr einen Morgen davon entfernt. Auch ist nicht einmal die ganze Stadt mit Gebäuden besetzt, sondern nur auf einer Strecke von 80 Stadien stehen Wohnhäuser und auch diese nicht ohne Unterbrechung, vielleicht, weil man es für sicherer hielt, sie an mehreren Punkten zu zerstreuen. Den übrigen Raum besäet und bestellt man, so daß, wenn eine auswärtige Streitmacht einbricht, der Boden der Stadt selbst den Belagerten Lebensmittel darbieten kann. Durch sie hin fließt der Euphrat, der durch äußerst massenhaft aufgeführte Kais eingedämmt wird. Doch um alle diese mächtigen Bauten ziehen sich ungeheure tief ausgegrabene Reservoirs, um die einbrechende Gewalt des Stromes in sich aufzunehmen. Denn wenn dieser die Höhe der ihn umgebenden Einfassung überschritten hat, so würde er die Häuser der Stadt mit sich fortreißen, wenn nicht die Gruben und Bassins da wären, ihn aufzunehmen. Sie sind von Backsteinen gemauert und der ganze Bau mit Erdpech gekittet. Eine steinerne Brücke, die über den Fluß gelegt ist, verbindet die Stadt. Sie auch zählt unter die Wunderwerke des Orients; denn der Euphrat führt viel Schlamm mit sich, und obwohl man diesen, um den Grund zu legen, gänzlich ausgeräumt hatte, fand man doch kaum einen zur Unterlage eines festen Baues geeigneten Boden. Aber der allmählich aufgehäufte und um die steinernen Brückenpfeiler angelegte Sand hemmt den Strom, der infolge dieses Hindernisses heftiger anprallt, als wenn er freien Laufes dahinflösse.

5. Auch die Burg hat 20 Stadien im Umfange. Der Grund ihrer Türme ist 30 Fuß tief in die Erde gelegt, und die größte Höhe ihrer Befestigungswerke erhebt sich bis zu 80 Fuß. Oberhalb der Burg befindet sich das durch die Erzählungen der Griechen allbekannte Wunderwerk der schwebenden Gärten, die der größten Höhe der Mauern gleichkommen, und deren Reiz in dem Schatten und hohen Wuchs ihrer zahlreichen Bäume besteht. Es sind steinerne Pfeiler aufgeführt, auf denen die ganze Last ruht, über die Pfeiler ist ein Fußboden von Quadersteinen gelegt, der imstande ist, die hoch darauf gehäufte Erde samt der Feuchtigkeit, womit man die Erde bewässert, zu tragen. Und so mächtig sind die Bäume daß ihre Stämme eine Dicke von 8 Ellen im Umfange erreichen und sich

zu einer Höhe von 50 Fuß erheben. Auch tragen sie ebensogut Früchte, als ob sie in ihrem gewohnten Boden wüchsen. Und wiewohl das Alter nicht nur die Werke von Menschenhand, sondern auch selbst die der Natur allmählich zernagt und vernichtet, so dauert doch dieser Riesenbau, worauf so viele Bäume mit ihren Wurzeln drücken, und auf dem die Last eines solchen Lustwaldes ruht, unversehrt fort. Man erzählt, ein König von Syrien (= Assyrien), der über Babylon herrschte, habe dies Werk aufgeführt, aus Liebe zu seiner Gattin, die sich in der ebenen Gegend nach Wäldern und Hainen sehnend, ihren Gemahl antrieb, die Reize der Natur durch ein derartiges Bauwerk nachzuahmen.

6. ...... Über die Burg von Babylon setzte der König den Agathon mit einer Mannschaft von 700 Mazedoniern und 300 Söldnern. Als Befehlshaber über Babylonien und Zilizien ließ er den Menes und Apollodorus zurück, denen er 2000 Mann nebst 1000 Talenten gab, und beauftragte beide, zu ihrer Verstärkung mehr Soldaten zu werben. Dem Überläufer Mazäus verlieh er die Satrapie Babylonien (als Zivilverwalter), während er dem Bagophanes, der ihm die Burg übergeben hatte, ihm zu folgen befahl. Armenien wurde dem Verräter von Sardes Mithrenes gegeben. Aus dem ihm in Babylon überlieferten Schatze endlich erhielt jeder mazedonische Reiter 600 Denare, ein fremder Reiter 500, ein Fußgänger 200, die übrigen einen zweimonatlichen Sold.

Nr. 64
Arrian von Nikomedien (um 130 n. Chr.)
Einzug Alexanders in Babylon im Jahre 331 v. Chr.

Taktik und Geschichte der Feldzüge Alexanders des Großen, übersetzt von C. H. Dörner, Stuttgart 1851 (Buch III, 16)

III, 16. ..... Von Arbela (Arbailu) aufbrechend, setzte sich Alexander sofort nach Babylon in Bewegung, und bereits in der Nähe der Stadt angekommen, ordnete er sein Heer und rückte schlagfertig heran. In Masse gingen die Babylonier mit ihren Priestern und den Behörden ihm entgegen und brachten ihm nicht nur insgesamt Geschenke, sondern übergaben auch die Stadt und die Burg und die Schätze. Bei seinem kurzen Aufenthalt in Babylon befahl er den Babyloniern, die von Xerxes zerstörten heiligen Gebäude wieder aufzubauen, namentlich den Tempel des Belus, welchem die Babylonier unter allen Göttern die höchste Verehrung erweisen. .... Natürlich kam er auch mit den Chaldäern zusammen bei dieser Gelegenheit; die Anträge, die sie ihm in betreff der

Tempel in Babylon machten, ließ er alle in Vollzug setzen; und er brachte unter anderm auch dem Belus ein Opfer nach ihrem Vorschlage.

Rückkehr Alexanders nach Babylon im Jahre 323 v. Chr.
(Buch VII, 16—17)

VII, 16. .... Alexander selbst ging mit seinem Heere über den Tigris und auf dem Wege nach Babylon fanden sich die Wahrsager der Chaldäer bei ihm ein, führten ihn von seinen Vertrauten beiseit und baten ihn, den Zug nach Babylonien einzustellen; denn es sei ihnen ein Spruch des Gottes Belus geworden, daß ihm der Einzug in Babylon für jetzt nicht zum Guten ausschlagen würde. Er soll ihnen aber mit einem Verse des Dichters Euripides geantwortet haben, und dieser Vers des Euripides lautete also: „Der beste Seher ist, wer da gut zu raten weiß." — „So hüte dich wenigstens, o König," fuhren die Chaldäer fort, „so heranzuziehen, daß du selbst gegen Abend schaust und dein Heer in dieser Richtung führest; mache lieber den Umweg, der dich gegen Morgen wendet." Allein auch dies ging wegen des unwegsamen Bodens nicht leicht an; vielmehr führte ihn eine höhere Hand auf dem Wege, auf welchem er bereits seinem Ende entgegengehen sollte. ....

17. Auch hatte er einigen Verdacht gegen die Chaldäer, daß weniger die Rücksicht auf einen Orakelspruch, als vielmehr auf ihren eigenen Nutzen sie veranlaßt habe, ihn für jetzt vom Einzuge in Babylon abzuhalten. Es stand nämlich mitten in der Stadt der Tempel des Belus von ungeheurer Größe und aus gebrannten, mit Erdharz zusammengefügten Ziegeln. Diesen Tempel, gleich den übrigen Heiligtümern in Babylon hatte Xerxes zerstört, als er von Griechenland wieder heimkehrte. Alexander aber hatte im Sinne, ihn wieder aufbauen zu lassen, nach Einigen auf dem vorigen Grunde, weshalb er den Babyloniern den Schutt wegzuschaffen befohlen habe; nach Anderen in noch größerem Umfange, als er vorher gewesen. Da jedoch nach seiner Entfernung die mit der Sache Beauftragten das Werk nur lässig betrieben hatten, so war jetzt das ganze Heer angewiesen, die Arbeit zu vollenden. Es soll aber der Gott Belus nicht nur bedeutende, von den assyrischen Königen überlassene Grundstücke, sondern auch einen großen Schatz besessen haben, wovon seit alten Zeiten teils der Tempel im Bau erhalten, teils das Opfer für den Gott bestritten worden sei. Damals nun haben die Chaldäer die Nutzung der Tempelgüter gehabt, weil nichts da gewesen, worauf man den Ertrag hätte verwenden können. Und deshalb hatte sie Alexander im Verdacht, als wünschten sie seinen Einzug in Babylon zu verhindern, um nicht durch den in kurzem vollendeten Bau des Tempels

aus dem Genusse jener Güter gesetzt zu werden. Doch wollte er ihnen, nach Aristobul, in Beziehung auf die veränderte Richtung seines Einzuges in die Stadt zu Willen sein. Er bezog am ersten Tage ein Lager an dem Ufer des Euphrats. Am folgenden Tage hielt er sich, den Fluß zur Rechten lassend, immer längs desselben und wollte die Westseite der Stadt umgehen, um dann in östlicher Richtung einzuziehen. Allein der ungünstige Boden machte es ihm unmöglich, auf diese Weise an der Spitze des Heeres heranzukommen, weil er auf der Westseite der Stadt, wenn er daselbst eine östliche Richtung nehmen wollte, nur sumpfigen Moorgrund hatte; und so wurde er halb mit halb wider Willen ungehorsam gegen den Gott.

Nr. 65

Benjamin von Tudela in Babylon, um 1165

Reisetagebuch, Berlin 1918. Übersetzt. von A. Martinet neu herausgegeben, S. 18f.

Von Bagdad nach Gehiagin sind 2 Tagereisen; dies ist die alte Stadt Resen mit 5000 Juden und einer großen Synagoge; von da nach Babylon 1 Tagereise, welches eine Ruine im Umfange von 30 Meilen ist. Daselbst sieht man den zerstörten Palast des Nebukadnezar, den aber niemand betritt aus Furcht vor den Schlangen und Skorpionen, die darin hausen. Ringsherum auf 20 Meilen entfernt wohnen 20000 Juden, welche teils in Synagogen, teils im Obergemache, welches der Prophet Daniel erbaute, beten; dasselbe ist wie die Synagogen und der Palast Nebukadnezars aus behauenen und Ziegelsteinen gebaut, ebenso der Feuerofen, in welchen ehedem Ananias, Mischael und Azarias geworfen wurden. Davon ist Hillah 5 Meilen entfernt mit 5000 Juden und 4 Synagogen, wo die Juden jeden Tag beten. Von da an den Turm (= Borsippa, heute Birs Nimrud), welchen die Generation der Sprachenverwirrung baute, sind 4 Meilen. Er ist aus Ziegelsteinen erbaut, die man Lagur nennt und dessen Länge im Grunde 2 Meilen und dessen Breite 240 Ellen und dessen Länge 100 Ruten. Zwischen je 10 Ellen waren Wege, auf denen man im Kreise hinaufstieg; oben hatte man eine Aussicht auf 20 Meilen im Umkreise, da die Gegend eben ist und sich sehr weit erstreckt. Feuer vom Himmel zerstörte dies Gebäude bis auf den Grund.

Nr. 66

Der bayrische Ritter Schiltberger in Babylon, um 1400

Schiltbergers Reisebuch, Kriegsgefangen in Vorderasien von 1394 bis 1425, gedruckt um 1475. — Nach Insel-Bücherei Nr. 219, S 56

In dem Königreich Babilon bin ich auch gewesen. Babilon heißet in heidnischer Sprach Bagdad. Und das große Babilon ist 25 Leg breit mit der Mauer umfangen, und 1 Leg ist 3 welscher Meilen; und die Mauer ist 200 Ellen hoch und 50 Ellen dick.. Das Wasser des Euphrates rinnet mitten durch die Stadt; sie ist aber nun alle zerstöret, und ist keine Wohnung mehr da. Und der Turm zu Babilon ist 54 Stadien hoch, und 4 Stadien sind eine welsche Meile, an jeglichem Ort hat er zehen Leg nach der Weite und nach der Breite. Der Turm ist in der großen Wüste von Arabia auf dem Weg, wann man gen Chaldea zeucht, und mag auch niemand darzu kommen vor Drachen und Schlangen und anderm bösen Gewürme, das viel in der selbigen Wüste ist. Und den Turm hat ein König gebauet, und hat in heidnischer Sprach Nimrud geheißen.

Nr. 67

Der Schwabe Dr. med. Leonhart Rauwolf in Babylon, 1574

Aigentliche Beschreibung der Raiß (1573 bis 1576), Augsburg 1583, S. 202, 205 ff.

... Als wir auf dem Fluß (Euphrat von Hit her) etliche Tag nach einander durch ebne Land ein guten Weg gefahren, kamen wir endlich den 24. Oktober (1574) auf den Abend nahe bei Felugo oder Elugo, einem kleinen Flecken an, der also samt der ganzen Provinz wird genennet.

VII. Kapitel

Der Flecken Elugo lieget an dem Ort, da Babylon, die alte Hauptstadt in Chaldäa gestanden, darvon ein gute Viertel Meil Wegs der Portu (= Hafen) ist, in dem diejenigen auszustehn pflegen, so da willens seind, zu Land hinüber in die berühmte Handelsstadt Bagadet genannt (welche noch ferner gegen Aufgang in anderthalb Tagreisen am Tigri lieget), zu ziehen. Bei diesem Portu ist die Stätt, da die alte Stadt Babylon gestanden, aber da ist dieser Zeit nit ein Häuslein zu sehen gewesen, darinnen wir uns mit unseren Waren bis auf unser Verrücken hätten mögen verhalten. Mußten also die Waren an ein offnen Platz ausladen, als wären wir in Mitte der Wüstinnen, und die unter dem freien Himmel verzollen, welcher Zoll noch dem Türken gehöret. Diese Gegend ist gar wüst und dürr, daß sie nit zu bauen, auch so öd, daß ich sehr gezweifflet hätt, ob die mächtige und gewaltige Stadt (welche bald die höchste in der Welt ein zeitlang gewesen und in der schönen und fruchtbaren Landschaft Sinear gelegen) alda gestanden wäre, wann ichs nit der Gelegenheit nach, auch bei den viel gar alten und herrlichen Antiquitäten, so hierumb ganz öd stehn, hätte abnehmen und erkennen mögen. Als erstlich bei der alten Brücken, von deren noch etliche Stück und Bögen an dem Ort, die vor Jahren über den Euphratem gangen, (wellicher auch vom Propheten Baruch im ersten Kapitel Süd wird genennet) ein wenig oberhalb, da wir gelandet, seind zu sehen. Diese Bogen seind von gebrannten Steinen, und so gewaltig erbauet, daß sich einer darüber wohl zu verwundern hat, und soviel dester mehr, dieweil auf der ganzen Fahrt (sonderlich von Bir aus, da das Wasser viel kleiner) nit ein Brücken zu finden, als diese, wie sie doch über das Wasser, da er schier einer halben Meil Wegs breit, und ziemlich tief ist, hat mögen geführet werden. Bei der Brücken liegen etliche große Haufen des babylonischen Pechs, die Schiff darmit zu verpichen, welches an etlichen so hart worden, daß man darüber geht und dessen nit achtet; an etlichen anderen aber, das neu und kürzlich dahin gebracht worden, noch so weich ist, daß bald alle Tritt darinnen zu finden. Ferner gleich für den Flecken Elugo hinaus, welcher auf ein Viertel Meil Wegs von dannen zu sehen, lieget der Schloßberg in der Ebene, darauf auch noch etliche rudera (= Überreste) der alten Festin stehen, die ganz zerfallen, und unbewohnet liegen bleiben; hinter dem in der Nähe der Babylonische hohe Turm gestanden, den die Kinder Noah (welche erstlich diese Landschaft nach der Sündflut bewohnet) bis an Himmel zu erbauen angefangen. Den ersiehet man noch, und hält wohl eine halbe Meil Wegs herum in sich, ist aber dermaßen zerfallen und abgangen, daß er nit mehr hohe, darzu auch vom Unzifer so gar eingenommen und durchschloffen(!), daß man vor solchem nit bald auf eine halbe Meil Wegs hinzu darf, dann zu Winters Zeiten auf ein Monat zwen, weil es noch in Löchern stecket. Unter diesem Unzifer finden sich fürnehmlich Tierlein, welche mit dem persianischen Namen Eglo[1]) von den Inwohnern genannt werden, und sehr vergifft seind; die seind, (wie mich andre berichtet) größer als die Eidexen, haben 3 Köpf, und oben viel Sprengel von mehrerlei Farben, laufen herum, nehmen nit allein den Turm, sondern auch den Schloßberg (der nit sonders hoch) und den Brunnen ein, so gleich unten daran entspringet, daß man also auf dem Berg nit wohnen, noch sicher von dem

[1]) Die Beschreibung Rauwolfs erinnert lebhaft an den von Jesaias, Kapitel XIV, 23 ausgestoßenen Fluch: „Ich will Babel machen, zum Erbe den Igeln und zum Wassersumpf."

Wasser (welches gut für die Lahmen sein soll) trinken darf. (S. 205) Als wir noch den folgenden 25. Oktober, Kamel und Esel zu bestellen, unsere Waren darauf zu legen, zugebracht, und uns nun allerdings auf den Weg fertig gemacht hatten, brachen wir mit ganzer Karawanen am Morgen früh auf, nach Bagadet zu ziehen. Im Eingang war der Weg ziemlich rauh, mehr von wegen der zerfallenen Gebäu und Steinhaufen, die von denen aus noch hin und wieder zerstreuet liegen. Nachdem wir aber neben dem Schloßberg, und hernacher auch für den Turm Danielis weiter hinaus kommen, fingen wiederum an die rechte dürre Wüstinnen, in denen außerhalb den Dornen und Hecken, weder Äcker noch Wiesen, Laub noch Gras, Leut noch Vieh, Hütten noch Zelten mehr zu ersehen waren, daß also einer, der die Gelegenheit schon weiß, gleichwohl zu schaffen hat, hindurch zu kommen......

Nr. 68

Unsere Kenntnis von Babylon um 1722

Allgemeines Historisches Lexicon, 2. Auflage Leipzig, Verlag Thomas Fritsch, 1722, Band I, S. 288—289

58 Babylon oder Babel. Die heilige Schrift sagt, daß die Menschen, wodurch einige allein Chams Nachkommen unter Nimrods Anführung verstehen, nach der Sündflut sich in das Land Sinear begeben, und eine Stadt und Turm zu bauen unternommen, dessen Spitze bis an den Himmel reichen sollte. Es hätte aber Gott ihre Sprachen verwirrt, dadurch sie in alle Länder zerstreuet und ihr Anschlag zunichte worden, und habe man daher den Ort Babel, d. i. eine Verwirrung genennet. Man weiset heut zu tage noch auf einer großen Ebene, da etwan Babylon vor diesem mag gestanden haben, ein Stück eines ziemlich weitläuftigen Turms, so man vor Überbleibungen des Babylonischen ausgibt. Aber es ist wahrscheinlicher, daß etwa ein arabischer Fürst vormals dies Gebäude, als einen Waffenplatz zu Versammlung seiner Untertanen in Kriegszeiten aufgeführet. Im übrigen ist ungewiß, ob der Stadtbau dazumal ganz liegen geblieben, oder nicht. Denn man glaubt gemeiniglich, was die Stadt Babylon anlangt, daß Nimrod oder Belus, der erste assyrische König, selbige A(nno) M(undi)[1]) 1809, A(nte) C(hristum) 2175 zu bauen angefangen. Ninus, dessen Sohn und Nachfolger, hätte solches fortgesetzt und Semiramis endlich diese Stadt zur Vollkommenheit gebracht; und

[1]) Zeitrechnung von Erschaffung der Welt an gerechnet.

wenn sich dieses so verhalten sollte, müßte man sagen, daß nach der Zerstreuung der Völker Nimrod dennoch mit einem starken Anhange daselbst geblieben, und die Erbauung dieser Stadt und Aufrichtung eines Reichs einigermaßen zustande gebracht. Es behaupten aber einige, worunter insonderheit Marsham, daß erstlich Nabonassar den Grund zu derselben gelegt, darauf sie in kurzer Zeit einen großen Wachstum bekommen. Indessen ist doch dieses gewiß, daß sie zu der Zeit der assyrischen Könige sonderlich emporgekommen, insonderheit nachdem das assyrische Reich untergegangen, und Babylon von Nabonassar A. M. 3238, A. C. 747 zum Sitz eines neuen Reichs gemacht worden. Und obgleich Cyrus dem babylonischen Reiche ein Ende machte, so behielt doch diese Stadt auch unter der Regierung der persischen Könige ein großes Ansehen, auch als Alexander M(agnus) selbige unter seine Botmäßigkeit brachte. Aber bald nach dieser Zeit geriet sie in merkliches Abnehmen, sonderlich da Seleucus Nicator die Stadt Seleuciam nur 300 Stadien weit von Babylon an dem Tiger-Fluß anlegte. Denn es zog sich darauf aller Reichtum, Macht und Herrlichkeit von Babylon nach Seleucia.

Die Herrlichkeit dieser Stadt, da sie noch in ihrem völligen Flor
gewesen, wird von den Alten so groß gemacht, daß es fast schwer fällt, 60
heutiges Tages ihren Berichten Beifall zu geben. Die meisten unter ihnen 61
kommen darinnen überein, daß sie 360 Stadien, d. i. 45000 Schritte im 62
Umfang gehabt. Die Mauer, welche von Ziegelsteinen gebauet, und mit 63
Judenleim befestigt war, soll 100 Ellen hoch und 32 Fuß breit gewesen 65
sein, so daß füglich 2 Wagen neben einander darauf fahren können. Die Türme aber sind 10 Fuß höher gewesen als die Mauer. Die Gebäude haben etwas weit von der Mauer entfernet gestanden und sollen sich innerhalb der Mauer hin und wieder Äcker befunden haben, davon man zur Zeit der Belagerung Unterhalt nehmen können. Die großen Höhlen, darinnen man das Wasser aufgefangen, die vortreffliche Brucke über den Euphrat, und das Schloß, welches 20 Stadia im Umkreis begriffen, werden auch als besondere Wunderwerke beschrieben; sonderlich aber die auf steinernen Pfeilern gepflanzte Gärten, welche das Ansehen gehabt, als wenn sie in der Luft geschwebt, und dannenhero horti pensiles (= „Hängende Gärten") genennet worden. Es war auch diese Stadt in den alten Zeiten wegen ihrer Handlung berühmt, insonderheit weil man allerhand Zeuge von schönen Farben allda verfertiget. Die Astrologie ging daselbst vornehmlich im Schwange, daher vor diesem dergleichen Leute gar Babylonier genennet worden. Nachdem nun diese Stadt, wie zuvor gedacht, zugrunde gegangen, siehet man an dem Orte, wo sie ge-

standen, gar wenig Überbliebenes. Denn es ist falsch, was einige vorgeben, daß das heutige Bagdat an dem Orte stehe, wo vormals Babylon gewesen, inmaßen Bagdat vielmehr das alte Seleucia ist, so einige Tagereisen von Babylon abgelegen. Im Anfange war diese Stadt unter der assyrischen Monarchie gestanden, bis dieselbe zerteilt worden, da denn Nabonassar das besondre Babylonische Reich gestiftet. Er wird in der Schrift Baladan genennet, und ist von demselben bei den Chaldäern eine eigne Jahrrechnung entstanden. Seine Regierung fällt in das Jahr A. M. 3238, A. C. 747. Er regierte 14 Jahr. Mit ihm zählet Ptolemaeus in seinem Canone bis auf den letzten König Nabonadium 18 assyrische Könige. Der 5. assyrische König Mardokempadus wird für den König Merodach gehalten, der Gesandten an den König Hiskias geschickt, 4. Reg. 20. Der 14. König Nabopolassar, so A. M. 3359, A. C. 625 zu regieren angefangen, wird auch von etlichen Nebukadnezar I. genennet. Er hat das babylonische Reich sehr vergrößert. Unter dessen Sohne, Nebukadnezar II., oder dem Großen, hat das babylonische Reich seine größte Hoheit oder Macht erlanget, weil derselbe Tyrum, Egypten, Judäa etc. bezwungen, und die Stadt Babylon ziemlich ausgezieret. Er regierte um das Jahr 3377, A. C. 607, Olymp. 43, 2, U(rbe) C(ondita = Gründung Roms) 147, und zwar ganze 43 Jahr. Ihm folgte sein Sohn Evilmerodach, A. M. 3420, A. C. 564, welcher von seinem Schwager Neriglossor oder Niriglissor aus dem Wege geräumt wurde; wiewohl auch dieser nur 4 Jahr regierte, und den Laborosordach zum Nachfolger hatte, welcher in der heiligen Schrift Belsazar oder Baltasar genennet wird. Dieser regierte nur 9 Monat, als Nabonedus, der in der heiligen Schrift Darius Medus heißt, die Herrschaft an sich brachte, und den Belsazar um das Jahr 3428, A. C. 556 tötete. Doch auch dieser, nachdem er 17 Jahr die Regierung geführt, mußte dem Cyro weichen, als derselbe um das Jahr 3446, A. C. 538, Olymp. 60, 3, U. C. 216 die Stadt Babylon unter seine Botmäßigkeit brachte. Demnach hat das assyrische Reich unter seinen 18 Königen 208 Jahr gestanden.

Nr. 69

Der Ausgräber von Ninive A. H. Layard in Babylon

Austin Henry Layard, Nineveh und Babylon, deutsch von J. T. Zenker, S. 369 [483]

Zwischen Mussejib und den Ruinen von Babylon finden sich eine Unzahl ausgetrockneter Kanäle und alte Erdhügel. Einige Dörfer, von Palmenhainen umgeben, liegen an den Ufern des Euphrat und an den

Kanälen, welche noch das Wasser des Flusses in das Herz von Mesopotamien leiten. Nachdem wir einige Stunden geritten waren, erblickten wir gegen Süden einen ungestalteten Hügel. Als wir näher kamen, erkannten wir an seinem flachen tafelförmigen Gipfel und den senkrecht abfallenden Seiten, die sich plötzlich aus der alluvialen Ebene erheben, daß er seine Entstehung menschlichen Händen verdanke und nicht eine natürliche Erhöhung sei. Zuletzt konnten wir ringsherum große Eindämmungen unterscheiden, die Überreste von Mauern und Kanälen. Nach und nach, als die Karawane weiter vorrückte, nahm die Ruine eine bestimmtere Gestalt an. Es war der Hügel Babel, welchen die Reisenden unter dem Namen Mudschelibe kennen, wie ihn jedoch die jetzigen Einwohner des Landes jetzt nicht mehr nennen. Dies ist die erste Ruine, die man erblickt, wenn man von Norden her nach Babylon kommt. Weiterhin ziehen sich lange Reihen von Palmen wie ein Saum am Euphrat entlang, der sich jetzt mitten durch die alte Stadt windet. Dem großen Hügel von Babel folgen lange wellenförmige Haufen von Erde, Ziegeln und Tonscherben. Eine einzeln stehende Masse von Ziegelmauer, die sich auf der Spitze des größten Hügels erhebt, ist die Ruine, welche die Araber unter dem Namen „Mudschelibe", oder der „Eingestürzte" kennen. Andre ungestaltete Schutthaufen bedecken mehrere Morgen der Oberfläche des Landes. Die hohen Ufer alter Kanäle durchschneiden das Land, gleich natürlichen Bergrücken. Manche sind längst mit Sand verschüttet, andre führen noch das Wasser des Flusses nach fernen Dörfern und Palmenhainen. Zu allen Seiten ist der eigentümlich salpeterhaltige und weiße Boden mit Stücken von Glas, Marmor, Tonscherben und beschriebenen Ziegelstücken gemischt, die von den Überresten alter Wohnungen herrühren und die Vegetation hemmen oder vernichten, und die Stelle des alten Babylon zu einer kahlen und schrecklichen Wüste machen. Eulen fliegen aus den dünnen Gebüschen auf und der häßliche Schakal lauert in den Löchern. „Babel, das schönste unter den Königreichen, die herrliche Pracht der Chaldäer, ist umgekehrt worden von Gott, wie Sodom und Gomorra, daß man hinfort nicht mehr da wohne, noch jemand da bleibe für und für ...... Eulen singen in ihren Palästen und Drachen in den lustigen Schlössern." (Jesaias 13, 19 und 22). — „Darum sollen ungeheure Tiere und Vögel darinnen wohnen." (Jeremias, 50, 39).

Nr. 70

Die Verschiebung des Euphrats bei Babylon

Ewald Banse, Die Türkei 1919, S. 282.

Der Euphrat floß im Altertum an der Weltstadt Babylon[1]) vorbei, wandte sich aber im arabischen Mittelalter weiter westlich und bespülte die Mauern von Kufa, von wo ab er bis gegen Gorna und Basra hin langgestreckte Sümpfe durchrann. Mitte des 19. Jahrhunderts begann eine Reihe neuer Verlegungen in seinem Verlauf. Damals wurde aus ihm unterhalb von Mussäjib zur Wasserversorgung der Pilgerstädte Kerbela und Nedschef der Hindije-Kanal abgezweigt, dessen Wasserniveau liegt einen bis zwei Meter tiefer als die Sohle des Ostarms (Schatt el Hille), und der neue Zweig besitzt deshalb stärkeres Gefälle, weshalb er schließlich zum Hauptlauf des Euphrat wurde, während der andre nur noch von März bis Juni Wasser erhält. Versuche, durch Anlage eines Wehrs unterhalb Mussäjibs einen Teil des Euphratwassers in den Ostarm zu heben, scheiterten mehrfach durch Dammbrüche (1903 besonders). Die Folge war, daß viele Orte am Ostarm verödeten, da ihre Bewohner durch den Wassermangel gezwungen wurden, sich an dem neuen Fluß von Hindije niederzulassen, dessen Ufer seit etwa 1890 viele frische Orte mit noch ganz jungen Palmpflanzungen besitzen.

---

[1]) Der Euphratlauf innerhalb der Stadt hat sich, soviel man weiß, im Altertum nicht wesentlich verändert. Koldewey (WEB[4], S. 16ff.) behauptet, daß der Fluß zur Zeit der persischen und griechischen Könige nördlich, östlich und südlich des Stadtschlosses (Kasr) entlang gegangen sei. Durch Ausgrabungen aber ist das bisher nicht bestätigt. Südlich des Kasr floß der Schloßgraben als „Ostkanal" wohl bis zum Zababa-Tor durch die Stadt, vom Volke „Bânîtum-Kanal" genannt und trennte Schloß und Tempel des Stadtgottes. Die griechischen Schriftsteller kennen die Euphratbrücke, die von Babylon-Ost nach Babylon-West führte.
62 Noch Diodor (II, 8) weiß, daß der Fluß von Norden nach Süden durch die Stadt geht, und läßt den einen Palast im Westen, den größeren Palast (= Bêl-Tempel) im Osten der Stadt durch einen unterirdischen Gang unter dem Euphrat verbunden sein, abgesehen von der Brücke. Danach hätte es einen zweiten Palast in der Neustadt gegeben, von dem bislang nichts bekannt ist, oder der griechische Bericht ist im Irrtum. Positive Schlüsse lassen sich, wie schon oben gesagt, erst dann ziehen, wenn ausländische oder fremde Beobachtungen durch die einheimischen babylonischen Mitteilungen oder durch Ausgrabungen vorher bestätigt worden sind.

LITERATUR UND ABKÜRZUNGEN

AfO: Archiv für Orientforschung.

AJSL: American Journal of Semitic Languages.

AK: Archiv für Keilschriftforschung.

Annals of the Kings of Assyria (British Museum), herausgegeben von E. A. W. Budge und L. W. King, Band I, 1902.

AO: (mit Nummer der Tontafel) Antiquités Orientales, Louvre-Museum, Paris, Keilschrift-Texte.

AO: Der Alte Orient, Gemeinverständliche Darstellungen herausgegeben von der Vorderasiatischen Gesellschaft.

AOB: Altorientalische Bibliothek, herausgegeben v. Ebeling, Meissner, Weidner.

AOBAT: Gressmann, Altorientalische Bilder zum Alten Testament. 2. Auflage. 1927

AOTU: Altorientalische Texte und Untersuchungen her. von B. Meissner.

Athen. Mitt.: Mitteilungen des Deutschen Archäologischen Instituts. Athenische Abteilung.

ASGW: Abhandlungen der Sächsischen Gesellschaft der Wissenschaften.

ATAT: Gressmann, Altorientalische Texte zum Alten Testament. 2. Auflage. 1926.

Augapfel, J., Babylonische Rechtsurkunden aus der Regierungszeit des Artaxerxes I. und Darius II. (vgl. BE VIII, IX, X): Denkschrift Akad. Wiss. Wien, Phil. hist. Kl. 59, 3, 1917

b (bei Monaten): Schaltmonat, zweiter Ululu (VI.), bzw. zweiter Adaru (XII.).

B: Breite.

BA: Beiträge zur Assyriologie herausgegeben von F. Delitzsch und P. Haupt.

Babylonische Chronik: F. Delitzsch, „Die Babyl. Chr., nebst einem Anhang über die Synchronistische Geschichte P": ASGW XXV, Nr. I (1906); jetzt in CT XXXIV, 43—50 nochmals veröffentlicht.

Banse, E., Vorderasien und Nordafrika: Karl Andree, Geographie des Welthandels 1911.

—, Die Türkei, 3. Auflage, Braunschweig, Westermann, 1919.

Barton, J. H., Some (34) contracts of the Persian Period from the Khabaza[2] Collection of the University of Pennsylvania: AJSL XVI (1899—1900) S. 65—82.

Baumstark, A., Babylon, Artikel in Pauly-Wissowa, Realencyklopädie II, S. 2667—2699.

BE: Babylonian Expedition of the University of Pennsylvania (Philadelphia) herausgegeben von H. V. Hilprecht. s. UP.

Beauchamp, J., Mémoire sur les antiquités babyloniennes qui se trouvent aux environs de Bagdad: Journal des savants, 1790, S. 797—806

Benjamin von Tudela: Peter van der Aa, Voyage de Rabbi Benjamin Leyden, 1729; Reisetagebuch, Berlin 1918, von A. Martinet neu herausgegeben

Bezold, Catalogue of the Cuneiform Tablets in the Kouyunjik Collection British Museum, London

Bilabel, F. und Grohmann, A., Geschichte Vorderasiens und Ägyptens vom 16. Jh. v. Chr. bis auf die Neuzeit. Heidelberg 1927 (Bibliothek der klass. Altertumswissenschaften III).

Blanckenhorn, H., Syrien, Arabien und Mesopotamien; Handbuch der regionalen Geologie V, 4.

BMQ: British Museum Quaterly

Böhl, F., Nieuwjaarsfeest en Koningsdag in Babylon. Groningen, den Haag, Wolters, 1927.

Boissier, DA: Boissier, A., Documents Assyriens relatifs aux présages, 1894.

—, CTDAB: Boissier, A., Choix de textes

relatifs à la divination assyro-babylonienne, 1905
BOR: Babylonian and Oriental Record
Br. Mus.: Britisches Museum.
[Sir] Hartford Jones [Bridge]: anonym; Berliner Staatsbibliothek Signatur: Ph 9328 (AK 2 [1924], S. 19f. E. Unger).
BSGW: Berichte der Sächs. Gesellschaft der Wissenschaften. Leipzig.
Buckingham, J. S., Travels in Mesopotamia, London 1827; Travels in Assyria, London 1829.
Budge, E. A. W., (Kontrakte von Darius I., Šamaš-šumi-ukin und Ammizaduga): ZA III, S. 211—230.
—, Babylonian Life and History², London 1925.
CBS: Collection of the Babylonian Section (Museum der Universität von Pennsylvania in Philadelphia, Amerika).
Clay, A. T., (Babylonische Kontrakte, religiöse Texte und Briefe): YOS III; Coll. J. P. Morgan I, II, IV; BE, VIII, 1; UP II, 1. s. Hilprecht
Contenau, G. (assyrische, babylonische, persische, seleuzidische Kontrakte und Briefe): TC IX, XII, XIII.
—, Manuel d'archéologie orientale I, Paris, Picard, 1927.
CRP: Comptes Rendus de l'Académie des Inscriptions Paris.
CT: Cuneiform Texts from Babylonian Tablets, British Museum, London
d: (in Texten) = dingir (Gott).
D: Durchmesser oder Dicke.
dd.: de dato gegeben zu.
Deimel, Pantheon: A. Deimel, Pantheon Babylonicum, Rom 1914.
Delitzsch, Paradies: Delitzsch, F., Wo lag das Paradies? 1881.
—, Babylon: Sendschriften der DOG Heft 1, Leipzig 1901.
—, Im Lande des einstigen Paradieses: Sendschriften der DOG. Heft 3; Stuttgart 1903.
—, s. Babylonische Chronik.
—, HWB. Assyrisches Handwörterbuch, 1896.
—, Sumerisches Glossar, Leipzig, 1914.
Déleg. Perse Mém.: Délégation en Perse, Mémoires (Publikationen der französischen Ausgrabung von Susa).
DOG: Deutsche Orient-Gesellschaft.
Dombart, T., Der Sakralturm I, München 1920.
—, Kunsthistorische Studie zum Babelturm-Problem: MVAG 1916 (Hommel-Festschrift).
—, Der Turmbau zu Babel: OLZ 1918, S. 161—165.
—, Der Turm zu Babel: JAI 1919, S. 40—64.
—, Der Turm zu Babel: Freiburger Lichtbildarchiv, Nr. 248, 1921.
—, Esagilla und das große Mardukfest: JSOR 1924, S. 103—121.
—, Der Stand des Babelturm-Problems: Klio XXI (1927), S. 135—174.
—, Die Zikkurrat-Darstellung aus Ninive: AfO III (1926) S. 177—181.
—, Koldeweys Babelturm-Rekonstruktion: OLZ 1927, Heft 5.
—, Das Zikkurratrelief aus Kujundschik: ZA 1927, S. 39—64.
—, Die altorientalischen Zikkurrat-Darstellungen und ihr Wert für die Rekonstruktion des babylonischen Turmes: ZDMG 1928, (Vortrag). S. LIIf.
—, Alte und neue Ziqqurrat-Darstellungen zum Babelturm-Problem: AfO V (1929) S. 220—229.
—, Der babylon. Turm: AO 29, 2.
Dougherty, (Neubabylonische Kontrakte): YOS VI. s. Goucher Coll.
DT: Daily Telegraph-Coll. im Br. Mus.
Eldred, J., The voyage of M. J. E. to Trypolis in Syria ... and from thence ... to Babylon and Balsora, London 1598.
Forsch. u. Fortschr.: Forschungen und Fortschritte.
Fossey, C., Manuel d'Assyriologie I (1904), Ausgrabungen, Entzifferung, Geschichte der Assyriologie, II (1926), Entwicklung der Keilschrift.
Fraser, Baillie, Travels in Koordistan, Mesopotamia ..., London 1840.
Gadd, C. I., The Fall of Nineveh, London 1923.
Goucher, Coll.: Dougherty, R. P., Archives from Erech, Time of Nebuchadrezzar

and Nabonidus: Goucher College Cuneiform Inscriptions Band I, 1923.
Grotefend, G. F., Praevia de cuneatis quas vocant inscriptionibus persepolitanis legendis et explicandis relatio: Göttinger Gelehrt. Anzeigen vom 18. IX. 1902 (nur kurzer Auszug); gedruckt erst: Nachricht. Ges. Wiss. Göttingen 13. IX. 1893(!).
Guide: Guide to the Babylonian and Assyrian Antiquities, (Britisches Museum, London) 3. Auflage 1922.
ḫ = ch (wie in „ach").
H: Höhe.
Hall, H. R., Ancient History of the Near East, London 1924.
Harper, Letters: Harper, R. F., Assyrian and Babylonian Letters of the Kouyunjik-Collection, British Museum, London I—XIV (1892ff.).
Hilprecht, H. V. und Clay, A. T. (Persische Kontrakte von Artaxerxes I. aus Nippur): BE IX.
—, Ausgrabungen in Babylonien und Assyrien 1904.
Holma, H., Die Namen der Körperteile im Assyrisch-Babylonischen: Annales Academiae Scientiarum Fennicae Ser. B. Band VII, 1 Leipzig, 1911.
Hommel, Geographie: Grundriß der Geographie und Geschichte des Alten Orients: Handbuch der klassischen Altertumswissenschaft, München S. 298—338, 1016.
—, Beiträge zur Morgenländischen Altertumskunde, Heft 2, S. 17ff. (vom 21. IX. 1920).
Howardy, Clavis: Howardy, G. Clavis cuneorum, Leipzig Harrassowitz (Handliches Verzeichnis der Keilschriftzeichen mit ihren Lesungen und Übersetzungen).
Hunger, J. und Lamer, H., Altorientalische Kultur im Bilde: Wiss. u. Bildg. 103^2 (1923).
HWB: Handwörterbuch.
JA: Journal asiatique.
JAI: Jahrbuch des Deutschen Archäologischen Instituts.
Jeremias, A., ATAO: Das Alte Testament im Lichte des Alten Orients[4], 1930.
—, HAOG[2]: Jeremias, Alfred, Handbuch der Altorientalischen Geisteskultur, 2. Auflage. Berlin, de Gruyter 1929.
Johns ADD: Assyrian Deeds and Documents 4 Bände.
JRAS: Journal of the Royal Asiatic Society, London.
JSOR: Journal of the Society of Oriental Research.
K: Kujundschik-Sammlung des Britischen Museums in London.
KAH: Keilschrifttexte aus Assur historischen Inhalts I und II: WVDOG 16 und 37 (Messerschmidt, O. Schroeder).
KAJ: Keilschrifttexte aus Assur juristischen Inhalts: WVDOG 50 (Ebeling).
KAR: Keilschrifttexte aus Assur religiösen Inhalts: WVDOG 28 und 34 (Ebeling).
KAV: Keilschrifttexte aus Assur verschiedenen Inhalts: WVDOG 35 (O. Schroeder).
KB: Keilinschriftliche Bibliothek herausgegeben von Eberhard Schrader.
King, L. W., Babylonian Magic and Sorcery, London 1895.
—, Letters and Inscriptions of Hammurabi London 1898.
—, Chronicles concerning early Babylonian Kings. London 1907.
—, BBSt: Babylonian Boundary Stones, London 1912.
—, History of Babylon, London 1915.
—, Supplement to the Catalogue of the Cuneiform Tablets in the Kouyunjik Collection, British Museum London.
Kinneir, J. M., A geographical memoir on the Persian empire, London 1813; Journey through Asia Minor, Armenia and Koordistan, London 1818).
Klauber, PRT = Klauber, Ernst, Politisch-religiöse Texte der Sargonidenzeit 1913.
Knudtzon, J. A. Die El-Amarna-Tafeln: VAB II, Leipzig, 1915.
Kohler, J. und Peiser, F. E., Aus dem babylonischen Rechtsleben.
—, und Ungnad, A., Assyrische Rechtsurkunden, 1913.

Kohler, J. und Ungnad, A., Hundert ausgewählte Rechtsurkunden (persisch, seleuzidisch, parthisch). Leipzig 1911.

Kol.: Kolumne.

Koldewey, R., Das wieder erstehende Babylon (WEB), 4. Auflage, Leipzig 1925.

—, Die hettitische Inschrift, gefunden in der Königsburg von Babylon: WVDOG 1 (1900).

—, Die Pflastersteine von Aiburschabu in Babylon: WVDOG 2 (1901).

—, Die Tempel von Babylon und Borsippa: WVDOG 15 (1911).

—, Das Ischtar-Tor in Babylon: WVDOG 32 (1918).

L: Länge.

Langdon, S. und Zehnpfund, R., Die Neubabylonischen Königsinschriften: VAB IV, Leipzig 1912.

Layard, A. H., Nineveh and its remains, London 1848 = Populärer Bericht über die Ausgrabungen von Niniveh, deutsch von N. N. Meißner, 1852; Discoveries in the ruins of Nineveh and Babylon, London 1853 = Nineveh und Babylon, deutsch von Zenker; The Monuments of Nineveh, London 1849—53; Early adventures in Persia, Susiana and Babylonia, London 1887).

Le Gac, Y., Les Inscriptions d'Assur-naṣir-aplu III, Paris, 1908.

LSS: Leipziger Semitistische Studien.

Luckenbill, D. D., Annals of Sennacherib, Oriental Institute Public. II (Chicago), 1924.

—, Ancient Records of Assyria and Babylonia, I—II, Chicago, 1926/7.

Lutz, H. F., Neo-babylonian administrative documents from Erech; University of California-Publications, Berkeley I—II, 1927.

m (in Texten): Männlicher Personenname.

m: Meter.

MAOG: Mitteilungen der Altorientalischen Gesellschaft.

MDOG: Mitteilungen der Deutschen Orient-Gesellschaft.

Meissner, BuA: Meissner, Babylonien und Assyrien.

Meissner, Grundzüge der altbabylonischen und assyrischen Plastik: AO XV (1914/5).

—, Babylonien und Assyrien: Kulturgesch. Bibliothek I. Reihe 3—4, 1920—1925 (Band I—II), Heidelberg Winter.

—, Die Kultur Babyloniens und Assyriens Wiss. u. Bildg. 207 (1925).

—, Nabonid und die letzten Tage von Babylon: Forsch. u. Fortschr. III (1927) S. 241 f.

Messerschmidt, L., Die Entzifferung der Keilschrift: AO V, 2.

—, s. KAH.

Mignan, R., Travels in Chaldaea, including a journey from Bassorah to Baghdad, Hillah and Babylon in 1827, London 1829.

MJ: Museum Journal University of Pennsylvania in Philadelphia, Amerika.

MLC: Morgan Library Collection.

MNB: Texte des Louvre, Paris: Monuments de Ninive et de Babylone.

Moldenke, Cuneiform Texts in the Metropolitan Museum of Art, New York 1893.

Morgan, J. P., (Collection, Kontrakte, Religiöse Texte) Band I, II, IV.

MVAG: Mitteilungen der Vorderasiatischen Gesellschaft.

NCS: Nimrud Central Saloon (Britisches Museum, London).

Neugebauer, O., Zur Geschichte der babylonischen Mathematik: Quellen und Studien zur Geschichte der Mathematik Abt. B, Studien, Band I, Heft 1, S. 67—80, Berlin, Springer, 1929.

—, und Struve, W., Über die Geometrie des Kreises in Babylonien, (darunter Berechnung von π mit 3; der „Satz des Thales" und der „Pythagoreische Lehrsatz") ebenda S. 81—92.

—, Über den Scheffel und seine Teile: Z. f. ägypt. Sprache u. Altertumskunde 1930.

—, Die Grundlagen der ägyptischen Bruchrechnung, Berlin, Springer 1928 u. Z. f. äg. Spr. u. Altertumskunde 64 (1929), S. 44 ff.

Niebuhr, C., Reisebeschreibung nach Arabien und andern umliegenden Ländern, Kopenhagen 1774—78.

Nies, J. B., Babylonian Inscriptions in the Collection of J. B. Nies, New Haven.
O(Null): Anfangsregierungsjahr eines Königs, das dem Vorgänger zugerechnet wurde.
OLZ: Orientalistische Literaturzeitung.
Oppert, J. und Ménant, J., Documents juridiques de l Assyrie et de la Chaldée, Paris 1877.
—, Expédition scientifique en Mesopotamie, Paris 1863; Pillet in: RA XIV [1917], S. 97f.; XV [1918], S. 87, 145, 197; XVI [1919], S. 37f.
—, Les inscriptions du Pseudo Smerdis et de l'usurpateur Nidintabel: 8. Congrès Internat. des Orientalistes Stockholm und Christiania 1889, S. 253—264.
Ouseley, W., Travels in various countries of the east, London 1819 bis 1823.
Paffrath, T., Zur Götterlehre in den altbabylonischen Königsinschriften: Studien zur Geschichte und Kultur des Altertums VI, 5/6, Paderborn, 1913.
Peiser, F. E., (Kontrakte): KB IV.
—, Babylonische Verträge des Berliner Museums, Berlin 1890.
—, s. Kohler
Pinches, T. G., Babylonian Tablets of the Berens Collection, London 1915.
—, NCS, Guide to the Nimroud Central Saloon 1886.
PKOM: Publikationen der Kaiserlich Osmanischen Museen Konstantinopel.
Porter, Robert Ker, Travels in Georgia, Persia, Armenia, ancient Babylonia, London 1821—22.
PSBA: Proceedings of the Society of Biblical Archaeology.
R = Rawlinson.
RA: Revue d Assyriologie.
Rassam, Hormuzd, Asshur and the land of Nimrod, New York 1897.
Rauwolf, L., Beschreibung der Reiß Leonardi Rauwolfen, Frankfurt a. M. 1582; Aigentliche Beschreibung der Raiß, 1583.
Ravn, O., Some disputed points in Babylonian sacred Architecture: Acta archaeologica I, S. 87—97, Kopenhagen 1930.
Rawlinson: H. Rawlinson, Cuneiform Inscriptions of Western Asia Band I bis V.
Reisner, SBH: Reisner, Sumerisch-Babylonische Hymnen: Mitteilungen aus den Orientalischen Sammlungen X (Berliner Museen), 1896.
Reuther, O., Die Innenstadt von Babylon: WVDOG 47 (1926).
Rev. arch.: Revue archéologique.
Rich, Claudius James in: Fundgruben des Orients II—III, 1812; Memoir on the ruins of Babylon, Archaeologia London 1818; Narrative of a residence in Koordistan and on the site of ancient Nineveh, London 1836; A narrative of a journey to the site of Babylon in 1811, London 1839.
RLA: Reallexikon der Assyriologie her. von E. Ebeling und B. Meissner 1928ff.
RLV: Reallexikon der Vorgeschichte, her. v. M. Ebert 1924—1929 (14 Bände).
Rm: Rassam-Coll. im Br. Mus.
Rost, P., Die Keilschrifttexte Tiglat-Pilesers III., Leipzig, 1893.
RT: Recueil de Travaux relatifs à la Philologie ....égyptiennes et assyriennes.
ṣ: scharfes s, wie sz.
š: sch.
Sachau, E., Am Euphrat und Tigris, Leipzig 1900.
San Nicolò und Ungnad, Neubabylonische Rechts- und Verwaltungsurkunden. Band I, Leipzig 1928f.
Schnabel, P., Berossos und die babylonisch-hellenistische Literatur. 1923.
Schorr, M., (altbabylonische Kontrakte): VAB V.
Schroeder, O. s. KAH, KAV.
—, (Seleuziden-Texte): VS XV.
Schwenzner, W., Das geschäftliche Leben im alten Babylonien nach den Verträgen und Briefen dargestellt: AO XVI, 1.
Seligmann, S., Die magischen Heil- u. Schutzmittel aus der unbelebten Natur mit bes. Berücks. der Mittel gegen den Bösen Blick. 1927, Stuttgart, Strecker & Schröder.
Sestini, Viaggo da Costantinopoli a Bassora fatto dall abbate Sestini, Yverdun [Schweiz] 1786.

Smith, George, Discoveries: Assyrian discoveries, London 1875.
deutsch von Emilie v. Böcklin, 1904.
Smith, Sidney, BHT: Babylonian Historical Texts, London 1924.
Sonnenschein, E., Beiträge zu den neubabylonischen Urkunden über Kauf, Urkunden für Immobilien, Lemberg, 1926 und Rocznik Orjentalistyczny III (1925) S. 180—215.
SPA: Sitzungsberichte der Preußischen Akademie in Berlin.
Steinmetzer, F., Über den Grundbesitz in Babylonien zur Kassitenzeit: AO XIX, 1—2.
—, Die babylonischen Kudurru (Grenzsteine) als Urkundenform: Stud. z. Gesch. u. Kultur des Altertums XI, 4/5, Paderborn 1922.
Stevenson, J. H., Assyrian and Babylonian Contracts with aramaic reference-notes: The Vanderbilt Oriental Series 1902.
Straßmaier, Babylonische Inschriften im Museum zu Liverpool nebst andern Urkunden aus der Zeit des Nebukadnezar bis Darius: 6. Congrès International des Orientalistes, Liverpool, Actes 2, 1883, S. 571—624 nebst 181 Texten.
—, (33 Texte von Marduk-apla-iddina II. bis Artaxerxes): 8. Congrès Internat. des Orientalistes Stockholm und Christiania 1889, S. 281—283.
—, Babylonische Texte (Nebukadnezar II. bis Darius I.) 12 Hefte Leipzig 1898ff.
—, (Seleuziden- und Arsaziden-Kontrakte): ZA III, S. 129—158.
—, (Texte von Nabopolassar und Barzia [Smerdis]): ZA IV, S. 106—152.
Streck, M., Seleucia und Ktesiphon: AO XVI, 3—4.
—, Assurbanipal und die letzten Könige Assyriens: VAB VII, Leipzig
ṭ = th
Tallqvist, APN: Tallqvist, Assyrian Personal Names.
—, NBN: Tallqvist, Neubabylonisches Namenbuch.
TC: Textes Cunéiformes; Musée du Louvre, Paris.
Thompson, R. C., A Catalogue of the Late Babylonian Tablets in the Bodleian Library, Oxford, 1927.
Thureau-Dangin, Die Sumerischen und Akkadischen Königsschriften: VAB I, Leipzig, 1907.
TLZ: Theologische Literaturzeitung.
TSBA: Transactions of the Society of Biblical Archaeology.
Tremayne (Persische Kontrakte): YOS VII.
Unger, E., Über das Wesen der altmesopotamischen Kunst: Altor. Texte u. Untersuchungen II, 2—3 (1921).
—, Sumerische und Akkadische Kunst (Jedermanns Bücherei) Breslau, Hirth, 1926.
—, Assyrische und Babylonische Kunst (a. a. O.) 1927.
—, Artikel „Fundstätten", „Glyptik", „Götterbild", „Göttersymbol", „Gründungsurkunde", „Kunst", „Kunstgewerbe", „Mesopotamien", „Mischwesen", „Opfer", „Religion", „Wagen", „Wappen" usw. in RLV.
—, Die Wiederherstellung des Turms zu Babel: Forsch. u. Fortschr. II (1926) S. 177f.
—, Der älteste Hof- und Staatskalender der Welt: a. a. O., III (1927) S. 1f.
—, Bestattungsgebräuche im Alten Babylon: a. a. O. III (1927), S. 114f.
—, Herodot und der Alte Orient: Forsch. u. Fortschr. III (1927) S. 258.
—, Nebukadnezar und das Land der Bibel: Forsch. u. Fortschr. IV (1928) S. 1f.
—, Quellen zur Topographie von Babel: a. a. O. S. 58f.
—, Der Stadtplan von Babel, a. a. O. S. 62f.
—, Die Aramäer auf der Höhe ihrer Macht: a. a. O. S. 226f.
—, Neue Erkenntnisse über die „astronomische" Orientierung in Babylonien: a. a. O. S. 343f.
—, Die Namen der Stadttore von Assur, Babylon und Ninive: a. a. O. V (1929) 61f.
—, Die Völkerrassen des Alten Orients nach antiker Auffassung: Forsch. u. Fortschr. V (1929) S. 145—147.

Unger, E., Die Offenbarung der Gottheit durch den Windhauch: a. a. O. S. 270—271.
—, Die deutsche Ausgrabung von Warka und die antike Stadt Uruk: Forsch. u. Fortschritte V, (1929) S. 353—354.
—, Zum Stadtplan von Babel: Neue Jahrb. für Wiss. u. Jugendbildg. IV (1928) Heft 2, S. 250f. [1929.
—, Das Stadtbild von Assur: AO XXVII, 3
—, Der Turm zu Babel: ZATW 45 (1927), S. 162—171.
—, Der Turm zu Babel: Hirts Literaturbericht Nr. 37, Januar 1927.
—, Der Grundriß der Stadt Babylon: a. a. O. Nr. 60/1 (1929).
—, Die autogenen Urkunden der assyrischen Fürsten aus Babylon: AK II, S. 19—24.
—, Zur Topographie von Babylon nach der keilinschriftlichen Überlieferung: WVDOG 48, S. 84—109.
—, Das Heilige Babel: Atlantis 1929, Nr. 11, S. 694—701; 704.
—, Die Bedeutung der Königsnekropole von Ur für die Vorgeschichte: Vorgesch. Jhrbch. IV, 1930.
—, Das Kunstgewerbe des Alten Orients: Geschichte des Kunstgewerbes III, S. 345—434, Berlin, Wasmuth, 1930.
—, Babylon, Borsippa: RLA I, 1930.
—, Die Keilschrift, Entstehung, System und Ornamentik der Schrift der ältesten Hochkultur, Berlin, Herbert Witting, 1929.
Ungnad, A., Die Deutung der Zukunft bei den Babyloniern und Assyrern: AO X, 5.
—, (altbabylonische Briefe): VAB VI.
—, s. Kohler.
—, s. San Nicolò.
—, Religion: Die Religion der Babylonier und Assyrer, Diederichs, Jena, 1921
—, Babylonische Sternbilder: ZDMG 77 (1923) S. 81—91.
—, Die Paradiesbäume: ZDMG 79 (1925) S. 111—118.
—, Selected business documents: Semitic Study Series X (1908): Neubabylonische Kontrakte in Übersetzung.
—, (Texte von neubabylonischen Kontrakten): VS III, IV, V, VI.
UP: University of Pennsylvania. Mus. Publ. Babylonian Section (Neue Serie) s. BE.
VA: Vorderasiatische Altertümer (Berliner Museum).
VAB: Vorderasiatische Bibliothek. I—VII.
Valle, Pietro della, Viaggi, Rom 1650—58.
VAT: Vorderasiatische Tontafeln (Berliner Museen).
VS: Vorderasiatische Schriftdenkmäler (Berliner Museen).
Weber, O., Dämonenbeschwörung bei den Babyloniern und Assyrern: AO VII, 4
—, Die Literatur der Babylonier und Assyrer, Leipzig 1907.
—, Altorientalische Siegelbilder: AO XVII—XVIII (1920).
Weidner, E. F., Die Assyriologie 1914—1922, Leipzig 1922.
Weißbach, F. H., Babylonische Miscellen: WVDOG IV (1903).
—, Die Inschriften Nebukadnezars II. im Wadi Brisa und am Nahr el-Kelb: WVDOG V (1906).
—, Das Stadtbild von Babylon: AO V, 4, 1904.
Wetzel, F., Die Stadtmauern von Babylon: WVDOG 48 (1930).
Winckler, H., Die Gesetze Hammurabis, Königs von Babylon: AO IV, 4.
—, Die Keilschrifttexte Sargons, Leipzig 1889.
—, Geschichte der Stadt Babylon: AO VI, 1.
—, AOF: Altorientalische Forschungen.
Wiseman, P. J. und Pinches, T. G., Babylon in the days of Hammurapi and Nebuchadnezzar: Transactions of the Victoria Institute 59 (1927) S. 121—136.
Wolfe-Expedition: W. H. Ward, Report on the Wolfe-Expedition to Babylonia: Papers Archaeolog. Institute, Boston 1886.
WVDOG: Wissenschaftliche Veröffentlichungen der Deutschen Orient-Gesellschaft.
WZKM: Wiener Zeitschrift für die Kunde des Morgenlandes.
YOS: Yale Oriental Series, Babylonian Texts. New Haven, Amerika.
z: in babylonischen Worten wie deutsches s, z. B. in See.

Z.: Zeile.
ZA: Zeitschrift für Assyriologie.
ZA(T)W: Zeitschrift für Alttestamentliche Wissenschaft.
ZDMG: Zeitschrift der Deutschen Morgenländischen Gesellschaft.
ZDPV: Zeitschrift des Deutschen Palästina-Vereins.
Zehnpfund, R., Babylonien in seinen wichtigsten Ruinenstätten: AO XI, Heft 3—4.
Zehnpfund, R., s. Langdon.
Zimmern, H., Babylonische Hymnen und Gebete: AO VII, 3; AO XIII, 1.
—, Biblische und Babylonische Urgeschichte: AO II, 3.
—, Das Babylonische Neujahrsfest: AO XXV, 3, 1926.
Zimolong, B. F., Das sumerisch-assyrische Vokabular Assur 523; Dissertation, Leipzig, 1922.

VERZEICHNIS DER GEBRÄUCHLICHSTEN TOPOGRAPHISCHEN UND BAUTECHNISCHEN AUSDRÜCKE

(Deutsch-assyrisch)

Abzweigung des Kanals: bâb nâri
Akademie: bît mummi
alt: labiru
Altar: manzazu (KI-DUR; KI-GUB); ibrâtu (UB-LIL-LA); nimedu (Thronaltar) s. S. 119f.
Anhöhe: bâmtu
anstoßend, bei: ita, itât, taḫu (UŠ-SA-DU), San Nicolò-Ungnad I, S. 51; tiḫu (DA)
Areal s. Baustelle
Arsenal: bît kutalli (= Hinterhaus)
Asphalt (Pech): iṭṭu; kupru
Aufschüttung, Aufbau der Stadtmauer: tubqu (AOB I, S, 49, Anm. 15)
Ausgang: muṣû (S. 102)
Aussaatfläche: zêru (Maß für Felder)
außen, außerhalb: kidânu (YOS I, 50), kidiânu, kidu, ina kidi (kidu = Steppe [ṣêru]), ina kitadi (Assurnassirpal II. Stele Kalḫu Vs. Z. 40; AOB I, S. 42, Anm. 7); kamâtu s. S. 12[1]
Außenmauer: šalḫû (RLA I „Außenwall" [E. Unger])
Basis: kigallu (S. 194)
Bastion s. Vorwerk
Baufläche s. Baustelle
Baugrube: ḫiṭṭatu (San Nic.-Ungn. I, S. 59)
Baustelle: qaqqaru (ZA 36, S. 37), ašru (ZA 36, S. 30ff. Baumgartner)
bebaut: epšu (San Nic.-Ungn. I, S. 56)
bei: s. anstoßend
Beide: kilallân (fem.: kilattân)
bepflanzt (mit Getreide): merišu
bepflanzt und beackert: zaqpi u pî šulpu (San Nic.-Ungn. S. 15)
Berg: kinnû, šadû
Besitz: namkurru (NIG-GA), San Nic. I, S. 152; makurru
Bett-Haus: bît irši
Bezirk: pirku (NU-ḪAR); nagû (zwischen Himmel und Erde); s. S. 21; 257[1]
Bibliothek: bît ṭuppi; girginakku
Binnenmauer: dûru
Binnenstadt: libbi ali
bis s. von
Bogen-Land: qaštu s. San Nic.-Ungn. I, S. 15, S. 226, Anm. 2
Bogen-Schuß (als Maß?): qaštu (S. 245[5])
Breite = Front: pûtu (SAG)
Brücke: titurru, gišru (S. 117f.)

Brunnen: bûru
Brüstung s. Brustwehr
Brustwehr: gabdibbu (ZA 36, S. 219ff.)
Burg: dannatu (ZA 36, S. 38f.) s. Schanze
Dach: tarânu; ûru
Damm: sikru (S. 97); kilâtu
Deich: mušannitu (?; San Nic. S. 259)
Denkmal: ṣalmu, s. Statue, Urkunde
Dick: kabru
Diesseits: aḫannâ
Doppelt: tu'amu
Dorf: alu; šê; kapru; ḫuṣṣêtu (Farm, S. 293[2])
Durchgangspforte s. Pforte
Ecke: sippu s. Schwelle
Eingangshaus s. Haus
Eingangspforte s. Pforte
Elle s. Maß
entfernt: rêqu, rûqu
Erde: epiru
Ernteland des Königs: giṣṣâti šarri
Farm s. Dorf
Feld: eqlu
Fels: kâpu; uḫummu, s. Berg, Gebirge
Fenstertür: dalat birri (S. 201)
Festung: dannatu (ZA 36, S. 38f.), ḫalṣu
Fläche (Gehfläche) s. Weg; s. Maß
Flur: ugaru (A-QAR); tâmirtu (San Nic. I, S. 209; Ungnad, ZA 38, S. 193)
Fluß: nâru, s. Kanal, Graben; „Fluß" in Babylon = Euphrat; „Fluß" in Assyrien = Tigris; (-Übergang): nîbîru
Front s. Breite
Frauenhaus s. Harem
Fundament s. Grundstein; Tempel
Gangbahn s. Weg; Pflaster
Garten: kirû
Gasse: sûqu qatnu
Gebirge: šadû
Gegenüber: tarṣi, ina pût, ina pân
Gemarkung s. Flur
Graben: iqu (MAOG IV, 2, S. 220 [Ungnad]); ḫarru; ḫîru s. Stadtgraben; miṭirtu (Rinne); râṭu Rinne; pitqu (Wasserlauf)
Grundbuch s. Tafel des Bêl
Grundfläche: zêru (bei Feldern), San Nic.-Ungn. S. 69
Grundriß: uṣurtu
Grundstein: temennu (ZA 36, S. 245); išdu; uššu; duplu; duruššu; nirmû (a. a. O. S. 236ff.)
Grundstück: bîtu, eqlu; s. bebaut, bepflanzt, unbebaut
Gründungskapsel (aus 6 Ziegeln): simaku
Gründungsurkunde: narû; temennu (ZA 36, S. 245, Baumgartner)
Hafen: kâru, s. Landungsstelle
Harem: bît šigrêti; bît ridûti
Haus: bîtu; Bett-Haus: bît irši; Eingangshaus: bît rêši; Hafen-Haus: bît kâri (San Nic. I, S. 177); Haupt-Haus: bît rêši; Heiliges Haus: bîtu ellu; Hochzeits-Haus: bît šaḫuru (šuḫuru); Kloster (Haus der Abschließung): bît mêsiri (ZA 36, S. 215); Libations-Haus: bît rimqi; Neujahrs-Fest-Haus: bît akîti; Propyläen desselben: bît rêš akîti (s. S. 159f.); Haus mit offner Säulenhalle: bît appâti, bît mutirrêti, genannt: Bît ḫilâni (ḫellanni = hellenisch [?]) nach „syrischem Vorbilde" erbaut im 8. und 7. Jahrh. v. Chr.; Schlaf-Haus: bît ḫammûti; Ofen-Haus: bît tinûri; Liebes-Haus: bît ru'ame; Schatzhaus: bît makurri; Vorrats-Haus: bît šutummi; bît ḫuburi; bît karê (San-Nic. Ungn. I, S. 27); bît qâtâ (Bezold, Glossar S. 87; San-Nic. I, S. 35); Verfallenes Haus: bîtu ab(p)tu (a. a. O. I, S. 65); s. Arsenal, unbebaut
Haupt-Haus s. Haus
Heilige Pforte: bâbu ellu
Heiliger Ort, auch Tempel: maḫazu
Heiliges Haus: s. Haus
Heiligtum: maḫazu; s. Tempel
Hinten: arka, kutal (S. 126[4])
Hinterhaus: bît kutalli s. Arsenal
Hof: tarbaṣu (S. 175)
Höhe: mîlu (SUKUD) = Tiefe; Kubru (S. 251[1])
Innen: libbi, qirbi; ina qirbi (qirib); ina libbi s. Weichbild
Innenraum: bîtanû (S. 175); bît urši (Bezold, Glossar S. 86)
Insel: nagû
Jenseits: eber, ebirti, ebirtân, aḫullâ
Kai: kâru s. S. 60
Kaimauer: kâru, kisirtu, makutu

Kanal: nâru; palgu; atappu; bitqu; pitqu; iqu; s. Graben
Kanal-Pforte (Abzweigung): bâb nâri s. S. 12[1]
Kapelle s. Tempel
Karawanserai: bît damqarê
Karte: uṣurtu
Kaufladen: bît maḫîri
Kellekpforte: bâb kalakki s. S. 76
Keller: bît asâki
Kloster s. Haus
Kreis s. Provinz
Kronprinzen-Palast s. Palast
Land: mâtu, s. Provinz
Landstraße: ḫarrânu
Landungssteg: arammu
Landungsstelle: makallû; arammu (S. 99)
Landweg: ḫarrânu
Länge = Seite: šiddu (UŠ); arâku
Lehm s. Ton
Lehmwerk: pitqu (IM-DU-A; NU-ḪAR) s. S. 170
Libations-Haus s. Haus
Markt: rebêtu
Marschland: apparu
Mauer: dûru; starke Mauer, Befestigung (dûru dannu); Stirnmauer (appa danna); s. Außenmauer, Kaimauer (ZA 36, S. 126f.); Wand: igaru s. S. 59ff.; 62
Maß: 168 Zoll (ubanu) = 7 Ellen (ammatu) = 1 Rohr (qanû) = ½ GAR Fläche (bei Hausgrundstücken in neubabylonischer Zeit; San Nic.-Ungn. I, S. 52). 1 Elle = 0,50 m. Bei Feldern, Flächenmaße (= Hohlmaße): 1 Kur = 5 Pi = 30 sat (seah) = 180 Sila (Qa). 1 Sila = 10 GAR Fläche (San Nic.-Ungn. I, S. 52, 69). Suklu-, Groß-, Schritt-Elle s. S. 237[2], 248[1], 248[2]. Vgl. RLV „Maß" (E. Unger) S. Aussaatfläche, Rohr, Bogenschuß
Meer (auch Binnensee): tâmtu, tiâmtu
Meile: beru (S. 258[1])
Messung: mišiḫtu, mišḫatu (San Nic.-Ungn. I, S. 59)
Miete: idi (Mietzins, San Nic. I, S. 154)
Mörtel: epiru: AOB I, S. 70[2]; 74[2]; MAOG IV, 1, S. 146 [Nötscher])
Neben s. anstoßend
Neu: eššu
Neubruchland: taptû (San Nic. I, S. 70)
Neujahrsfest-Haus s. Haus
Oben: eliš (S. 126[4])
Orientierung s. Wind
Ozean (irdischer): nâr marratu; s. Meer
Palast: ekallu; bîtanû; bîtu; bît labuni (? — Palast, S. 298[1]); Palast des Kronprinzen: ekal mâr šarri
Pfeiler (Turm): dimtu (AN-ZA-QAR), ZA 36, S. 233f. s. Turm, s. S. 64
Pflaster: kisirtu (ZA 36, S. 126f.), talaktu
Pforte: bâbu; Durchgangspforte (von außen zum Hof): bâb nîribu (Eingangspforte); Heilige Pforte: bâbu ellu; Pfortenhaus: babbanû s. S. 65, 203f.
Plan: uṣurtu
Platz: rebêtu; Platz-Terrasse: kisallu; Brandopferplatz (?) qulû (S. 242); s. Terrasse
Postament (Statue): kigallu
Provinz, Bezirk, Kreis: piḫatu, paḫatu (NAM)
Prozession: mutaqu
Prozessionsstraße: sulû (E-SIR)
Putz: sîru
Quelle: rêšu; rêš êni
Rampe: rukbu (S. 171) s. Stiege
Rohr: qânu (Maß für Hausgrundstück)
Ruinenhügel: tillu
Säule: dimmu, dimtu (AN-ZA-QAR)
Schänke: bît kurunni; bît sâbê; bît šikari
Schanze: ḫalṣu (ZA 36, S. 126f.)
Schatzhaus s. Haus, Tempel
Schlauchfloß: kalakku s. Kellekpforte
Schwelle: sippu; sibbu; sipu (ZA 36, S. 137; 253 Baumgartner)
See (Meer, Binnensee): tiâmtu, tâmtu
Seite s. Länge
Sitz s. Altar; nimedu
Speicher s. Haus
Stadt: alu (ER, URU); maḫazu (heilige Stadt)
Stadtgraben: ḫariṣu; ḫiriṣu; ḫirîtu
Stadtkreis: piḫâtu; paḫâtu; s. S. 12[1]
Stadtmauer: dûru
Stadtteil: irṣitu (KI) s. S. 12[1]
Stadttor: abullu (KÁ-GAL)
Stapelplatz: ḫaṣaru(?) San Nic. I, S. 238
Statue: ṣalmu

Steppe: ṣêru, namû, madbaru, kidu
Stiege: rikbu, rukbu (MAOG IV, S. 147 [Nötscher])
Straße: sûqu (SIL); enge (s. qatnu [SIG]); breite (s. rapšu [DAGAL]) Durchgangsstraße (s. aṣû); Sackgasse (s. lâ aṣû); Verschlossene Straße (s. piḫû); Heerstraße (girru); Landstraße (ḫarranu), immer außerhalb der Stadt; Landstraße, die der König zieht (ḫarran šarri); Gäßchen (suqaqu); s. Weg; s. Prozessionsstraße; s. S. 108, 115
Stützmauer: asurrû (ZA 36, S. 136; MAOG IV, 1, S. 146 [Nötscher]); kisû
Sumpf: raqqatu; apparu
Tafel des Bêl (Schuld-Grundbuch des Gottes): li'u (GIŠ-DA) ša ^{ilu}Bêl (San Nic. I, S. 254, 332). Zur Sicherung der Forderungen (ohne Pfandobjekt) werden diese auf der im Tempel gesichert aufbewahrten „Tafel" des Bêl eingetragen. Die Annahme von San Nicolò und Ungnad, daß es sich um „Giro-Verkehr" handle, geht zu weit
Tempel: Bîtu; maḫazu; admanu; kiṣṣu; Kapelle: papaḫu; Zella: parakku; Unterbau des Tempels: kigallu; Fundament: išdu, uššu, temennu; Gründungskapsel: simaku; Schatzhaus des Tempels mit Weihgeräten: bît tu'um, bît tumtum, bît simmilti (S. 175; RLA „Borsippa", § 34)
Tempelpfründe: isqu (GIŠ-ŠUB-BA); San Nic.-Ungn. I, S. 88
Tempelturm: ekur (Bergtempel), ziqqurratu, siqquratu, siquru, siqurîtu, siqarru; s. S. 170; IM-DU-A (S. 196)
Terrasse: kisallu (S. 169; 175); tamlû (S. 172)
Tiefe: šuplu; s. Höhe
Ton (Lehm): ṭiṭṭu (ṭiṭu)
Tor: abullu (Stadttor in der Stadtmauer) s. S. 65
Torhaus: babbanû (San Nic.-Ungnad S. 240)
Totenhaus: bît mûti (E-NAM-UŠ [UŠ = BAT])
Treppe s. Stiege
Tür: daltu (S. 201); Doppeltüren mutirrêti, tu'amâti; Türpfostenschuh: sikkatu
Turm: dimtu (AN-ZA-QAR); ZA 36, S. 233 f.; asîtu, asaïttu, isîtu(a.a.O, S. 229 f.)
Ufer: kišad (am U.), TIK(GU). s. Kaimauer; Landungsstelle
unbebaut: kišubbû (San Nic.-Ungn. I, S. 26)
Unfertig(keit): arkabinnu (S. 201); lâ qatû
Unten: šapliš; šaplû (unterer) s. S. 126[4]
Unterbau s. Tempel; kisû (ZA 36 S. 132 f.
Urkunde: duppu; ṭuppu (Tontafel, Vertragsurkunde); giṭṭu (Tontafel, Liste) s. San Nic.-Ungn. I, S. 336; uiltim (Tontafel, Verpflichtungsurkunde); asumittu (Monumental-U., Relief, Steininschrift, Stele); asumittu ša gelâla (Ton-, Steinzylinder, Roll-Urkunde [rund])
Verschlossenheit: parku; s. S. 84, 170, 201
Von—bis: ultu (ištu, TA) — adi (EN)
Vor: miḫrat; miḫrit; pâni; pânât s. S. 12[1]
Vorn: pâna (S. 126[4])
Vorort: alu
Vorratshaus s. Haus
Vorwerk, Bastion: ḫalṣu (ZA 36, S. 126 f.)
Wald: kirû; qištu
Wand: igaru; (Außenwandverstärkung) kisû (KI-ŠEŠ-KAK; KI-DI), ZA 36, S. 132 f.
Weg (Gangbahn) tallaktu, mutaliktu (ZA 36, S. 123 f.); padânu, s. Straße, Landstraße
Weichbild: libbi; qirbi; qabaltu (Assurnassirpal II. Stele Kalḫu Vs, Z. 40); qabal ali; s. S. 12[1]
Wiese: ušallu (ZA 38, S. 200 Ungnad)
Wind(richtung) šâru (IM); Nordwestwind: iltânu (IM-SI-DI); Nordostwind: šadû (IM-KUR-RA); Südostwind: šûtu (IM-GAL-LU); Südwestwind: amurru (IM-MAR-TU); s. S. 123 ff., 242, 308
Wohnraum: kullatu (IM-DU-A) s. S. 170
Wohnsitz: šubtu; rimîtu (S. 171)
wüst: aptu (San Nic. I. S. 65)
Zella s. Tempel
Ziegel (Lehm-): libittu; Backstein: agurru
Ziegelform: nalbânu
Ziegelwerk: libittu
Zinne (Zinnenkranz): gabdibbu; pasqu; šaptu; naburru (?) ZA 36, S. 219 f.
Zisterne: kuppu (San Nic. S. 238)
Zoll s. Maß
Zugehörig: dalbanna s. S. 92
Zwischen: birit, ina birit

REGISTER

A = Assyrien. — B = Babylon(ien). — F = Fluß. — G = Gebirge. — K = Kanal. — L = Land. — O = Ort (auch unbewohnt). — P = Person (männlich). — S = Stern(bild). — T = Tempel. — U = Urkunde. — V = Volk. — W = Person (weiblich). Gerade Ziffern bezeichnen die Seiten, schräge Ziffern: die Nummern der Abbildungen

ANHANG

ZUR ORIENTIERUNG DES ANTIKEN STADTPLANS VON BABYLON

Der Stadtplan ist, wie ich S. 122ff. begründet habe, nach den herrschenden Windrichtungen orientiert: Die Nordost- und die Nordwestmauer gaben die Hauptorientierungen an. Hierbei steht die Nordostmauer in engstem heiligen Zusammenhang mit dem Haupttempel Esagila (dem Nuchar), mit dem Turm zu Babel und der Heiligen Pforte. Das Azimut der Senkrechten zur Front der Nordostmauer beträgt nämlich 105° Ost, soviel wie das Azimut des Nuchars: 105° Ost und des Turms zu Babel, während der ‚Ehrenhof' der Heiligen Pforte das Azimut 106,5° Ost besitzt: eine gleichmäßige Orientierung nach einer Nordostwindrichtung. Dagegen ergibt sich, daß bei der Nordwestmauer die astronomische Orientierung maßgebend ist, weil die Längsrichtung der Mauer das Azimut 119° Ost hat. Diese Mauer ist der Richtungsweiser für die Anlage der Straßen, die ihr parallel laufen und zeigt genau auf denjenigen Punkt, wo die Sonne des Tages, d. h. Gott Marduk, bei ihrem Aufgange an ihrem längsten Tage im Sommersolstitium, um 2500 v. Chr., stand, damals genau: 119,4°, heute aber auf 118,8° ein wenig verschoben. Damit bestätigt sich die gleichwertige Anwendung der astronomischen Orientierung neben der Orientierung nach den Windrichtungen für die Gesamtorientierung der Stadt Babylon auch durch monumentale Zeugnisse. Ich verdanke diese vorläufigen Berechnungen dem ausgezeichneten Astronomen Herrn Prof. Paul V. Neugebauer, der kürzlich ein vorzügliches Handbuch „Astronomische Chronologie" (Berlin, de Gruyter, 1929) veröffentlicht hat. Wenn nun in der Richtung der Prozessionsstraße des Marduk die Sonne am längsten Tage aufleuchtete, so war dies das Zeichen, daß die „Sonne des Tages" ihren höchsten Stand erreicht hatte. Die Straße und noch besser die unverrückbare Nordwestmauer bildeten die N o r m a l u h r für Babylon, die einmal im Jahre anschlug und für die Regulierung des Mondjahres zum Sonnenjahr durch einen Schaltmonat — je nach Bedarf — diente. — Astronomisch orientiert sind ferner die Paläste Nebukadnezars, und zwar nach Neugebauer gen Mittag, Süden, nicht nach Norden.

DAS MODELL DES TURMS ZU BABEL

wiederhergestellt von Professor Dr. Eckhard Unger nach den ausgegrabenen Fundamenten des Turms und nach der keilinschriftlichen Beschreibung der Babylonier, gezeichnet von Oberbaurat Walther Bünte, modelliert von Bildhauer Karl Maaß, weiß oder farbig, 28 cm hoch, 300 RM., zu beziehen durch Buchhandlung Herbert Witting, Berlin W 30, Martin Lutherstr. 9a.

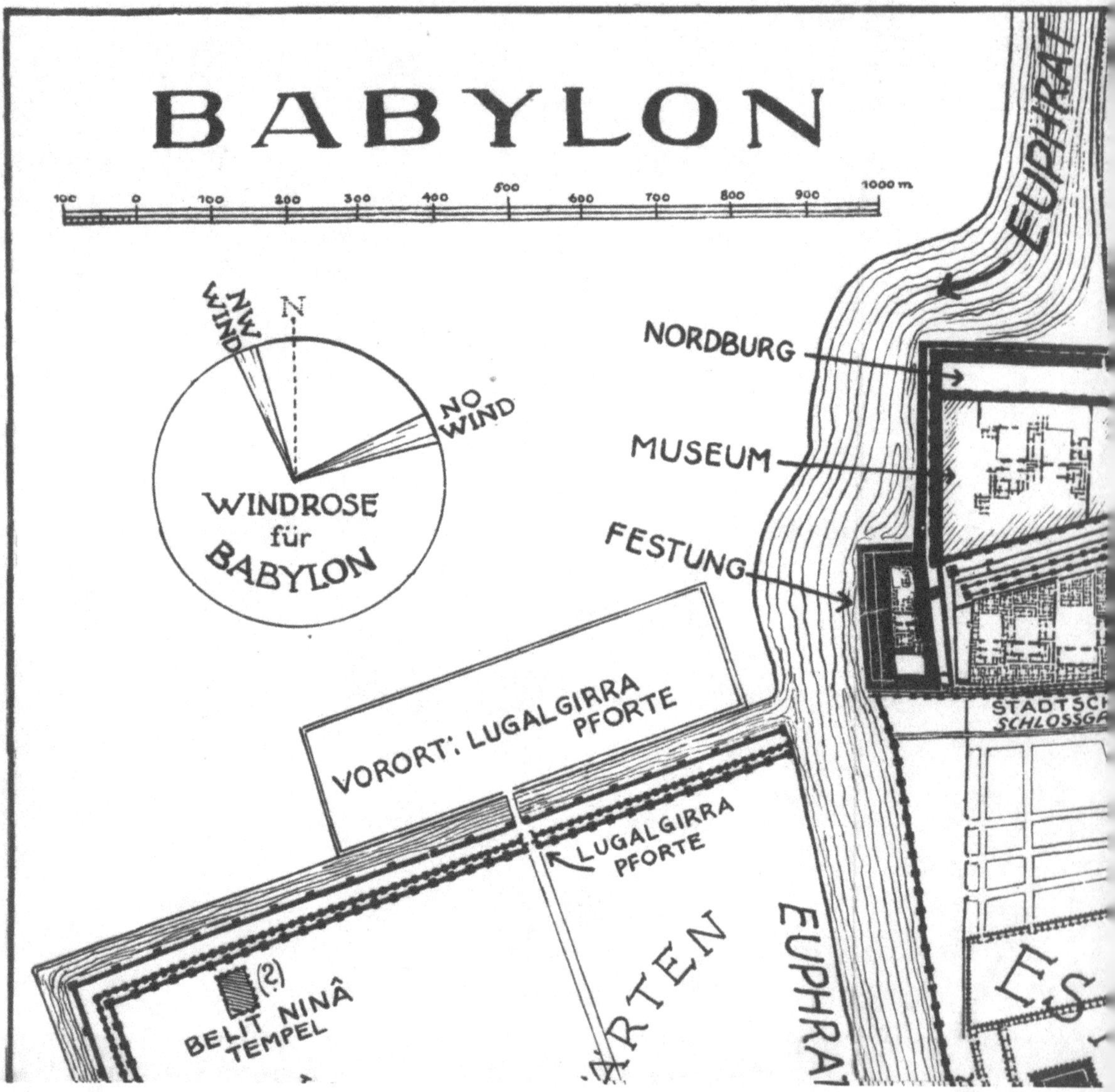
BABYLON
100
0
100
200
300
400
500
600
700
800
900
1000 m
N
NW WIND
NO WIND
WINDROSE
für
BABYLON
EUPHRAT
NORDBURG
MUSEUM
FESTUNG
VORORT: LUGALGIRRA PFORTE
LUGALGIRRA PFORTE
STADTSCH
SCHLOSSGA
EUPHRAT
ÄRTEN
(?)
BELIT NINÂ TEMPEL

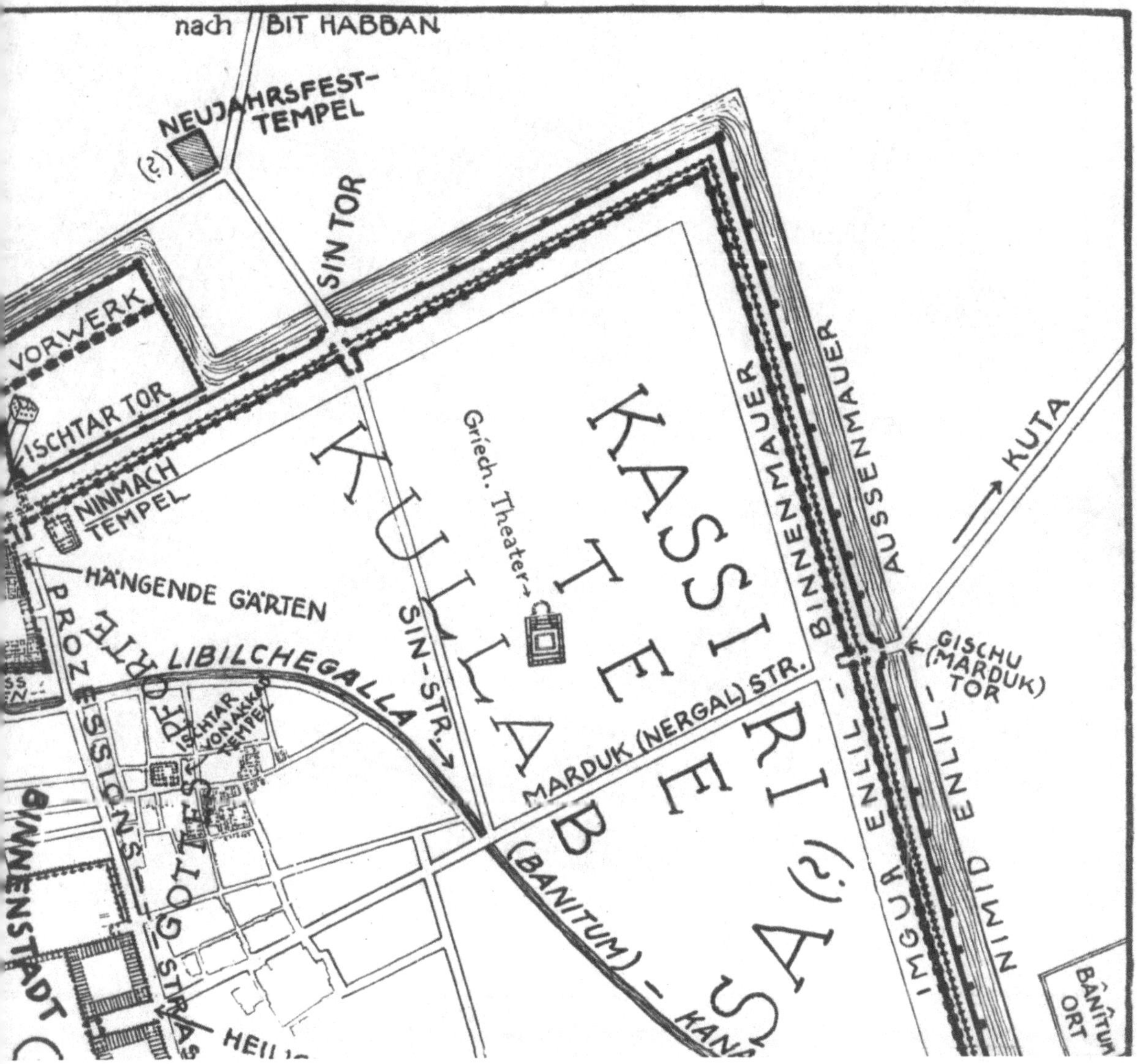
nach BIT HABBAN
NEUJAHRSFEST-TEMPEL
(?)
SIN TOR
VORWERK
ISCHTAR TOR
NINMACH TEMPEL
HÄNGENDE GÄRTEN
KASSITE
KULLA
Griech. Theater
SIN-STR.
BINNENMAUER
AUSSENMAUER
KUTA
GISCHU (MARDUK) TOR
MARDUK (NERGAL) STR.
LIBILCHEGALLA
(BANITUM) - KANA
RI EB SA (?)
IMGUR ENLIL -
NIMID ENLIL -
ISCHTAR VON AKKAD TEMPEL
PROZESSIONSSTR.
BINNENSTADT
BÂNÎTUM ORT

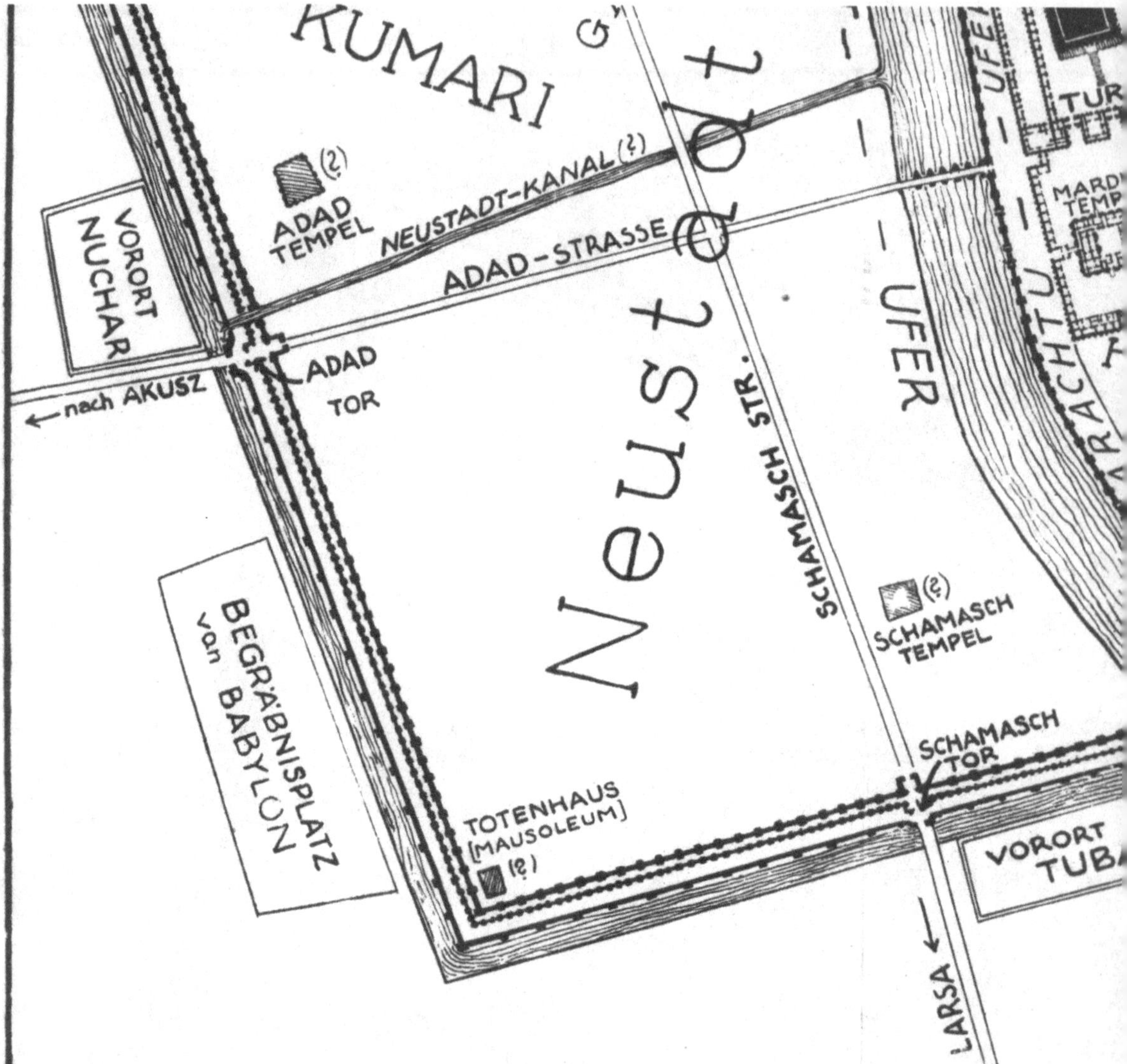

Abb. 64. Großer Plan der Stadt Babylon (Der Ideal-Turm, nördlich des

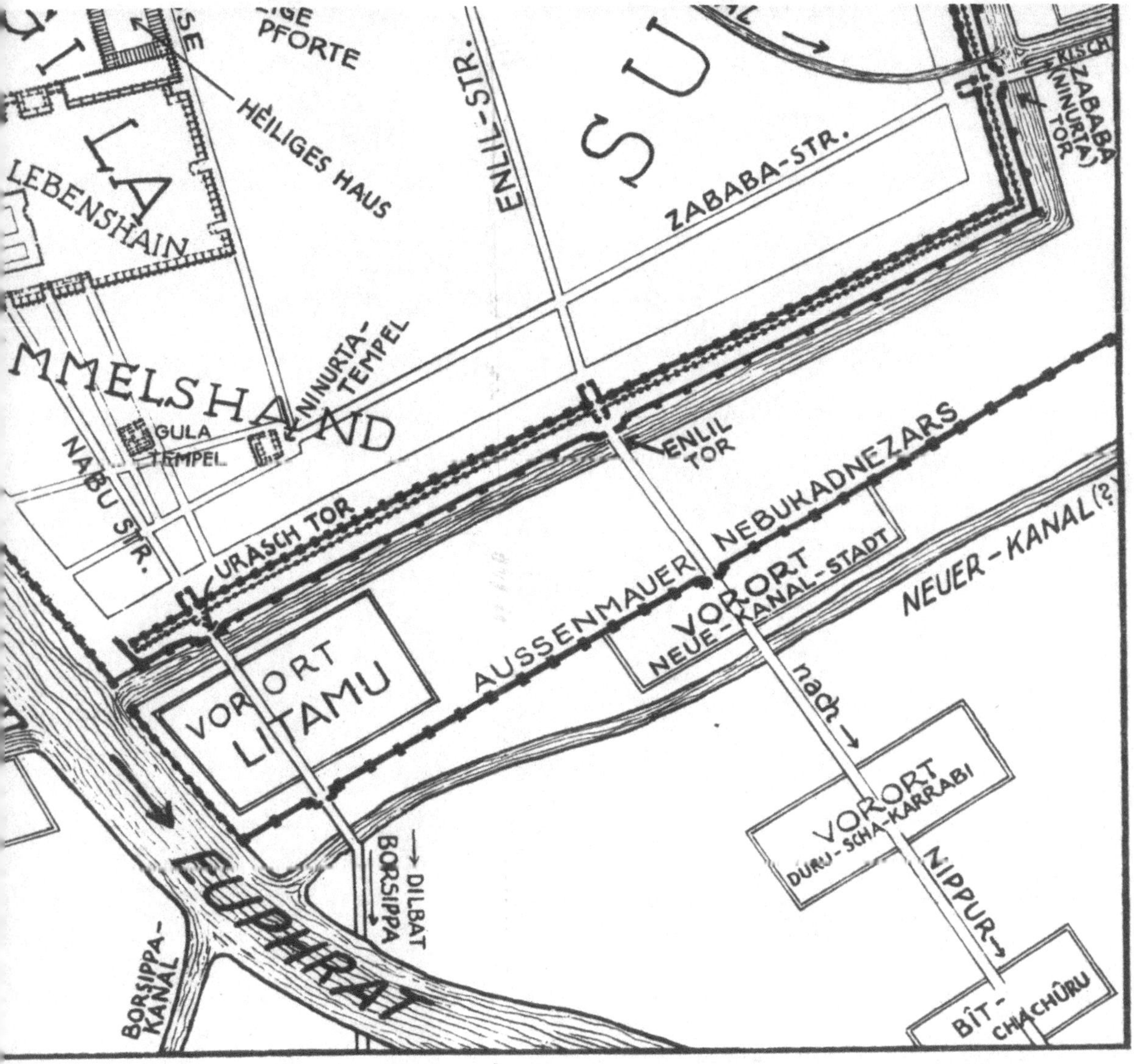

…tar-Tores, bezeichnet die Stätte, von der aus das farbige Titelbild gesehen ist)

FSC
www.fsc.org
MIX
Papier | Fördert
gute Waldnutzung
FSC® C083411

Kolibri 360 GmbH
Ferdinand-Jühlke-Straße 7
99095 Erfurt, Deutschland
produktsicherheit@kolibri360.de